Radiale Kreiselpumpen

Wolfgang Wesche

Radiale Kreiselpumpen

Berechnung und Konstruktion der hydrodynamischen Komponenten

2., aktualisierte und erweiterte Auflage

Springer Vieweg

Wolfgang Wesche
Bruchsal, Deutschland

ISBN 978-3-662-48911-6 ISBN 978-3-662-48912-3 (eBook)
DOI 10.1007/978-3-662-48912-3

Die Deutsche Nationalbibliothek verzeichnet diese Publikation in der Deutschen Nationalbibliografie; detaillierte bibliografische Daten sind im Internet über http://dnb.d-nb.de abrufbar.

Springer Vieweg

Gedruckt auf säurefreiem und chlorfrei gebleichtem Papier

Springer Vieweg ist Teil von Springer Nature
Die eingetragene Gesellschaft ist Springer-Verlag GmbH Deutschland
Die Anschrift der Gesellschaft ist: Heidelberger Platz 3, 14197 Berlin, Germany

Vorwort zur 2. Auflage

Die bisherige Fassung des Buches wurde einer gründlichen Überarbeitung unterzogen. Dabei wurden einige Kapitel korrigiert bzw. ergänzt und vertieft. Zur Abrundung des bisher behandelten Stoffes wurden sieben weitere Kapitel hinzugefügt, in denen einige Randthemen behandelt werden, die im Allgemeinen weniger Beachtung finden, gleichwohl aber für das Verständnis der Kreiselpumpenhydrodynamik bzw. für den Konstrukteur in der Praxis von Bedeutung sind. Es handelt sich dabei um das interessante Randgebiet der Hilfsschaufeln bzw. der hydrodynamischen Dichtungen, der nicht zu unterschätzenden Reibungsverluste in Spaltdichtungen, der Berechnung von Sammelentlastungen und schließlich des Einschaufelrades, das eine hydrodynamische Sonderstellung einnimmt. Zur Konzeption von Rohrleitungen und offenen Pumpeneinläufen werden einige grundsätzliche Richtlinien gegeben, deren Nichtbeachtung leicht zu nachträglich oft kaum behebbaren Problemen führen kann. Des Weiteren wurden fünf Berechnungsbeispiele hinzugefügt, zum Teil bezogen auf die neu hinzugekommenen Kapitel. Die Berechnungsbeispiele sollen einen praktischen Bezug zu den zuvor behandelten Grundlagen herstellen und werden sehr detailliert durchgeführt, um dem weniger Versierten die Zusammenhänge deutlicher und verständlicher darzustellen.

Mein Dank gilt Herrn Dipl.-Ing. G. Zies für die gute Zusammenarbeit, verbunden mit fruchtbaren Diskussionen und vielfältiger Hilfe bei allfälligen Computerproblemen.

Frau A. Link danke ich für die bereitwillige Durchsicht des Textes und für diverse Tipps und Hinweise zur Gestaltung.

Zum Schluss möchte ich dem Springer-Verlag danken für die stets angenehme Zusammenarbeit und das Entgegenkommen bei der Verwirklichung der zahlreichen Änderungswünsche.

Bruchsal, Deutschland
im Frühjahr 2017

Wolfgang Wesche

Vorwort zur 1. Auflage

Das Buch ist gedacht als Leitfaden für den Praktiker, aber auch für den Studierenden. Es spiegelt den Erfahrungsschatz aus langjähriger Tätigkeit auf dem Gebiet der Hydrodynamik von Kreiselpumpen wider und ist ausgerichtet auf die Auslegung und Gestaltung der hydrodynamischen Komponenten Laufrad, Leitrad, Spiralgehäuse. Da die Auslegung dieser Komponenten zunehmend mit käuflichen CAD-Programmen durchgeführt wird, besteht die Tendenz, dass der Anwender immer weniger die alten Konstruktionstechniken beherrscht und das Gefühl für die Zusammenhänge verliert. Dem soll hier entgegengewirkt werden.

Die vermittelten Grundlagen sind universell, so dass sie auch auf Sonderbauformen, wie sie z. B. zur Förderung von feststoffbeladenen Flüssigkeiten zum Einsatz kommen, anwendbar sind. Frühere Berechnungsmethoden waren für diese Art von Pumpen in mancher Hinsicht unzulänglich, weshalb neue, allgemein gültige Methoden entwickelt wurden, die diese Sonderbauformen nicht als Randgebiet behandeln, sondern sie einschließen. Das Hauptgewicht des vorliegenden Buches konzentriert sich auf das weite Anwendungsgebiet der „radialen" Bauformen. Axialpumpen werden wegen ihrer gesonderten Berechnungsverfahren nur am Rande erwähnt.

Wenngleich sich die Komponenten von Pumpen, die zur Förderung von nicht-NEWTON'schen Flüssigkeiten eingesetzt werden, optisch oft erheblich von denen für die Förderung reiner Flüssigkeiten unterscheiden, basiert ihre hydrodynamische Berechnung aber dennoch auf den gleichen strömungstechnischen Grundlagen. Das bedeutet, sie werden für homogene, niedrigviskose Flüssigkeiten, also Wasser, das noch weitgehend der idealen Flüssigkeit entspricht, berechnet. Das Fließverhalten realer Fördermedien höherer Viskosität bzw. hoher Heterogenität wird meist nach wie vor durch empirisch gewonnene Parameter berücksichtigt, die sich dann auf die Ausgestaltung der einzelnen Komponenten auswirken. Hierauf wird jedoch im vorliegenden Buch nicht weiter eingegangen; es sei auf die einschlägige Literatur verwiesen. Die Themengebiete Rotordynamik und Werkstoffe werden in diesem Buch ebenfalls nicht behandelt; sie würden den gesteckten Rahmen sprengen.

In der Kreiselpumpenpraxis hat sich aus dem Technischen Maßsystem der Begriff der Energiehöhen (z. B. die Förderhöhe H) mit der Einheit [m] wegen seiner Anschaulichkeit weitgehend erhalten. Die Energiehöhe ist dabei eine auf die Gewichtskraft der geförderten Flüssigkeit bei der Normalfallbeschleunigung $g = 9{,}80665\ \mathrm{m/s^2}$ bezogene Energie. Ihr Betrag würde sich also in einer Rakete oder auf dem Mond von demjenigen auf der Erde unterscheiden. Deshalb wurde der Begriff der spezifischen Arbeit (z. B. die spezifische Förderarbeit Y) mit der Einheit [$\mathrm{m^2/s^2}$] eingeführt, die von der Fallbeschleunigung unabhängig ist, da bei ihr die Energie auf die Masse bezogen ist. In der Praxis des Pumpenbaus hat sich der Begriff der spezifischen Arbeit jedoch noch nicht durchgesetzt, so dass in diesem Buch vorzugsweise der Begriff der Energiehöhe verwendet wird. Die Formel für die Umrechnung von Energiehöhe auf spezifische Arbeit lautet $Y = g \cdot H$.

Bei der Übernahme von in diesem Buch dargebrachten Informationen muss stets die individuelle Vorgehensweise bedacht werden. Diese hängt sowohl vom Geschick des Anwenders als besonders auch vom Herstellungsprozess der jeweiligen Bauteile mit seinen spezifischen Ungenauigkeiten ab und hat daher gewisse unvermeidbare Abweichungen zur Folge. Ein großer Teil der Informationen entstammt zudem der praktischen Erfahrung und kann nicht in jedem Falle bedenkenlos verallgemeinert werden. Daher kann keine Haftung für direkte oder indirekte Schäden, die aus der Anwendung der dargebrachten Informationen resultieren, übernommen werden.

Der Sulzer Pumpen Deutschland GmbH, insbesondere Herrn Dipl.-Ing. M. Streicher, danke ich für den Zuspruch zur Erstellung des vorliegenden Buches und für die Zustimmung zur Überlassung von Zeichnungen und Forschungsergebnissen.

Herrn Dr.-Ing. W. Düchting, Düchting Pumpen GmbH, danke ich für die bereitwillige Überlassung von Zeichnungen und Bildmaterial.

Herrn B. Sc. W. H. Faragallah danke ich für die großzügige Einwilligung zur teilweisen Übernahme meines Beitrags aus dem von ihm herausgegebenen Buch „Pumpen als Turbinen".

Mein Dank gilt auch Herrn Dipl.-Ing. G. Zies für die interessanten Diskussionen und für tatkräftige Hilfe bei zahlreichen Computerproblemen.

Nicht zuletzt möchte ich dem Springer-Verlag für die angenehme und hilfsbereite Zusammenarbeit danken.

Bruchsal
im Frühjahr 2011

Wolfgang Wesche

Inhalt

Formelzeichen, Kopf- und Fußzeichen

A. Formelzeichen mit hydrodynamischer Bedeutung

A	Atmosphärendruckhöhe (m)
A	Gütezahl
C	Konstante
c	Absolutgeschwindigkeit (m/s)
F	Kraft (N; mkg/s²)
g	Gravitationskonstante (= 9,80665) (m/s²)
$H = Y/g$	Höhe, Druckhöhe, Förderhöhe (m)
h	Enthalpie (m²/s²)
K	Drallkonstante (Drallziffer) (m²/s)
k	Verhältnis der Festkörperrotation im RSR zur Winkelgeschwindigkeit des Laufrades
m	Masse (kg)
$NPSH$	Haltedruckhöhe, Netto-Energiehöhe (Net Positiv Suction Head) (m)
n	Drehzahl (U/min)
n_q	spezifische Drehzahl (U/min)
P	Leistung (W; kW; J/s; kJ/s)
p	Druck (bar)
$q = V/V_{opt}$	Fördergrad
Re	Reynolds-Zahl
r	Reaktionsgrad
S	Saugzahl (U/min)
S	Sicherheitsbeiwert
s	Entropie (J/K; kJ/K)
T	Temperatur (K; °C)
u	Umfangsgeschwindigkeit (m/s)

V	Volumenstrom, Förderstrom[1] (m³/s; m³/h)
w	Relativgeschwindigkeit (m/s)
$Y = g \cdot H$	spezifische Förderarbeit (m^2/s^2)
Z	Verlustenergiehöhe (m)
α	Strömungswinkel im Absolutsystem auf einer Stromfläche (Grad; °)
α	Kontraktionsziffer
β	Strömungswinkel im Relativsystem auf einer Stromfläche (Grad; °)
ζ	Geschwindigkeitskennziffer (bezogen auf u_2)
ζ_{3m}	Lieferziffer
ζ	Verlustbeiwert
ε	hydrodynamische Schaufelbelastung (Auftriebsbeiwert)
ν	kinematische Viskosität (m^2/s)
η	Wirkungsgrad
η_h	hydrodynamischer (hydraulischer) Wirkungsgrad
λ	Unterdruckbeiwert
λ	Leistungsziffer
λ	Reibungszahl (Reibbeiwert)
σ	Kavitationsbeiwert
Ψ	Druckziffer
ρ	Dichte (kg/m^3)
$\omega = \pi \cdot n/30$	Winkelgeschwindigkeit (1/s; rad/s)

B. Formelzeichen mit geometrischer Bedeutung

A	Fläche (m^2; cm^2)
a	Lichtweite in Strömungskanälen (Schaufelkanal; Diffusor) (mm)
B	Stufenschritt (m; mm)
b	Breite (m; mm)
D; d	Durchmesser (m; mm)
E	Exzentrizität (m; mm)
e	Stromlinienlänge (mm)
e	Spaltweite (mm)
i	innenliegend
i	Stufenzahl
k	Kugeldurchgang, Korngröße (mm)
L	Länge (m; mm)
R	Radius, auf Pumpenachse bezogen (m; mm)
r	Radius (m; mm)
s	Schaufelstärke; Materialstärke, Länge (mm)
t	Schaufelteilung (mm)

[1]Es wird davon abgesehen, den Volumenstrom als zeitliche Ableitung des Volumens mit $\dot{V}$ zu kennzeichnen

t	Faktor
U	Umfang (m; mm)
z	geodätische Höhe (m)
z	Anzahl (Schaufeln; Spiralzungen)
z_U	Schaufelzahl im Laufrad
z_L	Schaufelzahl im Leitapparat (Leitrad)
α	Schaufelwinkel im Absolutsystem auf einer Stromfläche (Grad; °)
α	Erweiterungswinkel im Diffusor in radialer Ebene (Grad; °)
β	Schaufelwinkel im Relativsystem auf einer Stromfläche (Grad; °)
β	Erweiterungswinkel im Diffusor in der Breite (Grad; °)
γ	Erweiterungswinkel von konischen Diffusoren (Grad; °)
γ	Winkel zwischen Stromfläche und Radialschnitt (Grad; °)
ε	äquivalenter Erweiterungswinkel im Diffusor (Grad; °)
ε	Versatzwinkel im Sauggehäuse (Grad; °)
ε	Rauheitserhebung (Oberfläche) (μm)
λ	Maßstabsfaktor
ρ	Krümmungsradius (m; mm)
σ	Schaufelstärke auf Stromfläche, gemessen auf Parallelkreis (mm)
κ	Winkel zwischen Schaufelfläche und Zylinderschnitt („Rake“) (Grad; °)
φ	Entwicklungswinkel (Zentriwinkel) (Grad; °)

C. Kopfzeichen

*	vorläufig; Richtwert
*	auf Flächenschwerpunkt bezogen
'	theoretischer, ideeller Wert
–	Mittelwert

D. Fußzeichen

A	Atmosphäre, Umgebung
A	die Pumpenanlage betreffend
a	äußere Stromlinie
a	die Austauschvorgänge betreffend
av	verfügbar (available)
D	Diffusor
D	Pumpenaustritt (Druckstutzen)
d	auf Schaufeldruckfläche bezogen
DS	Deckscheibe

E	Pumpeneintritt (Saugstutzen)
e	mittlere Stromlinie
EK	Entlastungskolben
ES	Entlastungsscheibe
FKW	Festkörperwirbel
G	Gehäuse
h	hydrodynamisch (hydraulisch)
i	die innere Arbeit (Leistung) betreffend
j	innere Stromlinie
L	auf Leitapparat bezogen
m	auf Meridianebene bezogen
m	mechanisch
max	maximal
min	minimal
N	die Laufradnabe betreffend
N	Nenn(drehzahl)
n	Zählgröße
ND	Nachdrossel
opt	im Bestpunkt
P	auf Pumpe bezogen
p	auf „Spalt" (Stelle zwischen Laufrad und Leitapparat am Laufraddurchmesser) bezogen
R	die Rückführung betreffend
R	In radialer Richtung
R	Reibung
RSR	Radseitenraum
S	Schwerpunkt (einer Flächen)
s	auf Schaufelsaugfläche bezogen
s	Laufradsaugmund
Sch	Schaufel (Y_{Sch})
Sk	Skelettfläche; Skelettlinie
Sp	Spalt
Sp	Spirale
St	Staupunkt am Schaufeleintritt bzw. an der Spiralzunge
st	unter Stoß
stfr	stoßfrei
T	auf Turbine bezogen
t	Temperatur
th	theoretisch
TS	Tragscheibe
U	auf Laufrad bezogen (umlaufend)
u	auf Umfang bezogen
V	Verlust
VD	Vordrossel

x	veränderlicher Wert
Z	auf hydrodynamische Verluste bezogen
v	volumetrisch
0	bei Nullförderung ($V = 0$)
0	Stelle der ungestört gedachten Strömung unmittelbar vor Schaufelsaugkante
1	Stelle der schaufelkongruenten Strömung im Schaufelkanal unmittelbar hinter der Schaufelsaugkante des Laufrades
2	Stelle der schaufelkongruenten Strömung im Schaufelkanal unmittelbar vor der Schaufeldruckkante des Laufrades
3	Stelle der ungestört gedachten Strömung unmittelbar hinter der Schaufeldruckkante des Laufrades
4	Stelle am Leitapparateintritt (Leitschaufel oder Spiralzunge)
5	Stelle am Leitraddiffusor unmittelbar vor der Austrittskante
6	Stelle am Leitraddiffusor unmittelbar hinter der Austrittskante
7	Stelle der ungestört gedachten Strömung unmittelbar vor der Rückführbeschaufelung
8	Stelle unmittelbar hinter dem Rückführschaufelkanal-Eintritt
9	Stelle am Rückführschaufelkanal-Austritt
∞	bei gedachter unendlich großer Schaufelzahl
∞	Mittelwert (Relativströmung)

Weitere Symbole und Indices von lokaler Bedeutung werden an entsprechender Stelle erklärt

Kapitel 1
Einführung

Zur Förderung von Trinkwasser und zur Bewässerung von Feldern sind Pumpen bereits im Altertum bekannt. Meist handelte es sich dabei um Göpelwerke, die von Tier- oder Menschenkraft angetrieben wurden. Im späten Mittelalter wurden bereits Kolbenpumpen verwendet. Aus unserer Zivilisation sind Pumpen nicht mehr wegzudenken, wenngleich man sich in der Öffentlichkeit kaum Gedanken darüber macht, wieso das Wasser fließt, wenn man den Hahn aufdreht und wo das Abwasser bleibt. Es ist wahrscheinlich auch nur wenig bekannt, wo überall Pumpen im Einsatz sind.

Die Trink- und Abwasserförderung wurde mit Beginn der Industrialisierung Mitte des 19. Jahrhunderts zuerst mit dampfmaschinengetriebenen Verdrängerpumpen bewerkstelligt. Mit der Erfindung des höhertourigen Elektromotors gegen Ende des Jahrhunderts setzte sich in vielen Bereichen die Kreiselpumpe immer mehr durch. Diese ermöglichte bei wesentlich geringerem Bauaufwand die Förderung größter Volumenströme gegen immer höhere Drücke. So werden heute bei Kühlwasserpumpen Volumenströme von über 60 m^3/s und bei Kesselspeisepumpen Stufendrücke von bis zu ca. 70 bar verwirklicht.

Anfangs war die Anwendung der Kreiselpumpe auf die Förderung reiner Flüssigkeiten, d. h. hauptsächlich Wasser, beschränkt. Mit der Zeit wurde sie auf alle Medien ausgedehnt, die irgendwie fließfähig sind bzw. mit Hilfe von Flüssigkeiten transportiert werden können. Durch besondere hydrodynamische und konstruktive Konzeptionen ist es heute möglich, neben homogenen Flüssigkeiten unterschiedlichster Zähigkeit und Fließeigenschaften auch Zwei- und Dreiphasengemische, also feststoff- und gasbeladene Flüssigkeiten, zu fördern. So werden unter anderem Kies, Kohle, Erze, Kartoffeln, Fische, Zuckerrüben, Papierstoff und Abwasser mit Kreiselpumpen gefördert. Dehnt man den Begriff der Kreiselpumpe im PFLEIDERER'schen Sinne auch auf die Förderung von Gasen aus, so gelangt man in das Gebiet der pneumatischen Förderung, wo dann das Trägermedium gasförmig ist. Allgemein ist zu sagen, dass die Grenze bei der Gemischförderung von tropfbaren und gasförmigen Medien mit und ohne Feststoffanteil im Wesentlichen von den jeweiligen Konzentrationen abhängt.

W. Wesche, *Radiale Kreiselpumpen*,
DOI 10.1007/978-3-662-48912-3_1

An Pumpen für saubere Flüssigkeiten geringer Viskosität werden oft besondere Anforderungen bezüglich Kennlinienverlauf, Wirkungsgrad und Saugfähigkeit gestellt. Da diese Parameter wesentlich von der spezifischen Drehzahl – also vom Verhältnis von Drehzahl, Volumenstrom und Förderhöhe – abhängen, führt das zu Konstruktionen der Mehrstufigkeit bzw. der Mehrflutigkeit. Bei Mehrstufigkeit addiert sich die Gesamtförderhöhe aus den Förderhöhen der hintereinander angeordneten Stufen und bei Mehrflutigkeit fördern meist zwei (seltener bis vier) Laufräder parallel miteinander.

Der maximal erreichbare Wirkungsgrad ist außer von der spezifischen Drehzahl abhängig von der Baugröße einer Pumpe und vom Gesamtkonzept. Der Einfluss der spezifischen Drehzahl auf den Wirkungsgrad beruht auf dem Zusammenspiel von Leckage-, Scheibenreibungs- und hydrodynamischen Verlusten: bei niedrigen spezifischen Drehzahlen überwiegen die Leckage- und Scheibenreibungsverluste, bei höheren spezifischen Drehzahlen die hydrodynamischen Verluste, so dass sich bei mittlerer spezifischer Drehzahl ein Optimum ergibt. Mit der Baugröße nimmt die REYNOLDS-Zahl zu und die relative Rauheit der benetzten Oberflächen nimmt ab, was beides hauptsächlich die hydrodynamischen Verluste verringert. Mehrstufige Pumpen haben stets unvermeidbare Umführungsverluste zwischen den einzelnen Stufen. Dadurch erreichen sie selbst bei sorgfältiger Strömungsführung nie ganz den Wirkungsgrad einstufiger Pumpen gleicher spezifischer Drehzahl.

Bei der Feststoffförderung sind einerseits die Korngröße und andererseits das Verhältnis der Dichte der Feststoffe zur Dichte des Trägermediums und natürlich auch die Feststoffkonzentration von wesentlichem Einfluss. Je geringer die Korngröße und der Unterschied der Dichten, desto weniger neigen die Feststoffe zum Absetzen und desto mehr gleicht das Gemisch in seinem Förderverhalten einer homogenen Flüssigkeit. Dabei spielt auch die Strömungsgeschwindigkeit bzw. die REYNOLDS-Zahl eine wichtige Rolle, da die turbulente Strömung das Absetzen behindert.

Die Förderung von Suspensionen bildet daher prinzipiell keine besonderen hydrodynamischen Schwierigkeiten, hat aber wegen der meist mit ihr verbundenen Abrasionsgefahr zu besonderen Bauformen geführt (Beispiel: Förderung von Kalksuspensionen bei der Rauchgasentschwefelung).

Eine interessante Sonderstellung nimmt die Papierstoffförderung ein. Papierstoff hat die Eigenschaft, einer Querschnittsänderung, d. h. Formänderung, großen Widerstand entgegenzusetzen. Die Papierteilchen verhaken sich quasi und lassen sich daher nicht leicht gegeneinander verschieben. Papierstoff hat also eine große „innere" Zähigkeit bei Querschnitts-Einengungen. Dadurch neigt Papierstoff bei allmählicher Querschnittsabnahme zur Verstopfung infolge von Entwässerung. Es ist daher besser, Querschnitte auf kurzem Wege einzuschnüren. An Wandungen dagegen erzeugt Papierstoff vergleichsweise wenig Reibung, da sich hier durch Entwässerung eine laminare Grenzschicht aus Wasser ausbildet. In einer geraden zylindrischen Rohrleitung bewegt sich Papierstoff daher wie ein Pfropfen.

Daneben hat Papierstoff die Eigenschaft, an seinen Fasern große Mengen Luft in Form von kleinsten Bläschen anzulagern, die sich bei sinkendem Druck ausdehnen und sich dadurch vorzugsweise im Bereich der Laufradnabe ausscheiden und ansammeln und durch Versperrung der Querschnitte die Förderung beeinträchtigen können. Die Grenzen der Förderbarkeit von Papierstoff sind daher nicht primär durch die Stoffkonzentration, sondern eher durch den mit dieser verbundenen höheren Luftgehalt gegeben.

Bei der Abwasserförderung mittels Kreiselpumpen bildet die Verstopfungsgefahr das Hauptproblem. Abwässer können außer Fäkalien alle denkbaren Verunreinigungen wie Lumpen, Plastikfolien, Papier, Schnüre, Laub bzw. andere Pflanzenfasern, Holzstücke, Metallstreifen wie Draht usw. enthalten. Die Gefahr der Verstopfung besteht weniger darin, dass ankommende Feststoffe wegen ihrer Größe die freien Durchgänge blockieren, als vielmehr darin, dass sich Plastikfolien und andere fädige Bestandteile an den Eintrittskanten der Laufradschaufeln bzw. an der Gehäusezunge festsetzen und sich immer mehr aufbauen, bis die Förderung beeinträchtigt ist oder durch Blockage vollständig zum Erliegen kommt. An der Laufradnabe kann es daneben zur Zopfbildung kommen, die sich infolge von Rezirkulationen stromaufwärts weit in die Zulaufleitung erstrecken und letztlich ebenfalls zur Verstopfung führen kann.

Besonders anfällig bei der Abwasserförderung sind Propellerpumpen, die zwar wegen ihrer großen Schaufelabstände nicht direkt verstopfen, bei denen jedoch relativ geringe Ablagerungen auf den Schaufeln wegen der damit verbundenen hydrodynamischen Profilveränderungen bereits zu gravierenden Einbußen der Förderung, meist verbunden mit Geräuschentwicklung und erhöhter Leistungsaufnahme, führen. Radialräder sind in dieser Beziehung weniger empfindlich.

So haben die spezifischen Anforderungen zur Entwicklung sehr unterschiedlicher Konzeptionen geführt.

Bei Kreiselpumpen besteht eine ausgeprägte Abhängigkeit der einzelnen Fördergrößen von einander. Durch Änderung des Gegendruckes, etwa durch Drosselung, ändert sich der Volumenstrom, und mit diesem ändern sich die Strömungszustände in der Pumpe, von denen wiederum die Leistungsaufnahme und der Wirkungsgrad sowie das Saugverhalten und andere sekundäre Eigenschaften abhängen. Im Allgemeinen wird das Förderverhalten einer Kreiselpumpe in einem Schaubild – den sogenannten Drosselkurven – dargestellt, in welchem die Abhängigkeit der einzelnen Größen über dem Volumenstrom bei konstanter Drehzahl ersichtlich ist (Abb. 2.2).

Kreiselpumpen werden – gegebenenfalls unter Berücksichtigung besonderer Anforderungen – generell für den sogenannten Bestpunkt, d. h. für den Volumenstrom besten Wirkungsgrades ausgelegt und berechnet.

Kapitel 2
Strömungstechnische Grundlagen

2.1 Allgemeines

Pumpen haben die Aufgabe, Flüssigkeiten (oder Gase) aus einem Zustand niedriger Energie in einen Zustand höherer Energie zu versetzen. Einem pumpbaren Medium (Fluid) wird dabei Energie zugeführt durch Umwandlung mechanischer Energie in potenzielle Energie, d. h., überwiegend in Druckenergie.

Die wichtigsten Leistungsdaten einer Pumpe sind der Volumenstrom, die erzeugte nutzbare Energiedifferenz zwischen Ein- und Austrittsstutzen und die dazu benötigte Kupplungsleistung. Der Volumenstrom ist definiert als das in der Zeiteinheit geförderte nutzbare Volumen, das am Druckstutzen zur Verfügung steht. Unter der Kupplungsleistung versteht man die mechanische Leistung, die an der Pumpenwelle erforderlich ist, um die hydrodynamische Leistung zu erzeugen; sie unterscheidet sich von jener um die bei der Energieumwandlung auftretenden Verluste. Die Energiedifferenz, die als Förderhöhe bzw. spezifische Förderarbeit bezeichnet wird, ist definiert als die Summe aus der geodätischen Höhendifferenz $(z_D - z_E)$, der Differenz der Geschwindigkeitsenergien $({c_D}^2 - {c_E}^2)$ und der isentropen Enthalpiezunahme $({h_D}' - h_E)$, jeweils zwischen Ein- und Austrittsstutzen. Mit den Enthalpien muss gerechnet werden, wenn die Kompressibilität des Fördermediums nicht außer Acht gelassen werden kann, wie z. B. bei Kesselspeisepumpen mit sehr hohen Drücken und Temperaturen und bei der Förderung von Gasen bzw. von Gas-Flüssigkeits-Gemischen. Allgemein gilt für die Förderhöhe

$$H = (z_D - z_E) + \frac{1}{2g}\left({c_D}^2 - {c_E}^2\right) + \frac{1}{g}({h_D}' - h_E) \tag{2.1}$$

bzw. für die spezifische Förderarbeit

$$Y = g(z_D - z_E) + \frac{1}{2}\left({c_D}^2 - {c_E}^2\right) + ({h_D}' - h_E). \tag{2.2}$$

W. Wesche, *Radiale Kreiselpumpen*,
DOI 10.1007/978-3-662-48912-3_2

Hierzu Abb. 2.1. Ein sehr geringer, meist vernachlässigbarer Fehler tritt auf, wenn anstatt der Enthalpiedifferenz die Druckdifferenz und die mittlere Dichte $\rho_m = (\rho_E + \rho_D)/2$ eingesetzt werden. Dann ist

$$H = (z_D - z_E) + \frac{1}{2g}\left({c_D}^2 - {c_E}^2\right) + \frac{1}{\rho_m g}(p_D - p_E) \tag{2.3}$$

bzw.

$$Y = g(z_D - z_E) + \frac{1}{2}\left({c_D}^2 - {c_E}^2\right) + \frac{1}{\rho_m}(p_D - p_E) \tag{2.4}$$

Bei Annahme konstanter Dichte, d. h. meist bei geringen Förderhöhen, entfällt die Mittelwertbildung in Gln. (2.3) und (2.4).

Die Förderhöhe einer Pumpe ist unabhängig von der Dichte des Fördermediums. Sie ändert sich jedoch mit dem Schwerefeld und ist daher – streng genommen – auch auf der Erde nicht überall gleich. Die spezifische Förderarbeit Y ist dagegen sowohl unabhängig von der Dichte des Fördermediums als auch von der Fallbeschleunigung, was jedoch bei der überwiegenden Zahl der Anwendungen keine Rolle spielt, weshalb meist der Begriff der Förderhöhe verwendet wird.

Anmerkung: Im Folgenden werden Energiegleichungen nur mit der Energiehöhe angeschrieben. Die Umrechnung auf die entsprechende spezifische Förderarbeit ist mit $Y_x = g\,H_x$ vorzunehmen.

Anders als bei Verdrängerpumpen, bei denen der Volumenstrom bei konstanter Drehzahl praktisch unabhängig vom Gegendruck ist (Abb. 2.3a), besteht bei Kreiselpumpen eine ausgeprägte Abhängigkeit zwischen Förderhöhe (spezifischer Förderarbeit) und Volumenstrom, die aus der Drosselkurve $H = H(V)$ bzw. $Y = Y(V)$

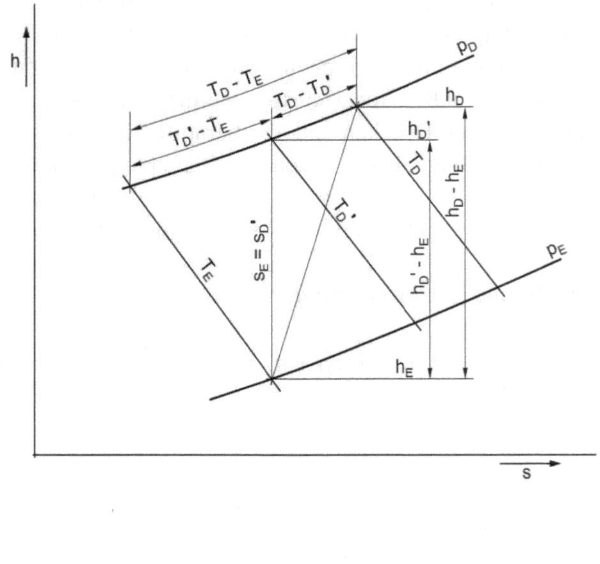

Abb. 2.1 Enthalpie-Entropiediagramm

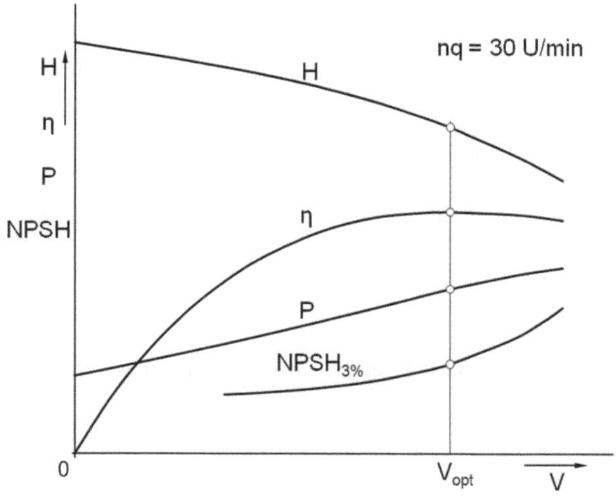

Abb. 2.2 Drosselkurven einer Kreiselpumpe bei konstanter Drehzahl

hervorgeht. Jedem Volumenstrom ist bei gegebener Drehzahl eine bestimmte Förderhöhe (spezifische Förderarbeit) zugeordnet, so dass sich der Förderstrom entsprechend dem vom System aufgeprägten „Gegendruck" einstellt. Die Förderung wird also durch den Gegendruck bestimmt. Hierzu Abb. 2.3b, der Betriebspunkt verlagert sich auf der Anlagenkennlinie von A_1 nach A_2.

Der Förderstrom einer Verdrängerpumpe dagegen ist quasi drehzahlproportional. Der Förderdruck steigt dabei so weit an, wie es der Gegendruck erfordert. Das kann zu unzulässig hohen Drücken bzw. mechanischen Belastungen führen, weshalb Verdrängerpumpen vor Überschreitung eines zulässigen Druckes gesichert werden müssen. Bei einer Kreiselpumpe kann ein bestimmter Druck nicht überschritten werden. Das unterschiedliche Förderverhalten von Kreisel- und Verdrängerpumpen ist aus Abb. 2.3 ersichtlich. Der bei der Verdrängerpumpe nicht exakt konstante Volumenstrom in Abhängigkeit vom Förderdruck erklärt sich durch Leckageverluste und gegebenenfalls durch Kompression des Fördermediums.

Der wesentliche Aufbau von Kreiselpumpen ist in Abb. 2.4 am Beispiel einer einstufigen Spiralgehäusepumpe und in Abb. 2.5 einer mehrstufigen Leitradpumpe in Gliederbauart dargestellt. Im Prinzip ist allen Kreiselpumpen gemein der Eintrittsstutzen, das beschaufelte Laufrad, die Leitvorrichtung, die als Leitring, beschaufeltes Leitrad, Spirale oder einfacher Sammelraum ausgebildet sein kann und der Druckstutzen. Das Laufrad sitzt fest auf der Antriebswelle, die – abgesehen von Sonderbauformen mit innenliegendem Antrieb wie z. B. Nassläufermotoren, Magnetantrieb – durch das Gehäuse nach außen geführt ist und ein- oder beidseitig gelagert sein kann. Der Druckraum hinter dem Laufrad ist vom Raum niedrigeren Druckes vor dem Laufrad durch einen oder mehrere enge Spalte getrennt. Äußerlich können Pumpen natürlich je nach Einsatzzweck sehr

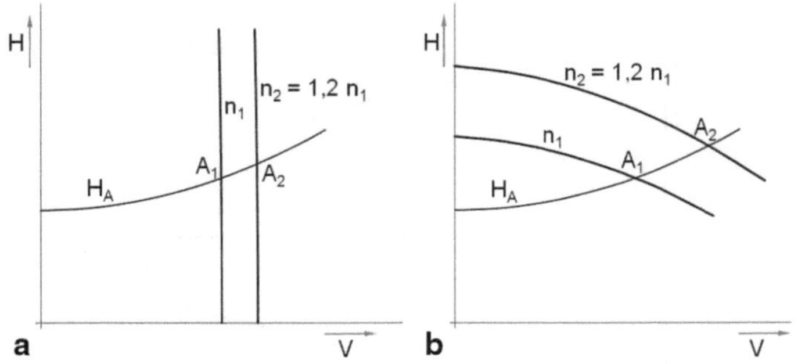

Abb. 2.3 Förderverhalten von Verdränger- und Kreiselpumpe. **a** Verdrängerpumpe, **b** Kreiselpumpe

Abb. 2.4 Einstufige Kreiselpumpe mit einseitiger Lagerung und Doppelspirale (DÜCHTING)

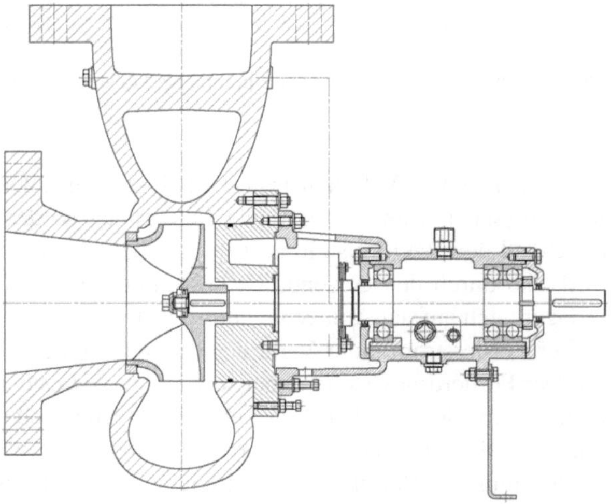

unterschiedlich aussehen. So zeigt Abb. 2.6 Spezialpumpen zur Rauchgasentschwefelung, deren fördergutberührte Bauteile zum Schutz gegen Erosion aus Mineralguss bestehen. Aber grundsätzlich strömt das Fördermedium – vom Saug- oder Eintrittsstutzen kommend – durch den „Saugmund" in das rotierende Laufrad ein, in welchem es mit Energie beladen wird, verlässt das Laufrad auf der Druckseite, durchströmt unter Verzögerung den Leitapparat und verlässt die Pumpe durch den Druck- oder Austrittsstutzen bzw. wird – bei mehrstufigen Pumpen – mittels einer Rückführeinrichtung in die nächste Stufe geleitet.

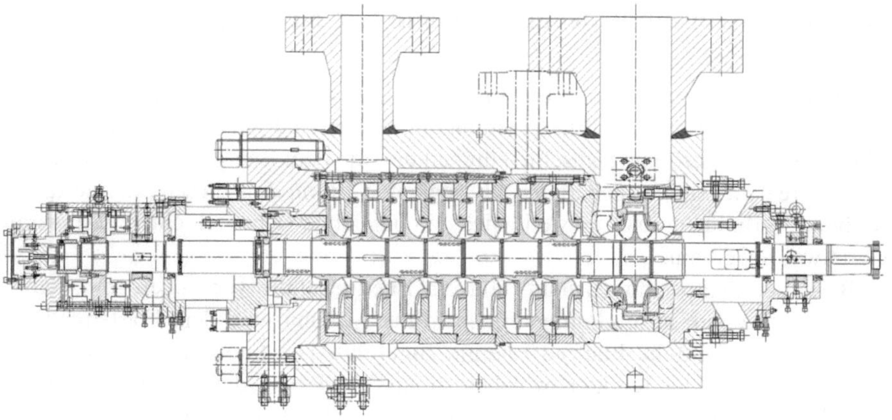

Abb. 2.5 Schwere 8-stufige Kesselspeisepumpe in Topfbauweise mit zweiflutiger erster Stufe und Axialschubausgleich durch Kolben und Axiallager (SULZER)

Abb. 2.6 Wäscherpumpen zur Rauchgasentschwefelung in einem Braunkohlekraftwerk. $V = 13.750\ m^3/h$, $H = 24$ m, $n = 430$ U/min (DÜCHTING)

2.2 Der Strömungsmechanismus in der Kreiselpumpe

Ein Fließvorgang setzt immer ein Energiegefälle voraus. Ist ein solches vorhanden, stellt sich nach dem Energieerhaltungssatz bei der idealen, reibungsfreien Flüssigkeit eine Strömungsgeschwindigkeit ein, die dem Energiegefälle entspricht. Bei der realen, reibungsbehafteten Flüssigkeit wird ein Teil dieser Energie durch Reibung verbraucht und es stellt sich ein Gleichgewicht bei einer geringeren Geschwindigkeit ein.

Bei einer Pumpe muss zulaufseitig ein Energiegefälle vorhanden sein, damit das Fördermedium in die Pumpe hineinströmt. Alsdann wird dem Fördermedium durch das beschaufelte Laufrad Energie zugeführt. Die Laufradschaufeln bilden ein rotierendes Schaufelgitter, welches so ausgebildet ist, dass es eine Kraft auf das Fluid ausübt und dessen Impulsmoment vergrößert. Die Energieübertragung auf das Fluid hat dabei im Laufrad sowohl eine Druckzunahme als auch eine Zunahme der Absolutgeschwindigkeit zur Folge. Bei sog. Radial- und Halbaxialrädern setzt sich die Druckzunahme zusammen aus einem Anteil, der aus der Fliehkraft resultiert und einem Anteil durch Verzögerung der Relativströmung im rotierenden Schaufelgitter. Bei rein axial durchströmten Laufrädern – den sogenannten Axialrädern – entfällt der Fliehkraftanteil; die Druckzunahme im Laufrad erfolgt also nur durch Verzögerung der Relativgeschwindigkeit im Schaufelgitter. Dem Laufrad ist in der Regel ein Leitapparat nachgeschaltet, in welchem die im Laufrad erzeugte kinetische Energie durch Verzögerung zum größten Teil in Druckenergie umgewandelt wird. Hinter der Pumpe muss wiederum ein Energiegefälle vorhanden sein, um das Abströmen in der Druckleitung zu ermöglichen. Die Strömungsverluste im gesamten System müssen von der Pumpe mit aufgebracht werden. Als pumpenspezifische Verluste gelten jedoch lediglich die Verluste zwischen Ein- und Austrittsstutzen. Die Energiebilanz auf dem Weg durch eine Kreiselpumpe ist schematisch in Abb. 2.7 dargestellt.

Beim Einströmen des Fördermediums in die Laufradkanäle einer Kreiselpumpe tritt generell eine Druckabsenkung auf, die jedoch eine andere Ursache hat als das vorerwähnte Energiegefälle, das zur Aufrechterhaltung der Strömung erforderlich ist. Diese Druckabsenkung ist vielmehr bedingt durch die endliche Anzahl der Laufradschaufeln und ist primär kein Energieverlust. Sie entsteht bei der Anströmung der Schaufelprofile und ist bei der Energieübertragung mittels einer endlichen Anzahl von Schaufeln Voraussetzung für den Aufbau einer Druckdifferenz zwischen Schaufeldruck- und -saugfläche, wie das vom Tragflügelprofil her bekannt ist. Bei gedachter unendlich großer Schaufelzahl, von der die Stromfadentheorie ausgeht, wäre diese Druckabsenkung nicht vorhanden, da die Schaufelbelastung wegen der dann unendlich großen gesamten Schaufelfläche null wäre und somit eine Druckdifferenz an den Schaufelflächen weder erforderlich noch vorhanden wäre. Da in diesem hypothetischen Fall außerdem die Schaufelstärke null wäre, träte auch keine Druckabsenkung durch Beschleunigung infolge Querschnittsverengung auf.

Die Unterdruckspitze am Schaufeleintritt stellt insofern ein Problem dar, als sie die Einsatzmöglichkeiten von Kreiselpumpen einschränkt. Wenn nämlich der Druck auf der Eintrittsseite der Pumpe so weit absinkt, dass an einer Stelle

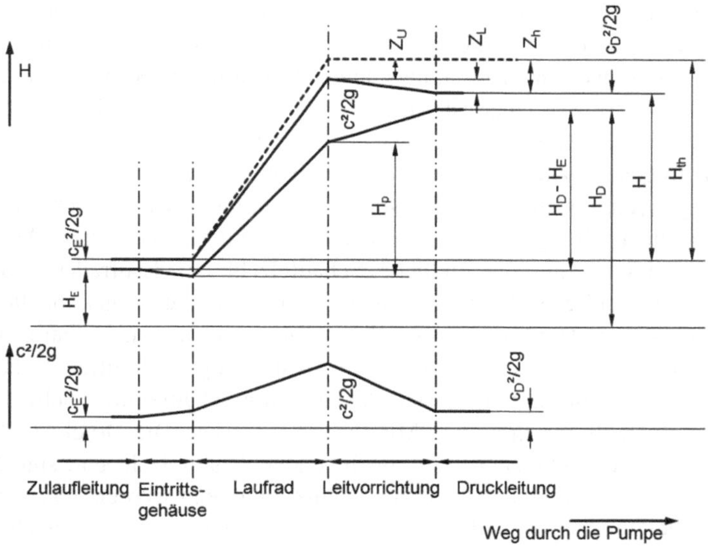

Abb. 2.7 Energiebilanz der Kreiselpumpe

des Schaufeleintritts der Dampfdruck erreicht wird, tritt teilweise Verdampfung des Fördermediums auf, die je nach Ausmaß die Schaufelkanäle versperren und dadurch die Förderung beeinträchtigen kann. Man nennt diese Art der Verdampfung wegen der damit verbundenen Hohlraumbildung Kavitation. Im weiteren Verlauf der Strömung durch die Schaufelkanäle bei wieder zunehmendem Druck verschwinden die Dampfblasen wieder. Bei diesem sich meist schlagartig vollziehenden Vorgang treten zum Teil hohe Implosionskräfte auf, die die Materialfestigkeit der Bauteile überschreiten können. Daher kann Kavitation eine Gefährdung der Pumpe darstellen, d. h. man muss Kreiselpumpen stets so betreiben, dass ein unzulässiges Maß an Kavitation vermieden wird. Bezüglich Kavitation s. Kap. 3.4.

Die Geometrie des Laufradeintrittes kann nur für einen bestimmten Volumenstrom optimal ausgelegt werden. Das ist normalerweise der „Bestpunkt" der Pumpe, bei besonderen Anforderungen auch ein davon verschiedener Volumenstrom. Bei von diesem Auslegungsvolumenstrom abweichendem Betrieb werden die Laufradschaufeln gemäß Abb. 3.7 und 3.8 nicht mehr optimal angeströmt, sondern mit von dieser Anströmung abweichenden Richtungen. An diese oft als „Stoß" bezeichnete Fehlanströmung passt sich die Absolutströmung bereits vor dem Eintritt ins Laufrad nach dem Prinzip des kleinsten Zwanges an, indem sie die Anströmrichtung so ändert, dass die resultierende Relativgeschwindigkeit besser zur Schaufelgeometrie passt. Bei Teillast bedeutet das eine Verzögerung und bei Überlast eine Beschleunigung der Relativströmung. Die erforderliche Verzögerung bei Teillast kann von der Strömung nur bis zu einer bestimmten Grenze vollzogen werden. Darüber hinaus löst die Strömung ab und es tritt – beginnend am äußeren Eintrittsdurchmesser – zunehmend Rückströmung, sogenannte „Rezirkulation", ein, die einen Teil des Eintrittsquerschnittes so versperrt, dass im verbleibenden Querschnitt die Anströmbedingungen verbessert werden. Die Rezirkulation stellt einen Ringwirbel dar, der von der Laufradbeschaufelung gespeist wird und sich je nach Intensität unterschiedlich weit in den Strömungsraum vorm Laufrad verlagert. Bei Überlast muss die Relativgeschwindigkeit beschleunigt werden, was keine weiteren Reaktionen der Strömung zur Folge hat.

In den folgenden Abschnitten wird von der eindimensionalen Stromfadentheorie ausgegangen, der die Annahme stationärer umfangssymmetrischer Strömung zu Grunde liegt. Bei genauerer kritischer Betrachtung muss diese Vorstellung verlassen werden, denn die endliche Schaufelzahl des Laufrades bedingt im Absolutsystem zeitliche Druckschwankungen und mit diesen gekoppelte Durchflussschwankungen. Die Flüssigkeitsteilchen folgen nur in unmittelbarer Nähe der Schaufeln deren Verlauf, so dass sie bei der Anströmung des Laufrades und bei der Abströmung aus dem Laufrad je nach Position zum Schaufelgitter Schwankungen in Richtung und Betrag um einen Mittelwert aufweisen. Die Druck- und Durchflussschwankungen nehmen zu mit abnehmender Schaufelzahl und sind bei Einschaufelrädern, wie sie in der Abwassertechnik eingesetzt werden, ganz erheblich. Aber auch bei üblichen Schaufelzahlen von drei bis sieben treten sie noch messbar in Erscheinung und müssen beachtet werden, z. B. bei sehr hohen Stufendrücken oder auch in der Papierindustrie bei Pumpen für den Stoffauflauf, wo besonders pulsationsarme Strömung verlangt wird. Trotz dieses Phänomens der instationären Förderung kann bei der Laufradauslegung zuverlässig mit gemittelten Werten der Geschwindigkeiten gerechnet werden. Auch scheinen die hydrodynamischen Verluste durch Verwirbelung und Vermischung relativ gering zu sein. Die Strömung vergleichmäßigt sich hinter dem Laufrad zwar relativ schnell, doch muss zur Vermeidung unzulässiger Übergeschwindigkeiten an den Leitschaufelspitzen bzw. an der Spiralzunge der nachgeschalteten Leitvorrichtung ein Mindestabstand eingehalten werden, der unter anderem von der Schaufelzahl des Laufrades und der Förderhöhe abhängt.

Nach dem Verlassen des Laufrades enthält die Strömung entsprechend dem unter Kap. 2.6 behandelten Reaktionsgrad noch einen erheblichen Anteil an kinetischer Energie, der bis auf einen für den Abtransport des Fluids notwendigen Rest von etwa $3 \div 7$ % der spezifischen Förderarbeit in der anschließenden Leitvorrichtung durch Verzögerung unter möglichst geringen Verlusten in Druckenergie umgewandelt werden muss. Die Strömung folgt dabei weitgehend den bekannten Gesetzen der Hydrodynamik. An die Leitvorrichtung schließt sich in der Regel ein Sammelraum an, der die Strömung zum Druckstutzen führt.

Je nach Bauart besteht die Leitvorrichtung aus einem beschaufelten Leitrad, einem unbeschaufelten Leitring oder einem Spiralgehäuse. Seltener werden auch Kombinationen von Leitrad bzw. Leitring mit Spiralgehäuse ausgeführt, wo das Spiralgehäuse dann die Funktion des Sammelraumes übernimmt. Anstelle des Spiralgehäuses werden aus fabrikatorischen Gründen oder wegen ihrer besonderen hydrodynamischen Eigenschaften auch konzentrische oder semikonzentrische Gehäuse eingesetzt. Mehrstufige Pumpen werden in Europa meist mit Leitrad und nachfolgender Umführung zur Folgestufe, außereuropäisch oft auch mit Spirale hinter jeder Stufe ausgeführt.

In einem beschaufelten Leitrad bilden die Schaufeln erweiterte Kanäle, die als Diffusoren arbeiten. Durch die Staffelung entsteht vor den eigentlichen Kanälen der sogenannte Schrägabschnitt. Schrägabschnitt und Diffusoreintritt werden so dimensioniert, dass im Berechnungspunkt die Strömung möglichst wenig beeinflusst in den Diffusor eintreten kann.

Der (unbeschaufelte) Leitring besteht aus zwei meist parallelen Wänden. Die Verzögerung der Strömung unter Druckzunahme beruht darauf, dass nach dem Flächensatz mit zunehmendem Abstand von der Achse die Umfangskomponente der Strömung abnimmt, wobei je nach Breitenverlauf auch die Meridiankomponente verzögert wird.

Bei einstufigen Pumpen besteht die Leitvorrichtung überwiegend aus einem Spiralgehäuse, dessen Form sich dadurch ergibt, dass sich seine Querschnitte über dem Umfang entsprechend dem Zuwachs des aus dem Laufrad austretenden Mediums erweitern. An die Spirale schließt sich der meist konische Druckstutzen an, in welchem die Strömung auf ähnliche Werte wie im Diffusor eines Leitrades verzögert wird. In Funktion und Wirkungsweise ist die Spirale dem beschaufelten Leitrad gleich: Die Strömung unterliegt den gleichen hydrodynamischen Gesetzmäßigkeiten und die Berechnung wird nach den gleichen Gesichtspunkten durchgeführt. Der spiralige Sammelraum entspricht dem Schrägabschnitt und der Druckstutzen dem Diffusorkanal des Leitrades. Man kann die Spirale daher gewissermaßen als ein- oder (bei Doppelspiralen) zweischaufliges Leitrad auffassen. Anstelle von Spiralgehäusen verwendet man gelegentlich konzentrische oder semikonzentrische Sammelgehäuse. Diese Ausführungen liefern zwar durchweg etwas geringere Wirkungsgrade, kommen aber wegen ihrer Einfachheit oder auch ihrer besonderen hydrodynamischen Eigenschaften immer wieder zur Anwendung.

Alle Leitapparate – auch der schaufellose Leitring – haben die Eigenheit, dass sie nur für einen bestimmten Förderstrom optimal ausgelegt werden können. Denn bis auf wenige Ausnahmen (z. B. Pumpturbinen) ist die Leitvorrichtung fest, d. h. nicht regelbar. Bei den im Kreiselpumpenbau üblichen Laufradaustrittswinkeln von 15° bis 40° ergibt sich, dass sich mit abnehmender Förderung die Absolutgeschwindigkeit c_3 hinter dem Laufrad vergrößert und umgekehrt bei zunehmender Förderung verkleinert, wie am Austrittsdreieck in Abb. 2.11 ersichtlich. Aus der Kontinuitätsbedingung ergibt sich jedoch, dass in den Querschnitten des Leitapparates die Geschwindigkeit c_4 proportional dem Volumenstrom sein muss. Daraus folgt, dass bei Teillast der Leitapparat zu groß und bei Überlast zu klein bemessen ist. Hierzu Abb. 2.8. Die Strömung muss sich an diese Gegebenheiten anpassen. Das geschieht im Schrägabschnitt des Leitrades bzw. im Spiralteil des Gehäuses. Bei Teillast verzögert sich die Strömung so weit, dass sie die Kontinuitätsbedingung für den Eintritt in die „Rohrdiffusoren“ der Leitradkanäle bzw. des Druckstutzens der Spirale erfüllt. Bei Überlast dagegen beschleunigt sie sich aus dem gleichen Grunde.

Im Bereich des Berechnungsvolumenstromes verhält sich die Strömung nahezu wie diejenige einer idealen Flüssigkeit. Sie ist rückwirkungsfrei und wohlgeordnet und gehorcht weitestgehend den bekannten Strömungsgesetzen wie z. B. der BERNOULLI-Gleichung. Die Verzögerung bei leichter Teillast ist denn zunächst

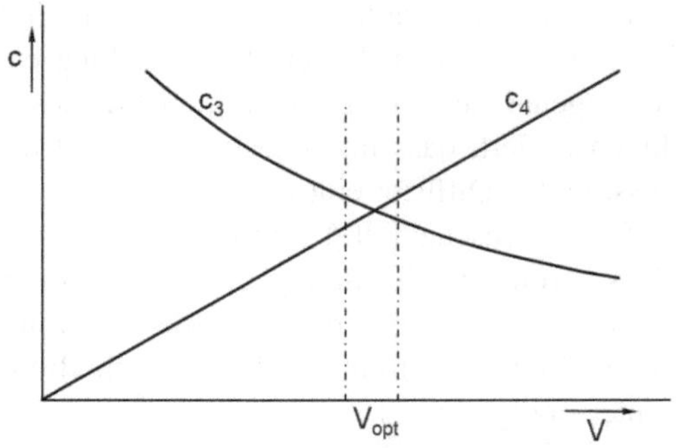

Abb. 2.8 Austrittsgeschwindigkeit aus dem Laufrad c_3 und Eintrittsgeschwindigkeit in den Leitapparat c_4, abhängig vom Fördergrad

auch relativ verlustarm; der Schrägabschnitt wirkt als „Staudiffusor“. Ähnlich wie beim Laufradeintritt ist diese verlustarme Verzögerung jedoch begrenzt, so dass bei zunehmender Teillast Strömungsablösung einsetzt. Das ist etwa ab dem Verzögerungsverhältnis $c_4/c_3 = 0{,}5$ der Fall. Das Strömungsmuster ändert sich dabei grundlegend: die Strömung wird „vollturbulent“ und ist nicht mehr rückwirkungsfrei. Das Medium wird vom Leitapparat, der als Hindernis wirkt, abgebremst und vom Laufrad wie von einem „Quirl“ in Rotation versetzt, also wieder mit Energie beladen. Die dazu notwendige an der Welle zusätzlich aufzubringende Leistung ist die Austauschleistung. Die Verzögerung der Absolutgeschwindigkeit auf die Eintrittsbedingungen der Leitschaufelkanäle bzw. des Druckstutzens der Spirale vollzieht sich im vollturbulenten Bereich nur noch unter Verlust durch Verwirbelung und Rückströmung. Die mittlere Absolutgeschwindigkeit hinter dem Laufrad ergibt sich nicht mehr aus dem Geschwindigkeitsdreieck, sondern resultiert aus der Bremswirkung des Leitapparates und der Antriebswirkung des Laufrades. Der statische Druck beim Eintritt in die Rohrdiffusoren des Leitapparates lässt sich nicht mehr nach BERNOULLI berechnen, sondern entspricht etwa dem Staudruck der mittleren Absolutgeschwindigkeit hinter dem Laufrad. Bei Überlast treten diese Erscheinungen nicht auf, da die Strömung beim Übergang in den Leitapparat stets beschleunigt ist und beschleunigte Strömungen wegen des negativen Druckgradienten nicht ablösungsgefährdet sind.

Der Übergang von der wohlgeordneten zur vollturbulenten Strömung vollzieht sich bei Spiralgehäusen meist kontinuierlich. Bei beschaufelten Leiträdern kann der Übergang sprunghaft sein und es können die verschiedensten Strömungsmuster auftreten. Da die einzelnen Leitschaufeln und auch die Strömung über dem Umfang nie absolut gleich sind, treten Ablösungen zunächst an einzelnen „bevorzugten“ Schaufeln auf, wobei die Ablösungen auch zwischen einzelnen Schaufeln oder Schaufelgruppen hin und her springen können, was sich neben Pulsationen in unterschiedlichen Förderhöhen bei gleichem Volumenstrom bis zu Hysterese-Erscheinungen äußern kann. Bei vermutlich nur gering gestörter Umfangssymmetrie treten oft auch umlaufende Ablösungsgebiete – sog. „rotating stall“ – auf, die mit kleinerer Winkelgeschwindigkeit als das Laufrad umlaufen. Einzelne Leitradkanäle arbeiten dadurch periodisch normal, da sie auf Kosten anderer Kanäle besser angeströmt werden. Dieser Zustand ist jedoch nicht stabil, wodurch es zu periodisch wechselnden Strömungszuständen kommen kann. Wenn sich die vollturbulente Strömung mit fortschreitender Teillast immer mehr ausbildet, verschwinden die verschiedensten Strömungsmuster meist wieder und die Strömung stabilisiert sich. Alle diese bei Teillast auftretenden Erscheinungen der Instabilität infolge von Strömungsablösungen können erhöhte Druckpulsationen und instationäre Kräfte auf die Welle zur Folge haben.

Im schaufellosen Leitring, der meist als parallelwandiger Ringdiffusor ausgebildet ist, läuft der Vorgang auf ähnliche Weise ab. Zwar bremsen nicht Leitschaufeln bzw. Spiralzungen die Rotation der Strömung, sondern dies geschieht hauptsächlich durch die bei Teillast zunehmende Reibung an den Diffusorwänden, was wiederum seine Ursache darin hat, dass die Strombahnen und damit der Reibungsweg verlängert werden, wenn sich mit abnehmender Förderung der Strömungswinkel der Absolutströmung verkleinert. Auch hier können sich instabile Strömungszustände ausbilden, die zu umlaufende Ablösungen oder sprunghaften Förderhöhenänderungen führen können. Die Bremswirkung auf die Strömung hat bei schaufellosen Leitringen etwa die gleiche Größenordnung wie beim beschaufelten Leitrad oder bei der Spirale.

Damit lässt sich die Entstehung und das Wesen der Austauschleistung erklären. Die Austauschleistung ist als Verlust zu werten. Sie erfordert nicht nur ein zusätzliches Drehmoment an der Welle, sondern durch sie wird sogar ein Teil der spezifischen Schaufelarbeit vernichtet. Dies erklärt die allgemeine Beobachtung, dass bei Kombination eines Laufrades mit verschiedenen Leitapparaten stets ein höherer Leistungsbedarf bei Schwachlast mit einer geringeren Förderhöhe einhergeht, wie aus Abb. 2.9 ersichtlich.

Abb. 2.9 Abhängigkeit der Austauschleistung vom Leitapparat

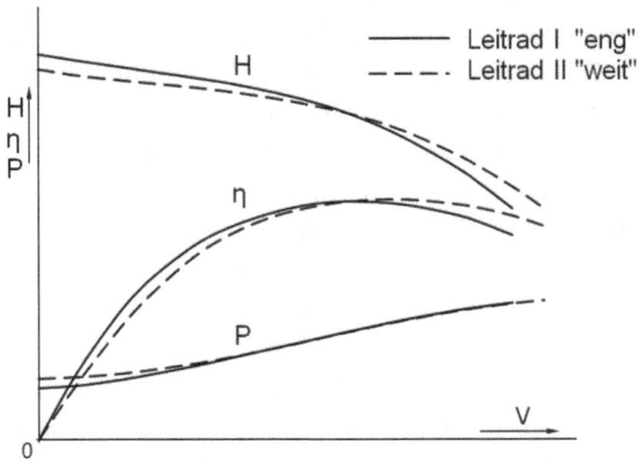

2.3 Eindimensionale Stromfadentheorie

Für das Verständnis des Strömungsmechanismus' in der Pumpe und für die praktischen Anwendung haben sich die vereinfachenden Annahmen nach der eindimensionalen Stromfadentheorie, die zugleich die älteste ist, als sehr brauchbar erwiesen, so dass diese auch heute noch als Grundlage dienen kann. Die Hauptströmung wird dabei als stationär und frei von Sekundärströmungen betrachtet. Die Flüssigkeitsteilchen bewegen sich auf rotationssymmetrischen Stromflächen, durch die hindurch kein Impulsaustausch stattfindet.

In neuerer Zeit gewinnt die numerische Strömungsberechnung zunehmend an Bedeutung. Schieden entsprechende Berechnungsverfahren früher aus Gründen des Rechenaufwands aus, so bieten heute leistungsfähige Rechner die Möglichkeit, die dreidimensionalen NAVIER-STOKES-Gleichungen auch von komplizierten Bauteilen, wie sie z. B. durch Laufräder mit räumlich gekrümmten Schaufeln repräsentiert werden, mit akzeptablem zeitlichem Aufwand zu lösen. Die numerische Strömungsberechnung kann aber immer erst auf einen bereits vorliegenden hydraulischen Entwurf angewendet werden, um diesen durch gezieltes Probieren zu optimieren. Um einen „ersten" Entwurf zu erstellen, wird daher nach wie vor meist nach der eindimensionalen Stromfadentheorie verfahren.

Bei Schaufelgittern, bei denen durch Überdeckung der Schaufeln definierte Strömungskanäle gebildet werden, geht man beim ersten Entwurf von der Kanalvorstellung mit schaufelkongruenter Strömung aus, die sich einstellen würde, wenn das Laufrad unendlich viele – dann natürlich unendlich dünne – Schaufeln aufwiese. Die Strömung würde sich dabei exakt nach dem Schaufelverlauf ausrichten. Die tatsächliche Strömung in einem Laufrad mit endlicher Schaufelzahl folgt jedoch nicht exakt dem Schaufelverlauf. Die Strömung wird stets weniger umgelenkt als es die Schaufelkrümmung vorgibt. Diese aber dennoch verhältnismäßig geringe Minderumlenkung, die sich in einer verminderten Arbeitsübertragung äußert und primär keinen Verlust darstellt, wird durch empirisch gewonnene Korrekturfaktoren berücksichtigt. Schaufelgitter, die unter diese Betrachtung fallen, findet man in sogenannten Radial- und halbaxialen Laufrädern. Die Erfassung der Minderleistung für solche Räder ist ziemlich sicher.

Beschaufelungen von axialen Pumpenlaufrädern bestehen gewöhnlich aus Gittern mit weit auseinander stehenden Schaufeln ohne bzw. mit nur geringer Überdeckung, die praktisch keine Kanäle bilden. Hier geht man von der Tragflügeltheorie aus und berücksichtigt die verhältnismäßig geringe Abweichung der Strömung von derjenigen eines Einzelflügels auch wiederum durch geeignete Korrekturfaktoren. Die vereinfachenden Annahmen nach der eindimensionalen Stromfadentheorie treffen bei der Strömung durch Axialbeschaufelungen ähnlich gut zu wie bei Radialbeschaufelungen. Die Abweichungen wirken sich jedoch auf das Gesamtergebnis stärker aus und die Auslegung von Axialrädern ist daher etwas unsicherer als bei Radialrädern. Der Grund hierfür liegt hauptsächlich darin, dass bei Axialbeschaufelungen die Energieübertragung allein durch Strömungsumlenkung, d. h. durch Verzögerung erfolgt und der bei Radial- und Halbaxialrädern vorhandene, exakt erfassbare zentrifugale Anteil fehlt. Dadurch ist die Auslegung nach dieser Methode etwas unsicherer als bei Radialrädern.

2.4 Absolut- und Relativströmung

In der Kinematik unterscheidet man zwischen absoluter und relativer Bewegung. Wie eine Bewegung wahrgenommen wird, hängt vom Standort des Beobachters und vom Bezugssystem ab. Die Bewegung eines Körpers im System des Beobachters empfindet dieser als absolute Bewegung. Befindet sich dieses System nun seinerseits relativ zu einem anderen „ruhenden" System in Bewegung, so gilt in diesem ruhenden System die vom mitfahrenden Beobachter als absolut empfundene Bewegung als relative Bewegung. Für die Beurteilung der auf das ruhende System bezogenen absoluten Bewegung muss die Bewegung des Relativ- oder Führungssystems berücksichtigt werden. Die Absolutgeschwindigkeit eines sich im Relativsystem bewegenden Körpers ergibt sich durch vektorielle Addition von Führungs- und Relativgeschwindigkeit.

Nach allgemeiner Konvention werden im Kreiselpumpenbau folgende Definitionen verwendet:

c Absolutgeschwindigkeit
u Führungsgeschwindigkeit (Umfangsgeschwindigkeit)
w Relativgeschwindigkeit
α Winkel im Absolutsystem (gemessen gegen die Umfangsrichtung)
β Winkel im Relativsystem (gemessen gegen die Umfangsrichtung)

In einer Strömungsmaschine stellt das rotierende Laufrad das Relativsystem dar. Die Geschwindigkeit der Absolutströmung im Laufrad setzt sich dabei zusammen aus der örtlichen Umfangsgeschwindigkeit des Rades und der Relativströmung, die sich aus der Geometrie der Schaufelkanäle ergibt. Wird zunächst noch an der Vorstellung der schaufelkongruenten Strömung festgehalten, entspricht die Relativgeschwindigkeit exakt dem Schaufelverlauf. Um im Laufradeintritt eine Anströmung der Schaufeln unter „Stoß" zu vermeiden, wird der Schaufeleintritt nach der Relativströmung ausgerichtet. In Abb. 2.10 ist die vektorielle Addition anhand der „Geschwindigkeitsdreiecke" ersichtlich. Abb. 2.11 zeigt die Geschwindigkeitsdreiecke von Ein- und Austritt bei veränderlichem Volumenstrom, ausgedrückt durch den Fördergrad q.

Man ersieht am eintrittsseitigen Geschwindigkeitsdreieck, dass der Zuströmwinkel der Absolutströmung α_0 vom Volumenstrom unabhängig ist. Dagegen ändert sich der Zuströmwinkel der Relativströmung β_0 und stimmt dadurch nur bei einem bestimmten Volumenstrom mit dem ausgeführten, nicht veränderlichen Schaufelwinkel überein. Die Schaufeln werden bei Teil- und Überlast unter Stoß

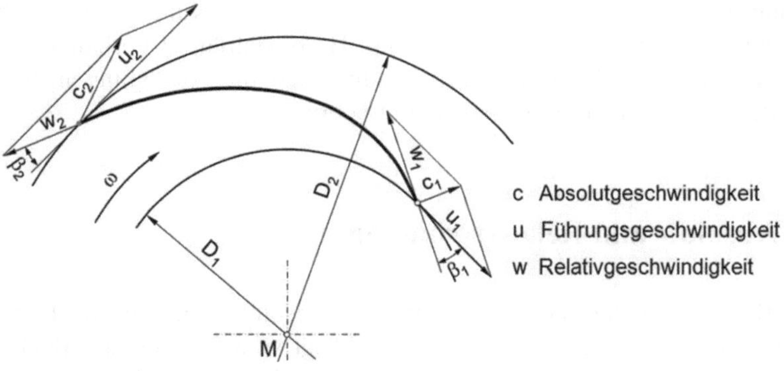

Abb. 2.10 Geschwindigkeiten im Laufrad

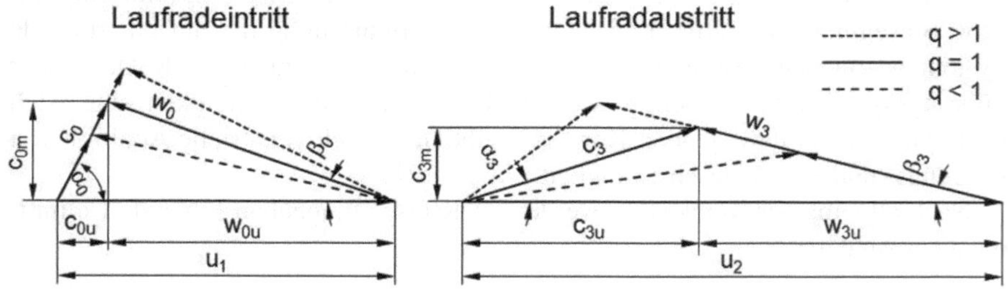

Abb. 2.11 Geschwindigkeitsdreiecke am Laufrad-Ein- und -Austritt abhängig vom Fördergrad

angeströmt. In der realen Strömung wird ein geringer Stoß zunächst ohne wesentliche Verluste ausgeglichen. Erst bei größeren Richtungsänderungen treten verlustbehaftete Strömungsablösungen auf.

Aus dem austrittsseitigen Geschwindigkeitsdreieck geht hervor, dass – im Gegensatz zum Laufradeintritt – der Winkel der Relativströmung β_3 bei Änderung des Volumenstromes praktisch unverändert bleibt und sich dagegen die Abströmrichtung α_3 der Absolutströmung mit dem Volumenstrom ändert. Dadurch tritt ein Stoß beim Eintritt in den Leitapparat auf. Auch hier erfolgt eine Anpassung der Strömung bis zu einem gewissen Grade bevor Ablösungen auftreten.

Nach [1] wird unterschieden einerseits zwischen den Strömungszuständen unmittelbar vor der Schaufeleintritts- und unmittelbar hinter der Schaufelaustrittskante, die idealisiert als homogen und ungestört angesehen werden (Bezugspunkte 0 und 3 in Abb. 2.12a) und andererseits zwischen den Strömungszuständen unmittelbar nach Eintritt in den Schaufelkanal und unmittelbar vor Verlassen desselben, die dem Einfluss der Schaufelversperrung unterliegen (Bezugspunkte 1 und 2 in Abb. 2.12a). Diese Betrachtungsweise soll auch hier gelten.

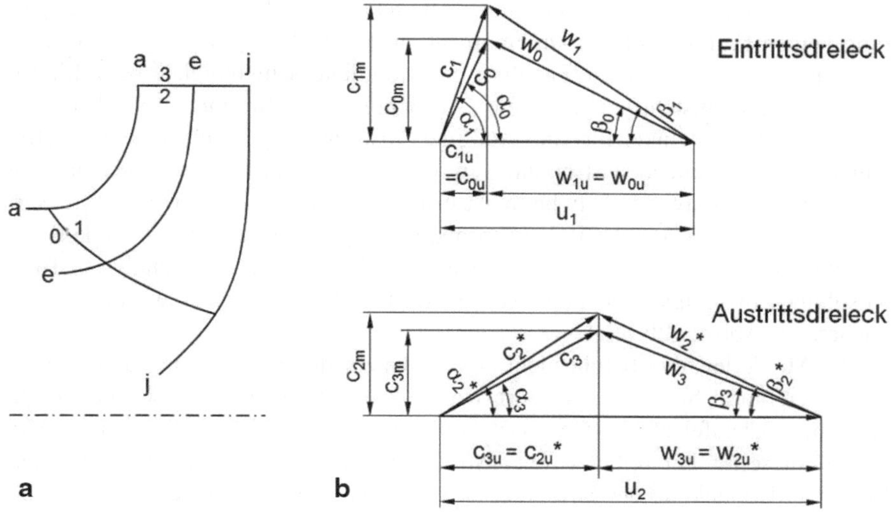

Abb. 2.12 **a** Definition der Bezugspunkte an Laufrad-Ein- und -Austritt nach [1]. Stromlinien *a, e, j*. **b** Einfluss der Schaufelversperrung auf die Geschwindigkeitsdreiecke an Ein- und Austritt

Die Schaufelversperrung wird ausgedrückt durch den Schaufelversperrungsfaktor

$$\frac{t}{t - \sigma_U}, \tag{2.5}$$

gebildet aus der Schaufelteilung $t = \pi D/z_U$ und der in Umfangsrichtung gemessenen Schaufelstärke σ_U am jeweiligen Durchmesser. Damit wird am Eintritt

$$c_{1m} = c_{0m}\left(\frac{t_1}{t_1 - \sigma_{U1}}\right) \tag{2.6}$$

und am Austritt

$$c_{2m} = c_{3m}\left(\frac{t_2}{t_2 - \sigma_{U3}}\right), \tag{2.7}$$

wobei die in Umfangsrichtung gemessene Schaufelstärke σ_U von der tatsächlichen Schaufelstärke, dem Schaufelwinkel und dem räumlichen Winkel zwischen der Schaufelfläche und der Stromfläche abhängig ist. Hierzu s. Gl. (3.90) bis (3.93).

In einer Kreiselpumpe weicht die reale Strömung von der Vorstellung der idealen Strömung ab. Es muss dabei unterschieden werden zwischen dem Einfluss der Schaufelversperrung und dem der „Minderleistung". Durch die materiell (mit endlicher Stärke) ausgeführten Schaufeln entsteht eine Einengung der Strömungsquerschnitte, die eine Zunahme der Meridiangeschwindigkeit beim Eintritt ins Laufrad und eine Abnahme beim Verlassen des Laufrades zur Folge hat. Eine Änderung der Umfangskomponente der Strömung tritt nicht ein, so dass die Schaufelversperrung keinen Einfluss auf das Drehmoment an der Welle – somit auf die Arbeitsübertragung – hat. Durch die Zunahme der Meridiangeschwindigkeit beim Eintritt in das Laufrad entsteht lediglich eine „Aufrichtung" der Strömung, was bedeutet, dass der Schaufelwinkel für eine stoßfreie Anströmung gegenüber dem Relativwinkel der ankommenden Strömung vergrößert werden muss. Durch die Abnahme der Meridiangeschwindigkeit beim Austritt aus dem Laufrad erfolgt eine Verkleinerung des Winkels der Relativströmung von $\beta_2{}^*$ auf β_3 und des Winkels der Absolutströmung von $\alpha_2{}^*$ auf α_3, wobei sich die Beträge der Relativ- und der Absolutgeschwindigkeit ebenfalls verringern. Das Austrittsdreieck wird insgesamt flacher, wie Abb. 2.12b zeigt.

Die Minderleistung beruht nicht auf der Querschnittsversperrung durch materiell ausgeführte Schaufeln, sondern darauf, dass die Strömung bei einer realen endlichen Schaufelzahl im Gegensatz zur ideellen unendlich großen Anzahl von Schaufeln selbst bei reibungsfreier Strömung nicht exakt dem Schaufelverlauf folgt. Die Umlenkung der Strömung ist stets etwas geringer, als es die Schaufelkrümmung vorgibt, woraus eine Verringerung der Umfangskomponente der Absolutströmung hinter dem Laufrad, somit eine Verringerung der Arbeitsübertragung, resultiert, wenn man von der schaufelkongruenten Strömung ausgeht. Die infolge der Minderleistung veränderten Strömungsverhältnisse gegenüber den durch die Geometrie vorgegebenen sind in Abb. 2.12b durch * gekennzeichnet; das Geschwindigkeitsdreieck der schaufelkongruenten Strömung ist nicht eingezeichnet. Zur Minderleistung s. Kap. 2.7.

2.5 Die theoretische Förderhöhe

Die Energiebeladung des Fördermediums erfolgt ausschließlich durch das Laufrad. Durch die Beschaufelung wird der Absolutströmung im Laufrad eine Vergrößerung ihrer Umfangskomponente aufgeprägt, wodurch die kinetische Energie der Strömung zunimmt. Wenn sich dabei die Strömung von der Achse entfernt, wächst unter der Zentrifugalwirkung gleichzeitig auch der Druck in der Strömung. Der Druck wächst außerdem, wenn im Laufrad die Relativströmung verzögert wird.

Die Energieübertragung im Laufrad lässt sich anschaulich mithilfe des Impulssatzes ableiten. Der Impuls ist gleich dem Produkt aus Masse und Geschwindigkeit, also

$$I = mc. \tag{2.8}$$

Die Impulskraft als zeitliche Änderung des Impulses ist dann

$$F = \frac{dI}{dt}. \tag{2.9}$$

Im Falle des kontinuierlichen Durchflusses durch das Pumpenlaufrad bedeutet das

$$F = c\frac{dm}{dt}. \tag{2.10}$$

Darin steht der Ausdruck *dm*/*dt* für den zeitlichen Massenstrom, so dass auch geschrieben werden kann

$$F = c\rho V_U \tag{2.11}$$

mit dem Laufradvolumenstrom V_U. Die Impulskraft wirkt in Richtung der Geschwindigkeit *c*.

Zieht man Kontrollflächen um das Schaufelgitter eines Laufrades, wie in Abb. 2.13 dargestellt, so wirken die Impulskräfte beim Durchtritt durch die zylindrischen Kontrollflächen A und B am Laufrad-Ein- und -Austritt. An den Radseitenwänden ist kein Impuls wirksam, da hier kein Fluid die Kontrollflächen passiert. Am Laufrad einer Strömungsmaschine wirken die Impulskräfte als Momente, sofern die Geschwindigkeiten an Ein- und Austritt nicht in Meridianebenen verlaufen, d. h., nicht ausschließlich radial oder axial gerichtet sind, sondern eine Umfangskomponente aufweisen. Ein Moment ist gleich dem Produkt aus Hebelarm und der senkrecht zu diesem Hebelarm gerichteten Kraftkomponente. Am Laufradeintritt gilt somit

$$M_0 = F_0 r_1 \cos\alpha_0$$

und am Austritt

$$M_3 = F_3 r_2 \cos\alpha_3$$

mit den Hebelarmen r_1 und r_2 gemäß Abb. 2.13.

Bei einer realen Strömung treten infolge der Zähigkeit zwar Reibungskräfte an den Kontrollflächen längs der Radseitenwänden auf, die ebenfalls ein Moment

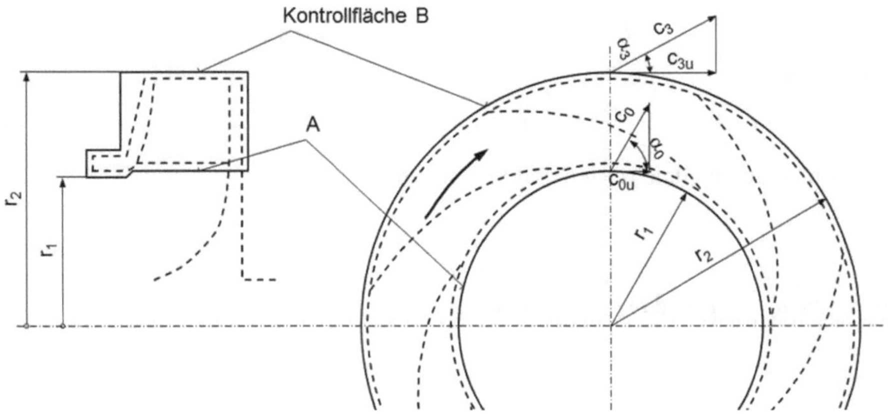

Abb. 2.13 Schaufelgitter und Kontrollflächen

bilden, hier jedoch nicht weiter beachtet werden sollen. Sie sind nicht direkt an der Energieübertragung an das Fluid beteiligt und können andererseits gesondert erfasst werden. Ferner käme dazu noch das Moment M_a, das durch Austauschvorgänge durch die Kontrollflächen A und B hindurch verursacht wird. Dieses Moment tritt jedoch bei Kreiselpumpen vornehmlich nur bei Teillast auf und soll deshalb bei den hier angestellten Betrachtungen ebenfalls nicht berücksichtigt werden. (Auf die Austauschvorgänge wird in Kap. 2.2 und 2.7 näher eingegangen).

Das Gesamtmoment setzt sich aus der Summe der Einzelmomente zusammen, wobei zu berücksichtigen ist, dass bei der Kreiselpumpe die Momente, welche die Laufradrotation unterstützen, als negativ einzusetzen sind. Wenn also c_0 eine Komponente in Drehrichtung des Laufrades aufweist, gilt

$$M = \rho V_U (r_2 c_3 \cos\alpha_3 - r_1 c_0 \cos\alpha_0). \tag{2.12}$$

Wenn die Umfangskomponenten von c_3 und c_0 mit c_{3u} und c_{0u} bezeichnet werden, ist

$$M = \rho V_U (r_2 c_{3u} - r_2 c_{0u}). \tag{2.13}$$

M ist das Moment der Schaufelkräfte auf die Pumpenwelle und muss von der Antriebsmaschine zur Aufrechterhaltung der Förderung aufgebracht werden. In einer realen Pumpe kommen dazu noch Momente durch Scheibenreibung und mechanische Verluste.

Bei der Anwendung des Impulssatzes ist es völlig ohne Einfluss, wie sich die Strömung im Innern des Laufrades vollzieht. Strömungsverluste im Laufrad wirken sich nur als Druckverluste aus und verändern das Moment nicht. Wesentlich sind nur der Betrag und die Richtung der Geschwindigkeiten beim Passieren der Kontrollflächen. Der Impulssatz hat daher auch Gültigkeit sowohl bei nicht schaufelkongruenter Strömung als auch bei Reibungsverlusten innerhalb des Laufrades, die sich – wie gesagt – lediglich als Druckverluste äußern. Für die Geschwindigkeiten müssen allerdings zeitlich und örtlich gemittelte Werte eingesetzt werden.

Da die durch das Impulsmoment übertragene hydrodynamische Leistung

$$P_h = M\omega = \rho V_U \omega (r_2 c_{3u} - r_1 c_{0u}) \tag{2.14}$$

und außerdem

$$P_h = \rho g V_U H_{th}, \tag{2.15}$$

findet man durch Gleichsetzen und Vereinfachen

$$H_{th} = \frac{\omega}{g}(r_2 c_{3u} - r_1 c_{0u}) \tag{2.16}$$

bzw., da $\omega\, r_1 = u_1$ und $\omega\, r_2 = u_2$, auch

$$H_{th} = \frac{1}{g}(u_2 c_{3u} - u_1 c_{0u}). \tag{2.17}$$

Diese Gleichung stellt die theoretische Förderhöhe, d. h. die auf die Gewichtskraft einer Masse von 1 kg des Fördermediums bezogene übertragene Schaufelarbeit dar und ist als „Hauptgleichung der Strömungsmaschinen" oder „EULER'sche Turbinengleichung" bekannt. Sie hat die Dimension *Nm/N* oder *m*. Der theoretischen Förderhöhe entspricht die auf die Masse 1 kg bezogene „spezifischen Schaufelarbeit" Y_{sch} mit der Dimension m^2/s^2.

In Gl. (2.12) bis (2.15) ist unter dem Volumenstrom der Laufradvolumenstrom zu verstehen, der sich vom geförderten Volumenstrom der Pumpe um die Spaltverluste unterscheidet. Auf diese Differenzierung wird später in Kap. 3.9 eingegangen; sie ist hier für das Grundverständnis noch nicht erforderlich.

Der Drall eines Potenzialwirbels ist

$$K = rc_u = const. \tag{2.18}$$

Somit bedeutet der Inhalt der Klammer in Gl. (2.16) nichts anderes als die Dralländerung des Fluids im Laufrad. Es kann also für den allgemeinen Fall auch geschrieben werden

$$H_{th} = \frac{\omega}{g}(K_3 - K_0). \tag{2.19}$$

Umgeformt ergibt sich

$$K_3 - K_0 = \frac{gH_{th}}{\omega} \tag{2.20}$$

oder

$$K_3 = \frac{gH_{th}}{\omega} + K_0 \tag{2.21}$$

Die zur Erreichung einer bestimmten theoretische Förderhöhe H_{th} erforderliche Umfangskomponente der Absolutströmung hinter dem Laufrad ergibt sich stets aus dem Austrittsdrall zu

$$c_{3u} = \frac{K_3}{r_2} \tag{2.22}$$

Tritt das Fördermedium drallfrei, d. h. ohne Umfangskomponente, in das Laufrad ein, so ist $K_0 = 0$ und folglich

$$c_{3u} = \frac{gH_{th}}{u_2} \tag{2.23}$$

Bei nicht drallfreier Zuströmung ist der Eintrittsdrall zu berücksichtigen. Im Falle einer Umfangskomponente c_{0u} der Zuströmung in Drehrichtung des Laufrades, eines sog. Mitdralls, ist K_0 positiv. Dadurch vergrößert sich K_3 gemäß Gl. (2.21) um den Betrag von K_0, wenn die gleiche theoretische Förderhöhe H_{th} erzeugt werden soll, und es wird

$$c_{3u} = \frac{gH_{th}}{u_2} + \frac{r_1}{r_2} c_{0u}. \tag{2.24}$$

Im Falle eines (seltener vorkommenden) Gegendralls im Laufradeintritt ist K_0 negativ, folglich verringert sich c_{3u} gegenüber den Verhältnissen bei drallfreier Zuströmung.

2.6 Spaltdruck, Reaktionsgrad und Druckziffer

Wie bereits zu Anfang gesagt, wird im Laufrad einer Kreiselpumpe nur ein Teil der zu übertragenden Energie dem Fördermedium direkt als Druckenergie mitgeteilt. Der restliche Anteil liegt als kinetische Energie vor und wird erst im Leitapparat bis auf einen Rest, der zur Aufrechterhaltung der Förderung notwendig ist, durch Verzögerung in Druckenergie übergeführt. Für die Druckenergie am Laufradaustritt – praktisch im „Spalt“ zwischen Laufrad und Leitapparat – wurde der Begriff der Spaltdruckhöhe H_p eingeführt [1].

Ersetzt man in Gl. (2.17) die Ausdrücke $c_{3\mathrm{u}}$ und $c_{0\mathrm{u}}$ durch $c_3 \cos\alpha_3$ bzw. $c_0 \cos\alpha_0$ und wendet darauf den Kosinussatz an, wonach

$$\begin{aligned} 2u_2 c_3 \cos\alpha_3 &= u_2{}^2 + c_3{}^2 - w_3{}^2 \\ 2u_1 c_0 \cos\alpha_0 &= u_1{}^2 + c_0{}^2 - w_0{}^2, \end{aligned}$$

so erhält die Hauptgleichung die Form

$$H_{th} = \frac{c_3{}^2 - c_0{}^2 + u_2{}^2 - u_1{}^2 + w_0{}^2 - w_3{}^2}{2g}, \tag{2.25}$$

die als „Durchflussgleichung“ bezeichnet wird. In ihr steht $(c_3{}^2 - c_0{}^2)/2\,g$ für den vom Laufrad an das Medium abgegebenen Anteil an kinetischer Energie, $(u_2{}^2 - u_1{}^2)/2\,g$ für die Druckzunahme durch Zentrifugalwirkung und $(w_0{}^2 - w_3{}^2)/2\,g$ für die Druckzunahme durch Verzögerung der Relativgeschwindigkeit. Die Druckerzeugung durch die beiden letzteren Anteile geschieht im Laufrad, so dass unmittelbar hinter dem Laufrad die theoretische Spaltdruckhöhe

$$H_{p,\,th} = \frac{u_2{}^2 - u_1{}^2 + w_0{}^2 - w_3{}^2}{2g} \tag{2.26}$$

vorhanden ist, die durch Einsetzen in Gl. (2.25) und Umformung auch in der Form

$$H_{P,\,th} = H_{th} - \frac{c_3{}^2 - c_0{}^2}{2g} \tag{2.27}$$

geschrieben werden kann.

Beim Volumenstrom $V=0$ ergibt sich wegen $w_0=u_1$ und $w_3=0$ die theoretische Spaltdruckhöhe zu

$$H_{P,\,th_0} = \frac{u_2{}^2}{2g}. \tag{2.28}$$

Für drallfreie Zuströmung findet man aus Gln. (2.23) und (2.27) und mit der groben Näherung $c_{3m} \approx c_0$ zuletzt für die theoretische Spaltdruckhöhe die vereinfachte Form

$$H_{P,\,th} = \frac{c_{3u}}{g}\left(u_2 - \frac{c_{3u}}{2}\right). \tag{2.29}$$

Bei der Ableitung der tatsächlichen Spaltdruckhöhe H_P müssen die Laufradverluste Z_U durch Subtraktion von der theoretischen spezifischen Spaltdruckarbeit berücksichtigt werden. Somit ist

$$H_P = \frac{u_2{}^2 - u_1{}^2 + w_0{}^2 - w_3{}^2}{2g} - Z_U \tag{2.30}$$

oder

$$H_P = H_{th} - \frac{c_3{}^2 - c_0{}^2}{2g} - Z_U. \tag{2.31}$$

Gleichung (2.31) kommt besondere Bedeutung zu, da man nach ihr durch Messung des Spaltdruckes und Bestimmung der Geschwindigkeiten vor und hinter dem Laufrad auf experimentelle Weise die Laufradverluste ermitteln kann. Einen typischen Verlauf des Spaltdruckes über dem Volumenstrom zeigt Abb. 2.14.

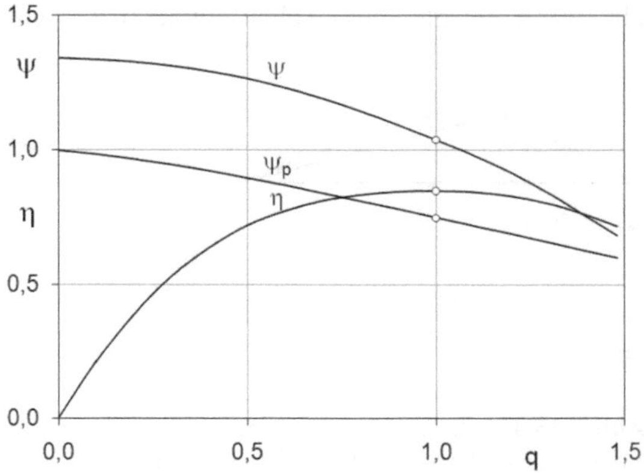

Abb. 2.14 Spaltdruckziffer ψ_p, Druckziffer ψ und Wirkungsgrad η als Funktion des Fördergrades q

Das Verhältnis der theoretischen Spaltdruckhöhe $H_{P,th}$ zur theoretischen Förderhöhe H_{th} sei als „theoretischer" Reaktionsgrad r_{th} bezeichnet. Der theoretische Reaktionsgrad zeigt den Anteil der im Laufrad theoretisch erzeugten Druckhöhe an der theoretischen Förderhöhe an.

$$r_{th} = \frac{H_{P,\,th}}{H_{th}}. \tag{2.32}$$

Für den oben abgeleiteten Fall der drallfreien Zuströmung zum Laufrad ergibt sich daraus

$$r_{th} = 1 - \frac{c_{3u}}{2u_2}. \tag{2.33}$$

Im Allgemeinen wird der Reaktionsgrad r mit den verlustbehafteten Werten der Spaltdruckhöhe und der effektiven Förderhöhe gebildet. Zur Beurteilung eines Laufrades wird er meist nur auf Strömungsverhältnisse beim Bestpunkt bezogen. Wegen der hier grob proportionalen Zuordnung der Verluste Z_U und Z_h zu den Bezugsgrößen $H_{P,th}$ und H_{th} ergeben sich etwa gleiche Werte für r und r_{th}, so dass man schreiben kann

$$r = \frac{H_P}{H} \approx r_{th} = \frac{H_{P,\,th}}{H_{th}} \tag{2.34}$$

Der Reaktionsgrad kann durch die Laufradgeometrie beeinflusst werden, wie anhand des Geschwindigkeitsdreiecks am Laufradaustritt in Abb. 2.15a ersichtlich ist: bei gleicher Austrittsbreite zweier Laufräder, somit gleicher Meridiangeschwindigkeit, steigen die Geschwindigkeit c_3 und ihre Komponente c_{3u} mit dem Abströmwinkel β_3 der Relativgeschwindigkeit, somit dem Schaufelaustrittswinkel β_2, an. Bei gleicher vorgegebener Förderhöhe und Drehzahl muss daher der Laufraddurchmesser mit wachsendem Schaufelwinkel kleiner ausgeführt werden, damit nach umgeformter Gl. (2.23) das Produkt $u_2 c_{3u}$ gleich bleibt. Mit wachsendem c_3 fällt gemäß Gl. (2.31) der Spaltdruck und damit nach Gl. (2.34) der Reaktionsgrad (Der gleiche Effekt der Vergrößerung von c_3 bzw. c_{3u} tritt auch ein, wenn bei gleichem Schaufelwinkel die Austrittsbreite vergrößert wird, weil

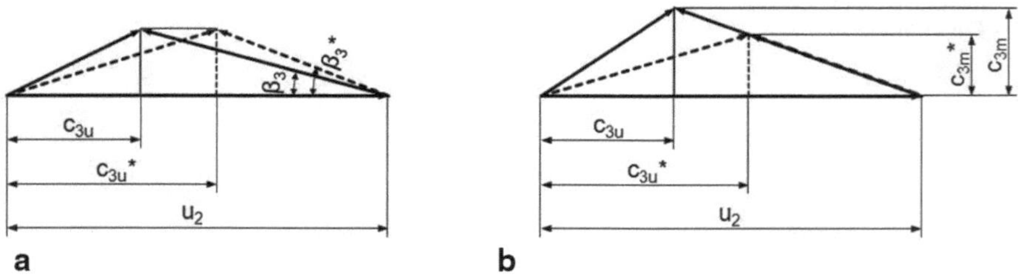

Abb. 2.15 Geschwindigkeitsdreiecke für verschiedene Austrittswinkel und Austrittsbreiten (Das Kopfzeichen * bezieht sich auf die geänderten Werte). **a** Änderung von c_{3u} mit β_3 bei gleichem c_{3m} bzw. gleicher Laufradbreite b_2, **b** Änderung von c_{3u} mit c_{3m} bei gleichem Abströmwinkel β_3 bzw. Schaufelwinkel β_2

dabei die Meridiankomponente c_{3m} abnimmt, s. Abb. 2.15b). Man ersieht, dass mit dem Austrittswinkel und der Austrittsbreite zwei Parameter gegeben sind, die die hydrodynamischen Eigenschaften des Laufrades stark beeinflussen. Die dritte Einflussgröße ist die Schaufelzahl. Die drei Parameter können nicht frei gewählt werden, sondern müssen aufeinander abgestimmt werden.

Der Reaktionsgrad beträgt bei Radialrädern etwa 70 bis 85 %, bei Axialrädern etwa 90 bis 95 %, also mit der spezifischen Drehzahl ansteigend. Die restliche übertragene Energie wird dem Fluid als kinetische Energie mitgeteilt. Sie wird im Leitapparat, der in der Regel in Strömungsrichtung hinter dem Laufrad angeordnet ist, in Druckenergie umgewandelt. Der Leitapparat kann aus einem Sammelgehäuse (Ring- oder Spiralgehäuse), einem beschaufelten Verzögerungsgitter (Leitrad) oder einem unbeschaufelten Ringdiffusor (Leitring) oder aus Kombinationen daraus, bestehen. Aus dem Gebläse- und Ventilatorenbau sind Konstruktionen (hauptsächlich von Axialmaschinen) bekannt, bei denen aus regelungstechnischen Gründen (Vordrallregelung) der Leitapparat in Strömungsrichtung vor dem Laufrad angebracht ist. Hier wird die Absolutgeschwindigkeit vor dem Laufrad also zunächst beschleunigt, wodurch der Druck sinkt, so dass die Druckerzeugung ausschließlich im Laufrad erfolgt und das Fluid das Laufrad ohne Umfangskomponente verlässt. Ein solches Laufrad weist daher einen Reaktionsgrad von über 100 % auf. Für den Kreiselpumpenbau sind solche Konzeptionen zwar ungebräuchlich, aber durchaus möglich. Im Verdichterbau werden Radialmaschinen andererseits mit Austrittswinkeln nahe 90° ausgeführt, um große Stufenförderhöhen bei gegebener Umfangsgeschwindigkeit zu erzielen. Der Reaktionsgrad ergibt sich dadurch mit $r \approx 0{,}6$ vergleichsweise niedrig.

Die Verzögerung in einem ruhenden Schaufelgitter ist stärker verlustbehaftet als diejenige in einem rotierenden. Das ist damit zu erklären, dass die Grenzschichten an den Schaufelkanalwänden durch die Zentrifugalkraft in Strömungsrichtung des Fluids transportiert werden, wodurch die Ablöseneigung ganz allgemein verringert wird. Dieser günstige Umstand ist einer der Gründe dafür, dass man im Kreiselpumpenbau versucht, einen möglichst hohen Reaktionsgrad zu verwirklichen. Bei der Wahl des Reaktionsgrades sind jedoch mehrere Umstände zu beachten: Mit dem Reaktionsgrad wächst der erforderliche Laufraddurchmesser und damit der Radscheibenreibungsverlust, was sich bei kleinen spezifischen Drehzahlen negativ auf den Wirkungsgrad auswirkt, wenn der Einfluss größer ist als der Gewinn durch geringere Diffusorverluste. Hier sind also Grenzen gesetzt. Ein hoher Reaktionsgrad hat andererseits den Vorteil, dass es mit ihm eher gelingt, eine „stabile", d. h. stetig fallende Drosselkurve zu erzielen. Bei höheren spezifischen Drehzahlen ergibt sich ein höherer Reaktionsgrad daraus, dass im Vergleich zu Laufrädern mit geringerer spezifischer Drehzahl das Verhältnis von Austritts- zu Eintrittsdurchmesser kleiner ist und dadurch die zulässige Verzögerung der Relativströmung im Laufrad bereits bei niedrigerer Druckziffer erreicht wird. Der Anteil der Scheibenreibung ist hier vergleichsweise gering. Damit erklärt sich das oben genannte Ansteigen des Reaktionsgrades mit der spezifischen Drehzahl.

Eng verbunden mit dem Reaktionsgrad ist der Begriff der Druckziffer. Diese dimensionslose Kennziffer gibt Aufschluss über die Größe der gesamten Schaufelarbeit bezogen auf die Umfangsgeschwindigkeit bzw. den Laufraddurchmesser. Als theoretische Druckziffer ψ_{th} ist sie definiert als die auf das Quadrat der Umfangsgeschwindigkeit des Laufrades bezogene theoretische Förderhöhe H_{th}, also

$$\psi_{th} = \frac{2gH_{th}}{u_2{}^2}. \tag{2.35}$$

und mit Gl. (2.23) für drallfreie Zuströmung

$$\psi_{th} = \frac{2c_{3u}}{u_2}. \tag{2.36}$$

Daneben wird oft zur Beurteilung einer Pumpe die mit der effektiven Förderhöhe H gebildete Druckziffer ψ verwendet

$$\psi = \frac{2gH}{u_2{}^2}. \tag{2.37}$$

Ebenso kann man auch eine Spaltdruckziffer bilden aus der auf das Umfangsgefälle bezogenen Spaltdruckhöhe

$$\psi_p = \frac{2gH_p}{u_2{}^2}. \tag{2.38}$$

Für die vorstehend verwendete Vereinfachung für drallfreie Zuströmung nach Gln. (2.33) und (2.36) findet man für die verlustlose Strömung den Zusammenhang von Druckziffer und Reaktionsgrad zu

$$\psi_{th} = 4(1 - r_{th}) \tag{2.39}$$

bzw.

$$r_{th} = 1 - \frac{\psi_{th}}{4}. \tag{2.40}$$

Mit einer Druckziffer von $\psi_{th} = 1$ ergibt sich nach Gl. (2.36) die Umfangskomponente $c_{3u} = u_2/2$ und nach Gl. (2.40) der Reaktionsgrad $r_{th} = 0{,}75$.

2.7 Die Minderleistung

Bei der Stromfadentheorie in Kap. 2.3 wurde von der Vorstellung schaufelkongruenter Strömung ausgegangen, die sich bei gedachten unendlich vielen Schaufeln, die in ihrer Summe die Stärke null aufweisen und dadurch die Querschnitte nicht versperren, einstellt. Schaufelkongruenz bedeutet, dass der Abströmwinkel der Relativströmung am Laufradaustritt genau dem Schaufelwinkel entspricht, also

$\beta_3 \equiv \beta_2$ ist. Aus Gl. (2.17) ergibt sich die theoretische Förderhöhe für unendlich viele Schaufeln in der Form

$$H_{th;\,\infty} = \frac{1}{g}(u_2 c_{3u} - u_1 c_{0u}), \tag{2.41}$$

wobei wegen der Schaufelkongruenz der Strömung geschrieben werden kann

$$c_{3u} = u_2 - c_{3m} \cot \beta_2.$$

Bleibt zunächst noch der Einfluss der Schaufelversperrung unberücksichtigt ($c_{3m} \equiv c_{2m}$), und da ferner

$$c_{0u} = c_{0m} \cot \alpha_0$$

ist, findet man für unendliche Schaufelzahl die Abhängigkeit der theoretischen Förderhöhe vom Durchfluss zu

$$H_{th,\,\infty} = \frac{1}{g}\left(u_2^2 - u_2 c_{3m} \cot \beta_2 - u_1 c_{0m} \cot \alpha_0\right). \tag{2.42}$$

Der Zuströmwinkel der Absolutgeschwindigkeit α_0 und der Abströmwinkel der Relativgeschwindigkeit β_2 sind hierbei als konstant anzusetzen (Der Winkel α_0 ist durch die Eintrittsgeometrie vor dem Laufrad gegeben, daher konstant; der Abströmwinkel ist ebenfalls konstant, da er nach obiger Voraussetzung dem Schaufelaustrittswinkel β_2 entspricht). Gleichung (2.42) sagt damit aus, dass vom konstanten Wert u_2^2 die beiden vom Durchfluss proportional abhängigen Beträge $u_2 c_{3m} \cot \beta_2$ und $u_1 c_{0m} \cot \alpha_0$ zu subtrahieren sind. $H_{th\infty}$ hat somit einen geradlinigen Verlauf über dem Durchfluss, was in Abb. 2.16 dargestellt ist. Für den Durchfluss null ergibt sich

$$H_{th,\,\infty} = \frac{u_2^2}{g}. \tag{2.43}$$

Betrachtet man den häufig vorkommenden Fall der drallfreien Zuströmung ($\alpha_0 = 90°$), so entfällt wegen $\cot 90° = 0$ das letzte Glied in Gl. (2.42) und man erhält

$$H_{th,\,\infty} = \frac{1}{g}\left(u_2^2 - u_2 c_{3m} \cot \beta_2\right). \tag{2.44}$$

In dieser vereinfachten Form lässt sich sehr anschaulich der Einfluss des Austrittswinkels β_2 verdeutlichen, wie in Abb. 2.17 dargestellt. Man ersieht daraus, dass

- mit $\beta_2 < 90°$ die theoretische Förderhöhe $H_{th\infty}$ wegen $\cot \beta_2 > 0$ einen mit wachsendem Durchfluss fallenden Verlauf bekommt,
- für $\beta_2 = 90°$ wegen $\cot \beta_2 = 0$ das zweite Glied in der Klammer von Gl. (2.44) entfällt und damit $H_{th\infty} = u_2^2/g$ wird, d. h., $H_{th\infty}$ konstant über dem Durchfluss verläuft, und

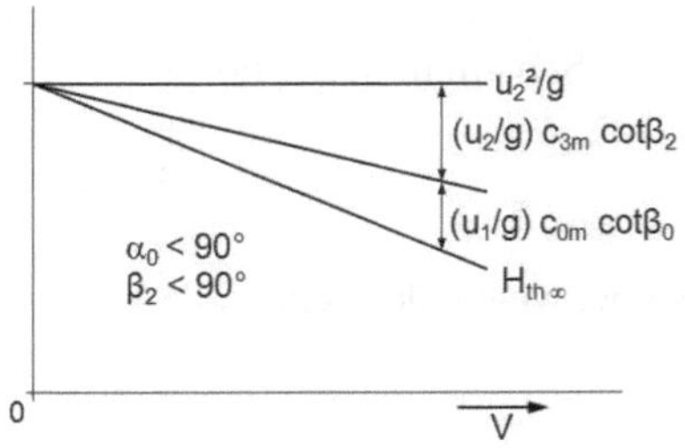

Abb. 2.16 $H_{th\infty}$ über V (allgemeiner Fall mit Vordrall und $\beta_2 < 90°$)

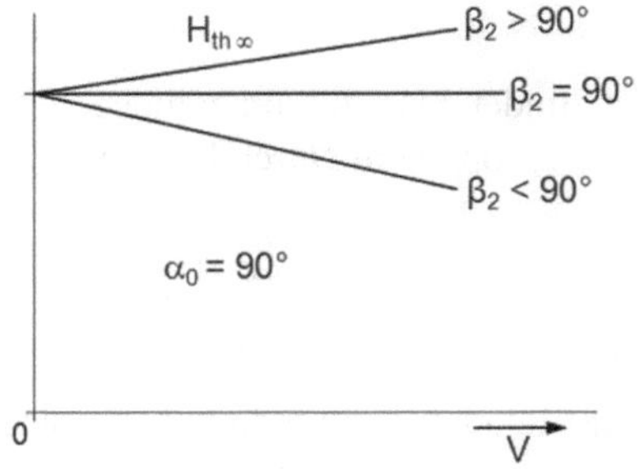

Abb. 2.17 $H_{th\infty}$ für drallfreie Zuströmung und mit $\beta_2 < 90°$, $\beta_2 = 90°$ und $\beta_2 > 90°$

- mit $\beta_2 > 90°$, $H_{th\infty}$ einen steigenden Verlauf über dem Durchfluss aufweist, weil $\cot \beta_2$ negativ wird.

Im Kreiselpumpenbau werden durchweg Austrittswinkel β_2 von weit unter 90° gewählt, so dass $H_{th\infty}$ stets abfallend verläuft.

Auf $u_2^2/2\,g$ bezogen, erhalten Gln. (2.42) und (2.44) die dimensionslose Form

$$\psi_{th,\infty} = 2\left(1 - \zeta_{3m} \cot \beta_2 - \frac{u_1}{u_2} \zeta_{0m} \cot \alpha_0\right) \tag{2.45}$$

bzw.

$$\psi_{th,\infty} = 2(1 - \zeta_{3m} \cot \beta_2), \tag{2.46}$$

worin $\zeta_{3m} = (c_{3m}/u_2)$ und $\zeta_{0m} = (c_{0m}/u_2)$ gesetzt wurde.

Die vorstehend abgeleiteten Zusammenhänge gelten für die schaufelkongruente Strömung, die bei gedachter *unendlich* großer Schaufelzahl vorliegt. In einem realen Schaufelgitter mit *endlicher* Schaufelzahl erreicht die theoretische Förderhöhe H_{th} nicht die Werte von $H_{th,\infty}$, sondern liegt unter diesen. Dieser Unterschied in den Förderhöhen wird allgemein als Minderleistung bezeichnet. Ihre Ursachen sind in einer „Minderumlenkung" der Strömung zu sehen, die besagt, dass eine Strömung in einem Gitter nie vollständig der Schaufelrichtung folgt, sondern stets etwas weniger umgelenkt wird, wobei die Weite des Gitters – d. h. bei einem

Pumpenlaufrad die Schaufelzahl und der Austrittswinkel – die Hauptparameter bilden. Bei einem rotierenden Schaufelgitter kann auch das Auftreten des „relativen Kanalwirbels" zur Erklärung der Minderleistung dienen, da auch er eine Verminderung der Umfangskomponente der austretenden Absolutströmung bewirkt. In Abb. 2.18a stellen das Geschwindigkeitsdreieck ABC_0' die Verhältnisse am Laufradaustritt bei gedachter unendlicher und das Dreieck ABC_0 bei realer, endlicher Schaufelzahl dar. Bei endlicher Schaufelzahl verlässt das Fluid das Laufrad nicht mehr unter dem Schaufelwinkel β_2, sondern unter dem kleineren Winkel β_3. Die Relation von c_{3u} zu c_{2u} gibt direkt das Minderleistungsverhältnis $H_{th}/H_{th\infty}$ wieder. Man ersieht aus der Darstellung, dass anstelle von Δc_u auch die Winkeldifferenz $\Delta\beta$ für Überlegungen zur Minderleistung herangezogen werden könnte. Bei der Darstellung der Geschwindigkeitsdreiecke wurde zunächst noch der Einfluss der endlichen Schaufelstärke, d. h. die Schaufelversperrung, außer Acht gelassen. Es wurde also von der Schaufelstärke null ausgegangen. Dadurch ist die Meridiangeschwindigkeit innerhalb und außerhalb des Laufradaustritts identisch und man kann Minderleistung und Schaufelversperrung, die aus ganz unterschiedlichen Ursachen heraus beide einen Einfluss auf die Förderhöhe haben, gedanklich voneinander trennen.

Die Schaufelversperrung bewirkt nach Abb. 2.12b keine Änderung der Förderhöhe, da die Umfangskomponente der Absolutströmung beim Verlassen des Laufrades erhalten bleibt. Das kann jedoch zu Missverständnissen führen, da die Schaufelstärke bei sonst gleicher Laufradgeometrie sehr wohl einen Einfluss auf die Förderhöhe hat. Dieser Sachverhalt geht aus Abb. 2.18b hervor. Dort stellt A–B–C_0 (identisch mit Abb. 2.18a) das Geschwindigkeitsdreieck für die Schaufelstärke null dar. Die Schaufelstärke null bedeutet wie bereits erwähnt, dass die Meridiangeschwindigkeit innerhalb des Laufrades identisch ist mit der Meridiangeschwindigkeit unmittelbar hinter dem Laufrad, also $c_{2m} \equiv c_{3m}$. Bei realer Schaufelstärke ist c_{2m} bei gleichem Volumenstrom um den Versperrungsfaktor $t_2/(t_2 - \sigma_{U3})$ größer als c_{3m}. Da der Strömungswinkel der Relativgeschwindigkeit

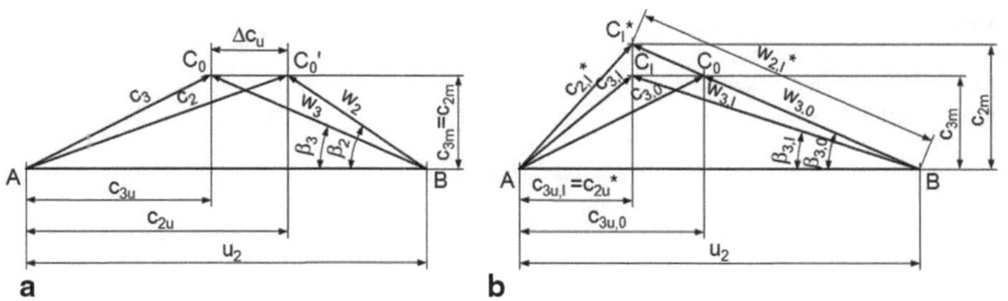

Abb. 2.18 a Geschwindigkeitsdreiecke für unendliche und endliche Schaufelzahl. Einfluss der reinen Minderleistung bei gedachter Schaufelstärke null, daher $c_{3m} \equiv c_{2m}$, $w_3 \equiv w_2{}^*$, $c_3 \equiv c_2{}^*$, $\beta_3 \equiv \beta_2{}^*$. **b** Geschwindigkeitsdreiecke bei endlicher Schaufelzahl, abhängig vom Versperrungsfaktor bei gleichem Volumenstrom und gleichem Schaufelwinkel β_2. Index 0: Schaufelstärke null Index I: endliche Schaufelstärke

innerhalb des Laufrades bei gleichem Schaufelwinkel annähernd gleich bleibt, verschiebt sich die Spitze C_0 des Geschwindigkeitsdreiecks nach C_1*, so dass die Umfangskomponente der Absolutströmung von $c_{3u,0}$ auf c_{2u}* abnimmt. Diese Komponente bleibt beim Verlassen des Laufrades erhalten, somit ist $c_{3u,\mathrm{I}}=c_{2u}{}^*$. Soll für ein Laufrad unter dem Einfluss der Schaufelversperrung die Förderhöhe gleich bleiben, muss die Umfangskomponente der Absolutströmung ebenfalls gleich bleiben. Nach Abb. 2.18b muss $c_{3u,\mathrm{I}}=c_{3u,0}$ sein, somit die Spitze C_1* senkrecht über C_0 liegen, was nur mittels Vergrößerung des Schaufelwinkels β_2 erreicht wird. Der Einfluss der Schaufelversperrung ist in Gl. (2.49) durch den Versperrungsfaktor $t_2/(t_2-\sigma_{U3})$ berücksichtigt.

Für die Auslegung von Laufrädern benötigt man ein Verfahren zur Berechnung der Minderleistung, um die Geometrie für eine vorgegebene Förderleistung bestimmen zu können. Die bekanntesten drei Ansätze zur Erfassung der Minderleistung gehen aus von der Annahme einer konstanten Winkeldifferenz der Abströmrichtung der Relativgeschwindigkeit gegenüber dem Schaufelwinkel (erwähnt in [2]) über ein konstantes Verhältnis von H_{th} zu $H_{th\infty}$, wie es von [1] und anderen Autoren [3–5], die sich auf [1] berufen, vorgeschlagen wird, bis zu einer konstanten Differenz der Umfangskomponenten der Absolutströmung [6, 7].

Nach diesen drei Ansätzen zur Erfassung der Minderleistung ergeben sich für H_{th} stets geradlinige Verläufe über dem Volumenstrom. Die Annahme einer konstanten Winkeldifferenz ergibt – dimensionslos dargestellt – eine Gerade, die die Ordinate im gleichen Punkt wie e die $\psi_{th\infty}$-Linie, nämlich bei $\psi_{th}=2$ und die Abszisse bei $\zeta_{3m}=\tan\beta_3$ schneidet. Mit dem „Minderleistungsfaktor" $1/(1+p)$ nach [1] ist die Funktion $\psi_{th}=f(\zeta_{3m})$ eine Gerade, die die Ordinate bei $\psi_{th,0}=2/(1+p)$ und die Abszisse bei $\zeta_{3m}=\tan\beta_2$ schneidet. Mit einem solchen Minderleistungsfaktor würde sich die Winkeldifferenz mit dem Durchfluss ändern; bei $\zeta_{3m}=\tan\beta_3$ wäre sie null und würde mit abnehmender Förderung ansteigen. Die Annahme einer konstanten Differenz der Umfangskomponente Δc_u nach [6] ergibt eine Gerade parallel zur $\psi_{th\infty}$-Linie. Die drei Verläufe sind in Abb. 2.19 gegenübergestellt.

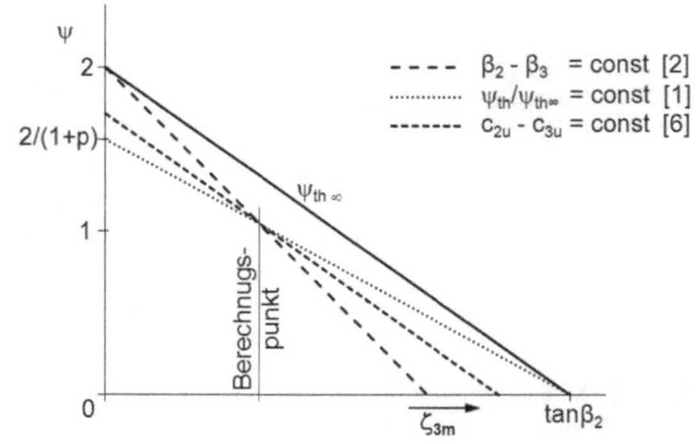

Abb. 2.19 Gegenüberstellung der ψ_{th}-Verläufe nach den drei beschriebenen Ansätzen zur Minderleistung

Die beiden erstgenannten Verfahren sind mehr auf die praktische Anwendung ausgerichtet und orientieren sich an vereinfachten physikalischen Vorstellungen. Dabei hat sich die Annahme eines konstanten Minderleistungsfaktors nach [1] weitgehend durchgesetzt. Sie erscheint vordergründig plausibel, da ihr die Vorstellung zugrunde liegt, dass die Minderablenkung der Strömung – also die Winkelabweichung – mit der Schaufelbelastung, d. h., mit abnehmendem Durchfluss zunimmt. Theoretisch besser begründet ist die Arbeit [6], in der die exakte Lösung für logarithmisch-spiralige Laufschaufeln angegeben ist und die Minderleistung mit dem „relativen Kanalwirbel" erklärt wird, der der Durchflussströmung überlagert ist. Er tritt in der idealen reibungsfreien Strömung auf und rotiert in den Schaufelkanälen exakt mit der negativen Winkelgeschwindigkeit des Laufrades. Seine Umfangsgeschwindigkeit hängt im Wesentlichen von der Lichtweite a_2 am Schaufelaustritt ab, somit von der Schaufelzahl und dem Austrittswinkel. Nach [7] beträgt sie $\Delta w_u = \omega \cdot a_2/2$. Sie verringert die Absolutgeschwindigkeit am Laufradaustritt um den Betrag $\Delta c_u = \Delta w_u$ und ist damit, wie Abb. 2.18a zeigt, die Ursache der Minderleistung.

Für die Auslegung eines Laufrades genügt zumeist die Kenntnis der Minderleistung für den Berechnungspunkt. Insofern ist jede Minderleistungsformel brauchbar, solange sie diese Kenntnis zuverlässig vermittelt. Zum Verständnis der Strömungsvorgänge bei Teillast – besonders zur Ermittlung der hydrodynamischen Verluste des Laufrades und zur Analyse von Kennlinien – benötigt man jedoch genauere Informationen zum Verlauf der theoretischen Förderhöhe H_{th} über dem gesamten Förderbereich. Die theoretische Förderhöhe ist definiert als die Förderhöhe, die das Laufrad ohne jeglichen Impulsaustausch, d. h. ohne jegliche Rückwirkung vom Leitapparat, erzeugt: Im Förderbereich ab etwa 70 bis 80 % des Bestpunktvolumenstromes bis weit ins Überlastgebiet hinein – wo angenommen werden kann, dass keine wesentlichen Austauschvorgänge zwischen Laufrad und Leitapparat stattfinden, kann die theoretische Förderhöhe nach umgeformter Gl. (2.15) aus der hydrodynamischen Leistung P_h berechnet werden, die sich aus der Wellenleistung unter Berücksichtigung der mechanischen und der Radseitenreibungsverluste ergibt, wobei der Laufradvolumenstrom V_U einzusetzen ist, um die Spaltverluste zu berücksichtigen. Bei der auf diese Weise ermittelten theoretischen Förderhöhe fällt auf, dass der allgemein als Gerade angenommene Verlauf nicht genau zutrifft, sondern dass sich meist ein leicht konkaver Verlauf ergibt. Im darunter liegenden Förderbereich ist eine Berechnung der theoretischen Förderhöhe auf die genannte Art nicht möglich, da hier eine (verlustbehaftete) Rückwirkung vom Leitapparat auf die Laufradströmung vorhanden ist, deren Einfluss nicht exakt erfasst werden kann und die auch nicht vollständig eliminiert werden kann. Man ist hier vielmehr auf Hypothesen angewiesen, die sich auf experimentell gefundene Ergebnisse stützen.

Alle Vorstellungen über Strömungsvorgänge im Laufrad gehen zunächst von den Verhältnissen aus, wie sie bei idealer, reibungsfreier und daher drehungsfreier, Strömung herrschen würden. In einer solchen Strömung würde der relative Kanalwirbel über dem gesamten Förderbereich in konstanter Größe auftreten. Der Verlauf der theoretischen Förderhöhe H_{th} entspräche dann dem der unteren,

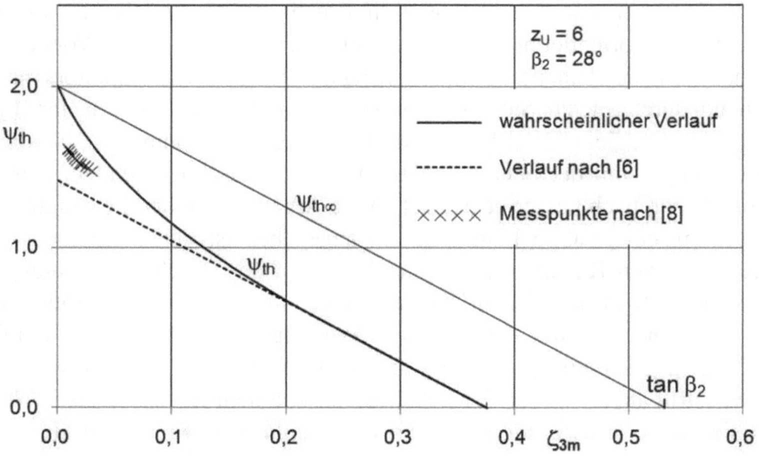

Abb. 2.20 ψ_{th} nach [6] und wahrscheinlicher Verlauf (drallfreie Zuströmung)

gestrichelten Geraden für $\Delta c_u = const$ in Abb. 2.20, die parallel zur $\psi_{th\infty}$-Geraden verläuft. Da die reale Strömung noch weitgehend den Gesetzen der idealen Strömung folgt, ist der relative Kanalwirbel auch in der realen Laufradströmung tatsächlich vorhanden und wird nur gering durch Reibungseinflüsse behindert. Das ist besonders der Fall, wenn der Durchfluss im Vergleich zur Wirbelstärke hoch ist, also bei großen Volumenströmen. Mit abnehmender Förderung nimmt die Intensität des Kanalwirbels unter dem Reibungseinfluss an den Schaufelkanalwänden ab, weil das Fluid länger im Laufrad verweilt. Bei gänzlich fehlendem Durchfluss würde der Kanalwirbel völlig verschwinden, das Medium würde mit dem Laufrad als Festkörperwirbel rotieren und die theoretische Förderhöhe würde auf $H_{th,0} = u_2^2/g$, d. h. die theoretische Druckziffer würde auf $\psi_{th,0} = 2$ ansteigen entsprechend der gekrümmten Linie in Abb. 2.20. Der Nachweis dieses hypothetischen Verlaufs der theoretischen Förderhöhe kann experimentell jedoch nicht exakt geführt werden, da es nicht möglich ist, am Laufradaustritt völlig rückwirkungsfreie Verhältnisse zu schaffen, wozu absolute Reibungsfreiheit im Leitapparat erforderlich wäre. An einer Pumpe mit einer das Laufrad eng umschließenden glatten „Ringkammer" [8] konnte der Impulsaustausch jedoch so weit unterdrückt werden, dass die Tendenz des nach oben gebogene Verlaufs der theoretischen Förderhöhe nachgewiesen werden konnte, wie die eingetragenen Messpunkte in Abb. 2.20 zeigen. Danach kann für das völlige Fehlen jeglicher Rückwirkung vom Leitapparat der eingezeichnete ψ_{th}-Verlauf als wahrscheinlich angenommen werden. Für einen solchen Verlauf sprechen auch gelegentlich gemessene Pumpenkennlinien, die über einen weiten Bereich um den Bestpunkt einen geradlinigen oder sogar leicht konkaven Förderhöhenverlauf aufweisen, wie Abb. 2.21 zeigt. Da die hydrodynamischen Verluste im Bereich des Bestpunktes logischerweise stets ein Minimum aufweisen müssen, also vor und hinter demselben zunehmen, resultiert auch hieraus zwangsläufig ein (leicht) konkaver Verlauf der theoretischen Förderhöhe über dem Durchfluss.

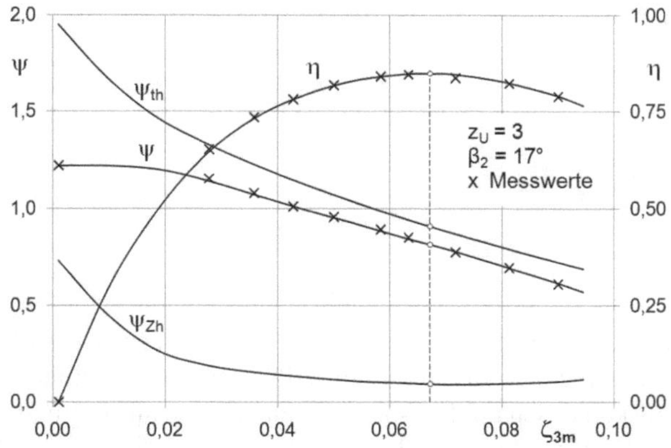

Abb. 2.21 Dimensionslose Darstellung der Förderhöhe ψ und der nach Gl. (2.49) berechneten theoretischen Förderhöhe ψ_{th} mit den sich daraus ergebenden hydrodynamischen Verlusten ψ_{Zh} sowie des Gesamtwirkungsgrads η. Nach Messungen an einer Abwasserpumpe $n_q = 42$. (SULZER)

Die Aufgabe bei der Bestimmung der Austrittsgeometrie eines Laufrades besteht meist darin, dass für eine angenommene Austrittsbreite bzw. Lieferziffer bei einer vorläufig angenommenen Schaufelzahl der Schaufelaustrittswinkel gesucht wird, mit dem der am Laufradaustritt erforderliche Austrittsdrall K_3 – ausgedrückt durch die mit K_3 nach Gl. (2.47) gebildete Druckziffer $\psi_{th}{}^*$ – erreicht wird. Der Austrittsdrall ergibt sich nach Gl. (2.48) aus der theoretischen Förderhöhe unter Berücksichtigung eines evtl. vorhandenen Eintrittsdralls K_0. Die Druckziffer $\psi_{th}{}^*$ darf nicht der lediglich aus der theoretischen Förderhöhe gebildeten Druckziffer gleichgesetzt werden.

$$\psi_{th}{}^* = \frac{8K_3}{D_2{}^2\omega}, \tag{2.47}$$

worin

$$K_3 = \frac{gH_{th}}{\omega} + K_0. \tag{2.48}$$

Beim hier vorgestellten Verfahren zur Berücksichtigung der Minderleistung geht man iterativ vor, indem man für einen vorläufig vorgegebenen Austrittswinkel die Druckziffer $\psi_{th}{}^*$ berechnet und diese mit dem Sollwert vergleicht.

Als geeignete Grundlage für eine allgemein anwendbare Berechnungsformel wurde eine Gleichung zweiten Grades gefunden. Sie ist gültig für den Bereich $0{,}5 < \psi_{th}{}^* < 2$ und hat die Form

$$\psi_{th}* = 2 + \frac{b}{2a} - \sqrt{\left(\frac{b}{2a}\right)^2 + \frac{\varsigma_{3m}}{a}\left(\frac{t_2}{t_2 - \sigma_{U3}}\right)} \tag{2.49}$$

mit den Konstanten

$$a = \left(\frac{1-m}{2{,}25}\right) \tan \beta_2, \tag{2.50}$$

$$b = \left(\frac{1}{2} - \frac{2(1-m)}{1{,}5}\right) \tan \beta_2 \tag{2.51}$$

und der Lieferziffer, die sich auf einen Punkt unmittelbar vor dem Laufradaustritt bezieht und sich errechnet aus der Lieferziffer unmittelbar hinter der Austrittskante (wo ideell keine Schaufelversperrung mehr wirksam ist) und der Schaufelversperrung, die sich analog zum Laufradeintritt zu $t_2/(t_2 - \sigma_{U3})$ berechnet. In den beiden Konstanten a und b kennzeichnen

$$m = 0{,}58\; {z_U}^{0{,}125} \tag{2.52}$$

die Minderleistungsziffer und β_2 den Schaufel-Skelettwinkel am Laufradaustritt.

Die Lieferziffer unmittelbar hinter der Austrittskante wird berechnet aus dem Laufradvolumenstrom, der Austrittsgeometrie und der Umfangsgeschwindigkeit nach

$$\varsigma_{3m} = \frac{V_{U,opt}}{\pi D_2 b_2 u_2}. \tag{2.53}$$

Die Schaufelversperrung $t_2/(t_2 - \sigma_{U3})$ wird gebildet aus der Schaufelteilung $t_2 = \pi D_2/z_U$ und der in Umfangsrichtung gemessenen Schaufelstärke σ_{U3}. Diese scheinbare Schaufelstärke ist abhängig vom Schaufelwinkel β_2 und – falls vorhanden – vom Rake-Winkel κ und errechnet sich aus der Schaufelstärke s_{U3} gemäß Gl. (3.93). Die Schaufelstärke bewirkt wie bereits dargelegt eine Minderung der Förderhöhe. Die Minderung nimmt zu mit der Größe des Totwassergebiets, der sog. Nachlaufdelle, die von der (scheinbaren) Schaufelstärke s_{U3}' am Austritt abhängig ist.

Der Parameter m wurde anhand von Auswertungen zahlreicher ausgeführter Pumpen empirisch festgelegt. Überraschenderweise ist er nur abhängig von der Schaufelzahl. Demnach ist die Druckziffer $\psi_{th}{}^*$ außer vom Schaufelwinkel β_2 nur noch abhängig von der Schaufelzahl z_U, der Lieferziffer ζ_{3m} und dem Schaufelversperrungsfaktor, der allerdings wieder abhängig von der Schaufelzahl, dem Austrittswinkel und der Schaufelstärke ist.

Der Zahlenwert 0,58 in der Minderleistungsziffer nach Gl. (2.52) wurde wie gesagt empirisch gefunden. Er ist abhängig von der Genauigkeit der Ausführung der errechneten Werte der Laufradgeometrie und somit vom individuellen Herstellungsvorgang. Um eine gewisse Sicherheit zu gewährleisten – eine etwas zu hohe Druckziffer kann durch geringfügiges Abdrehen des Laufradaußendurchmessers leichter korrigiert werden als eine zu geringe Druckziffer – kann die Minderleistungsziffer zur Anpassung an das individuelle Herstellungsprozedere etwas variiert werden. Wird der Zahlenfaktor z. B. mit 0,57 eingesetzt, erhält man im Endergebnis eine etwa 3 %ige Sicherheit für die errechnete Druckziffer, was andererseits einer Winkeldifferenz von $\Delta\beta_2 \approx 1°$ entspricht.

Weitere grundsätzliche Einflüsse der Laufradgeometrie auf die Druckziffer konnten nicht festgestellt werden. Das bei [1] im Minderleistungsfaktor enthaltene statische Moment einer mittleren Stromlinie entfällt. Dieser Befund überrascht, lässt sich aber damit erklären, dass dort ein geradliniger (flacherer) $\psi_{th}{}^*(\zeta_{3m})$ -Verlauf zu Grunde gelegt wird, der eine von ζ_{3m} abhängige Korrektur erfordert. Da ζ_{3m} seinerseits allgemein abhängig von der spezifischen Drehzahl und damit auch von der Radform gewählt wird, musste das Durchmesserverhältnis des Laufrades – ausgedrückt durch das statische Moment – in die Berechnung des Minderleistungsfaktors eingehen. Schwierigkeiten ergaben sich bei der Auslegung von Sonderradformen, z. B. von Kanalrädern, die mit ihrer meist sehr großen Austrittsbreite nicht den üblichen Proportionen entsprechen und daher nicht zuverlässig berechnet werden konnten. Abbildung 2.22 zeigt als Beispiel die nach Gl. (2.49) für die ideelle Schaufelstärke null berechneten Verläufe von $\psi_{th}{}^*$ über der Lieferziffer ζ_{3m} für $z_U = 7$ und verschiedene Austrittswinkel β_2. Die ideelle Schaufelstärke null bedeutet, dass der Schaufelversperrungsfaktor den Wert „1“ annimmt, womit $\zeta_{2m} = \zeta_{3m}$ wird. Unter dem Einfluss real ausgeführter Schaufeln ergeben sich Minderungen der Druckziffer $\psi_{th}{}^*$ um ca. 3 bis 7 %, bei extrem dicken Schaufeln auch bis über 20 %.

Natürlich setzt die Anwendbarkeit dieser neuen Methode zur Bestimmung der Minderleistung wie auch die der übrigen bekannten Methoden einen stetigen Schaufelverlauf am Laufradaustritt – vor allem einen konstanten Schaufelwinkel im letzten Bereich – voraus. Zudem ist eine möglichst genaue Definition der Schaufelaustrittsgeometrie erforderlich. Dabei kommt es nicht auf die mittlere Schaufelstärke s_U an, sondern vielmehr auf die scheinbare Austrittsstärke $s_{U3}{}'$ beziehungsweise auf den Schaufelversperrungsfaktor, in dem dieser Wert

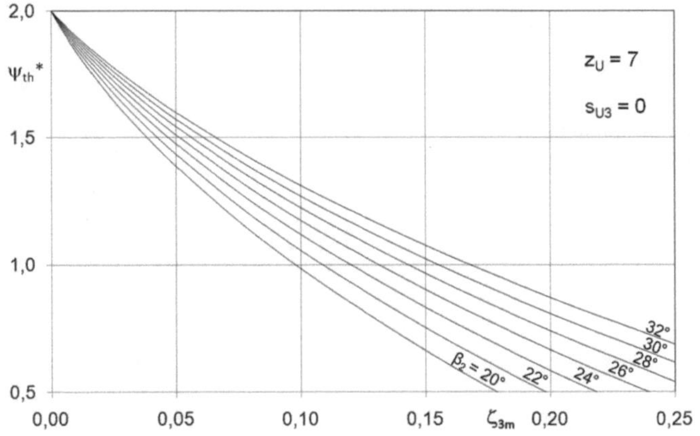

Abb. 2.22 $\psi_{th}{}^*$-Verlauf für verschiedene Austrittswinkel bei konstanter Schaufelzahl und ideeller Schaufelstärke null

enthalten ist. Diese Sorgfalt ist geboten in Anbetracht der hohen Empfindlichkeit, mit der die Druckziffer auf eine Winkeländerung reagiert. (Eine Winkeldifferenz von 2° bewirkt bereits eine Änderung der Druckziffer um 5 bis 10 %). Wie an anderer Stelle bei der Überprüfung der Schaufelbelastung empfiehlt es sich, die Berechnung der Austrittsgeometrie ebenfalls auf die äußere Stromlinie (Deckscheibe) zu beziehen. Wenn die Schaufelstärke über der Austrittsbreite nicht konstant ist, ist es zweckmäßig, die Bestimmung des Austrittswinkels auch für die innere Stromlinie durchzuführen. Weitere Angaben zur Schaufelaustrittsgeometrie befinden sich in Kap. 3.9.

Eine weitere logische Voraussetzung für die Anwendbarkeit der Methode zur Bestimmung der Minderleistung ist, dass die gesamte Laufradaustrittsbreite an der Förderung beteiligt ist, also keine Rückströmung auftritt. Bei sehr breiten Laufrädern, wie sie für die Abwasserförderung wegen der Forderung nach großen freien Durchgängen besonders bei Zweikanalrädern oft eingesetzt werden, kann es vorkommen, dass die Berechnung der Förderhöhe (wie bei jeder anderen Methode) keine zuverlässigen Resultate liefert. Das hat seine Ursache dann darin, dass die Strömung an der äußeren Stromlinie infolge zu starker Verzögerung der Meridiangeschwindigkeit ablöst und dadurch nur einen Teil des zur Verfügung stehenden Querschnitts aktiv ausfüllt (Abb. 2.23). Die Fördercharakteristik gleicht dann der eines schmaleren Rades ohne Ablösung. Die Grenze für einsetzende Ablösung kann nach dem Kriterium

$$b_2 = D_s\left(0{,}8\frac{D_s}{D_2} + 0{,}2\right) \tag{2.54}$$

abgeschätzt werden. Wird die hiernach berechnete Austrittsbreite eingesetzt, kann die theoretische Druckziffer $\psi_{th}{}^*$ zuverlässig nach Gl. (2.49) bestimmt werden. Eine größer ausgeführte Austrittsbreite hat dann keine Vergrößerung der Druckziffer zur Folge. Am Rande sei bemerkt, dass die beschriebene Strömungsablösung überraschenderweise kaum einen negativen Einfluss auf das Förderverhalten wie auch den Wirkungsgrad hat.

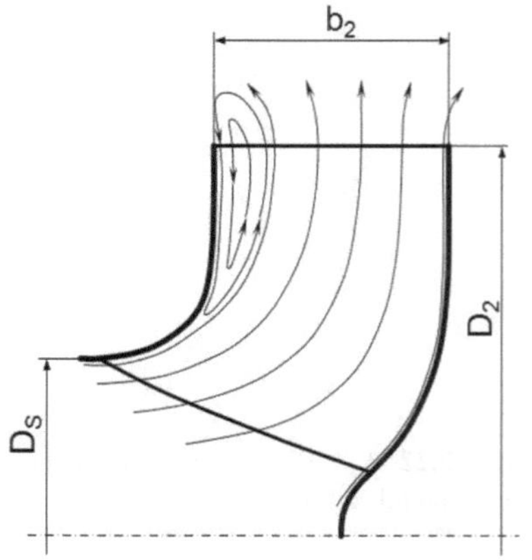

Abb. 2.23 Rückströmung bei „breiten“ Laufrädern

2.8 Die Radseitenraumströmung

In Kreiselpumpen mit eingedeckten d. h. „geschlossenen“ Laufrädern befinden sich zwischen Gehäuse und Laufrad die sogenannten Radseitenräume. Diese Räume sind mit dem Druckraum verbunden, aber nicht unmittelbar an der Förderung beteiligt. Die Druck- und Strömungsverhältnisse in den Radseitenräumen haben einen Einfluss auf die Axialkräfte, die auf das Laufrad wirken, auf die Leckageverluste an den Dichtspalten zwischen Laufrad und Gehäuse und auf die Reibleistung des in den mediumgefüllten Radseitenräumen rotierenden Laufrades, wobei eine gegenseitige Abhängigkeit dieser drei Größen voneinander besteht. Bei Hochdruckpumpen können die Drücke in den Radseitenräumen Axialkräfte von vielen Tonnen erzeugen. Es handelt sich hier meist um mehrstufige Pumpen im Spezifische-Drehzahl-Bereich von $n_q = 15$ bis 35, also um Laufräder mit ausgesprochen radialer Durchströmrichtung. Durch konstruktive Maßnahmen zum Axialschubausgleich können diese Kräfte gänzlich aufgehoben oder so weit reduziert werden, dass sie mit erträglichem Aufwand von einem Axiallager aufgenommen werden können. Hierzu ist die detaillierte Kenntnis der Verhältnisse im Radseitenraum erforderlich, weshalb auf diesem Gebiet umfangreiche Forschung [9–12] betrieben wurde. Die Kenntnis der Drücke im Radseitenraum wird auch für die Ermittlung der Spaltverluste benötigt.

Die grundlegenden Vorstellungen über die Strömung im Radseitenraum von Kreiselpumpen mit eingedeckten, radial durchströmten Laufrädern basieren auf den Untersuchungen an rotierenden Scheiben in geschlossenen Gehäusen [13–15]. Daraus ist bekannt, dass das Medium durch Schubkräfte an der Scheibe mitgeschleppt und also in Rotation versetzt und dadurch im Einflussbereich der Grenzschicht nach außen geschleudert wird. Gleichzeitig wird es an der Gehäusewand abgebremst und aus Kontinuitätsgründen nach innen transportiert. Abhängig von der mit der mittleren Umfangsgeschwindigkeit des Radseitenraumwirbels und dem hydraulischen Durchmesser des Radseitenraumes gebildeten REYNOLDS-Zahl (s. Gl. (3.172) ergeben sich verschiedene Strömungsmuster mit laminarer bis turbulenter Grenzschicht [9, 11, 16]. (Zur REYNOLDS-Zahl von rotierenden Scheiben s. Kap. 3.13). Bei laminarer Strömung, d. h. bei sehr kleinen Re-Zahlen, liegt eine reine Scherströmung (COUETTE-Strömung) vor. Daher ist hier die Scheibenreibleistung deutlich abhängig vom Abstand zwischen Scheibe und Gehäuse und weist beim Übergang zur turbulenten Grenzschicht ein ausgeprägtes Minimum auf. Für die praktische Anwendung hat dies jedoch kaum Bedeutung, da die Seitenraumbreite – außer bei extrem hoher Viskosität des Fördermediums – unpraktikabel klein ausgeführt werden müsste. Bei den in Kreiselpumpen vorkommenden Verhältnissen ist für Kaltwasserförderung meist $Re_{dh} > 10^5$. In diesem Bereich ist die Grenzschicht turbulent und die Summe der Grenzschichtdicken von Scheibe und Gehäusewand wesentlich kleiner als die Radseitenraumbreite. Gemäß dem Prinzip des kleinsten Zwanges bildet sich in der Strömung ein Kern, der wie ein Festkörper rotiert und zwar (theoretisch exakt) mit der halben

Winkelgeschwindigkeit der Scheibe, also mit $\omega/2$; vorausgesetzt, dass die Oberflächen von Scheibe und Gehäuse gleiche Größe, vergleichbare Form und gleiche Rauheitsstruktur aufweisen (vergl. Abb. 2.24). Bei größerer Rauheit und größerer Oberfläche der Scheibe gegenüber dem Gehäuse erhöht sich die Winkelgeschwindigkeit des Festkörperwirbels. Umgekehrt wirkt eine zerklüftete Gehäusewand mit rauerer und größerer Oberfläche verlangsamend auf dieselbe. In beiden Fällen ist die Abweichung von der halben Winkelgeschwindigkeit der Scheibe mit einer erhöhten Leistungsaufnahme verbunden. Eine Abhängigkeit der Scheibenreibleistung vom Abstand zwischen Scheibe und Gehäuse ist im Rahmen der im Pumpenbau üblichen Verhältnisse nur gering vorhanden; mit größerem Abstand nimmt die Leistung etwas zu, weil mit ihm zwangsläufig die Oberfläche des Gehäuses – und damit dessen Bremswirkung – größer wird. Bzgl. Scheibenreibleistung s. Kap. 3.13.

Durch die Rotation der Seitenraumströmung nimmt der Druck zum Zentrum hin ab. Im Falle des Festkörperwirbels verhält sich der Druckabbau entsprechend Gl. (2.55) als Teil einer quadratischen Parabel. Hierzu Abb. 2.25 mit $V_{sp} = 0$.

Auf die Strömung im Radseitenraum einer realen Kreiselpumpe wirken sich zusätzlich noch pumpenspezifische Einflüsse aus, die das vorbeschriebene Modell verkomplizieren. Sie hängen von den Strömungsverhältnissen am Laufradaustritt und im „Spalt“ zwischen Laufrad und Leitapparat ab. Die Haupteinflüsse sind:

- Spalt- oder Leckageströme an den Spaltdichtungen. Spaltströme können von außen nach innen (zentripetal) oder auch von innen nach außen (zentrifugal) gerichtet sein. In beiden Fällen üben sie eine Wirkung auf die Seitenraumströmung aus, die dadurch nicht mehr exakt als Festkörper rotiert.

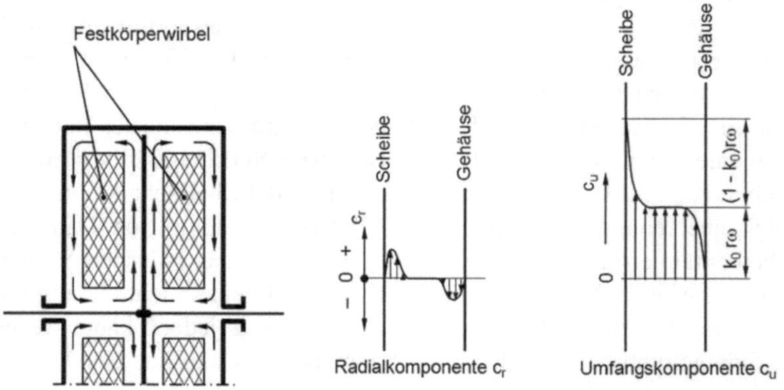

Abb. 2.24 Sekundärströmung mit Festkörperwirbel im Radseitenraum

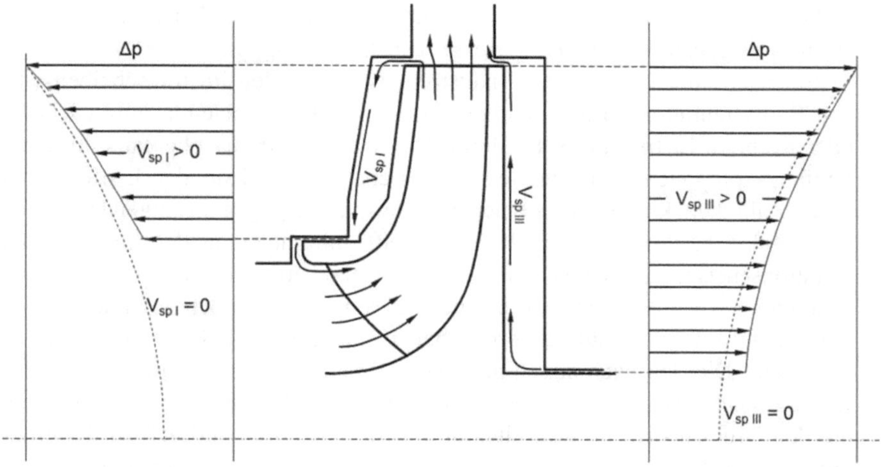

Abb. 2.25 Druckverlauf im Radseitenraum bei verschieden gerichteten Spaltströmen im Vergleich zu $V_{sp}=0$

Bei einstufigen Pumpen ohne Axialschubentlastung fließt im tragscheibenseitigen Radseitenraum kein Spaltstrom, so dass hier das Fluid als Festkörper rotiert. Dessen Winkelgeschwindigkeit liegt etwas unterhalb $\omega/2$, weil das Gehäuse bei diesen Pumpen meist nicht mechanisch bearbeitet wird und deshalb eine größere Rauheit als die Laufradwand aufweist und weil außerdem die benetzte Oberfläche des Radseitenraumes stets etwas größer ist als die des Laufrades. Beides wirkt sich bremsend auf den Festkörperwirbel aus.

Ein zentripetal gerichteter Spaltstrom ist stets vorhanden im deckscheibenseitigen Radseitenraum; bei Einzelentlastung des Axialschubes auch auf der Tragscheibenseite. Er tritt am Laufradumfang mit einer gewissen Umfangskomponente in den Radseitenraum ein, mischt sich mit der dort vorhandenen Sekundärströmung und fließt an der Gehäusewand nach innen. Ohne Reibung würde er sich dabei gemäß dem Drallsatz, d. h. $r \cdot c_u = const$, verhalten. Seine Umfangskomponente würde also umgekehrt proportional mit abnehmendem Abstand von der Pumpenachse zunehmen. Auch unter Reibungseinfluss nimmt seine Umfangskomponente zu, allerdings etwas geringer. Er gibt seine Rotationsenergie zum Teil an die Radseitenraumströmung ab und unterstützt dadurch deren Rotation, so dass ihre Winkelgeschwindigkeit von außen nach innen zunimmt und ihr Kern nicht mehr als Festkörper rotiert. Die Druckabsenkung im Seitenraum durch den Spaltstromeinfluss kann beachtlich sein. Sie steigt mit der Zunahme der Rotation an und verhält sich etwa proportional dem Spaltstrom. Die den Spaltstrom bestimmende Druckdifferenz am Dichtspalt wird gebildet aus dem abgesenkten Druck am Dichtspaltdurchmesser im Radseitenraum und dem Eintrittsdruck des Laufrades. Mit zunehmendem Spaltstrom sinkt diese Druckdifferenz und wirkt damit einer weiteren Zunahme des Spaltstromes entgegen. Es tritt eine gewisse Selbsthemmung ein.

Ein nach außen gerichteter Spaltstrom ist vorhanden im tragscheibenseitigen Radseitenraum bei mehrstufigen Pumpen mit Sammelentlastung (Scheibe oder Kolben). Er tritt am Nabendurchmesser des Laufrades ebenfalls mit einer Umfangskomponente in den Seitenraum ein und wird an der Laufradwand durch Zähigkeitskräfte wie in einer Reibungspumpe gegen ansteigenden Druck nach außen befördert. Durch Reibungskräfte nimmt er an der Laufradwand Rotationsenergie auf. Unter den gegebenen geometrischen und energetischen Bedingungen stellt er sich so ein, dass er am Laufradaußendurchmesser den durch das fördernde Laufrad vorgegebenen statischen Druck – den Spaltdruck – erreicht. Die den nach außen gerichteten Spaltstrom auslösende Druckdifferenz am Dichtspalt wird gebildet aus der Differenz des Stufendruckes und dem um den Druckanstieg im Radseitenraum verminderten Spaltdruck am Laufradumfang. Die Mitförderung des nach außen gerichteten Spaltstromes wirkt sich verlangsamend auf die Rotation der Radseitenraumströmung aus, wodurch ebenfalls die Ausbildung des Festkörperwirbels behindert wird. Im Gegensatz zu den Verhältnissen auf der Deckscheibenseite wird im tragscheibenseitigen Radseitenraum die Druckdifferenz durch den Spaltstrom verringert (s. ebenfalls Abb. 2.25), so dass der Druck hinter dem Dichtspalt steigt; er kann durchaus Werte annehmen, die in der Größenordnung des Spaltdruckes liegen. Durch den Druckanstieg nimmt die Druckdifferenz im Dichtspalt ab. Auf diese Weise wirkt ein größerer zentrifugaler Spaltstrom ebenfalls verringernd auf die ihn erzeugende Druckdifferenz.

- Eintrittsdrall des Spaltstromes. Sowohl der zentripetal als auch der zentrifugal gerichtete Spaltstrom tritt – wie bereits erwähnt – mit einer Umfangskomponente in den Radseitenraum ein.

  Beim zentripetal gerichteten Spaltstrom ist diese Umfangskomponente im Wesentlichen gegeben durch die Abströmung hinter dem Laufrad. Zur Charakterisierung des Eintrittsdralles wird das Verhältnis der Umfangskomponente zur Umfangsgeschwindigkeit des Laufrades $\zeta_{3u} = c_{3u}/u_2$ benutzt. Es liegt im Berechnungspunkt der Pumpe – abhängig von der Druckziffer bzw. vom Reaktionsgrad – in der Größenordnung von $\zeta_{3u} = 0{,}35$ bis 0,55. Außerdem hängt es vom Betriebspunkt der Pumpe ab: bei Teillast steigt die Umfangskomponente an; bei Überlast nimmt sie ab. Ihr Einfluss auf den Druckverlauf im Radseitenraum wächst mit dem Spaltstrom. Beim Spaltstrom null ist logischerweise praktisch kein Einfluss vorhanden (s. Abb. 2.27a).

  Der zentrifugal gerichtete Spaltstrom tritt mit etwa der halben Umfangsgeschwindigkeit des Dichtspaltdurchmessers in den Radseitenraum ein, wegen des kleineren Dichtspaltdurchmessers also mit einem wesentlich kleineren Absolutwert. Da er außerdem in der Regel wesentlich geringer ist als der nach innen gerichtete Spaltstrom, ist sein Einfluss auf die Veränderung der Rotation im Radseitenraum ebenfalls geringer.

- Radseitenraumbreite. Je größer der Abstand zwischen Laufrad und Gehäusewand, desto geringer wirken sich die Spaltströme und ihr Eintrittsdrall auf die Strömungsverhältnisse in den Radseitenräumen aus. Das erklärt sich damit, dass die mit dem Spaltstrom in den Seitenraum eingebrachte Energie im Verhältnis zur Energie der im Seitenraum rotierenden Flüssigkeitsmasse geringer wird.
- Koppelung von Hauptströmung und Radseitenraumströmung. Ist der Radseitenraum – wie bei Leitradpumpen üblich – durch einen relativ engen Spalt am Laufradumfang von der Hauptströmung getrennt, richtet sich die Radseitenraumströmung weitgehend unabhängig von der Hauptströmung aus und wird daher fast ausschließlich nur durch den Spaltstrom und dessen Eintrittsdrall beeinflusst. Aufgrund der Notwendigkeit, für die Berechnung der Axialkräfte, die bei (mehrstufigen) Leitradpumpen infolge der oft hohen Drücke sehr große Beträge annehmen können, detailliertere Kenntnis der Druckverhältnisse im Radseitenraum zur Verfügung zu haben, befassen sich die zahlreichen Forschungsarbeiten fast ausschließlich mit der Strömung im gekapselten Radseitenraum.

  Bei Spiralgehäusepumpen ist jedoch – unter anderem aus Wirkungsgradgründen – eine offene Verbindung der Seitenräume mit dem Strömungsraum hinter dem Laufrad üblich und erwünscht. Somit kommt zu den vorbeschriebenen Effekten der Effekt einer stärkeren Koppelung der Radseitenraumströmung mit der Hauptströmung hinzu. Hierüber liegen jedoch kaum Untersuchungsergebnisse vor. Anzunehmen ist, dass durch die stärkere Koppelung die Rotation der Seitenraumströmung stärker angefacht wird, wodurch hauptsächlich der Spaltverlust – und tendenziell auch die Scheibenreibung des Laufrades – geringer werden (s. hierzu auch Kap. 3.13). Außerdem liefert die an der rotierenden Laufradwand nach außen gerichtete Grenzschichtströmung durch ihre hohe Umfangskomponente einen Beitrag zur Förderhöhe. Für eine stärkere Koppelung spricht die Beobachtung, dass Förderhöhe und Wirkungsgrad bei offenen Radseitenräumen messbar höher liegen als bei gekapselten Radseitenräumen (s. Abb. 2.26). Der Effekt der stärkeren Rotation durch die Koppelung wird unterstützt durch den Fortfall der äußeren Gehäusebegrenzung mit ihrer bremsenden Wirkung. (Ein geringerer Spaltverluststrom bewirkt eine Verschiebung der Drosselkurven zu größerem Volumenstrom hin, somit bei mit dem Förderstrom abfallender Förderhöhe einen Anstieg derselben bei gleichem Nutzförderstrom). Es könnten auch noch andere Sekundäreffekte eine Rolle dabei spielen.
- Inhomogenität der Strömung am Laufradaustritt. Streng genommen kann die Strömung hinter dem Laufrad zwar weitgehend umfangssymmetrisch, aber selbst im Bereich um den Bestpunkt nie vollkommen homogen sein. Der Grund liegt darin, dass die Abströmung vom Laufrad über der Schaufelteilung grundsätzlich (um einen Mittelwert) schwankt, was sich gleichzeitig in Druckpulsationen äußert. Dies macht sich besonders bei Laufrädern mit geringer Schaufelzahl bemerkbar. Diese Art der Störung durch Inhomogenität rotiert mit dem Laufrad und wirkt in die Radseitenräume hinein.

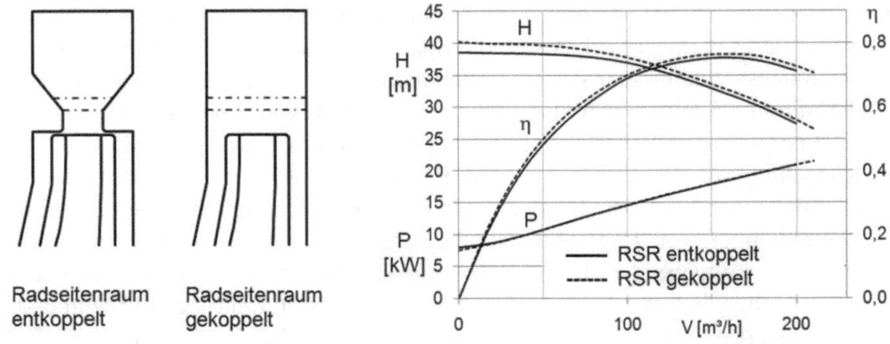

Abb. 2.26 Einfluss der Koppelung der Seitenraumströmung auf Förderhöhe und Wirkungsgrad. (Nach [17])

Daneben treten bei Spiralgehäusepumpen Störungen der Umfangssymmetrie auf, die vom Fördergrad abhängen. Die Strömung in einer Spirale kann nur in einem engen Betriebsbereich – meist liegt dieser in der Nähe des Bestpunktes – als symmetrisch angesehen werden. Mit zunehmender Abweichung von diesem Punkt wird die Symmetrie (auch die des Druckes) durch Umströmung der Gehäusezunge und teilweises Rückströmen in das Laufrad immer mehr gestört. Dazu kommt, dass bei relativ dicken Gehäusezungen, wie sie bei Abwasserpumpen häufig ausgeführt werden, diese Umströmung der Gehäusezunge bereits im Bestpunktbereich stattfindet. Diese Erscheinungen der Zungenumströmung sind nicht auf Einfachspiralen beschränkt, sondern treten auch bei Doppel- und Mehrfachspiralen und prinzipiell auch bei Leiträdern – hier jedoch weit schwächer – auf. Sie wirken ebenfalls in den Radseitenraum hinein, sind aber ortsfest. Sie überlagern sich den vom Laufrad herrührenden Schwankungen des Druckes und der Geschwindigkeit.

Der Einfluss der örtlich auftretenden Rückströmungen und Verwirbelungszonen auf die Radseitenraumströmung wirkt im Sinne einer Störung und Verringerung der Rotation, was sich in einer Erhöhung der Scheibenreibung äußert. Dies konnte an Messungen der Scheibenreibleistung [8] bei stark verdickten Leitschaufeln einer Leitradpumpe beobachtet werden. Aufgrund der Abhängigkeit der in den Radseitenraum hineinwirkenden Störungen vom Fördergrad ist die Scheibenreibleistung zusätzlich auch vom Betriebspunkt der Pumpe abhängig. Bei der Umformierung zur vollturbulenten Teillastströmung beim Fördergrad $q \approx 0{,}6 \div 0{,}7$ ändert sich die Strömung im vom Spaltstrom durchflossenen Radseitenraum drastisch: die Rotation wird gestört und im Mittel geringer, was durch Zunahme der Scheibenreibung und der Spaltverluste beobachtet werden konnte, s. [18]. Damit lassen sich auch die Ergebnisse von [14] hinreichend deuten, bei denen mit Scheiben in Laufradform im Spiralgehäuse deutlich höhere Reibleistungen gemessen wurden als im zylindrischen

Gehäuse. Die Verhältnisse in den Radseitenräumen lassen sich grundsätzlich nur für die „wohlgeordnete“ Strömung hinter dem Laufrad mit den bekannten hydrodynamischen Gesetzen erklären. Im vollturbulenten Teillastbereich können sie deutlich davon abweichen.

Diese Zusammenhänge sollen hier nur der Vollständigkeit halber erwähnt werden. Eine rechnerische Erfassung der Einflüsse dürfte kaum möglich sein. An Pumpen mit großer Strömungsinhomogenität (Kanalradpumpen) werden diesbezüglich keine so hohen Anforderungen gestellt, dass eine detailliertere Kenntnis erforderlich wäre.

Der Druckverlauf in den Radseitenräumen erklärt sich aus dem Strömungsmechanismus in denselben. Am Laufradumfang ist die Druckhöhe durch den Spaltdruck (s. Kap. 2.6) gegeben. Zum Zentrum hin baut sie sich durch die Rotation des Mediums ab. Der Verlauf der Druckhöhe über dem Radius lässt sich für den Fall der Festkörperrotation – also bei fehlendem Spaltstrom – anschreiben zu

$$H_p - H_x = \frac{(k_0 \omega)^2}{2g}\left(r_2{}^2 - r_x{}^2\right) \tag{2.55}$$

mit $r_2 = D_2/2$ und r_x als Bezugsradius im Radseitenraum sowie $k_0 \cdot \omega$ als Winkelgeschwindigkeit des Festkörperwirbels. Dabei ist k_0 ein konstanter Wert, der im Idealfall gleicher Größe und Oberflächenstruktur von Radscheibe und Gehäusewand den Wert $k_0 = 0{,}5$, im Realfall Werte von $k_0 \approx 0{,}35$ bis 0,47 annehmen kann. Er wird nach Gl. (3.167) berechnet.

Unter dem Spaltstromeinfluss rotiert die Seitenraumströmung – wie bereits erwähnt – nicht mehr als Festkörper. Der Spaltstrom tritt infolge seiner Umfangskomponente als Potenzialwirbel in den Radseitenraum ein und überlagert den Festkörperwirbel. Seine Energie vermischt sich mit der Energie der Seitenraumströmung, d. h., er verändert deren Rotation, die dadurch nicht mehr konstant über dem Radius bleibt: Ein nach innen gerichteter Spaltstrom führt der Radseitenraumströmung Energie zu, so dass deren Ration zum Zentrum hin zunimmt; ein nach außen gerichtetem Spaltstrom entzieht ihr Energie und die Rotation nimmt dadurch nach außen hin ab. Der Faktor k als Verhältnis der Winkelgeschwindigkeit der Seitenraumströmung zur Winkelgeschwindigkeit des Laufrades kann somit nicht mehr als konstant über dem Radius angenommen werden. Seine Änderung über dem Radius in Abhängigkeit vom Spaltstrom zeigt beispielhaft Abb. 2.27b.

Gemäß dieser Vorgaben lässt sich der Druckhöhenverlauf über dem Radius mit der Überlagerung eines Festkörperwirbels mit einem Potentialwirbels durch Gl. (2.56) ausdrücken. Die Formel gilt im Rahmen praktischer Anwendung für beliebige relative Seitenraumbreiten b/r_2 und Umfangskomponenten der in den Seitenraum eintretenden Spaltströmung, ausgedrückt durch den Beiwert ζ_{3u}, der den Eintrittsdrall berücksichtigt und für den Bereich $\zeta_{3u} = 0{,}4$ bis 0,6 Gültigkeit hat. Der Einfluss des Eintrittsdralles ζ_{3u} ist beispielhaft aus Abb. 2.27a ersichtlich. In kohärenten Einheiten errechnet sich der Druckhöhenverlauf unter dem Einfluss der Spaltströmung zu

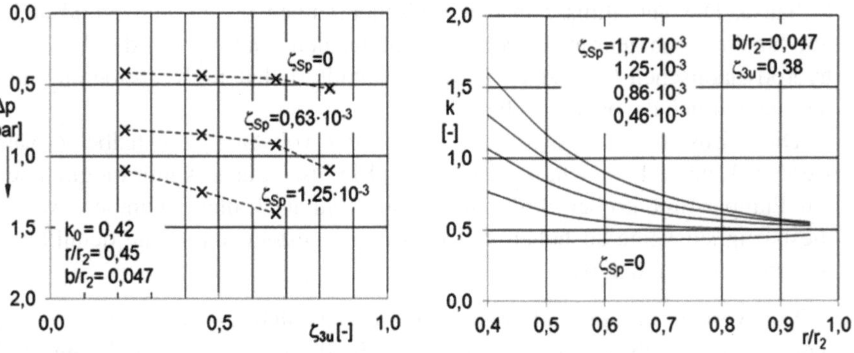

a) Druckabbau in Funktion vom Spaltstrom ζ_{Sp} und dessen Eintrittsdrall ζ_{3u}

b) örtliches Winkelgeschwindigkeitsverhältnis über dem Radius, abhängig vom Spaltstrom

Abb. 2.27 Einfluss des Spaltstromes auf den Druckabbau und auf das örtliche Winkelgeschwindigkeitsverhältnis. (Nach [9])

$$H_p - H_x = \frac{(k_0 \omega)^2}{2g} \left[\left(r_2{}^2 - r_x{}^2 \right) - A \left(r_2{}^2 - \frac{r_2{}^4}{r_x{}^2} \right) \right] \tag{2.56}$$

mit k_0 wiederum nach Gl. (3.167). Die Konstante A wurde aus [9] abgeleitet und berücksichtigt den Reibungseinfluss in den Grenzschichten sowie die Einflüsse des Spaltverluststromes, des Eintrittsdralles und der Radseitenraumbreite b mit

$$A = 230 \varsigma_{Sp} \left(\frac{\varsigma_{3u}}{k_0} \right)^{0,2} \left(1 - 4\frac{b}{r_2} \right). \tag{2.57}$$

Darin ist die dimensionslose Kenngröße des Spaltstromes als Verhältnis der auf die Laufradfläche πr_2^2 bezogenen Spaltstromgeschwindigkeit zur Laufradumfangsgeschwindigkeit zu

$$\varsigma_{Sp} = \frac{V_{Sp}}{\pi . r_2{}^3 \omega} \tag{2.58}$$

definiert. Zentripetal gerichtete Spaltströme sind hierbei mit positivem und zentrifugal gerichtete Spaltströme mit negativem Vorzeichen einzusetzen. Die dimensionslose Kenngröße des Eintrittsdralles als Verhältnis der Umfangskomponente des am Laufradumfang in den Radseitenraum eintretenden Spaltstromes zur Laufradumfangsgeschwindigkeit ist mit

$$\varsigma_{3u} = \frac{c_{3u}}{u_2} = \frac{c_{3u}}{r_2 \omega} \tag{2.59}$$

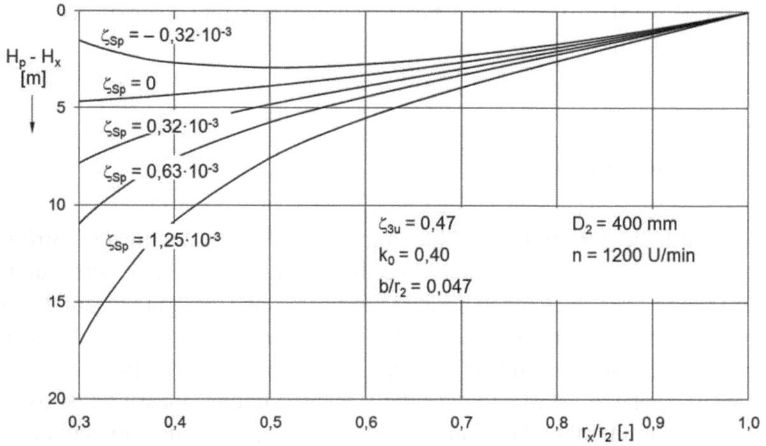

Abb. 2.28 Druckhöhenverlauf im Radseitenraum über dem Radius bei verschiedenen Spaltströmen, berechnet nach Gl. (2.56)

definiert, worin die Umfangskomponente c_{3_u} nach Gl. (2.22) oder (2.23) zu bestimmen ist.

Abbildung 2.28 zeigt den Verlauf der Druckhöhe über dem Radius für verschiedene Spaltströme, berechnet als Beispiel nach Gl. (2.56).

Der im Laufrad erzeugte Druck übt am Laufradumfang und über die Radseitenräumen Kräfte auf das Laufrad aus, deren Kenntnis wichtig ist für die Dimensionierung von Welle und Lagerung. Nach ihrer Wirkungsrichtung werden diese Kräfte in Axial- und Radialkräfte aufgeteilt. Hierzu Kap. 3.14 und 3.15.

2.9 Düsen und Diffusoren

Die ideale verlustlose Strömung in Düsen und Diffusoren ist aus energetischer Sicht miteinander vergleichbar. Infolge Querschnittsänderung ändert sich gemäß der Kontinuitätsbedingung die Strömungsgeschwindigkeit und demzufolge der Druck in der Strömung, da die Summe aus kinetischer und potenzieller Energie nach dem Energieerhaltungssatz konstant bleiben muss, was für volumenbeständige Flüssigkeiten durch die bekannte BERNOULLI-Gleichung

$$\frac{p}{\rho g} + \frac{c^2}{2g} + z = const \tag{2.60}$$

ausgedrückt wird. Wird die Strömung beschleunigt, sinkt der Druck; wird sie verzögert, so erhöht er sich. In einer realen Strömung müssen zusätzlich die Verluste berücksichtigt werden. Diese sind bei beschleunigter und verzögerter Strömung sehr unterschiedlich.

2.9.1 Düsenströmung

In Düsen wird die Strömung beschleunigt durch Verminderung der Strömungsquerschnitte in Strömungsrichtung. Die Beschleunigung einer Strömung wirft kaum Probleme auf; sie kann bei sanft ausgeführten Übergängen auf kürzestem Weg ohne Ablösungen erfolgen. Da die Strömung in Richtung des Druckgefälles fließt, ist der Grenzschichteinfluss minimal und die Gesetze der Potenzialströmung werden weitestgehend erfüllt, so dass die Beschleunigung quasi verlustlos erfolgt. Wegen dieser Gesetzmäßigkeit kann man die Düsenströmung mit hoher Genauigkeit vorausberechnen und mit nur geringfügigen Korrekturen z. B. zur Volumenstrommessung benutzen [19, 20] (Aus der Differenz der Drücke vor und im engsten Querschnitt der Düse in Verbindung mit deren Geometrie lassen sich die Geschwindigkeiten bestimmen).

2.9.2 Diffusorströmung

Die in einer Kreiselpumpe auf das Fördermedium übertragene Energie liegt, wie schon früher erwähnt, zu einem erheblichen Teil als kinetische Energie vor, die durch Verzögerung der Strömung noch möglichst verlustarm in Druckenergie umgewandelt werden muss. Die Verzögerung geschieht zum Teil schon in den Laufradkanälen, mehr jedoch im anschließenden Leitapparat. Da die Leistungscharakteristik der gesamten Pumpe sehr stark durch die Eigenschaften des Leitapparates geprägt wird, kommt der Kenntnis der Eigenheiten der verzögerten Strömung fundamentale Bedeutung zu. Es ist zu unterscheiden zwischen sog. Staudiffusoren und Rohrdiffusoren (s. Abb. 2.29).

Staudiffusoren haben im Gegensatz zu Rohrdiffusoren ein variables Verzögerungsverhältnis. Als Staudiffusoren wirken in Kreiselpumpen die „Schrägabschnitte" an den Lauf- und Leitradeintritten und die Spiral- bzw. Ringkontur des Gehäuses bis zum Beginn des Druckstutzens. In diesen Bereichen muss sich die ankommende Strömung, deren Geschwindigkeit in Betrag und Richtung je nach Betriebspunkt variiert, auf denjenigen Wert anpassen, der sich aus der Kontinuitätsbedingung am Eintrittsquerschnitt des anschließenden Rohrdiffusors, d. h. also Laufradkanal, Leitradkanal, Spiral- bzw. Ringgehäuseendquerschnitt, ergibt. Staudiffusoren haben somit kein festes, durch ihre Geometrie gegebenes Verzögerungsverhältnis. Bei Teillast findet eine Verzögerung statt, die sich bis auf etwa den halben Wert der ankommenden freien Strömung, entsprechend einem Fördergrad von etwa $q = 0{,}7$, wohlgeordnet und fast verlustlos vollzieht. Bei geringerem Fördergrad beginnt die Strömung zunehmend abzulösen, was beim Laufradeintritt zur

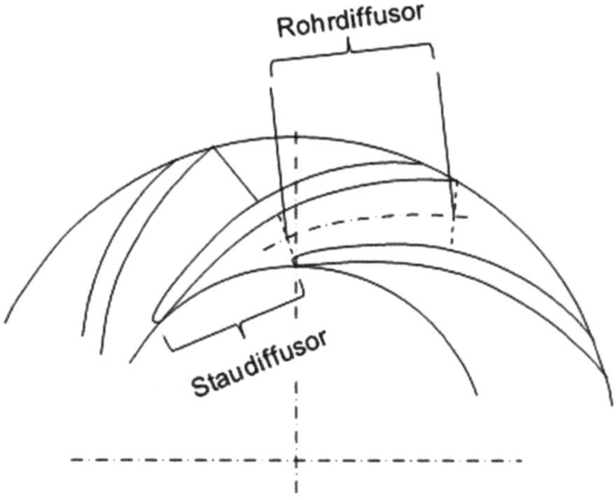

Abb. 2.29 Staudiffusor und Rohrdiffusor (am Beispiel Leitrad)

Rezirkulation und beim Leitapparat zur vollturbulenten, nicht mehr rückwirkungsfreien, verlustbehafteten Austauschströmung führt. Näheres hierzu s. Kap. 2.2. Bei Überlast wirken die Schrägabschnitte nicht mehr als Diffusoren, sondern als Düsen, da sich aus der Kontinuitätsbedingung eine Beschleunigung der Strömung ergibt, die sich über einen weiten Bereich wohlgeordnet, also als Quasi-Potenzialströmung verhält. Die Kombination Schrägabschnitt und Diffusorkanal ist bei Überlast ihrer Wirkungsweise nach eine Venturidüse. Der Druckabfall beim Einströmen in den Diffusorkanal kann unter bestimmten Bedingungen (niedrige spezifische Drehzahl oder erhebliche Überlast) so beträchtlich sein, dass dabei der Dampfdruck des Fördermediums erreicht wird. Die gesamte an das Fördermedium übertragene Energie liegt dann als kinetische Energie vor. Die Kennlinie der Förderhöhe fällt dabei fast senkrecht ab (s. Abb. 2.30) und der Förderstrom kann durch geringeren Gegendruck nicht weiter erhöht werden. Auch eine Erhöhung des Zulaufdruckes ist dann fast wirkungslos. Man nutzt diesen Effekt zuweilen als Überlastschutz zur Begrenzung des Förderstromes.

Rohrdiffusoren sind dadurch gekennzeichnet, dass sich ihr Querschnitt in Strömungsrichtung vergrößert, wodurch die Strömung verzögert wird. Das Verzögerungsverhältnis ist dabei fest und entspricht bei gemittelten Geschwindigkeiten dem gegebenen Querschnittsverhältnis, gebildet aus den Querschnitten an Austritt und Eintritt des Diffusorkanals. Im Diffusor ist die Strömung gegen den ansteigenden Druck gerichtet und die energieärmeren Grenzschichten werden infolge ihrer geringeren mittleren Geschwindigkeit gegenüber der Hauptströmung dabei eher auf null verzögert, so dass es dort zur Ablösung und zur Rückströmung der Grenzschicht kommen kann. Abhängig von der Energieverteilung und von der Geometrie des Diffusors kann die Ablösung der Hauptströmung von der Wand stationär einseitig oder auch örtlich und zeitlich wechselnd erfolgen, wodurch die Verzögerung nicht mehr der Querschnittsvergrößerung entspricht und der Druckgewinn vermindert wird. Im Extremfall bildet sich die Hauptströmung als Strahl aus. Der Druckanstieg hinter dem Diffusor entspricht dann nur noch dem CARNOT-Druckgewinn

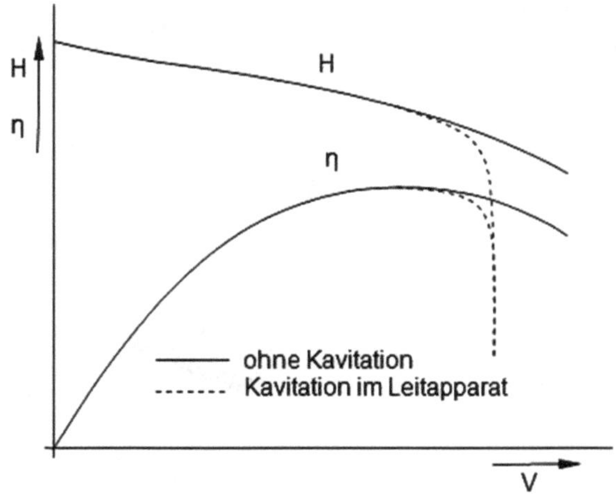

Abb. 2.30 Kennliniendeformation bei Kavitation im Leitapparat

nach Gl. (2.82). Um im Interesse möglichst geringer Druckverluste Strömungsablösungen zu vermeiden, müssen im Gegensatz zu den Verhältnissen bei Düsen Querschnittsänderungen einen geringeren Gradienten aufweisen, d. h., die Verzögerung muss über einen längeren Weg so allmählich geschehen, dass die trägen, energiearmen Grenzschichten durch die Turbulenz der Hauptströmung immer wieder mit Energie beladen werden und nicht dem Druckgefälle folgend zurückströmen. Der Gradient muss dabei umso geringer gewählt werden, je größer das Erweiterungsverhältnis des Diffusors vorgegeben ist. Ein größeres Erweiterungsverhältnis erfordert also eine überproportional größere Diffusorlänge. Extrem große Erweiterungsverhältnisse bringen jedoch kaum einen zusätzlichen Druckgewinn, da die notwendigen großen Längen mit höheren Reibungsverlusten verbunden sind. In solchen Fällen ist es oft besser, ein geringeres Erweiterungsverhältnis mit entsprechend größerem Erweiterungswinkel und anschließender sprunghafter Erweiterung zu wählen, wenn der dadurch auftretende CARNOT-Verlust geringer ist als die im anderen Fall zusätzlichen Druckumsetzungs- und Reibungsverluste.

Die Wirkung von Rohrdiffusoren ist sehr stark abhängig vom Profil der Strömung am Eintritt. Füllige, ausgeglichene Geschwindigkeitsprofile mit geringer Grenzschichtstärke und hohem Turbulenzgrad ermöglichen größere Druckgradienten als z. B. Strömungen nach Krümmern, bei denen eine sehr ungleiche Geschwindigkeitsverteilung vorliegt oder solche mit langer Anlaufstrecke und demzufolge energiearmer Grenzschicht. Wegen dieser Besonderheiten ist es problematisch bzw. nicht möglich, Diffusorverluste exakt und allgemeingültig vorauszuberechnen.

Als Rohrdiffusoren wirken in der Kreiselpumpe die Laufrad- und Leitradkanäle sowie sich erweiternde Druckstutzen von Spiral- bzw. konzentrischen Gehäusen. Während die Laufradkanäle wegen ihrer relativ geringen Verzögerung und wegen der infolge der Rotation nach außen, also in Strömungsrichtung, abgeschleuderten Grenzschichten keine besonderen Probleme aufwerfen, kommt den Leitradkanälen und den Druckstutzen erhöhte Bedeutung zu, zumal hier meist noch ein hoher Anteil an kinetischer Energie vorhanden ist und umgesetzt werden soll.

Idealerweise werden Rohrdiffusoren als gerade, konische Diffusoren ausgebildet. Konische oder Kegel-Diffusoren haben – auf den Querschnitt bezogen – die geringste Oberfläche. Man erzielt mit ihnen die beste Druckumsetzung. Vergleichbar mit ihnen sind Diffusoren, die als regelmäßiger Pyramidenstumpf, also mit quadratischen Querschnitten und gleichen Erweiterungswinkeln in beiden Ebenen ausgeführt sind (Abb. 2.32). Der Druckgewinn ist ähnlich gut wie bei konischen Diffusoren; infolge der etwas größeren Oberfläche und des größeren Grenzschichteinflusses an den Kanten sind die Verluste geringfügig größer. Hierauf basierend nehmen die Verluste zu mit der Abweichung von der Quadratform. Mit Verringerung des Erweiterungswinkels in einer der beiden Ebenen und gleichzeitiger Vergrößerung in der anderen Ebene nehmen die Verluste ebenfalls zu; die Diffusorform nähert sich dann derjenigen des „ebenen" Diffusors, der sich nur in einer Ebene erweitert. Im Vergleich zu Pyramid-und Kegeldiffusoren haben ebene Diffusoren einen etwas höheren Verlustbeiwert, wobei jedoch Flachkantdiffusoren besser sind als Hochkantdiffusoren (Abb. 2.33).

Literaturangaben über Diffusoren beruhen zumeist auf experimentell gefundenen Ergebnissen [21–24]. Die Angaben sind zum Teil sehr unterschiedlich, was sich damit erklären lässt, dass wie gesagt die Strömung und damit die Druckumsetzung in Diffusoren besonders empfindlich auf das Geschwindigkeitsprofil am Eintritt reagiert und damit neben der Abhängigkeit von der REYNOLDS-Zahl stark abhängig von vorgeschalteten Strukturen und der Eintrittsgeometrie ist. Bei Diffusoren von Kreiselpumpen ist zu beachten, dass hier die Anströmverhältnisse kaum quantifizierbar sind: das Strömungsprofil ist stark unsymmetrisch mit zeitlich stark wechselnder Richtung und schwankendem Betrag bei hohem Turbulenzgrad. Daher ist es problematisch, unter idealisierten Versuchsbedingungen gefundene Ergebnisse aus der Literatur auf die Verhältnisse in Kreiselpumpen zu übertragen. Es lassen sich jedoch grundlegende Erkenntnisse über die Diffusorströmung durchaus ableiten, und es kann angenommen werden, dass unter den Bedingungen in der Kreiselpumpe in vielen Fällen die Ablöseneigung der Grenzschicht verringert und dadurch die Druckumsetzung verbessert wird, so dass in der Übernahme von Literaturangaben eine gewisse Sicherheit liegt.

Geometrie Die geometrischen Verhältnisse und Definitionen sind aus Abb. 2.31, 2.32, und 2.33 ersichtlich.

Für kegelförmige (konische) Diffusoren gilt

$$\gamma = \arctan \frac{r_2 - r_1}{L} \tag{2.61}$$

oder

$$\gamma = \arctan \frac{\sqrt{A_2/A_1} - 1}{(L/r_1)} \tag{2.62}$$

mit der auf den Radius r_1 am Eintritt bezogene Länge L

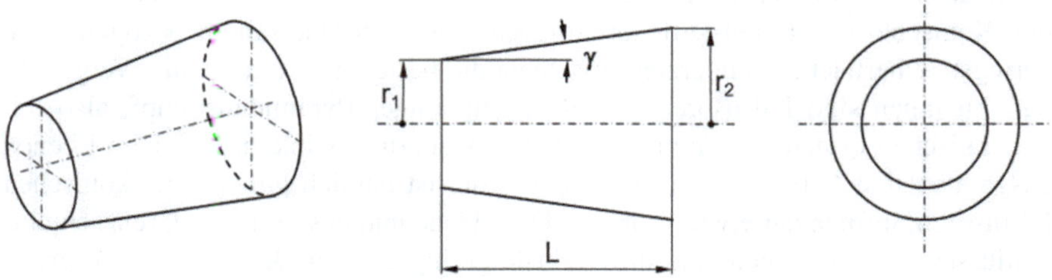

Abb. 2.31 Konischer Diffusor

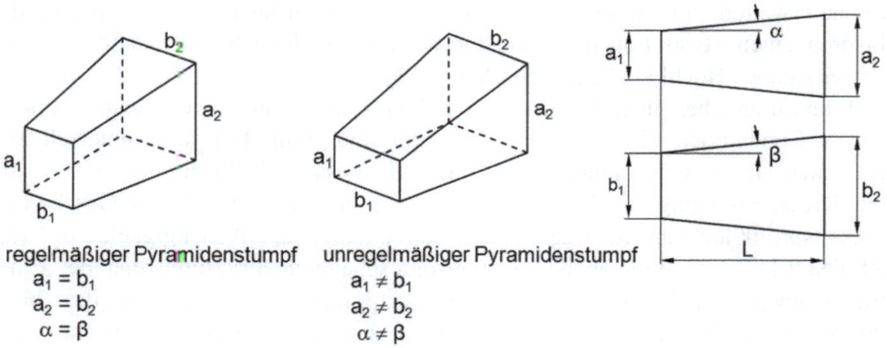

Abb. 2.32 Pyramidenförmige Diffusoren

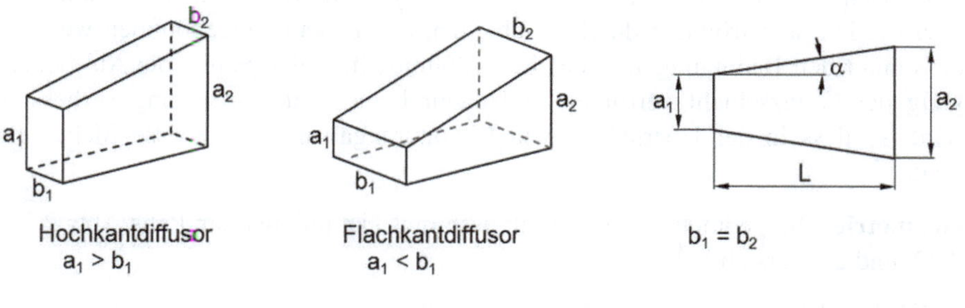

Abb. 2.33 Ebener (Hoch- und Flachkant-) Diffusor

$$L/r_1 = \frac{\sqrt{A_2/A_1} - 1}{\tan\gamma}. \tag{2.63}$$

Für Rechteck-Diffusoren mit beliebigen Öffnungswinkeln und beliebigem Seitenverhältnis (unregelmäßiger Pyramidenstumpf) – wobei $s_1 = a_1/b_1$ das Seitenverhältnis am Eintrittsquerschnitt bezeichnet – gilt

$$\alpha = \arctan\frac{a_2 - a_1}{2L} \tag{2.64}$$

oder

$$\alpha = \arctan\frac{(a_2/a_1) - 1}{2(L/a_1)} \tag{2.65}$$

und

$$\beta = \arctan\frac{b_2 - b_1}{2L} \tag{2.66}$$

bzw.

$$\beta = \arctan\frac{(b_2/b_1) - 1}{2s_1(L/a_1)} \tag{2.67}$$

Die auf das Maß a_1 am Eintritt bezogene Diffusorlänge L/a_1 lässt sich für ein vorgegebenes Flächenverhältnis und vorgegebene Erweiterungswinkel errechnen zu

$$L/a_1 = \frac{\sqrt{\tan^2\alpha + s_1{}^2\tan^2\beta + 2s_1(2A_2/A_1 - 1)\tan\alpha\tan\beta} - \tan\alpha - s_1\tan\beta}{4s_1\tan\alpha\tan\beta}. \tag{2.68}$$

Aus den Radien flächengleicher Kreise für Diffusor-Ein- und Austritt ergibt sich der mittlere Erweiterungswinkel ε

$$\varepsilon = \arctan\frac{\sqrt{A_2/A_1} - 1}{(L/a_1)\sqrt{s_1\pi}}. \tag{2.69}$$

Für ebene Diffusoren ist $\beta = 0$ und es entfallen Gln. (2.66) und (2.67). Außerdem kann hier Gl. (2.68) *nicht* verwendet werden, da sie den unbestimmten Wert 0/0 liefern würde. An ihre Stelle tritt Gl. (2.70), die ausschließlich für ebene Diffusoren gilt

$$L/a_1 = \frac{(A_2/A_1) - 1}{2\tan\alpha}. \tag{2.70}$$

Die Definition der Erweiterungswinkel geht aus den Abb. 2.31, 2.32, und 2.33 hervor. Bei Rechteckdiffusoren sind die Erweiterungswinkel α und β jeweils auf die Neigung einer Mantelfläche gegenüber der Diffusorachse bezogen; der Winkel ε bezieht sich auf die Radien ρ von flächengleichen Kreisquerschnitten. Bei konischen Diffusoren ist der Winkel γ ebenfalls auf die Radien bezogen und stellt den halben Konuswinkel dar.

Bei Angaben zur relativen, d. h. auf einen charakteristischen Eintrittwert bezogenen Diffusorlänge kommt es leicht zu Fehlinterpretationen, wenn Werte L/a_1 von Rechteckdiffusoren unterschiedlicher Seitenverhältnisse mit einander verglichen oder dem Wert L/r_1 von konischen Diffusoren gegenübergestellt werden. Überdies führen gleiche Erweiterungswinkel bei unterschiedlichen Seitenverhältnissen und gleichen Diffusorlängen zu unterschiedlichen Erweiterungsverhältnissen. Gleiche Erweiterungswinkel und gleiche Flächenverhältnisse ergeben bei ebenen Diffusoren unterschiedlicher Seitenverhältnisse zwar gleiche Werte für die relative Diffusorlänge L/a_1, unterscheiden sich jedoch in der absoluten Größe erheblich. Um hier Missverständnisse zu vermeiden, empfiehlt es sich, bei Vergleichen stets mit den Radien flächengleicher Kreisquerschnitte nach Gl. (2.71) zu arbeiten. Damit können Diffusoren unterschiedlicher Querschnittsformen einheitlich behandelt und besser miteinander verglichen werden. Man setzt:

$$\rho = \sqrt{A/\pi} \tag{2.71}$$

oder

$$\rho = a\sqrt{1/s\pi} \tag{2.72}$$

bzw.

$$\rho = \frac{a}{\sqrt{s\pi}} \tag{2.73}$$

wobei $s = a/b$ das Seitenverhältnis eines Querschnittes angibt. Damit wird

$$L/\rho_1 = (L/a_1)\sqrt{s_1\pi} \tag{2.74}$$

(Zur Unterscheidung von den Verhältnissen am konischen Diffusor wurde hier für die Radien das Symbol ρ gewählt).

Verlustbeiwert Aus dem Verlustbeiwert ζ_D errechnet sich die Diffusorverlusthöhe H_V zu

$$H_V = \varsigma_D \frac{{c_1}^2}{2g}, \tag{2.75}$$

worin nach [21] etwas vereinfacht gesetzt werden kann

- für konische Diffusoren

$$\varsigma_D = 3{,}2(\tan\gamma)^{1{,}25}\left(1 - \frac{A_1}{A_2}\right)^2 + \frac{\lambda}{8\sin\gamma}\left[1 - \left(\frac{A_1}{A_2}\right)^2\right] \tag{2.76}$$

- für pyramidenförmige Diffusoren

$$\varsigma_D = 3{,}2(\tan\varepsilon)^{1{,}25}\left(1-\frac{A_1}{A_2}\right)^2 + \frac{\lambda}{16}\left(\frac{1}{\sin\alpha}+\frac{1}{\sin\beta}\right)\left[1-\left(\frac{A_1}{A_2}\right)^2\right] \quad (2.77)$$

mit ε nach Gl. (2.69)

- für ebene Diffusoren

$$\varsigma_D = 3{,}2(\tan\alpha)^{1{,}25}\left(1-\frac{A_1}{A_2}\right)^2 + \frac{\lambda}{8\sin\alpha}\left[2s_1\left(1-\frac{A_1}{A_2}\right)+1-\left(\frac{A_1}{A_2}\right)^2\right]. \quad (2.78)$$

Die Verlustbeiwerte setzen sich zusammen aus einem Anteil für Expansionsverluste und einem Reibungsanteil. Für jedes Flächenverhältnis ergibt sich ein optimaler Erweiterungswinkel, bei dem der Verlustbeiwert ein Minimum, bzw. der Diffusorwirkungsgrad und der Druckrückgewinnungsfaktor ein Maximum aufweisen. Wird dieser Winkel überschritten, steigen die Verluste infolge verdickter Grenzschicht und beginnender Ablösung. Bei Unterschreitung steigen die Verluste ebenfalls, und zwar infolge erhöhter Wandreibung durch größere Diffusorlänge. Die Formeln nach Gl. (2.76) bis (2.78) gelten nur für anliegende bis nicht voll abgelöste Strömung. Der Beiwert λ ist nach Gl. (3.220) zu berechnen.

Rückgewinnungsfaktor (Umsetzungsgrad) Mit dem Rückgewinnungsfaktor c_p errechnet sich der Druckhöhenanstieg, bezogen auf die am Diffusoreintritt vorhandene Geschwindigkeitsenergiehöhe. Es ist

$$H_2 - H_1 = c_p \frac{c_1^2}{2g} \quad (2.79)$$

wobei sich c_p aus dem Verlustbeiwert ζ_D nach Gl. (2.76) bis (2.78) ergibt, so dass

$$c_p = 1 - \varsigma_D - (1-\varsigma_x)(A_1/A_2)^2 \quad (2.80)$$

Hierin drückt ζ_x den Dissipationsgrad aus, der angibt, in welchem Maße die kinetische Austrittsenergie hinter dem Diffusor verloren ist. ($\zeta_x = 0$ bedeutet volle Nutzung von $c_2^2/2$ g und bei $\zeta_x = 1$ ist keinerlei Nutzung von $c_2^2/2$ g vorhanden).

Volle Nutzung liegt vor am Druckstutzen einer Kreiselpumpe, da hier die kinetische Austrittsenergie der Förderhöhe zugerechnet wird. Eine ähnlich gute Nutzung der kinetischen Restenergie liegt auch vor bei Kombinationen von Leiträdern mit gut angepassten Spiral- bzw. Ringgehäusen. Bei Leiträdern von mehrstufigen Pumpen ergeben sich meist andere Verhältnisse. Hier belässt man hinter dem Diffusor eine für den Transport des Mediums durch die Pumpe erforderliche kinetische Restenergiehöhe von 3 bis 6 % der Stufenförderhöhe. Von dieser

Restenergiehöhe geht durch Verwirbelung und Reibung in der Umführungs- und Rückführpartie ein Teil verloren, so dass hier $0<\zeta_x<1$ ist. Je nach Güte dieser Strukturen kann man $\zeta_x=0{,}3 \div 0{,}6$ annehmen. Tritt dagegen die Strömung z. B. hinter einem Leitrad abrupt in ein sehr weites Gehäuse ein, geht der größte Teil der kinetischen Austrittsenergie verloren und der Dissipationsgrad ζ_x nähert sich dem Wert „1"; der Verlust entspricht dann dem CARNOT-Stoßverlust gemäß

$$H_V = \frac{(c_2 - c_3)^2}{2g}. \tag{2.81}$$

Der verbleibende Druckhöhengewinn beträgt dabei

$$H_3 - H_2 = \frac{c_3(c_2 - c_3)}{g}, \tag{2.82}$$

Wobei c_3 die Geschwindigkeit im „weiten" Gehäuse bedeutet.

Bei der Konzeption von Diffusoren ergeben sich zwei verschiedene Aufgabenstellungen:

- Wenn bei vorgegebenem Erweiterungsverhältnis keine konstruktive Beschränkung der Diffusorlänge besteht, wird man den Diffusor nach optimalem Wirkungsgrad auslegen. Solche Verhältnisse liegen häufig vor bei Druckstutzen von Spiral- und Ringgehäusen oder auch bei Kombination dieser Gehäuseformen mit einem Leitrad und wenn der höchstmögliche Gesamtwirkungsgrad der Pumpe erreicht werden soll. Die Diffusorlänge bzw. der Erweiterungswinkel sind dann nach den Diagrammen in Abb. 2.34, 2.35, 2.36, und 2.37 gemäß c_p** zu wählen.
- In vielen Fällen besteht die Aufgabe jedoch darin, für eine durch die Konstruktion vorgegebene Diffusorlänge den höchstmöglichen Druckrückgewinn zu erzielen. Der maximal mögliche Diffusorwirkungsgrad ist hierbei nicht mehr das ausschlaggebende Kriterium. Man hat in diesem Fall das Flächenverhältnis nach dem höchstmöglichen Rückgewinnungsbeiwert zu wählen entsprechend den Angaben für c_p* in den vorstehend genannten Diagrammen.

Leiträder von mehrstufigen Kreiselpumpen müssen stets in Zusammenhang mit nachgeschalteten Strukturen wie Umführung und Rückführpartie betrachtet werden, in denen geschwindigkeitsabhängige Verluste auftreten. Eine Verzögerung über ein bestimmtes Verhältnis hinaus bringt oft keinen zusätzlichen Druckgewinn mehr, verringert jedoch die nachgeschalteten Verluste in Umführung und Rückführpartie. Da damit jedoch gleichzeitig ein erhöhter baulicher Aufwand verbunden ist, spielen auch wirtschaftliche Gesichtspunkte bei der Auslegung eine Rolle. Es kommt somit stets darauf an, für das Gesamtkonzept einen günstigen Kompromiss zu finden und nicht im Diffusor des Leitrades allein einen hohen Wirkungsgrad anzustreben.

Diffusorwirkungsgrad Der Diffusorwirkungsgrad η_D gibt das Verhältnis vom effektiven Druckanstieg zum theoretisch möglichen Druckanstieg an bei gegebenem Flächenverhältnis. Für den praktischen Gebrauch werden dabei mittlere Geschwindigkeiten in den Querschnitten zu Grunde gelegt.

$$\eta_D = \frac{2g(H_2 - H_1)}{c_1{}^2 - c_2{}^2} \tag{2.83}$$

oder auch

$$\eta_D = \frac{2g(H_2 - H_1)}{c_1{}^2[1 - (A_1/A_2)^2]} \tag{2.84}$$

Der Diffusorwirkungsgrad kann auch aus den Verlustbeiwerten ζ_D nach Gl. (2.76) bis (2.78) bzw. aus dem Rückgewinnungsfaktor c_p nach Gl. (2.80) bestimmt werden:

$$\eta_D = 1 - \frac{\zeta_D}{1 - (A_1/A_2)^2} \tag{2.85}$$

$$\eta_D = \frac{c_p}{1 - (A_1/A_2)^2} \tag{2.86}$$

Die Druckumsetzung in Diffusoren hängt, wie bereits erwähnt, entscheidend ab vom Zustand der Strömung am Diffusoreintritt: eine kurze Anlaufstrecke bzw. starke Turbulenz verringern Grenzschichtdicke und Ablöseneigung und verbessern damit den Druckgewinn. Für Diffusoren von Leiträdern und im Druckstutzen von Spiral- bzw. Ringgehäusen von Kreiselpumpen kann ein hoher Turbulenzgrad angenommen werden, so dass mit einer guten Diffusorwirkung gerechnet werden kann.

Wie Vergleiche der Diagramme von Abb. 2.34, 2.35, 2.36, und 2.37 bzw. Abb. 2.38 und 2.39 zeigen, wird mit konischen Diffusoren der höchste Druckumsetzungsgrad bzw. Wirkungsgrad erreicht. Regelmäßige Pyramid-Diffusoren sind fast gleichwertig. Mit zunehmender Abweichung von der Quadratform der Querschnitte sinken die Werte. Bei unterquadratischem Eintrittsseitenverhältnis ($a_1/b_1 < 1$) empfiehlt es sich, die Erweiterungswinkel $\alpha > \beta$ zu wählen (Abb. 2.32). Mit ebenen Diffusoren werden deutlich niedrigere Werte erreicht. Besonders nachteilig sind dabei Hochkantdiffusoren. Sie weisen außerdem die größte Baulänge auf. Günstigere Werte bezüglich Druckumsetzung und Baulänge werden mit Flachkantdiffusoren erzielt.

Die oben genannten Diagramme dienen hauptsächlich dem Vergleich und der Darlegung der grundlegenden Zusammenhänge. Sie wurden einheitlich mit dem festen Reibbeiwert $\lambda = 0{,}04$ erstellt. Für genauere Berechnungen bestimmt man den Reibbeiwert nach der Rohrreibungsformel Gl. (3.220), wobei die dort benötigte REYNOLDS-Zahl auf den Eintrittsquerschnitt des Diffusors bezogen wird. Die Rauheitswerte ε können nach Tab. 3.9 bestimmt werden. Bei nicht kreisförmigem Querschnitt kann man statt des hydraulischen Durchmessers den Durchmesser eines flächengleichen Kreisquerschnittes einsetzen, der sich hier im Allgemeinen nur wenig vom hydraulischen Durchmesser d_h nach Gl. (3.173) unterscheidet.

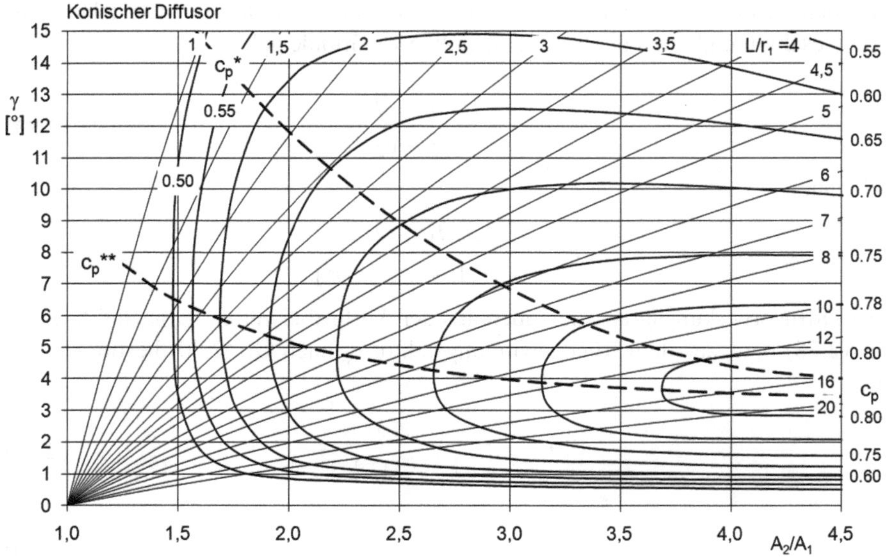

Abb. 2.34 Druckrückgewinnungsfaktor beim konischen Diffusor und bei voller Nutzung der Austrittsenergie ($\zeta_x = 0$)

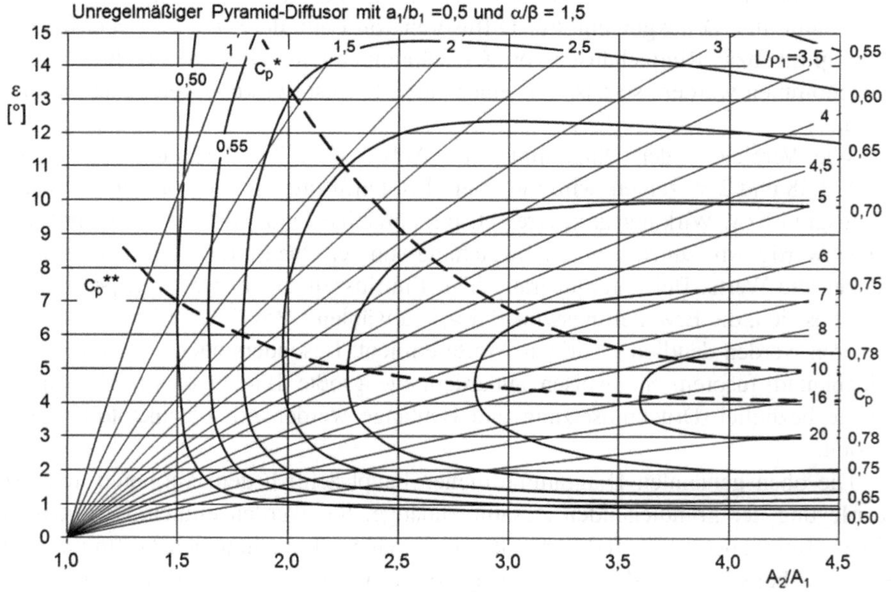

Abb. 2.35 Druckrückgewinnungsfaktor beim unregelmäßigen pyramidenförmigen Diffusor und voller Nutzung der Austrittsenergie ($\zeta_x = 0$)

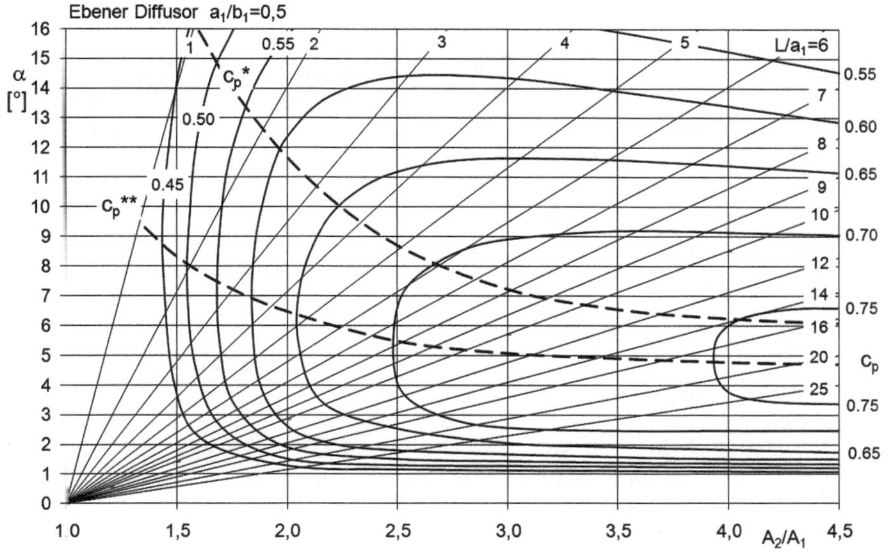

Abb. 2.36 Druckrückgewinnungsfaktor beim Ebenen Diffusor mit Seitenverhältnis $s_1 = 0{,}5$ und voller Nutzung der Austrittsenergie ($\zeta_x = 0$)

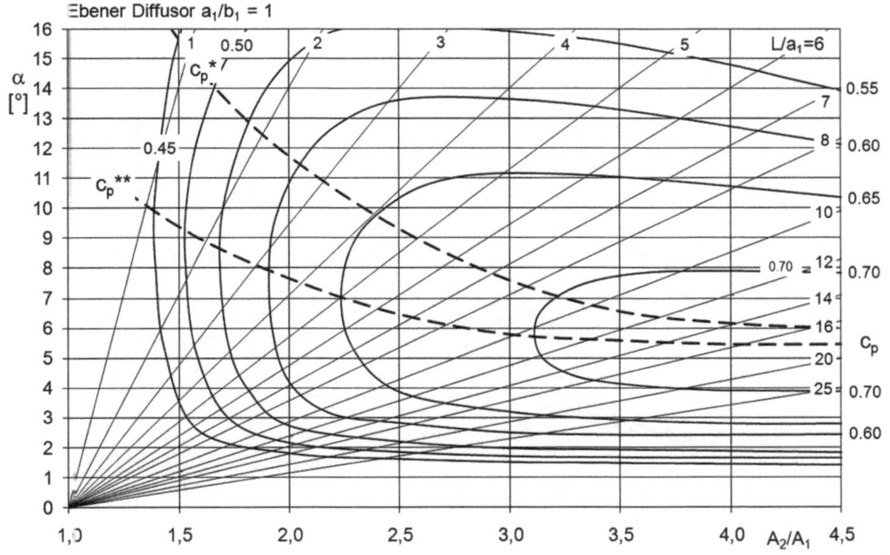

Abb. 2.37 Druckrückgewinnungsfaktor beim Ebenen Diffusor mit Seitenverhältnis $s_1 = 1{,}0$ und voller Nutzung der Austrittsenergie ($\zeta_x = 0$)

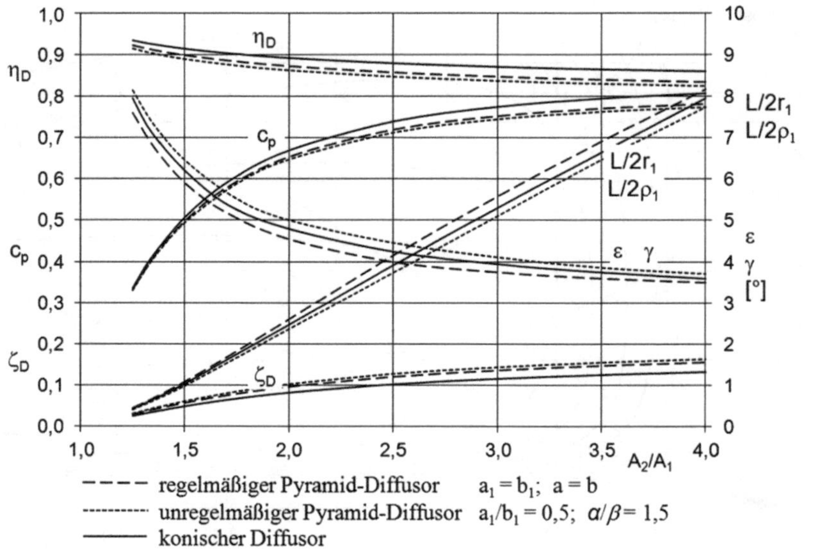

Abb. 2.38 Optimalwerte von konischen und Pyramid-Diffusoren

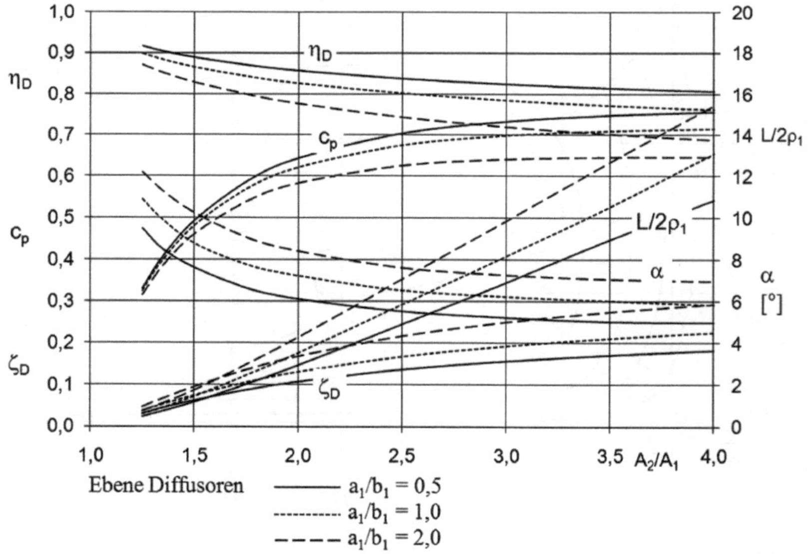

Abb. 2.39 Optimalwerte von ebenen Diffusoren

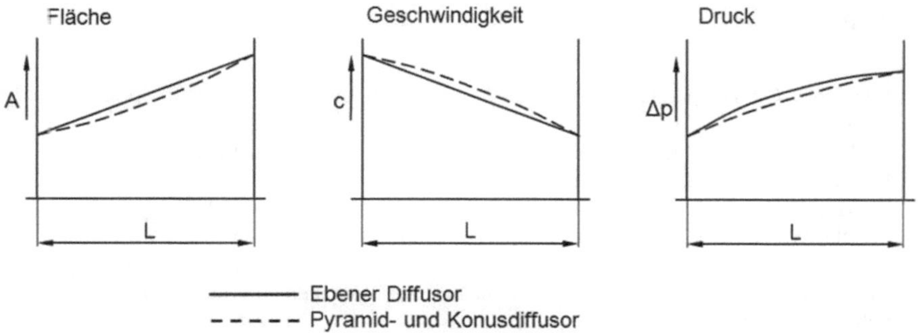

Abb. 2.40 Vergleich der Flächen-, Geschwindigkeits- und Druckentwicklung bei ebenen und räumlichen Diffusoren mit konstanten Erweiterungswinkeln über der Länge

Im Pumpenbau können Druckstutzen von Spiral- oder Ringgehäusepumpen normalerweise als konische Diffusoren ausgeführt bzw. berechnet werden. Dabei hat sich eine leichte „Gegenkrümmung", d. h. eine Krümmung entgegen der Laufraddrehrichtung, als günstig erwiesen; sie bewirkt tendenziell eine Vergleichmäßigung der dem Drallsatz entsprechenden Geschwindigkeitsverteilung hinter dem Laufrad und eine gewisse Rückgewinnung der kinetischen Energie aus dem Doppelwirbel der Sekundärströmung in der Spirale.

Für Diffusoren von Leiträdern ergeben sich durchweg Rechteckquerschnitte mit Erweiterungen in beiden Ebenen (unregelmäßige pyramidenförmige Diffusoren). Aus konstruktiven Gründen werden sie manchmal aber auch als ebene Diffusoren ausgebildet. Um Platz zu sparen, werden Leitradkanäle oft mit in Laufraddrehrichtung leicht gekrümmter Achse konzipiert. Nach [22] verschlechtert eine Krümmung bis etwa 15° die Druckumsetzung in Flachkantdiffusoren kaum gegenüber geraden Diffusoren. Gekrümmte Hochkantdiffusoren sind dagegen – wie auch Hochkantkrümmer gegenüber Flachkantkrümmern bei unverzögerter Strömung – logischerweise deutlich schlechter. Gekrümmte Leitradkanäle sollen deshalb als Flachkantdiffusoren, d. h., als Diffusoren mit einem Höhen-Breitenverhältnis $a_1/b_1 < 1$, jedoch vorzugsweise $a_1/b_1 \geq 0{,}5$, ausgeführt werden. Bei der Anwendung der Ergebnisse nach [22] auf Leiträder kommt positiv hinzu, dass auf der konvexen Kanalseite die Anlaufstrecke kurz, somit die Grenzschichtdicke gering ist und daher eine höhere Belastung „verkraftet".

Je nach Konzeption des Diffusors ergeben sich bei konstanten Erweiterungswinkeln und geraden Mantellinien ganz unterschiedliche Verläufe der Flächen-, Geschwindigkeits- und Druckzunahme über der Diffusorlänge. Bei ebenen Diffusoren nimmt die Fläche linear mit der Länge zu, die Geschwindigkeit somit linear ab. Daraus resultiert eine Druckzunahme, die zu Anfang am größten ist und mit der Länge abnimmt. Bei „räumlichen" Diffusoren (Pyramid- und Kegeldiffusoren) nimmt die Fläche über der Länge anfangs weniger, dann stärker zu als beim ebenen Diffusor, womit der Geschwindigkeitsgradient mit fortschreitender Diffusorlänge abnimmt. Die Druckzunahme erfolgt demzufolge anfangs schwächer, dann stärker als beim ebenen Diffusor. Einen Vergleich zeigt Abb. 2.40.

Literatur

1. Pfleiderer, C.: Die Kreiselpumpen für Flüssigkeiten und Gase, 5. Aufl. Springer, Berlin (1961)
2. Saalfeld, K.: Einige neue Gedanken zur Laufradberechnung von radialen und halbaxialen Kreiselpumpen. KSB Technische Berichte 11 (1966)
3. Stepanoff, A.J.: Radial- und Axialpumpen, 2. Aufl. Springer, Berlin (1959)
4. Sédille, M.: Turbo-Machines Hydrauliques et Thermiques. Masson & Cie (1967)
5. Troskolánski, A.T., Lazarkiewicz, S.: Kreiselpumpen, 3. Aufl. Birkhauser, Basel (1976)
6. Busemann, A.: Das Förderverhalten radialer Kreiselpumpen mit logarithmisch-spiraligen Schaufeln. ZAMM **8**(5), (1958)
7. Eck, B.: Ventilatoren, 4. Aufl. Springer, Berlin (1962)
8. Wesche, W.: Experimentelle Untersuchungen am Leitrad einer radialen Kreiselpumpe. Dissertation, TU Braunschweig (1989)
9. Schubert, F.: Untersuchungen der Druck- u. Geschwindigkeitsverteilung in Radseitenräumen radialer Kreiselpumpen. Dissertation, TU Braunschweig (1988)
10. Schilling, R.: Strömung in Radseitenräumen von Kreiselpumpen. Strömungsmech. Strömungsmasch. **27** (1979)
11. Daily, J.W., Nece, R.E.: Chamber dimension effects on enclosed rotating disks. J. Basic Eng. Trans. ASME. 217–232 (1960)
12. Stache, A.: Untersuchungen des Axialschubes einer langsamläufigen Kreiselpumpe. Dissertation, TU Braunschweig (1969)
13. Schultz-Grunow, E.: Der Reibungswiderstand rotierender Scheiben in Gehäusen. ZAMM. **15**(4) (1935)
14. Surek, D.: Some results of investigations into disk friction and leakage losses in single stage centrifugal pumps. I.A.H.R. Symposium Braunschweig (1966)
15. Pantell, K.: Versuche über Scheibenreibung. Forsch. Ingenieurwesen. **16**, 97–108 (1949/1950)
16. Nece, R.E., Daily, J.W.: Roughness effects on frictional resistance of enclosed rotating disks. Trans. ASME. 553–562 (1960)
17. Wesche, W.: Messungen am Spiralgehäuse einer Kreiselpumpe. Technische Rundschau SULZER. (2) (1987)
18. Hergt, P., Prager, S.: The influence of different parameters on the disc friction losses of a centrifugal pump. The 9th conference on fluid machinery, Budapest (1991)
19. DIN EN ISO 5167: Durchflussmessungen von Fluiden mit Drosselgeräten in durchströmten Leitungen mit Kreisquerschnitt, Ausgabe 2004-01. Beuth, Berlin (2004)
20. VDI-Durchflusszahlen und Expansionszahlen genormter Drosselgeräte und Abweichungen von den Normvorschriften DIN 2040, Ausgabe September. Beuth, Berlin (1996)
21. Idelchik, I.E.: Handbook of Hydraulic Resistance, 2. Aufl. Springer, Berlin (1986)
22. Sprenger, H.: Experimentelle Untersuchungen an geraden und gekrümmten Diffusoren. Dissertation, ETH Zürich (1959)
23. Kline, S.J.: On the nature of stall. Trans. ASME D. **79** (1959)
24. Prechter, H.: Gesichtspunkte zur Auslegung von Diffusoren unter Berücksichtigung neuerer Forschungsergebnisse. Der Maschinenmarkt, (13a) Würzburg – Nr. 82 – Oktober (1961)

Kapitel 3
Grundlagen für die Berechnung und Konstruktion der hydrodynamischen Komponenten

3.1 Allgemeines

Die Grundlagen für die Berechnung und Konstruktion der hydrodynamischen Komponenten beruhen weitgehend auf den Gesetzen der Hydrodynamik idealer, d. h. reibungsfreier Flüssigkeiten. Die Abweichungen realer, reibungsbehafteter Flüssigkeiten hiervon sind bei der üblichen Berechnung unter Zugrundelegung von Wasser als Fördermedium vergleichsweise gering, können aber unter den allgemeinen Anforderungen nicht unbeachtet bleiben. Zu ihrer Berücksichtigung sind daher Korrekturen erforderlich, die meist auf Empirie beruhen. So sind Kenngrößen wie z. B. erreichbarer Wirkungsgrad, Minderleistungsfaktoren, Saugverhalten, aber auch Erkenntnisse über Erscheinungen wie die der Rezirkulation und der Austauschleistung oder der Diffusorströmung überwiegend auf dem Versuchswege erworben worden. In Verbindung mit theoretischen Grundlagen wurden Gesetzmäßigkeiten gefunden, die eine weitgehend allgemeingültige Anwendung ermöglichen.

Um die Anwendung in Berechnungsprogrammen zu erleichtern, wurden viele der empirisch gefundenen und in den Diagrammen dargestellten Abhängigkeiten in mathematischen Funktionen ausgedrückt, die allerdings meist keine physikalische Gesetzmäßigkeit beschreiben.

3.2 Verluste und Wirkungsgrade

Für die zuverlässige hydrodynamische Auslegung und Berechnung von Kreiselpumpen ist die detaillierte Kenntnis der Verluste erforderlich. Diese sind in erster Linie abhängig von der Bauart, der Baugröße und der spezifischen Drehzahl. Daneben spielen noch die Präzision der Fertigung (Oberflächengüte, Spaltspiele) sowie die Eigenschaften des Fördermediums wie Viskosität und Homogenität eine

W. Wesche, *Radiale Kreiselpumpen*,
DOI 10.1007/978-3-662-48912-3_3

Rolle. Verschiedene Forschungsarbeiten befassen sich mit dem Einfluss der unterschiedlichen Verluste auf den erreichbaren Wirkungsgrad (s. hierzu auch Kap. 3.6).

Man unterscheidet zwischen äußeren und inneren Verlusten. Zu den äußeren oder mechanischen Verlusten zählen alle Verluste, die nicht als Wärme in das Fördermedium eingehen, also im Wesentlichen die Verluste von Wellendichtung und Lagerung. Sie liegen allgemein in der Größenordnung von (0,5 %) 1 % bis 3 % der Antriebsleistung. Der Klammerwert gilt für höchste Leistungen. Bei sehr kleinen Baugrößen und bei Sonderbauformen können sie auch deutlich höher liegen und bis über 30 % der Wellenleistung ausmachen. Dies wird häufig übersehen. Man kann die mechanischen Verluste den Angaben von Lager- bzw. Dichtungsherstellern entnehmen oder auch experimentell bestimmen.

Im Gegensatz zu den äußeren Verlusten teilen sich die inneren Verluste dem Fördermedium als Wärme mit. Man unterscheidet hydrodynamische und nicht hydrodynamische innere Verluste.

Für die Beurteilung der hydrodynamischen Güte und für die Bestimmung des erreichbaren Gesamtwirkungsgrades einer projektierten Pumpe ist die Kenntnis der hydrodynamischen oder Schaufelverluste bzw. die Kenntnis des hydrodynamischen (hydraulischen) Wirkungsgrades von großer Bedeutung. Die Schaufelverluste lassen sich nicht direkt messen. Man ermittelt sie aus Messungen des Gesamtwirkungsgrades an ausgeführten Pumpen mit Hilfe der berechneten übrigen Verluste und klassifiziert sie nach den wichtigsten Parametern wie Bauart, Größe und spezifische Drehzahl.

Die hydrodynamischen Verluste entstehen durch Flüssigkeitsreibung, Strömungsablösung und Impulsaustausch, d. h. Mischung und Verwirbelung in vom Medium durchströmten Bauteilen, also hauptsächlich im Laufrad und im Leitapparat. Sie werden daher auch als Schaufelverluste bezeichnet. Ihnen gemeinsam ist, dass sie sich als Druckverlust äußern. Sie lassen sich zusammenfassen zu

$$Z_h = H_{th} - H \tag{3.1}$$

und repräsentieren die Differenz zwischen der an den Schaufeln übertragenen theoretischen Förderhöhe und der in der Pumpe, d. h. im Laufrad, insgesamt erzeugten nutzbaren Förderhöhe. Die hydrodynamischen Verluste einer Kreiselpumpe betragen beim Förderstrom besten Wirkungsgrades je nach Bauart, Größe und spezifischer Drehzahl etwa 4 % bis 15 % der Schaufelarbeit. Am stärksten hängen sie von der Baugröße und der spezifischen Drehzahl ab. Wenn man als Bezugsgröße eine repräsentative hydraulische Abmessung, z. B. den Laufradeintrittsdurchmesser wählt, der bei gleicher Drehzahl näherungsweise auch etwa gleichen Förderstrom bedeutet, steigen sie mit der spezifischen Drehzahl an, wie Abb. 3.1 zeigt. (Betr. spezifischer Drehzahl s. Kap. 3.5). (Der oft verwendete Laufradaußendurchmesser als Bezugsgröße ist weniger geeignet, da das Verhältnis Kanalweite zu Laufraddurchmesser sehr stark von der spezifischen Drehzahl abhängt und dadurch leicht zu falschen Schlussfolgerungen führt, wenn man die spezifische Drehzahl als Vergleichsbasis wählt). Nähere Angaben zum hydrodynamischen Wirkungsgrad finden sich in Kap. 3.6.

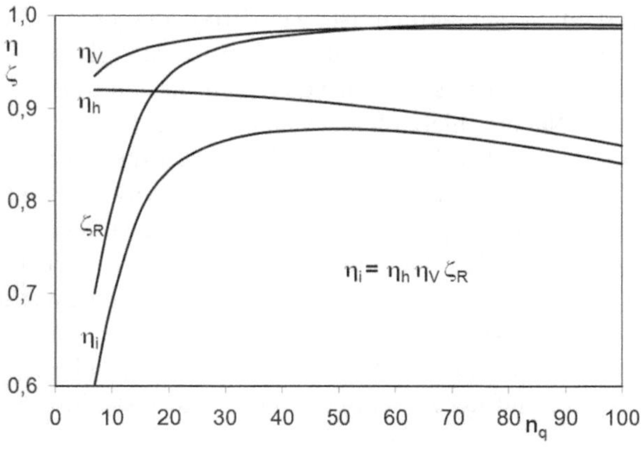

Abb. 3.1 Prinzipieller Verlauf des hydrodynamischen Wirkungsgrades η_h, des volumetrischen Wirkungsgrades η_V, des Scheibenreibungsbeiwertes ζ_R und des daraus resultierenden inneren Wirkungsgrades η_i über der spezifischen Drehzahl n_q

Getrennt nach dem Ort ihrer Entstehung teilt man die hydraulischen Verluste auf in Laufradverluste Z_U und Leitapparatverluste Z_L. Unter Leitapparat sind alle dem Laufrad vor- oder nachgeschalteten Strukturen zur Führung der Strömung durch die Pumpe zu verstehen. Es ist also

$$Z_h = Z_U + Z_L. \tag{3.2}$$

Während für vergleichbare Pumpen die Leitapparatverluste kaum abhängig von der spezifischen Drehzahl sind, steigen die Laufradverluste mit der spezifischen Drehzahl an, was den abfallenden Verlauf des hydrodynamischen Wirkungsgrads mit der spezifischen Drehzahl erklärt. Die Ursache liegt vermutlich darin, dass mit zunehmender spezifischer Drehzahl der zentrifugale (verlustlose) Anteil an der Druckerzeugung geringer wird und sich der (verlustbehaftete) Anteil, der durch Verzögerung der Relativgeschwindigkeit erzeugt wird, dadurch relativ vergrößert. Insgesamt betragen die Leitapparatverluste bei Spiralgehäusepumpen etwa ein Viertel bis ein Drittel und bei mehrstufigen Pumpen mit Umführung etwa bis zur Hälfte der gesamten hydrodynamischen Verluste.

Neben der Aufteilung in Laufrad- und Leitapparatverluste muss unterschieden werden zwischen Reibungs- und Stoßverlusten, die sowohl im Laufrad als auch im Leitapparat auftreten. Während die Reibungsverluste als Rohr- und Diffusorverluste mit dem Fördergrad anwachsen, treten die Stoßverluste nur auf, wenn es beim Eintritt der Strömung in die Lauf- und Leitradkanäle bzw. in den Druckstutzen des Spiralgehäuses infolge von Fehlanströmung zu Ablösungen kommt. Das ist der Fall, wenn der Volumenstrom vom Volumenstrom stoßfreien Eintritts, für den das betreffende Bauteil ausgelegt wurde, abweicht. In der Summe weisen die hydrodynamischen Verluste durch die Stoßverluste ein Minimum auf, das in der Nähe des Bestpunktes liegt und für den für Kreiselpumpen typischen

Wirkungsgradverlauf verantwortlich ist. Zur Erfassung der hydrodynamischen Verluste werden meist Ansätze mit quadratischen Abhängigkeiten vom Volumenstrom gewählt. Diese Ansätze sind sehr vereinfachend und treffen in der Realität nur sehr bedingt zu. Näheres hierzu findet sich in Kap. 3.8.

Zu den hydrodynamischen Verlusten gehören auch die Austauschverluste Z_a, die hauptsächlich bei Teillast auftreten durch Wechselwirkung (Impulsaustausch) zwischen Laufrad und Leitapparat, wie in Kap. 2.7 beschrieben. Sie entstehen, wenn die Strömung hinter dem Laufrad bei Überschreitung einer bestimmten Verzögerungsgrenze ablöst. Die dabei auftretenden Verwirbelungsverluste gehen zu Lasten der kinetischen Energie und stellen die Austauschverluste dar. Ihr Ausmaß hängt weitgehend vom Leitapparat ab, weshalb wir sie zu den Leitapparatverlusten zählen. Größe und Verlauf der Austauschverluste sind von Einfluss auf die Drosselkurve $H(V)$. Durch Rückströmung in das Laufrad ist eine Rückwirkung auf dasselbe vorhanden, die als „Austauschleistung" P_a ein zusätzliches Drehmoment an der Welle erfordert. Austauschverluste Z_a und Austauschleistung P_a stehen in enger Beziehung zueinander, s. hierzu Abb. 3.2. Sie verhalten sich gleichsinnig, d. h., mit Z_a steigt auch P_a an und umgekehrt. Sie werden, wie bereits erwähnt, stark durch die Geometrie des Leitapparates beeinflusst, lassen sich jedoch nicht exakt berechnen. Man kann sie abschätzen anhand von Auswertungen vergleichbarer Pumpen. Da eine Pumpe jedoch stets für den Bestpunkt berechnet wird, bleiben die Austauschverluste als hydrodynamische Verluste hier unberücksichtigt.

Eine zusätzliche Austauschleistung muss auch durch die auftretende sog. Rezirkulation aufgebracht werden. Diese tritt auf, wenn am Laufradeintritt bei Teillast die Verzögerung der Relativgeschwindigkeit so stark wird, dass die Ablösegrenze erreicht wird. Die Rezirkulation führt zu einer teilweisen Versperrung des

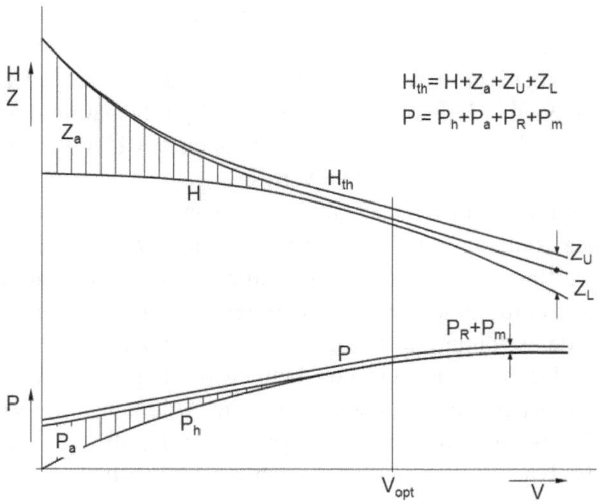

Abb. 3.2 Austauschverlust und Austauschleistung

Eintrittsquerschnittes, die bewirkt, dass sich die Anströmbedingungen für den frei bleibenden „Restquerschnitt“ verbessern. Sie nimmt mit fortschreitender Teillast zu. Im Gegensatz zu den Austauschvorgängen zwischen Laufrad und Leitapparat bewirkt die Austauschleistung durch Rezirkulation am Laufradeintritt keinen Verlust an Förderhöhe. Ihrem Betrage nach ist sie auch geringer als jene.

Zu den nicht hydrodynamischen Verlusten zählen die Spalt- oder Leckageverluste an den Drosselspalten und alle Verluste durch Flüssigkeitsreibung an rotierenden vom Fördermedium benetzten Bauteilen, die sogenannten Scheibenreibungsverluste.

Die Spaltverluste V_{Sp} treten auf, weil man Bereiche unterschiedlichen Druckes zwischen rotierenden und feststehenden Bauteilen in der Pumpe nicht betriebssicher absolut leckagefrei trennen kann. Man muss enge Spalte vorsehen, durch die ein unvermeidlicher Flüssigkeitsstrom fließt. Dieser Flüssigkeitsstrom ist ein Verlust, da er im Spalt infolge Drosselung seine Energie verliert und vom Laufrad zusätzlich zum Nutzförderstrom mit umgepumpt und stets aufs Neue mit Energie beladen werden muss. Die Spaltverluste hängen ab von der Druckdifferenz und von der Spaltgeometrie und können je nach spezifischer Drehzahl, Bauart und Baugröße im Extremfall bis zu 15 % des Laufradvolumenstroms betragen. Hierzu Abb. 3.1. Berechnung der Spaltverluste s. Kap. 3.12.

Der Scheibenreibungsverlust P_R durch Flüssigkeitsreibung wird in einer Kreiselpumpe durch Scherkräfte infolge Zähigkeit des Fördermediums hervorgerufen, vornehmlich an den Außenwänden des rotierenden Laufrades im flüssigkeitsgefüllten Radseitenraum. Aber auch an einer evtl. vorhandenen Entlastungseinrichtungen für den Axialschub und in den verschiedenen Dichtspalten treten diese Scherkräfte auf. Der Scheibenreibungsverlustanteil ist hauptsächlich abhängig von der spezifischen Drehzahl und der Viskosität des geförderten Mediums und nur wenig von der Baugröße. Bei einer Pumpe mit $n_q = 15$ beträgt er bei Wasserförderung ca. 10 % der Antriebsleistung. Er lässt sich konstruktiv nur wenig beeinflussen, hängt jedoch merklich von der Oberflächenrauheit von Laufrad und Gehäuse ab. Der Verlauf über der spezifischen Drehzahl geht ebenfalls aus Abb. 3.1 hervor. Berechnung der Scheibenreibungsverluste nach Kap. 3.13.

Die nicht hydrodynamischen Verluste wirken mittelbar oder unmittelbar als Drehmoment auf die Welle und müssen vom Antrieb zusätzlich zur hydrodynamischen Leistung aufgebracht werden. Sie lassen sich in geeigneten Versuchsapparaturen isoliert messen, so dass ihre Berechnungsgrundlagen recht zuverlässig sind. Auch die Austauschleistung ist in gewissem Sinne den nicht hydrodynamischen Verlusten zuzurechnen, wenngleich sie hydrodynamische Ursachen hat. Sie wirkt nämlich ähnlich wie die Scheibenreibung auf das Laufrad. Sie lässt sich isolieren zu

$$P_a = P - (P_R + P_m) - \rho\, g(V + V_{Sp})H_{th} \tag{3.3}$$

Um sie abzuschätzen, muss die theoretische Förderhöhe H_{th} bekannt sein, die man mittels Gl. (2.49) näherungsweise berechnen kann. Da die Austauschleistung praktisch nur bei Teillast auftritt, kann sie bei der hydrodynamischen Berechnung von Laufrädern meist außer Acht gelassen werden.

Im Folgenden wird der Zusammenhang hergeleitet zwischen den einzelnen Verlusten bzw. Wirkungsgraden.

Der Gesamtwirkungsgrad einer Pumpe ist das Verhältnis der nutzbaren hydraulischen Leistung zur aufgewendeten und an der Kupplung übertragenen mechanischen Gesamtleistung

$$\eta = \frac{\rho g V H}{P}. \tag{3.4}$$

Wenn man die mechanischen Verluste P_m aus der Gesamt- oder Kupplungsleistung herausnimmt, erhält man über $P = P_i + P_m$ die innere Leistung P_i und mit ihr den inneren Wirkungsgrad

$$\eta_i = \frac{\rho g V H}{P_i}. \tag{3.5}$$

Die innere Leistung wird vollständig auf das Fördermedium als Nutzleistung und – soweit es sich um Verluste handelt – als Wärme übertragen. Sie setzt sich zusammen aus der hydrodynamischen Leistung P_h, der Scheibenreibleistung P_R und gegebenenfalls der Austauschverlustleistung P_a, also

$$P_i = P_h + P_R + P_a \tag{3.6}$$

wobei der Austauschverlust aus vorerwähnten Gründen ausgeschieden werden soll.

Mit der hydrodynamischen Leistung

$$P_h = \rho g (V + V_{Sp}) H_{th} \tag{3.7}$$

erhält man

$$\eta_i = \frac{\rho g V H}{\rho g (V + V_{Sp}) H_{th} + P_R} \tag{3.8}$$

und

$$\frac{1}{\eta_i} = \frac{(V + V_{Sp}) H_{th}}{V H} + \frac{P_R}{\rho g V H}.$$

Unter Verwendung der Beziehung $\rho g V H = \eta_i P_i$ aus Gl. (3.5) ist

$$\frac{1}{\eta_i} = \frac{(V + V_{Sp}) H_{th}}{V H} + \frac{P_R}{\eta_i P_i}. \tag{3.9}$$

Mit den Definitionen des volumetrischen Wirkungsgrades

$$\eta_v = \frac{V}{V + V_{Sp}}, \tag{3.10}$$

des hydrodynamischen (hydraulischen) Wirkungsgrades

$$\eta_h = \frac{H_{th} - Z_h}{H_{th}} = \frac{H}{H_{th}} \tag{3.11}$$

und des Reibungsbeiwertes

$$\varsigma_R = \frac{P_i - P_R}{P_i} \tag{3.12}$$

lässt sich Gl. (3.9) schließlich umgeformt und nach η_h aufgelöst anschreiben zu

$$\eta_h = \frac{\eta_i}{\eta_v \varsigma_R}. \tag{3.13}$$

Da aber der Gesamtwirkungsgrad η das Produkt aus mechanischem und innerem Wirkungsgrad ist, nämlich

$$\eta = \eta_m \, \eta_i, \tag{3.14}$$

wobei der mechanische Wirkungsgrad definiert ist zu

$$\eta_m = \frac{P_i}{P} = \frac{P_i}{P_i + P_m} = \frac{P - P_m}{P} = 1 - \frac{P_m}{P}, \tag{3.15}$$

kann auch geschrieben werden

$$\eta_h = \frac{\eta}{\eta_v \varsigma_R \, \eta_m} \tag{3.16}$$

und schließlich

$$\eta = \eta_h \eta_v \, \varsigma_R \, \eta_m. \tag{3.17}$$

Auf die spezifische Drehzahl bezogen ergibt sich unter dem Einfluss der übrigen Verluste der Verlauf des Gesamtwirkungsgrades mit einem Maximum im Bereich von $n_q \approx 50$. Der Abfall bei abnehmendem n_q ist bedingt vor allem durch die zunehmenden Anteile der Spalt- und Scheibenreibungsverluste an den Gesamtverlusten; der Abfall bei größerem n_q durch den zunehmenden Anteil der hydrodynamischen Verluste. Bei sehr kleinen Leistungen verschiebt sich das Maximum – bedingt durch den zunehmenden Einfluss der mechanischen Verluste – etwas zu kleineren spezifischen Drehzahlen hin. Der grundsätzliche Verlauf geht aus Abb. 3.1 hervor. Genauere Angaben über erreichbare Wirkungsgrade liefert Kap. 3.6.

3.3 Die Entstehung der Drosselkurven

3.3.1 Zusammenhänge

Üblicherweise wird das Betriebsverhalten von Kreiselpumpen in Form von Kennlinien grafisch dargestellt, wobei man als Abszisse den Förderstrom wählt. Die Kennlinien können auf dem Prüfstand oder auch in der Anlage durch Messung bestimmt werden. Da man dabei durch Änderung des Gegendruckes – meist infolge Drosselung – verschiedene Betriebspunkte einstellt, werden die grafisch dargestellten

Fördergrößen häufig „Drosselkurven" genannt. Die wichtigsten Fördergrößen sind die Förderhöhe (spezifische Förderarbeit), die aufgewendete mechanische Leistung (Kupplungsleistung) und der Gesamtwirkungsgrad als das Verhältnis der hydrodynamischen Nutzleistung P_h zur gesamten aufgewendeten mechanischen Leistung P. Der Wirkungsgrad kann nicht direkt gemessen, sondern stets nur als Rechenwert aus den anderen Größen ermittelt werden. Außer diesen Größen interessiert meist noch das Saugverhalten, über das die Netto-Energiehöhe oder Haltedruckhöhe (*NPSH*) Aufschluss gibt. Die Drosselkurven werden allgemein für konstante Drehzahl dargestellt, weil der Antrieb von Kreiselpumpen überwiegend durch Elektromotoren, also mit quasi-konstanter Drehzahl, erfolgt.

Nach umgeformter Gl. (3.1) ergibt sich die Förderhöhe H aus der theoretischen Förderhöhe H_{th} unter Abzug der hydrodynamischen Verluste Z_h, wie in Abb. 3.3 beispielhaft dargestellt. Die hydrodynamischen Verluste sind förderstromabhängig und lassen sich aufteilen in „Reibungsverluste" und „Stoßverluste". Zu den hydrodynamischen Verlusten zählen auch die (vornehmlich bei Teillast auftretenden) Austauschverluste Z_a. In ihrer Gesamtheit weisen die hydrodynamischen Verluste durch den Einfluss der Stoßverluste ein Minimum in der Nähe des Volumenstromes besten Gesamtwirkungsgrades auf (s. hierzu auch Kap. 3.2). Zur Vorausbestimmung des Bestpunktes einer Pumpe kommt daher der Dimensionierung der

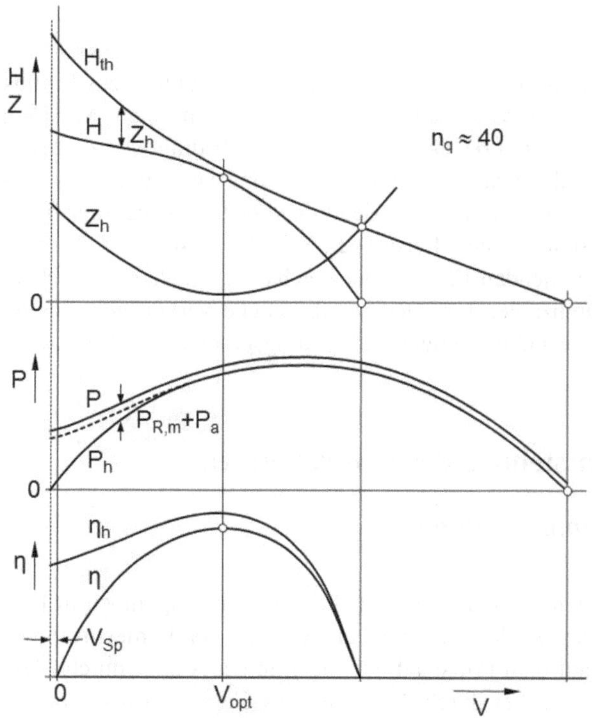

Abb. 3.3 Zur Entstehung der Drosselkurven

die Stoßverluste bestimmenden Eintrittsgeometrie von Laufrad und Leitapparat größte Bedeutung zu. (Näheres hierzu s. Kap. 3.8).

Die Wellenleistung P setzt sich zusammen aus der hydrodynamischen Leistung P_h, der Scheibenreibleistung P_R, der mechanischen Verlustleistung P_m und der Austauschleistung P_a gemäß

$$P = P_h + P_R + P_m + P_a, \tag{3.18}$$

Die hydrodynamische Leistung P_h ergibt sich darin gemäß Gl. (3.7) als Produkt aus dem Laufradvolumenstrom und der theoretischen Förderhöhe. Ihr Verlauf beginnt beim Volumenstrom null mit dem Wert null, steigt bis zu einem Maximum an und fällt danach wieder, so dass sie beim Schnittpunkt der theoretischen Förderhöhe mit der Abszisse wieder den Wert null erreicht. Die Scheibenreibleistung und die mechanische Verlustleistung werden näherungsweise als konstant über dem Volumenstrom angenommen. Die Austauschleistung ist verbunden mit den hydrodynamischen Austauschverlusten Z_a und tritt demzufolge nur bei Teillast auf.

Aus den erhaltenen Verläufen der Förderhöhe H und des Gesamtleistungsbedarfs P sowie dem Nutzvolumenstrom V ergibt sich schließlich der Gesamtwirkungsgrad η nach Gl. (3.4). Der Förderstrom besten Gesamtwirkungsgrades stellt sich dort ein, wo die Summe aller Verluste – bezogen auf die Wellenleistung – ein Minimum aufweist. In Abb. 3.3 wurde zusätzlich der hydrodynamische Wirkungsgrad aufgetragen. Wie in Kap. 3.8 näher erläutert, liegt das Maximum des Gesamtwirkungsgrades unter dem Einfluss der übrigen Verluste stets bei einem etwas größeren Volumenstrom als das Maximum des hydrodynamischen Wirkungsgrades. Die im Gesamtwirkungsgrad enthaltenen Spaltverluste V_{Sp} sind im Diagramm Abb. 3.3 berücksichtigt, indem als Abszisse nicht der Laufradvolumenstrom V_U, sondern der (am Druckstutzen austretende) Nutzvolumenstrom V gewählt wird. Die Spaltverluste nehmen mit steigendem Volumenstrom ab. Die einzelnen Verluste und ihr Einfluss auf das Förderverhalten werden in Kap. 3.8 näher behandelt.

Je nach gewählter Druckziffer im Bestpunkt $\psi_{th,opt}$ liegt der Auslegungspunkt einer Pumpe in verschiedenen Bereichen der über dem Volumenstrom aufgetragenen theoretischen Förderhöhe. Das hat Einfluss auf die Fördercharakteristik und ist in Abb. 3.4 an zwei Beispielen dimensionslos dargestellt. Zum besseren Vergleich wurde dabei von der gleichen $\psi_{th}(\zeta_{3m})$-Abhängigkeit – d. h. gleicher Austrittsbreite, gleichem Schaufelaustrittswinkel und gleicher Schaufelzahl – ausgegangen. Bei höherer spezifischer Drehzahl, also relativ großem Verhältnis ζ_{3m}/ψ_{th} wird der Auslegungspunkt allgemein weiter „rechts" gewählt als bei niedriger spezifischer Drehzahl, weil man niedrigere Druckziffern als dort realisieren muss. Dadurch ist der relative Anstieg der theoretischen Druckziffer zum Nullpunkt hin bei höherer spezifischer Drehzahl größer. Ebenfalls größer ist auch das Verhältnis ψ_0/ψ_{opt} der auf den Bestpunkt bezogenen effektiven Druckziffer im Nullpunkt, obwohl diese infolge der größeren Austauschverluste absolut kleiner ist. Durch die größeren Austauschverluste steigt außerdem der Leistungsbedarf bei Teillast.

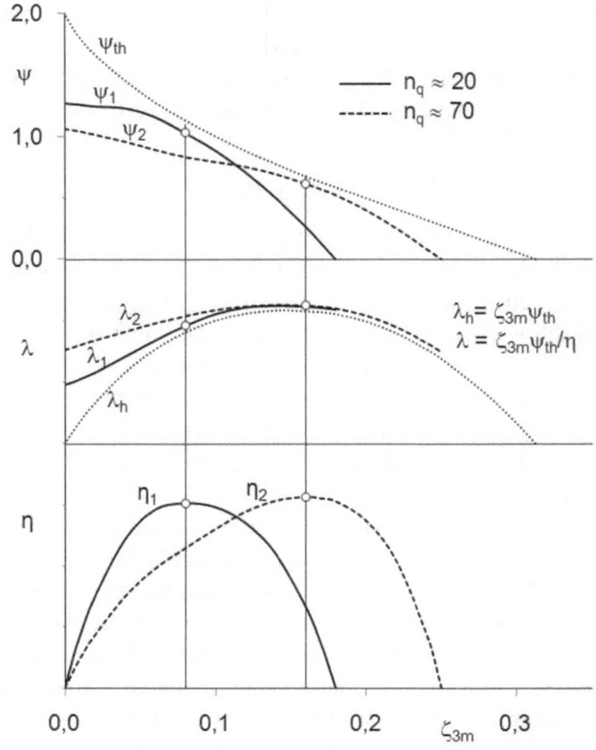

Abb. 3.4 Dimensionslose Darstellung der Drosselkurven bei unterschiedlich ausgelegten Laufrädern, gekennzeichnet durch die spezifischen Drehzahl

Liegen die hydrodynamischen Konstruktionsdaten der Pumpe fest, kann gemäß Kap. 2.7 der Verlauf der theoretischen Förderhöhe H_{th} über dem Laufradvolumenstrom und damit die hydrodynamische Leistung P_h bestimmt werden. Aus der theoretischen Förderhöhe ergibt sich unter Abzug der hydrodynamischen Verluste (s. Kap. 3.8) die effektive Förderhöhe H und aus der hydrodynamischen Leistung unter Addition der mechanischen und der Scheibenreibungsverluste sowie der Austauschleistung die Kupplungsleistung P. Wird nun anstatt des Laufradvolumenstromes $(V + V_{Sp})$ der nutzbare Pumpenförderstrom V zu Grunde gelegt, ergibt sich der Gesamtwirkungsgrad η der Pumpe (s. a. Kap. 3.2).

Die einzelnen Verluste können nach Kap. 3.6 (Erreichbarer Wirkungsgrad), Kap. 3.12 (Spaltverluste) und Kap. 3.13 (Scheibenreibungsverluste) ermittelt werden. Die Austauschverluste und die mit ihnen verbundene Austauschleistung haben Einfluss auf den Förderhöhenanstieg bzw. auf die Wellenleistung bei Teillast. Sie können nur grob geschätzt werden. Dazu orientiert man sich zweckmäßig an Kenngrößen von hydrodynamisch möglichst weitgehend ähnlich ausgeführten Pumpen. Anhaltswerte finden sich in Abb. 3.6 bzw. nach Gl. (3.38) bis (3.41). Die

Werte wurden dort über der Druckziffer aufgetragen, weil diese ursächlich ist für die Nullförderhöhe und die Austauschleistung. Man erhält dadurch einen etwas geringeren Streubereich als bei Auftragung über der spezifischen Drehzahl, denn die Abhängigkeit der Druckziffer von der spezifischen Drehzahl weist ihrerseits auch wieder einen Streubereich auf. Trotz der bei statistischen Erhebungen naturgemäß großen Bandbreite ist erkennbar, dass der Förderhöhenanstieg bei Pumpen mit axialem Zulauf tendenziell niedriger ist als bei Pumpen mit seitlichem Zulauf und durchgehender Welle. Der Grund hierfür liegt in der sich bei diesen Pumpen weniger stark ausbildenden Teillast-Rezirkulation infolge des Einflusses der Nabe.

3.3.2 Erstellung von Projektkennlinien

Die Aufgabe besteht meist darin, für vorgegebene Bestpunktförderdaten einer projektierten Pumpe möglichst zutreffende Kennlinien

der Förderhöhe $H = f(V)$
des Leistungsbedarfs $P = f(V)$;
des Wirkungsgrades $\eta = f(V)$
und der Haltedruckhöhe $NPSH_{3\%} = f(V)$

bei konstanter Drehzahl im Voraus zu erstellen.

Für die Erstellung eines Computerprogramms für Projektkurven kann man mit dem nachfolgend beschriebenen vereinfachten Verfahren arbeiten:

Liegen noch keine Konstruktionsdaten vor, muss vorab der Laufraddurchmesser über die Druckziffer bestimmt werden, wozu man sich an Abb. 3.33 orientieren kann. Die zu wählende Druckziffer hängt auch von speziellen Anforderungen an die Eigenschaften der Kennlinien, z. B. Steilheit des $H(V)$-Verlaufs, ab. Ist der Laufraddurchmesser gegeben, ist die theoretische Druckziffer $\psi_{th,opt}$ zu bestimmen In Voruntersuchungen sind außerdem der zu erwartende Wirkungsgrad, der hydrodynamische Wirkungsgrad und die Haltedruckhöhe im Bestpunkt zu ermitteln.

Gegeben sind somit die Grundgrößen:

V_{opt}	Bestvolumenstrom
H_{opt}	Förderhöhe bei V_{opt}
n	Drehzahl
η_{opt}	Gesamtwirkungsgrad bei V_{opt}
$NPSH_{opt}$	$NPSH_{3\%}$-Wert bei V_{opt}.

Für die Kennlinienerstellung werden außerdem benötigt:

V_a	Volumenstrom beginnender Austauschleistung
V_{max}	Volumenstrom bei $H_{th} = 0$
V_{stfr}	$NPSH$-Bezugsvolumenstrom; bzw.

k_{stfr} „Stoßfaktor" ($k_{stfr} = V_{stfr}/V_{opt}$),
V_0 Volumenstrom bei $H = 0$
H_0 Förderhöhe bei $V = 0$
$H_{th.0}{}^*$ theoretische Förderhöhe bei $V = 0$
P_0 Leistungsbedarf bei $V = 0$
ρ Dichte des Fördermediums
$\eta_{h,opt}$ hydraulischer Wirkungsgrad bei V_{opt},

die nach entsprechenden Vorgaben zu ermitteln sind.

Die mit dem volumetrischen Wirkungsgrad η_v, dem Scheibenreibungsbeiwert ζ_R und dem mechanischer Wirkungsgrad η_m erfassten Leckage-, Scheibenreibungs- und mechanischen Verluste werden nicht einzeln benötigt; sie werden vereinfacht in ihre Gesamtheit durch die Beziehung

$$\eta_v \cdot \zeta_R \cdot \eta_m = \eta / \eta_h$$

erfasst. Einzelheiten und Zusammenhänge gehen aus Abb. 3.5 hervor.

Die Drosselkurve $H(V)$ wird als Teil einer Parabel 3. Ordnung, die durch die Punkte H_0; H_{opt}; V_{opt}; V_0 sowie durch die „Tangentenbedingung" bei V_{opt} gegeben ist, dargestellt. Die Tangentenbedingung bedeutet, dass eine Tangente an die $H(V)$-Kurve im Bestpunkt (V_{opt}; H_{opt}) durch den Punkt (V_{max}; $H_{th}{}^* = 0$) gehen muss. Sie ist erforderlich, damit der Wirkungsgrad sein Maximum auch tatsächlich im vorgegebenen Bestpunkt aufweist.

Die allgemeine Form der Drosselkurve lautet

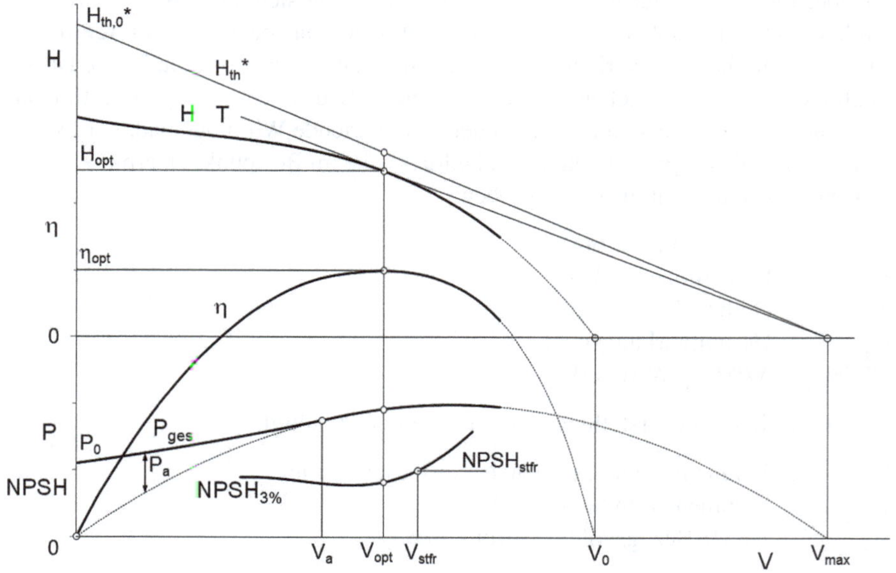

Abb. 3.5 Zur Kennlinienkonstruktion

$$H = a \cdot V^3 + b \cdot V^2 + c \cdot V + d \tag{3.19}$$

außerdem ist

$$\frac{dH}{dV} = 3aV^2 + 2bV + c. \tag{3.20}$$

Mit den vier Randbedingungen

$H = H_0$ wenn $V = 0$

$H = 0$ wenn $V = V_0$

$\dfrac{dH}{dV} = -\dfrac{H_{opt}}{V_{\max} - V_{opt}} = -\dfrac{\eta_{h,opt} H_{th,0}{}^* - H_{opt}}{V_{opt}}$ wenn $V = V_{opt}$ (Tangente)

$H = H_{opt}$ wenn $V = V_{opt}$

findet man die folgenden vier voneinander unabhängigen Gleichungen zur Bestimmung der Konstanten a; b; c und d

$$d = H_0 \tag{3.21}$$

$$aV_0{}^3 + bV_0{}^2 + cV_0 + H_0 = 0 \tag{3.22}$$

$$3aV_{opt}{}^2 + 2bV_{opt} + c = -\frac{\eta_{h,opt} H_{th,0}{}^* - H_{opt}}{V_{opt}}$$

$$3aV_{opt}{}^3 + 2bV_{opt}{}^2 + cV_{opt} + \eta_{h,opt} H_{th,0}{}^* - H_{opt} = 0 \tag{3.23}$$

$$H_{opt} = aV_{opt}{}^3 + bV_{opt}{}^2 + cV_{opt} + H_0$$

oder auch

$$aV_{opt}{}^3 + bV_{opt}{}^2 + cV_{opt} + H_0 - H_{opt} = 0 \qquad \text{aus} \quad \text{Gl. (3.19)}$$

$$aV_{opt}{}^2 + bV_{opt} + c + \frac{H_0 - H_{opt}}{V_{opt}} = 0 \tag{3.24}$$

Durch Subtraktion der Gl. (3.24) von (3.23) und Umformung ergibt sich

$$b = -2aV_{opt} + \frac{H_0 - \eta_{h,opt} H_{th,0}{}^*}{V_{opt}{}^2}. \tag{3.25}$$

Durch Umformung der Gl. (3.22) und Subtraktion Gl. (3.24) von (3.22) ergibt sich

$$a\left(V_0{}^2 - V_{opt}{}^2\right) + b(V_0 - V_{opt}) + \frac{H_0}{V_0} - \frac{H_0 - H_{opt}}{V_{opt}} = 0$$

$$a(V_0 + V_{opt}) + b + \frac{V_{opt} \cdot H_0 - V_0(H_0 - H_{opt})}{V_0 \cdot V_{opt}(V_0 - V_{opt})} = 0. \tag{3.26}$$

Gleichung (3.25) in (3.26) eingesetzt ergibt nach Umformung schließlich

$$a = \frac{\eta_{h,opt} H_{th,0}{}^* - H_0}{V_{opt}{}^2(V_0 - V_{opt})} + \frac{V_0(H_0 - H_{opt}) - V_{opt} \cdot H_0}{V_0 \cdot V_{opt}(V_0 - V_{opt})^2}. \tag{3.27}$$

Nachdem die Konstante a bekannt ist, könnte die Konstante b nach Einsetzen in Gl. (3.25) gefunden werden und ebenso die Konstante c durch Einsetzen von a und b in umgeformte Gl. (3.24)

$$c = \frac{H_{opt} - \eta_{h,opt} H_{th,0}{}^*}{V_{opt}} - 3a\, V_{opt}^2 - 2b\, V_{opt} \tag{3.28}$$

bestimmt werden. Mit dem Einsetzen ergäben sich allerdings sehr lange und unübersichtliche Formeln. Es ist daher einfacher, die Konstanten zunächst als Wert zu ermitteln und erst danach in die Formeln einzusetzen.

Anfangs war nach Gl. (3.21) schon die Konstante d gefunden worden

$$d = H_0 \tag{3.29}$$

Gemäß Abb. 3.5 beträgt der maximale Volumenstrom der theoretischen Kennlinie

$$V_{\max} = \frac{V_{opt} H_{th,0}{}^*}{H_{th,0}{}^* - H_{opt}/\eta_{h,opt}} \tag{3.30}$$

Für die Kennlinienkonstruktion wird die theoretische Förderhöhe als Gerade angenommen. Zum Unterschied zur tatsächlichen theoretischen Kennlinie, die bei kleinem Volumenstrom von der Geraden nach oben abweicht, wird die (geradlinige) theoretische Förderhöhe hier mit * gekennzeichnet. Die Werte $H_{th,0}{}^*$ bzw. $\psi_{th,0}{}^*$ für $V = 0$ ergeben sich aus der empirischen Formel

$$V_{\max}/V_{opt} = 1{,}4\, \psi_{th,opt}{}^2 + 1{,}2, \tag{3.31}$$

was bedeutet, dass der Gradient der Förderhöhenkurve im Bestpunkt von der Druckziffer $\psi_{th,opt}$ abhängt. Das Verhältnis V_{max}/V_{opt} ist nur sehr wenig von der Schaufelgeometrie abhängig, so dass deren Parameter nicht berücksichtigt werden müssen. Das ist von Vorteil, da zunächst über die Schaufelgeometrie nichts bekannt sein muss. Damit ist es möglich, die Konstruktionswerte für $\psi_{th,0}$* bzw. $H_{th,0}$* zu finden, s. hierzu Abb. 3.5.

Werte für $\psi_{th,opt}$ können – abhängig von Pumpentyp, Bauart und spezifischer Drehzahl – nach Abb. 3.33 bestimmt werden. Richtwerte für die Nullförderhöhe H_0 können aus Abb. 3.6 entnommen bzw. mittels Gln. (3.38) und (3.40) berechnet werden. (Dies wurde anfangs bereits erwähnt).

Für den Volumenstrom V_0 findet man Richtwerte aus der empirisch gefundenen Beziehung

$$V_0/V_{opt} = 3{,}1 n_q{}^{-0{,}15}. \tag{3.32}$$

Der Leistungsbedarf *P*(*V*) setzt sich zusammen aus einem Anteil, der sich aus der theoretischen Förderhöhe berechnet und – bei Teillast – aus dem Anteil der Austauschleistung. Die theoretische Förderhöhe wird dabei, wie bereits erwähnt, als Gerade angenommen. Die daraus resultierende Ungenauigkeit der hydraulischen Leistung kann – wie auch der Fehler durch die Zusammenfassung der Nebenverluste – angesichts der allgemeinen Unsicherheit akzeptiert werden, zumal es sich hier außerdem nur um „theoretische“, also Projekt-Kennlinien handelt. (Exakt wäre es gewesen, die Nebenverluste in ihrer Abhängigkeit vom Förderstrom zu erfassen, was aber äußerst kompliziert wäre).

Nach dieser Definition ist der Anteil aus der theoretischen Förderhöhe einschließlich aller Verluste (Spalt-, Scheibenreibungs-, hydrodynamische und mechanische Verluste), jedoch ohne die Austauschleistung

$$P = \frac{\rho g\, V\, H_{th}}{\eta_V\, \varsigma_R\, \eta_m}. \tag{3.33}$$

Der Anteil der Austauschleistung wäre in einer Universalformel für den Leistungsbedarf – wenn überhaupt – nur äußerst schwierig unterzubringen. Sie wird deshalb als additives Glied zum oben nach Gl. (3.33) bestimmten Leistungsbedarf berücksichtigt. Ihr Verlauf wird durch den Polynomansatz

$$P_a = P_0(1 - V/V_a)^{2{,}5} \tag{3.34}$$

festgelegt. Dieser ist so gewählt, dass er die Bedingungen ($V=0$; $P_a=P_0$) mit Scheitel bei (V_a; 0) erfüllt; sein Gültigkeitsbereich liegt in den Grenzen von $V=0$ bis $V=V_a$.

In den meisten Fällen wird man befriedigende Ergebnisse erzielen mit $V_a \approx 0{,}9$ V_{opt}

Der Gesamtleistungsbedarf ist dann

$$P_{ges} = P + P_a. \tag{3.35}$$

Werte für P_0 können nach Abb. 3.6 bzw. nach Gln. (3.39) und (3.41) festgelegt werden.

Der Wirkungsgrad $\eta(V)$ ergibt sich schließlich als Quotient aus nutzbarer hydraulischer Leistung und aufgewendeter mechanischer Leistung.

$$\eta = \frac{\rho g V H}{P_{ges}} \tag{3.36}$$

Die Haltedruckhöhe ($NPSH_{3\%}$) einer Pumpe lässt sich im Bestpunkt anhand der Schaufelgeometrie recht genau bestimmen. Ihr weiterer Verlauf ist jedoch sehr komplex, da er von mehreren Faktoren abhängt. Im Gegensatz zu den Verläufen bei voll ausgebildeter Kavitation und bei beginnender Kavitationsblasenbildung, die weitgehend nur von der Eintrittsgeometrie abhängig sind, ist der Verlauf bei 3%igem Förderhöhenabfall stark von der Förderhöhe, also vom Laufradaustritt und daher mittelbar von der spezifischen Drehzahl abhängig. Ganz abgesehen davon, dass die $NPSH_{3\%}$-Bestimmung auf dem Prüfstand oft sehr unsicher ist. Der Verlauf kann daher nur sehr allgemein vorausbestimmt werden. Er soll hier durch eine empirisch gefundene Formel unter Verwendung einer Potenzial- und einer Sinusfunktion beschrieben werden.

$$NPSH_{3\%} = NPSH_{3\%,stfr}\left\{\left(V/V_{stfr}\right)^{2,5} + 0,005 n_q\left[\sin\left\langle 0,871\left(360\, V/V_{stfr} - 50\right)\right\rangle + 1\right]\right\} \tag{3.37}$$

(Das Argument unter dem Sinus ist dabei in [°] einzusetzen).

Der Geltungsbereich der Kurve liegt zwischen dem Beginn der Teillastrezirkulation bei $V \approx (0{,}5 \div 0{,}7)V_{stfr}$ und im Überlastbereich bis $V \approx 1{,}25 V_{stfr}$. Ausgang für die Berechnung ist der $NPSH_{3\%}$-Wert beim Volumenstrom stoßfreien Eintritts V_{stfr}, der meist gleich oder etwas größer gewählt wird als der Bestpunktvolumenstrom V_{opt}. Bei V_{stfr} liegt der Übergang vom flachen Teillastverlauf zum Steilanstieg bei Überlast. Wird ein *NPSH*-Verlauf mit weiter rechts vom Bestpunkt einsetzendem Steilanstieg gewünscht, muss $k_{stfr} > 1$ gewählt werden. Das zweite Glied der Formel berücksichtigt den Einfluss der spezifischen Drehzahl und bewirkt, dass bei zunehmender spezifischer Drehzahl der Verlauf bei Teillast flacher wird bzw. wieder ansteigt.

Für die in Abb. 3.6 eingetragenen Trendlinien gelten nachfolgende Beziehungen:

- Pumpen mit seitlichem Eintritt (mehrstufige Pumpen und einstufige Pumpen mit beidseitiger Lagerung)

$$H_0/H_{opt} = 1{,}1 + 1{,}15(1{,}4 - \psi_{opt})^2 \tag{3.38}$$

$$P_0/P_{opt} = 0{,}4 + 0{,}75(1{,}4 - \psi_{opt})^2 \tag{3.39}$$

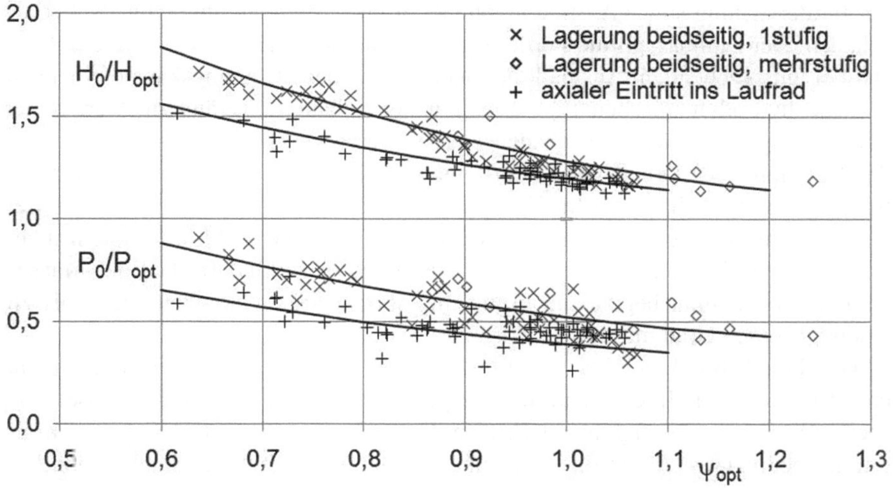

Abb. 3.6 Richtwerte zur Kennlinienkonstruktion

- Pumpen mit axialem Eintritt:

$$H_0/H_{opt} = 1{,}08 + 0{,}75(1{,}4 - \psi_{opt})^2 \tag{3.40}$$

$$P_0/P_{opt} = 0{,}3 + 0{,}55(1{,}4 - \psi_{opt})^2 \tag{3.41}$$

Für Projektkurven geht man manchmal den einfacheren Weg, indem man aus an vergleichbaren Pumpen empirisch gewonnenen Werten des Förderhöhen- und des Gesamtwirkungsgradverlaufes annimmt und daraus den Leistungsbedarf errechnet. Dieses Vorgehen ist jedoch nicht korrekt, da sich naturgemäß der Wirkungsgrad aus dem Leistungsbedarf, der durch die Laufradgeometrie vorgegeben ist, ergibt und nicht umgekehrt der Verlauf des Leistungsbedarfs vom Wirkungsgrad abhängig ist.

3.4 Netto-Energiehöhe (*NPSH*) und Kavitation

In Kap. 2.2 wurde dargelegt, dass bei der Einströmung in das Laufrad eine unvermeidbare Druckabsenkung an den Schaufeln eintritt. Dieser Druckabsenkung im Laufradeintritt kommt große Bedeutung zu, da sie oft die Einsatzmöglichkeit von Kreiselpumpen einengt. Wird nämlich eine Pumpe mit so niedrigem Eintrittsdruck betrieben, dass infolge der Druckabsenkung an irgendeiner Stelle (das ist normalerweise am Laufradeintritt) der Dampfdruck des Fördermediums unterschritten wird, tritt teilweise Verdampfung, d. h. Hohlraumbildung (Kavitation) ein, die sich je nach Ausmaß nachteilig auf die Förderung auswirken kann durch Beschränkung der Förderleistung sowie Auftreten von Geräuschen, Schwingungen und Materialschäden. Der Einfluss auf die Förderung ist damit zu erklären, dass die Dampfblasen bei entsprechendem Ausmaß die Querschnitte der Strömungskanäle einengen und die hydrodynamischen Eigenschaften der Schaufeln verändern. Geräusche, Schwingungen und Materialschäden werden hervorgerufen, wenn auf dem Weg der Strömung der Druck wieder ansteigt und die Dampfblasen meist schlagartig kollabieren. Abhängig vom Energieniveau kann die beim Blaseneinsturz frei werdende mechanische Energie so groß werden, dass die Materialfestigkeit nicht ausreicht, um das Herausreißen kleinster Partikel zu verhindern. Hat der Materialabtrag erst einmal begonnen, nimmt die Abtragsgeschwindigkeit meist bis zu einem gewissen Grad mit den Schäden zu.

Die Druckabsenkung bei der Einströmung in das Laufrad entsteht einmal dadurch, dass durch die materiell ausgeführten Schaufeln eine gewisse Versperrung der zur Verfügung stehenden Querschnitte entsteht. Nach der Kontinuitätsbedingung führt das zu einer Erhöhung der Meridiankomponente der Zuströmgeschwindigkeit, verbunden mit einer Druckabsenkung nach BERNOULLI. Zum anderen tritt eine örtliche Druckabsenkung dadurch ein, dass bei der Anströmung der Schaufelprofile örtliche Übergeschwindigkeiten auftreten. Hierzu Abb. 3.7 und 3.8 Die Bereiche erhöhter Geschwindigkeit sind an der höheren Stromliniendichte und am verminderten statischen Druck zu erkennen. Bei Anströmung unter Stoß tritt gegenüber der stoßfreien Anströmung eine zusätzliche Druckabsenkung auf. Die Übergeschwindigkeiten hängen weitgehend von der Profilform und vom „Anstellwinkel" ab. Bei schlanken Profilen mit kleinem Nasenradius ist die Druckabsenkung bei optimaler, „stoßfreier" Anströmung geringer, steigt aber bei verändertem Anströmwinkel rascher an, da die Übergeschwindigkeiten bei der Umströmung eines kleinen Nasenradius' höher sind. Fülligere Profile haben zwar bei stoßfreier Anströmung bereits eine etwas größere Druckabsenkung, verhalten sich aber bei Anströmung unter Stoß „gutmütiger" und neigen weniger zu Ablösungen.

Als Maß für die gesamte Druckabsenkung im Laufrad gilt die Netto-Energiehöhe, auch „Haltedruckhöhe" oder „spezifische Druckabsenkungsenergiehöhe" *NPSH* bzw. die spezifische Netto-Energie *NPSY*, (wobei $NPSY = g\ NPSH$). Es gilt die Definition

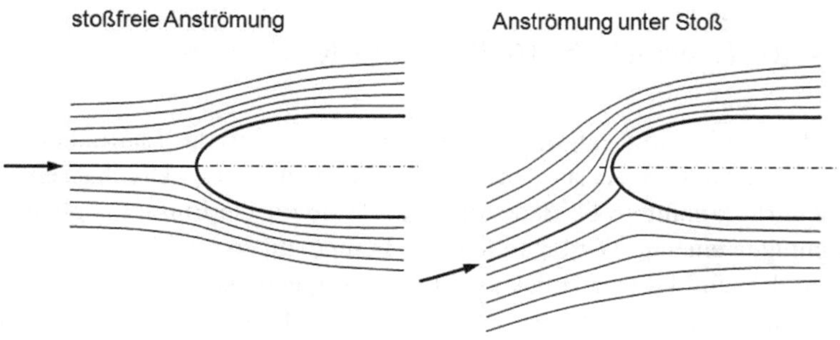

Abb. 3.7 Stromlinienverlauf am Schaufelanfang

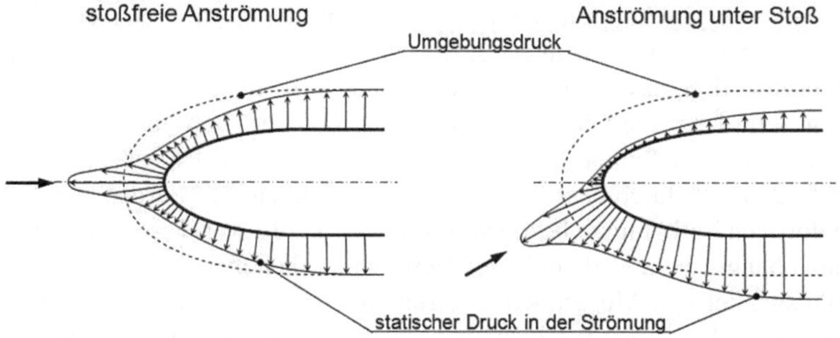

Abb. 3.8 Druckverlauf am Schaufelanfang

$$NPSH = \frac{p_A + p_E - p_t}{\rho g} + \frac{c_E{}^2}{2g} \tag{3.42}$$

mit dem Atmosphärendruck p_A als Absolutdruck, dem Eintrittsdruck p_E als Überdruck über dem Atmosphärendruck, dem Dampfdruck (Sättigungsdruck) p_t als Absolutdruck und der Eintrittsgeschwindigkeit c_E, wenn die Netto-Energiehöhe auf Mitte Eintrittsstutzen der Pumpe bezogen wird. Wird die Netto-Energiehöhe gemäß [1] auf Mitte Laufradeintrittsquerschnitt bezogen, ist dessen Höhendifferenz gegenüber dem Pumpeneintrittsstutzen zu berücksichtigen. Für Anlagenplanungen, bei denen die zum Einsatz kommende Pumpe nicht vorab schon bekannt ist, ist der Bezug auf den Eintrittsstutzen vorzuziehen.

Die Netto-Energiehöhe ist eine pumpenspezifische Größe. Man beschreibt sie häufig gemäß [2] nach ihren Ursachen mit

$$NPSH = \lambda_c \frac{c_0^2}{2g} + \lambda_w \frac{w_0^2}{2g}, \tag{3.43}$$

Die Faktoren λ_c und λ_w sind die sog. Kavitationsbeiwerte. Der Faktor λ_c berücksichtigt die Schaufelversperrung und die Zuströmbedingungen im Laufradeintritt, im Wesentlichen also die Geometrie des Eintrittsgehäuses und den damit verbundenen Einfluss auf die Güte des Geschwindigkeitsprofils. Pumpen mit axialem Eintritt weisen bei einer langen geraden Rohrstrecke im Allgemeinen ein gutes Geschwindigkeitsprofil auf; Krümmer unmittelbar vor dem Laufrad bzw. vor der Pumpe wirken sich ungünstig aus. Bei Pumpen mit radial angeordnetem Eintrittsstutzen und außen liegender Lagerung, bei denen die Welle im Eintrittsgehäuse umströmt wird, muss stets mit Wirbelbildung im „Schatten" der Welle und mit Gebieten, in denen die Strömung gegen die Drehrichtung des Laufrades gerichtet ist, gerechnet werden. Das Geschwindigkeitsprofil ist dort dementsprechend schlechter.

Der Faktor λ_w ist hauptsächlich abhängig von der Profilierung des Schaufelanfangs und dem „Anstellwinkel" sowie ebenfalls von der Güte des Geschwindigkeitsprofils, d. h. davon, wie stark die Anströmrichtung örtlich vom optimalen Wert abweicht. Über die Güte der Profilierung hängt er auch mittelbar ab von der absoluten Größe der Pumpe. Da die Kavitationsgefahr an der äußeren Stromlinie am Laufradeintrittsdurchmesser allgemein am größten ist, werden die Beiwerte auf die dortigen Verhältnisse bezogen. Für gegebene Beiwerte ergeben sich *NPSH*-Minima abhängig vom Verhältnis der Geschwindigkeiten c_{0a} und w_{0a}, somit vom Strömungswinkel β_{0a}. Mit größeren Werten von λ_c verschiebt sich das Minimum geringfügig zu kleineren Winkeln; mit größeren Werten von λ_w dagegen sehr deutlich zu größeren Winkeln. Daher können mitunter niedrigere *NPSH*-Werte mit einem „Mitdrall", der die Relativgeschwindigkeit verringert, erreicht werden. Bei Pumpen mit axialem Eintrittsstutzen macht man hiervon praktisch keinen Gebrauch; bei seitlicher Zuströmung wird das Eintrittsgehäuse zuweilen für einen Mitdrall ausgelegt. Diese Konzeption bietet den zusätzlichen Vorteil, dass der Sektor, in welchem die Strömung gegen die Drehrichtung gerichtet ist und zur Fehlanströmung der Schaufeln führt, kleiner wird. Das Nabenverhältnis hat dagegen keinen Einfluss auf den Strömungswinkel des *NPSH*-Minimums; mit zunehmendem Nabenverhältnis nimmt lediglich der erreichbare minimale *NPSH*-Wert infolge des größeren Eintrittsdurchmessers, d. h. der größeren Relativgeschwindigkeit, zu. Richtwerte zu den Faktoren λ_c und λ_w finden sich in Tab. 3.1.

Tab. 3.1 Kavitationsbeiwerte λ_c und λ_w für verschiedenes *NPSH*-Ausmaß

$NPSH_3$	Zulauf axial	$\lambda_{c3}=1{,}15$	Sehr gute Profilierung Stoßfreie Anströmung	$\lambda_{w3}=0{,}11\div0{,}12$
	Zulauf radial	$\lambda_{c3}=1{,}15$	Standardpumpen, Stoßarme Anströmung	$\lambda_{w3}=0{,}13\div0{,}15$
			„Dicke" Profile, Stoßarme Anströmung (Abwasserförderung)	$\lambda_{w3}=0{,}14\div0{,}16$
$NPSH_0$	Zulauf axial	$\lambda_{c0}=1{,}15$	Sehr gute Profilierung Stoßfreie Anströmung	$\lambda_{w0}=0{,}13$
	Zulauf radial	$\lambda_{c0}=1{,}50$	Standardpumpen Stoßarme Anströmung	$\lambda_{w0}=0{,}14\div0{,}18$
			„Dicke" Profile, Anströmung unter Stoß (Abwasserförderung)	$\lambda_{w0}=0{,}18$
$NPSH_{bl}$	Zulauf axial	$\lambda_{c,bl}=1{,}15$	Sehr gute Profilierung Stoßfreie Anströmung	$\lambda_{w,bl}=0{,}4\div0{,}6$
	Zulauf radial	$\lambda_{c,bl}=3{,}50$	Sehr gute Profilierung Anströmung mit Stoß	$\lambda_{w,bl}=0{,}6\div1{,}0$
			Standardpumpen Anströmung mit Stoß	$\lambda_{w,bl}=1{,}0\div1{,}8$
Inducer	Zulauf axial	$\lambda_{cVk}=1{,}05$	Sehr „schlanke" Profile kleiner Profilnasenradius	$\lambda_{wVk}=0{,}04\div0{,}06$

Bei den Kavitationsbeiwerten ergeben sich sehr große Unterschiede abhängig vom zulässigen Kavitationsausmaß. Die bei radialem Eintrittsstutzen nur in einem kleinen Bereich im Wellenschatten vorzeitig beginnende Kavitation hat wenig Einfluss auf den Förderhöhenabfall, so dass beim $NPSH_3$-Kriterium etwa gleiche Beiwerte λ_c wie bei axialem Eintritt eingesetzt werden können. Für blasenfreien Betrieb ergeben sich bei radialem Eintrittsstutzen dagegen wesentlich größere Werte. Für $NPSH_0$ liegen die Werte dazwischen.

Zur Erzielung sehr niedriger *NPSH*-Werte, die mit normaler Beschaufelung nicht erreicht werden, werden gelegentlich sog. „Inducer" verwendet, das sind axiale Vorsatzläufer mit zwei bis drei Schaufeln, sehr schlanker Profilierung und sehr niedriger Schaufelbelastung. Inducer arbeiten stets in Kavitation und können daher nicht überall eingesetzt werden. Ihr Sinn liegt darin, den Eintrittsdruck für das Hauptlaufrad so weit zu erhöhen, dass dieses unter bestimmten kavitationsbedingten Kriterien betrieben werden kann.

Der überwiegende Anteil am *NPSH* nach Gl. (3.43) ergibt sich aus dem zweiten Glied der Formel. Daher wird der Einfluss des ersten Gliedes oft weniger differenziert und – da auch bei verschiedenen Eintrittsdreiecken sich das Verhältnis von Relativgeschwindigkeit zu Umfangsgeschwindigkeit nur wenig unterscheidet, beide Glieder zusammengefasst, womit man die für grobe Abschätzungen geeignete Formel

$$NPSH = \sigma_1 \frac{{u_{1a}}^2}{2g} \tag{3.44}$$

erhält mit σ_1 als Kavitationsbeiwert.

Zur pauschalen Beurteilung der „Saugfähigkeit" einer Pumpe wird häufig die Saugzahl *S* benutzt, die analog zur spezifischen Drehzahl definiert ist zu

$$S = n \frac{\sqrt{V}}{NPSH^{0,75}} \tag{3.45}$$

mit n [U/min], V [m^3/s] und *NPSH* [m]. Anhaltswerte zur Saugzahl gehen aus Abb. 3.9 hervor. Die dargestellten Kurven gelten für verschiedene Nabenverhältnisse und wurden gerechnet mit Kavitationsbeiwerten nach Tab. 3.1.

Zu der Angabe von λ- wie auch σ_1- und *S*-Werten gehört stets ein Bezug zum Kavitationsausmaß, das im Folgenden noch erörtert wird. Ohne diesen Bezug sind die betreffenden Angaben nicht aussagefähig.

Die Implosionsenergie einer Kavitationsblase – und damit der Materialabtrag – wächst theoretisch gemäß der RAYLEIGH'schen Vorstellung vom Blaseneinsturz etwa mit der dritten Potenz der Blasengröße und proportional der Halte-Energiehöhe, wobei nach JOUKOWSKI aus der „Wasserschlag-Gleichung" extrem hohe Drücke auftreten. Diese Gedankenmodelle sind mit vielen Idealisierungen verbunden, die in einer technischen Strömung oft nur sehr grob zutreffen. Anhand experimenteller Untersuchungen [3] wurde gefunden, dass der Materialabtrag mit etwa der 2,7ten Potenz der Halte-Energiehöhe ansteigt.

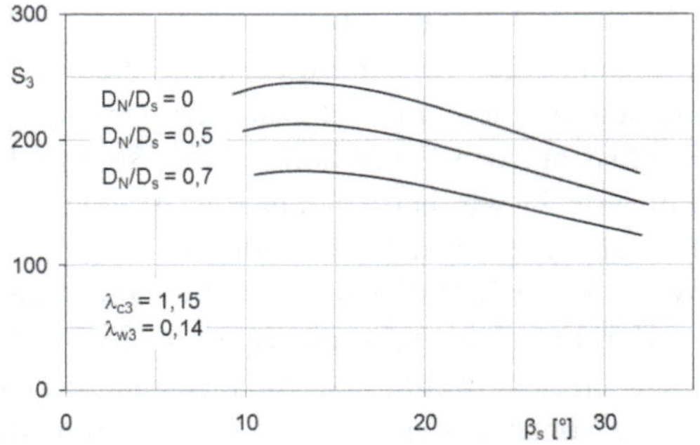

Abb. 3.9 Richtwerte für Saugzahlen von Standardpumpen, abhängig vom Zuströmwinkel

Darüber hinaus hängt die Implosionsenergie ab von den Stoffeigenschaften des Fördermediums – hauptsächlich der Verdampfungswärme. Kaltes Wasser hat auf Grund seiner großen Verdampfungswärme eine vergleichsweise hohe Implosionsenergie und damit ein entsprechend großes Zerstörungspotenzial. Mit steigender Temperatur nehmen die Verdampfungswärme und damit die Implosionsenergie ab. Bei der Förderung von Kohlenwasserstoffgemischen treten wegen deren geringerer Verdampfungswärmen und wegen des Vorhandenseins eines Siedetemperaturbereichs statt eines Verdampfungspunktes unter vergleichbaren *NPSH*-Verhältnissen praktisch keine Schäden auf. Ähnlich wirkt ein gewisser Gasgehalt im Fördermedium dämpfend auf die Kavitationsauswirkungen wie Lärm und Materialabtrag.

Solange die Kavitationsauswirkungen ein bestimmtes unerwünschtes Maß nicht überschreiten, können Kreiselpumpen durchaus mit einem gewissen Kavitationsausmaß betrieben werden. Es ist also nicht notwendig und unter wirtschaftlichen Gesichtspunkten auch nicht sinnvoll, grundsätzlich einen kavitationsfreien Betrieb zu gewährleisten. Viele Pumpen besitzen so niedrige *NPSH*-Werte und arbeiten bei entsprechend niedrigen $NPSH_A$-Werten, dass die negativen Einflüsse der Kavitation, soweit durch sie die Förderung nicht beeinträchtigt wird, unbedeutend sind und somit ein erhebliches Maß an Kavitation zugelassen werden kann. Speziell ausgelegte Pumpen werden sogar bei Vollkavitation betrieben. Es handelt sich dabei meist um Kondensatpumpen mit derart niedrigen *NPSH*-Werten und folglich derart niedriger Implosionsenergie, dass im Dauerbetrieb praktisch keine nennenswerten Kavitationsschäden auftreten. Der Förderstrom dieser Maschinen regelt sich über den verfügbaren Flüssigkeitsstand im Zulaufbehälter. Da die Halteenergiehöhe von Kreiselpumpe bei Vollkavitation stets mit dem Förderstrom stetig ansteigt, ergibt sich ein stabiles Regelverhalten und es bedarf keiner weiteren Regelorgane. Jedem $NPSH_x$-Wert ist eine Kavitationsdrosselkurve $H_x = f(NPSH_x)$ zugeordnet. Liegt die Anlagenkennlinie H_A im Bereich des Steilabfalls der H_x-Kurven, also deutlich unterhalb der „gesunden“ Drosselkurve, stellt sich der Betriebspunkt ausschließlich abhängig vom vorhandenen Zulaufdruck ein (s. hierzu Abb. 3.10). Dagegen muss bei Pumpen mit hoher Energiedichte (z. B. bei großen Kesselspeisepumpen), wo die Halte-Energiehöhe Werte von $NPSH_3 = 35$ m und darüber erreichen kann, der Vordruck so hoch sein, dass jegliche Bildung von Kavitationsblasen vermieden wird.

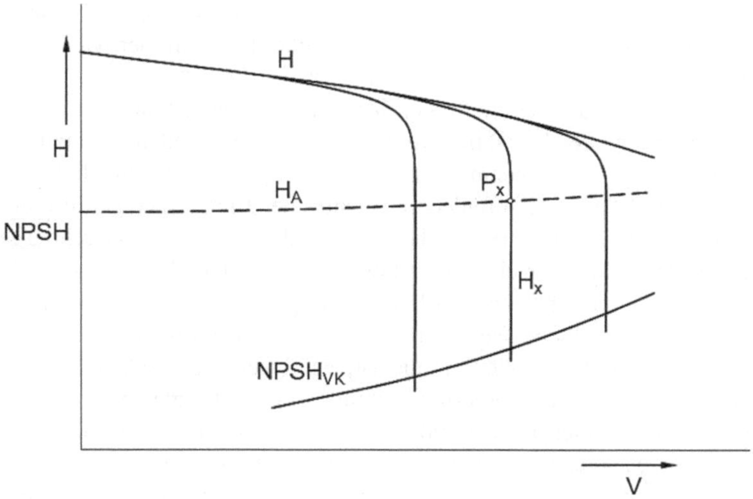

Abb. 3.10 Kennlinie bei Kavitationsregelung

Wird bei einer Kreiselpumpe der Eintrittsdruck abgesenkt, erscheinen bei einem bestimmten, pumpenspezifischen Wert desselben die ersten Kavitationblasen. Bei weiterem Absenken nimmt die Kavitation zu mit den anfangs beschriebenen Auswirkungen. Je nach dem Kavitationsausmaß wird allgemein folgende Klassifizierung vorgenommen:

$NPSH_{bl}$	beginnende Kavitation; die ersten Kavitationsblasen treten auf
$NPSH_0$	Grenze des beginnenden Abfalls der Förderhöhe infolge von Kavitation
$NPSH_3$	Abfall der Förderhöhe um 3 %
$NPSH_x$	Abfall der Förderhöhe um einen bestimmten Prozentsatz x
$NPSH_{Vk}$	Vollkavitation; beträchtlicher Abfall der Förderhöhe. Der Förderstrom der Pumpe kann druckseitig nicht mehr geregelt werden

Neben diesen gebräuchlichen Kriterien werden zuweilen auch solche festgelegt, die sich z. B. am Wirkungsgradabfall, an der Geräuschemission oder dem Materialabtrag innerhalb einer bestimmten Zeitspanne orientieren.

Eine Kreiselpumpe hat also nicht einen einzigen *NPSH*-Wert, sondern je nach Kavitationsausmaß gibt es mehrere Werte.

Zum Nachweis der spezifischen Halte-Energiehöhe von Pumpen, bei deren Betrieb ein gewisses Ausmaß der Kavitationsblasen zugelassen wird, wird oft das 3 %-Kriterium herangezogen. Dies Kriterium wird gewählt, weil es sich auf dem Prüfstand einigermaßen zuverlässig und mit vertretbarem Aufwand nachweisen lässt und eine gewisse Beurteilung erlaubt. Es bedeutet nicht, dass eine Pumpe später mit dieser Halte-Energiehöhe betrieben werden kann (und zwar schon allein deswegen nicht, weil ja die spezifizierte Förderhöhe bereits um 3 % unterschritten wird). Das 3 %-Kriterium dient also einzig und allein als Ausgangsgröße für die Beurteilung der Halte-Energiehöhe einer Pumpe. Aus dem Wert für $NPSH_3$

wird – abhängig von den Betriebsbedingungen – der erforderliche, von der Anlage bereitzustellende Wert $NPSH_{A,erf}$ ermittelt. Hierüber treten immer wieder Missverständnisse auf.

Es sei angemerkt, dass ein auf einen bestimmten Höhenabfall bezogenes Kriterium zur Beurteilung des Kavitationsverhaltens den gravierenden Nachteil aufweist, dass es bei verschiedenen spezifischen Drehzahlen ganz unterschiedliche Kavitationszustände repräsentiert. Laufräder mit identischer Eintrittsgeometrie unterscheiden sich bei verschiedenen spezifischen Drehzahlen im Austrittsdurchmesser, der bei gleicher Drehzahl unterschiedliche Förderhöhen liefert. Ein gewisses Kavitationsausmaß, das zu einer bestimmten Beeinträchtigung der Förderhöhe führt, nimmt daher ganz unterschiedliche Werte an, wenn es auf die Förderhöhe bezogen wird. Bewirkt ein bestimmtes Kavitationsausmaß bei einer spezifischen Drehzahl von $n_q = 70$ z. B. einen 3 %igen Förderhöhenabfall, so wird das gleiche Kavitationsausmaß bei $n_q = 30$ nur einen 1 %igen Förderhöhenabfall zur Folge haben und bei $n_q =$ 18 sogar nur einen solchen von 0,5 %, der kaum noch exakt messbar wäre. Dies ist zu beachten, wenn man Richtwerte aus Abb. 3.9 verwendet. Diese bei verschiedenen spezifischen Drehzahlen unterschiedlichen Kavitationszustände bewirken, dass der Verlauf bei Teillast bei niedrigem n_q mehr dem der Vollkavitation folgt, also mit abnehmendem Volumenstrom abfällt und im mittleren und oberen n_q-Bereich zunehmend dem von $NPSH_{bl}$ folgt und flacher wird bzw. bis zum Einsetzen der Rezirkulation sogar ansteigt. Eine besser vergleichbare Beurteilung des Kavitationsausmaßes wäre gegeben, wenn dieses zum Laufradeintritt in Beziehung gesetzt würde, beispielsweise auf die mit dem Laufradeintrittsdurchmesser gebildete Energiehöhe $u_1^2/2g$. Gleiche Werte von $2g\Delta H/u_1^2$ mit ΔH als Förderhöhendifferenz würden dann annähernd gleiche Kavitationszustände anzeigen. Die praktische Umsetzung z. B. auf dem Testfeld wäre dadurch allerdings erschwert.

Zur experimentellen Bestimmung der spezifischen Halte-Energie abhängig vom Förderhöhenabfall wird der Eintrittsdruck der Pumpe sukzessiv abgesenkt, bis die verschiedenen Kavitationsfolgen eintreten. Die genauesten und aussagefähigsten Ergebnisse erhält man, wenn dabei der Volumenstrom konstant gehalten wird, wie in Abb. 3.11a dargestellt. Mit befriedigenden Ergebnissen kann man auch in vielen Fällen bei Überlastbetrieb bei festgehaltener Saugschieberstellung den Druckschieber sukzessiv öffnen und bei Betriebspunkten im Teillastbereich bei festgehaltener Druckschieberstellung saugseitig bis zum definierten Höhenabfall androsseln. Der Volumenstrom bleibt bei beiden Verfahren zwar nicht konstant, ändert sich aber relativ wenig – s. Abb. 3.11b. Das erste Auftreten von Kavitationsblasen ist unauffällig. Man kann den Beginn der Kavitation und das Anwachsen der Kavitationsblasen nur im Laborversuch an speziellen Versuchseinrichtungen visuell und akustisch feststellen.

NPSH-Werte unter ca. 2 m können wegen der Gefahr der Verfälschung durch Luftausscheidung nur mit entgastem Wasser zuverlässig nachgewiesen werden. Die unter Vakuum bei Drücken oberhalb des Dampfdrucks ausscheidende Luft täuscht Verdampfung vor, so dass sich die auf diese Weise ermittelten *NPSH*-Werte höher ergeben als sie tatsächlich sind. Man verwendet hier oft Vakuumbehälter mit absenkbarem Flüssigkeitsspiegel.

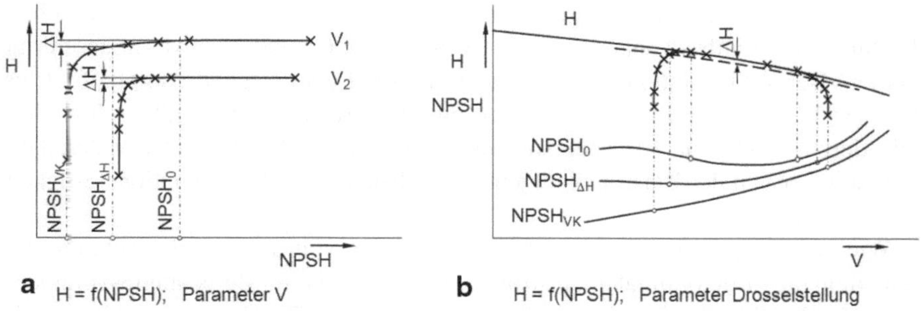

Abb. 3.11 Methoden zur NPSH-Bestimmung

Abbildung 3.12 zeigt prinzipiell den Verlauf der Blasenlänge, des Förderhöhenabfalls, der Lärmentwicklung und des Materialabtrags über der Halte-Energiehöhe. Bereits vor Beginn des Förderhöhenabfalls liegt eine erhebliche Blasenausbreitung vor. Die Blasen erreichen dann bei Teillast, wo sie sich zunächst auf der Schaufelsaugfläche entwickeln, etwa die Länge der Schaufelteilung. Bei weiter fortschreitender Kavitation erreichen die Dampfblasen den Eintritt der Schaufelkanäle und beginnen, den Eintrittsquerschnitt und damit die Strömung in den Kanälen so zu verändern, dass die Förderhöhe der ungestörten Strömung nicht mehr erreicht wird. Dabei reagiert die Strömung bei Überlast empfindlicher als bei Teillast, d. h., es genügt hier eine geringere Blasenausdehnung für einen bestimmten Förderhöhenabfall, da die Kavitationsblasen bei Überlast von Beginn an im Schaufelkanal auftreten und dort die Querschnitte einengen. Die Geräuschentwicklung nimmt ähnlich wie die Blasenlänge mit abnehmender Halte-Energiehöhe zu. Geräuschentwicklung und Materialabtrag verhalten sich gleichsinnig. Die höchste Implosionsenergie, und damit die stärkste Lärmentwicklung und der stärkste Materialabtrag, treten bei etwa 3 % Höhenabfall auf. Gegen Vollkavitation nehmen sie gewöhnlich wieder ab. Das hat seinen Grund darin, dass mit der Halte-Energiehöhe die

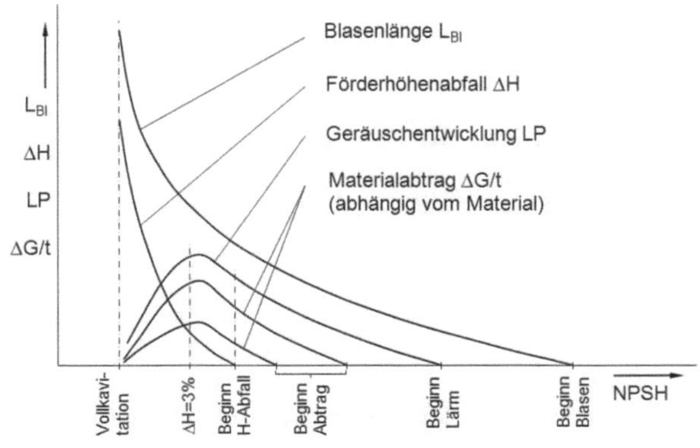

Abb. 3.12 Kavitationsauswirkungen. (Nach [4])

Implosionsenergie ebenfalls abnimmt und außerdem die Blaseneinsturzzone sich in das Innere der Laufradkanäle verlagert, wodurch die Geräusche etwas abgeschirmt werden. Bei Vollkavitation ist das gesamte Laufrad überwiegend dampfgefüllt; es bildet sich eine Zwei-Phasen-Strömung mit stark reduzierter Schallgeschwindigkeit, durch welche die Blaseneinsturzenergie ebenfalls abnimmt. Der Materialabtrag ist außer von der Blaseneinsturzenergie abhängig von der Kavitationsfestigkeit des Materials.

Wie anfangs gesagt, hängt die Druckabsenkung von der Anströmrichtung der Schaufeln ab. Bei optimaler Anströmrichtung, die beim Berechnungsvolumenstrom des Laufradeintritts V_{stfr} vorliegen sollte, hat die Druckabsenkung ein Minimum. (Der Berechnungsvolumenstrom des Laufradeintritts V_{stfr} entspricht oft nicht dem Bestpunktvolumenstrom der Pumpe!). Der Anströmwinkel ändert sich mit dem Fördergrad $q_{stfr} = V/V_{stfr}$. Bei $q_{stfr} > 1$ vergrößert sich der Anströmwinkel, was beim Tragflügel einer Verringerung des Anstellwinkels entspricht; bei $q_{stfr} < 1$ ist es umgekehrt. In beiden Fällen verlagert sich der Staupunkt der ankommenden Strömung mit der Winkeländerung von der Profilnase weg, wodurch diese zunehmend stark umströmt wird mit entsprechend zunehmender Druckabsenkung, die sich in einer Vergrößerung des Faktors λ_w in Gl. (3.43) äußert; hierzu s. a. Abb. 3.13. Entsprechend dem vergrößerten Anströmwinkel bei $q_{stfr} > 1$ verlagert sich die Zone größter Druckabsenkung in den Schaufelkanal. Bei $q_{stfr} < 1$ liegt sie auf der Schaufelsaugfläche im sogenannten Schrägabschnitt vor dem eigentlichen Schaufelkanal. Damit ergibt sich der in Abb. 3.14 wiedergegebene Verlauf

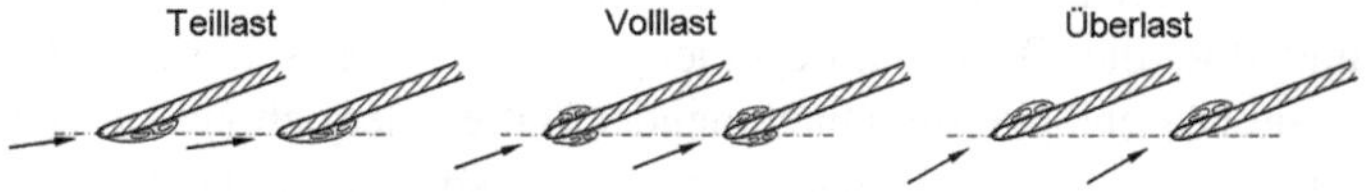

Abb. 3.13 Kavitationsblasen am Schaufeleintritt abhängig von der Anströmrichtung

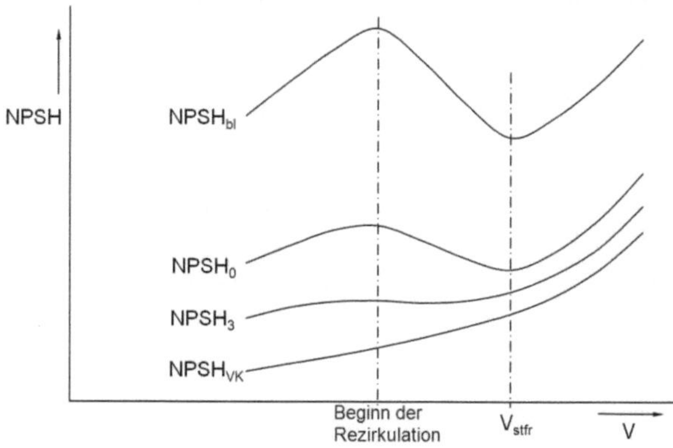

Abb. 3.14 Verschiedene Stufen von *NPSH* über dem Volumenstrom. (Nach [4])

der Halte-Energiehöhe $NPSH_{bl}$ für beginnende Kavitation über dem Volumenstrom. Solange die Kavitationsblase sich nur auf den Schrägabschnitt beschränkt, tritt noch kein Abfall der Förderhöhe ein. Das erklärt, weshalb bei Teillast die Werte der Halte-Energiehöhe von $NPSH_{bl}$ und $NPSH_3$ von der Tendenz her stark differieren im Gegensatz zum Verhalten bei Überlast, wo diese Werte dichter beieinander liegen. Wenn bei zunehmender Teillast die Rezirkulation einsetzt, verbessert sich die Anströmung in dem Schaufelbereich, der nicht von der Rezirkulation betroffen ist. Damit reduzieren sich die Übergeschwindigkeit beim Umströmen der Profilnase und folglich auch die Druckabsenkung, so dass links vom Volumenstrom einsetzender Rezirkulation die Halte-Energiehöhe abfällt. Diese Zusammenhänge sind in Abb. 3.14 dargestellt.

Aus Abb. 3.12 und 3.14 wird deutlich, dass beim Volumenstrom stoßfreien Eintritts das Auftauchen erster Blasen am Laufradeintritt bereits bei wesentlich höheren *NPSH*-Werten zu verzeichnen ist als z. B. beim Zustand mit 3 % Förderhöhenabfall. Bezieht man alles auf $NPSH_3$, gelten im Bereich um den Volumenstrom stoßfreien Eintritts folgende Richtwerte:

$$\frac{NPSH_{bl}}{NPSH_3} = 2 \; bis \; 6$$

$$\frac{NPSH_0}{NPSH_3} = 1{,}15 \; bis \; 1{,}25$$

$$\frac{NPSH_{Vk}}{NPSH_3} = 0{,}9 \; bis \; 0{,}8$$

Die Grenzen sind nicht absolut. Sie hängen stark von der Bauart, d. h. der Güte des Geschwindigkeitsprofils der Anströmung, somit meist von der Maschinengröße, der Oberflächengüte und der Schaufelgeometrie ab.

Man muss unterscheiden zwischen den Werten der Halte-Energiehöhe der Pumpe bei verschiedenen Kavitationszuständen und dem für einen Betrieb der Pumpe erforderlichen verfügbaren Anlagewert $NPSH_{A,erf}$. Dieser kann sich sehr stark von den erstgenannten Werten unterscheiden. Er hängt hauptsächlich ab von den Einflussgrößen:

- Pumpenbauart und -größe,
- Erwartete Betriebsdauer der Pumpe,
- Fördergrad $q = V/V_{stfr}$ (bezogen auf den Volumenstrom stoßfreier Anströmung)
- Energiekonzentration, d. h. Halte-Energiehöhe der Pumpe (z. B. $NPSH_3$)
- Fördermedium und Temperatur
- Kavitationsfestigkeit des Laufradmaterials

Durch Faktoren auf den für Standardpumpen meist gegebenen $NPSH_3$-Wert können diese Einflussgrößen berücksichtigt werden, indem man schreibt

$$NPSH_{erf} = S \cdot NPSH_3 \tag{3.46}$$

mit dem Sicherheitsfaktor

$$S = S_P \cdot S_V \cdot S_E \cdot S_T \cdot S_M. \tag{3.47}$$

Die Beiwerte S_P und S_M können aus Tab. 3.2 bzw. aus Tab. 3.3, die Beiwerte S_V, S_E und S_T aus den Diagrammen in Abb. 3.15 bzw. 3.16 entnommen werden.

Das Diagramm zur Berücksichtigung des Temperatureinflusses bei Wasserförderung kann auch für Kohlenwasserstoffe verwendet werden, wenn man zur tatsächlichen Temperatur des zu fördernden Kohlenwasserstoffes einen aus Tab. 3.4 zu entnehmenden Temperaturzuschlag macht und dann bei der sich ergebenden „fiktiven" Temperatur Abb. 3.16 anwendet. So hat z. B. Methanol von 70° die gleiche *NPSH*-„Aufwertung" zur Folge wie Wasser von $70+50° = 120°$. Bei einem „Kaltwasserwert" von $NPSH_3 = 3{,}3$ m aus der Pumpenkennlinie ergibt sich somit der Faktor $S_T = 0{,}9$. Kerosin hat entsprechend der Tabelle keine *NPSH*-Verbesserung gegenüber Wasser.

Als Grenze für kavitationsabtragsfreien Dauerbetrieb bei $NPSH_3$ können nach [5] bei kaltem, luftgesättigtem Wasser oder entgastem Heißwasser über 120 °C folgende Richtwerte gelten:

$$NPSH_3 \leq 1 \div 1{,}3\,\text{m} \qquad \text{bei Grauguss} \tag{3.48}$$

$$NPSH_3 \leq 3 \div 4\,\text{m} \qquad \text{bei Stahlguss.} \tag{3.49}$$

Tab. 3.2 Sicherheitsbeiwert S_P

Pumpenbauart und -größe	S_P
Kleine 1- und mehrstufige Standardpumpen bis V = 200 m³/h im industriellem Einsatz	1,0
Ein- und zweistufige Standardpumpen bis V = 1000 m³/h und mehrstufige Standardpumpen bis V = 400 m³/h in Industrie und Wirtschaft	1,05 ÷ 1,1
Ein- und zweistufige Pumpen bis zu größten Förderströmen in der Wasserwirtschaft	1,15

Tab. 3.3 Sicherheitsbeiwert S_M

Kavitationsfestigkeit	S_M			Einsatzgrenze $NPSH_3$
Laufradmaterial	Wasser $pH > 7{,}5$	Wasser $pH \leq 7{,}5$	Meerwasser (ohne H_2S)	
G-X 20 Cr 14 (1.4027)	1,0	1,05	1,1	–
G-X 22 CrNi 1 (1.4059)	1,0	1,05	1,1	–
G-X 6 Cr Ni Mo1810 (1.4059)	1,0	1,0	1,0	–
G-Ni Al Bz F 60 (2.0975.01)	1,0	1,0	1,0	–
G-Sn Bz10 (2.1050.01)	1,05	1,05	1,05	–
GGG 40 (0.7040)	1,05	1,15	nicht verwendbar	$\leq 10\,m$
GG 25 (0.6025)	1,1	1,2		$\leq 10\,m$

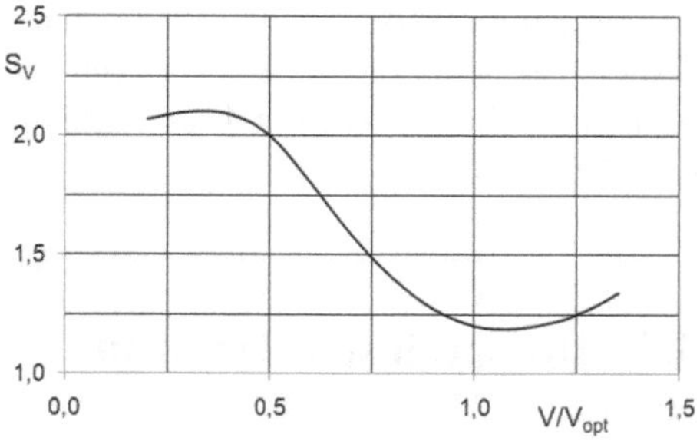

Abb. 3.15 Sicherheitsbeiwert S_V

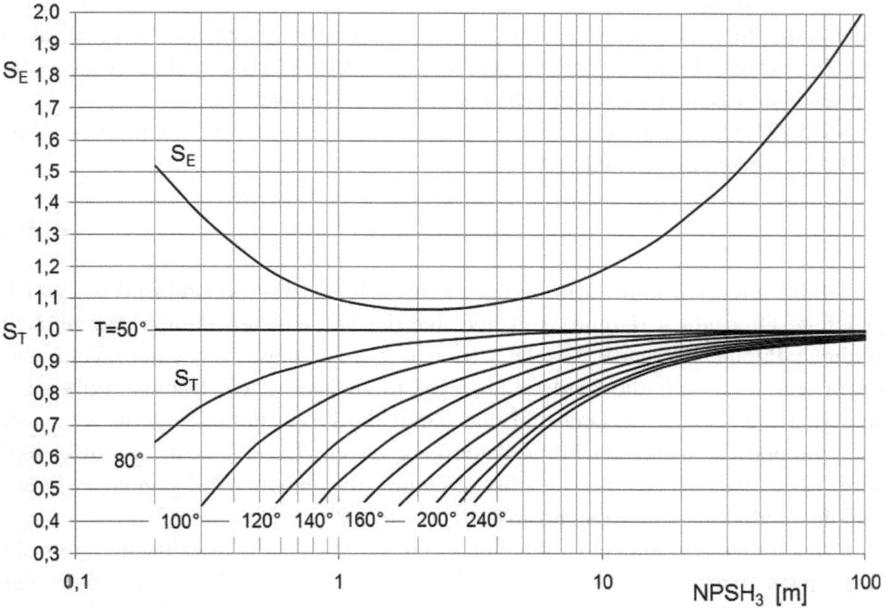

Abb. 3.16 Sicherheitsbeiwerte S_E und S_T

Tab. 3.4 Temperaturzuschlag für Kohlenwasserstoffe

Methanol	+50°
Butan	+120°
i-Butan	+140°
Propan	+180°
Kerosin	+0°
Benzin	+0°
Heizöl (leicht)	+0°
Freon	+90°

Bei größeren Werten von $NPSH_3$ sind zunehmend Sicherheitszuschläge erforderlich. So ist abtragsfreier Dauerbetrieb bei $NPSH_3 \approx 15 \div 20$ m (Stahlguss) nur noch mit sehr begrenztem Blasenfeld möglich und bei $NPSH_3 \approx 35 \div 40$ m nur noch blasenfrei.

3.5 Die spezifische Drehzahl

Die spezifische Drehzahl ist eine Kennzahl, nach der man die hydraulischen Proportionen und Eigenschaften von Pumpen und insbesondere von Laufrädern beurteilen kann. Sie stellt einen Zusammenhang her zwischen Drehzahl, Volumenstrom und Förderhöhe. Pumpen gleicher spezifischer Drehzahl können theoretisch – bei vergleichbarer Bauart – geometrisch ähnlich ausgeführt werden.

Nach [2] wurde im technischen Maßsystem aus den hydrodynamischen Ähnlichkeitsgesetzen die Schreibweise

$$n_q = n \frac{\sqrt{V}}{H^{0,75}} \tag{3.50}$$

eingeführt mit n [U/min], V [m^3/s] und H [m]. Die spezifische Drehzahl ist danach diejenige Drehzahl n [U/min], mit der eine der betrachteten Pumpe geometrisch ähnliche Pumpe passender Größe betrieben werden muss, um einem Volumenstrom von $V = 1$ m^3/s die Förderhöhe $H = 1$ m zu übertragen. Daraus ergibt sich, dass sich die spezifische Drehzahl und damit die Proportionen ändern, wenn bei einer Pumpe für dieselben Förderdaten eine andere Drehzahl zu Grunde gelegt wird. Ebenso ändert sich die spezifische Drehzahl, wenn sich bei gegebener Drehzahl das Verhältnis von Volumenstrom zu Förderhöhe ändert.

Je nach den verwendeten Einheiten ergeben sich für die spezifische Drehzahl einer gegebenen Pumpe unterschiedliche Zahlenwerte. Um bei Verwendung der spezifischen Förderarbeit Y in [m^2/s^2] anstelle der herkömmlichen Förderhöhe die gleichen Zahlenwerte zu bekommen wie dort, muss der Faktor $g^{0,75} = 5{,}542$ verwendet werden, somit

$$n_q = 5{,}542\, n \frac{\sqrt{V}}{Y^{0,75}} \tag{3.51}$$

Streng genommen ist die spezifische Drehzahl nicht dimensionslos, sondern hat die Dimension [U/min]. Im allgemeinen Gebrauch bleibt dies meist unbeachtet.

Zur groben Klassifizierung unterscheidet man je nach der Abströmrichtung des Fördermediums aus dem Laufrad zwischen Radial-, Diagonal- und Axialrädern.

Eng verbunden mit der spezifischen Drehzahl ist der Begriff der Schnellläufigkeit. So werden Radialräder niedriger spezifischer Drehzahl oft als Langsamläufer, solche mit mittlerer spezifischer Drehzahl bis zum Übergang zu Halbaxial- oder Diagonalrädern als Mittelläufer und Diagonal- und Axialräder als Schnellläufer charakterisiert. Eine Übersicht gibt Abb. 3.17.

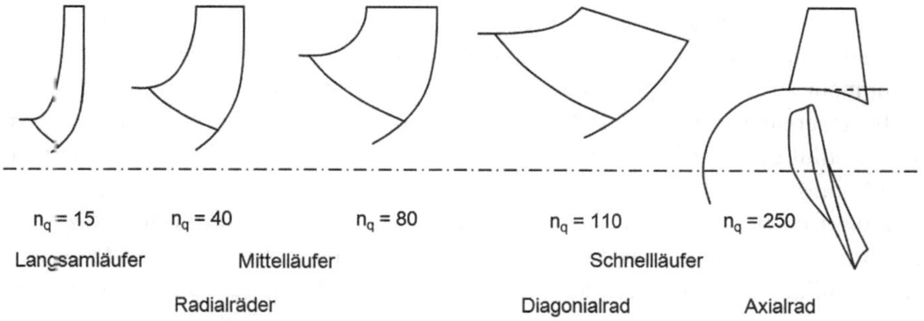

Abb. 3.17 Radformen und spezifische Drehzahl

Mit der spezifischen Drehzahl nehmen der Laufradeintrittsdurchmesser und die Laufradbreite im Verhältnis zum Laufradaustrittsdurchmesser zu. Das kann zwanglos damit erklärt werden, dass nach Gl. (3.50) die spezifische Drehzahl zunimmt, wenn bei festgehaltener Drehzahl und gleicher Förderhöhe – mit der auch der Laufraddurchmesser ungefähr gleich bleibt – der Förderstrom zunimmt und größere Querschnitte erfordert. Wenn der Eintrittsdurchmesser dabei in die Größenordnung des Außendurchmessers gelangt, muss die axiale Ausdehnung des Rades vergrößert werden, um die erforderliche Stromlinienlänge zur Unterbringung der Schaufeln zur Verfügung zu stellen. Bis $n_q \approx 100$ können Laufräder noch als sog. Radialräder mit zylindrischem Austritt, d. h., mit im Meridianschnitt achsparalleler Austrittskante ausgeführt werden. Ab $n_q \approx 80$ geht man oft bereits über zu Halbaxial- oder Diagonalrädern, bei denen die Austrittskante im Meridianschnitt auf einer Kegelfläche liegt. Die Radform verändert sich mit weiter steigender spezifischer Drehzahl immer mehr im Sinne einer axialen Durchströmung bis zu $n_q \approx 150$. Ab $n_q \approx 120$ werden meist Axialräder (Propeller) ausgeführt. Die oberste Grenze bildet $n_q \approx 400$. Noch höhere spezifische Drehzahlen sind möglich, aber nur noch wenig sinnvoll. Die Grenzen zwischen den einzelnen Laufradformen sind fließend und hängen von der Gesamtkonzeption der Pumpe wie auch von ihrer Größe bzw. der Leistung ab.

Nach unten liegt die Grenze der spezifischen Drehzahl bei $n_q \approx 7$. Bei diesem niedrigen Wert bekommt man sehr schmale Räder, die wegen ihres in Bezug zur durchgesetzten Leistung geringen Förderstromes anteilmäßig sehr große Spaltverluste und Scheibenreibungsverluste aufweisen und dadurch nur sehr niedrige Wirkungsgrade erreichen. (Bezüglich Wirkungsgrade als Funktion der spezifischen Drehzahl s. Kap. 3.2 und 3.6). Man weicht diesem Nachteil häufig aus, indem man zur Mehrstufigkeit übergeht, d. h. man unterteilt die Gesamtförderhöhe in so viele Stufen, dass sich mit der Stufenförderhöhe günstigere spezifische Drehzahlen ergeben. Die einzelnen Stufen werden hintereinander angeordnet, so dass sich die Stufenförderhöhen zur Gesamtförderhöhe summieren. Die spezifische Drehzahl pro Stufe wählt man zwischen $n_q = 15 \div 20$ und $n_q = 36 \div 40$. Die unteren Werte ergeben sich aus der Notwendigkeit, die Anzahl der Stufen zu begrenzen, weshalb man mitunter auch noch etwas niedrigere Werte wählen muss. Über die oberen Werte hinaus bringt die Mehrstufigkeit keine Vorteile mehr, da der Wirkungsgrad nicht mehr ansteigt und der Bauaufwand unnötig groß wird.

Im Übergangsbereich zwischen radialen und halbaxialen Laufrädern wird gern auf zweiflutige Lösungen zurückgegriffen, um den Einsatzbereich der hydrodynamisch günstigeren Radialräder auszudehnen. Die spezifische Drehzahl der beiden symmetrischen, gegenläufig angeordneten Radhälften ist dann mit der Hälfte des Gesamtförderstromes zu berechnen und beträgt dadurch nur ca. 71 % derjenigen eines einflutigen Laufrades für die gleichen Förderdaten. Entsprechend ergeben sich die Laufradproportionen. Zur Beurteilung der Leitvorrichtung, also meist des Spiralgehäuses sowie der Gesamtpumpe bzgl. des Wirkungsgrades empfiehlt es sich, die spezifische Drehzahl mit dem Gesamtförderstrom zu bilden. Wegen ihrer auch in anderer Hinsicht günstigen Eigenschaften werden zweiflutige Pumpen jedoch auch bei kleineren spezifischen Drehzahlen häufig eingesetzt.

Nach oben ergibt sich ebenfalls eine sinnvolle Grenze für die spezifische Drehzahl, da mit sehr großen Werten der Wirkungsgrad ebenfalls abnimmt. Wählt man eine niedrigere Drehzahl, um die spezifische Drehzahl zu senken, vergrößert sich wiederum das Bauvolumen der Pumpe. Welche Lösung unter den gegebenen Umständen wirtschaftlich erscheint, hängt immer auch vom Einsatzzweck und der Größe bzw. der Leistung der Pumpe ab.

Da die spezifische Drehzahl aus den Förderdaten einer Pumpe und nicht aus ihren geometrischen Abmessungen gebildet ist, erklärt sich, dass sie nur eine grobe Klassifizierung ermöglicht. Denn bei der Auslegung von Laufrädern kann man deren Proportionen in ziemlich weiten Grenzen variieren. Es gibt keine festen Bezüge zwischen z. B. Druckziffer, Austrittsbreite, Schaufelzahl und Austrittswinkel in Abhängigkeit von der spezifischen Drehzahl. Deutlich wird das z. B. bei Laufrädern für die Feststoffförderung, den sog. Kanalrädern, wo man mit sehr kleinen Schaufelzahlen von zwei oder drei und etwa verdoppelter Austrittsbreite gegenüber „Normalrädern" Kennlinien und Wirkungsgrade erzielt, die mit denen dieser Räder durchaus vergleichbar sind. Auch die Druckziffer, und damit der Laufraddurchmesser, können bei gleicher spezifischer Drehzahl innerhalb beträchtlicher Grenzen variiert werden, ohne dass gravierende Nachteile auftreten.

Dennoch ist die spezifische Drehzahl im Pumpenbau eine häufig benutzte und sehr aussagefähige Kenngröße. Besondere Bedeutung kommt ihr zu bei der Beurteilung und der Systematik von Pumpen gleicher Bauart, weil bei diesen die große Anzahl der möglichen Parameter reduziert ist. So kann man sich für spezielle Pumpentypen n_q-abhängige Kenngrößen für z. B. Druckziffer, Lieferziffer oder auch andere, unmittelbare Konstruktionsparameter schaffen.

Zur Beurteilung der hydraulischen und geometrischen Eigenschaften kann man auch andere Kennzahlen bilden. Praktikabel wäre z. B. eine auf den Laufraddurchmesser D_2 bezogene Kennzahl, die zudem „echt" dimensionslos wäre, nach der Formel

$$\varsigma_a = \frac{c_a}{u_2} = \frac{320\,V}{\pi^2\,n\,D_2{}^3} \tag{3.52}$$

oder, wenn die Zahlenfaktoren fortgelassen werden

$$\varsigma_a = \frac{V}{n\,D_2{}^3} \tag{3.53}$$

Sie drückt das Verhältnis der auf die Projektionsfläche des Laufrades bezogene Geschwindigkeit

$$c_a = \frac{4V}{\pi\,D_2{}^2}$$

zur Umfangsgeschwindigkeit u_2 des Laufrades aus und ist unabhängig von der Laufradaustrittsbreite. Sie hat eine ähnliche Tendenz wie die spezifische Drehzahl n_q, d. h. sie ist vergleichbar mit dieser, da sie auch eine Kennzahl der hydrodynamischen Eigenschaften ist. Die in Gl. (3.50) enthaltene Förderhöhe H steckt bei Gl. (3.52) verkappt im Nenner. Die Kennzahl ζ_a setzt allerdings voraus, dass der Laufraddurchmesser vorab bekannt ist, der seinerseits aber die Unsicherheit in der Wahl der Druckziffer enthält. In der Praxis wird sie kaum verwendet.

3.6 Erreichbarer Wirkungsgrad

Bedingt durch die primär bei der Druckerzeugung in Laufrad und Leitapparat entstehenden hydrodynamischen Verluste sowie durch die Nebenverluste Leckagestrom und Scheibenreibung, die – bezogen auf die Wellenleistung –abhängig von der spezifischen Drehzahl unterschiedliche Anteile aufweisen, ergeben sich für den erreichbaren Gesamtwirkungsgrad radialer Kreiselpumpen über der spezifischen Drehzahl Verläufe mit einem Maximum im mittleren n_q-Bereich. Die einzelnen Verluste wurden bereits in Abschn. 3.2 behandelt. Aus Abb. 3.1 geht hervor, dass im unteren n_q-Bereich die Leckage- und Scheibenreibungsverluste dominieren. Nach [6] sind bei niedrigen spezifischen Drehzahlen beachtliche Verbesserungen vor allem durch Reduzierung der Spaltverluste und – weniger ausgeprägt – auch der Scheibenreibungsverluste möglich. Um gute Gesamtwirkungsgrade zu erreichen, müssen hier also die Spalte kleinstmöglich ausgeführt und die Laufrad- und Gehäusewände feinbearbeitet werden. Zerklüftungen im Radseitenraum sind zu vermeiden. Da im unteren n_q-Bereich der Anteil der kinetischen Energie hinter dem Laufrad relativ hoch ist, kommt der strömungstechnisch günstigen Gestaltung und der Oberflächengüte des Leitapparates – Leitrad sowohl wie Spiralgehäuse – ebenfalls große Bedeutung zu. Möglichst geringe Rauheitserhebungen sind auch deshalb zu fordern, weil Pumpen im Bereich niedriger spezifischer Drehzahlen oft kleine Abmessungen und dadurch relativ enge Kanäle aufweisen, wodurch die relative Rauheit vergleichsweise hoch ist. Im oberen n_q-Bereich tritt der Einfluss der Leckage- und Scheibenreibungsverluste zurück und die hydrodynamischen Verluste – vor allem im Laufrad – gewinnen an Bedeutung. Sie wachsen kontinuierlich mit der spezifischen Drehzahl an, da im Laufrad der Anteil der Druckerzeugung durch Verzögerung der Strömung, bezogen auf die gesamte Druckerzeugung, zunimmt. Daher muss man hier versuchen, die hydrodynamischen Verluste im Laufrad zu minimieren. Das wird erreicht durch sorgfältige Gestaltung der Strömungskanäle besonders des Laufrades, indem man einerseits die benetzte Oberfläche möglichst klein hält, um damit die Reibungsverluste gering zu halten – allerdings stets unter Beachtung der damit verbundenen Mischungs- und Verwirbelungsverluste – und andererseits durch gute Profilierung aller angeströmten Kanten, um Verluste durch Strömungsablösungen zu vermeiden. Ferner ist zur Minimierung der hydrodynamischen Verluste die relative Rauheit möglichst gering zu halten.

Abhängig von der Bauart ergeben sich voneinander abweichende Werte des erreichbaren Wirkungsgrads. Beste Wirkungsgrade werden erreicht mit einstufig-zweiflutigen Spiralgehäusepumpen mit symmetrisch zueinander angeordneten Laufrädern. Mit einflutigen Pumpen mit axialem Zufluss und unentlastetem Laufrad lassen sich ähnlich gute Wirkungsgrade erzielen. Gelegentlich werden Spiralgehäusepumpen mit einem zusätzlichen Leitrad ausgerüstet. Ein damit verbundener Wirkungsgradgewinn ist umstritten. Entsprechende Konstruktionen werden eher aus betriebsbedingten als aus Wirkungsgradgründen ausgeführt, z. B. wenn man mit dem gleichen Gehäuse unterschiedliche Förderleistungen erbringen muss, was dann durch Einbau verschiedener Radsätze (Laufrad plus Leitrad) ermöglicht wird, oder auch, wenn eine extrem große Förderhöhe erbracht werden soll. Die zur Förderung feststoffhaltiger Medien eingesetzten sog. Kanalräder erreichen wegen ihrer geringen Schaufelzahlen infolge von erhöhten Verwirbelungs- und Mischungsverlusten nicht die Wirkungsgrade von Mehrschaufelrädern zur Förderung reiner Flüssigkeiten. Mehrstufige Pumpen erreichen wegen der Umführungverluste und gegebenenfalls wegen der zusätzlichen Entlastungsverluste durch den Achsschubausgleich generell etwas niedrigere Wirkungsgrade als einstufige Pumpen. Insgesamt ergibt sich über der spezifischen Drehzahl die Tendenz, dass im mittleren n_q-Bereich die besten Wirkungsgrade erreicht werden.

Einstufige Pumpen erreichen beste Wirkungsgrade im Bereich von $n_q \approx 50$ bis 60, mehrstufige bei $n_q \approx 40$ bis 45. Mit zunehmender spezifischer Drehzahl fällt der Wirkungsgrad allmählich ab; bei abnehmender spezifischer Drehzahl zunächst auch nur leicht, dann jedoch – unter $n_q \approx 25 \div 20$ – immer stärker, so dass z. B. eine für $n_q = 14$ ausgelegte Pumpe im Bestpunkt einen niedrigeren Wirkungsgrad erreicht als eine bei Teillast betriebene Pumpe mit $n_q = 17$ bei gleichen Förderdaten.

Aus Gründen der Kostenersparnis und der Betriebssicherheit werden in der Praxis die theoretisch möglichen Wirkungsgrade nie ganz erreicht. Infolge der bei industrieller Fertigung erhöhten Spaltverluste gegenüber den im Laborversuch möglichen treten besonders bei kleiner spezifischer Drehzahl deutliche Wirkungsgradeinbußen auf. Raue Oberflächen führen zu Wirkungsgradeinbußen im gesamten Bereich der spezifischen Drehzahl sowohl durch erhöhte Scheibenreibung als auch durch erhöhte Strömungsverluste. Beim angestrebten Wirkungsgrad muss bei industrieller Fertigung stets ein Kompromiss geschlossen werden mit dem erforderlichen Fertigungsaufwand. Mit der Antriebsleistung einer Pumpe steigen die Anforderungen an den Wirkungsgrad, was einen erhöhten Fertigungsaufwand rechtfertigt. Bei kleinen Baugrößen werden meist relativ größere Spalte ausgeführt; zudem nimmt bei ihnen die relative Rauheit bei gleicher Oberflächengüte zu. In Verbindung mit kleinen Leistungen üben die meist wenig beachteten mechanischen Verluste von Lager und Wellenabdichtung oft einen hohen Einfluss aus, was mitunter zu erheblichen Wirkungsgradeinbußen bei kleinen Baugrößen führt. Das wird z. B. deutlich, wenn eine für eine höhere Drehzahl ausgelegte Pumpe mit einer wesentlich niedrigeren Drehzahl betrieben wird. Die Mechanik einer solchen Pumpe ist dann für die niedrige Drehzahl überdimensioniert und damit auch deren Verluste, die bei Drehzahlreduzierung nicht im gleichen Verhältnis abnehmen wie die hydrodynamische Leistung, also anteilmäßig höher werden.

Literaturangaben über erreichbare Wirkungsgrade basieren meist auf Messungen industriell gefertigter Pumpen [7]. Wegen der darin nicht bekannten Höhe der unterschiedlichen Verluste können solche Angaben nur als Richtwerte gelten. Daneben befassen sich verschiedene theoretische und experimentelle Forschungsarbeiten [6, 8] an speziellen Versuchseinrichtungen mit dem Einfluss der einzelnen Verluste auf den erreichbaren Wirkungsgrad, um die physikalischen Grenzen und daraus abzuleitende Verbesserungspotenziale zu ermitteln (s. hierzu auch die Literaturangaben in Kap. 3.12 und 3.13).

Im Gegensatz zu Obigem wird hier zur Ableitung des erreichbaren Gesamtwirkungsgrad der umgekehrte Weg beschritten, indem vom hydrodynamischen (hydraulischen) Wirkungsgrad ausgegangen wird. Dieser umfasst alle Verluste durch Reibung, Mischung und Verwirbelung in den strömungsführenden Strukturen, also vor allem im Laufrad und im Leitapparat. Der Gesamtwirkungsgrad ergibt sich dann aus dem hydrodynamischen Wirkungsgrad unter Berücksichtigung der einzelnen Teilverluste.

Der Verlauf des hydrodynamischen Wirkungsgrads über der spezifischen Drehzahl kann durch eine Parabel zweiter Ordnung mit Scheitel bei $n_q = 0$ angenähert werden, wenn man Pumpen mit vergleichbaren hydraulischen Durchmessern der Schaufelkanäle zum Vergleich heranzieht. Als vergleichbarer hydraulischer Durchmesser kann repräsentativ der Laufradeintrittsdurchmesser eingesetzt werden, denn Laufräder gleichen Eintrittsdurchmessers haben (bei gleicher Schaufelzahl) unabhängig von der spezifischen Drehzahl und damit auch des Laufraddurchmessers dann annähernd gleiche hydraulische Durchmesser der Schaufelkanäle und bei gleicher Drehzahl daher auch etwa gleiche Volumenströme. Mit der Vorgabe konstanter Drehzahl und konstanten Volumenstromes fällt die Förderhöhe mit zunehmender spezifischer Drehzahl zunächst sehr stark, dann schwächer ab. Da die hydrodynamische Verluste aber nicht in gleichem Verhältnis, sondern weniger stark abnehmen, muss der hydrodynamische Wirkungsgrad theoretisch bei der spezifischen Drehzahl null seinen Höchstwert haben und mit zunehmender spezifischer Drehzahl allmählich abfallen. Ein solcher Verlauf überrascht zunächst, da allgemein – ähnlich wie beim Gesamtwirkungsgrad – ein zunehmender Abfall zu kleineren spezifischen Drehzahlen hin angenommen wird [5]. Diese Vorstellung beruht möglicherweise darauf, dass zur Verlustanalyse bei niedrigen spezifischen Drehzahlen trotz hoher Leistungen nur Pumpen mit relativ kleinen Volumenströmen und dementsprechend geringen hydraulischen Durchmessern, also mit engen

Kanälen, demzufolge großer relativer Rauheit und erhöhten Reibungsverlusten, zur Verfügung stehen. Möglich ist auch, dass die Spaltverluste – die unterhalb $n_q \approx 20$ zunehmend an Einfluss gewinnen und nicht gemessen, sondern nur berechnet werden können – oft zu niedrig angesetzt werden, wodurch sich der hydrodynamische Wirkungsgrad ebenfalls zu niedrig ergibt. Bei kleinen Wellenleistungen werden zudem oft die mechanischen Verluste unterschätzt. Es ist stets problematisch, aus Messergebnissen den hydrodynamischen Wirkungsgrad zu bestimmen, da alle Unsicherheiten bei der Berechnung der Teilverluste in das Ergebnis eingehen. Andererseits ist der hier angenommene Verlauf des hydrodynamischen Wirkungsgrads logisch, da mit abnehmender spezifischer Drehzahl die theoretisch verlustlose zentrifugale Druckerzeugung im Laufrad zunimmt und die Relativströmung kaum noch verzögert wird, somit kaum Verzögerungsverluste auftreten und weil die Leitapparatverluste generell gegenüber den Laufradverlusten an Bedeutung zurücktreten.

Auch bei „hydraulisch glatten“ Oberflächen kann der hydrodynamische Wirkungsgrad nicht den Wert „1“ erreichen. Gemäß den Widerstandsgesetzen von Rohr- und Plattenströmungen erreichen die Widerstandsbeiwerte hydrodynamisch glatter Oberflächen erst bei unendlich großer REYNOLDS-Zahl den Wert null, d. h. eine Pumpe müsste extrem groß sein, wenn ihr hydrodynamischer Wirkungsgrad den Wert „1“ erreichen soll. Die REYNOLDS-Zahl bildet man bei Kreiselpumpen zweckmäßig mit dem Eintrittsdurchmesser des Laufrades als Bezugslänge. Das hat den Vorteil, dass bei gleicher Drehzahl sowohl der Volumenstrom als auch der hydraulische Durchmesser der Schaufelkanäle, die in einem angenähert festen Verhältnis zum Eintrittsdurchmesser stehen, über der spezifischen Drehzahl nahezu konstant bleiben. (Der hydraulische Durchmesser von nicht kreisförmigen Querschnitten berechnet sich zu $d_h = 4A/U$ mit der Fläche A und dem Umfang U). Für den Eintrittsdurchmesser kann das Verhältnis aus Volumenstrom und Drehzahl verwendet werden aus der Beziehung $D_s = C\,\sqrt[3]{V/n}$, mit der Konstanten $C \approx 0{,}28$ für „fliegend“ angeordnete Laufräder, wie bei einstufig-einflutigen Pumpen üblich (mit D_s [m], V [m^3/h] und n [U/min]), so dass man am Ende die Schreibweise

$$\mathrm{Re} = \frac{V}{D_s\,\nu} \tag{3.54}$$

erhält (mit der kinematischen Zähigkeit ν [m^2/s]).

Das Widerstandsverhalten der Pumpenströmung über der REYNOLDS-Zahl gleicht prinzipiell demjenigen der Strömung in Rohren und der Strömung längs angeströmter Platten. Wegen der Komplexität der Pumpenströmung ist die direkte Übertragung der Rohr- sowie der Plattenströmung jedoch nicht möglich, denn bereits die Bildung einer Beziehung zwischen den jeweiligen Reynolds-Zahlen ist problematisch. Somit muss man sich mit Analogien behelfen.

Es ist zu unterscheiden zwischen relativer und absoluter Rauheit. Wie in Abb. 3.18 am Beispiel für Rohrströmungen hervorgeht und auch für die

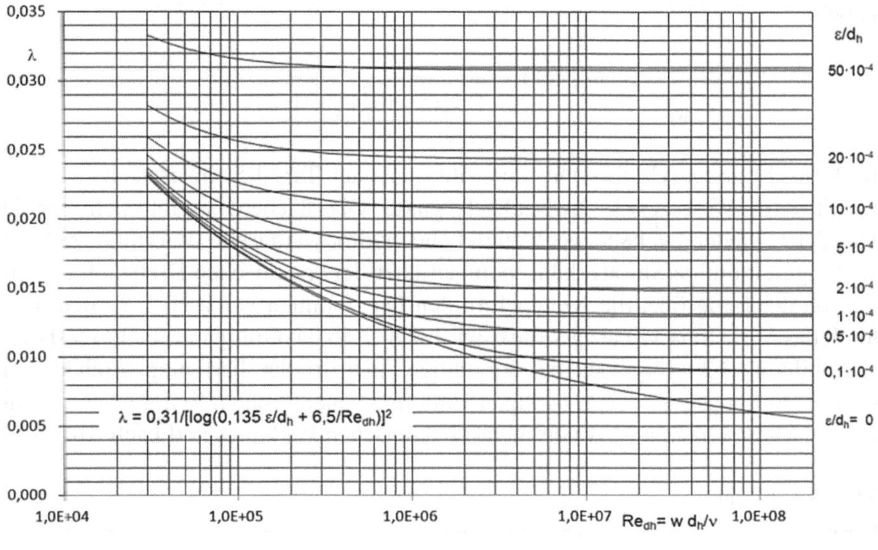

Abb. 3.18 Reibbeiwerte von Rohrströmungen. (Aus [5])

Plattenströmung bekannt ist, bleiben die Widerstandsbeiwerte für konstante relative Rauheiten ε/d_h bzw. ε/L ab einem Übergangsgebiet von hydrodynamisch glatter zu hydrodynamisch rauer Oberfläche über der REYNOLDS-Zahl konstant. Das bedeutet, dass sich der hydrodynamische Wirkungsgrad durch Drehzahlerhöhung bzw. durch Heißwasserförderung nicht verbessert, wenn sich die Strömung im Ausgangszustand bereits im vollrauen Zustand befindet. Befindet sie sich im Übergangsgebiet, tritt allenfalls eine geringe Verbesserung ein. Bei konstanter absoluter Rauheit verändern sich mit dem hydraulischen Durchmesser gleichzeitig die relative Rauheit und die REYNOLDS-Zahl und damit stets der Widerstandsbeiwert. Die damit verbundene Verbesserung des hydrodynamischen Wirkungsgrades ist von großem Interesse bei der Übertragung von an Modellmaschinen gewonnenen Ergebnissen auf Großausführungen. Unter diesem Gesichtspunkt ist nicht nachvollziehbar, wenn Diagramme über erreichbare Wirkungsgrade erstellt werden, bei denen als Parameter lediglich der Volumenstrom ohne Berücksichtigung der Drehzahl gewählt wird. Zwei geometrisch ähnliche Pumpen unterschiedlicher Größe, jedoch gleicher absoluter Rauheit erreichen *nicht* den gleichen (inneren) Wirkungsgrad, wenn sie aufgrund unterschiedlicher Drehzahl den gleichen Volumenstrom fördern. Die größere Pumpe wird auf Grund der geringeren relativen Rauheit stets einen besseren Wirkungsgrad haben.

Für den hydrodynamischen Wirkungsgrad wurde die allgemeine Abhängigkeit von der spezifischen Drehzahl gefunden mit

$$\eta_h = \eta_{h0} - \frac{1{,}4 \cdot 10^{-6} {n_q}^2}{{\eta_{h0}}^{21}} \tag{3.55}$$

wobei

$$\eta_{h_0} = A - \frac{3}{[\log(5 \cdot 10^7 V/n)]^2} \tag{3.56}$$

mit V [m³/h] und n [U/min]. Die Gütezahl A ist nach Tab. 3.5 einzusetzen.

Mit dem Wert $A=1$ (hydraulisch glatte Oberflächen) ergibt sich der in Abb. 3.19 wiedergegebene höchstmögliche hydrodynamische Wirkungsgrad für einstufige einflutige Spiralgehäusepumpen über der spezifischen Drehzahl, abhängig von der Baugröße, die wie auch in den Diagrammen von Abb. 3.20 und 3.21 durch das Verhältnis V/n ausgedrückt wird. Gl. 3.56 hat Gültigkeit für $V/n > 0{,}02$.

Abbildung 3.20 zeigt den bei sorgfältiger industrieller Fertigung erreichbaren *inneren* Wirkungsgrad von einstufigen einflutigen unentlasteten Spiralgehäusepumpen. Er wurde errechnet aus dem hydrodynamischen Wirkungsgrad nach Abb. 3.19

Tab. 3.5 Gütezahl

Bauart	Oberflächengüte			***A***
Einstufig ein- und zweiflutig	Hydraulisch „glatt"	$\varepsilon=0$		1,0
Einstufig ein- und zweiflutig	Rauheitserhebung	$\varepsilon=8\ \mu m$	$N\,8$	0,995
Einstufig ein- und zweiflutig	Rauheitserhebung	$\varepsilon=16\ \mu m$	$N\,9$	0,99
Mehrstufig mit Umführung	Hydraulisch „glatt"	$\varepsilon=0$		0,98
Mehrstufig mit Umführung	Rauheitserhebung	$\varepsilon=8\ \mu m$	$N\,8$	0,975
Mehrstufig mit Umführung	Rauheitserhebung	$\varepsilon=16\ \mu m$	$N\,9$	0,97
Kanalrad $z_U=3$	Rauheitserhebung	$\varepsilon=32\ \mu m$	$N\,10$	0,96
Kanalrad $z_U=2$	Rauheitserhebung	$\varepsilon=32\ \mu m$	$N\,10$	0,95
Kanalrad $z_U=1$	Rauheitserhebung	$\varepsilon=32\ \mu m$	$N\,10$	0,91

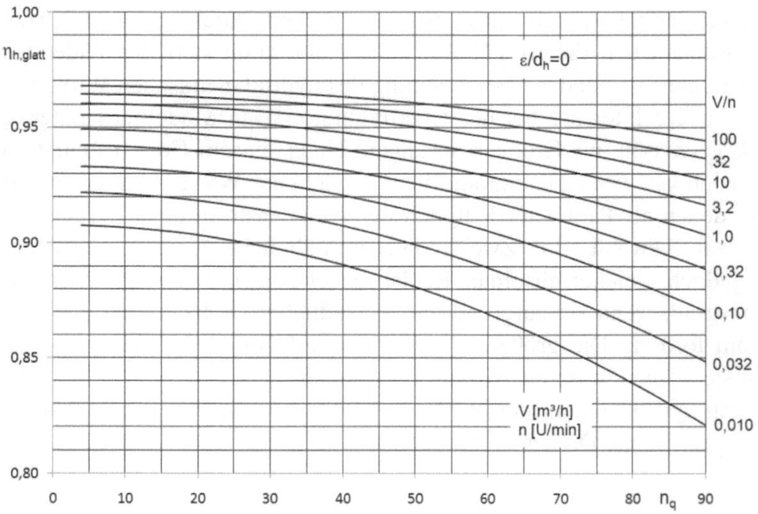

Abb. 3.19 Theoretisch maximal erreichbarer hydrodynamischer Wirkungsgrad von einstufigen einflutigen Spiralgehäusepumpen

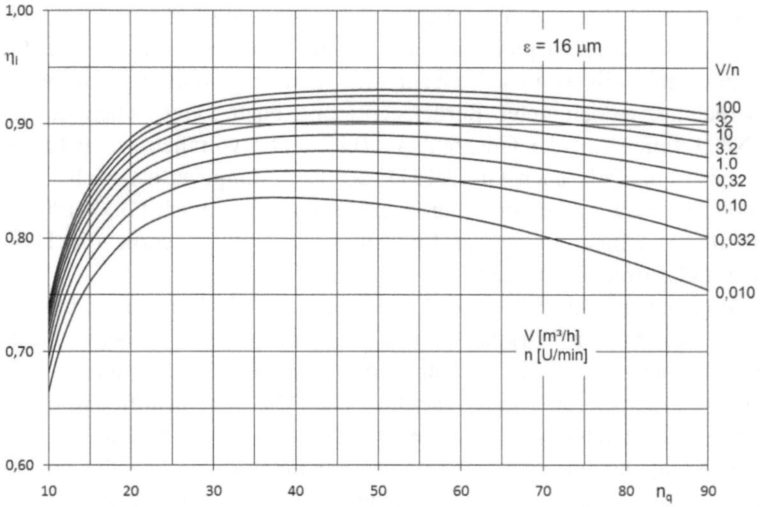

Abb. 3.20 Erreichbarer innerer Wirkungsgrad von einstufigen, einflutigen, axial nicht entlasteten Spiralgehäusepumpen

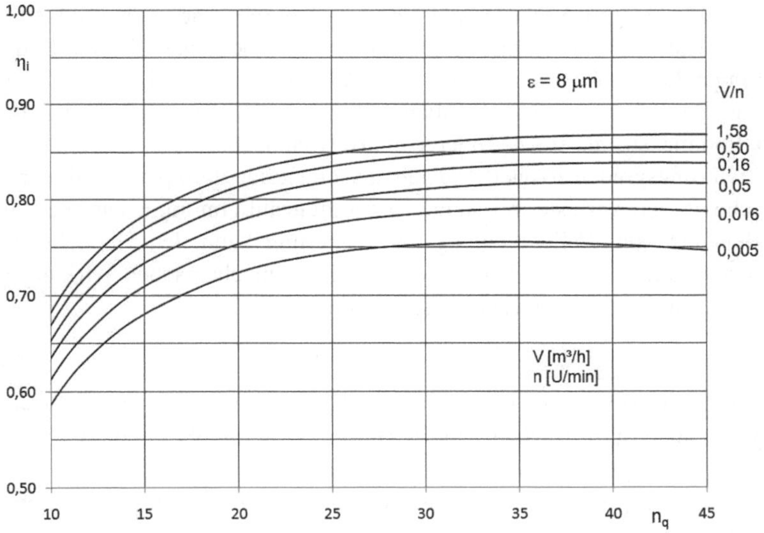

Abb. 3.21 Erreichbarer innerer Wirkungsgrad von 5-stufigen, einflutigen Pumpen mit Sammelentlastung

bzw. nach den Gln. (3.55) und (3.56) unter Berücksichtigung einer Oberflächengüte entsprechend *N* 9, d. h. nach Tab. 3.5 mit einer Gütezahl von $A = 0{,}99$. Die volumetrischen Verluste wurden nach Gl. (3.151) berechnet für unentlastete Laufräder, d. h. für Laufräder mit nur einen Dichtspalt.

Abbildung 3.21 zeigt den erreichbaren inneren Wirkungsgrad mehrstufiger Pumpen mit Achsschubausgleich durch Entlastungskolben oder -scheibe. Gewählt wurde eine Stufenzahl von $i = 5$. Der hydrodynamische Wirkungsgrad wurde wie oben berechnet, jedoch unter Berücksichtigung einer Oberflächengüte entsprechend N8, folglich mit der Gütezahl $A = 0{,}975$. Die volumetrischen Laufradverluste wurden ebenfalls nach Gl. (3.151), der Entlastungsverlust nach Gl. (3.152) berechnet. Die Scheibenreibung wurde in beiden Fällen nach Gl. (3.180) berechnet. Für die Scheibenreibung der Entlastungseinrichtung wurde die Hälfte des Wertes eines Laufrades eingesetzt.

Die Angaben in Abb. 3.20 und 3.21 dienen nur als Beispiel. Zur genaueren Ermittlung des inneren Wirkungsgrades ist es ratsam, die Nebenverluste differenzierter zu berechnen, was gemäß Kap. 3.12 und 3.13 oder anderen Quellen erfolgen kann. Dabei sollte gegebenenfalls auch die Scheibenreibung der Entlastungseinrichtung genauer ermittelt werden. Durch optimale Gestaltung der maßgeblichen Komponenten sind – besonders im unteren Bereich der spezifischen Drehzahl – oft noch Verbesserungen des inneren Wirkungsgrades möglich.

Für die Darstellung in Abb. 3.20 und 3.21 wurde der innere Wirkungsgrad gewählt, weil dieser weitgehend unabhängig von der Drehzahl ist, wenn *V/n* als Parameter gewählt wird. Im inneren Wirkungsgrad sind die mechanischen Verluste von Wellendichtung und Lagerung nicht enthalten. Sie verhalten sich nicht affin wie die übrigen Verluste und würden dadurch eine einheitliche Darstellung des Gesamtwirkungsgrads erschweren. Besonders bei kleinen Baugrößen mit geringer Leistung ist der mechanische Wirkungsgrad stark von der Drehzahl abhängig. Das führt zu dem scheinbaren Widerspruch, dass mehrstufige Pumpen kleiner Volumenströme trotz größerer hydrodynamischer Verluste einen besseren Gesamtwirkungsgrad erreichen können als einstufige Pumpen, weil der Anteil der mechanischen Verluste mit steigender Stufenzahl abnimmt. Die mechanische Verlustleistung von Wellendichtung und Lagerung kann den Herstellerangaben entnommen werden. Zur groben Abschätzung des mechanischen Wirkungsgrades kann man sie auch aus der Gesamtleistung berechnen nach

$$P_m = 0{,}2\sqrt[3]{P} \tag{3.57}$$

mit P_m und P in [kW]. Zur Ermittlung der Gesamtleistung P ist der Gesamtwirkungsgrad zunächst zu schätzen und gegebenenfalls mittels Iteration zu korrigieren. Gl. (3.57) ist gültig ab $P \approx 5$ kW.

Zur Ermittlung des erreichbaren inneren Wirkungsgrades von einstufigen zweiflutigen Spiralgehäusepumpen ist zur Bestimmung des hydrodynamischen Wirkungsgrades in Gl. (3.55) die spezifische Drehzahl mit der Hälfte des Volumenstromes zu bilden. In Gl. (3.56) ist dagegen der Gesamtvolumenstrom einzusetzen. Die Leckageverluste an den Dichtspalten und die Scheibenreibung sind sinngemäß zu bestimmen.

3.7 Affinitätsgesetz, geometrische Ähnlichkeit, Aufwertung

Wie in Kap. 3.3 erwähnt, werden Drosselkurven im Allgemeinen für konstante Drehzahl (n_I) dargestellt. Wenn eine Pumpe mit einer anderen (ebenfalls konstanten) Drehzahl (n_{II}) betrieben wird, bekommt man eine neue Kennlinie, die sich auf die Ursprungskennlinie zurückführen lässt. Stellt man einen Betriebszustand bei der veränderten Drehzahl so ein, dass die Geschwindigkeitsdreiecke geometrisch ähnlich, somit also die Strömungswinkel und das Verhältnis der Geschwindigkeiten zueinander gleich bleiben, so verändern sich alle Geschwindigkeiten in der Pumpe proportional zur Drehzahl. Daraus folgt, dass sich auch der Förderstrom proportional zur Drehzahl verhält. Die Förderhöhe als Produkt zweier Geschwindigkeiten ändert sich demnach quadratisch mit der Drehzahl und die Leistung als Produkt aus Volumenstrom und Förderhöhe mit der dritten Potenz. Da sich die Verluste prinzipiell ebenfalls dieser Gesetzmäßigkeit entsprechend verhalten, kann man gemessene Kennlinien auf diese Weise auf andere Drehzahlen umrechnen. Man nennt diese Gesetzmäßigkeit das „Affinitätsgesetz" der Strömungsmaschinen. Betriebspunkte, die hiernach umgerechnet werden, liegen im *V*(*H*)-Schaubild auf einer „Affinitätsparabel" und haben den gleichen „Stoßzustand". Ihre Geschwindigkeitsdreiecke sind geometrische ähnlich. Auf dieser Gesetzmäßigkeit basieren die meisten hydrodynamischen Berechnungen.

$$\frac{V_{II}}{V_I} = \left(\frac{n_{II}}{n_I}\right) \quad \text{bzw.} \quad V_{II} = V_I\left(\frac{n_{II}}{n_I}\right) \tag{3.58}$$

$$\frac{H_{II}}{H_I} = \left(\frac{n_{II}}{n_I}\right)^2 \quad \text{bzw.} \quad H_{II} = H_I\left(\frac{n_{II}}{n_I}\right)^2 \tag{3.59}$$

$$\frac{P_{II}}{P_I} = \left(\frac{n_{II}}{n_I}\right)^3 \quad \text{bzw.} \quad P_{II} = P_I\left(\frac{n_{II}}{n_I}\right)^3 \tag{3.60}$$

Verwandt aber nicht zu verwechseln mit dem Affinitätsgesetz ist das „Ähnlichkeitsgesetz" oder „Modellgesetz". In Kap. 3.5 wurde bereits bemerkt, dass Pumpen gleicher spezifischer Drehzahl und gleicher Bauart geometrisch ähnlich ausgeführt werden können. Bei konstanter Drehzahl und gleichem Stoßzustand, also ähnlichen Geschwindigkeitsdreiecken, verändern sich alle Geschwindigkeiten proportional dem Maßstabsfaktor $\lambda = D_{II}/D_I$ und alle Querschnitte mit seinem Quadrat, wobei D ein repräsentatives Maß darstellt. Daraus resultiert, dass sich der Volumenstrom einer geometrisch ähnlichen Pumpe bei gleicher Drehzahl mit λ^3 verändert, die Förderhöhe mit λ^2 und die Leistung mit λ^5. Damit können die obigen Gl. (3.58) bis (3.60) erweitert werden auf

$$\frac{V_{II}}{V_I} = \lambda^3 \left(\frac{n_{II}}{n_I}\right) \quad \text{bzw.} \quad V_{II} = V_I \left(\frac{D_{II}}{D_I}\right)^3 \left(\frac{n_{II}}{n_I}\right) \tag{3.61}$$

$$\frac{H_{II}}{H_I} = \lambda^2 \left(\frac{n_{II}}{n_I}\right)^2 \quad \text{bzw.} \quad H_{II} = H_I \left(\frac{D_{II}}{D_I}\right)^2 \left(\frac{n_{II}}{n_I}\right)^2 \tag{3.62}$$

$$\frac{P_{II}}{P_I} = \lambda^5 \left(\frac{n_{II}}{n_I}\right)^3 \quad \text{bzw.} \quad P_{II} = P_I \left(\frac{D_{II}}{D_I}\right)^5 \left(\frac{n_{II}}{n_I}\right)^3 \tag{3.63}$$

Wie die Förderhöhe wird meist auch die „Netto-Energiehöhe“ oder *NPSH* (spezifische Netto-Energie), also die Energiedifferenz im Pumpeneintritt, bezogen auf den Verdampfungsdruck des Fördermediums, nach Gl. (3.59) bzw. nach Gl. (3.62) umgerechnet. Genau genommen müsste der Ort des Verdampfungsbeginns auf den Laufradschaufeln bei zulaufseitiger Druckabsenkung als Bezug genommen werden. Die affine Umrechnung wäre dann auch wieder nur bei gleicher REYNOLDS-Zahl exakt. Außerdem wäre sie nur bei gerade einsetzender Kavitation anwendbar, da bei Vorhandensein größerer Blasenfelder die Strömung als Mehrphasenströmung zu betrachten ist, auf welche das Affinitätsgesetz nur noch eingeschränkt zutrifft. Da in den meisten Fällen der Ort des Verdampfungsbeginns nicht genau bekannt ist, wird die Netto-Energiehöhe normalerweise auf Mitte Eintrittsstutzens oder auch auf Mitte Laufradeintritt bezogen. Trotz dieser Ungenauigkeiten und Einschränkungen liefert die praktische Anwendung des Affinitätsgesetz in den meisten Fällen befriedigende Ergebnisse. Bei sich durch Umrechnung sehr niedrig ergebenden *NPSH*-Werten ist es ratsam, Sicherheitszuschläge zu machen. Der Grund hierfür ist nicht physikalischer, sondern mehr praktischer Natur, weil der Nachweis sehr niedriger *NPSH*-Werte auf dem Prüffeld durch Nebeneffekte wie Ausscheidung von im Fördermedium enthaltener Gase erschwert werden kann.

Bei genauer Betrachtung ist zu beachten, dass sich reale Strömungen nur dann exakt affin verhalten, wenn die REYNOLDS-Zahl gleich bleibt. (Die REYNOLDS-Zahl wird im Pumpenbau allgemein in der Form $\mathrm{Re} = uD/\nu$ oder auch $\mathrm{Re} = nD^2/\nu$ geschrieben). Gleiche REYNOLDS-Zahl trifft jedoch nur in den seltensten Fällen zu. Wird z. B. eine Pumpe für das gleiche Fördermedium mit veränderter Drehzahl gemessen, ändert sich die REYNOLDS-Zahl proportional zur Drehzahl. Entsprechendes gilt auch, wenn sich die Viskosität des Fördermediums ändert, z. B. bei Temperaturänderung. In dem Maße, wie sich die Reibungskoeffizienten mit der REYNOLDS-Zahl ändern, ergeben sich geringe Änderungen der hydrodynamischen Verluste. Das äußert sich bei größerer REYNOLDS-Zahl in einem Gewinn an Förderhöhe und einer Verringerung der Scheibenreibungsverluste und somit der Kupplungsleistung, wodurch sich ein Gewinn an Wirkungsgrad ergibt. Auf der anderen Seite nehmen bei größerer REYNOLDS-Zahl aber auch die Spaltverluste zu, was die Gewinne aus den hydrodynamischen Verlusten und der Scheibenreibung schmälert. Der Förderhöhengewinn wird normalerweise bei der Umrechnung nach dem Affinitätsgesetz nicht berücksichtigt, da er durch den Einfluss der vergrößerten Spaltverluste zum Teil kompensiert wird und sowieso meist weit innerhalb jeder Bautoleranz liegt. Größere Beachtung gilt dagegen dem Wirkungsgradgewinn, der sogenannten „Wirkungsgradaufwertung". Bei Verdoppelung der REYNOLDS-Zahl kann er je nach relativer Rauheit in der Größenordnung von maximal etwa einem Prozent liegen. Hierzu sei auf Kap. 3.6 verwiesen. Dabei hat die spezifische Drehzahl einen gewissen Einfluss: bei niedrigem n_q ist der Anteil der Spaltverluste relativ groß und sein Einfluss auf den Wirkungsgrad daher größer als bei höherem n_q. Bei der Drehzahlerhöhung ein und derselben Pumpe wirkt sich zusätzlich zum Einfluss der REYNOLDS-Zahl positiv auf den Wirkungsgrad aus, dass die mechanische Verlustleistung von Lager und Wellendichtung weniger als mit der dritten Potenz der Drehzahl anwachsen. Realistisch ist ein Exponent von 1,5 bis 2. Dadurch wird der Anteil der mechanischen Verlustleistung – bezogen auf die Gesamtleistung – etwas geringer.

Da der Maßstabsfaktor in die REYNOLDS-Zahl eingeht, tritt bei geometrisch ähnlicher Vergrößerung ebenfalls eine Aufwertung des Wirkungsgrades ein. Geometrische Ähnlichkeit setzt voraus, dass auch die relative Oberflächenrauheit gleich ist. Dies ist von besonderer Wichtigkeit, wenn Abnahmeversuche für Großpumpen an Modellmaschinen durchgeführt werden sollen. Wird dagegen bei der Auslegung einer neuen Baugröße die Hydraulik einer vorhandenen kleineren Pumpe verwendet, kann man davon ausgehen, dass die absolute Rauheit etwa gleich bleibt und somit die relative Rauheit geringer wird, wodurch ebenfalls eine Verbesserung des Wirkungsgrades zu erwarten ist. Eine weitere Verbesserung ergibt sich daraus, dass bei einer größeren Ausführung die Spalte meist relativ enger ausgeführt werden können und somit der Spaltverlustanteil geringer wird. Der Einfluss der relativen Rauheit und der relativen Spaltweiten auf den erreichbaren Wirkungsgrad kann erheblich sein, wie aus Kap. 3.6 ersichtlich ist.

Es wurde schon sehr früh versucht, die Wirkungsgradaufwertung mittels geeigneter Formeln berechenbar zu machen. In [9] sind verschiedene Aufwertungsformeln zusammengestellt, von denen nachfolgend einige aufgeführt sind:

Aus dem Wasserturbinenbau, wo sehr viel mit Modellgesetzen gearbeitet wird und häufig Abnahmemessungen an Modellmaschinen durchgeführt werden, stammt die Formel von ACKERET

$$\frac{1-\eta_H}{1-\eta_M} = \frac{1}{2}\left[1 + \left(\frac{D_{2M}}{D_{2H}}\sqrt{\frac{H_M}{H_H}}\right)^{0,2}\right], \tag{3.64}$$

die für Kaplanturbinen entwickelt wurde. (Index „$_M$" bezieht sich auf die Modellmaschine, Index „$_H$" auf die Großausführung). Die geometrische Ähnlichkeit wird bei Wasserturbinen weitgehend für die gesamte vom Medium benetzten Oberflächen eingehalten, die dort meist als „hydrodynamisch glatt" angenommen werden können. Der Formel liegt das für Plattenströmung gültige BLASIUS'sche Gesetz zu Grunde. Sie berücksichtigt daher nur die Oberflächenreibung.

Im Kreiselpumpenbau sind die Verhältnisse infolge der großen Vielfalt an Bauarten, Größen und Einsatzbereichen komplexer. Die den Wirkungsgrad bestimmenden Verluste variieren sehr stark, so dass es nur sehr unvollkommen möglich ist, die verschiedensten Einflussfaktoren wie Rauheit der Oberflächen, Spaltverluste, Formwiderstände, geometrische Proportionen, kinematische Viskosität in Formeln gebührend zu berücksichtigen. Dies hat zu einer Reihe empirisch gestützter Aufwertungsformeln für spezielle Anwendungsfälle geführt. Bei der Verwendung empirisch gewonnener Ergebnisse kommt erschwerend hinzu, dass die dazu verwendeten Messungen stets mit Unsicherheiten behaftet sind, die schon selbst in der Größenordnung der möglichen Aufwertung liegen können. Das ist besonders dann der Fall, wenn Vergleichsmessungen an verschiedenen Orten mit verschiedenen Fördermedien und nach verschiedenen Verfahren durchgeführt werden.

Für den Einfluss von Drehzahl und kinematischer Viskosität bei derselben Pumpe, also z. B. für eine Kesselspeisepumpe, die im Labor mit verminderter Drehzahl und kaltem Wasser geprüft wird, ist (aus [9]) nach KARASSIK

$$\frac{1/\eta_H - 1}{1/\eta_M - 1} = \left(\frac{n_M}{n_H}\right)^{0,17} \left(\frac{\nu_H}{\nu_M}\right)^{0,07}. \tag{3.65}$$

Nach ANDERSON (aus [9]) gilt für Serienpumpen verschiedenster Ausführungen und spezifischer Drehzahlen ohne genauere Spezifikation

$$\frac{0{,}94 - \eta_H}{0{,}94 - \eta_M} = \left(\frac{V_M}{V_H}\right)^{0,32}. \tag{3.66}$$

In diesen Formeln werden die mechanischen Verluste gänzlich außer Acht gelassen.

PANTELL (aus [9]) verwendet einen ähnlich groben Ansatz mit

$$\frac{1/\eta_{hH} - 1}{1/\eta_{hM} - 1} = \left(\frac{D_{2M}}{D_{2H}}\right)^{0,314}. \tag{3.67}$$

Diese pauschale Behandlung aller Einflüsse kann natürlich nur zu sehr ungenauen Ergebnissen führen.

Für den Einfluss unterschiedlicher kinematischer Viskosität und relativer Oberflächenrauheit bei etwa gleicher absoluter Rauheit ist nach [10]

$$\eta_H = 1 - (1 - \eta_M)\left(\frac{D_{2M}}{D_{2H}}\right)^{0,15} \left(\frac{H_M}{H_H}\right)^{0,05} \left(\frac{\nu_H}{\nu_M}\right)^{0,1}. \tag{3.68}$$

Für die Aufwertung bei Heißwasser wird vom selben Autor an anderer Stelle [2] der Exponent in der Formel

$$\frac{1-\eta_{i,H}}{1-\eta_{i,M}} = \left(\frac{\nu_H}{\nu_M}\right)^{\alpha} \tag{3.69}$$

mit $\alpha = 0{,}02$ angegeben. Daraus resultiert im Vergleich mit Gl. (3.68) und auch den übrigen Formeln ein wesentlich geringerer Aufwertungseffekt.

Es ist offensichtlich, dass bei Kreiselpumpen eine zuverlässige Ermittlung der Wirkungsgradaufwertung nach obigen und ähnlich aufgebauten Formeln nicht zu erwarten ist, da in ihnen wesentliche Einflüsse, vor allem die der Spaltverluste, die deutlich abhängig sind von der kinematischer Viskosität, nicht enthalten sind. Um sie zu berücksichtigen, müssten sie separat erfasst werden. Für detaillierte Berechnungen sei auf [5] verwiesen.

3.8 Einfluss der Verluste auf die Lage des Bestpunktes

Wie aus Kap. 3.5 hervorgeht, wird die theoretische Förderhöhe $H_{th} = f(V)$ einer Kreiselpumpe in ihrem Wert und ihrem Verlauf bei gegebener Drehzahl allein durch die Geometrie des Laufradaustritts (Durchmesser, Breite, Schaufelwinkel und Schaufelzahl) bestimmt unter Berücksichtigung einer eventuell vorhandenen drallbehafteten Zuströmung zum Laufrad. Die Lage des Bestpunktes – und damit der Wirkungsgradverlauf – sind dagegen abhängig vom Zusammenspiel aller Verluste, und zwar sowohl der hydrodynamischen wie der nicht hydrodynamischen.

Der Förderstrom besten Gesamtwirkungsgrades stellt sich dort ein, wo die Summe aller Verluste – bezogen auf die Wellenleistung – ein Minimum aufweist. Die Auswirkungen der Einzelverluste sind sehr unterschiedlich und hängen davon ab, ob ihr relativer Anteil im Bereich um den Volumenstrom besten Wirkungsgrades

a) mit dem Volumenstrom zunimmt. Zu diesen Verlusten gehören die hydrodynamischen Reibungsverluste. Sie entstehen in den Kanälen von Laufrad und Leitapparat und wachsen mit dem Volumenstrom an. Damit bewirken sie eine Verschiebung des Verlustminimums zu kleineren Volumenströmen hin, wie Abb. 3.22a zeigt. Gemäß der allgemeinen Erfahrung legt man der Berechnung der Reibungsverluste meist eine quadratische Abhängigkeit vom Volumenstrom zu Grunde.
b) mit wachsendem Volumenstrom abnimmt. Dazu gehören die Spaltverluste – und bei mit dem Volumenstrom ansteigender Wellenleistung – die Scheibenreibung und die mechanischen Verluste, die vom Betrag her als konstant angenommen werden können. Sie bewirken eine Verschiebung des Verlustminimums zu größeren Volumenströmen hin, s. Abb. 3.22b sowie Abb. 3.23a, b (Die Austauschverluste gehören auch dazu, treten jedoch im Bereich des Bestpunktes üblicherweise nicht in Erscheinung, sondern erst bei ausgeprägter Teillast, so dass sie auf die Lage des Bestpunkten keinen Einfluss ausüben).

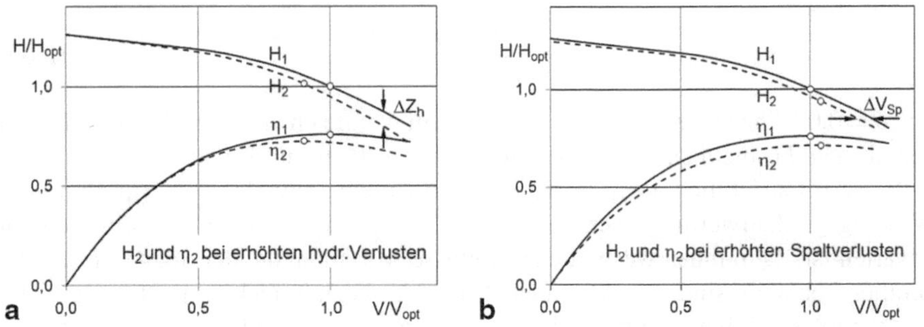

Abb. 3.22 Auswirkung verschiedener Verluste auf den Bestpunkvolumenstrom. **a** Hydrodynamische Verluste. **b** Volumetrische Verluste

c) über dem Volumenstrom konstant ist. Dazu zählen – grob gesehen – die Scheibenreibung und die mechanischen Verluste, wenn die Wellenleistung im Bereich des Bestpunktes einen flachen Verlauf bzw. einen Scheitel aufweist (s. Abb. 3.23b bei $n_q = 70$). Ihr Einfluss auf den Volumenstrom besten Wirkungsgrades ist dann unbedeutend. Bei noch höheren spezifischen Drehzahlen kann sich der Einfluss sogar umkehren, also wieder zunehmen, wenn die Wellenleistung mit wachsendem Volumenstrom abfällt. In solchen Fällen ist allerdings der Anteil der Scheibenreibung an der Gesamtleistung schon relativ gering.
d) bei einem von null verschiedenen Volumenstrom ein Minimum aufweist. Hier handelt es sich um die sog. „Stoßverluste", die im Laufrad und im Leitapparat am jeweiligen Eintritt auftreten. Der Einfluss der Stoßverluste auf die Lage des Bestpunktes ist dominierend gegenüber dem der übrigen Verluste. Die Stoßverluste können nach [2] als CARNOT-Verluste angesehen werden, gehören also zu den hydrodynamischen Verlusten und entstehen bei der Umströmung von Profilen, d. h. bei der Einströmung in die Schaufelkanäle, wenn Ablösungen infolge starker Geschwindigkeits- und Richtungsänderung der Strömung auftreten, was bei Abweichungen vom Auslegungspunkt, also sowohl bei Teil- als auch bei Überlast der Fall ist. In der Summe weisen die hydrodynamischen Gesamtverluste damit ebenfalls ein Minimum auf.

Der jeweilige Anteil der Stoßverluste von Laufrad und Leitapparat an den Gesamtstoßverlusten ist unterschiedlich und hängt ab vom Verhältnis der Relativgeschwindigkeit am Laufradeintritt zur Absolutgeschwindigkeit am Leitapparateintritt, also vom Durchmesserverhältnis des Laufradeintritts zum Leitapparateintritt und der Druckziffer, somit – grob gesehen – von der spezifischen Drehzahl. Wird der Energieinhalt der Strömung am Laufradeintritt als etwa proportional zum Quadrat seiner Umfangsgeschwindigkeit angenommen, so sind seine Stoßverluste gegenüber der gesamten übertragenen Energie, die mit der Umfangsgeschwindigkeit am Laufradaustritt in Verbindung gebracht werden kann, bei niedriger spezifischer Drehzahl relativ gering. Sie können bei einer Verlustanalyse oft nicht eindeutig erkannt werden. Mit steigender

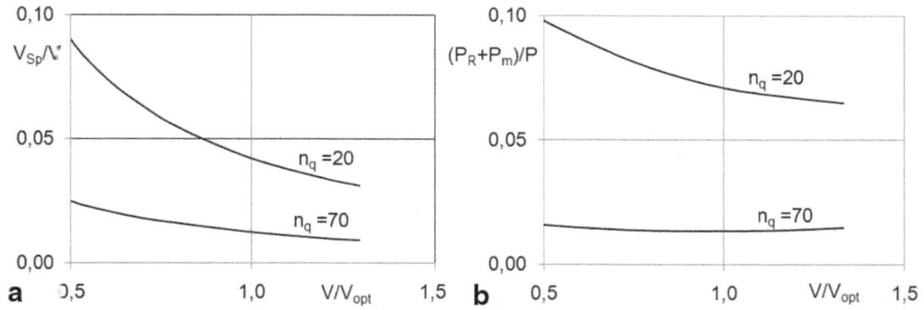

Abb. 3.23 Einfluss der Spaltverluste und der Scheibenreibung abhängig von der spezifischen Drehzahl. **a** Volumetrische Verluste. **b** Scheibenreibungs- und mechanische Verluste

spezifischer Drehzahl nimmt das Verhältnis von Eintritts- zu Austrittsdurchmesser des Laufrades zu. Damit nähert sich die Relativgeschwindigkeit am Laufradeintritt dem Betrage nach der Absolutgeschwindigkeit am Leitapparateintritt bzw. übertrifft diese. Der Energieinhalt der Strömung am Laufradeintritt und damit auch der Anteil ihrer Verluste wachsen gegenüber der gesamten übertragenen Energie, so dass die Laufradstoßverluste deutlicher ausgeprägt sind als im unteren Bereich der spezifischen Drehzahl (s. Abb. 3.24). Ihr Anteil an den Gesamtstoßverlusten der Pumpe nimmt somit zu. Bei $n_q = 80$ sind die Einflüsse von Laufrad und Leitapparat etwa gleich groß (vergl. hierzu Abb. 3.25 mit $n_q \approx 60$).

Die Stoßverluste können für den Bereich um den Bestpunkt näherungsweise wie folgt berechnet werden. Ausgehend von einem vereinfachten Modell, bei dem die Laufradstoßverluste auf die Umfangsgeschwindigkeit des Laufradeintritts und die Leitapparatstoßverluste auf die Umfangskomponente der Absolutströmung hinter dem Laufrad bezogen werden und außerdem die Stoßverlustkurve als quadratische Parabeln betrachtet werden, findet man für das Laufrad

$$Z_{St,U} = \varphi_U \frac{{u_1}^2}{2g}\left(1 - \frac{V_{U,x}}{V_{U,stfr}}\right)^2 \qquad (3.70)$$

und für den Leitapparat

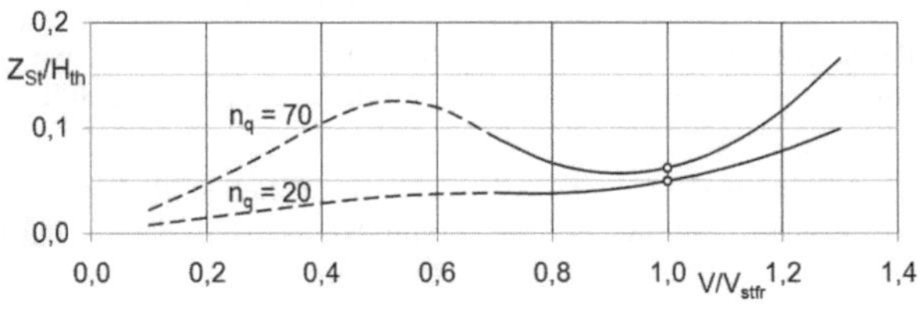

Abb. 3.24 Hydrodynamische Verluste des Laufrades, bestehend aus Reibungs- und Stoßanteil

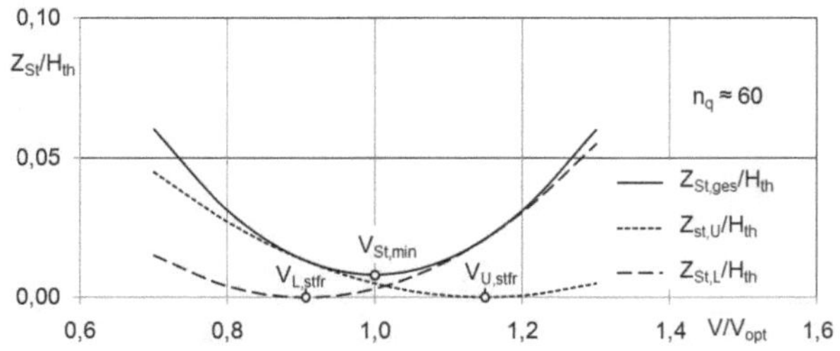

Abb. 3.25 Zusammenwirken der Stoßverluste von Laufrad und Leitapparat

$$Z_{St,L} = \varphi_L \frac{c_{3u}^2}{2g} \left(1 - \frac{V_{L,x}}{V_{L,stfr}}\right)^2. \tag{3.71}$$

Mit der Annahme, dass es sich bei den Stoßverlusten um reine CARNOT-Verluste handelt, wäre für die Beiwerte φ_U und φ_L der Zahlenwert „1" einzusetzen. Die Erfahrung zeigt jedoch, dass die Werte in der Realität niedriger liegen und sehr abhängig von der Schaufelprofilierung sind. Wahrscheinlich führt die nicht stoßfreie Anströmung erst ab einem gewissen Ausmaß zu deutlich verlusterzeugenden Ablösungen bei der Umströmung der Profile. In Tab. 3.6 sind grobe Richtwerte zur Bestimmung der Stoßverluste angegeben.

Bei Pumpen mit relativ dicken, gut profilierten Laufradschaufeln und Gehäusezungen, wie sie zur Abwasserförderung eingesetzt werden, findet man zuweilen Förderhöhenkennlinien, die über einen weiten Bereich um den Bestpunkt geradlinige oder sogar etwas konkave Verläufe aufweisen und zu dem Schluss führen, dass in manchen Fällen praktisch gar keine Stoßverluste auftreten. Solche Ergebnisse wurden in Kap. 2.7 (Abb. 2.21) mit als Indiz für einen konkaven Verlauf der theoretischen Förderhöhe gewertet. Ähnliche Verläufe wurden in [11]

Tab. 3.6 Stoßbeiwerte

Laufrad	φ_U	Leitapparat	φ_L
Standardpumpen im unteren Qualitätsbereich, Schaufeln ungeputzt, wenig profiliert oder sehr schlanke Profilierung mit relativ sehr kleinem Nasenradius	0,7	Leiträder von Standardpumpen im unteren Qualitätsbereich, Schaufeln am Eintritts scharfkantig als Folge von Nachbearbeitung nicht maßhaltiger Abgüsse	1,0
Gehobene Qualität, Schaufeln geputzt, gute, nicht sehr schlanke Profilierung	0,5	Relativ dünne Schaufeln bzw. Spiralzunge, geringe Profilierung	0,5
Relativ dicke Schaufeln, saubere Oberfläche, gute (füllige) Profilierung	0,3	„Normale" Schaufeln bzw. Spiralzunge, sehr gute (füllige) Profilierung	0,3
Relativ sehr dicke Schaufeln, saubere Oberfläche, optimale Profilierung	<0,3	Relativ sehr dicke Schaufeln bzw. Spiralzunge, saubere Oberfläche, gute (dicke) Profilierung	<0,3

bei Untersuchungen an einer Leitradpumpe mit extrem dicken Leitschaufeln festgestellt. Das Fehlen von Stoßverlusten war außer an der geradlinigen Förderhöhenkennlinie daran zu erkennen, dass bei der Kombination mit verschiedenen Laufrädern sich völlig gleiche Leitradverluste ergaben, die nur abhängig waren vom Volumenstrom, nicht aber vom jeweiligen Stoßzustand. Möglicherweise beeinflussen sich die Verluste auch gegenseitig. Auch die von den Stoßverlusten formal getrennt betrachteten hydrodynamischen Reibungsverluste weisen oft gegenüber der vereinfachten Annahme einer quadratischen Abhängigkeit vom Volumenstrom Anomalien auf. Dem ist zu entnehmen, dass die Klassifizierung der Verluste in quadratisch mit dem Volumenstrom anwachsende Strömungsverluste und quadratisch mit der Abweichung vom stoßfreien Volumenstrom anwachsende Stoßverluste eine sehr starke und grobe Vereinfachung darstellt. Überraschend ist indessen, dass für Spiralgehäuse und Leiträder, die sich konstruktiv doch sehr voneinander unterscheiden, ungefähr die gleichen Stoßfaktoren zu gelten scheinen, was aus den zuweilen recht ähnlichen Verläufen der Förderhöhen und der Wirkungsgrade im Bereich um den Bestpunkt zu ersehen ist.

Die Volumenströme minimaler Stoßverluste können beim Laufrad und beim Leitapparat voneinander abweichen. Im unteren bis mittleren n_q-Bereich wird das oft praktiziert, um bestimmte Eigenschaften des Laufrades zu erzeugen. Durch die Auslegung des Laufradeintritts für einen größeren als den Bestpunktvolumenstrom kann z. B. der *NPSH*-Steilanstieg nach „rechts“ verschoben werden, was für Betriebspunkte bei Überlast oft erwünscht ist. Im oberen n_q-Bereich kann man damit zusätzlich erreichen, dass der Leitapparat – meist das Spiralgehäuse – für einen deutlich kleineren Volumenstrom, also weniger voluminös und daher etwas kostengünstiger ausgeführt werden kann. Aus den beiden als parabelartig angenommenen Stoßverlustkurven von Laufrad und Leitapparat ergibt sich durch Addition die Gesamtstoßverlustkurve, die ebenfalls einen parabelartigen Verlauf aufweist und ihrerseits ein Minimum bei einem Volumenstrom $V_{St,min}$ aufweist, der zwischen den beiden Minima liegt. Abbildung 3.25 zeigt für eine spezifische Drehzahl von $n_q \approx 60$ das Zusammenwirken der Stoßverluste von Laufrad und Leitapparat. Der Einfluss der Leitapparatstoßverluste ist hier etwas stärker als derjenige der Laufradstoßverluste. Die Laufradeintrittsübertreibung von 15 % wird durch einen um ca. 9 % reduzierten Berechnungsvolumenstrom des Leitapparates ausgeglichen.

Das Minimum der Gesamtstoßverluste kann nur null sein, wenn die Minima von Laufrad und Leitapparat zusammenfallen, also beim gleichen Volumenstrom liegen. Diese Konstellation ist eine Voraussetzung für minimale Stoßverluste und somit für das Erreichen des maximal möglichen Wirkungsgrades einer Pumpe. Meist ist das aber nicht der Fall und die Verlustminima von Laufrad und Leitapparat weichen von einander ab. Das Verlustminimum nimmt zu mit zunehmendem Abstand der Volumenströme stoßfreien Eintrittes von einander. Bei niedriger spezifischer Drehzahl, wo die Laufradstoßverluste kaum in Erscheinung treten und das Minimum der Leitapparatstoßverluste demzufolge dicht beim Gesamtoptimum liegt, ist der Verlust an Wirkungsgrad durchweg unbedeutend. Er kann jedoch bei mittlerer und höherer spezifischer Drehzahl zu messbaren Wirkungsgradeinbußen führen. Im Beispiel in Abb. 3.25 ergibt sich in der Summe für das Stoßverlustminimum ein Stoß- und damit Wirkungsgradverlust von ca. 1 %.

Anzumerken ist, dass das Minimum der hydrodynamischen Gesamtverluste, also die Summe aus Reibungs- und Stoßverlusten, stets bei einem kleineren als dem Bestpunktvolumenstrom liegt, weil der Reibungsverlustanteil mit dem Volumenstrom ansteigt. Bezieht man die hydrodynamischen Gesamtverluste auf die theoretische Förderhöhe, erhält man den hydrodynamischen Wirkungsgrad, dessen Maximum aber wegen des mit wachsendem Volumenstrom abfallenden Verlaufs der theoretischen Förderhöhe nicht genau mit dem Volumenstrom des Gesamtverlustminimums zusammenfällt, sondern gegenüber diesem noch etwas weiter zu kleineren Volumenströmen hin verschoben ist. Man kann diese Zusammenhänge aus Abb. 3.26 ersehen: während der maximale Gesamtwirkungsgrad η bei etwa $V = 125$ m³/h liegt, haben die hydrodynamischen Verluste Z_h ihr Minimum bei ca. 107 m³/h, und der hydrodynamische Wirkungsgrad sein Maximum bei ca. 100 m³/h.

Die Verluste nach a) und b) wirken wie gesagt einander entgegen bezüglich ihres Einflusses auf die Lage des Bestpunktes. In vielen Fällen kompensieren sie sich derart, dass die Lage des Bestpunktes allein durch die Stoßverluste nach d) bestimmt wird [12]. Laufrad und Leitapparat müssen dann so aufeinander abgestimmt werden, dass das Minimum der Summe ihrer Stoßverluste beim gewünschten Bestpunktvolumenstrom liegt. Überraschenderweise trifft dies sowohl für niedrige und mittlere als auch für hohe spezifische Drehzahlen unter bestimmten

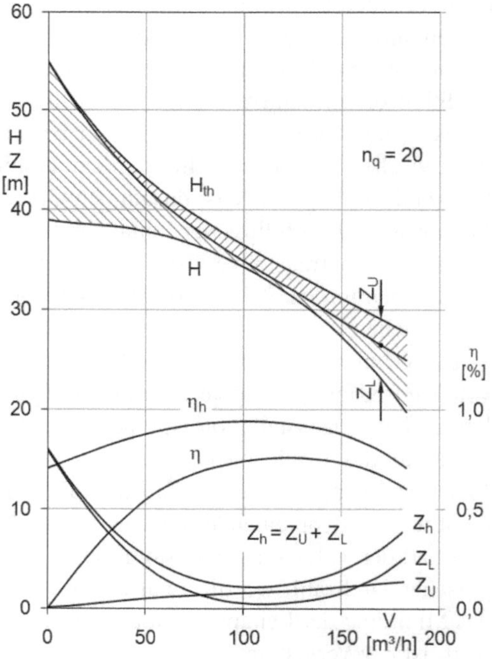

Abb. 3.26 Wirkungsgrade und hydrodynamische Verluste. (Nach [11])

Bedingungen ziemlich genau zu. Dieser Zusammenhang muss als ausgesprochener Zufall angesehen werden und bedeutet, dass die Lage des Bestpunktes fast ausschließlich durch die Lage des Gesamtstoßverlustminimums bestimmt wird. Er ermöglicht es, die Eintritte von Laufrädern und Leitvorrichtungen nach der eindimensionalen Stromfadentheorie zu berechnen, also unter Annahme idealer reibungsfreier stationärer Strömung. Hierzu gehören hauptsächlich radiale Spiralgehäusepumpen mit und ohne Leitrad. Voraussetzung ist, dass die Wirkungsgrade der betreffenden Pumpen im Rahmen der erreichbaren Werte industriell sorgfältig gefertigter einstufiger Spiralgehäusepumpen gemäß Abschn. 3.6 liegen. Werden diese Werte infolge von zu hohen Verlusten nach b) – z. B. durch erhöhte Spaltverluste – nicht erreicht, wird sich das Wirkungsgradmaximum bei gegebenem Volumenstrom minimaler Stoßverluste zu größeren Volumenströmen hin verschieben (s. Abb. 3.22b). Liegt die Ursache in erhöhten Verlusten nach a), also erhöhten hydrodynamischen Verlusten, wird es sich zu kleineren Volumenströmen hin verschieben (s. Abb. 3.22a). Der niedrigere Wirkungsgrad von Pumpen kleinerer Abmessungen ist meist sowohl durch relativ größere Spaltverluste und Scheibenreibung (größere relativ Oberflächenrauheit) als auch durch höhere hydrodynamische Verluste begründet. Dadurch findet auch wieder eine weitgehende Kompensation der Einflüsse der Verluste nach a) und b) statt, so dass auch hier das oben Gesagte einigermaßen gilt.

Wegen des Einflusses der Stoßverluste auf die Lage des Gesamtverlustminimums, also auf den Bestpunktvolumenstrom, ist es wichtig, Laufrad und Leitapparat so zu dimensionieren, dass die Minima ihrer Stoßverluste auch wirklich die für sie festgelegten Volumenströme treffen. Deshalb kommt einer zuverlässigen geometrischen Auslegung ihrer Eintritte besondere Bedeutung zu. Mehr als die Bestimmung der „richtigen" Schaufel- bzw. Zungenwinkel kommt es dabei auf das Auffinden der „richtigen" Eintrittsquerschnitte an, Dies wird in Kap. 3.9 und 3.10 ausführlich behandelt.

Die Aufgabenstellung bei der Auslegung einer Pumpe besteht meist darin, dass für einen durch die geforderten Laufradeigenschaften vorgegebenen Laufradvolumenstrom stoßfreien Eintritts $V_{U,stfr}$ der Berechnungsvolumenstrom des Leitapparates V_L zu bestimmen ist. Wenn es gelänge, die einzelnen Verluste genügend genau durch mathematische Funktionen auszudrücken, könnte man – wie es bei [13] versucht wurde – den Berechnungsvolumenstrom des Leitapparates explizit berechnen. Das setzt allerdings die genaue Kenntnis der einzelnen Verluste voraus, die in vielen Fällen aber nur tendenziell und größenordnungsmäßig vorhanden ist. Denn die Zusammenhänge sind derart komplex, dass dies für den allgemeinen Fall wohl kaum gelingt, zumal die Verluste sich zum Teil auch gegenseitig beeinflussen. So ist z. B. bekannt, dass zwischen Scheibenreibung und Spaltverluststrom eine gegenseitige Beeinflussung stattfindet. Auch können wie gesagt die Stoßfaktoren von Lauf- und Leitschaufeln je nach der Profilierung stark voneinander abweichen.

Man ist daher auf Richtwerte aus empirischen Erhebungen angewiesen, die in ein plausibles Gesamtbild passen. Aus Abb. 3.27 ist zu entnehmen, wie verschiedene Laufradeintritts-Übertreibungen durch den Berechnungsvolumenstrom

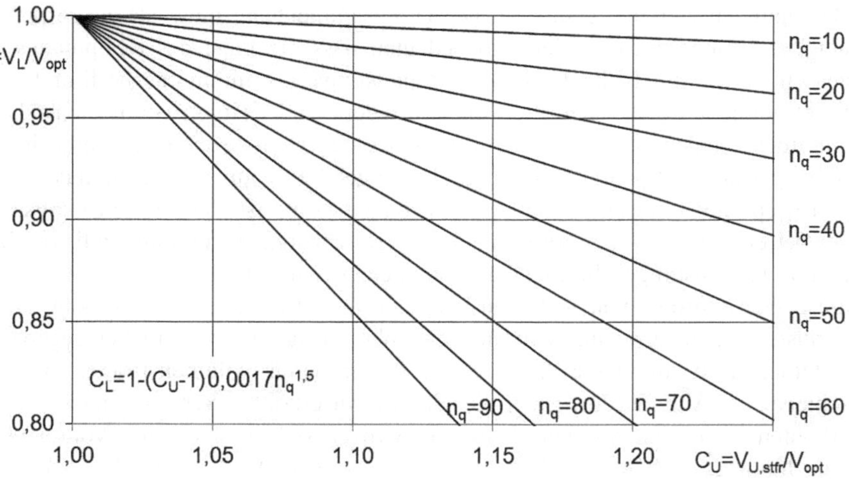

Abb. 3.27 Kompensation der „Laufradeintrittsübertreibung“ durch den „stoßfreien Leitapparatvolumenstrom“, abhängig von der spezifischen Drehzahl

V_L des Leitapparates ausgeglichen werden können. Man ersieht, dass im unteren Bereich der spezifischen Drehzahlen der Einfluss eines für einen größeren Volumenstrom stoßfreien Eintritts ausgelegten Laufrades noch im Bereich weniger Prozent und damit allgemeiner Unsicherheit liegt, im mittleren und oberen Bereich jedoch eine Korrektur durch den Berechnungsvolumenstrom des Leitapparates vorgenommen werden muss, wenn der vorgegebene Bestpunktvolumenstrom getroffen werden soll. Die Intensität der Stoßverluste hängt – wie weiter vorn bereits erwähnt – am Laufradeintritt von der Relativgeschwindigkeit und am Leitapparateintritt von der Absolutgeschwindigkeit ab, die man in grober Näherung durch die Laufrad-Ein- und -Austrittsdurchmesser berücksichtigen kann. Damit kann die gegenseitige Beeinflussung durch das Durchmesserverhältnis ausgedrückt werden. Da ein enger Zusammenhang besteht zwischen Durchmesserverhältnis und spezifischer Drehzahl, lässt sich der Einfluss auch durch eine Abhängigkeit von der spezifischen Drehzahl ausdrücken. Die Korrelation zwischen Durchmesserverhältnis und spezifischer Drehzahl wurde mit $D_s/D_2 = 0{,}09\ n_q^{0,5}$ angenommen und trifft für Laufräder bis zum Nabenverhältnis $D_N/D_s \approx 0{,}3$ gut zu. Laufräder mit größerem Nabenverhältnis finden hauptsächlich in (mehrstufigen) Leitradpumpen – und daher nur im unteren n_q-Bereich – Anwendung, wo normalerweise nur geringe Abweichungen von den stoßfreien Volumenströmen vorliegen und auch die Einflüsse der Stoßverluste noch nicht so ausgeprägt sind.

Mehrstufige Leitradpumpen erreichen wegen der unvermeidbaren zusätzlichen hydrodynamischen Verluste in der Umführung nicht den hydrodynamischen Wirkungsgrad von einstufigen Spiralgehäusepumpen oder einstufigen Pumpen mit Leitrad und zusätzlicher Spirale. Wie Abb. 3.22a zeigt, würde dies zu einer Verschiebung des Bestpunktes zu einem kleineren Volumenstrom führen, wenn es bei der Festlegung des Berechnungsvolumenstromes des Leitrades V_L nicht durch einen Zuschlag berücksichtigt würde. Dieser richtet sich nach der Höhe des Wirkungsgrad- bzw. des Förderhöhendefizits im Bereich des Bestpunktes. Es wurde gefunden, dass quadratisch mit dem Volumenstrom anwachsende hydrodynamischer Verluste unabhängig vom Gradienten der Förderhöhenkennlinie im Bereich um den Bestpunkt eine fast proportionale Verschiebung des Bestpunktes etwa in der Form

$$\frac{\Delta V}{V_{opt}} = 1{,}4 \frac{\Delta H}{H_{opt}} \tag{3.72}$$

bewirken. Diese Verschiebung muss durch einen Zuschlag ΔV^* zum Leitradvolumenstrom V_L kompensiert werden, der nun allerdings nicht dem obigen Betrag entspricht, sondern etwa 50 % größer ist als dieser, so dass

$$\frac{\Delta V^*}{V_{opt}} = 2{,}2 \frac{\Delta H}{H_{opt}}. \tag{3.73}$$

Das Förderhöhendefizits ΔH ist identisch mit dem Wirkungsgraddefizit $\Delta\eta$. Damit kann man den erforderlichen Zuschlag für den Leitradberechnungsstrom als Faktor ausdrücken

$$C_Z = 1 + 2{,}2 \frac{\Delta\eta}{\eta_{opt}} \tag{3.74}$$

Führt man anstatt des Wirkungsgraddefizits die Güteziffer A nach Tab. 3.5 ein gemäß $\Delta\eta = (1 - A)\eta_{opt}$, ergibt sich schließlich der einfache Zusammenhang

$$C_Z = 3{,}2 - 2{,}2A. \tag{3.75}$$

Der hiernach berechnete Faktor muss zusätzlich zur Korrektur berücksichtigt werden, mit der eine Eintrittsübertreibung des Laufrades (nach Abb. 3.27) kompensiert wird.

Andererseits muss ein Leitapparat etwas enger ausgelegt werden, wenn gegenüber Pumpen mit Spitzenwirkungsgraden nach Kap. 3.6 der Spaltverluststrom erhöht ist, da erhöhte Spaltverluste das Wirkungsgradoptimum zu größerem Volumenstrom hin verschieben. Die Auswirkungen sind jedoch wesentlich geringer als bei vergrößerten hydrodynamischen Verlusten, gemessen an der Wirkungsgradeinbuße, wie aus Vergleich von Abb. 3.22a, b ersichtlich. Für die Verringerung des Berechnungsvolumenstroms des Leitapparates könnte etwa der Betrag der beim Bestpunktvolumenstrom vorhandenen Vergrößerung des Spaltverluststromes gegenüber dem „normalen" angesetzt werden. Wegen des vergleichsweise geringen Einflusses erhöhter Spaltverluste ist deren Berücksichtigung jedoch nur in Extremfällen angezeigt.

Beim Reduzieren des Schaufelaustrittsdurchmessers durch Ab- bzw. Eindrehen des Laufrades, das zur Anpassung der Pumpencharakteristik an vorgegebene Betriebsbedingungen häufig praktiziert wird, tritt eine Vergrößerung des Abstandes der Stoßverlustminima von Laufrad und Leitapparat ein. Während die Lage

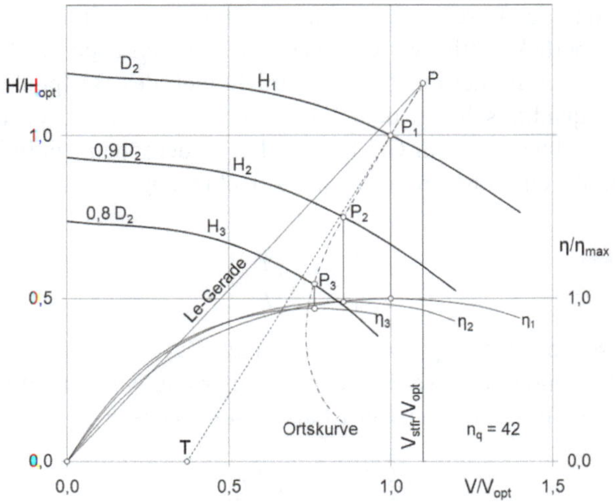

Abb. 3.28 Wirkungsgradverschiebung beim Ab- bzw. Eindrehen des Laufrades

des Stoßverlustminimums des Laufrades sich nicht verändert, da es nur von der Geometrie des Laufradeintritts abhängt, verschiebt sich das Minimum des Leitapparates auf der Leitapparat-Geraden zu kleineren Volumenströmen hin. Das Gesamt-Verlustminimum liegt in der zur besseren Anschaulichkeit vereinfachten grafischen Darstellung in Abb. 3.28 innerhalb des Dreiecks $O - V_{opt} - P$ zwischen den beiden Minima. Seine Lage hängt vom gegenseitigen Einfluss der beiden Stoßverluste – und damit von der spezifischen Drehzahl – ab, wie weiter oben bereits dargelegt und anhand von Abb. 3.25 und 3.27 erklärt. Da sich durch die Reduzierung des Schaufeldurchmessers der Einfluss der Laufradstoßverluste relativ vergrößert (die spezifische Drehzahl nimmt zu), bleibt der gegenseitige Einfluss nicht konstant. In der grafischen Darstellung äußert sich das darin, dass die Ortskurve, auf der der Bestpunkt wandert, theoretisch keine Gerade ist, wie oft vereinfacht angenommen, sondern von dieser nach unten abbiegt und sich im weiteren Verlauf dem Volumenstrom stoßfreien Eintritts des Laufrades nähert. In der praktischen Anwendung spielt dies jedoch keine große Rolle, da im Bereich der üblichen Laufradreduzierung dieser Einfluss noch unerheblich ist. Man kann annehmen, dass sich der Bestpunkt bis $D_2' \approx 0{,}9 D_2$ noch etwa auf der Tangente bewegt, die durch die Punkte T und P gegeben ist. Für die Lage von T ergibt sich die einfache Beziehung

$$\frac{V_T}{V_{U,stfr}} \approx 0{,}008\, n_q \tag{3.76}$$

Aus dem weiter oben in Verbindung mit Abb. 3.25 Dargelegten bezüglich des Zusammenwirkens der Stoßverluste kann der Abfall des maximalen Wirkungsgrades grob abgeschätzt werden, wobei jedoch auch die übrigen Verluste (etwa durch vergrößerten Abstand zwischen Laufrad und Leitapparat) berücksichtigt werden müssen.

Zum Thema „Anpassen der Pumpencharakteristik an vorgegebene Betriebsbedingungen" s. Kap. 5.2, wo auch die „Abdrehgesetze" ausführlich behandelt werden.

3.9 Entwurf des Laufrades

3.9.1 Allgemeines

Die Festlegung der hydrodynamisch relevanten Laufradabmessungen basiert auch heute noch zum großen Teil auf empirisch gefundenen Daten. Wie bereits an früherer Stelle erwähnt, gibt es keine strengen Richtwerte für die Dimensionierung der hydrodynamischen Komponenten, insbesondere des Laufrades. Die Proportionen können vielmehr weitgehend willkürlich festgelegt werden; die Auswirkungen auf die hydrodynamischen Eigenschaften sind relativ gering, wie Abb. 3.29 zeigt, wo in fast gleichen Gehäusen mit sehr unterschiedlichen Radformen nahezu die gleichen Förderdaten erzielt werden. Alle drei Räder haben den gleichen Durchmesser, jedoch sehr unterschiedliche Austrittsbreiten, Anstrittswinkel und Schaufelzahlen.

3.9.2 Anwendungsbedingte Anforderungen

Außer zur Förderung von reinen NEWTON'schen Flüssigkeiten niedriger Viskosität werden Kreiselpumpen auch zur Förderung von Zwei- und Dreiphasengemischen unterschiedlichster Zusammensetzung eingesetzt. Neben zahlreichen

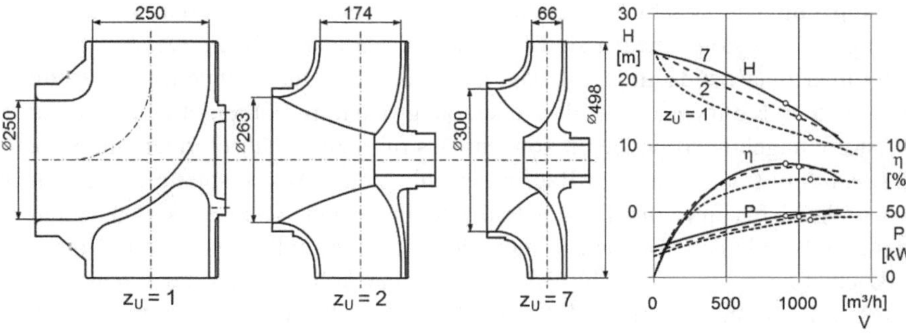

Abb. 3.29 Verschiedene Radformen für etwa die gleiche Förderleistung

Bauformen von Pumpen für bestimmte Einsatzzwecke, haben sich dafür spezielle Laufradformen herausgebildet, die sich aus den Anforderungen der unterschiedlichsten Medien ergeben. Nach wie vor werden Kreiselpumpen jedoch auf der Basis niedrig viskoser homogener Flüssigkeiten (Wasser) berechnet. Die hydrodynamischen Einflüsse erhöhter Viskosität wie auch Einflüsse bei Inhomogenität (Feststoffe und Gase) werden meist durch experimentell gewonnene Faktoren berücksichtigt [14–17]. Bei der Anpassung der Radformen an das Medium spielen hauptsächlich drei Gesichtspunkte eine Rolle: Minimierung von Abrasionsschäden, Vermeidung von Verstopfung und Bewältigung von möglichst hohem Gasgehalt im Fördermedium.

Abrasion Maßnahmen zur Reduzierung von Schäden durch Erosion hängen ab von der Art des Fördermediums. Bei Baggerpumpen werden meist verschleißfeste metallische Werkstoffe eingesetzt und die verschleißgefährdeten Bauteile so ausgeführt, z. B. durch entsprechende Materialstärke, dass möglichst lange Standzeiten erreicht werden. Andererseits sorgt man dafür, dass vom Verschleiß besonders betroffene Bauteile schnell und kostengünstig ausgewechselt oder repariert werden können. Herstellungsbedingt werden zugunsten einer einfachen Konstruktion bei verschleißgefährdeten Pumpen zuweilen Kompromisse auf Kosten der Hydrodynamik geschlossen. Bewährt haben sich in manchen Fällen Gummierungen der Oberflächen beströmter Bauteile. Schwachpunkt dabei ist die Verbindung der Gummierung mit dem Trägermaterial. Die erforderliche Stärke der Gummierung hängt daher ab von der Aufprallenergie der Feststoffpartikel, also im Wesentlichen von der Strömungsgeschwindigkeit (somit von der Förderhöhe), der Größe der Feststoffpartikel und von deren Dichte, Form und Oberflächenbeschaffenheit. Gummierte Oberflächen kommen gegebenenfalls auch dort zum Einsatz, wo verschleißfeste metallische Werkstoffe wegen chemischer Unbeständigkeit nicht geeignet sind. Hohe chemische und mechanische Beständigkeit gegen stark verschleißende Suspensionen z. B. in der Rauchgasentschwefelungstechnik wird erreicht mit Beschichtungen, bestehend aus einem Trägermaterial aus Kunststoff mit eingebetteten verschleißfesten mineralischen Partikeln.

Verstopfung Die Gefahr der Verstopfung tritt hauptsächlich in der Abwasserförderung auf. Erosionsschäden sind hier nicht das Hauptproblem. Der Verstopfung beugt man zunächst dadurch vor, dass man die freien Durchgänge in der gesamten Pumpe so groß dimensioniert, dass auch die größten im Fördergut zu erwartenden Feststoffe ungehindert passieren können. Das führt zu Gehäuseformen mit großem Abstand vom Laufrad und zu Radformen mit großer Austrittsbreite und geringer Schaufelzahl bis hin zum Einkanalrad und bietet nur Schwierigkeiten dadurch, dass man bei kleinen Volumenströmen nicht beliebig große freie Durchgänge verwirklichen kann, da – wie Abb. 3.30 zeigt – eine Abhängigkeit des freien Durchgangs von Volumenstrom und Schaufelzahl besteht. Größere Probleme treten vielmehr dadurch auf, dass sich im Fördergut enthaltene fädige Bestandteile wie Plastikstreifen, Schnüre, Draht und Textilien aller Art an den Schaufeleintrittskanten festsetzen und sich immer mehr aufbauen, bis durch die dadurch eingeengten

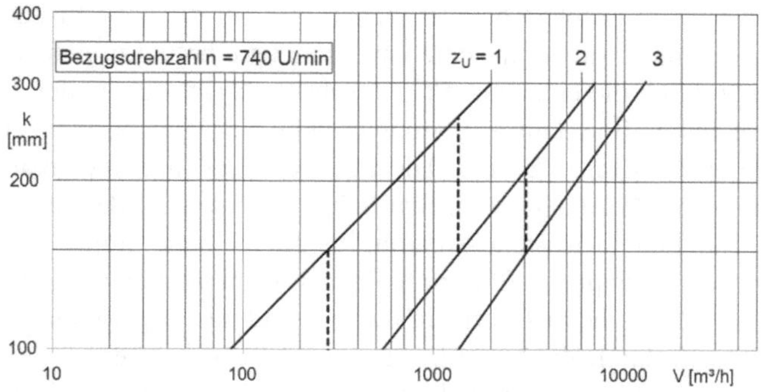

Abb. 3.30 Zusammenhang zwischen Volumenstrom, Schaufelzahl und freiem Durchgang *k* bei Abwasserpumpen

Schaufelkanäle die Förderung beeinträchtigt wird. Radialräder reagieren da im Vergleich zu Axial- und Halbaxialrädern bis zu einem gewissen Grade zunächst ziemlich unempfindlich, wenn aber die Ablagerung fortschreitet, kann auch hier die Förderung zum Erliegen kommen. Diese Art der Verstopfung tritt bei Laufrädern mit nur einer Schaufel (Einkanalräder) praktisch nicht auf, denn bei solchen Rädern bildet sich an der Schaufelvorderkante infolge sehr stark pulsierender Strömung kein ortsfester Staupunkt aus. Einkanalräder haben jedoch den Nachteil, dass ihre Strömung über dem Umfang nicht symmetrisch ist, woraus eine vom Betriebspunkt abhängige Restkraft resultiert, die nur für einen engen Betriebsbereich durch eine mechanische Unwucht ausgeglichen werden kann. Zudem können die starken Druckpulsationen, die Durchflussschwankungen hervorrufen, störend sein. Einkanalräder erreichen kaum Wirkungsgrade über 75 %. Um bei Mehrschaufelrädern der vorbeschriebenen Verstopfung durch Anlagerung von Feststoffen an den Schaufelvorderkanten zu begegnen, wird versucht, durch spezielle Ausbildung der Schaufeleintrittskante in Verbindung mit offenen Laufrädern, d. h. fehlender Deckwand, sowie dick profilierten Schaufeln einen „Selbstreinigungseffekt" zu erzielen. Mit im Meridianschnitt bis in radiale Richtung vorgezogener und im Grundriss sehr stark „rückwärts gesichelter" Eintrittskante wird erreicht, dass ankommende Feststoffe nach außen abgleiten. Die fehlende Deckscheibe ermöglicht es, mittels „Schneidnuten" an der Gehäusewand die Ansammlung von Feststoffen am äußeren Eintrittsdurchmesser zu stören und somit zu verhindern.

Gasgehalt Probleme mit gashaltigem Fördergut sind besonders bekannt aus der Papierindustrie. Bei der Papierherstellung treten sie auf in Verbindung mit Feststoffförderung, wodurch sie noch komplexer sind. Papierstoffsuspensionen verhalten sich nicht wie NEWTON'sche Flüssigkeiten. Durch das gegenseitige Verhaken der Papierstofffasern besitzt Papierstoff bereits im Ruhezustand eine endliche Viskosität und weist daher Eigenschaften einer „tixotropen" Flüssigkeit auf. Demgegenüber ist seine Wandreibung an benetzten Oberflächen infolge örtlicher Entwässerung gering, so dass er sich in zylindrischen Querschnitten wie ein

Pfropfen bewegt. Ein Problem bereitet jedoch weniger die hohe Viskosität an sich als vielmehr der durch sie verursachte unvermeidbare hohe Luftgehalt des Papierstoffs. Bedingt durch die einzelnen Prozessschritte lagert sich an den Papierfasern Luft in Form feiner Bläschen an. Somit besteht die Aufgabe weitgehend darin, hohe Anteile an Luft mitzufördern. Die Fähigkeit Luft aufzunehmen nimmt mit der Stoffkonzentration zu. Aus wirtschaftlichen Gründen werden jedoch zur Wasser-, Energie- und damit Kosteneinsparung möglichst hohe Stopffkonzentrationen gefahren. Die an den Papierstofffasern haftenden Luftbläschen dehnen sich infolge des fallenden Druckes beim Eintritt in das Laufrad aus, separieren sich teilweise und sammeln sich durch Zyklonwirkung – zunehmend bei Teillast – im Zentrum an, wo sie bei entsprechendem Volumen die Förderung durch Querschnittsversperrung beeinträchtigen. Da auf dem Weg durch das Laufrad der Druck wieder zunimmt und sich das Volumen der Luftblasen damit verringert, sind die Probleme hauptsächlich auf den Laufradeintritt beschränkt. Maßnahmen, bei gegebenem Luftanteil dessen Ansammlung in Grenzen zu halten, bestehen daher neben der Forderung nach möglichst hohem Zulaufdruck darin, im Laufradeintritt eine hohe Turbulenz zu erzeugen, damit die Durchmischung möglichst erhalten bleibt. Dazu verwendet man offene Laufräder (also Räder ohne Deckwand ähnlich Abb. 3.31e) mit relativ großem Spalt zwischen Laufrad und Gehäusewand und mit an der Nabe weit vorgezogener Schaufeleintrittskante. Das offene Laufrad wird zudem erforderlich, weil sich bei ihm der Dichtspalt erübrigt, in welchem sich entwässerter Papierstoff ansammeln und festbrennen würde. Um aus dem gleichen Grunde keine inaktiven Bereich innerhalb der Pumpe zu schaffen, wird bei Rädern zur Papierstoffförderung die hintere Laufradwand (Tragscheibe) so weit wie es die Festigkeit erlaubt, zurückgeschnitten, was gleichzeitig auch den Druck an der Wellendichtung verringert. Bei sehr hohen Stoffdichten, wo der Papierstoff kaum noch fließfähig ist und stark zur Entwässerung neigt, muss das Fördergut durch eine Art „Inducer" bereits vor der Pumpe in Bewegung gehalten werden, damit er überhaupt erst einmal zum Laufradeintritt gelangt. Die Drosselkurven von Pumpen bei Papierstoffförderung gleichen in vielem denjenigen bei Förderung von gashaltigen reinen Flüssigkeiten und ähneln auch denen von nicht gashaltigen Flüssigkeiten bei Kavitation. Es treten praktisch die gleichen Kennliniendeformationen auf. Aus den Deformationen resultiert, dass eine Pumpe mit gashaltigem Fördergut (Papierstoff) möglichst im Bereich um den Bestpunkt betrieben werden sollte und dass die früher zuweilen übliche sehr starke Überdimensionierung der Pumpe praktisch unnötig bzw. sogar kontraproduktiv war. Abb. 3.32 zeigt anhand von Messergebnissen die Einflüsse der Hauptparameter Luftgehalts, Zulaufhöhe und Stoffkonzentration auf die Drosselkurve im Vergleich mit der Wasserkennlinie. Man sieht, dass die Stoffkonzentration bei genügend hohem Zulaufdruck kaum einen Einfluss ausübt, weil die Luftblasen sich weniger ausdehnen (Abb. 3.32c).

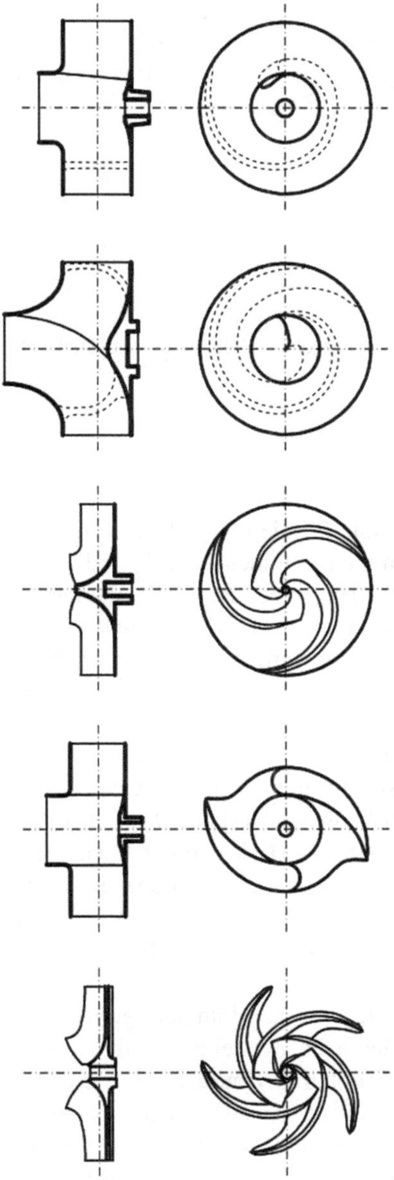

a) Geschlossenes Einkanalrad mit zylindrischer Schaufel für nicht vorgereinigtes Abwasser mit Feststoffen aller Art. Hydaulisch ungünstig wegen zu kurzer Schaufel und dadurch hoher Schaufelbelastung

b) Geschlossenes Einkanalrad mit langer räumlich gekrümmter Schaufel. Für nicht vorgereinigtes Abwasser mit Feststoffen aller Art. Hydraulisch günstiger als a)

c) Offenes Dreikanalrad mit "Selbstreinigungseffekt" für Fördergut mit Spinn- Faser- und Feststoffen sowie erhöhtem Gas- bzw. Luftgehalt. Hydraulisch sehr gut

d) Geschlossenes Zweischaufelrad für Fördergut mit Spinn- Faser- und Feststoffen. Hydraulisch nicht gut wegen zu kurzer Schaufeln

e) Offenes Mehrschaufelrad zur Förderung von gas- bzw. lufthaltigen Feststoffsuspensionen speziell in der Papierindustrie

Abb. 3.31 Laufradformen für besondere durch das Fördermedium bedingte Anforderungen

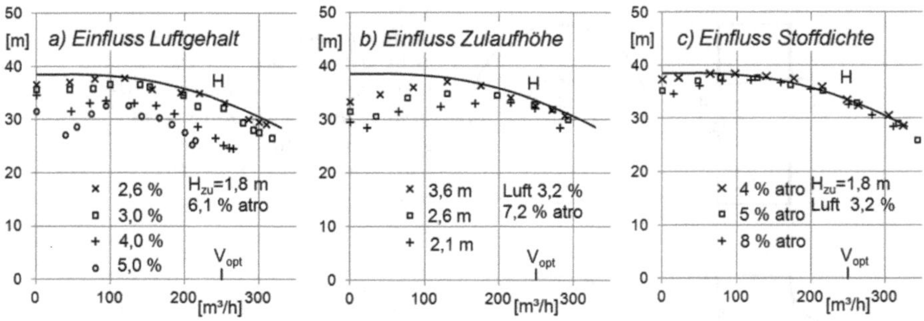

Abb. 3.32 Kennliniendeformation abhängig von Luftgehalt, Zulaufhöhe und Stoffdichte. Laufrad $D_2 = 324$ mm, n = 1480 U/min (SULZER)

3.9.3 *Auslegungsparameter*

Normalerweise besteht die Aufgabenstellung für die Laufradberechnung darin, bei vorgegebener Drehzahl für einen bestimmten Volumenstrom V_{opt} (dem Bestpunkt der Pumpe) eine bestimmte Förderhöhe H_{opt}, und damit die theoretische Förderhöhe H_{th} zu erreichen. Daneben existieren oft noch Forderungen nach einem bestimmten Kennlinienverlauf (Stabilität, Nullförderhöhe) oder nach bestimmtem *NPSH*-Verhalten. Der Verlauf der theoretischen Förderhöhe über dem Volumenstrom wird hauptsächlich bestimmt von den Größen Laufraddurchmesser, Austrittsbreite, Austrittswinkel und Schaufelzahl, also der Austrittsgeometrie des Laufrades. Die Austrittsgeometrie hat keinen direkten Einfluss auf das Betriebsverhalten der Pumpe wie *NPSH*- und Wirkungsgradverlauf. Das Betriebsverhalten ist vielmehr – wie in Abschn. 3.8 beschrieben – stark von der Lage der Stoßverluste des Laufrades und des Leitapparates abhängig. Die Lage der Stoßverluste des Laufrades wird durch den Laufradeintritt bestimmt, dessen Beschaufelung für einen angenommenen Volumenstrom „stoßfreien" Eintritts V_{stfr} ausgelegt wird. Meist ist $V_{stfr} \geq V_{opt}$.

Bei einfachen Konstruktionen, vorwiegend bei Pumpen geringer Leistung und niedriger spezifischer Drehzahl oder auch herstellungsbedingt, findet man zuweilen Laufräder mit einfach gekrümmten (zylindrischen) Schaufeln. Ihre Berechnung ist relativ einfach. Um die Eintrittswinkel über der gesamten Breite gleich halten zu können, zieht man bei ihnen die Eintrittskante nicht weit in die Krümmungszone der äußeren Stromlinie vor. Bei solchen Rädern bildet sich die Rezirkulation bei Teillast nur schwach oder gar nicht aus, weshalb ihre Förderhöhenkurve bei Teillast zur Instabilität neigt. Um diese Instabilität zu vermeiden und außerdem die Saugfähigkeit zu verbessern, werden überwiegend mehr oder weniger weit in den Eintritt vorgezogene Eintrittskanten mit daraus resultierenden räumlich gekrümmtem Schaufeln ausgeführt. Die Berechnung und Konstruktion räumlich gekrümmter Schaufeln ist aufwendig und wird nachfolgend ausführlich behandelt.

A. Laufradvolumenströme Bei der Berechnung der Hydrodynamik einer Pumpe ist zwischen verschiedenen Volumenströmen zu unterscheiden:

- Der Meridianschnitt des Laufrades, d. h. Eintrittsdurchmesser und Austrittsbreite sowie auch die Beschaufelung am Austritt werden nach dem Laufradvolumenstrom $V_{U,opt}$ ausgelegt, der beim Bestpunkt der Pumpe vom Laufrad gefördert wird. Er ist um diejenigen Leckageverluste größer als der Bestpunktvolumenstrom am Druckstutzen V_{opt}, die als innere Kurzschlussströme ständig vom Laufrad mit gefördert werden. Es handelt sich dabei um die Leckageströme an den Laufradspalten, gegebenenfalls dem Verluststrom einer Sammelentlastung des Axialschubes mehrstufiger Pumpen und bei einzelentlasteten Laufrädern mehrstufiger Pumpen um den Leckagestrom am Stufengehäusedichtspalt, der mit dem Leckagestrom des hinteren Laufraddichtspaltes zusammen durch die Entlastungsbohrungen ins Laufrad eintritt. S. hierzu Abb. 3.70.
- Die Beschaufelung am Laufradeintritt wird nach dem Volumenstrom stoßfreien Eintritts ins Laufrad $V_{U,stfr}$ berechnet. Er weicht vom vorgenannten Bestpunktvolumenstrom des Laufrades $V_{U,opt}$ um einen nach Kap. 3.4 bzw. 3.8 festzulegenden Betrag ab.

Bei der Bestimmung der Austrittsgeometrie des Laufrades kommt es auf die gegenseitige Abstimmung der genannten Parameter Laufraddurchmesser, Laufradaustrittsbreite, Schaufelzahl und Austrittswinkel an, von denen die ersten beiden weitgehend frei gewählt werden können, der nächste in seiner Wahl schon begrenzt ist, während sich der zuletzt zu bestimmende zwangsläufig ergibt. Nachstehend werden bewährte Konstruktionsparameter und dimensionslose Kenngrößen angegeben, die zur groben Abschätzung und Bestimmung der Hauptabmessungen verwendet werden können. Der Berechnungsgang läuft im Allgemeinen so ab, dass man zuerst über die gewählte Druckziffer den Laufraddurchmesser bestimmt, danach über die Lieferziffer die Austrittsbreite und schließlich unter Beachtung der Schaufelbelastung die Anzahl der Laufschaufeln und den Austrittswinkel, wobei bei der Wahl der Lieferziffer bereits die Schaufelzahl zu beachten ist.

B. Druckziffer und Laufraddurchmesser Die theoretische Druckziffer ψ_{th} ergibt sich aus der allgemeinen Definition der theoretischen Förderhöhe nach Kap. 2.5 als Verhältnis der im Laufrad erzeugten Dralländerung zur mit der Umfangsgeschwindigkeit des Laufrades gebildeten Energiehöhe, also zu

$$\psi_{th} = \frac{2gH_{th}}{u_2{}^2} = \frac{8(K_3 - K_0)}{D_2{}^2\omega}. \tag{3.77}$$

Hierbei wird anstatt der Förderhöhe H die theoretische Förderhöhe H_{th} benutzt, da die damit gebildete Druckziffer unabhängig vom hydraulischen Wirkungsgrad ist. Richtwerte für ψ_{th} können nach Abb. 3.33 gewählt werden, (wobei das Argument unter dem Cosinus als [°] einzusetzen ist). Diese Richtwerte dienen nur der überschläglichen Beurteilung und ersetzen nicht die genaue Berechnung.

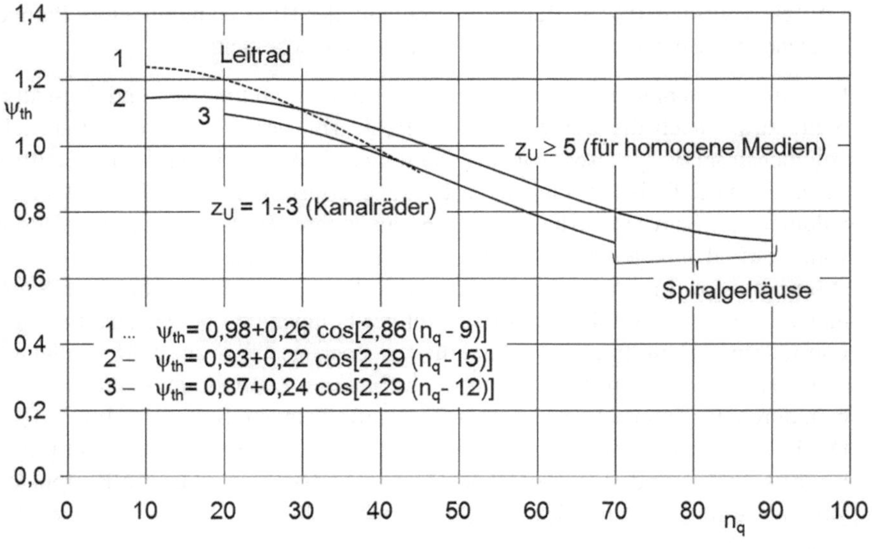

Abb. 3.33 Richtwerte für die Wahl der Druckziffer $\psi_{th}=f(n_q)$

Allgemein wählt man die Druckziffer möglichst hoch. Hohe Druckziffern ergeben kleine Laufraddurchmesser, damit Platz sparende Konstruktionen und – besonders im unteren Bereich der spezifischen Drehzahl – geringere Radseitenreibungsverluste, somit besseren Wirkungsgrad. Die obere Grenze ergibt sich aus verschiedenen Kriterien, hauptsächlich aus den Anforderungen an den Kennlinienverlauf. Generell werden bei Flüssigkeitsförderung „stabile" Kennlinien verlangt, also ein mit zunehmendem Volumenstrom stetig abfallender Verlauf der Förderhöhe. Mit steigender Druckziffer wird der Verlauf der Förderhöhe flacher und die Neigung zur Instabilität wächst. Für mehrstufige Pumpen kann man etwas höhere Druckziffern verwirklichen als bei einstufigen Pumpen mit axialem Zulauf, da es bei ihnen leichter fällt, stabile Kennlinien zu erhalten. Der mit zunehmender spezifischer Drehzahl abfallende Verlauf der zu wählenden Druckziffer hat seine Ursache darin, dass das Verhältnis des Laufradeintrittsdurchmessers zum Laufradaustrittsdurchmesser mit der spezifischen Drehzahl zunimmt und die zulässige Verzögerung der Relativgeschwindigkeit in den Schaufelkanälen, die mittelbar vom Durchmesserverhältnis abhängt, begrenzt ist.
Aus der gewählten Druckziffer errechnet sich bei gegebener Drehzahl der Laufradaußendurchmesser

$$D_2 = \frac{2}{\omega}\sqrt{\frac{2gH_{th}}{\psi_{th}}} = \frac{60}{\pi n}\sqrt{\frac{2gH_{th}}{\psi_{th}}}. \qquad (3.78)$$

Meist wird der erhaltene Wert auf einen glatten Zahlenwert gerundet, wodurch sich die Druckziffer geringfügig ändert.

Bei Leitradpumpen ist es zur Beurteilung der wirtschaftlichen Ausnutzung eines gegebenen Gehäusedurchmessers sinnvoll, zusätzlich eine Druckziffer ψ_G zu definieren, die mit dem Gehäusedurchmesser anstelle des Laufraddurchmessers gebildet wird. Denn eine hohe „Laufraddruckziffer" allein ist uneffektiv, wenn das Leitrad eine unnötig große radiale Erstreckung aufweist. Richtwerte für ψ_G gehen aus Abb. 3.34 hervor.

C. Lieferziffer und Laufradaustrittsbreite Aus der Lieferziffer ζ_{3m} als Verhältnis der Meridiangeschwindigkeit zur Umfangsgeschwindigkeit am Laufradaustritt ergibt sich die Laufradaustrittsbreite, die – wie aus Abb. 3.29 ersichtlich – in weitem Bereich variieren kann. Mit der Meridiangeschwindigkeit

$$c_{3m} = \frac{V_{U,opt}}{\pi\, D_2 b_2}, \tag{3.79}$$

erhält man die Laufradaustrittsbreite

$$b_2 = \frac{60 V_{U,opt}}{\varsigma_{3m}\, n\, \pi^2 D_2{}^2}. \tag{3.80}$$

Dabei enthält $V_{U,opt}$ als Laufradvolumenstrom im Bestpunkt die Laufradspaltverluste und gegebenenfalls den Verlust einer Sammelentlastungeinrichtung. Die Querschnittsversperrung am Laufradaustritt durch die Beschaufelung wird in diesen Formeln nicht berücksichtigt.

Als sinnvoll hat es sich erwiesen, die Lieferziffer abhängig von der Schaufelzahl nach Abb. 3.35 zu wählen. Das setzt natürlich voraus, dass die Schaufelzahl – vorbehaltlich späterer Änderung – bereits vorab festgelegt wurde. Damit erhält man bei kleinen Schaufelzahlen relativ breite Laufräder und kleine Austrittswinkel, die ihrerseits längere Schaufeln und damit günstige Schaufelbelastungswerte ergeben. Aus praktischen Überlegungen heraus könnte man die Laufradaustrittsbreite auch direkt in Beziehung zum Laufraddurchmesser über der spezifischen Drehzahl darstellen. Dieser Weg wird hier aber nicht gewählt, da dann noch die

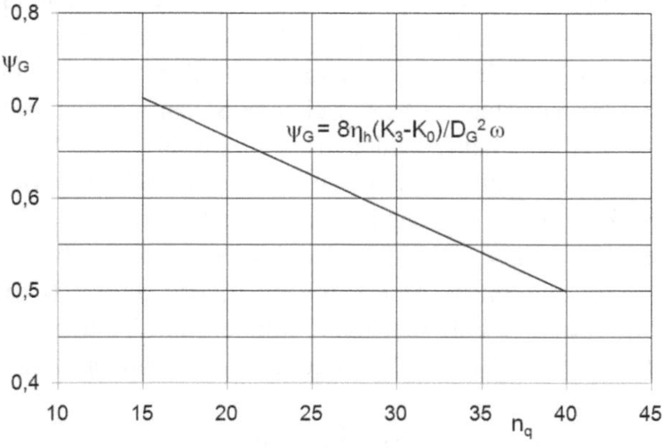

Abb. 3.34 Richtwerte für die „Gehäusedruckziffer" $\psi_G = f(n_q)$

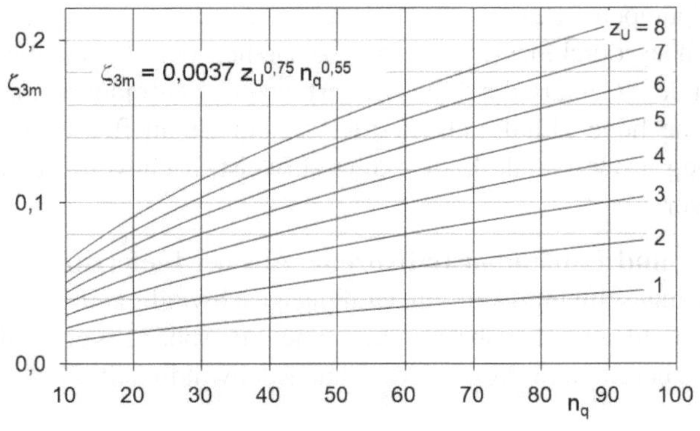

Abb. 3.35 Lieferziffer von Radialrädern abhängig von der Schaufelzahl über der spezifischen Drehzahl

Druckziffer und der Spaltverluststrom als zusätzliche Parameter eingeführt werden müssten.

D. Austrittswinkel und Schaufelzahl Die nachfolgende Berechnung des Schaufelaustrittswinkels ist mit dem Austrittsdrall K_3 vorzunehmen, der im Falle eines vorhandenen Vordralles K_0 am Laufradeintritt

$$K_3 = \frac{gH_{th}}{\omega} + K_0 \tag{3.81}$$

beträgt. Wir berücksichtigen dies, indem wir zur Berechnung die Druckziffer

$$\psi_{th}{}^* = \frac{8K_3}{D_2{}^2\omega} \tag{3.82}$$

einführen, für die der Austrittswinkel β_2 mittels Gl. (2.49) unter Verwendung von Gl. (2.50) bis (2.52) zu berechnen ist. Bei der Berechnung geht man iterativ vor. Für einen angenommene Winkel und eine vorab gewählte Schaufelzahl wird die theoretische Druckziffer berechnet und mit dem oben vorgegebenen Wert verglichen. Bei Abweichung werden neue Annahmen für den Austrittswinkel getroffen. Unter Beachtung der nachstehend beschriebenen Schaufelbelastung müssen gegebenenfalls die gewählte Schaufelzahl und eventuell auch die Austrittsbreite verändert werden. Die Schaufelaustrittswinkel β_2 liegen meist bei Werten zwischen 15° und 30°, bei Ein- und Zweischaufelrädern auch darunter bis zu 12°. In Sonderfällen werden bei großen Schaufelzahlen gelegentlich auch Winkel über 30° ausgeführt. Ist die Schaufelzahl fest vorgegeben, wie dies z. B. bei Laufrädern zur Abwasserförderung der Fall sein kann, können nur Austrittswinkel und Austrittsbreite variiert werden. Bei der Festlegung der Austrittsbreite ist Gl. (2.54) zu beachten.

Der Einfluss des Schaufelaustrittswinkels auf die Druckziffer ist sehr groß: eine Winkeländerung von $\Delta\beta_2 = 2°$ entspricht – je nach Schaufelzahl und Lieferziffer

– bereits einer Änderung der Druckziffer von 5 % bis 10 %. Darum ist es wichtig, die Austrittswinkel genau zu definieren. Es hat sich als sinnvoll erwiesen, zur Berechnung der Druckziffer nach den angegebenen Gleichungen einheitlich den Skelettwinkel am Schaufelaustritt einzusetzen. Wird der Schaufelwinkel über der Austrittsbreite unterschiedlich groß ausgeführt, was u. a. aus modelltechnischen Gründen häufig geschieht, ist die Druckziffer für die äußere und innere Stromlinie zu berechnen und zu mitteln. Der Skelettwinkel sollte sich grundsätzlich nur stetig ändern und auf den letzten 15 % bis 20 % der Schaufellänge konstant gehalten werden. Ebenfalls wichtig ist es, die Schaufelprofilierung am Austritt nach festen Regeln auszuführen, wie später unter „**J**" näher beschrieben.

E. Schaufelbelastung Bei der Wahl der drei Parameter Laufradaustrittsbreite, Schaufelzahl und Schaufelaustrittswinkel muss als Nebenbedingung die Schaufelbelastung beachtet werden. Analog zum „Auftriebsbeiwert" von Tragflügelprofilen wird nach [18] für radiale Schaufelgitter ein optimaler Schaufelbelastungsbeiwert definiert, mit dessen Hilfe die Schaufelzahl gewählt wird. Eine zu hohe Schaufelzahl hat unnötige Strömungsverluste in den Schaufelkanälen zur Folge; eine zu geringe Schaufelzahl wirkt sich nachteilig auf das Förderverhalten der Pumpe vor allem bei Teillast aus. Ist die Schaufelzahl vorgegeben, kann man aus der Schaufelbelastung über die Schaufellänge den Austrittswinkel oder auch die Stromlinienlänge im Meridianschnitt bestimmen. Als Bezug wird die Stromlinie mit der stärksten Verzögerung der Relativgeschwindigkeit gewählt; dies ist normalerweise die äußere Stromlinie. Die Schaufelbelastung ergibt sich damit zu

$$\varepsilon_a = \frac{4\,\pi\,K_3}{z_U\,L_a\,w_{\infty,a}} \tag{3.83}$$

mit der abgewickelten Schaufellänge L_a und der mittleren Relativgeschwindigkeit $w_{\infty a}$. Ist die tatsächliche Schaufellänge aus dem Entwurf noch nicht bekannt, kann sie näherungsweise berechnet werden zu

$$L_a = \frac{e_a}{\sin\left(\frac{\beta_{1a}+\beta_{2a}}{2}\right)}, \tag{3.84}$$

wobei e_a die Länge der äußeren Stromlinie im Meridianschnitt darstellt. Für die mittlere Relativgeschwindigkeit $w_{\infty,a}$ setzt man

$$w_{\infty,a} = \frac{w_{0a} + w_{3a}}{2}. \tag{3.85}$$

Der zulässige Schaufelbelastungsbeiwert ist abhängig vom Verzögerungsverhältnis w_{3c}/w_{0a} der Relativgeschwindigkeit. Richtwerte hierzu liefert Abb. 3.36. Bei beschleunigter Strömung, wie sie bei fliegend angeordneten Laufrädern (axialer Eintritt) bei niedrigen spezifischen Drehzahlen vorkommt, kann sie sehr hoch gewählt werden. Im Allgemeinen findet jedoch eine mehr oder weniger starke

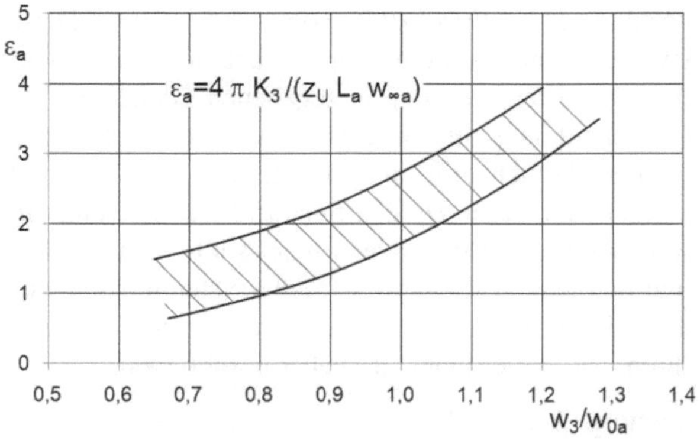

Abb. 3.36 Empfohlene Schaufelbelastungsbeiwerte $\varepsilon_a = f(w_3/w_a)$

Verzögerung statt. Je stärker diese Verzögerung, desto geringer muss die Schaufelbelastung gewählt werden.

Ein Verzögerungsverhältnis von $w_{3a}/w_{0a} \approx 0{,}7$ sollte nicht unterschritten werden. Aus dem Verzögerungsverhältnis ergibt sich für mittlere und höhere spezifische Drehzahlen die erreichbare Druckziffer. Bei niedrigerer spezifischer Drehzahl wird die zulässige Verzögerung in der Regel nicht ausgeschöpft, da sich eine Begrenzung der Druckziffer aus der Forderung nach stabiler Kennlinie, d. h., nach einem mit zunehmendem Förderstrom monoton fallenden H-Verlauf ergibt.

Grob gesehen, besteht zwischen dem Verzögerungsverhältnis und dem Durchmesserverhältnis von Ein- und Austritt des Laufrades einerseits sowie zwischen diesem Durchmesserverhältnis und der spezifischen Drehzahl andererseits ein Zusammenhang. Dadurch könnte der zulässige Schaufelbelastungsbeiwert zur überschlägigen Beurteilung auch in Abhängigkeit von der spezifischen Drehzahl dargestellt werden, was eine bequeme Handhabung ermöglichen würde und in [18] auch praktiziert wurde. Der Zusammenhang zwischen Verzögerungsverhältnis und spezifischer Drehzahl hat sich jedoch als zu ungenau erwiesen, denn je nach Durchmesserverhältnis, das wiederum stark vom Nabenverhältnis abhängt, kann das Verzögerungsverhältnis bei gleicher spezifischer Drehzahl sehr stark variieren.

F. Laufradeintrittsdurchmesser und Meridianschnitt Der Eintrittsdurchmesser wird nach dem gewünschten Zuströmwinkel der Relativgeschwindigkeit β_{0a} an der äußeren Stromlinie für den Bestpunktvolumenstrom des Laufrades festgelegt. Üblich sind Winkel zwischen 13° und 22°, in Sonderfällen auch noch darunter bzw. darüber. Aus Wirkungsgradgründen sind große Winkel günstig, da dann der Eintrittsdurchmesser und damit die Relativgeschwindigkeit vergleichsweise klein sind. Bei einem kleineren Durchmesser können zudem auch der Dichtspaltdurchmesser und damit der Leckageverlust kleiner gehalten werden. Große Winkel (25° ÷ 30°) wählt man auch, um große Lichtweiten, d. h. große Kanaldurchgänge (z. B. bei Abwasserpumpen) zu erhalten. Kleine Winkel bis ca. 10° wählt man, um gemäß Kap. 3.4 niedrige *NPSH*-Werte zu realisieren. Zur Bestimmung des Eintrittsdurchmessers empfiehlt es sich, für verschiedene vorläufig gewählte Werte im Bereich des vermuteten endgültigen Eintrittsdurchmessers die zugehörigen Strömungswinkel β_{0a}, Relativgeschwindigkeiten w_{0a} sowie Netto-Energiehöhen *NPSH* in einer Grafik aufzutragen und daraus den Eintrittsdurchmesser definitiv zu wählen. Diese Vorgehensweise hat den Vorteil, dass man die Wahl unter Berücksichtigung der Tendenzen von β_{0a}, w_{0a} und *NPSH* treffen kann. Sie wird auch im Berechnungsbeispiel Kap. 4.1 angewandt.

Zur Festlegung des Meridianschnittes sind Richtwerte für die axiale Ausdehnung des Laufrades von Nutzen. Diese können aus Abb. 3.37 entnommen werden. Die Breite B_{1a} kann in weiten Grenzen variiert werden. Mit zunehmendem Nabenverhältnis D_N/D_s ergeben sich tendenziell niedrigere Werte. Der Meridianschnitt wird vorzugsweise so gestaltet, dass sich an der äußeren Stromlinie ein möglichst großer Krümmungsradius mit stetigen Übergängen ergibt. Auf den einzelnen Strombahnen sind monoton sich ändernde Meridiangeschwindigkeiten anzustreben, wie sie Abb. 3.38 zeigt, wo für drei Stromlinien *a*, *e* und *j* die Geschwindigkeiten auf den Normalen *I* bis *X* angegeben sind. Dabei ist *e* die Stromlinienlänge, gemessen vom Laufradaustritt aus (nicht zu verwechseln mit der ebenfalls mit *e* bezeichneten mittleren Stromlinie). Auf den Normalen wird jeweils konstante Geschwindigkeit angenommen, wie anschließend und später in Kap. 3.16 noch behandelt wird.

Zur Ermittlung des Verlaufs der Meridiangeschwindigkeit teilt man den Volumenstrom je nach den Anforderungen in 2 bis 4(8) Teilströme auf, so dass 3 bis 5(9) Stromflächen entstehen. Für diese Stromflächen bestimmt man nun im Meridianschnitt die Strombahnen, deren Abstände von einander so gelegt werden, dass auf den Normalen zu ihnen Ringflächen gleichen Flächeninhalts entstehen. Hierbei liegt die Annahme zu Grunde, dass längs der Normalen konstante

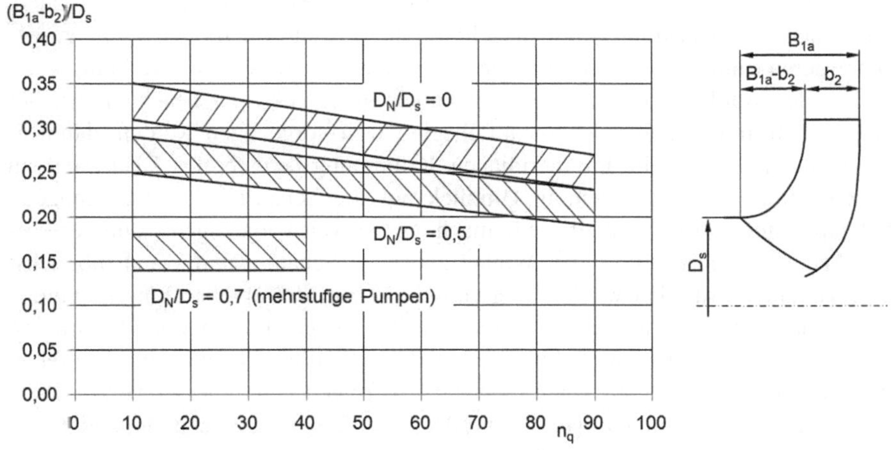

Abb. 3.37 Laufradgesamtbreite für Normalbeschaufelung

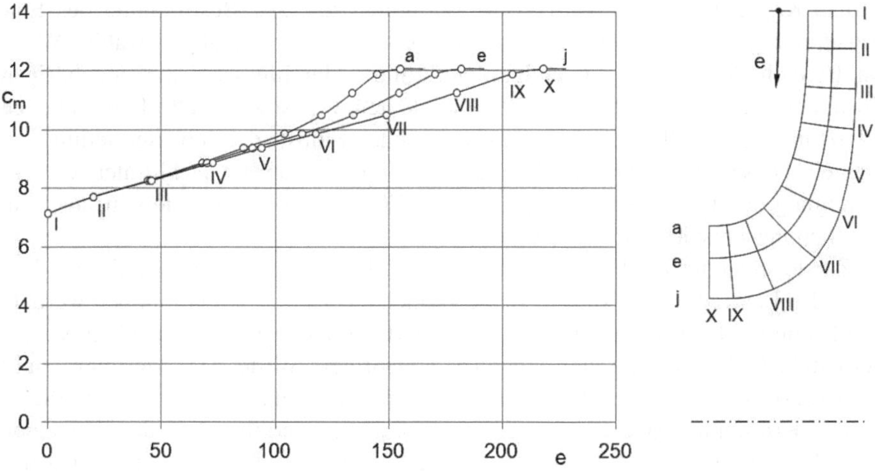

Abb. 3.38 Meridiangeschwindigkeitsverlauf und Meridianschnitt

Geschwindigkeit herrscht, was zwar wahrscheinlich nicht zutrifft, jedoch den Konstruktionsaufwand reduziert und andererseits auf das weitere Ergebnis praktisch keinen Einfluss hat, da zumindest im Eintrittsbereich des Laufrades tatsächlich eine etwa konstante Geschwindigkeit über dem Querschnitt angenommen werden kann. Zur Konstruktion des Stromlinienfeldes s. a. Kap. 3.16.

G. Schaufeleintrittskante Liegt der Meridianschnitt vor, wird die Eintrittskante gewählt. Aus Gründen der Kennlinienstabilität, der Saugfähigkeit und des Wirkungsgrades werden überwiegend räumlich gekrümmte, in den Saugmund des Laufrades vorgezogene Beschaufelungen ausgeführt. Bei kleinen Pumpen ohne besondere Anforderungen an die hydrodynamischen Eigenschaften werden auch, meist herstellungsbedingt, einfach gekrümmte (zylindrischen) Schaufeln ausgeführt, deren Eintrittskante im Meridianschnitt zuweilen achsparallel verläuft.

Bei der Wahl der Eintrittskante sind mehrere Aspekte zu beachten: An der äußeren Stromlinie sollte der Schaufelbeginn weit vorgezogen werden, damit er einerseits nicht so sehr im meridianen Krümmungsbereich der Deckwand zu liegen kommt und außerdem in Hinblick auf die Schaufelbelastung genügend Schaufellänge entsteht. Andererseits macht es bei weit vorgezogener äußerer Eintrittskante Schwierigkeiten, den Winkel zwischen Schaufel und Wand möglichst groß zu halten, was aber wiederum erwünscht ist, um strömungstechnisch ungünstige Kanalquerschnittsformen zu vermeiden. Bei „fliegend“ gelagerten Laufrädern mit axialer Zuströmung empfiehlt es sich zudem, die Eintrittskante der Schaufel an der inneren Stromlinie auf einen nicht allzu geringen Durchmesser vorzuziehen, weil sich hier sonst ein unerwünscht großer Schaufelwinkel ergäbe und zudem die Rezirkulationsströmung bei Teillast ungünstig stark unterstützt würde. Man sollte also den Eintrittsdurchmesser an der inneren Stromlinie so wählen, dass sich der

Schaufelwinkel auf der Druckfläche nicht größer als $\beta_{1j,d} \approx 50°$ ergibt. Bei Laufrädern mit durchgehender Welle kann dagegen die Schaufeleintrittskante an der inneren Stromlinie weiter vorgezogen werden, da sich infolge des Nabendurchmessers bereits kleinere Schaufelwinkel ergeben. Die vorgezogene Eintrittskante an der inneren Stromlinie wirkt sich günstig auf die Stabilität der Drosselkurve aus. Ausführungsbeispiele für Eintrittskanten sind in Abb. 3.39 dargestellt.

H. Die Beschaufelung am Laufradeintritt wird in Hinblick auf Kap. 3.8 so ausgelegt, dass bei einem bestimmten Volumenstrom $V_{U,stfr}$, der – wie schon erwähnt – nicht zwangsläufig identisch ist mit dem Bestpunktvolumenstrom, die Stoßverluste zu null werden bzw. ein Minimum aufweisen. Dies ist der Fall, wenn die Strömung möglichst ungestört und ohne doppelte Geschwindigkeitsumsetzung in die Schaufelkanäle eintritt. Vor dem Eintritt ins Laufrad gilt die Strömung als „freie" Strömung und kann weitgehend als Potenzialströmung betrachtet werde. Nach dem Eintritt in die Schaufelkanäle gelten die Gesetze der Rohrströmung. Somit besteht die Aufgabe in der „richtigen" Dimensionierung des Eintrittsquerschnittes, um beim Übergang von der freien Strömung zur Kanalströmung die vorstehende Bedingung möglichst gut zu erfüllen. Mit den üblicherweise in den Saugmund des Laufrades vorgezogenen räumlich gekrümmten Schaufeln ergeben sich komplexe dreidimensionale Verhältnisse und die Bestimmung des Eintrittsquerschnittes ist ebenfalls sehr kompliziert. Man kann ihn nicht im Voraus bestimmen, sondern immer erst nachträglich am fertigen Schaufelplan. Da ein Zusammenhang besteht zwischen den ausgeführten Schaufeleintrittswinkeln und dem Eintrittsquerschnitt, wird folglich zunächst für die mittels eines geeigneten Verfahrens berechneten Eintrittswinkel ein erster Schaufelplan erstellt. Der daraus ermittelte Eintrittsquerschnitt erfordert gegebenenfalls eine Änderung der Eintrittswinkel oder auch des Schaufelverlaufs zwischen Ein- und Austritt, wodurch sich auch der „Sollwert" für den Eintrittsquerschnitt ändern kann. Besonders bei Laufrädern mit geringer Schaufelzahl und/oder hoher spezifischer Drehzahl, also bei Rädern mit geringer Schaufelüberdeckung, ist der Zusammenhang von Schaufeleintrittswinkeln und Eintrittsquerschnitt sehr unsicher, da Letzterer vom Schaufelaustrittwinkel mit

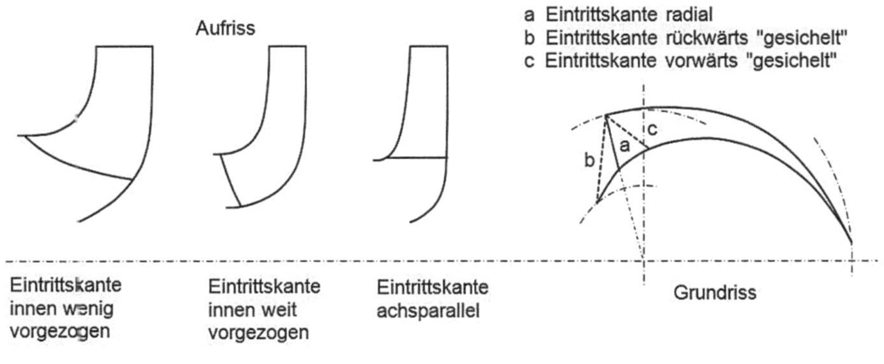

Abb. 3.39 Verschiedene Ausführungen von Eintrittskanten

beeinflusst wird, so dass hier oft mehrere Iterationsschritte erforderlich werden. Lediglich bei Laufrädern mit genügend großer Schaufelüberdeckung – das ist in der Regel bei Schaufelzahlen ab $z_U = 5$ und im unteren bis mittleren Bereich der spezifischen Drehzahl der Fall – ist der Zusammenhang zwischen Schaufelwinkel und Eintrittsquerschnitt so eng, dass sich oft bereits beim ersten Berechnungsschritt der einigermaßen „richtige" Eintrittsquerschnitt ergibt.

I. Berechnung der Schaufeleintrittswinkel Bei räumlich gekrümmten Schaufeln mit in die Krümmungszone vorgezogener Eintrittskante ändert sich die Relativgeschwindigkeit in Betrag und Richtung über der Eintrittskante abhängig von der Meridiangeschwindigkeit und der Umfangsgeschwindigkeit, so dass sich auch die Schaufelwinkel über der Eintrittskante ändern müssen. Man berechnet die Eintrittswinkel daher für mehrere Stromflächen. Ein geeignetes Berechnungsverfahren wird nachfolgend beschrieben.

Auf einer Stromfläche ergibt sich vor der Schaufel am Staupunkt der Strömung das in Abb. 3.40 für den allgemeinen Fall mit Vordrall dargestellte Geschwindigkeitsdreieck *A B C*, gebildet aus der Umfangsgeschwindigkeit u_1, der Absolutgeschwindigkeit c_0 und der Relativgeschwindigkeit w_0. Beim Eintritt in den sogenannten „Schrägabschnitt" vor dem eigentlichen Schaufelkanal erhöht sich die Meridiankomponente c_{0m} der Absolutgeschwindigkeit infolge der Schaufelversperrung auf den Wert

$$c_{1m} = \frac{t_1}{t_1 - \sigma_{U1}} c_{0m}. \tag{3.86}$$

Dies bewirkt eine „Aufrichtung" der Strömung im Sinne einer Vergrößerung des Strömungswinkels von β_0 auf $\beta_1{}^*$, weil

$$\beta_1{}^* = \arctan\left(\frac{t_1}{t_1 - \sigma_{U1}} \tan\beta_0\right) = \arctan\frac{c_{1m}}{w_{0u}}. \tag{3.87}$$

Da, wie aus der Abbildung hervorgeht, die Umfangskomponenten c_{0u} und w_{0u} erhalten bleiben, erhöht sich die Absolutgeschwindigkeit von c_0 auf $c_1{}^*$ und die

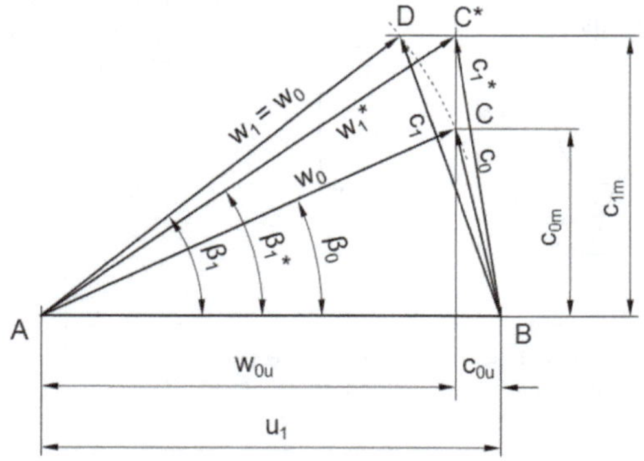

Abb. 3.40 Geschwindigkeitsdreiecke am Schaufeleintritt

Relativgeschwindigkeit von w_0 auf w_1*. Punkt C verlagert sich im Geschwindigkeitsdreieck nach C*. Die Beschleunigung der Relativgeschwindigkeit stünde jedoch der Forderung nach Vermeidung der verlustbringenden doppelten Geschwindigkeitsumsetzung entgegen. Deshalb wird eine Winkelvergrößerung von β_1* auf β_1 derart vorgenommen, dass die Relativgeschwindigkeit dem Betrage nach gleich bleibt. Wie aus Abb. 3.40 ersichtlich, verlagert sich dadurch Punkt C* nach D. Dabei erfährt die Relativströmung zwar eine (geringe) Umlenkung; dieser „Stoß" ist jedoch weniger schädlich als die anderenfalls auftretende Beschleunigung. Der auszuführende Schaufeleintrittswinkel errechnet sich zu

$$\beta_1 = \arcsin\left(\frac{t_1}{t_1 - \sigma_{U1}} \sin\beta_0\right), \tag{3.88}$$

wobei

$$\beta_0 = \arctan\frac{c_{0m}}{w_{0u}}. \tag{3.89}$$

Der Schaufelverengungsfaktor $t_1/(t_1 - \sigma_{U1})$ wird gebildet aus der Schaufelteilung $t_1 = \pi D_1/z_U$ und der in Umfangsrichtung gemessenen Schaufelstärke $\sigma_{U1} = s_{U1}'/\sin\beta_1$, wobei s_{U1}' die auf der Stromfläche erscheinende Schaufelstärke ist, die als „scheinbare" Schaufelstärke bezeichnet werde (s. Abb. 3.41). Diese ist nur mit der wahren Schaufelstärke identisch, wenn die Schaufel normal zur Stromfläche steht. Andernfalls kann sie errechnet werden nach der Formel

$$s_{U1}' = \frac{s_{U1}\sin\beta_1}{\sin[\arctan(\tan\beta_1 \sin\gamma)]}. \tag{3.90}$$

Darin ist γ der Schnittwinkel eines Radialschnittes durch den Schaufelanfang mit der Stromfläche im Meridianschnitt. Hierzu Abb. 3.42. Bei im Grundriss radialer Schaufeleintrittskante fällt diese mit einem Radialschnitt zusammen.

Da zur Berechnung des Schaufelwinkels β_1 die scheinbaren Schaufelstärken s_{U1}' und σ_{U1} benötigt werden, diese jedoch von β_1 abhängig sind, muss man zunächst einen Schätzwert für β_1 einsetzen und anschließend den genauen Wert durch Iteration bestimmen.

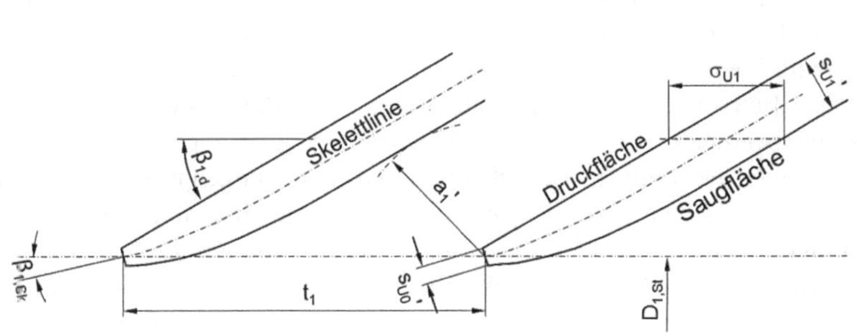

Abb. 3.41 Schaufelabwicklung in konformer Abbildung (asymmetrische Profilierung)

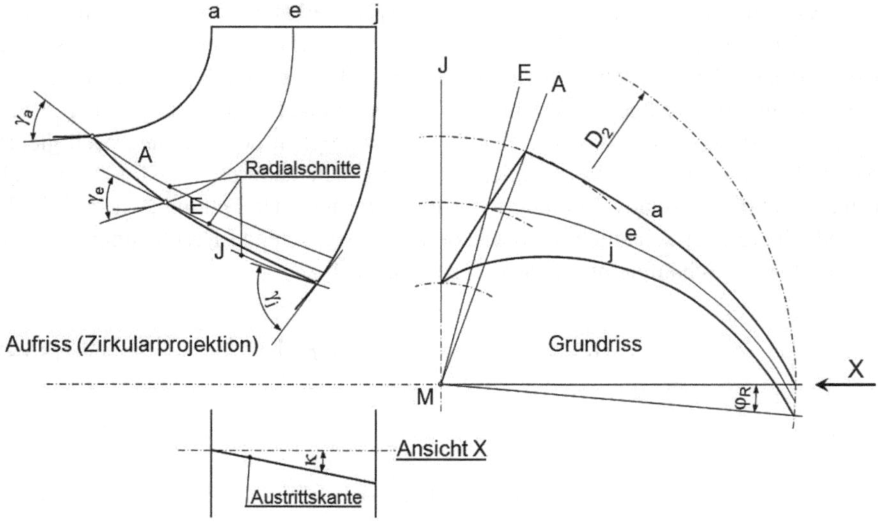

Abb. 3.42 Schaufel im Auf- und Grundriss. Ansicht X auf die Schaufelaustrittskante

Im Gegensatz zu anderen Berechnungsmethoden setzen wir zur Berechnung der Eintrittswinkel nicht die Schaufelstärke s_{U0} an der Profilnase, sondern die volle Schaufelstärke s_{U1} ein. Der Grund hierfür liegt darin, dass der zu berechnende Eintrittswinkel in erster Linie der Ermittlung des Eintrittsquerschnittes dient und hierfür die volle Schaufelstärke s_{U1} wirksam ist. Die später vorgenommene Profilierung am Schaufelanfang wird so ausgeführt, dass die Anströmung möglichst ablösungsfrei bleibt und örtliche Übergeschwindigkeiten weitgehend vermieden werden. Um zu verhindern, dass sich der Eintrittsquerschnitt durch die Profilierung nachträglich verändert, wird eine einseitige Profilierung auf der Saugfläche ausgeführt. Diese einseitige (asymmetrische) Profilierung bezweckt gleichzeitig, dass der Schaufelkanal, in dem ja die Strömung verzögert werden soll, sich in seinem Verlauf infolge der Profilierung nicht verengt. Sie hat außerdem den Vorteil, dass die Anströmung bei Teillast verbessert wird.

Anmerkung: Der zu ermittelnde Eintrittsquerschnitt wird auf die Staupunktlinie an der Profilnase bezogen und stellt demnach nicht den reellen freien Querschnitt dar. Demzufolge ist auch die Lichtweite a_1' in Abb. 3.41 auf den Staupunkt bezogen. Dieser Betrachtungsweise liegt zu Grunde, dass durch die Profilnase nur ein örtlich eng begrenzter Einfluss vorhanden ist und die Hauptströmung praktisch ungestört bleibt. Dies gilt für Leitschaufeln und Spiralzungen ebenfalls. Der wirkliche Eintrittsquerschnitt und die wirkliche Lichtweite sind stets um den Einfluss der Profilnase kleiner.

Der nach Gl. (3.88) berechnete Eintrittswinkel ist somit der Winkel der Schaufeldruckfläche β_{1d}. Will man die Profilierung nicht als asymmetrisch, sondern als symmetrisch auf eine Skelettlinie bezogen auffassen, muss man sich die

Skelettlinie im Bereich der Profilierung mit der halben Profilstärke gekrümmt vorstellen (Winkel $\beta_{1,Sk}$ in Abb. 3.41).

J. Die Beschaufelung am Laufradaustritt Ebenso wie bei der Berechnung der Schaufeleintrittswinkel muss auch beim Entwurf der Schaufelflächen die scheinbare Schaufelstärke berücksichtigt werden, die sich sinngemäß nach Gl. (3.90) ergibt. Für den Laufradaustritt kann die scheinbare Schaufelstärke bei in der Zirkularprojektion achsparalleler Austrittskante und paralleler seitlicher Begrenzung anstatt mit dem Winkel γ besser mit dem meist schon vorab festgelegten „Rake"-Winkel κ berechnet werden zu

$$s_{U3}{}' = \frac{s_{U3}}{\sin\left[\arctan\left(\frac{1}{\sin\beta_2 \tan\kappa}\right)\right]}, \tag{3.91}$$

wobei sich der Rake-Winkel aus dem Versatzwinkel φ_R der Schaufelaustritte im Grundriss gemäß Abb. 3.42, dem Laufraddurchmesser und der Austrittsbreite errechnen lässt zu

$$\kappa = \arctan \frac{\pi\, \varphi_R D_2}{360\, b_2}. \tag{3.92}$$

Die in Umfangsrichtung gemessene scheinbare Schaufelstärke ergibt sich damit zu

$$\sigma_{U3} = \frac{s_{U3}{}'}{\sin\beta_2} = \frac{s_{U3}}{\sin\left[\arctan\left(\frac{1}{\sin\beta_2 \tan\kappa}\right)\right]\sin\beta_2}. \tag{3.93}$$

Mit $\kappa = 0$ wird $\sigma_{U3} = \frac{s_{U3}}{\sin\beta_2}$. Die Schaufel steht dann senkrecht auf den Wänden und erscheint dort in wahrer Stärke. Zwischen Ein- und Austritt genügt die Annahme eines stetigen Verlaufs der scheinbaren Schaufelstärke.

K. Schaufelstärke Die mittlere Schaufelstärke wählt man in Hinblick auf Festigkeit und – bei gegossenen Laufrädern – Gießbarkeit. Je nach Herstellungsverfahren der Gießformen kann es sinnvoll sein, bereits bei der Schaufelkonstruktion eine „Aushebeschräge" zu berücksichtigen, indem man die Schaufelstärke an der Tragscheibe größer wählt als an der äußeren Stromlinie. Die Schaufelstärke selbst hat keinen signifikanten Einfluss auf die hydrodynamischen Eigenschaften des Laufrades; wichtig ist vielmehr die Profilierung an Schaufeleintritt und -austritt. Brauchbare Richtwerte für die mittlere Schaufelstärke liefert die Formel

$$s_{U2} = 0{,}05\, D_2{}^{0{,}7}\, n_q{}^{0{,}3} \tag{3.94}$$

mit D_2 und s_{U2} in [mm] und n_q in [U/min]. Eine Mindeststärke von 3 mm sollte nicht unterschritten werden. Bei zweiflutigen Laufrädern mit nicht bis zum Außendurchmesser hochgezogener Zwischenwand ist die spezifische Drehzahl mit dem Gesamtvolumenstrom zu bilden. Bei stark abrasiven Fördermedien werden aus

Verschleißgründen und bei nicht metallischen Werkstoffen aus Festigkeitsgründen oft größere Schaufelstärken erforderlich als nach Gl. (3.94) errechnet. Ebenso aus Festigkeitsgründen bei „offenen“ Laufrädern, also Laufrädern ohne Deckscheibe, für die man Richtwerte nach

$$s_{U2} = 0{,}065\,D_2{}^{0,7}\,n_q{}^{0,3} \tag{3.95}$$

nehmen kann. Bei Abwasserpumpen werden die Schaufeln zur Vermeidung des Verspinnens und Verstopfens durch im Fördergut enthaltene faserige Bestandteile im Anfangsbereich oft mit größeren Schaufelstärken s_{U1} versehen. Danach kann auf die „normale“ Stärke s_{U2} reduziert werden. Zum Austritt hin wird dann auf die Stärke s_{U3} verjüngt, wie die konforme Darstellung in Abb. 3.43 zeigt. Hierzu auch Abb. 4.13. Wegen der möglichen unterschiedlichen Stärken über der Länge der Schaufel ist es zweckmäßig, mit den in Abb. 3.43 und 3.44 gewählten Bezeichnungen zu arbeiten.

L. Schaufelprofilierung am Austritt Um die Verwirbelungszone hinter den Schaufeln (die sog. Nachlaufdelle) und damit verbundene Druckpulsationen zu reduzieren, empfiehlt es sich, die Schaufeln zum Austritt hin zu verjüngen. Die Nachlaufdelle bewirkt eine von ihrer Ausdehnung abhängige Förderhöheneinbuße, weshalb die Schaufelstärke am Laufradaustritt bei der Bestimmung der Druckziffer aus dem Schaufelwinkel in Gl. (2.49) berücksichtigt wird. Man lässt die Schaufel zum Austritt hin auf etwa den $(0{,}5 \div 0{,}6)$fachen, im Mittel 0,55fachen Wert von s_{U2} abnehmen.

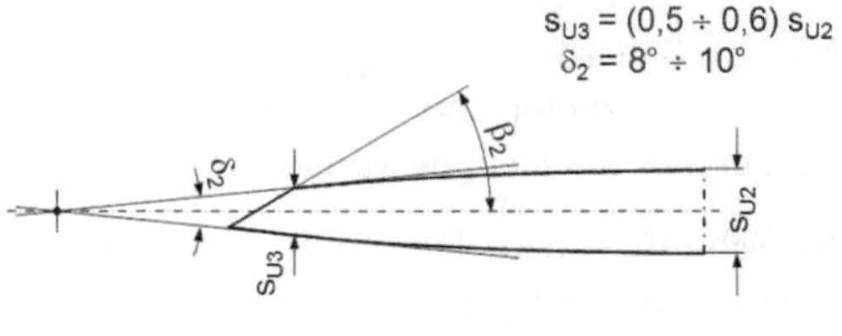

Abb. 3.43 Konforme Abbildung der Schaufelprofilierung am Austritt

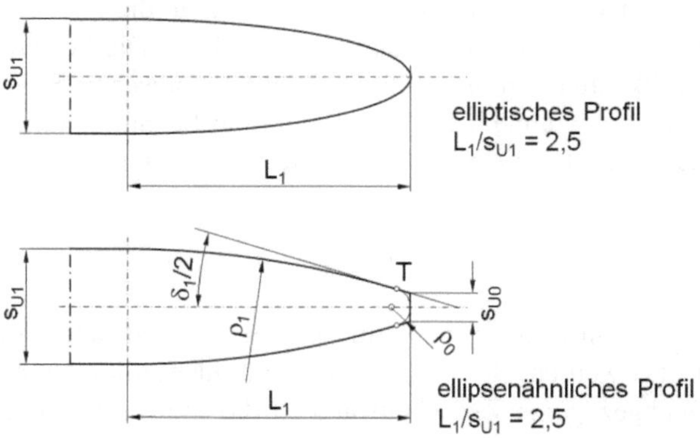

Abb. 3.44 Schaufelprofilierung am Eintritt

Damit kann man aufwendige Nacharbeit vermeiden und behält dennoch die Möglichkeit, später evtl. korrigierend auf die Förderhöhe einzuwirken. Wegen des großen Einflusses der Austrittswinkel auf die Förderhöhe ist es ratsam, einheitliche Richtlinien für die Profilierung des Schaufelaustritts festzulegen. Eine Möglichkeit dazu bieten die Angaben in Abb. 3.43.

M. Schaufelprofilierung am Eintritt Sehr gut geeignet für die Eintrittsprofilierung der Laufschaufeln sind – wie übrigens auch bei der Profilierung von Leitschaufeln und Spiralzungen –elliptische Profile verschiedener Proportionen. (Hierzu Abb. 3.44). Bei der Auswahl spielen mehrere Aspekte eine Rolle: Mit einer „schlanken" Profilierung mit kleinem Nasenradius ρ_0 erhält man im relativ engen Bereich „stoßfreier" Schaufelanströmung geringere Übergeschwindigkeiten und Druckabsenkungen an der Profilnase und somit niedrigere Haltedruckhöhen (*NPSH*). Mit zunehmender „stoßhafter" Anströmung nehmen allerdings Übergeschwindigkeit und Druckabsenkung relativ rasch zu. Solche schlanken Profile wählt man für Räder, bei denen in einem genau definierten Betriebspunkt eine niedrigstmögliche Haltedruckhöhe erreicht werden soll (z. B. Inducer). Sie setzten in der Anströmung ein sehr gut ausgeglichenes Geschwindigkeitsprofil voraus und sind daher für Pumpen mit seitlicher Zuströmung ungeeignet. Unter „schlanken" Profilen sind solche mit einem Schlankheitsgrad von $L_1/s_{U1} \approx 4 \div 6(8)$ zu verstehen. Mit einer „fülligen" Profilierung erreicht man einen größeren ablösungsfreien Anströmwinkel-Bereich. Hier wählt man das Verhältnis $L_1/s_{U1} \approx 2 \div 3{,}5$. Übergeschwindigkeit und Druckabsenkung sind bei fülligen Profilen im Auslegungsbereich größer als bei schlanken Profilen. Bei Standardpumpen und Pumpen für verschleißende Fördermedien wählt man vorzugsweise diese Profilierung. Bei Pumpen zur Förderung von faserhaltigen Medien (Abwasserpumpen) kommen in Verbindung mit dicken Schaufeln noch fülligere Profile, z. B. $L_1/s_{U1} \approx 1 \div 1{,}5$ zum Einsatz. Es ist aber auch hier stets ein elliptisches bzw. ellipsenähnliches Profil anzustreben.

In der Praxis wird die Ellipse häufig durch eine Näherung mit zwei Radien ersetzt. Die Abweichung von einer „echten" Ellipse nimmt dabei zu mit dem Schlankheitsgrad der Profilierung, weil der Unterschied der beiden Radien – und damit die Unstetigkeit am Übergangspunkt T – zunimmt. Bei asymmetrischer Profilierung kann die Näherungskonstruktion von Nutzen sein, wenn die Schaufeln mit Hilfe der KAPLAN'schen Methode entwickelt werden. In Tab. 3.7 sind die Näherungsradien von ellipsenähnlichen Profilen verschiedener Proportionen zusammengestellt.

Tab. 3.7 Empfohlene Proportionen für ellipsenähnliche Profile

L_1/s_{U1}	1	1,5	2	2,5	3	3,5	4	5
ρ_0/s_{U1}	0,320	0,239	0,194	0,165	0,145	0,130	0,118	0,100
ρ_1/s_{U1}	1,694	3,416	5,680	8,478	11,805	15,657	20,032	30,340
$\delta_1/2$ [°]	29,653	23,389	19,219	16,311	14,173	12,536	11,241	9,324
s_{U0}/s_{U1}	0,372	0,314	0,276	0,248	0,226	0,208	0,194	0,171

Dabei wurde der Nasenradius ρ_0 willkürlich festgelegt nach der Formel

$$\rho_0 = \frac{0{,}32 s_{U1}}{(L_1/s_{U1})^{0{,}72}}. \tag{3.96}$$

Einen Zusammenhang zwischen den Krümmungsradien bei gegebenem Schlankheitsgrad L_1/s_{U1} findet man aus der Gleichung

$$\rho_1 = \frac{{L_1}^2 - 2L_1\rho_0 + (s_{U1}/2)^2}{2(s_{U1}/2 - \rho_0)}. \tag{3.97}$$

Der Tangentenwinkel am Übergangspunkt T der beiden Radien beträgt dabei

$$\delta_1/2 = \arcsin\left(\frac{L_1 - \rho_0}{\rho_1 - \rho_0}\right) \tag{3.98}$$

und die Schaufelstärke s_{U0} bei eckig gedachter Profilnase

$$s_{U0} = 2\rho_0 \tan\left(\frac{90 - \delta_1/2}{2}\right) \tag{3.99}$$

Bei gleichem Schlankheitsgrad L_1/s_{U1} und unterschiedlich gewählten Schaufelstärken s_{U1} (z. B. an der inneren und äußeren Stromlinie) ergeben sich entsprechend unterschiedliche Werte für L_1, s_{U0}, ρ_0 und ρ_1, während der Tangentenwinkel $\delta_1/2$ logischerweise stets gleich bleibt.

Die Konstruktion der Schaufeln mit den berechneten geometrischen Daten wird in Kap. 3.16 beschrieben.

N. Der Eintrittsquerschnitt Der „richtig“ dimensionierte Eintrittsquerschnitt des Schaufelkanals ist wichtiger als die Schaufeleintrittswinkel. Zur Überprüfung des Eintrittsquerschnittes wird die aus ihm mittels der Kontinuitätsgleichung errechnete Geschwindigkeit $w_1{}^*$ mit der Relativströmung w_0 am Profilstaupunkt verglichen. (Mit Stern „*“ gekennzeichnete Größen beziehen sich hier auf den Schwerpunkt der Querschnittsfläche des Schaufelkanaleintritts). Das Verhältnis dieser Geschwindigkeiten soll

$$w_1{}^*/w_0 \approx 0{,}80 \div 0{,}85 \tag{3.100}$$

betragen. Es ist unabhängig von der Schaufelzahl, dem Nabenverhältnis und der Lage der Schaufeleintrittskante bzw. des Eintrittsquerschnitts im Raum.

Den Eintrittsquerschnitt $A_1{}^*$ kann man sich vorstellen als die Fläche, die eine von der Eintrittskante einer Schaufel zur Saugfläche der vorangehenden Schaufel gespannte Seifenhaut einnimmt. Sie bildet im allgemeinen Fall eine räumlich gekrümmte Fläche, die längs ihrer Berührungslinie (Fußpunktlinie) auf der Saugfläche der vorangehenden Schaufel senkrecht steht. In Abb. 3.45a ist sie durch die

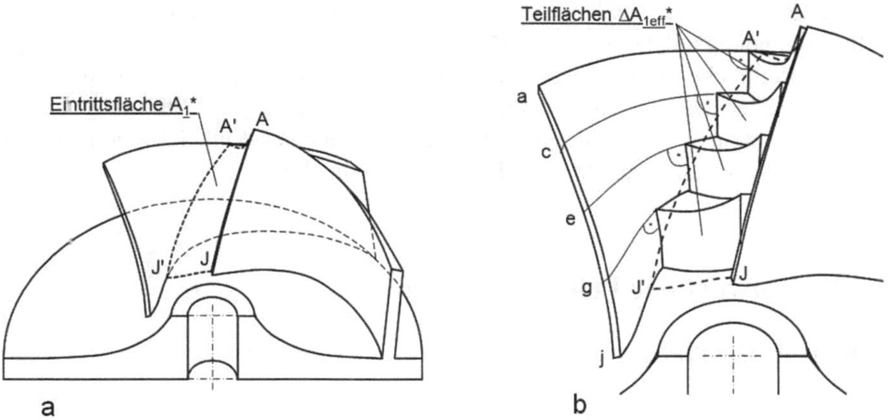

Abb. 3.45 **a** Eintrittsfläche A_1*, **b** Eintritts-Teilflächen A_{1eff}*

Punkte $J' - A' - A - J$ gekennzeichnet. Sie bildet ersichtlich *keine* Normale zur Strömung. Ihre Lage und Größe hängen ab von der Lage der Eintrittskante und von der Geometrie der Fläche der vorangehenden Schaufel. Zur Ermittlung der Geschwindigkeit w_1* ist jedoch eine Fläche *normal* zur Hauptströmung erforderlich. Diese „effektive" Eintrittsfläche A_{1eff}* muss aus der Eintrittsfläche A_1* abgeleitet werden. Sie stellt die Projektion der Eintrittsfläche – gesehen in Strömungsrichtung – dar. Sie wird begrenzt durch die beiden Laufradwände und durch Normalen zu den Stromlinien auf den Schaufelflächen, wie aus Abb. 3.45b ersichtlich, wo die Verhältnisse für vier Teilströme dargestellt sind. Wir erhalten die Eintrittsfläche A_{1eff}* angenähert in wahrer Größe, wenn wir sie aus ihrer räumlichen Lage heraus in die Zeichenebene klappen. Mit ihr finden wir dann

$$w_1{}^* = \frac{V_{stfr}}{A_{1eff}*}. \tag{3.101}$$

Da sich die Relativgeschwindigkeit mit dem Abstand von der Achse und damit über der Schaufeleintrittskante ändert, muss mit Teilströmen und daraus gebildeten Mittelwerten gerechnet werden. Man unterteilt dazu den Volumenstrom – wie auch schon bei der Berechnung der Schaufelwinkel praktiziert – in mehrere Teilströme. Es empfiehlt sich jedoch, die Anzahl der Teilströme höher zu wählen als dort, um die Genauigkeit zu steigern, denn diese nimmt zu mit der Anzahl der Teilströme. Es sollten wie in der Abbildung mindestens 4 Teilströme gewählt werden. Die aus ihnen berechneten mittleren Geschwindigkeiten werden zu den Relativgeschwindigkeiten auf den zugehörigen Zwischenstromlinien an der Schaufeleintrittskante ins Verhältnis gesetzt. Aus den Ergebnissen wird das arithmetische Mittel gebildet.

Das Vorgehen zur konstruktiven Bestimmung der Eintrittsfläche A_{1eff}* wird detailliert in Kap. 3.17 beschrieben.

Anmerkung Die Verwendung des engsten Querschnitts zur Beurteilung der Eintrittsgeschwindigkeit beruht auf einer Näherung und enthält die Vereinfachung, dass die räumliche Fläche aus ebenen Teilflächen zusammengesetzt wird, die folglich nicht über dem gesamten Eintritt normal zur (räumlichen) Strömung ausgerichtet sein können. Der Fehler ist jedoch gering; bei einer Winkelabweichung von 10°, die jedoch kaum erreicht wird, beträgt er maximal etwa 1,5 %.

3.10 Entwurf der Leitvorrichtung

3.10.1 Allgemeines

Bei der Leitvorrichtung – sowohl beim Spiralgehäuse als auch beim beschaufelten Leitrad und beim unbeschaufelten Leitring – hat sich die Berechnung auf Grundlage der Potenzialströmung bewährt [2, 19–21]. Untersuchungen [22] haben gezeigt, dass sich die Strömung in Spiralen weitgehend nach den Gesetzen idealer Flüssigkeiten vollzieht. In Verbindung mit Abschn. 3.8 lässt sich daraus schließen, dass das Stoßverlustminimum der Spiralströmung sehr genau mit dem Berechnungsvolumenstrom V_L ohne jegliche Korrektur zusammenfällt. Weitere Untersuchungen [11] ergaben, dass diese Gesetzmäßigkeit auch weitgehend für das beschaufelte Leitrad zutrifft. Die Vorstellung von der Potenzialströmung im Leitapparat bezieht sich beim Spiralgehäuse auf den Teil, dessen Querschnitt sich mit dem Entwicklungswinkel entsprechend der Zunahme des Volumenstromes bis zum Endquerschnitt erweitert. Beim Leitrad entspricht dies den sog. „Schrägabschnitten". In diesen zum Laufrad hin offenen Räumen ist die Strömung als „freie" Strömung zu betrachten. An diese offenen Räume schließen sich bei der Spirale der Druckstutzen und beim beschaufelten Leitrad der Diffusorkanal an. Hier gelten dann die Gesetze der Rohrströmung (Kontinuitätsbedingung und BERNOULLI-Satz).

Theoretische Grundlagen Der Berechnung von Leitvorrichtungen liegt die Annahme einer Wirbelquelle zu Grunde, die sich aus dem Volumenstrom als Quellströmung und dem Drall hinter dem Laufrad als Potenzialwirbel zusammensetzt. Das Strömungsfeld wird dabei als homogen und symmetrisch über dem Laufradumfang angenommen. Zwischen seitlichen Begrenzungswänden besteht das Strömungsfeld aus einer Schar von spiralig verlaufenden Stromlinien (s. Abb. 3.46a). Führt man eine Schar von Stromlinien, die der Anzahl der Spiralzungen bzw. der Leitschaufeln entspricht, materiell aus, erhält man die Spiral- bzw. Leitschaufelkontur, die die Querschnitte abhängig vom Entwicklungswinkel liefert (Abb. 3.46b). Die Querschnitte zählen ab dem Durchmesser $D_{4,St}$, auf dem der Verzweigungs- oder Staupunkt S liegt. Die gesamte Druckumsetzung in der Leitvorrichtung beruht einmal auf der Geschwindigkeitsabnahme mit zunehmendem Abstand von der Achse im spiraligen Raum hinter dem Laufrad entsprechend dem Flächen- oder Drallsatz ($r\,c_u$=const) und zum anderen auf

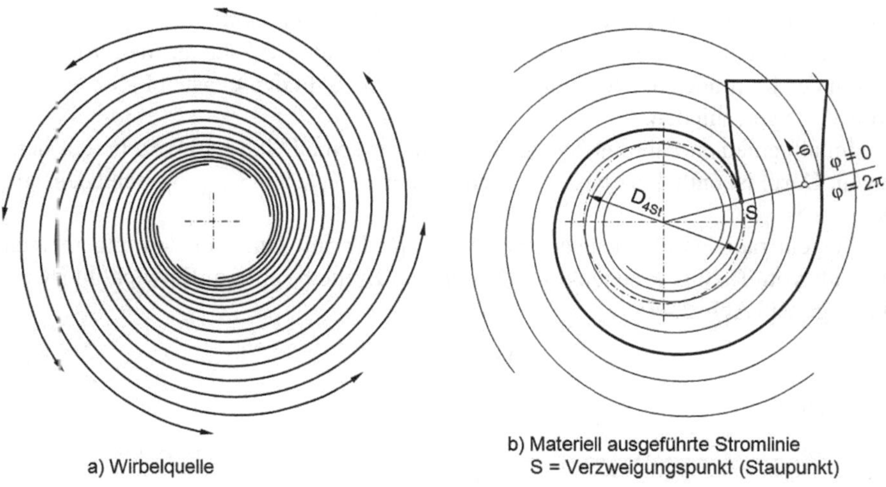

Abb. 3.46 Entwicklung der Leitvorrichtung (hier Spirale)aus einer Wirbelquelle

der Verzögerung der Strömung im Druckstutzen der Spirale bzw. in den divergierenden Leitschaufelkanälen des Leitrades, die als Diffusoren wirken. Der Druckanstieg nach Drallsatz hängt ab von der radialen Ausdehnung der Spirale bzw. des Schrägabschnittes des Leitrades. Da die radiale Ausdehnung bei Spiralgehäusen von Pumpen mit niedriger spezifischer Drehzahl und bei beschaufelten Leiträdern relativ gering ist, ist auch der Druckanstieg hier anteilmäßig gering und der Ausbildung des Druckstutzens bzw. des Diffusorkanals kommt in diesen Fällen erhöhte Bedeutung zu. Beim Eintritt der Strömung in den Druckstutzen bzw. in den Diffusor geht die freie Drallströmung über in eine Rohströmung. Beim unbeschaufelten Leitring fehlt dieser Rohrdiffusor.

Der Leitapparat wird berechnet mit dem Leitapparatvolumenstrom V_L und der Drallkonstante K_L. Der Leitapparatvolumenstrom enthält die Spaltverluste, die als Kurzschlussströme zusätzlich zum Nutzförderstrom durch den Leitapparat fließen. Sie setzen sich zusammen aus dem Entlastungsvolumenstrom bei Sammelentlastung des Axialschubes, der auch vom Laufrad mitgefördert wird und dem Spaltverlust am Stufengehäuse mehrstufiger Pumpen – ebenfalls bei Sammelentlastung – der nicht durch das Laufrad fließt, sondern im hinteren Radseitenraum direkt in das Leitrad gelangt. Bei einstufigen Pumpen – sowohl mit als ohne Leitrad – fehlt dieser Spaltverlust. Zusätzlich werden gemäß Kap. 3.8 beim Leitapparatvolumenstrom Korrekturen berücksichtigt, die sich zur Kompensation des Einflusses des nach besonderen Gesichtspunkten gewählten Laufradvolumenstromes stoßfreien Eintrittes ergeben sowie zur Kompensation des Einflusses von erhöhten hydrodynamischen Verlusten, wie sie beispielsweise bei Leiträdern mit Umführung auftreten. Der Wert der Drallkonstanten K_L ergibt sich dann aus der theoretischen Förderhöhe, die vom Laufrad erzeugt wird bei demjenigen Volumenstrom $V_{U,L}$, der im Laufrad beim Leiradvolumenstrom V_L fließt. Die Drallkonstante K_L unterscheidet sich also in der Regel von der Drallkonstanten K_3, die auf den Volumenstrom des Laufrades im Bestpunkt $V_{U,opt}$ bezogen ist. In den meisten Fällen ist $V_{U,L}$ von $V_{U,opt}$ verschieden.

Im allgemeinen Fall eines Vordralls ist dieser gemäß Gl. (3.104) zu berücksichtigen. Darin ist enthalten, dass – gemäß Obigem – $V_{U,L}$ von $V_{U,opt}$ verschieden sein kann.

Für ein radiales Flächenelement $dA = b(R)\,dR$, mit einer für den allgemeinen Fall als vom Radius R abhängig angenommen Breite b, gilt am Entwicklungswinkel φ gemäß Abb. 3.47:

$$dV(\varphi) = c_u\,dA. \tag{3.102}$$

Nach Drallsatz ist

$$c_u = \frac{K_L}{R}, \tag{3.103}$$

gebildet aus dem am Leitapparat-Eintritt herrschenden Drall

$$K_L = \frac{gH_{th,L}}{\omega} + K_0\frac{V_{U,L}}{V_{U,opt}}. \tag{3.104}$$

Nun ist

$$dV(\varphi) = \frac{K_L}{R} b(R)\,dR \tag{3.105}$$

oder

$$V(\varphi) = K_L \int\limits_{(R)} \frac{b(R)}{R}\,dR \tag{3.106}$$

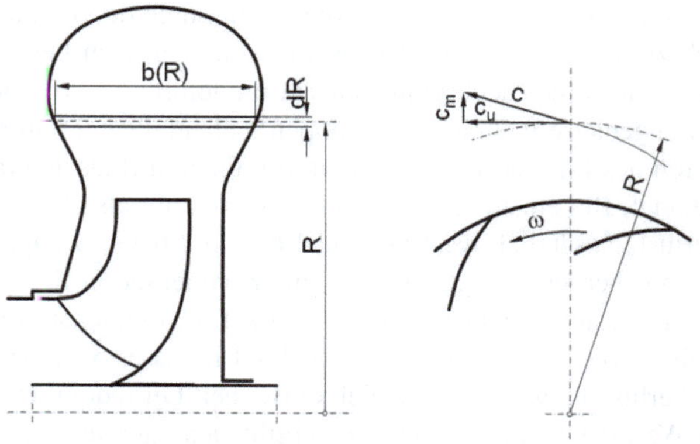

Abb. 3.47 Herleitung der Querschnittsentwicklung aus dem Drallsatz

bzw.

$$\int_{(R)} \frac{b(R)}{R}\,dR = \frac{V(\varphi)}{K_L}. \tag{3.107}$$

Für die volle Spirale gilt $V = V_L$, weil dann $\varphi = 360°$ ist. Mit Gl. (3.107) bedeutet das, dass eine gegebene Leitvorrichtung für alle V_L und K_L passt, deren Verhältnis dem Wert des Integrals entspricht. In Abb. 3.48 ist das Verhältnis V_L/K_L als „Leitapparatkennlinie“ oder „Leitapparat-Gerade“ dargestellt, die stets vom Ursprung durch den Punkt $(V_L; H_{th,L})$ verläuft.

Reale Ausführung Für die bisherige theoretische Betrachtung wurde von materiell ausgeführten Stromlinien als Begrenzung der Spiralkontur bzw. der Leitschaufeln ausgegangen. Das setzte am Verzweigungspunkt der Strömung die Zungen- bzw. Schaufelstärke null voraus. Da die Spiralzunge(n) bzw. die Leitschaufeln jedoch materiell, also mit einer gewissen Stärke ausgeführt werden müssen, treten in diesen Bereichen Abweichungen von der ideellen Kontur auf (s. Abb. 3.49a); dadurch ist die gleichmäßige, umfangssymmetrische Abströmung vom Laufrad im Zungenbereich gestört. Im unmittelbaren Einflussbereich des Staupunktes muss die Strömung ausweichen und erfährt unter Druckabsenkung örtlich eine Übergeschwindigkeit. Dabei können Rückströmungen ins Laufrad stattfinden, da die Querschnitte des Leitapparates zunächst negativ werden, bevor sie anwachsen. Somit ist es – genau betrachtet – nicht möglich, eine reale Spirale oder ein Leitrad *exakt* gemäß dem Drallsatz auszuführen. Das Ausmaß dieser Störung der gleichmäßigen, umfangssymmetrischen Abströmung hängt ab von der Zungen- bzw. Schaufeldicke s_L und von der Lichtweite a_4' des Spiralendquerschnittes bzw. des Leitrad-Schrägabschnittes (gemessen ab dem Staupunkt), ausgedrückt durch das Verhältnis s_L/a_4'. Außerdem hängt es ab vom – ebenfalls auf die Lichtweite bezogenen – Abstand zwischen der Zunge- bzw. den Leitschaufelspitzen und dem Laufrad, ausgedrückt durch das Verhältnis $(D_4 - D_2)/a_4'$. Zur Erläuterung s. Abb. 3.49a. Die Störung der Strömung klingt mit dem Abstand vom Staupunkt – also von der Profilnase – sehr

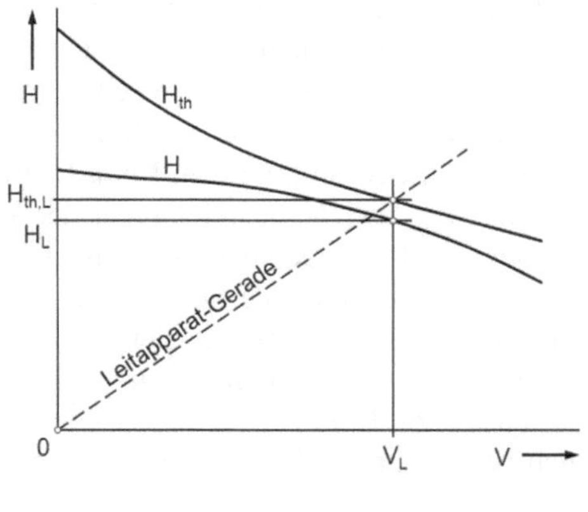

Abb. 3.48 Die Leitapparat-Gerade

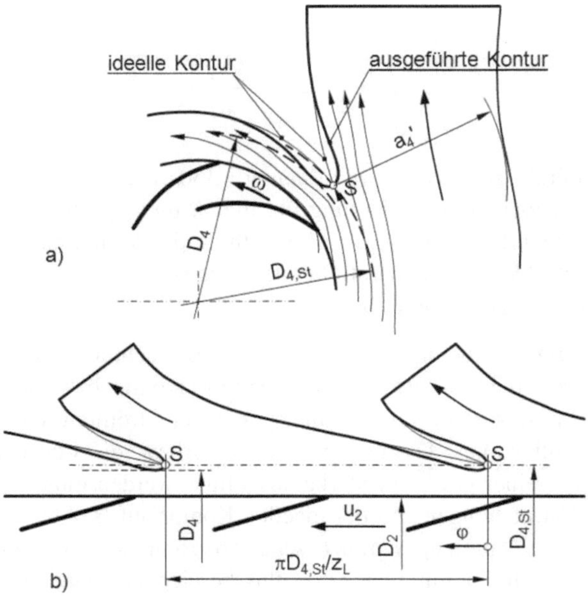

Abb. 3.49 Anströmung der Spiralzunge bzw. der Leitschaufelspitzen bei realer Profilierung. **a** In unmittelbarer Nähe der Spiralzunge (bzw. Leitschaufelspitze) werden die Stromlinien abgedrängt. **b** Konforme Abbildung

schnell ab. Die Störung wird durch Einhaltung eines Mindestabstandes zwischen Laufrad und Leitapparat berücksichtigt. Eine weitere Berücksichtigung der Profilierung bei der Berechnung des Leitapparates ist nicht erforderlich. Ein negativer Einfluss auf den Wirkungsgrad besteht, außer bei extrem dicken Profilen, kaum. (Die Ursache hierfür ist nicht primär in der dicken Zunge bzw. Leitschaufel begründet, sonder eher darin, dass infolge der größeren Dicke höhere Geschwindigkeiten mit entsprechend höheren Reibungs- und Verzögerungsverlusten im anschließenden Druckstutzen bzw. Leitschaufelkanal auftreten).

Eine weitere Störung der gleichmäßigen, umfangssymmetrischen Abströmung vom Laufrad tritt auf bei Spiralen und beschaufelten Leiträdern beim Betrieb im Teil- und Überlastbereich. Wie schon früher erwähnt, sind im Leitapparat – wie übrigens auch im Laufrad – optimale Strömungsverhältnisse nur bei einem einzigen Volumenstrom möglich. Beim Laufrad ist das der Volumenstrom stoßfreien Eintritts V_{stfr} und beim Leitapparat der Volumenstrom V_L. Bei diesen Volumenströmen sind die Geometrien optimal an die Strömung angepasst; hier treten keine bzw. nur minimale Stoßverluste auf und die Abströmung und Druckverteilung hinter dem Laufrad ist ziemlich gleichmäßig. Bei abweichenden Volumenströmen müssten die Geometrien verändert werden, was aber bei Pumpen, die im Gegensatz zu Turbinen normalerweise nicht regelbar sind, ausscheidet. Die nun nicht mehr „passenden" Geometrien üben eine Wirkung auf die Strömung aus.

Die Strömung versucht, sich den gegebenen Verhältnissen anzupassen, wobei sich ihr Staupunkt verlagert und die Profilnase der Spiralzunge(n) bzw. der Leitschaufeln unter weiterer Störung der gleichmäßigen, umfangssymmetrischen Laufrad-Abströmung mehr oder weniger stark umströmt wird (s. Abb. 3.50). Interessant dabei ist, dass bei der Umströmung „dicker" Profile die Symmetrie zwar mehr gestört wird, die Verluste jedoch meist geringer sind, da dicke Profile größere Richtungsänderungen der Anströmung vertragen und somit die Ablöseneigung und damit die „Stoßverluste" der Strömung schwächer sind. Man erkennt das daran, dass der Wirkungsgrad bei Pumpen mit dicken Profilen über dem Volumenstrom flacher verläuft und die Austauschverluste bei Schwachlast geringer sind, was sich in einer vergleichsweise geringeren Leistungsaufnahme und einer größeren Förderhöhe in diesem Bereich äußert. Hierzu Abb. 3.51. Die Störung der Umfangssymmetrie kann auch am Verlauf der Radialkräfte über dem Förderstrom beobachtet werden. Hierzu Kap. 3.15.

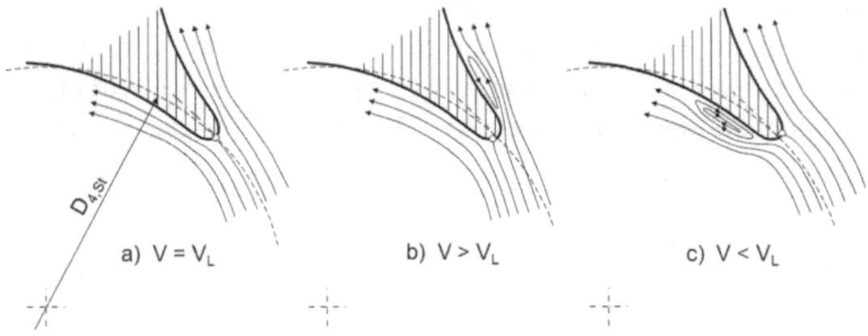

Abb. 3.50 Anströmung der Spiralzunge bzw. der Leitschaufelspitze beim Berechnungsvolumenstrom V_L sowie bei Überlast ($V > V_L$) und Teillast ($V < V_L$)

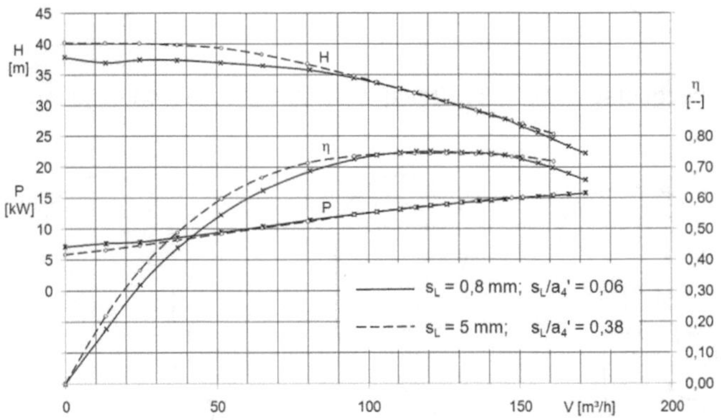

Abb. 3.51 Einfluss der Leitschaufelprofilierung auf Förderhöhe, Wirkungsgradverlauf und Leistungsaufnahme bei Teil- und Überlast. Leitradpumpe $n_q = 21$. (Nach [11])

Nach Vorstehendem ist erklärlich, dass beim Passieren der Laufschaufeln an der (den) Spiralzunge(n) bzw. den Leitschaufeln Übergeschwindigkeiten und Druckpulsationen auftreten, die bei großen Förderhöhen und besonders bei Teillast zu Geräuschen, Schwingungen und sogar Materialzerstörung führen können. Es ist daher erforderlich, einen Mindestabstand einzuhalten, der vom Fördermedium, der Lichtweite des Leitapparates sowie von der Schaufelzahl des Laufrades und der Förderhöhe abhängt.

Überraschend ist, dass die Berechnung des Leitapparates auf der Grundlage der Potenzialströmung trotz dieser konstruktiv bedingten Einschränkungen zuverlässig durchgeführt werden kann.

3.10.2 Spiralgehäuse

Spiralgehäuse werden mit verschiedenen Querschnittsformen konzipiert (Abb. 3.52). Im Wesentlichen findet man trapezähnliche Querschnitte, Kreisquerschnitte und Rechteckquerschnitte. Meist werden die Spiralquerschnitte „symmetrisch" ausgeführt. In einem symmetrischen Gehäuse kann sich der Doppelwirbel, der sich bei Krümmerströmungen stets ausbildet (Abb. 3.52d) und für die Spiralströmung als

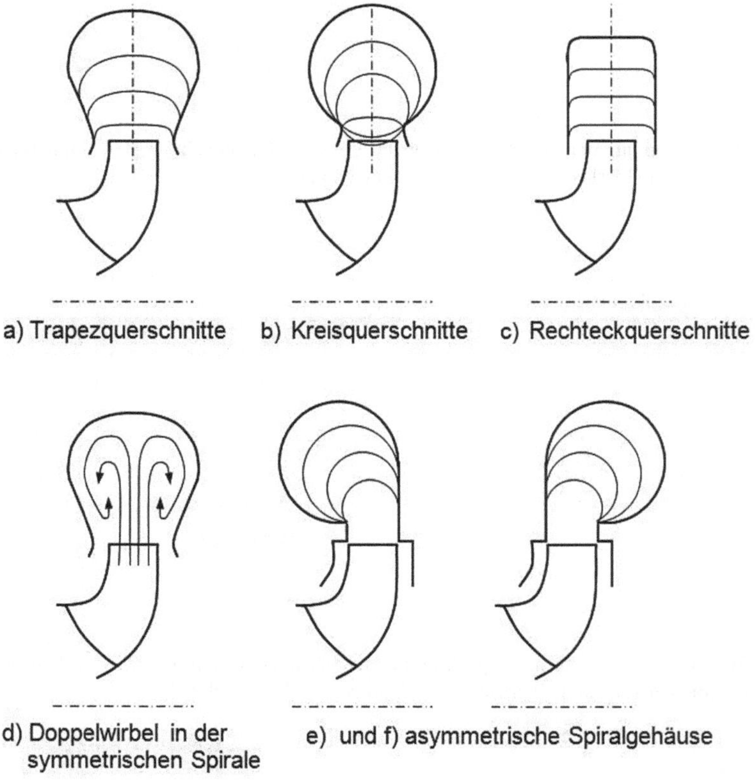

Abb. 3.52 Verschiedene Querschnittsformen

positiv zu bewerten ist, gut entwickeln. Daneben findet man – meist aus konstruktiven Gründen – gelegentlich asymmetrisch angeordnete Spiralquerschnitte. Bei ihnen wird die Ausbildung des Doppelwirbels behindert, was sich prinzipiell etwas negativ auf den Wirkungsgrad auswirken kann.

Grundkreis Aus konstruktiven und Gründen des Wirkungsgrades ist man bemüht, den Abstand der Spiralzunge(n) vom Laufrad nicht größer als notwendig auszuführen. Andererseits ist ein Mindestabstand erforderlich, um örtliche Übergeschwindigkeiten und Druckpulsationen in Grenzen zu halten, wie bereits erwähnt. Der die Spiralzunge(n) tangierende Grundkreis mit dem Durchmesser D_4 wird deshalb folgendermaßen bemessen:

- Für Pumpen zur Förderung von sauberen Flüssigkeiten und Suspensionen nach

$$D_4 = D_2\left(1 + \frac{0{,}16a_4'}{D_2} + \frac{0{,}15}{z_U} + 7\cdot 10^{-5}H_{opt}\right). \qquad (3.108)$$

  Wird die darin enthaltene Lichtweite durch die ausreichende Näherung

$$a_4' \approx \frac{0{,}011\,n_q D_2}{z_L}, \qquad (3.109)$$

  berücksichtigt, kann auch geschrieben werden

$$D_4 = D_2\left(1 + \frac{0{,}00176\,n_q}{z_L} + \frac{0{,}15}{z_U} + 7\cdot 10^{-5}H_{opt}\right). \qquad (3.110)$$

- für Pumpen zur Förderung von Abwasser und anderen grobe Feststoffe enthaltenden Flüssigkeiten wählt man den Zungenabstand wegen der größeren Zungenstärke zu

$$D_4 = D_2\left(1 + \frac{0{,}16\,a_4'}{D_2} + \frac{0{,}4}{z_U} + 7\cdot 10^{-5}H_{opt}\right) \qquad (3.111)$$

  bzw.

$$D_4 = D_2\left(1 + \frac{0{,}00176\,n_q}{z_L} + \frac{0{,}4}{z_U} + 7\cdot 10^{-5}H_{opt}\right) \qquad (3.112)$$

In den Gln. (3.108) und (3.110) bis (3.112) ist für D_2 der maximal vorkommende Laufraddurchmesser zu wählen; H_{opt} ist in [m]. einzusetzen Mit a_4' wird gemäß Abb. 3.49a die auf den Staupunkt bezogene Lichtweite bezeichnet.

Zungenstärke und -Profilierung Die Stärke s_L von Spiralzungen wählt man ebenfalls abhängig von der Lichtweite a_4' des Endquerschnittes. Damit wird erreicht, dass in diesem Bereich vergleichbare Strömungsverhältnisse herrschen. Bei der Wahl von s_L muss natürlich auch wieder die Beschaffenheit des Fördergutes berücksichtigt werden. Man wählt (alle Maße in [mm]) zweckmäßig für saubere Fördermedien $s_L = 0{,}05a_4' + 5$ (3.113)

für abrasive Fördermedien $s_L = 0{,}06a_4' + 25$ (3.114)

für Abwasser mit groben Feststoffen $s_L = 0{,}08a_4' + 50$ (3.115)

Es empfiehlt sich, die Profilierung so auszuführen, dass die Kontur der ideellen Spiralzunge beidseitig mit Material belegt wird. Man wählt dazu ein aus zwei Radien zusammengesetztes ellipsenähnliches Profile (s. Abb. 3.53). Gute Verhältnisse bekommt man mit dem Verhältnis $s_L/L_4 = 1$ und einem gewählten Hauptscheitelradius von $\rho_3 = 0{,}32 \cdot s_L$, mit dem eine gute Annäherung an eine „echte“ Ellipse erreicht wird. Der Nebenscheitelradius ρ_4 ergibt sich dabei zu $\rho_4 = 1{,}6944 s_L$ nach der Formel

$$\rho_4 = \frac{L_4{}^2 - 2L_4\rho_3 + (s_L/2)^2}{2(s_L/2 - \rho_3)} \tag{3.116}$$

Man kann natürlich auch Profilierungen mit anderen Schlankheitsgraden wählen, wozu auf Tab. 3.7 und Gl. (3.96 ff) verwiesen sei.

Zungenwinkel Der Strömungswinkel α_4 an der Zunge ergibt sich theoretisch zu

$$\alpha_{4,th} = \arctan\left(\frac{V_L}{2\pi\, b_4\, K_L}\right) \tag{3.117}$$

Er ist wegen der gegenüber der Laufradaustrittsbreite deutlich größeren Breite der Spiralbasis wesentlich kleiner als der Abströmwinkel α_3 hinter dem Laufrad, der sich nach

$$\alpha_3 = \arctan\left(\frac{V_L}{2\pi\, b_2\, K_L}\right) \tag{3.118}$$

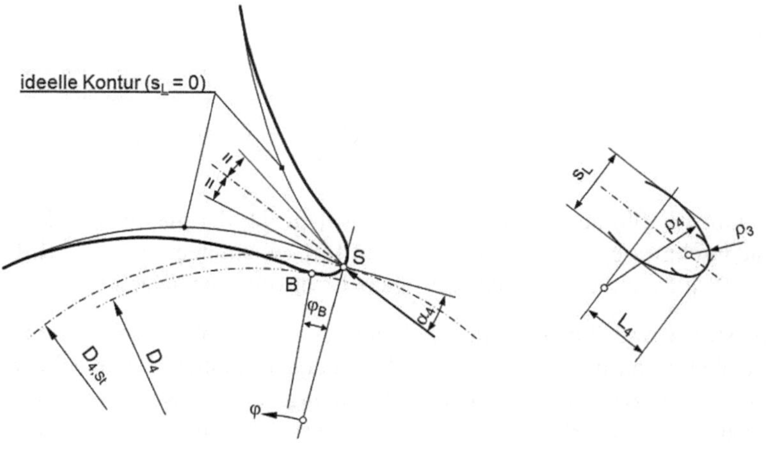

Abb. 3.53 Profilierung der Spiralzunge

berechnen lässt. Es ist jedoch fraglich, ob bzw. wie weit die Strömung auf die plötzliche Querschnittserweiterung reagiert. Denkbar ist, dass der Strömungswinkel in der Kernströmung weitgehend erhalten bleibt, weil die Strömung infolge des Sekundärwirbels in der Spirale und der Radseitenraumströmung wahrscheinlich nicht sofort die volle zur Verfügung stehende Breite einnimmt, sondern an den Seiten „Toträume" bildet. Es wird daher empfohlen, den Zungenwinkel α_4 gleich wie oder nur wenig kleiner als den Abströmwinkel α_3 auszuführen. Untersuchungen [23, 24] deuten darauf hin, dass der Zungenwinkel bei gut profilierter Zunge kaum einen merklichen Einfluss ausübt. Das geht auch daraus hervor, dass bei Doppelspiralen, bei denen man den Zungenwinkel für die äußere Teilspirale aus konstruktiven Gründen nur etwa halb so groß ausführen kann wie denjenigen der inneren Spirale, offenbar keine Nachteile entstehen.

Staupunktdurchmesser Der Durchmesser $D_{4,St}$, auf dem der Verzweigungs- oder Staupunkt S liegt, ergibt sich – mittels konformer Abbildung – in guter Näherung aus dem Durchmesser D_4 unter Berücksichtigung der Schaufelstärke s_L, dem Radius ρ_4 der Ellipsenhalbachse L_4 und dem Zungenwinkel α_4 aus der Gleichung

$$D_{4,St} = D_4 + 2[\rho_4 - L_4 \sin\alpha_4 - (\rho_4 - s_L/2)\cos\alpha_4] \tag{3.119}$$

Der Nasenradius ρ_3 erscheint in der Formel nicht direkt, da bei den üblichen Winkeln α_4 stets der Radius ρ_4 den Grundkreis berührt. Der Winkel φ_B des Berührungspunktes (Punkt B in Abb. 3.53) lässt sich über eine konforme Abbildung, wie z. B. in Abb. 3.49b mit guter Näherung berechnen zu

$$\varphi_B = \frac{360}{\pi D_4}[L_4 \cos\alpha_4 - (\rho_4 - s_L/2)\sin\alpha_4] \tag{3.120}$$

Wie weiter vorn bereits erwähnt, zählen die Querschnitte ab dem Durchmesser $D_{4,St}$. Das bedeutet, dass im Bereich der Profilierung die Querschnitte zunächst negativ werden. Besonders auffällig wird dies bei relativ dicken Profilierungen, wo die Abweichung von der ideellen Kontur über einen beträchtlichen Bereich des Spiralentwicklungswinkels φ auftritt. Bei mittlerer Zungendicke, z. B. nach Gl. (3.114), kann sich die Profilierung bis über einen Entwicklungswinkel $\varphi \approx 90°$ hinaus erstrecken.

Spiralgehäuse mit trapezähnlichen Querschnitten (Abb. 3.52a und 3.55a). Die Querschnittsflächen entwickeln sich zwischen konischen Rotationsflächen. Den Konuswinkel wählt man zweckmäßig zu

$$\gamma = 20° \div 30°.$$

Die Basisbreite b_4 am Basisdurchmesser $D_2{}^*$ kann in weiten Grenzen variiert werden. ($D_2{}^*$ wird bei axialer Montage des Laufrades als Durchmesser der Gehäusebohrung und damit etwas größer als der Laufraddurchmesser D_2 gewählt). Gute Proportionen erhält man mit

$$b_4 = (0{,}4 \div 0{,}7)d_{4'},$$

wobei bei Pumpen kleiner Abmessungen auch die Laufradaustrittsbreite b_2 und die Wandstärke s des Laufrades zu beachten sind, was durch die Nebenbedingung

$$b_4 \geq 1{,}4(b_2 + 2s)$$

berücksichtigt wird. Für den Übergang zu den konischen Rotationsflächen wählt man einen Radius von

$$r_4 = (0{,}3 \div 0{,}5)b_4.$$

Die äußere Begrenzung der Spiralquerschnitte setzt man aus Radien zusammen, die sich mit der Entwicklung der Spirale ändern (z. B. r_1 und r_2 in Abb. 3.55). Damit gelingt es, die Spiralquerschnitte so zu dimensionieren, dass ein harmonischer Übergang zum Quasi-Kreisquerschnitt des anschließenden Druckstutzens möglich ist. Durch die konischen Rotationsflächen ist theoretisch eine über dem Umfang gleichmäßige Abströmung vom Laufrad gewährleistet. Der Integralwert für $V(\varphi)/K_L$ muss nach Gl. (3.107) aus der Konstruktion gefunden werden. Man geht dabei so vor, dass man für verschiedene Radien $R(\varphi)$ eines Querschnittes jeweils das Verhältnis b/R bestimmt und daraus – evtl. grafisch – das Integral ermittelt, für das man dann rückwärts den zugehörigen Entwicklungswinkel errechnet. Der Volumenstrom $V(\varphi)$ ist linear vom Entwicklungswinkel φ abhängig, also $V(\varphi) = V_L \cdot \varphi°/360$.

Für die Konstruktion der Querschnitte ist die Kenntnis des Abstandes m der Schnittlinie der Kegelflächen von der Achse (s. Abb. 3.55a)

$$m = \frac{D_2{}^*}{2} - \frac{b_4/2 + r_4(1 - 1/\cos\gamma)}{\tan\gamma} \tag{3.121}$$

hilfreich.

Spiralgehäuse mit Kreisquerschnitten (Abb. 3.52b) Für Kreisquerschnitte kann man das Integral rechnerisch lösen. Nach [2] findet man abhängig vom Entwicklungswinkel den Querschnittsdurchmesser

$$d(\varphi) = \frac{\varphi°\, V_L}{360\,\pi\, K_L} + \sqrt{2D_{4,St}\frac{\varphi°\, V_L}{360\,\pi\, K_L}} \tag{3.122}$$

und für den Endquerschnitt

$$d_4{}' = \frac{V_L}{z_L\,\pi\, K_L} + \sqrt{2D_{4,St}\frac{V_L}{z_L\,\pi\, K_L}}. \tag{3.123}$$

(Dabei ist auf kohärente Einheiten zu achten) Mit $z_L = 1$ erhält man den Durchmesser des Endquerschnitts einer Einfachspirale. Die Berechnung von Spiralen mit Kreisquerschnitten ist einfacher als die bei Trapezquerschnitten. Kreisquerschnitte haben aber den Nachteil, dass ihre Durchmesser im Anfangsbereich der Spirale nicht exakt bestimmt werden können, wenn der Kreisdurchmesser noch unterhalb der Basisbreite der Spirale oder nur wenig darüber liegt. Außerdem ist infolge der sich ändernden Flankenwinkel die Abströmung vom Laufrad nicht ganz umfangssymmetrisch. Diese Nachteile sind allerdings nicht sehr erheblich. Die Basisbreite kann wie bei den trapezähnlichen Querschnitten ausgeführt werden; der Übergangsradius r_4 sollte kleiner als dort gewählt werden.

Die Unterschiede im Flächeninhalt von Trapez- und Kreisquerschnitten beim gleichen Entwicklungswinkel sind ziemlich gering. Deshalb kann man das aufwendige Integrieren bei den Trapezquerschnitten umgehen, indem man diese mit den Flächeninhalten äquivalenter Kreisquerschnitte ausführt. Näheres hierzu s. Berechnungsbeispiel in Kap. 4.2.

Der Durchmesser $d_4{}'$ des Endquerschnitt einer Einfachspirale mit Kreisquerschnitten nach Gl. (3.123) lässt sich gut als Ausgangsgröße zur Beurteilung oder Festlegung von Spiralgehäuse-Proportionen anderer Querschnittsformen verwenden.

Mit entsprechender Umformung von Gl. (3.123) findet man die zur Beurteilung gegebener Spiralgehäuse geeigneten Größen

$$K_L = \frac{V_L\left(D_{4,St}/d_4{}' + 1 + \sqrt{\left(D_{4,St}/d_4{}' + 1\right)^2 - 1}\right)}{\pi d_4{}'} \tag{3.124}$$

und

$$V_L = \frac{\pi\, K_L\, d_4{}'}{D_{4,St}/d_4{}' + 1 + \sqrt{\left(D_{4,St}/d_4{}' + 1\right)^2 - 1}}. \tag{3.125}$$

Spiralgehäuse mit Rechteckquerschnitten (Abb. 3.52c) Die Spiralquerschnitte entwickeln sich zwischen zwei parallelen Wänden und haben am Umfang eine achsparallele Begrenzung, so dass sich rechteckige Querschnitte ergeben. Diese Querschnittsform findet Anwendung in Spiralgehäusen mit meist kleinen Querschnitten, somit bei kleinen Baugröße und niedrigen spezifischen Drehzahlen oder auch bei nicht im Gießverfahren hergestellten Gehäusen. Infolge der parallelwandigen Begrenzung bilden die Stromlinien logarithmische Spiralen. Bezogen auf einen Anfangsradius $R_0 = D_{4,St}/2$ ergibt sich der Abstand $R(\varphi)$ der äußeren Begrenzung vom Mittelpunkt zu

$$R(\varphi) = R_0\, e^{\frac{\varphi^\circ V_L}{360 b_4 K_L}}. \tag{3.126}$$

Für den Endquerschnitt findet man die Radius-Differenz

$$R - R_0 = R_0\left(e^{\frac{V_L}{z_L b_4 K_L}} - 1\right), \tag{3.127}$$

Um gute Proportionen zu bekommen, sollte die Breite b_4 so gewählt werden, dass der Endquerschnitt eine etwa quadratische Form erhält. Das erreicht man bei Einfachspiralen, indem man die Breite mit etwa dem 0,9-Fachen des nach Gl. (3.123) berechneten Durchmessers des Endquerschnittes einer entsprechenden Spirale mit Kreisquerschnitten ausführt. Bei Doppelspiralen sollte die Breite etwas größer gewählt werden, damit beim Übergang zum Druckstutzen auch wieder ein etwa quadratisches Verhältnis erreicht wird.

Mehrfachspiralen Zur Reduzierung der Radialkräfte und oft auch aus Festigkeitsgründen werden Mehrfachspiralen – meist Doppelspiralen – ausgeführt. Sie können für gleiche (Abb. 3.54a), aber auch ungleiche Teilvolumenströme konzipiert werden (Abb. 3.54b). Ungleiche Teilvolumenströme haben praktische Vorteile, z. B. den, dass der Umführungskanal der äußeren Spirale kürzer und mit größerem Querschnitt ausgeführt werden kann, was aus gießtechnischen und hydrodynamischen Gründen erwünscht ist. Bei Pumpen mit radial nach oben gerichtetem Druckstutzen kann außerdem vermieden werden, dass nach dem Entleeren Fördergutreste zurückbleiben, was besonders bei Problemfördermedien anzustreben ist. Bei horizontalen mittengeteilten Pumpen kann mittels ungleicher Teilvolumenströme erreicht werden, dass sich die Spiralzunge der inneren Teilspirale nicht über die Mittenteilung ins Gehäuseoberteil fortsetzt, wodurch erheblicher Bearbeitungsaufwand eingespart werden kann. Angemerkt sei, dass sich bei ungleichen Teilspiralen die Radialkräfte zwar stark reduzieren, aber (auch theoretisch) nie ganz ausgleichen lassen, was jedoch selten einen Nachteil bedeutet. Auf den Wirkungsgrad wirken sich ungleiche Teilspiralen günstig aus. Die Festlegung der Teilvolumenströme, d. h. der Umschlingungswinkel der Teilspiralen ist mit der Schaufelzahl des Laufrades abzustimmen. Gleichzeitiger Durchgang von Schaufeln an den Spiralzungen ist zu vermeiden, um keine Druckpulsationen zu provozieren. Es sollte eine Winkeldifferenz von etwa 10° nicht unterschritten werden.

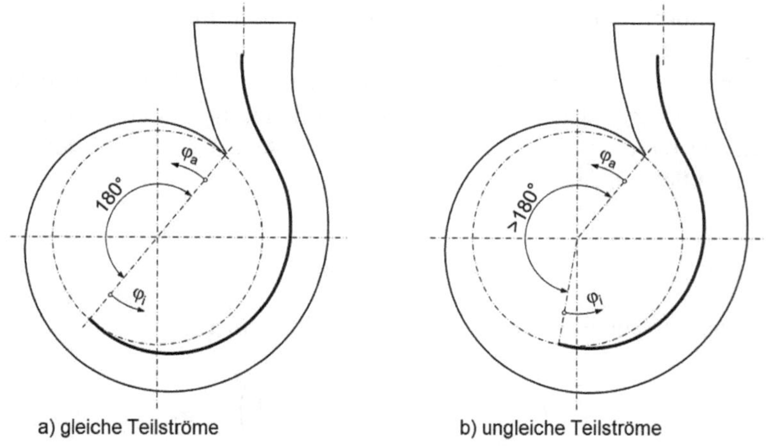

Abb. 3.54 Aufteilung der Teilströme bei Doppelspirale

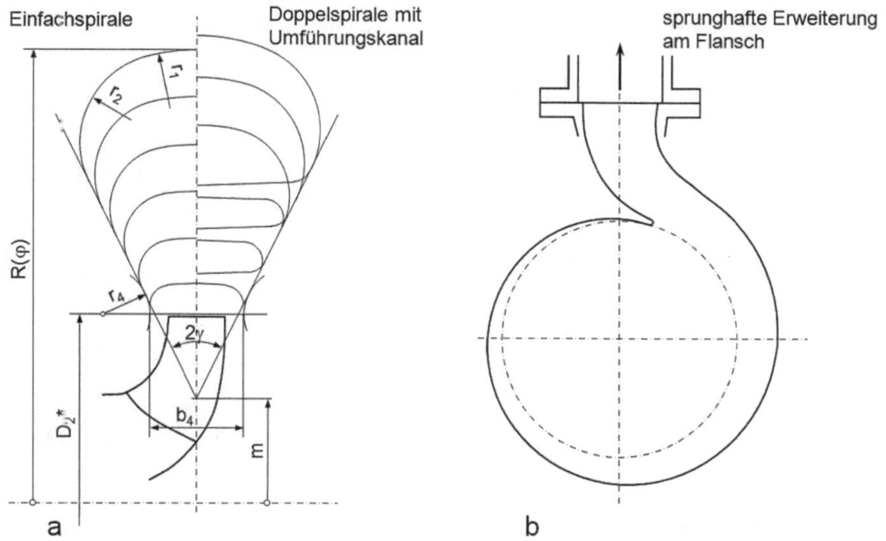

Abb. 3.55 a Einfach- und Doppelspirale mit trapezähnlichen Querschnitten. **b** Druckstutzen mit CARNOT-Erweiterung

Bei Mehrfachspiralen empfiehlt es sich, die Querschnitte so auszubilden, dass sich – von außen betrachtet – ähnliche Formen wie bei Einfachspiralen ergeben (Abb. 3.55a, rechte Bildseite). Gegenüber Kreisquerschnitten erzielt man mit Trapezquerschnitten für die innere Teilspirale eine hydrodynamisch günstige Querschnittsform.

Um die Strömungsverluste im Umführungskanal geringstmöglich zu halten, muss hier eine Verzögerung der Strömung, d. h. eine Querschnittserweiterung vorgenommen werden. Diese Querschnittserweiterung wählt man nach Abb. 3.56 und legt den Hauptanteil der Verzögerung in den vorderen Kanalbereich. Da es sich beim Umführungskanal um einen relativ stark gekrümmten Diffusor handelt, ist seine Dimensionierung sorgfältig vorzunehmen. Bei der Vermischung am Ende der Trennrippe stellen sich die Teilströme so ein, dass in ihnen Druckgleichheit herrscht. Das kann zu Abweichungen von den zu Grunde gelegten Teilvolumenströmen führen, weil die Druckverluste in ihnen unterschiedlich sind. Man gleicht das bei der Festlegung der Querschnitte am Ende der Trennrippe aus. Da im Umführungskanal der äußeren Spirale offenbar ein zusätzlicher Druckverlust entsteht, wählt man dessen Endquerschnitt so, dass hier eine etwas niedrigere Geschwindigkeit als bei der inneren Spirale herrscht, in der Annahme, dass dadurch der mutmaßliche Druckverlust durch zusätzliche Verzögerung ausgeglichen wird. Angaben über Druckverluste in Umführungskanälen sind nicht bekannt. Die Druckverluste können nicht hoch sein, da Doppelspiralen ähnlich gute Wirkungsgrade liefern wie Einfachspiralen. Bewährt hat sich die Aufteilung der Querschnitte am Ende der Trennrippe unter Zugrundelegung einer um 10 %

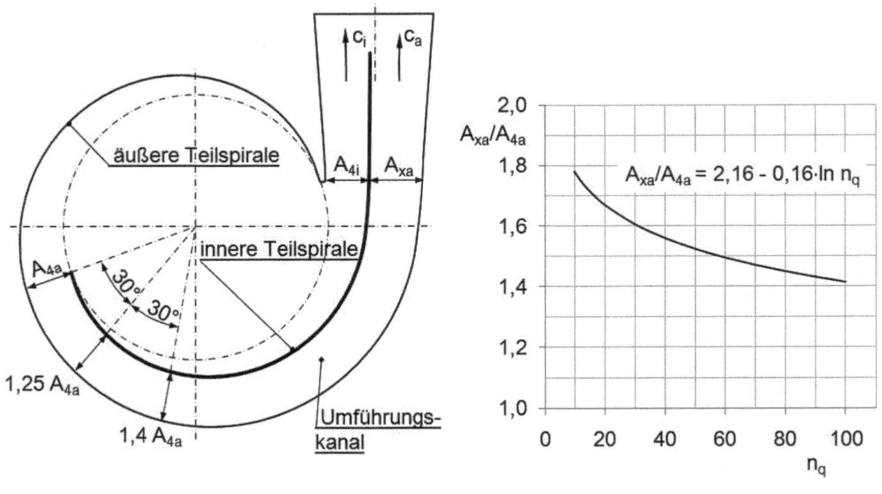

Abb. 3.56 Umführungskanal bei Doppelspirale

niedrigeren Geschwindigkeit des Teilvolumenstromes der äußeren Spirale gegenüber derjenigen der inneren Spirale.

Ausbildung des Druckstutzens Im der Spirale nachgeschalteten Druckstutzen wird die noch vorhandene kinetische Energie bis auf einen Rest, der zum Abtransport des Fördermediums notwendig ist, durch Verzögerung in Druck umgewandelt. Da der Anteil der kinetischen Energie am Eintritt in den Druckstutzen bis zu etwa 25 % der Gesamtenergie betragen kann, muss die Verzögerung möglichst verlustarm vollzogen werden. Hierfür gelten die in Kap. 2.9 angegebenen Richtlinien für Diffusoren. Wichtig ist, dass der für ein gegebenes Verzögerungsverhältnis maximal zulässige Erweiterungswinkel nicht überschritten wird, um für die Druckumsetzung schädliche Strömungsablösungen zu vermeiden. Ist die Diffusorlänge aus konstruktiven Gründen begrenzt, so ist es besser, nicht mit zu großem Winkel bis zum Endquerschnitt zu erweitern, sondern nur so weit, wie es der optimale Erweiterungswinkel zulässt, und einen Querschnittssprung in Kauf zu nehmen. Der damit verbundene CARNOT-Verlust ist meist geringer als der mögliche Verlust durch schlechte Druckrückgewinnung infolge Strömungsablösung durch zu starke Erweiterung (Abb. 3.55b).

Am günstigsten sind wider Erwarten nicht gerade Druckstutzen (Abb. 3.57a), sondern eher solche mit einer leichten Gegenkrümmung (Abb. 3.57b). Die Kröpfung wirkt der ungleichen Geschwindigkeitsverteilung am Stutzenanfang entgegen und baut den Doppelwirbel ab, so dass dessen Energie zum Teil rückgewonnen wird. Bei Serienpumpen werden häufig radiale, daher stärker gekröpfte Druckstutzen ausgeführt (Abb. 3.57c). Bei guter Dimensionierung können radiale Druckstutzen den leicht gekröpften gleichwertig sein. Bei Pumpen mit radial gerichteten Druckstutzen lassen sich die Stutzenkräfte gut auf die Gehäusefüße verteilen.

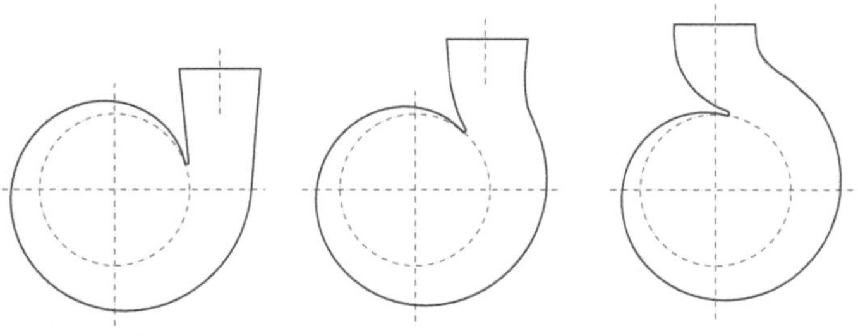

Abb. 3.57 Ausführungsformen von Druckstutzen

Richtwerte für die grobe Festlegung der Hauptabmessungen bei gekröpftem radialem Stutzen liefern die Diagramme in Abb. 3.58. Ausgangsgröße ist darin das Flächenverhältnis A_D/A_4' mit dem Druckstutzen-Endquerschnitt A_D und dem Spiralendquerschnitt A_4', das sich primär aus Konstruktion und Spiralberechnung ergibt. Hauptparameter ist mittelbar die spezifische Drehzahl durch das von ihr abhängige Verhältnis von Spiralquerschnitts-Weite zu Laufraddurchmesser. Die dimensionslosen Werte in den Diagrammen sind auf den Durchmesser d_4' des als Kreisquerschnitt gedachten theoretischen Spiralendquerschnittes für Einfachspiralen bezogen. Das in der Praxis vorkommende Verzögererungsverhältnis ist von der spezifischen Drehzahl insofern abhängig, als im oberen n_q-Bereich der Radialpumpen oft gar keine oder nur eine geringe Querschnittserweiterung vorgenommen wird. Das erklärt sich zum einen damit, dass bei höheren spezifischen Drehzahlen der Anteil der kinetischen Energie an der ohnehin meist niedrigen Förderhöhe geringer ist, man andererseits aus praktischen Erwägungen eine Geschwindigkeit im Stutzen von $c_D \approx 4$–5 m/s möglichst nicht unterschreitet und dadurch einen höheren relativen Anteil an Geschwindigkeitsenergie zulässt. Bei kleinem n_q können dagegen Erweiterungsverhältnisse bis $A_D/A_4' \approx 4$ vorkommen.

An Spiralgehäusen wurden zahlreiche Untersuchungen durchgeführt zur Beantwortung der Fragen,

- Welches Berechnungsverfahren die zuverlässigsten Ergebnisse liefert [25–28], bzw.
- wie sich Pumpen mit nach anderen Überlegungen ausgeführten Querschnittsverläufen von der „Drallsatzspirale" im Förderverhalten unterscheiden [27, 29–31]
- ob und unter welchen Voraussetzungen Spiralen mit dicken Zungen nach Drallsatz berechnet werden können [24, 28], bzw.
- wie sich dicke Spiralzungen auf das Förderverhalten auswirken [28, 32]
- wie sich „offene" gegenüber „gekapselten" Radseitenräumen auswirken [25, 33]
- ob und wie sich die Form des Druckstutzens auf das Förderverhalten auswirkt [34].

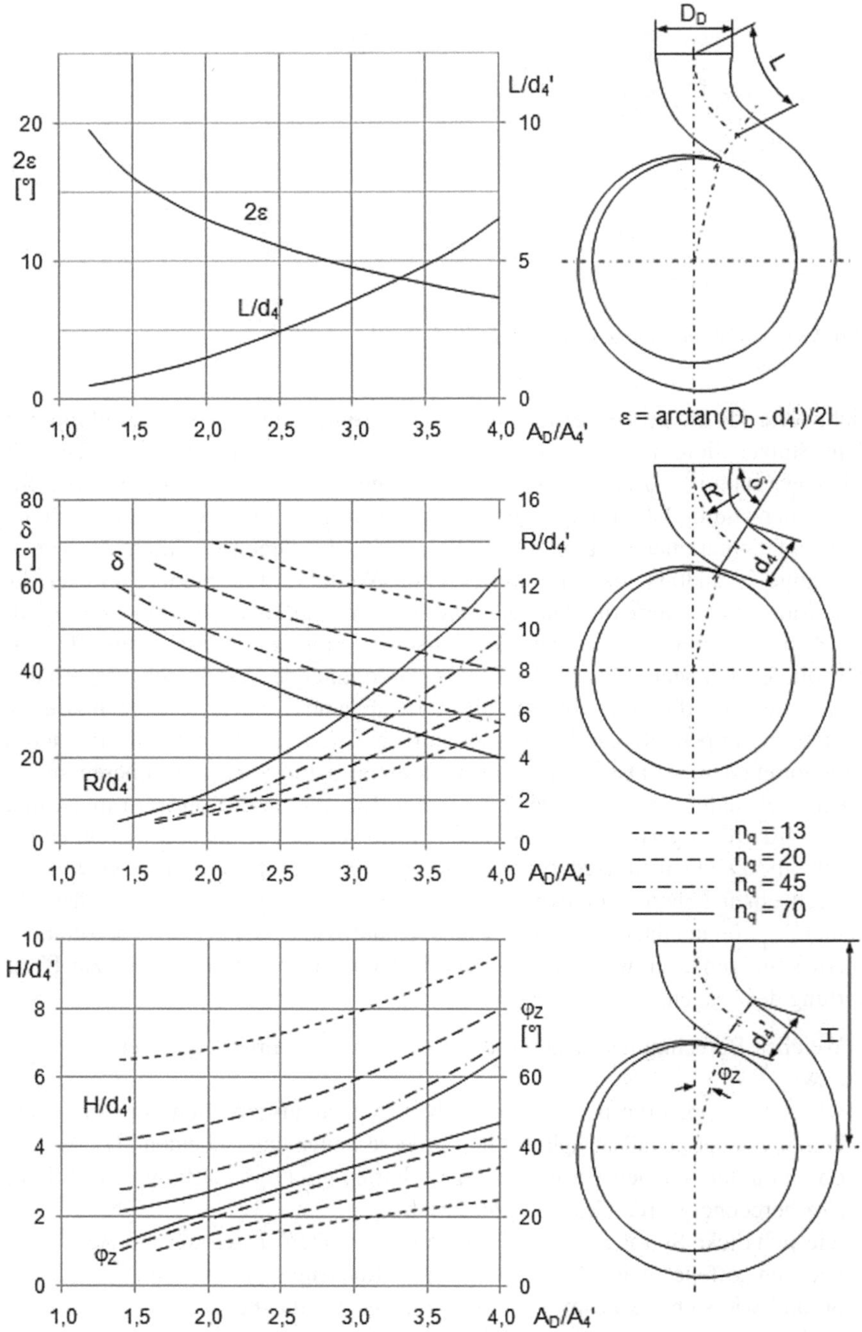

Abb. 3.58 Richtwerte für die Gestaltung von radialen Druckstutzen

Die zahlreichen und sich zum Teil scheinbar widersprechenden Untersuchungsergebnisse führen zu folgender Erkenntnis:

- Die Strömung orientiert sich letztendlich an der Gesamtheit der gegebenen Strukturen und man kann nur die auffälligsten Erscheinungen, die sich in bekannte Gesetze kleiden lassen, deuten. Es scheint daher noch vieles unklar. Als gesichert kann gelten:
- Die Strömung orientiert sich am Staupunkt. Die Spiralquerschnitte zählen ab dem Staupunktdurchmesser. Das bedeutet bei endlicher Zungenstärke grundsätzlich, dass am Spiralanfang zunächst negative Querschnitte entstehen und am Zungenprofil örtlich Übergeschwindigkeiten auftreten. Die örtliche Störung durch die Zungenanströmung beeinflusst die Leitapparatcharakteristik jedoch praktisch nicht.
- Der Drallsatz gibt eine zuverlässige Grundlage für die Berechnung von Spiralgehäusen. Obwohl er – streng genommen – nur exakt erfüllt wird bei der theoretischen Zungenstärke null (und reibungsfreier Strömung), behält er seine Gültigkeit bei beliebigen Zungenstärken, wenn vom Staupunkt ausgegangen wird (s. Abb. 3.49 und 3.60). Berechnungsverfahren, die vom tangierenden Kreis D_4 als Grundkreis ausgehen, führen nur bei geringen Zungenstärken zu brauchbaren Ergebnissen, da sie sich dann von der „Staupunktspirale" nicht stark unterscheiden. Bei größeren Zungenstärken, wie sie z. B. zur Förderung von feststoffbeladenen Abwässern eingesetzt werden, sind sie unzuverlässig. Das Berechnungsverfahren nach [35] ist nur bedingt anwendbar. Der dort propagierte lineare Flächenverlauf über dem Entwicklungswinkel hat zwar nur geringe Nachteile (s. u.). Ein gravierender Nachteil besteht dagegen darin, dass wichtige Einflussfaktoren wie Zungenabstand, Zungenstärke und Druckziffer nicht berücksichtigt werden und nur die spezifische Drehzahl als Parameter enthalten ist.
- Beste Wirkungsgrade werden mit Querschnittsverläufen nach Drallsatz erzielt. Andere Querschnittsverläufe sind zum Teil nur geringfügig schlechter. Nach [26] und [27] wird mit über dem Umfang konstant angenommener mittlerer Geschwindigkeit [35] (linearer Flächenverlauf) fast der Wirkungsrad von nach Drallsatz berechneten Spiralen erreicht. Auch mit semikonzentrischen Gehäusen, die man aus verschiedenen Gründen gelegentlich ausführt, lassen sich nach [31] noch überraschend gute Wirkungsgrade erzielen, obwohl die Umfangssymmetrie bei ihnen stark gestört sein dürfte. Beim Vergleich von Drallsatzspiralen mit konzentrischen und semikonzentrischen Gehäusen (Abb. 3.59) wurde an einer Versuchspumpe mit $n_q = 23$ U/min festgestellt, dass bei konzentrischem Spiralanfang bis zum Entwicklungswinkel $\varphi_k \approx 150°$ bei weiten Radseitenräume fast noch kein Wirkungsgradabfall gegenüber einer „echten" Spirale ($\varphi_k = 0$) eintritt. Rein konzentrische Gehäuse mit weiten Radseitenräumen wiesen einen Abfall von $\Delta\eta \approx 3\ \% \div 4\ \%$ auf. Bei engen Radseitenräumen begann der Wirkungsgrad bereits ab $\varphi_k \approx 90°$ abzufallen. Besonders nachteilig wirkte

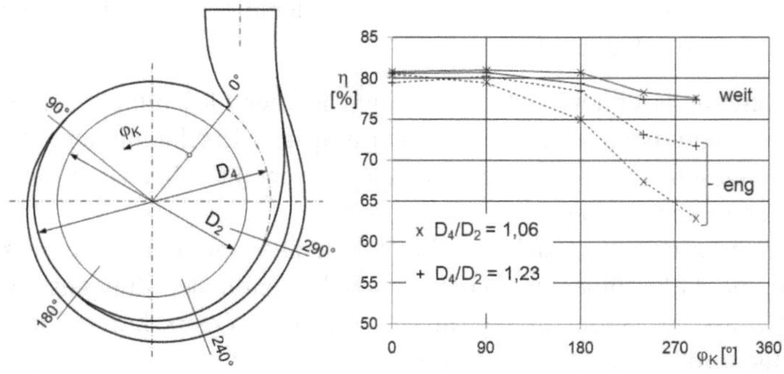

Abb. 3.59 Konzentrische und semikonzentrische Gehäuse. (Nach [31])

sich ein geringer Zungenabstand aus, der bei normalen Spiralen eher günstig ist. Solange der Wirkungsgrad nicht dramatisch abfiel, verschob sich auch der Bestpunktvolumenstrom nur wenig. Somit scheint dem Endquerschnitt eine besondere (jedoch, wie weiter unten bemerkt, nicht alleinige) Bedeutung zuzukommen. Weite Radseitenräume und größere Zungenabstände ermöglichen offenbar einen Ausgleich extremer Geschwindigkeitsverteilungen. Aus den in Kap. 3.15 behandelten Radialkräften lassen sich weitere Schlüsse auf die Strömungsverhältnisse in den verschieden konzipierten Gehäuseformen ziehen.

- Die Zungenstärke hat innerhalb weiter Grenzen keinen Einfluss auf Leitapparatcharakteristik und Wirkungsgrad [29]. Das wurde sowohl an Einfach- als auch an Doppelspiralen experimentell nachgewiesen [23, 30, 32]. Erst bei extrem dicken Zungen, wie sie in der Praxis kaum vorkommen dürften, beginnt der Wirkungsgrad abzufallen (s. Abb. 3.60). Das hatte aber hauptsächlich seine Begründung in erhöhten Diffusorverlusten, die bei der betreffenden Versuchspumpe auftraten und nachfolgend erklärt werden: Durch die dickeren Zungen wurde der effektive Endquerschnitt der Spirale verkleinert, folglich das Verzögerungsverhältnis und die Eintrittsgeschwindigkeit in den Stutzen vergrößert. Außerdem wurde der Diffusor-Erweiterungswinkel bei gleicher Diffusorlänge unzulässig groß. Als einheitliches Kriterium für die Zungen- bzw. Leitschaufelstärke eignet sich der Bezug dieser Größen auf die jeweiligen theoretischen Lichtweiten a_4' bei Zungen- bzw. Schaufelstärke null (s. Abb. 3.60, unteres Diagramm). Bis zum Verhältnis $s_4/a_4' \approx 0{,}25$ traten bei den Untersuchungen noch keine Wirkungsgradeinbußen auf. Wie auch bei relativ dicken, gut profilierten Leitschaufeln (Abb. 3.51) wirken sich dicke Spiralzungen insofern positiv auf das Förderverhalten aus, als die Förderhöhe bei Teil- und Überlast etwas ansteigt bei gleichzeitiger Verringerung des Leistungsbedarfs bei Teillast und der Wirkungsgrad dadurch insgesamt in einem weiten Bereich um den Bestpunkt einen flacheren Verlauf bekommt.
- Vergrößerte Abstände der Spiralzunge(n) vom Laufradaustritt ergeben größere Staupunktdurchmesser und erfordern dadurch gemäß dem Drallsatz größere Spiralquerschnitte. Infolge der zusätzlichen Reibung an den Rotationsflächen

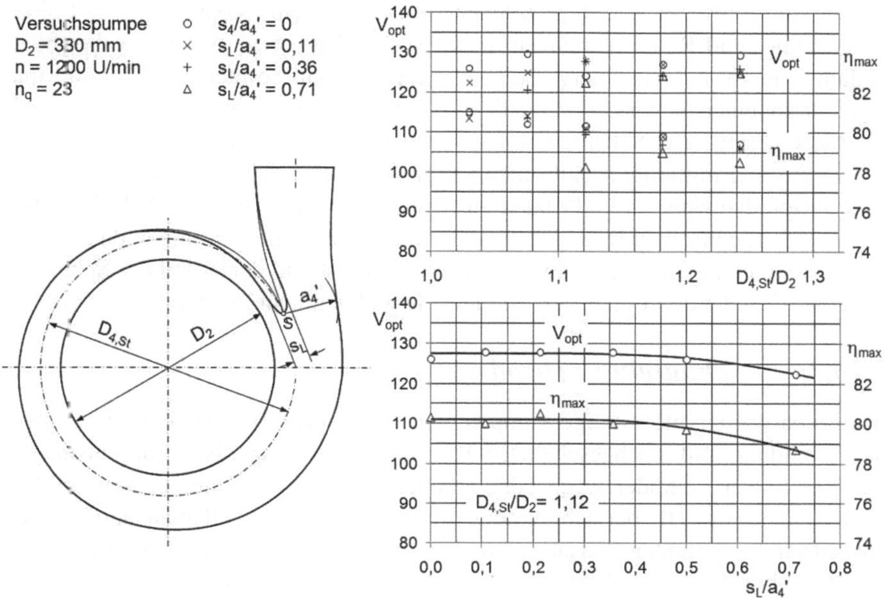

Abb. 3.60 Einfluss des Zungenabstandes und der Zungenstärke auf Wirkungsgrad und Bestpunktvolumenstrom. (Nach [24, 29])

sinkt der Wirkungsgrad geringfügig. Dieser Zusammenhang wurde experimentell [24, 32] bestätigt und ist ebenfalls aus Abb. 3.60 (oberes Diagramm) zu entnehmen.

- Bei Einfachspiralen ist nicht ausschließlich der Endquerschnitt maßgebend für die Leitapparatcharakteristik, sondern vielmehr die Spiralquerschnitte im Bereich von $\varphi \approx 120° \div 320°$. Diese Querschnitte sollten den nach Drallsatz berechneten Querschnitten entsprechen. Der Spiralendquerschnitt kann bis zu ± 15 % vom nach Drallsatz berechneten Endquerschnitt abweichen, ohne merkliche Veränderung der Leitapparatcharakteristik und des Wirkungsgrades. Bei verkleinertem Endquerschnitt können jedoch Verluste auftreten, da durch erhöhte Geschwindigkeit beim Eintritt der Strömung in den Druckstutzen das Verzögerungsverhältnis und damit die Diffusorverluste zunehmen, wie oben beschrieben. Dies kann sich besonders bei niedrigen spezifischen Drehzahlen und bei sehr dicken Zungenprofilen bemerkbar machen. Vergrößerte Endquerschnitte wirken sich eher günstig aus, denn die Verzögerung vor dem Eintritt in den Druckstutzen vollzieht sich äußerst verlustarm und die Diffusorverluste im Druckstutzen nehmen infolge der dort dann geringeren Eintrittsgeschwindigkeit und Verzögerung ab. Diesen Effekt nutzt man gern bei gekröpften Druckstutzen, weil deren Baulänge dadurch außerdem verringert und der Übergang von der Spiralform in den Stutzen besser geformt werden kann. Bei Doppelspiralen ist sinngemäß gleiches Verhalten zu erwarten.

- Bei zum Radseitenraum hin „offenen" Spiralen ist eine Koppelung von Spiralströmung und Radseitenraumströmung vorhanden. Diese bewirkt wahrscheinlich eine zusätzliche Energiebeladung der Strömung hinter dem Laufrad und dadurch einen gewissen zusätzlichen Betrag an Förderhöhe, verbunden mit etwas geringerem Scheibenreibungsverlust des Laufrades. Bei Pumpen mit kleinen und mittleren spezifischen Drehzahlen, kann der dadurch erzielte Wirkungsgradgewinn einige Prozent ausmachen [25]. Hierzu auch Abb. 2.26. Bei höheren spezifischen Drehzahlen ist der Koppelungseffekt geringer, da die radiale Erstreckung der Laufradwände relativ klein ist und der Anteil der Scheibenreibung an der übertragenen Gesamtleistung ohnehin an Bedeutung verliert.

3.10.3 Beschaufeltes Leitrad

In Europa werden mehrstufige Pumpen überwiegend mit beschaufelten Leiträdern in Verbindung mit nachgeschalteter Rückführpartie ausgerüstet. In einstufigen Pumpen finden Leiträder wegen des erhöhten Bauaufwands nur in Sonderfällen Verwendung, so z. B. bei sehr großen Förderhöhen oder weil man damit durch Austausch des gesamten Radsatzes im gleichen Gehäuse einen größeren Leistungsbereiche abdecken kann. Beschaufelte Leiträder benötigen einen nachgeschalteten Sammelraum, der bei einstufigen Pumpen und bei der Endstufe mehrstufiger Pumpen mit geringer Stufenzahl aus Wirkungsgradgründen meist als Spirale, vereinfacht aber oft auch als Ringraum ausgebildet wird.

Beim beschaufelten Leitrad entwickeln sich die Querschnitte bis zum Eintritt in den Diffusorkanal meistens wie bei der Rechteckspirale zwischen parallelen Wänden. Im Gegensatz zu Spiralgehäusen, wo die Basisbreite b_4 immer wesentlich größer gewählt wird als die Laufradbreite, um einen Impulsaustausch zwischen Spiralströmung und Radseitenraumströmung zu unterstützen, darf man beim Leitrad die Breite nur wenig größer als die Laufradbreite wählen, um den Impulsaustausch mit der Radseitenraumströmung zu unterbinden, da er bei Teillast zu Deformationen der Drosselkurve führen kann.

Wenngleich beschaufelte Leiträder wie Spiralen unter Zugrundelegung des Drallsatzes zuverlässig berechnet werden können, entspricht der Flächenverlauf über dem Entwicklungswinkel wesentlich weniger dem Drallsatz als bei der Spirale, da sich die Profilierung meist über die gesamte Teilung, d. h. den gesamten Schrägabschnitt, erstreckt und damit von der ideellen Kontur nach Drallsatz stark abweicht (Abb. 3.61). Es kommt aber – mehr noch als bei der Spirale – hauptsächlich auf die richtige Dimensionierung des Endquerschnittes, d. h. des Eintrittsquerschnittes des Diffusors, an.

Grundkreis Der Mindestabstand zwischen den Laufradschaufeln und den Schaufeln des Leitrades errechnet sich ähnlich wie der Zungenabstand von Spiralgehäusen aus der Beziehung

$$D_4 = D_2\left(1 + \frac{0{,}16\,a_4{}'}{D_2} + \frac{0{,}05}{z_U} + 7 \cdot 10^{-5} H_{opt}\right) \tag{3.128}$$

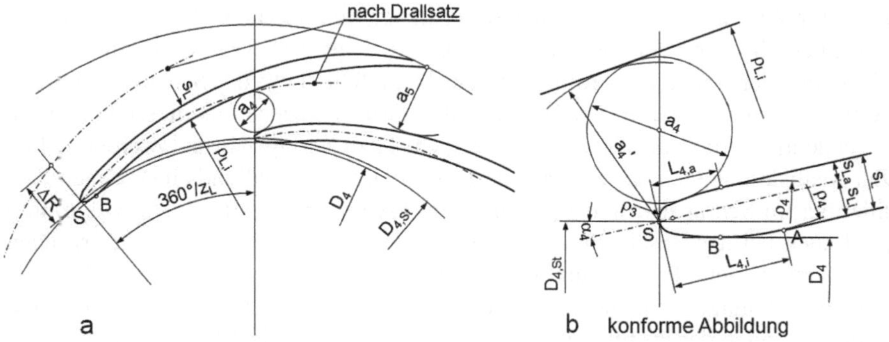

Abb. 3.61 Geometrische Verhältnisse am Leitrad

bzw. mit der Näherung für beschaufelte Leiträder

$$a_4{}' \approx \frac{0{,}02\, n_q\, D_2}{z_L} \tag{3.129}$$

genügend genau zu

$$D_4 = D_2\left(1 + \frac{0{,}0032\, n_q}{z_L} + \frac{0{,}05}{z_U} + 7 \cdot 10^{-5} H_{opt}\right). \tag{3.130}$$

(darin ist H_{opt} in [m] einzusetzen)

Schaufelstärke und Schaufelprofilierung Einen Anhaltswert für die Leitschaufelstärke gibt die Beziehung

$$s_L = 0{,}25\, a_4{}' + 0{,}1\, b_4, \tag{3.131}$$

worin aus gießtechnischen und Festigkeitsgründen die Leitschaufelbreite berücksichtigt ist. Die Schaufelstärke kann auch willkürlich festgelegt werden. Eine Mindeststärke von $s_L = 3$ mm sollte bei gegossenen Schaufeln nicht unterschritten werden. Es ist nicht besonders vorteilhaft, eine möglichst geringe Schaufelstärke anzustreben. Mit dickeren Schaufeln kann man auf der dem Laufrad zugewandten Schaufelseite eine bessere Profilierung verwirklichen.

Für den Leitschaufelanfang wählt man analog zur Spirale vorzugsweise auch wieder ellipsenähnliche Profile. Zur Erzielung einer verlustarmen Druckumsetzung im Diffusorkanal soll die konstruktiv gegebene Länge des Kanals für die Querschnittserweiterung möglichst weitgehend genutzt werden. Die Profilierung auf der Kanalseite der Schaufel muss daher kurz sein, damit nicht zuerst eine Verengung des Querschnitts anstatt einer Erweiterung eintritt. Zur Verbesserung des Förderverhaltens empfiehlt es sich, die Profilierung der dem Laufrad zugewandten Schaufelseite über einen beträchtlichen Bereich des Schrägabschnittes auszudehnen. Es hat sich gezeigt [11], dass sich mit einer solchen Profilierung ein flacherer Wirkungsgradverlauf und ein positiver Beitrag zur Stabilität der Förderhöhenkennlinie erzielen lassen, wie Abb. 3.51 zeigt. Ein Kriterium dafür ist das Verhältnis der Länge der Profilierung zur Schaufelteilung; der Scheitelpunkt A in Abb. 3.61 sollte etwa bei $L_{4i}/t_4 \approx 0{,}15$ oder darüber liegen. Aus dieser Forderung ist ersichtlich, dass die Schaufelstärke nicht allzu gering gewählt werden sollte. Zur Realisierung einer kurzen Profilierung im Diffusorkanal und einer langen Profilierung im Schrägabschnitt wählt man ein asymmetrisches Profil, wie es prinzipiell auch bei der Beschaufelung am Laufradeintritt vorteilhaft ist. Wir erzeugen die asymmetrische Profilierung, indem wir zwei unterschiedliche ellipsenähnliche Segmente benutzen, wie die konforme Abbildung in Abb. 3.61 zeigt. Das bedeutet, dass im Bereich der Profilierung die Schaufelkrümmung nicht berücksichtigt wird.

Anhaltswerte für die asymmetrische Profilierung:

Kleine Halbachse (diffusorseitig)	$s_{La} = (1-k)s_L$
Kleine Halbachse (laufradseitig)	$s_{Li} = k\,s_L$
Profilnasenradius	$\rho_3 = 0{,}25\,s_L$
Nebenscheitelradien (diffusor- und laufradseitig)	$\rho_4 = 6\,s_L$

Den Faktor k wählt man zu $k \leq 0{,}75$. Er kann – abhängig vom Verhältnis der Schaufelstärke zum Schaufelkrümmungsradius – etwas variiert werden, sollte aber nicht unter $k = 0{,}65$ gewählt werden. Aus der konformen Abbildung (Abb. 3.61b) würde sich mit $k = 0{,}75$ kein diffusorseitiger Radius ρ_4 ergeben. In der realen, gekrümmten Darstellung ergibt sich jedoch stets ein kleiner Bereich mit ρ_4. Zur Information lassen sich aus den Größen s_{La}, s_{Li}, ρ_3, ρ_4 für die konforme Abbildung die großen Halbachsen berechnen:

$$\text{diffusorseitig} \quad L_{4a} = \rho_3 + \sqrt{(\rho_4 - \rho_3)^2 - (\rho_4 - s_{La})^2} \tag{3.132}$$

$$\text{laufradseitig} \quad L_{4i} = \rho_3 + \sqrt{(\rho_4 - \rho_3)^2 - (\rho_4 - s_{Li})^2} \tag{3.133}$$

Für die Konstruktion der Schaufelanfänge und zur Berechnung des Staupunktdurchmessers wird – analog zur Konstruktion der Spiralzunge – die konforme Abbildung zu Grunde gelegt. Das bedeutet, dass die Krümmung der Skelettlinie im ersten Teil der Schaufel nicht berücksichtigt wird. Der Fehler durch diese Vereinfachung ist gering, da sowohl der Strömungswinkel allgemein als auch die Schaufelstärke, bezogen auf die Krümmung der Schaufelskelettlinie, relativ klein sind.

Staupunktdurchmesser Der Staupunktdurchmesser ist eine der Ausgangsgrößen für die Berechnung der Leitschaufeln. Er ergibt sich analog zur Spiralberechnung zu

$$D_{4,St} = D_4 + 2[\rho_4 - L_{4i}\sin\alpha_4 - (\rho_4 - s_{Li})\cos\alpha_4] \tag{3.134}$$

Der in der Formel enthaltene Schaufelwinkel α_4 wird dem nach Gl. (3.117) berechneten Strömungswinkel $\alpha_{4,th}$ gleichgesetzt. Im Gegensatz zur Spiralströmung wird hier angenommen, dass sich die Strömung nach Verlassen des Laufrades an die ihr zur Verfügung stehende Breite sofort anpasst. Diese Annahme wird mit der geringen Differenz zwischen Laufrad- und Leitradbreite und der dadurch vermutlich nur gering ausgebildeten Sekundärströmung im Schrägabschnitt begründet. Der Schaufelwinkel wird später bei der Schaufelkonstruktion lediglich benötigt zur Auffindung des Mittelpunktes des Nasenradius' ρ_3.

Schaufelzahl Bei der Wahl der Schaufelzahl sind mehrere Aspekte zu beachten. Im Allgemeinen wird die Anzahl der Leitschaufeln höher gewählt als diejenige der Laufschaufeln. Mit höherer Anzahl kann man den Leitradaußendurchmesser geringer halten. Eine obere Grenze ergibt sich dadurch, dass das Höhe-Breitenverhältnis der Diffusorkanäle ungünstig wird. Daraus folgt, dass bei relativ breiten Laufrädern, somit im unteren Bereich der spezifischen Drehzahl, eher niedrige Leitschaufelzahlen gewählt werden sollten. Das gleiche gilt für kleine Baugrößen, wenn die Lichtweiten der Diffusorkanäle an der Fertigungsgrenze liegen. Wichtig ist die Abstimmung mit der Schaufelzahl des Laufrades. Um störende Interferenzen, die zu Druckpulsationen und Schwingungen führen können, zu vermeiden, ist die Leitschaufelzahl nach folgenden Kriterien auszuwählen:

Die Brüche

$$\frac{\nu \cdot z_U + 1}{z_L}, \frac{\nu \cdot z_U - 1}{z_L}, \frac{\nu \cdot z_U}{z_L}$$

sollen nach [36] erst bei möglichst hohen Zahlenwerten von ν, (d. h. $\nu \geq 3$) ganzzahlige Werte ergeben. Daher wählt man – abhängig von der Laufschaufelzahl – bevorzugt

$$
\begin{array}{lll}
\text{für} & z_U = 4: & z_L = (6);\ 10;\ (12);\ 14 \\
 & z_U = 5: & z_L = (7);\ (8);\ 12 \\
 & z_U = 6: & z_L = 8;\ (9);\ 10;\ 14 \\
 & z_U = 7: & z_L = 9;\ 12;\ 16 \\
 & z_U = 8: & z_L = (6);\ 10;\ 11;\ 14 \\
 & z_U = 9: & z_L = (7);\ 11;\ 15;\ 16.
\end{array}
$$

Bei radialen Leitradpumpen werden meist die Laufschaufelzahlen $z_U = 5$ und $z_U = 7$ gewählt.

Bei den Klammerwerten für z_L ist $\nu = 3$; bei hohen Stufendrücken sollten diese Schaufelzahlen nicht ausgeführt werden. Wie die Aufstellung zeigt, gibt es nur wenige Kombinationen, wenn die Anzahl der Leitschaufeln kleiner als die der Laufschaufeln gewählt werden soll. Allerdings ist in diesem Fall die Gefahr, dass die Interferenzen zu unakzeptablen Druckpulsationen und Schwingungen führen, geringer, so dass man hier noch $\nu = 2$ zulassen könnte.

Leitradbreite Im Gegensatz zur Spiralbreite wird die Leitradbreite nur wenig größer als die Austrittsbreite des Laufrades gewählt. Die aus dem Laufrad austretende Strömung soll „geführt" werden. Andererseits soll aber auch keine

Einschnürung erfolgen. Eine geringe Zunahme der Breite ist erforderlich, um Ungenauigkeiten bei der Fertigung und Montage auszugleichen. Es hat sich allerdings gezeigt, dass sich eine etwas großzügiger bemessene Leitradbreite in vielen Fällen positiv auf die Kennlinienstabilität auswirkt und die Empfindlichkeit gegenüber der axialen Stellung des Rotors herabsetzt. Als Faustformel für die Leitradbreite gilt

$$b_4 = 1{,}08\, b_2 + 1\,\text{mm} \tag{3.135}$$

Lichtweite Die auf die Schaufelstärke null bezogene Lichtweite $a_4{}'$ als kleinster Abstand einer Schaufel, gemessen vom Staupunkt der Nachbarschaufel aus, ist von großem Einfluss auf die Fördercharakteristik der Pumpe. Sie wird berechnet gemäß der konformen Abbildung (Abb. 3.61) aus der Radiusdifferenz $R - R_0 = \Delta R$ nach Gl. (3.127) und mit dem nach Gl. (3.117) gefundenen Strömungswinkel $\alpha_{4,th}$ zu

$$a_4{}' = (R - R_0) \cos \alpha_{4,th}. \tag{3.136}$$

Dieser Wert wird der Schaufelkonstruktion zu Grund gelegt. Aus ihm findet man unter Abzug des Nasenradius' ρ_3 mit genügender Genauigkeit die effektive Lichtweite als freien Durchgang im Diffusoreintritt

$$a_4 = (R - R_0) \cos \alpha_{4,th} - \rho_3. \tag{3.137}$$

Die effektive Lichtweite a_4 kann später zur Modellkontrolle bzw. zur Kontrolle des fertigen Werkstücks benutzt werden.

Gestaltung von Leitschaufel und Diffusor Aus Gl. (3.126) ergibt sich ein logarithmisch-spiralförmiger Verlauf der Leitschaufeln mit dem Steigungswinkel $\alpha_{4,th}$. Wenngleich durch die Profilierung von dieser Kontur abgewichen wird, ist es doch ratsam, einen gekrümmten Verlauf der Schaufeln beizubehalten, so dass auch der Diffusor, der im Übrigen nach Kap. 2.9 ausgelegt wird, eine Krümmung bekommt. Ein mäßig gekrümmter Diffusor hat danach kaum Nachteile gegenüber einem geraden Diffusor, zumal es sich beim Leitrad gewöhnlich um Flachkantdiffusoren handelt und außerdem die Strömung hinter dem Laufrad einen hohen Turbulenzgrad aufweist, der der Ablöseneigung der Krümmerströmung entgegenwirkt. Bei gegebener Diffusorlänge kann der Leitrad-Außendurchmesser mit gekrümmten Schaufeln verringert werden. Der gekrümmte Schaufelverlauf kann ziemlich willkürlich gestaltet werden. So lässt er sich z. B. mit einem einzigen Kreisbogen darstellen, der sich an den Nebenscheitelradius ρ_4 der Eintrittsprofilierung anschließt. Sein Radius hängt wesentlich ab von der radialen Erstreckung des Leitrades, dem zulässigen Erweiterungswinkel, der Anzahl der Leitschaufeln und dem Verhältnis von Lichtweite zu Schaufelteilung. Er muss durch Probieren gefunden werden. Als Anhaltswert kann man ihn zunächst wählen mit

$$\rho_{L_i} = 1{,}35 D_{4,St} \left(a_4{}'/t_4\right)^{0{,}3} \tag{3.138}$$

mit der Teilung

$$t_4 = \pi\, D_{4,St} / z_L$$

Für die Schaufelkonstruktion beginnt man mit der Profilierung am Schaufelbeginn. Dazu benutzt man die konforme Abbildung und zeichnet zuerst den Nasenradius ρ_3, dessen Mittelpunkt im Abstand ρ_3 vom Staupunkt auf der Schaufelskelettlinie liegt. Die Schaufelskelettlinie erscheint in der konformen Abbildung als Gerade unter dem Winkel α_4. Nun wird der laufradseitige Krümmungsradius ρ_4 so gelegt, dass er in den Nasenradius ρ_3 übergeht und gleichzeitig den Grundkreis (im Punkt *B*) berührt, wie aus Abb. 3.61 hervorgeht. Sodann wird ein Kreisbogen mit dem Radius a_4' um den Staupunkt geschlagen. Danach wird ein Kreisbogen mit dem Radius $\rho_{L,i}$ so gelegt, dass er in den laufradseitigen Krümmungsradius ρ_4 der vorangehenden Schaufel übergeht (im Punkt *A*) und gleichzeitig den Kreisbogen mit dem Radius a_4' tangiert. Ein Parallelkreis mit gleichem Mittelpunkt und dem Radius $\rho_{L,a}{=}\rho_{L,i} + s_L$ vervollständigt die Leitschaufel. Anschließend wird noch der diffusorseitige Nebenscheitelradius ρ_4 als Übergang vom Nasenradius zum äußeren Schaufelradius $r_{L.a}$ angetragen. Nun wird die Kanalgeometrie bezüglich Diffusor-Erweiterungswinkel und Lichtweite a_5 überprüft und gegebenenfalls durch Änderung des Radius' $\rho_{L,i}$ (und damit auch des Radius' $\rho_{L,a}$) korrigiert. Zum Austritt hin wird die Schaufel an der äußeren Kontur verjüngt auf eine fertigungstechnisch bedingte Mindeststärke.

Bei mehrstufigen Pumpen stellt die Dimensionierung des Diffusors stets einen Kompromiss dar: Die Strömung soll einerseits möglichst weit verzögert werden, damit die nachfolgenden Um- und Rückführungsverluste auf dem Weg zur Folgestufe möglichst gering gehalten werden. Mit dem zunehmenden Verzögerungsverhältnis nimmt jedoch der Diffusorwirkungsgrad ab, d. h. die Druckverluste im Diffusor nehmen zu, so dass die Verzögerung über ein bestimmtes Maß hinaus keinen Gewinn mehr bringt. Das ist der Fall, wenn der Diffusor ein Erweiterungsverhältnis von ca. 2,5 bis 2,8 aufweist. Dann beträgt die Geschwindigkeitsenergiehöhe an seinem Austritt noch etwa 3,5 % bis 5 % der Stufenförderhöhe. Deshalb muss man neben einer sorgfältigen Dimensionierung des Diffusors bemüht sein, die Verluste der anschließenden Um- und Rückführung durch geeignete Formgebung – jedoch auch wieder unter Berücksichtigung konstruktiver und fertigungstechnischer Zwänge – zu minimieren. Bei den oben angegebenen üblichen Erweiterungsverhältnissen erweist sich meist ein auf flächengleiche Kreisquerschnitte bezogener Erweiterungswinkel von $2\varepsilon = 8° \div 11°$ nach Abb. 2.35 als günstig.

Umführung Im Prinzip haben sich drei Typen von Umführungen herausgebildet:

- **Typ A**. Zusammenhängende Kanäle von Diffusor, Umführung und Rückführung. Die einzelnen Kanäle sind stark räumlich gekrümmt mit einer Umlenkung von über 90° und relativ kleinen Krümmungsradien. Die Vorteile dieser Konstruktion sind umstritten. Es werden wahrscheinlich keine besseren Wirkungsgrade erreicht als mit anderen Konstruktionen. Zur Kompensation relativ hoher Reibungs- und Ablösungsverluste in der Umführung muss die Lichtweite des Diffusors wesentlich größer ausgeführt werden als nach Drallsatz erforderlich wäre, was dazu führt, dass bereits bei geringer Unterschreitung des Bestvolumenstromes die Umformierung von der wohlgeordneten, quasi rückwirkungsfreien Strömung in die vollturbulente Teillastströmung erfolgt. Durch die zusammenhängenden Kanäle hat die Strömung überdies keine Möglichkeit, gestörte Umfangssymmetrien, wie sie z. B. durch das Eintrittsgehäuse auftreten können, auszugleichen. Weitere Nachteile sind: großer radialer Platzbedarf, sehr hohes Gewicht, teurer komplizierter Guss, hoher Bearbeitungsaufwand.

- **Typ B.** Dieser Leitradtyp ist gekennzeichnet durch seitlichen Austritt der Strömung am Ende des Diffusors (s. Abb. 3.62 links und Abb. 3.63). Er kommt

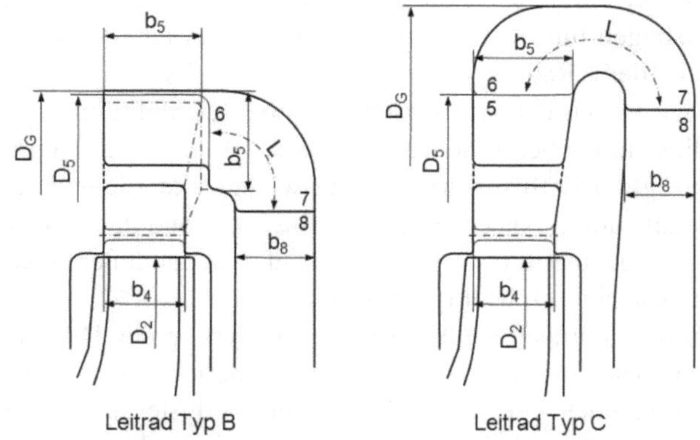

Abb. 3.62 Verhältnisse im Umführungsraum

Abb. 3.63 Leitrad vom Typ B mit Rückführung (DÜCHTING)

meist bei kleineren Baugrößen und im Bereich der spezifischen Drehzahl bis $n_q \approx 30$ U/min zur Anwendung und erfordert radial den geringsten Platz. Zudem ist er fertigungstechnisch unkompliziert und kostengünstig. Die Leitschaufeln sind bis zum Gehäusedurchmesser geführt, so dass die Abströmung seitlich über dreieckförmige Querschnitte erfolgt. Diese Abströmdreiecke müssen besonders sorgfältig gestaltet werden, um Ablösungs- und Verwirbelungsverlust, die besonders bei zu kleinen Dreiecksflächen und scharfen Kanten auftreten können, möglichst gering zu halten. Bei relativ breiten Leiträdern wie auch bei spezifischen Drehzahlen über $n_q \approx 30$ ist es oft schwierig, die Abströmdreiecke genügend groß zu gestalten, so dass es hier geraten sein kann, evtl. zu Leiträdern vom Typ C oder zu Zwischenformen von Typ B und Typ C überzugehen. Zwischen den Abströmdreicken und den Rückführschaufeln befindet sich beim Typ B ein schaufelloser Raum, in welchem die Meridiankomponente der Strömung zunächst in axiale Richtung, dann radial einwärts gelenkt wird und sich Ungleichförmigkeiten im Geschwindigkeitsprofil ausgleichen können. Der schaufellose Raum ermöglicht zudem eine zuverlässigere Berechnung und unkomplizierte Formgebung der Rückführschaufeln. Bei guter Ausgestaltung dieses Leitradtyps werden kaum schlechtere Wirkungsgrades erzielt als mit den anderen Typen bei wesentlichen Kostenvorteilen.
- **Typ C.** Schaufelloser radialer Umführungsraum zwischen Leit- und Rückführschaufeln (s. Abb. 3.62 rechts). Mit dieser Konstruktion werden wahrscheinlich die besten Wirkungsgrade erzielt. Die schaufellose Umführung kann rechnerisch gut erfasst werden und verursacht kaum vermeidbare Verluste. An das Leitrad schließt sich im Meridianschnitt radial ein Rotationsraum an, der die radial auswärts gerichtete Meridiankomponente der Strömung um 180° umlenkt und nach innen führt. Die Verluste in der Umführung setzen sich zusammen aus Wandreibungsverlusten, die theoretisch nur die Umfangskomponente der Strömung betreffen, und Umlenkverlusten der Meridiankomponente, die infolge deren geringen Anteils auch nur relativ gering sein können. Durch die vergleichsweise große radiale Erstreckung dieses Leitradtyps steht für eine hydrodynamisch günstige Ausbildung der Rückführschaufeln mehr Platz zur Verfügung als beim Typ B. Insgesamt gesehen ist der Leitradtyp C gießtechnisch unkompliziert und gut mechanisch bearbeitbar. Einziger Nachteil ist der mit Typ A vergleichbare erhöhte Platzbedarf, der die Konstruktion der gesamten Pumpe verteuert.

Der radiale Platzbedarf im Gehäuse von Leiträdern mit Rückführung kann nach Abb. 3.64 abgeschätzt oder nach der Formel

$$D_G/D_2 = 0{,}007 n_q + C_D \tag{3.139}$$

berechnet werden, wobei folgende Konstanten gelten:

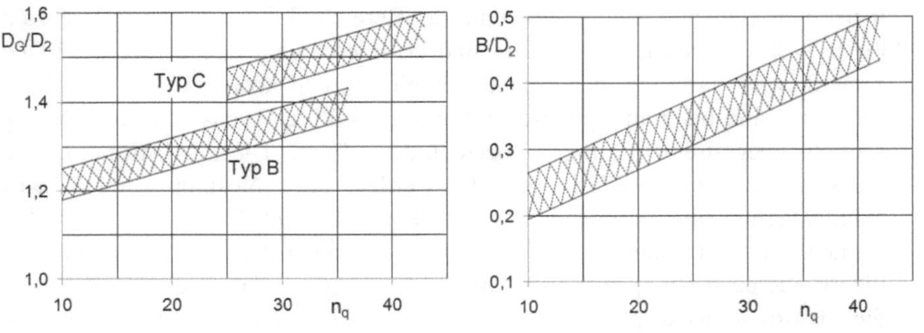

Abb. 3.64 Richtwerte für Gehäuse-Innendurchmesser D_G und Stufenschritt B, bezogen auf den Laufraddurchmesser

für Leiträder vom Typ B	$C_D = 1{,}11$ als äußerste untere Grenze $C_D = 1{,}18$ als oberer (komfortabler) Wert
und für Leiträder vom Typ C	$C_D = 1{,}23$ als äußerste untere Grenze $C_D = 1{,}30$ als oberer (komfortabler) Wert.

Eine Beurteilung des Gehäusedurchmessers kann auch gemäß Abb. 3.34 erfolgen.

Richtwerte für den relativen Stufenschritt können ebenfalls aus Abb. 3.64 entnommen oder nach

$$B/D_2 = 0{,}0075 n_q + C_B \quad (3.140)$$

berechnet werden mit

$C_B = 0{,}12$ als äußerste untere Grenze
$C_B = 0{,}17$ als Mittelwert
$C_B = 0{,}20$ als oberer (komfortabler) Wert

Die Werte gelten für mehrstufige Pumpen mit Sammelentlastungseinrichtung. Bei einzelentlasteten mehrstufigen Pumpen vergrößert sich der Stufenschritt um den hinteren Dichtspalt des Laufrades.

3.10.4 Schaufelloser Diffusor

Der schaufellose Diffusor oder Leitring wird im Pumpenbau selten verwendet. Er besteht aus zwei meist parallelen seitlichen Begrenzungswänden und benötigt wie auch das beschaufelte Leitrad einen nachgeschalteten Sammelraum. Seine Wirkung beruht allein auf der Verzögerung der Umfangskomponente der

Absclutströmung mit zunehmendem Abstand von der Achse gemäß dem Drallsatz $r\,c_u = \text{const}$. Der schaufellose Diffusor ermöglicht eine sehr pulsationsarme Förderung, erreicht jedoch nicht die Wirkungsgrade von beschaufelten Leiträdern oder Spiralgehäusen. Der Wirkungsgradverlauf ist jedoch meist relativ flach. Der Wirkungsgrad hängt ab vom Winkel der Strombahnen: kleine Strömungswinkel ergeben lange Reibungswege mit entsprechenden Druckverlusten; bei großen Winkeln sind die Reibungswege zwar kürzer, doch nehmen die Verluste durch Ablösung der Strömung infolge stärkerer Verzögerung, bezogen auf die Strömungsweglänge, zu. Das Optimum, somit das Verlustminimum, hängt etwas ab vom Durchmesserverhältnis und liegt bei parallelwandigen Diffusoren mit $D_5/D_4 \approx 1{,}3$ nach [2] etwa bei Strömungswinkeln um $\alpha_4 \approx 18° \div 20°$. Diese großen Winkel sind bei Kreiselpumpen niedriger und mittlerer spezifischer Drehzahl nicht üblich; sie führen zu relativ schmalen Laufrädern mit großen Austrittswinkeln bzw. mäßigen Druckziffern.

3.10.5 Rückführschaufeln

Die Rückführbeschaufelung bildet ein Verzögerungsgitter, mit dessen Hilfe die hinter den Leitschaufeln noch verbliebene Drallkomponente der Strömung abgebaut werden soll. In den von den Schaufeln gebildeten Kanälen wird die Strömung in radiale Richtung nach innen gelenkt. Zuweilen belässt man auch einen geringen Vordrall (überwiegend einen Mitdrall) am Eintritt in das Laufrad der Folgestufe, um bestimmte Eigenschaften der Kennlinie zu erzeugen. Auch ist die Vermeidung doppelter Geschwindigkeitsumsetzung in den Strömungskanälen zwischen den Schaufeln leichter zu realisieren, wenn ein mäßiger Mitdrall belassen wird. Zur Vermeidung doppelter Geschwindigkeitsumsetzung in den Kanälen der Rückführpartie ergeben sich fast zwangsläufig „bananenähnliche“ Schaufelformen mit auffälliger Verdickung im mittleren Schaufelbereich, wie Abb. 3.65 zeigt. Wollte man diese Verdickung – die nach gießtechnischen Gesichtspunkten ungünstig ist – vermeiden, müsste die Schaufelkrümmung sehr weit zum

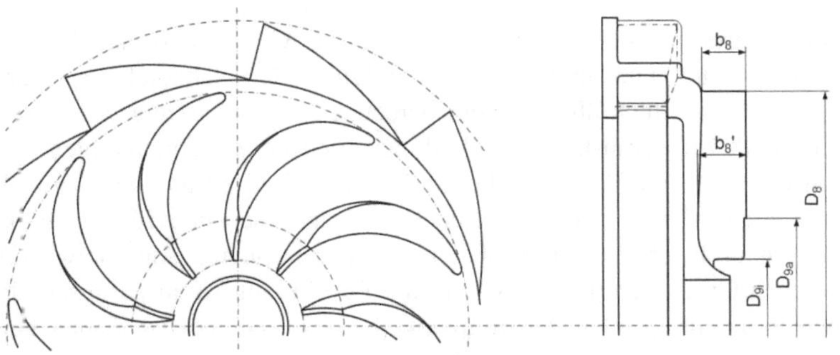

Abb. 3.65 Rückführbeschaufelung

Schaufelaustritt hin verlegt werden, was vermutlich zu verstärkter Inhomogenität der Abströmung führen würde.

Gelegentlich findet man im Stufengehäuse eingegossene Rückführschaufeln. Das wirkt sich günstig auf die Festigkeit des Stufengehäuses aus, ist jedoch gießtechnisch anspruchsvoll und schlecht zu kontrollieren und gegebenenfalls kaum nachbesserbar. Die Anzahl der Rückführschaufeln ist nicht an die der Leitschaufeln gebunden. Mit höherer Anzahl kann die Umlenkung der Strömung besser bewerkstelligt werden; es gelingt dann eher, doppelte Geschwindigkeitsumsetzung in den Kanälen zu vermeiden. Bzgl. der günstigsten Stellung der Rückführschaufeln zu den Leitschaufeln in Umfangsrichtung sind keine Untersuchungsergebnisse bekannt. Meist werden die Rückführschaufeln als Einheit zusammen mit dem Leitrad gefertigt. Man wählt dann vorzugsweise eine durch drei teilbare Anzahl der Rückführschaufeln, um sie zur mechanischen Bearbeitung mit einem Dreibackenfutter aufnehmen zu können. Gebräuchliche Schaufelzahlen sind $z_R = 6$ und $z_R = 9$. Seltener findet man $z_R = 3$ und $z_R = 12$, sowie auch Schaufelzahlen, die nicht durch drei teilbar sind.

Zur Berechnung der Eintrittswinkel der Rückführschaufeln kann man die Wandreibung im schaufellosen Ringraum berücksichtigen. Die Wandreibung bewirkt eine Abnahme der Umfangskomponente und – weil die Meridiankomponente sich wegen der Kontinuitätsbedingung durch die Reibung nicht ändert – eine Vergrößerung des Strömungswinkels von α_7 auf $\alpha_7{}'$. Nach [2] kann diese Winkeländerung errechnet werden aus

$$b_8 \tan \alpha_7{}' - b_5 \tan \alpha_6 = \frac{\lambda L}{4} \tag{3.141}$$

oder

$$\tan \alpha_7{}' = \frac{b_5}{b_8} \tan \alpha_6 + \frac{\lambda L}{4 b_8} \tag{3.142}$$

mit den Bezeichnungen aus Abb. 3.62. Mit $b_5 = b_8$ vereinfacht sich die Beziehung zu

$$\tan \alpha_7{}' = \tan \alpha_7 + \frac{\lambda L}{4 b_8}. \tag{3.143}$$

Der Reibungsbeiwert kann nach [2] mit $\lambda = 0{,}04$ angenommen werden. L ist die mittlere Stromfadenlänge im Meridianschnitt. Mit dem so berechneten Strömungswinkel wird nun unter Berücksichtigung der Schaufelversperrung der Eintrittswinkel der Rückführschaufeln berechnet. Die Erfassung des Strömungszustandes am Diffusoraustritt ist allerdings nur mit Einschränkungen möglich. Das trifft besonders zu für den seitlichen Austritt beim Leitrad vom Typ B. Wegen der damit verbundenen großen Unsicherheit wählt man den Eintrittswinkel der Rückführschaufeln eher etwas größer als den gerechneten Anströmwinkel. Aus dem gleichen Grunde empfiehlt es sich, die Profilierung so auszuführen, dass sie für einen möglichst großen Anströmwinkelbereich geeignet ist. Einen gewissen Anhaltswert für den verbleibenden Drall hinter dem Leitrad findet man aus der

Austrittsgeschwindigkeit aus dem Diffusor und einem mittleren Radius des Austrittsquerschnittes. (Hierzu s. auch Berechnungsbeispiel Kap. 4.3).

In Hinblick auf den gegenüber einstufigen Pumpen um ca. 2 % niedrigeren hydraulischen Wirkungsgrad mehrstufiger Pumpen, dessen Ursache hauptsächlich mit der Umführung im Zusammenhang steht, könnte man die Winkeländerung auch aus der Wirkungsgraddiskrepanz und dem damit verbundenen Förderhöhen- bzw. Drallverlust durch erhöhte Reibung herleiten.

Der Austrittswinkel der Rückführschaufeln wird für eine etwa drallfreie Zuströmung zum Laufrad der Folgestufe so gelegt, dass die konkave Schaufelfläche etwa radial endet. Die konvexe Fläche wirkt dann infolge der Verjüngung zum Schaufelende hin im Sinne einer Winkelübertreibung, wodurch die Minderumlenkung der Schaufel von der Tendenz her in etwa kompensiert wird. Für nicht drallfreie Strömung sind die Laufradaustrittswinkel entsprechend zu wählen. Zur Erzeugung stabiler Kennlinien ist es ratsam, die Rückführschaufeln auf einen möglichst kleinen Durchmesser D_{9i} herunterzuziehen (s. Abb. 3.65).

3.11 Entwurf des Eintrittsgehäuses

Die Mehrzahl der Kreiselpumpen wird von den (oft standardisierten) einstufigen Spiralgehäusepumpen mit einseitiger Lagerung – also „fliegender" Anordnung des Laufrades auf der Welle – gebildet. Hier lässt sich der Eintrittsstutzen so anordnen, dass das Fördermedium axial direkt in den Saugmund des Laufrades einströmt. Bei entsprechender Strömungsführung vor der Pumpe lassen sich bei dieser Konzeption optimale Zuströmbedingungen für das Laufrad schaffen.

Bei Konstruktionen mit beidseitiger, außen liegender Lagerung strömt das Medium dem Laufrad in einer radialen Ebene zu, so dass vor dem Laufrad eine Umlenkung um 90° erfolgen und außerdem die Welle bzw. Nabe umströmt werden muss, wozu ein besonders geformtes Eintrittsgehäuse erforderlich ist. Zu dieser Kategorie zählen die meisten mehrstufigen Pumpen, doppelflutige Pumpen und oben genannte Pumpen mit einseitiger Lagerung in „Inline"-Ausführung. Die Strömungsvorgänge bei der Umlenkung mit gleichzeitiger Umströmung der Welle sind sehr komplex und es gelingt mit erträglichem Bauaufwand kaum, die Zuströmung zum Laufrad so gleichmäßig zu gestalten wie beim axialen Eintrittsstutzen. Die Umlenkung mit Umströmung der Welle ist vergleichbar mit der Strömung in räumlichen Doppelkrümmern, die stets eine Drallströmung erzeugt. Wird die Welle von beiden Seiten umströmt, bilden sich dabei zwei gegeneinander gerichtete Drallkomponenten. Während eine von ihnen in Laufraddrehrichtung wirkt, ist die andere der Laufraddrehrichtung entgegen gerichtet. Dies erzeugt unterschiedliche Anströmungen des Laufrades, die sich auf den Wirkungsgrad und besonders auf das Kavitationsverhalten nachteilig auswirken können. Insbesondere die Anströmung gegen die Laufraddrehrichtung ist nachteilig und führt oft

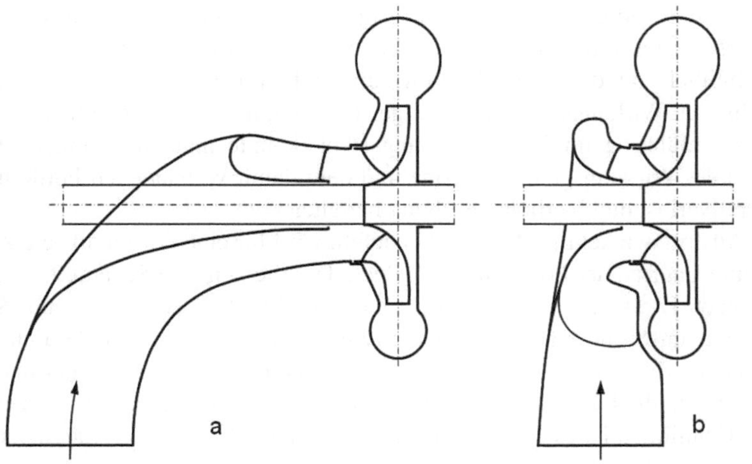

Abb. 3.66 Eintrittsgehäuse **a** mit großer axialer Erstreckung, **b** mit geringer axialer Erstreckung

zu Totwassergebieten im „Schatten" der Welle und zur Bildung von Wirbelzöpfen. Steht axial genügend Platz zur Verfügung, kann die Umlenkung in die axiale Richtung sehr sanft erfolgen, wie in Abb. 3.66a dargestellt. Gleichzeitig kann die radiale Ausdehnung des Eintrittsgehäuses gering gehalten werden, was beides zu einer nur geringen Ausbildung von Drallkomponenten in der Zuströmung führt. Wegen der großen axialen Baulänge mit großem Lagerabstand wird dieses Prinzip nur bei Großpumpen angewendet. Im Allgemeinen wird ein möglichst geringer Lagerabstand angestrebt. Die Umlenkung in die axiale Richtung muss dann auf relativ kurzem Wege erfolgen und die radiale Ausdehnung des Eintrittsgehäuses wird zwangsweise größer, wodurch die Neigung zur Ausbildung von Drallströmungen verstärkt wird. Als grober Richtwert kann gelten, dass die axiale Breite B_G des Gehäuses etwa um das 3- bis 4-Fache der Eintrittsbreite b_0 größer sein sollte als die axiale Breite B_{1a} des Laufrades an der äußeren Stromlinie (Abb. 3.68), also

$$B_G = B_{1a} + (3\,bis\,4)\left(\frac{D_s - D_N}{2}\right) \tag{3.144}$$

Im Wesentlichen unterscheidet man zwei Grundprinzipien: Das symmetrische und das asymmetrische Eintrittsgehäuse (Abb. 3.67).

Beim symmetrischen Eintrittsgehäuse erfolgt die Zuströmung vom Eintrittsstutzen zum Laufrad rein radial. Die Volumenstromanteile und daher auch die Querschnitte beiderseits der Welle sind theoretisch gleich groß. Die Drallkomponenten sind daher ebenfalls gleich groß, aber einander entgegen gerichtet und heben sich (zumindest theoretisch) in ihrer Wirkung auf, so dass in der Summe eine drallfreie Zuströmung zum Laufrad angenommen werden kann. Wie auch beim asymmetrischen muss beim symmetrischen Eintrittsgehäuse am Ort des Zusammentreffens

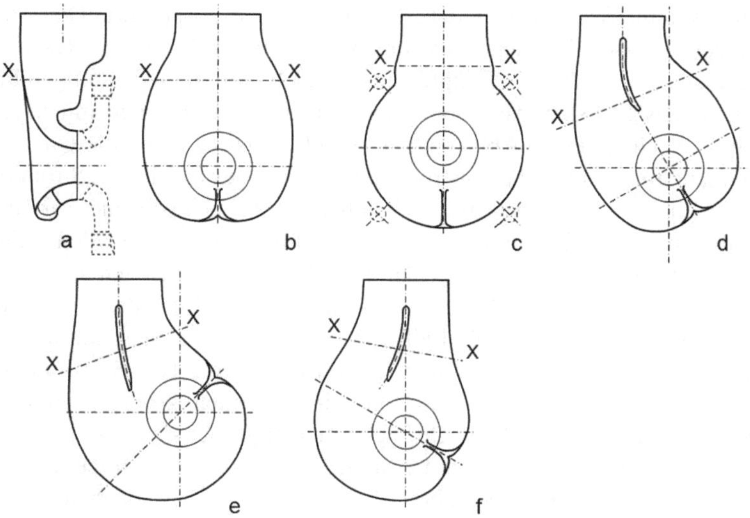

Abb. 3.67 Verschiedene Ausführungen von Eintrittsgehäusen: **b** bis **d** symmetrisch, **e** und **f** asymmetrisch, **a** Meridianschnitt von **b**

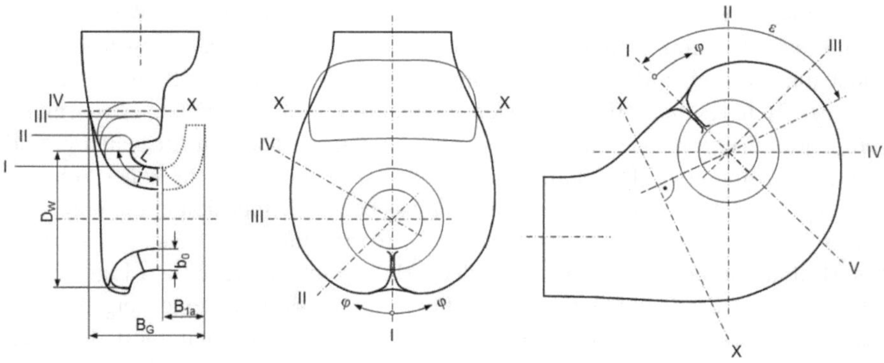

Abb. 3.68 Querschnitte am symmetrischen und asymmetrischen Eintrittsgehäuse

der Teilströme eine Drallrippe zur Stabilisierung der Strömung vorhanden sein. Fehlt sie, kommt es zu instationärem Betriebsverhalten, das von einem sich periodisch aufbauenden Vordrall verursacht wird. Eine der Drallrippe gegenüberliegende Rippe auf der Zuströmseite ist bei Abb. 3.67b und c hydrodynamisch nicht erforderlich; sie dient meist nur der Festigkeit des Gehäuses. Bei Abb. 3.67d ist sie jedoch notwendig bzw. zu empfehlen, um die Umlenkung der Strömung zu unterstützen. Bei mehrstufigen Pumpen, bei denen der Eintrittsstutzen aus konstruktiven Gründen meist radial angeordnet ist, und auch bei anderen Bauarten werden bevorzugt symmetrisch ausgebildete Eintrittsgehäuse ausgeführt. Die Abnahme der radialen Querschnittsflächen entsprechend dem verbleibenden Restvolumenstrom gemäß Abb. 3.67b ist zu empfehlen. Vielfach – oft bei mehrstufigen Pumpen in Segmentbauweise – werden aber auch konzentrische Formen mit konstanten Querschnittsflächen gemäß Abb. 3.67c ausgeführt. Da bei ihnen die Querschnittsflächen nicht mit dem Volumenstrom abnehmen, muss sich die Strömung zur Drallrippe hin verzögern, was wahrscheinlich zu Ablösungen und Verwirbelung führt und zumindest bei hoher Energiekonzentration vermieden werden sollte.

Beim asymmetrischen Eintrittsgehäuse (Abb. 3.67e, f) dagegen sind die Querschnitte nicht symmetrisch verteilt. Asymmetrische Eintrittsgehäuse werden stets so ausgeführt, dass ein „Mitdrall" entsteht, d. h., dass das Laufrad mit einer Umfangskomponente in Drehrichtung angeströmt wird. Die Seite, in der das Medium in Drehrichtung der Welle strömt, wird mit einem größeren Volumenstromanteil beaufschlagt, weshalb die Querschnitte hier größer sein müssen als auf der anderen Seite. Die „Drallrippe" an der Stelle, wo sich die Teilströme treffen, wird nicht der Hauptzuströmrichtung gegenüberliegend, sondern – abhängig von der beabsichtigten Asymmetrie bzw. dem beabsichtigten Mitdrall – in Drehrichtung des Laufrades versetzt angeordnet. Infolge der Asymmetrie der Zuströmung heben sich die beiden Drallkomponenten nicht auf und es bleibt ein Restdrall. Durch die asymmetrische Strömungsverteilung wird erreicht, dass der hydrodynamisch ungünstige Bereich, in dem das Medium gegen die Drehrichtung der Welle strömt, kleiner ist als beim symmetrischen Gehäuse. Asymmetrische Eintrittsgehäuse findet man oft bei mittengeteilten Pumpen, bei denen der Eintrittsstutzen unterhalb der Teilungsebene liegt und sich automatisch eine tangentiale Anströmung zum Laufrad ergibt, wie Abb. 3.67e zeigt. Asymmetrische Eintrittsgehäuse sind vergleichbar mit sog. „Halbspiralen", die bei Wasserturbinen sehr hoher Schnellläufigkeit eingesetzt werden. Der Vordrall muss bei der Dimensionierung der Laufradbeschaufelung und der nachfolgenden Leitvorrichtung berücksichtigt werden. Als Mitdrall hat er eine Verringerung der Relativgeschwindigkeit am Laufradeintritt und damit der Haltedruckhöhe zur Folge. Er muss durch eine Vergrößerung des Austrittsdralles am Laufradaustritt kompensiert werden und führt damit zu engeren Querschnitten im nachfolgenden Leitapparat. Insgesamt scheint sich ein asymmetrisches Eintrittsgehäuse – zumindest bei höherer spezifischer Drehzahl – günstig auf den Wirkungsgrad auszuwirken.

Wie bereits erwähnt, besteht bei allen Eintrittsgehäusen mit seitlicher Zuströmung, also sowohl bei asymmetrischen als auch (ausgeprägter) bei symmetrischen, die Tendenz, dass ein Teil des Fördermediums gegen die Drehrichtung des Laufrades strömt, wodurch die Anströmgeschwindigkeit zum Laufrad in Richtung und Betrag über dem Umfang nicht überall gleich ist. In beiden Fällen kann man die Anströmung verbessern durch die Ausbildung eines konzentrischen Ringraumes vor dem Laufrad, der einen möglichst langen meridianen konzentrischen Strömungsweg ergibt, in welchem sich die Strömung unter Beschleunigung vergleichmäßigen kann und somit Störungen abgebaut werden (Abb. 3.68).

Zur Erzeugung des konzentrischen Ringraumes dient ein ringförmig angeordneter Wulst, der gleichzeitig die Strömung um die Welle herumleiten und möglichst gleichmäßig über den Umfang verteilen soll. Er wird als am Durchmesser D_W beginnend angenommen. Die Länge L des meridianen Strömungsweges sollte möglichst das $2 \div 2{,}5$-Fache der Breite b_0, und die Beschleunigung der Meridiangeschwindigkeit vom Beginn des Ringraumes bis zum Laufradeintritt sollte möglichst nicht weniger als 1,5 betragen:

$$L = (2 \; bis \; 2{,}5) \left(\frac{D_s - D_N}{2} \right) \tag{3.145}$$

Insgesamt muss die Strömung auf dem Weg vom Eintrittsstutzen zum Laufrad beschleunigt werden. Man wählt den Eintrittsstutzen so, dass er den 1,7- bis 2,2fachen Querschnitt des Laufradeintrittes aufweist. Infolge der Sprünge in den genormten Rohrweiten ergeben sich unterschiedliche Querschnittsverhältnisse. Unterschiede in der Gesamtbeschleunigung sollten auf den Anfang des Strömungsweges ausgeglichen werden, so dass man etwa ab dem Querschnitt *X–X* vergleichbare Proportionen erhält und die weiteren Querschnitte bis zum Eintritt ins Laufrad einheitlich gestalten kann. Zu Anfang kann die Beschleunigung gering sein. Sie sollte aber ausreichen, um Strömungsablösung und Rückströmung zu vermeiden. Die radialen Querschnitte *I* bis *V* (Abb. 3.68) werden so dimensioniert, dass in ihnen etwa die gleiche Geschwindigkeit herrscht wie im Querschnitt *X–X* oder leicht darüber liegt. Deshalb nehmen die Querschnitte entsprechend dem verbleibenden Volumenstrom mit fortschreitendem Strömungsweg ab. Die Geschwindigkeit, die sich aus diesen radialen Querschnitten nach der Kontinuitätsbedingung ergibt, ist weitgehend die Umfangskomponente der Absolutströmung. Im konzentrischen Ringraum bildet sie die Absolutgeschwindigkeit zusammen mit der Meridiankomponente, die sich aus dem Meridianschnitt bestimmen lässt. Die radialen Querschnitte zählen ab dem Beginn der Drallrippe; das bedeutet, dass der Querschnitt *I* als „null" anzusetzen ist.

Der mittels eines asymmetrischen Eintrittsgehäuses erzeugte Vordrall hängt ab vom Versatzwinkel ε der Drallrippe und von der Größe der radialen Querschnitte. Er lässt sich überschläglich berechnen unter Verwendung von Gl. (3.124). Hierzu geht man aus vom Querschnitt A_φ bei einem beliebigen Entwicklungswinkel φ – zweckmäßig beispielsweise vom Querschnitt *IV* bei $\varphi = 135°$ (Abb. 3.68) – und dem hier verbleibenden Restvolumenstrom $V_\varphi = V \cdot \varphi°/360$. Mit einem geometrisch gemittelten Durchmesser D_0 an der Austrittskante der Drallrippe sowie dem flächengleichen Durchmesser $d_\varphi = \sqrt{4A_\varphi/\pi}$ des gewählten Querschnittes bei φ findet man zunächst den Drall für die Vollspirale zu

$$K_{360} = \frac{V_\varphi \left(D_0/d_\varphi + 1 + \sqrt{(D_0/d_\varphi + 1)^2 - 1} \right)}{\pi \, d_\varphi}. \tag{3.146}$$

Der im asymmetrischen Eintrittsgehäuse erzeugte Drall beträgt dann entsprechend dem Versatzwinkel ε

$$K_0 = K_{360} \cdot \varepsilon/360, \tag{3.147}$$

zusammengefasst also

$$K_0 = \frac{\varepsilon V_\varphi \left(D_0/d_\varphi + 1 + \sqrt{(D_0/d_\varphi + 1)^2 - 1} \right)}{360\pi d_\varphi} \tag{3.148}$$

Der Versatzwinkel ε zählt ab einer Orthogonalen zum Querschnitt *X–X*. Man wählt ihn zu $\varepsilon = 45° \div 120°$. Die Lage des Querschnittes *X–X* wird geschätzt als Normale zur Hauptströmungsrichtung. Die in dieser Schätzung enthaltene Unsicherheit wirkt sich angesichts der ohnehin groben übrigen Annahmen nur unbedeutend aus.

Wird eine Führungsrippe in der Zuströmung vorgesehen, legt man sie so, dass der Querschnitt *X–X* im Verhältnis der Teilströme aufgeteilt wird. Meist wird man sie so legen, dass der Volumenstrom halbiert wird. Die Rippe sollte nicht zu dicht an den Laufradeintritt herangeführt werden, um der Strömung die Möglichkeit zum Ausgleich zu geben. Wie allgemein zu empfehlen, soll die Führungsrippe an der Abströmseite niemals symmetrisch, sondern stets einseitig zugeschärft ausgeführt werden, um periodische Ablösungen (KÁRMÁN'sche Wirbelstraßen) zu vermeiden.

Beim symmetrischen Eintrittsgehäuse entfällt die Berechnung des Vordralls, da sich mit dem Versatzwinkel $\varepsilon = 0°$ stets $K_0 = 0$ ergibt. Aus Abb. 3.67d ist übrigens an der leicht gestörten Orthogonalität des Querschnittes *X–X* zu erkennen, dass bei diesem symmetrischen Eintrittsgehäuse die Tendenz zu einem (geringen) Vordrall besteht infolge der leichten Krümmung in der Zuströmung.

Ein asymmetrisches Eintrittsgehäuse einer 2-flutigen Pumpe zeigen Abb. 3.69 und Abb. 4.10.

Abb. 3.69 Gehäuseunterteil einer 2-flutigen mittengeteilten Kühlwasserpumpe mit Doppelspirale. $V = 27\,500$ m^3/h, $H = 15$ m. SULZER

3.12 Spaltverluste

Aus Gründen der Betriebssicherheit und eines vertretbaren Bauaufwands ist es im Kreiselpumpenbau technisch nicht möglich, Räume unterschiedlicher Drücke, die durch rotierende Bauteile getrennt sind, leckagefrei abzudichten. Um Berührung der Bauteile zu vermeiden, sind Spalte erforderlich, durch die ein unvermeidbarer ständiger Strom fließt. Dieser Spaltstrom verliert im Spalt seine Energie durch Drosselung und muss im Laufrad stets aufs Neue mit Energie beladen werden. Er stellt somit einen Verlust dar, weshalb man bemüht ist, ihn möglichst gering zu halten. Die verschiedenen Möglichkeiten der Anordnung von Dichtspalten in Kreiselpumpen gehen aus Abb. 3.70 hervor.

Bei Laufrädern mit Deckscheibe befindet sich in die Nähe des Laufradeintrittsdurchmessers stets ein Spalt zur Trennung des Druckraumes vom Saugraum. Bei axialkraftentlasteten Laufrädern ist ein ähnlicher „hinterer" Spalt auf der Tragscheibenseite vorhanden (Abb. 3.70b). Bei beiden Spalten fließt der Leckagestrom im Radseitenraum von außen nach innen. Bei nicht axialkraftentlasteten Laufrädern entfällt der Spalt auf der Tragscheibenseite und es fließt hier somit kein Leckagestrom (Abb. 3.70a). Bei einzeln axialkraftentlasteten Laufrädern mehrstufiger Pumpen ist zusätzlich zum vorbeschriebenen Spalt auf der Tragscheibenseite

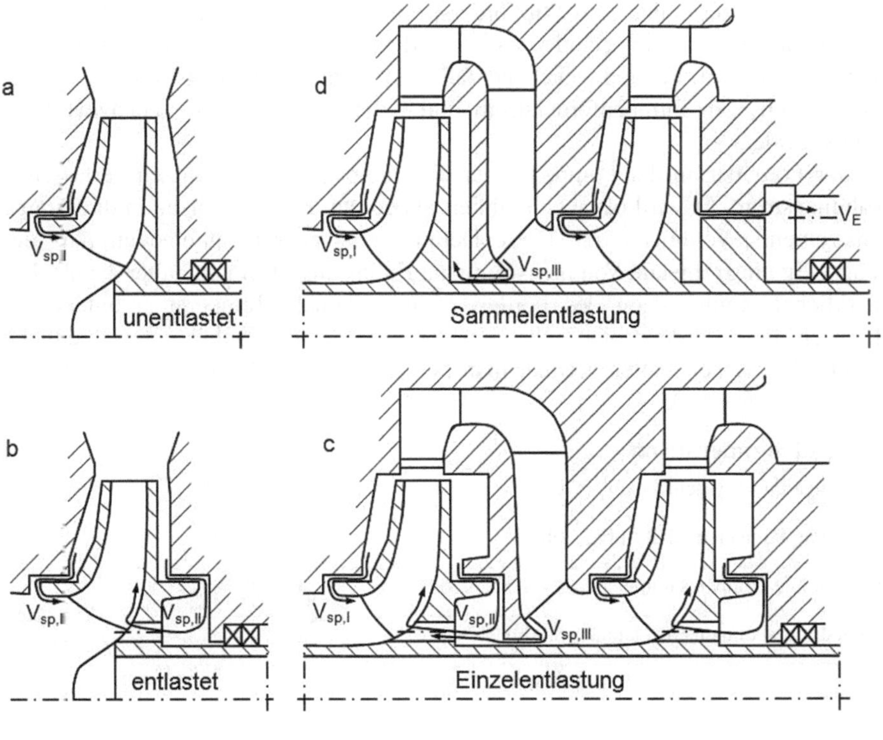

Abb. 3.70 Spalte und Spaltverluste in Kreiselpumpe (4 Typen, a, b, c, d)

ein Spalt zwischen Stufengehäuse und Rotor vorhanden, dessen Leckagestrom zum Laufrad hin gerichtet ist und sich zu dem des tragscheibenseitigen Spaltes addiert (Abb. 3.70c) und mit diesem zusammen wieder durch das Laufrad gefördert wird. Da hierbei am Stufengehäusespalt der volle Stufendruck wirksam ist, ist dieser Leckagestrom relativ groß, so dass bei dieser Konzeption nachteilig hohe Verluste auftreten. Weitere Nachteile sind der Umstand, dass der Druck der letzten Stufe gegen den Außendruck abgedichtet werden muss, sowie die größere axiale Baulänge. Aus diesen Gründen wird die Konzeption mit einzelentlasteten Stufen selten und auch nur bei kleinen Stufenzahlen bzw. relativ niedrigen Enddrücken ausgeführt. Bei mehrstufigen Pumpen mit Sammelentlastung des Axialschubes entfällt der tragscheibenseitige (hintere) Spalt und es ist nur der Spalt zwischen Stufengehäuse und Rotor vorhanden (Abb. 3.70d). Sein Leckagestrom ist geringer als im vorerwähnten Fall, da nicht der volle Stufendruck wirksam ist. Außerdem wird dieser Leckagestrom nicht vom Laufrad mit gefördert, sondern fließt im Radseitenraum von innen nach außen. An die Stelle des tragscheibenseitigen (hinteren) Laufradspaltes tritt bei mehrstufigen Pumpen mit gemeinsamer Axialschubentlastung die Entlastungseinrichtung mit Scheibe oder Kolben, in der ebenfalls ein Spaltstrom fließt. Der Entlastungsstrom zweigt hinter dem Laufrad der letzten Stufe vom Förderstrom ab und durchströmt den tragscheibenseitigen Radseitenraum der letzten Stufe von außen nach innen. Nach Passieren der Entlastungseinrichtung wird er in den Zulaufbehälter oder in die Saugleitung zurückgeführt. Auch er muss zusätzlich zum Nutzförderstrom in der Pumpe mitgefördert werden.

Man hat also zu unterscheiden zwischen dem Pumpenförderstrom V, dem Laufradvolumenstrom V_U und gegebenenfalls dem Leitradvolumenstrom V_L, welch letzere sich vom Pumpenförderstrom durch die verschiedenen Leckageverluste unterscheiden.

Der Förderstrom der Pumpe ist der die Pumpe am Druckstutzen verlassende Volumenstrom. Er wird oft auch definiert als der am Eintrittsstutzen in die Pumpe einströmende Volumenstrom. Diese Definition ist aber nicht eindeutig, da der saugseitig einströmende Volumenstrom den Entlastungsstrom enthalten kann. (Bei merklicher Kompression des Fördermediums (Druck, Temperatur) unterscheiden sich diese Förderströme außerdem von einander durch ihre unterschiedliche Dichte. In solchen Fällen rechnet man besser mit dem Massenstrom anstatt mit dem Volumenstrom).

Laufradvolumenstrom

einstufige Pumpen gemäß Abb. 3.70a:	$V_U = V + V_{SP,I}$
einstufige Pumpen gemäß Abb. 3.70b:	$V_U = V + V_{SP,I} + V_{SP,II}$
mehrstufige Pumpen sammelentlastet (Abb. 3.70d)	$V_U = V + V_{SP,I} + V_E$
mehrstufige Pumpen einzelentlastet (Abb. 3.70c)	$V_U = V + V_{SP,I} + V_{Sp,II} + V_{SP,III}$

Leitradvolumenstrom (bzw. Volumenstrom des Spiralgehäuses)

einstufige Pumpen gemäß Abb. 3.70a, b:	$V_L = V$
mehrstufige Pumpen sammelentlastet (Abb. 3.70d)	$V_L = V + V_{SP,III} + V_E$
mehrstufige Pumpen einzelentlastet (Abb. 3.70c)	$V_L = V + V_{SP,III}$

Für hier nicht aufgeführte Konstruktionen sind die Volumenströme sinngemäß zu bestimmen.

Die Mehrzahl der Spaltdichtungen wird gebildet durch einen in einer (feststehenden) Gehäusebohrung rotierenden Außenzylinder und wird somit axial durchströmt. Bei dieser Konzeption lässt sich die Spaltweite relativ gering halten, da der Rotor durch die Lagerung radial gut fixierbar ist. Zylindrische Spalte haben eine gewisse Dämpfungswirkung auf Rotorschwingungen und eine gewisse hydrostatische Lagerwirkung, da die Drücke im Spalt zentrierend wirken. Die zentrierende Wirkung tritt aber nur ein bei guter paralleler Ausrichtung. Bei verkanteten Spalten können dezentrierende Kräfte auftreten. Die Wirkung als hydrodynamisches Lager ist dagegen unbedeutend. Die Viskosität der meisten geförderten Medien ist so gering, dass bei den üblichen Spaltweiten und Rauheiten der Spaltoberflächen praktisch keine hydrodynamische Lagerwirkung zustande kommt.

Die Mindestspaltweite wird bestimmt durch Fertigungs- und Montagetoleranzen, Lagerluft, Wellendurchbiegung infolge Eigengewichts des Rotors und der auf ihn wirkenden hydrostatischen und hydrodynamischen Kräfte, Verformungen des Gehäuses durch Innendruck und thermische Ausdehnung. Als Richtwert für die (radiale) Spaltweite kann gelten

$$e = 0{,}02\,\sqrt{D_{Sp}} \tag{3.149}$$

mit e und D_{Sp} in [mm] (Abb. 3.72). Ein Mindestspalt von $e = 0{,}15$ mm sollte nicht unterschritten werden. Materialpaarungen mit hoher Fressneigung erfordern Zuschläge.

Zur Erhöhung des Durchflusswiderstandes, somit Verringerung der Spaltverluste, werden Spalte häufig treppen- oder labyrinthartig, mit Nuten oder mit Gewinderillen ausgeführt, was zusätzlichen Fertigungsaufwand erfordert (Abb. 3.71). Bei der Wahl ist abzuwägen zwischen Nutzen, d. h. Gewinn an Wirkungsgrad und erhöhtem Fertigungsaufwand. Um durch dezentrierende Kräfte verursachte Wellenschwingungen (LOMAKIN-Effekt [37]) zu vermeiden, müssen Labyrinthdichtungen stets so ausgebildet sein, dass eine wirksame Drosselung nur jeweils an den Dichtpartien mit rotierendem inneren Zylinder vorhanden ist (s. Abb. 3.71d).

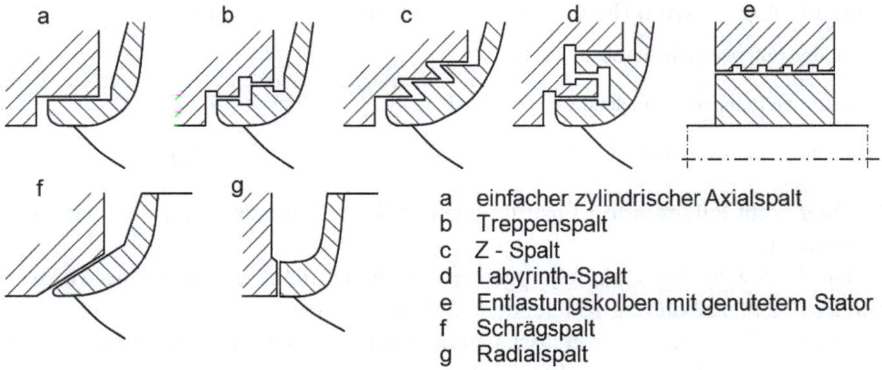

Abb. 3.71 Beispiele für Spaltausführungen

Abb. 3.72 Spaltgeometrie

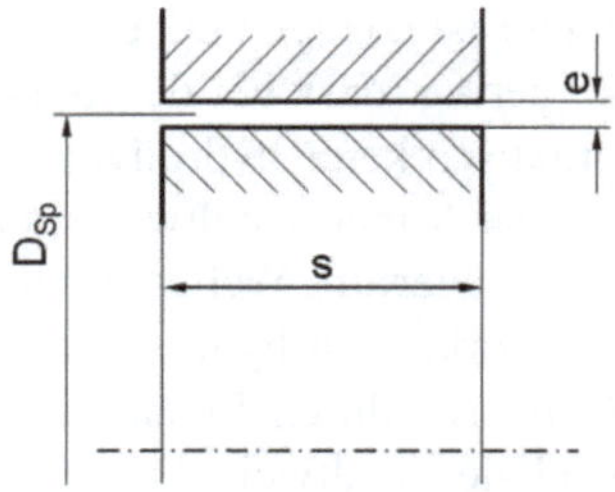

Für besondere Einsatzzwecke werden auch radial oder diagonal durchströme Spalte konzipiert [42]. Es handelt sich hierbei meistens um Spalte am Laufradeintritt einstufiger Pumpen, die zur Förderung stark abrasiver Medien eingesetzt werden. Die Durchströmrichtung erfolgt hierbei von außen nach innen. Die radiale bzw. diagonale Anordnung der Spalte ergibt sich aus der Notwendigkeit, den Spaltstrom möglichst wenig umzulenken, um „Auskolkungen" zu vermeiden und um bei Verschleiß den Spalt durch einfaches axiales Verschieben eines Bauteils (meist des Läufers) nachstellen zu können. Bei diesen Konstruktionen entfällt die dämpfende bzw. zentrierende Wirkung. Auch kann die Spaltweite meist nicht so klein gehalten werden wie bei axial durchströmten Spalten. Infolge des Innendruckes kann sich der Spalt beim Betrieb der Pumpe mitunter beträchtlich erweitern. Die Forderung nach geringen Verlusten tritt jedoch oft gegenüber anderen Zwängen zurück. Eine aufwendige und detaillierte Berechnung des Verlustes dieser Art von Spalten ist daher meist nicht erforderlich bzw. wenig nutzbringend. Sie kann in Anlehnung an die Berechnung des axial durchströmten Spaltes vorgenommen werden. Für den Spaltdurchmesser setzt man einen mittleren Wert ein. Der zentrifugale Einfluss beim Durchströmen des Spaltes wird in Anbetracht der großen Unsicherheit der Berechnung meist außer Acht gelassen.

Das Ausmaß des Spaltstromes hängt in erster Linie von der Druckdifferenz am Spalt und vom Spaltquerschnitt ab und lässt sich mit der einfachen Gleichung

$$V_{Sp} = \mu A_{Sp} \sqrt{2g\,\Delta H} \tag{3.150}$$

beschreiben mit der Druckhöhendifferenz ΔH, dem Spaltquerschnitt $A_{Sp} = \pi D_{Sp} \cdot e$ und dem Durchflussbeiwert μ.

Die Druckhöhendifferenz ΔH wird ermittelt über den Druckhöhenverlauf im Radseitenraum $(H_p - H_x)$, der nach Gl. (2.55) bzw. Gl. (2.56) zu berechnen ist. (In Gl. (2.58) ist ein zentrifugal gerichteter Spaltstrom als negativer Wert einzusetzen). Die Druckhöhendifferenz ist vom Spaltstrom abhängig. Wie in Kap. 2.8 beschrieben, bewirkt ein mit einer Umfangskomponente in den Radseitenraum eintretender Spaltstrom eine Veränderung der Rotation der Radseitenraumströmung, wodurch sich deren Druckverlauf über dem Radius ebenfalls ändert. Bei zentripetalem, also von außen nach innen gerichtetem Spaltstrom wird die Rotation im Radseitenraum verstärkt, wodurch dort das Druckgefälle größer und die Druckdifferenzhöhe am Spalt geringer wird und sich der Spaltverlust gewissermaßen selbst „behindert". Bei zentrifugal gerichteten Spaltströmen wird die Rotation im Radseitenraum abgebremst, wodurch dort das Druckgefälle kleiner wird. Dadurch wird die Druckhöhendifferenz am Spalt ebenfalls geringer, so dass auch hier eine Behinderung des Spaltstromes durch sich selbst vorhanden ist. Wegen der gegenseitigen Abhängigkeit von Druckhöhendifferenz und Spaltstrom müssen zu dessen genauer Berechnung eventuell mehrere Iterationsschritte durchgeführt werden. Den größten Einfluss auf das Förderverhalten haben die zentripetal gerichteten Spaltströme, also der Spaltstrom an der vorderen Deckscheibe $V_{Sp,I}$ (s. Abb. 3.70) und – bei entlastetem Laufrad – der Spaltstrom an der Tragscheibe $V_{Sp,II}$. Der Spaltstrom $V_{Sp,III}$ am Stufengehäuse mehrstufiger, sammelentlasteter Pumpen tritt dagegen an Bedeutung zurück.

Die Berechnung der Spaltverluste erfolgt nach Gl. (3.150) unter Verwendung der Druckdifferenzhöhen gemäß den Gl. (3.153) bis (3.157). Für Überschlagsrechnungen kann man die Verluste am vorderen (und gegebenenfalls) hinterem Laufradspalt nach Gl. (3.151) bestimmen.

$$V_{Sp,I} = V_{Sp,II} = 10^{-3}\left(4{,}5 + 5\frac{D_N}{D_2}\right) n \cdot {n_q}^{0{,}8} {D_2}^{2{,}5} \tag{3.151}$$

mit V_{Sp} [m³/h], n und n_q [U/min] sowie D_N und D_2 [m]. Die Formel gilt für glatte, einfache, zylindrische Spalte mit Spaltweiten nach Gl. (3.149). Hierzu auch Abb. 3.73 und 3.74. Für den Spaltstrom am Stufengehäuse $V_{Sp,III}$ einer einzelentlasteten mehrstufigen Pumpe kann etwa der gleiche Wert angenommen werden, weil hier der Spaltquerschnitt zwar kleiner, jedoch der volle Stufendruck wirksam ist. Bei Sammelentlastung ist die Druckdifferenz am Stufengehäuse geringer, so dass man mit etwa 40 % bis 60 % des Spaltstromes $V_{sp,I}$ rechnen kann.

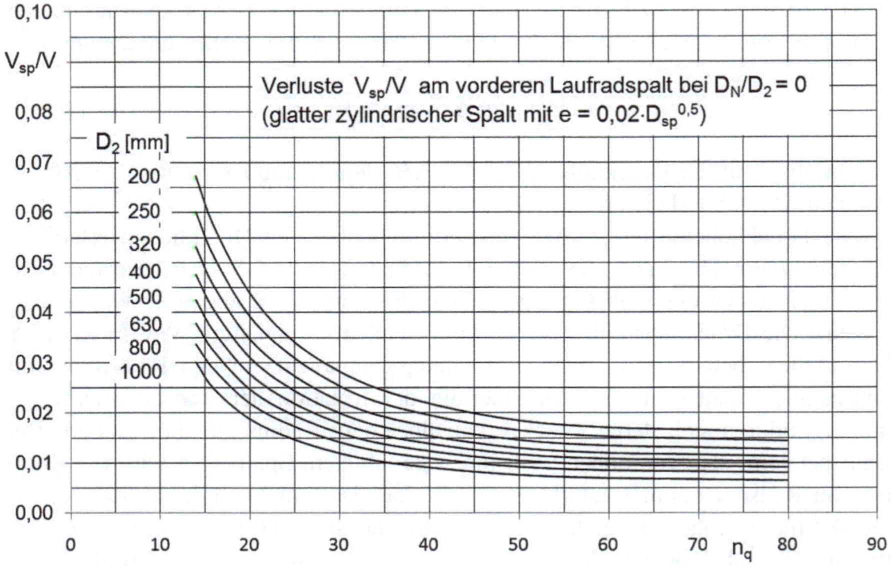

Abb. 3.73 Richtwerte für Spaltverluste nach Gl. (3.151) mit $(D_N/D_2=0)$

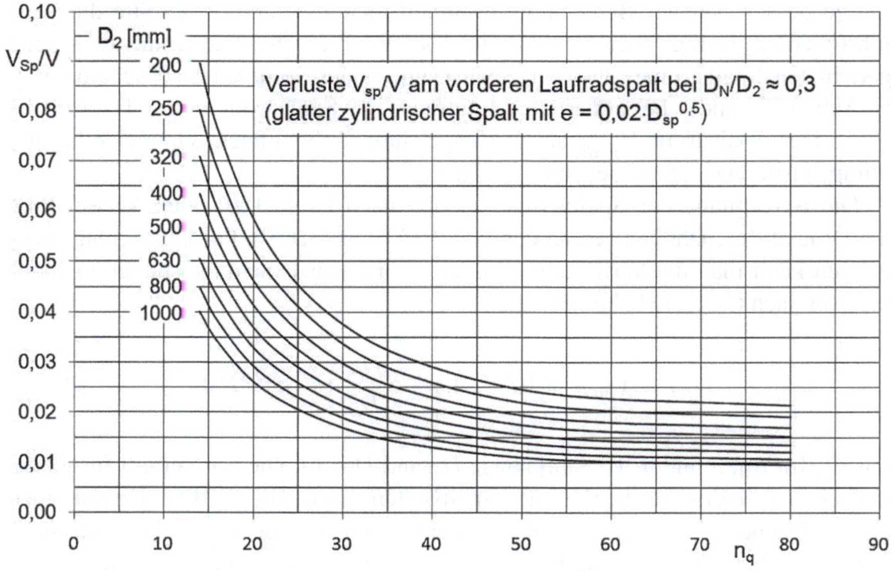

Abb. 3.74 Richtwerte für Spaltverluste nach Gl. (3.151) mit $(D_N/D_2=0{,}3)$

Der Entlastungsstrom hängt von der Stufenzahl ab. Bei Kolbenentlastung gilt als Anhaltswert

$$V_E = 0{,}25\, V_{Sp,I} \sqrt{i} \qquad (3.152a)$$

mit der Stufenzahl i. Etwa ähnliche oder etwas niedrigere Werte gelten auch bei Scheibenentlastung. Diese Angaben – wie auch Gl. (3.151) – dienen wie gesagt nur der überschläglichen Abschätzung der Spaltverluste. Zur genaueren Berechnung sind die geometrischen Daten der Dichtspalte sowie die nachstehend abgeleiteten Druckhöhendifferenzen zu verwenden. Da diese ihrerseits von den zu berechnenden Spaltverlusten abhängen, ergibt sich die Lösung erst durch Iteration, wie am Beispiel in Kap. 4.6 gezeigt wird.

Bei den verschiedenen in einer Kreiselpumpe vorhandenen Spaltdichtungen sind unterschiedliche Druckhöhendifferenzen ΔH wirksam. Für den deck- bzw. tragscheibenseitigen Laufradspalt ergibt sich die Druckhöhendifferenz

$$\Delta H = H_p - (H_p - H_x), \qquad (3.153)$$

die als Differenz zur Eintrittsdruckhöhe H_s vor dem Laufrad zu verstehen ist. Die Spaltdruckhöhe H_p bezeichnet nach Kap. 2.6 den Überdruck am Laufradumfang über dem Eintrittsdruck. Die Druckhöhendifferenz $(H_p - H_x)$ berechnet sich wie bereits erwähnt nach Gln. (2.55) und (2.56).

Damit ist dann

$$\Delta H = H_x. \qquad (3.153a)$$

Beim Stufengehäusespalt ist bei Einzelentlastung des Achsschubes (Abb. 3.70c) der volle Stufendruckhöhe H_{st} einzusetzen, also

$$\Delta H = H_{St} \qquad (3.154)$$

und bei unentlastetem Laufrad (Abb. 3.70d), d. h. bei Sammelentlastung außer in der letzten Stufe

$$\Delta H = H_{St} - H_x. \qquad (3.155)$$

Da sich aus Gl. (2.55) bzw. Gl. (2.56) die Druckhöhendifferenz $(H_p - H_x)$ ergibt, schreibt man Gl. (3.155) besser

$$\Delta H = H_{St} - H_p + (H_p - H_x). \qquad (3.156)$$

Die Druckhöhendifferenz am Entlastungskolben beträgt, wenn hinter dem Kolben der gleiche Druck wie am Eintritts der Pumpe angenommen werden kann,

$$\Delta H = (i-1)H_{St} + H_p - (H_p - H_x). \qquad (3.157)$$

Im Übrigen ist die Differenz gegenüber dem Eintrittsdruck zu berücksichtigen. (In Gl (3.157) bedeutet i die Stufenzahl). Mit dem nach Kap. 3.14 ausgelegten Kolbendurchmesser, der Spaltweite und -oberfläche sowie der Länge des Kolbens kann damit nach Gl. (3.150) der Verluststrom für Kolbenentlastung berechnet werden.

Bei Scheibenentlastung lässt sich der Entlastungsverluststrom ebenfalls berechnen. Mit der nach Kap. 3.21 ausgelegten Geometrie der Entlastungseinrichtung ergibt sich der erforderliche Druck in der Entlastungsscheibenkammer $H_{ES,0}$, der zum Ausgleich des Axialschubes erforderlich ist. Aus der Differenz der Druckhöhe H_E hinter dem Laufrad der letzten Stufe – also der Druckhöhe vor der Vordrossel – und der Druckhöhe in der Entlastungsscheibenkammer $H_{ES,0}$ sowie aus der Geometrie der Vordrossel (Durchmesser, Spaltweite, Länge und Oberfläche) lässt sich nun ebenfalls nach Gl. (3.150) der Entlastungsverluststrom berechnen. Der Druck hinter der letzten Stufe ist wie beim Achsschubausgleich mittels Entlastungskolbens nach Gl. (3.157) zu berechnen. Wegen der unterschiedlichen Geometrie (innerer Durchmesser des Radseitenraumes) und der meist unterschiedlichen Größe des Entlastungsstromes unterscheidet er sich jedoch etwas von jenem. Somit gilt für Scheibenentlastung, wenn der Druck im Raun hinter der Entlastungsscheibe wie bei der Kolbenentlastung auch als etwa gleich dem Zulaufdruck angenommen wird,

$$\Delta H = (i-1)H_{St} + H_p - (H_p - H_x) - H_{ES,0} \tag{3.157a}$$

Überraschenderweise hat die Weite des radialen Spaltes an der Entlastungsscheibe keinen unmittelbaren Einfluss auf den Entlastungsstrom, sondern nur mittelbar über den Druck in der Entlastungskammer. Dieser Druck ist durch den jeweiligen Axialschub, welcher wiederum vom Betriebspunkt abhängig ist, vorgegeben. Aus der geringeren Druckhöhendifferenz der Vordrossel gegenüber dem Entlastungskolben und der infolge des kleineren Durchmessers geringeren Spaltquerschnittsfläche ergibt sich ein geringerer Entlastungsverlust bei Scheibenentlastung im Vergleich zur Kolbenentlastung.

Eine evtl. vorhandene Nachdrossel hat ebenfalls auf den Entlastungsvolumenstrom praktisch keinen Einfluss. Sie hat lediglich zur Folge, dass sich der Scheibenspalt geringfügig weiter öffnet, um zusammen mit der Nachdrossel den gleichen Durchflusswiderstand zu bewirken wie bei fehlender Nachdrossel, und dass die „Steifigkeit" der gesamten Entlastungseinrichtung etwas geringer ist als dort. Hierzu s. Kap. 3.14. Unter Steifigkeit ist die axiale Stellung des Pumpenläufers, d. h. die Änderung des Scheibenspaltes unter dem Einfluss unterschiedlicher Axialschübe, d. h. Betriebszustände, zu verstehen.

Um den Verluststrom an der jeweiligen Entlastungseinrichtung möglichst gering zu halten, wird die Spaltweite am Entlastungskolben bzw. an der Vordrossel mitunter etwas geringer ausgeführt als die übrigen Spalte in der Pumpe. Das ist jedoch umstritten, da sich die Entlastungseinrichtung zwar in der Nähe des druckseitigen Lagers befindet und sich die Wellendurchbiegung dadurch weniger auswirkt als etwa in der Mitte zwischen den Lagern, andererseits jedoch wegen der relativ großen Länge des Entlastungskolbens bzw. der Vordrossel eine gewisse Gefahr der Verkantung besteht. Andererseits kann bei Scheibenentlastung der Verluststrom nicht beliebig gering gehalten werden, da der Scheibenspalt aus Gründen der Betriebssicherheit nicht zu eng werden darf.

Im Durchflussbeiwert μ werden alle Einflüsse, wie Spaltgeometrie (einschließlich ihrer Feinstruktur) und die REYNOLDS-Zahlen Re und Re_u, gebildet mit der meridionalen Durchflussgeschwindigkeit bzw. mit der Umfangsgeschwindigkeit am Spalt, zusammengefasst. Raue Spaltoberflächen erzeugen bei turbulenter Spaltströmung, die bei Rotation fast immer vorliegt, gegenüber hydraulisch glatten Oberflächen erhöhte Durchflusswiderstände. Konstruktiv wird eine Erhöhung des Durchflusswiderstandes mit abgesetzten oder genuteten Spalten erreicht durch mehrmalige Verwirbelung und Einschnürung der Strömung. Mit zunehmendem Verhältnis der Umfangsgeschwindigkeit zur Meridiangeschwindigkeit, also Re_u/Re nimmt der Durchflusswiderstand ebenfalls zu, mit zunehmenden Re-Zahlen insgesamt jedoch ab. Zur genaueren Erfassung der Strömungsvorgänge am Spalt wurden zahlreiche Untersuchungen durchgeführt [38–42].

Für die Bestimmung des Durchflussbeiwertes wird aus [2] etwas abgewandelte die Formel

$$\mu = \frac{1}{\sqrt{0{,}5 + \frac{\lambda \cdot s}{2e} + z}} \tag{3.158}$$

übernommen. Darin wird mit s die Spaltlänge (bei abgesetzten und genuteten Spalten die Summe der Längen der Teilspalte) bezeichnet. Bei Labyrinthspalten zählen hierbei nur die Teilspalte, die mit rotierendem inneren Zylinder gebildet werden (s. Abb. 3.71d). Ferner wird mit e die Spaltweite und mit z die Anzahl der Teilspalte bei abgesetzten bzw. genuteten Spalten bezeichnet. Bei glattem Spalt ist $z = 1$ zu setzen. Zur Spaltgeometrie s. Abb. 3.72. Die Reibungszahl ist bei glatten Spalten mit $\lambda = 0{,}04$ und bei gerillten und Gewindespalten mit $\lambda = 0{,}08$ einzusetzen. Man ersieht aus Gl. (3.158), dass sich der Durchflussbeiwert mit der Spaltweite vergrößert und zwar so, dass der Durchfluss nach Gl. (3.150) mit etwa der 1,5-ten Potenz der Spaltweite, also überproportional zunimmt.

Wichtig ist, dass Kanten am Beginn des Spaltes bzw. der Teilspalte möglichst scharf ausgeführt werden, damit sich wirksame Strahleinschnürungen ausbilden. Auf die Spaltweite e bezogen stellt ein geringes Entgraten bereits eine merkliche Abrundung dar, wodurch die für den Durchflusswiderstand sehr wichtige Strahleinschnürung stark abnimmt.

Da die Fertigungstoleranzen Unsicherheiten in der Berechnung der Spaltverluste von bis zu etwa 30 % bewirken können, ist es für den praktischen Gebrauch wenig sinnvoll, alle Sekundäreinflüsse bis ins Kleinste bei der Berechnung der Spaltverluste berücksichtigen zu wollen. Wichtig ist vielmehr die Kenntnis der Wirkungen der verschiedenen Parameter auf den Spaltverluststrom. Für detailliertere Angaben sei auf [5] verwiesen.

3.13 Scheibenreibungsverluste

Auf eine in einem Medium umlaufende Scheibe wirken Schubkräfte, zu deren Überwindung ein bestimmtes Moment erforderlich ist. In Strömungsmaschinen sind die Seitenwände „geschlossener" Laufräder rotierenden Scheiben vergleichbar. Die „Scheibenreibleistung" stellt einen Verlust dar, der je nach Umständen erheblich sein kann und daher nicht außer Acht gelassen werden darf. Grundlegende

Untersuchungen zur Reibleistung von im weiten, ruhenden Raum rotierenden Scheiben wurden bereits im Jahre 1921 [43] durchgeführt. In [44] wird 1935 über Untersuchungen an Scheiben im umgebenden Gehäuse berichtet. Zwischen einer im theoretisch unendlich großem Raum und einer in einem begrenzten, geschlossenen Raum rotierenden Scheibe bestehen grundsätzliche Unterschiede. Während im ersten Falle immer neue Fluidmassen aus der Ruhe beschleunigt werden müssen, behält das Fluid im begrenzten Raum eine gewisse Rotation bei und es braucht nur die durch Reibung am ruhenden Gehäuse verlorene Energie aufgebracht zu werden. Daher benötigt das in einem Gehäuse rotierende Laufrad einer Kreiselpumpe zur Überwindung der Scheibenreibung nur etwa die Hälfte der Leistung einer vergleichbaren frei rotierenden Scheibe. Wie in Kap. 2.8 dargelegt, bildet sich im (begrenzten), Radseitenraum eine Sekundärströmung aus, die unter „normalen" Bedingungen wie ein Festkörper – und zwar im Falle gleicher Größe, Form, Oberflächenstruktur und gleichem Reibbeiwert von Laufrad- und Gehäusewand – mit theoretisch der halben Winkelgeschwindigkeit des Laufrades umläuft. (In der Realität weicht die Winkelgeschwindigkeit infolge verschiedener Einflüsse davon etwas ab, worauf später noch eingegangen wird). Mit der gegenüber dem Laufrad geringeren Winkelgeschwindigkeit des Fluids ergeben sich Differenzgeschwindigkeiten zwischen Laufrad und Festkörperwirbel sowie zwischen Festkörperwirbel und Gehäuse, die geringer sind als die Differenzgeschwindigkeit zwischen Laufrad und ruhender Umgebung im freien, quasi unbegrenzten Raum. Entsprechend geringer sind auch die resultierenden Schubkräfte, die wegen ihrer quadratischen Abhängigkeit von der Geschwindigkeit, im Falle der halben Winkelgeschwindigkeit des Festkörperwirbels nur ein Viertel so groß sind wie die der im Freien rotierenden Scheibe. Da sie zweimal zu berücksichtigen sind – einmal an der Laufradwand, einmal an der Gehäusewand – ergibt sich letztlich das etwa halbe Scheibenreibmoment.

3.13.1 Scheibe im unbegrenzten Raum

Zum Vergleich werde zunächst das Reibmoment einer im (theoretisch unendlich) weiten, ruhenden Raum rotierenden Scheibe hergeleitet. Mit der Annahme ähnlicher Grenzschichtprofile wie bei der voll ausgebildeten turbulenten Rohrströmung [45] ergibt sich die Wandschubspannung zu $\tau = \frac{\rho}{8}\lambda_U u^2$, wobei λ_U für den Reibbeiwert der Scheibe steht und $u = r\omega$ für die örtliche Umfangsgeschwindigkeit. Am Flächenelement $dA = 2\pi r dr$ wirken damit die Schubkräfte

$$dF = \tau dA = \frac{\rho}{8}\lambda_U (r\omega)^2 2\pi r\, dr = \frac{1}{4}\pi\rho\lambda_U \omega^2 r^3 dr. \tag{3.159}$$

Am Hebelarm r wirkt danach das an *einer* Scheibenseite angreifende Moment

$$M_U = \int_{(r)} r\,dF = \frac{1}{20}\pi\rho\lambda_U\omega^2\left(r_2{}^5 - r_0{}^5\right) \tag{3.160}$$

Besitzt die Scheibe an ihrem äußeren Durchmesser eine Zylinderfläche mit der gesamten axialen Ausdehnung $2s$, mithin für *eine* Scheibenhälfte die Fläche $A_Z = 2\pi\, r_2\, s$, wirkt zusätzlich das Moment

$$M_Z = \frac{1}{4}\pi\rho\lambda_Z\omega^2 r_2{}^4 s. \tag{3.161}$$

Wird für beide Flächen der gleiche Reibbeiwert angenommen, also $\lambda_U = \lambda_Z = \lambda$, ergibt sich zusammengefasst für eine Scheibenseite einschließlich der halben Zylinderfläche das Moment

$$M_R = \frac{1}{20}\pi\;\rho\;\lambda\,\omega^2\left(r_2{}^5 - r_0{}^5 + 5\,r_2{}^4 s\right) \tag{3.162}$$

und schließlich mit $P_R = M_R\,\omega$ die Reibleistung pro Seite einer im unbegrenzten ruhenden Raum rotierenden Scheibe

$$P_R = \frac{1}{20}\pi\;\rho\;\lambda\,\omega^3\left(r_2{}^5 - r_0{}^5 + 5\,r_2{}^4 s\right). \tag{3.163}$$

Die Reibleistung steigt somit mit der dritten Potenz der Drehzahl und der fünften Potenz des Scheibendurchmessers. Der Beiwert λ entspricht etwa dem der voll ausgebildeten Rohrströmung und ist abhängig von der REYNOLDS-Zahl und der relativen Rauheit der benetzten Oberfläche.

3.13.2 Scheibe im Gehäuse

Im Gegensatz zur Scheibe, die im weiten ruhenden Raum rotiert und bei der keine Festkörperrotation auftritt, bildet sich bei einer rotierenden Scheibe in einem sie umgebenden begrenzten Raum (Pumpenlaufrad im Gehäuse) normalerweise stets ein Festkörperwirbel. Die Scheibenreibung ist vom Verhältnis k_0 der Winkelgeschwindigkeit dieses Festkörperwirbels zur Winkelgeschwindigkeit ω der Scheibe abhängig.

Für die hier angestellten Betrachtungen wird zunächst stets das Vorhandensein eines *ungestörten* Festkörperwirbels vorausgesetzt. Das bedeutet, dass keine Störung durch Spaltströme, die sowohl zentripetal als auch zentrifugal gerichtet in den Radseitenräumen eintreten können, vorhanden ist. Der Spaltstromeinfluss wird später noch gesondert behandelt. (Zur Radseitenraumströmung s. auch Kap. 2.8). An die Stelle der bei der frei rotierenden Scheibe benutzten örtlichen Umfangsgeschwindigkeiten $u = \omega{\cdot}r$ treten die Differenzgeschwindigkeiten $u = (1 - k_0){\cdot}\omega{\cdot}r$ zwischen Laufrad und Festkörperwirbel bzw. $u = k_0{\cdot}\omega{\cdot}r$ zwischen

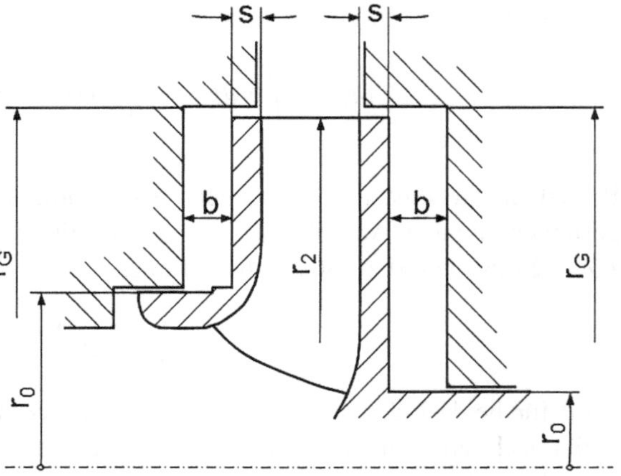

Abb. 3.75 Geometrische Verhältnisse in den Radseitenräumen

Festkörperwirbel und Gehäusewand. Dann ist mit den in Abb. 3.75 veranschaulichten geometrischen Verhältnissen das Moment M_U am Laufrad für *eine* Scheibenseite

$$M_U = \frac{1}{20}\pi\ \rho\ \lambda_U(1 - k_0)^2\omega^2\left[r_2^5 - r_0^5 + 5\left(r_2^4 s + r_0^4 b\right)\right] \tag{3.164}$$

und auf der Gehäuseseite ergibt sich für den in Abb. 3.75 beispielhaft dargestellten „gekapselten" Radseitenraum

$$M_G = \frac{1}{20}\pi\ \rho\ \lambda_G k_0^2\omega^2\left[r_G^5 - r_0^5 + 5r_G^4(b + s)\right]. \tag{3.165}$$

Beim nicht gekapselten, d. h. am Umfang offenen Radseitenraum, wie er bei Spiralgehäusepumpen üblich ist (s. Abb. 3.77c), ist keine zylindrische Gehäusebegrenzung vorhanden. Der Festkörperwirbel trifft vielmehr auf die mit c_{3u} rotierende Spiralströmung, was etwa seiner eigenen Umfangsgeschwindigkeit entspricht, wodurch er nicht wie an der Gehäusewand abgebremst wird. In Gl. (3.165) entfällt daher das letzte Glied in der eckigen Klammer, logischerweise muss dann $r_G = r_2$ gesetzt werden, und man bekommt das Moment des Festkörperwirbels zu

$$M_G = \frac{1}{20}\pi\ \rho\ \lambda_G k_0^2\omega^2\left[r_2^5 - r_0^5\right]. \tag{3.165a}$$

In den Gln. (3.164) und (3.165) werden für die Zylinderflächen die betreffenden Reibbeiwerte von Laufrad und Gehäuse eingesetzt, von denen sie möglicherweise etwas abweichen, was hier jedoch mangels konkreter Angaben und wegen der zu erwartenden geringen Ungenauigkeit der Einfachheit halber unberücksichtigt bleiben soll.

Das Gesamtreibmoment einer Radseite, das an der Laufradwelle aufgebracht werden muss, ergibt sich aus der Summe von M_U und M_G. Die Summenbildung ergibt sich daraus, dass die Momente M_U und M_G auf den mit $k_0\omega$ rotierenden Festkörperwirbel bezogen sind.

Die Momente sind im Beharrungszustand grundsätzlich immer gleich groß. Im Fall gleicher Oberflächenstruktur von Radscheibe und Gehäuse würde daher der Festkörperwirbel infolge gleich großer Reibungskräfte an Radscheibe und Gehäuse theoretisch mit $\omega/2$, also mit $k_0 = 0{,}5$ rotieren. Die jedoch stets vorhandenen unterschiedlichen Oberflächen von Laufrad- und Gehäusewand bewirken unterschiedliche Reibungskräfte, die nur dann gleiche Momente liefern, wenn der Festkörperwirbel mit einer von $\omega/2$ abweichenden Winkelgeschwindigkeit rotiert. Infolge der Gleichheit der Momente gilt also

$$M_{ges} = 2M_U = 2M_G$$

und es kann daher für die Scheibenreibleistung $P_R = M_{ges} \cdot \omega$ geschrieben werden, also

$$P_R = 2\omega M_U = 0{,}1\pi\, \rho\, \omega^3 \lambda_U (1 - k_0)^2 \left[r_2^5 - r_0^5 + 5\left(r_2^4 s + r_0^4 b\right)\right] \quad (3.166)$$

oder wahlweise auch

$$P_R = 2\omega M_G = 0{,}1\pi\, \rho\, \omega^3 \lambda_G k_0^2 \left[r_G^5 - r_0^5 + 5r_G^4(b + s)\right]. \quad (3.166a)$$

Gl. (3.166) hat rein formal nur Gültigkeit für $k_0 < 1$, während Gl. (3.166a) nur für $k_0 > 0$ gilt, was natürlich in der Realität stets gegeben ist. Daher kann man stets die für gegebene Verhältnisse günstigste Schreibweise wählen. Wird die Leistung nach Gl. (3.166a) berechnet, entfällt bei offenem Radseitenraum (Abb. 3.77c) entsprechend Gl. (3.165a) das letzte Glied in der eckigen Klammer und r_G wird durch r_2 ersetzt. Gl. (3.166) ändert sich für den Fall des offenen Radseitenraumes nicht. Der Einfluss auf die Reibmomente äußert sich im nachfolgend hergeleiteten Rotationsfaktor k_0.

Obige Gleichungen gelten für die Scheibenreibleistung *einer* Radseite. Dieser Bezug wurde gewählt, damit wegen der meist unterschiedlichen geometrischen Verhältnisse der beiden Radseitenräume eine detaillierte Berechnung möglich ist. Dazu sind die entsprechenden geometrischen Werte der beiden Radseitenräume gemäß Abb. 3.75 getrennt einzusetzen.

Aus der oben begründeten Bedingung der Gleichheit der Momente M_U und M_G kann nun durch Gleichsetzen der Gln. (3.164) und (3.165) der Faktor k_0 in Abhängigkeit von den Parametern b, s, r_G, r_2, r_0 und dem Verhältnis λ_G/λ_U gefunden werden. Für den gekapselten Radseitenraum ist damit

$$k_0 = \frac{1}{1 + \sqrt{\dfrac{\lambda_G\left[r_G^5 - r_0^5 + 5r_G^4(b+s)\right]}{\lambda_U\left[r_2^5 - r_0^5 + 5\left(r_2^4 s + r_0^4 b\right)\right]}}}. \quad (3.167)$$

Analog findet man für den offenen Radseitenraum unter Benutzung von Gl. (3.165a)

$$k_0 = \frac{1}{1 + \sqrt{\frac{\lambda_G \left[r_2^5 - r_0^5 \right]}{\lambda_U \left[r_2^5 - r_0^5 + 5\left(r_2^4 s + r_0^4 b \right) \right]}}} \tag{3.167a}$$

Wie man sieht, geht nur das Verhältnis der Reibbeiwerte λ_G/λ_U in den Faktor k_0 ein, nicht aber deren Beträge selbst. Diese äußern sich jedoch im Ergebnis der Scheibenreibleistung. Da obige Parameter üblicherweise in den deck- und tragscheibenseitigen Radseitenräumen verschieden sind, ergeben sich für diese Räume entsprechend unterschiedliche Werte für k_0.

Um den Einfluss einzelner Parameter in den Formeln für k_0 deutlich zu machen, isoliert man sie, indem man für die übrigen Parameter konstante Werte einsetzt:

Unter den fiktiven (rein theoretischen) Annahmen $r_G = r_2$, $s = 0$ und $b = 0$, somit also gleicher Geometrie der Oberflächen von Laufrad- und Gehäusewand, findet man z. B. die Abhängigkeit vom Verhältnis der Rauheiten von Laufrad- und Gehäusewand zu

$$k_0 = \frac{1}{1 + \sqrt{\lambda_G / \lambda_U}}. \tag{3.168}$$

Die Annahme der Radseitenraumbreite $b = 0$ ist hier natürlich nur hypothetisch, da physikalisch nicht möglich. Außerdem würden sich die Grenzschichten von Scheibe und Gehäusewand unterhalb eines bestimmten Wertes von b berühren, so dass kein Festkörperwirbel mehr aufträte und die Seitenraumströmung sich nach anderen Gesetzen vollzöge, s. Kap 2.8.

Mit $\lambda_G = \lambda_U$ findet man aus Gl. (3.168) den Wert $k_0 = 0{,}5$, womit sich durch Vergleich von Gl. (3.166) mit Gl. (3.163) sofort ableiten lässt, dass die Scheibenreibleistung im geschlossenen Gehäuse (im Idealfall) genau halb so groß ist wie im unbegrenzten Raum.

Ferner ergibt sich

• $k_0 \to 0$ wenn $\lambda_G >> \lambda_U$	(Laufrad glatt, Gehäuse sehr rau, Rippen im Gehäuse oder sehr großer Raum, d. h. ruhendes Medium)
• $k_0 \to 1$ wenn $\lambda_G << \lambda_U$	(Laufrad sehr rau, Rücken- bzw. Brustschaufeln am Laufrad, Gehäuse glatt)

Entsprechend lässt sich der Einfluss der Radseitenraumgeometrie deutlich machen, wenn man in obiger Gl. (3.167) gleiche Reibbeiwerte annimmt, also $\lambda_G = \lambda_U$ setzt.

Setzt man außerdem $r_G = r_2$ und $s = 0$, findet man den wesentlichen Einfluss der Radseitenraumbreite:

$$k_0 = \frac{1}{1 + \sqrt{1 + 5b / r_2}}. \tag{3.169}$$

Bildet man die erste Ableitung von Gl. (3.166) nach dk_0, lässt sich zeigen, dass die Reibleistung gemäß nachfolgender Gl. (3.170) quadratisch von k_0 abhängig ist und bei $k_0 = 0{,}5$ ein Minimum aufweist, wie in Abb. 3.76 dargestellt:

$$P_R \Big/ P_{R,\min} = 1 + 4(k_0 - 0{,}5)^2. \tag{3.170}$$

Dieses Minimum würde erreicht werden, wenn ideellerweise $\lambda_G = \lambda_U$, $r_G = r_2$, $s = 0$ und $b = 0$ wären. Der mit diesen Werten ermittelte $P_R/P_{R,min}$ -Verlauf bildet eine Grenzkurve. Bei anderen Werten liegt das Minimum von $P_R/P_{R,min}$ nicht mehr bei $k_0 = 0{,}5$ und nimmt außerdem einen höheren Wert an. Es kann damit abgeschätzt werden, ob und wann sich zusätzlicher konstruktiver und Bearbeitungsaufwand lohnt. Allgemein können folgende Empfehlungen für die Radseitenraumgestaltung gegeben werden:

- möglichst glatte Oberflächen für Laufrad *und* Gehäuse. Wird nur das Laufrad feinbearbeitet, verringert sich der Effekt, weil zwar k_0 sinkt, dadurch jedoch $1 - k_0$ ansteigt. Werden Laufrad- *und* Gehäusewand in gleicher Weise rau belassen, bleibt zwar k_0 erhalten, die Scheibenreibleistung steigt jedoch an, weil die Reibbeiwerte größer werden.
- möglichst kleine Oberflächen, d. h. kleiner Laufraddurchmesser durch hohe Druckziffer, Gehäuse unzerklüftet, keine Rippen, abgerundete Kanten (vergl. hierzu Abb. 3.77a mit Abb. 3.77b), Seitenraum nicht breiter als notwendig; dabei ist eine evtl. erforderliche axiale Verschiebbarkeit des Rotors zu berücksichtigen, wie z. B. bei scheibenentlasteten mehrstufigen Pumpen.

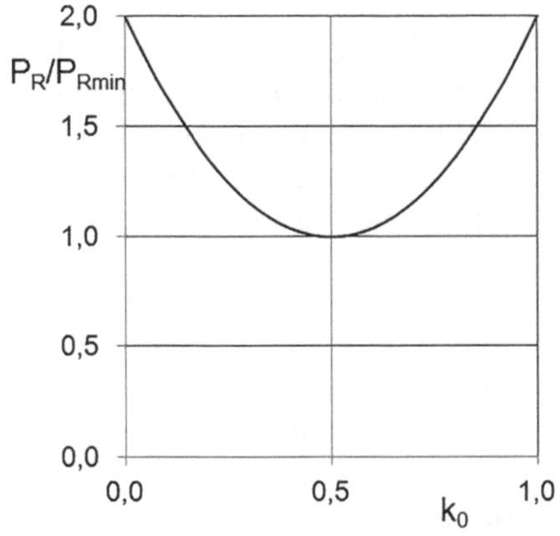

Abb. 3.76 Reibleistung abhängig von k_0

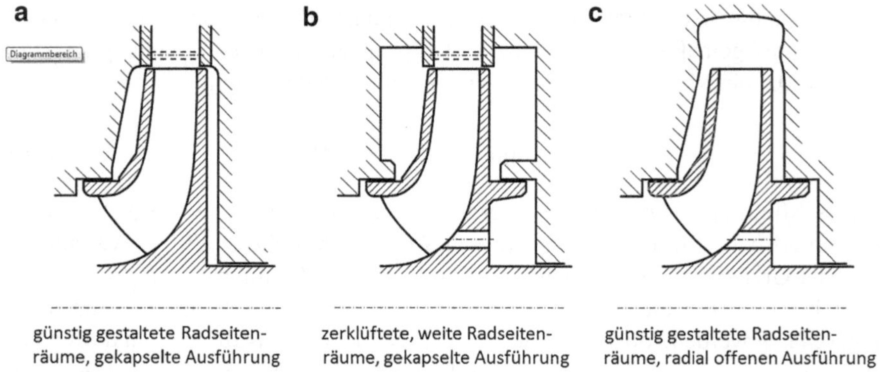

Abb. 3.77 Gestaltung von Radseitenräumen

Die Berechnung der Scheibenreibung erfolgt – getrennt für jede Radseite – nach Gl. (3.166) oder Gl. (3.166a).

Durch die Konstruktion gegeben sind die Eingabedaten:

• Radius des äußeren Durchmessers des Laufrades	r_2
• Radius des inneren Durchmessers des Radseitenraumes	r_0
• Radius des Gehäusedurchmessers	r_G
• Laufradwandstärke am Umfang	s
• Radseitenraumbreite, Mittelwert	b
• Reibbeiwert der Laufradwand	λ_U
• Reibbeiwert der Gehäusewand	λ_G

Der Faktor k_0 ist für gekapselte Radseitenräume nach Gl. (3.167) zu bestimmen bzw. für radial offene Radseitenräume nach Gl. (3.167a).

Die Radseitenraumbreite ist bezüglich Mindestwert zu überprüfen, d. h. es muss sein $b_{min} \geq 2\delta$, mit der Grenzschichtdicke δ, die sich für turbulente Strömung nach [46] berechnen und vereinfacht schreiben lässt

$$\delta = (0{,}44 - 0{,}67k_0) \cdot r_2^{3/5} \cdot (\nu/\omega)^{1/5}. \tag{3.171}$$

Bei Kaltwasserförderung ($\nu = 10^{-6}$ m²/s) liegt danach die Grenzschichtdicke δ im Rahmen der in Tab. 3.8 angegebenen Werte. In der Praxis wird die Bedingung $b_{min} \geq 2\delta$ stets erfüllt sein.

Bezüglich der Beiwerte λ_U und λ_G werden häufig Analogien zu den Widerstandsbeiwerten von längs angeströmten Platten herangezogen, in Abhängigkeit von einer mit der Plattenlänge L gebildeten REYNOLDS-Zahl $Re_L = L \cdot u_2/\nu$ und der relativen Rauheit $\varepsilon\,/L$. Diese Analogien sind jedoch vom Ansatz her nicht logisch. Bei der Plattenströmung sind die Widerstandsbeiwerte stets Mittelwerte über der Plattenlänge. Die Grenzschichtdicke nimmt mit der Lauflänge zu, folglich nehmen die örtlichen Schubspannungen ab, so dass sich der mittlere Widerstandsbeiwert mit der Plattenlänge ändert. Da die Scheibe im Gegensatz zur Platte keine Anlaufstrecke hat, in deren Verlauf sich die Grenzschicht ausbildet, dürfte

Tab. 3.8 Grenzschichtdicken δ [mm]

	r_2 =100 mm	r_2 = 200 mm	r_2 = 500 mm	r_2 = 1000 mm
n = 500 U/min	1,1	1,6	2,8	4,3
n = 1000 U/min	0,9	1,4	2,5	3,7
n = 2000 U/min	0,8	1,2	2,2	
n = 3000 U/min	0,7	1,1		
n = 5000 U/min	0,6	1,0		

die Ausbildung der Grenzschicht eigentlich nur von der örtlichen Umfangsgeschwindigkeit abhängen. Es erscheint daher folgerichtiger, die Radseitenraumströmung aus der voll ausgebildeten Rohrströmung abzuleiten. Für die mittlere Strömungsgeschwindigkeit im Rohr müsste man folgerichtig dann die mittlere Umfangsgeschwindigkeit des Festkörperwirbels im Radseitenraum und für den Rohrdurchmesser den hydraulischen Durchmesser des Radseitenraumquerschnitts einsetzen, so dass

$$\mathrm{Re}_{d_h} = \frac{k_0 \omega (r_2 + r_0) d_h}{2\nu}. \tag{3.172}$$

Hierbei besteht eine Zirkelbeziehung zwischen der REYNOLDS-Zahl und damit zwischen den Beiwerten λ_U und λ_G und dem Faktor k_0. Diese Zirkelbeziehung wird umgangen, wenn man für den Faktor k_0 geschätzte Werte (k_0*) einsetzt. Beim Normalfall vergleichbarer Strukturen von Laufrad- und Gehäusewand wird man k_0* = 0,45 ÷ 0,5, bei Brust- bzw. Rückenschaufeln entsprechend k_0* = 0,85 ÷ 0,95 wählen. Eine grobe Abschätzung ist völlig ausreichend. Wenn man die Berechnung exakt durchführen will, kann man natürlich auch die Iteration durchführen.

Der hydraulische Durchmesser ergibt sich gemäß Abb. 3.75 zu

$$d_h = \frac{4A}{U} = \frac{2b(r_G - r_0)}{(r_G - r_0 + b)}. \tag{3.173}$$

Bei sehr engen Spalten, d. h. $b << (r_G - r_0)$, gilt hinreichend genau

$$d_h = 2b. \tag{3.173a}$$

Bei im Meridianschnitt nicht rechteckigen Radseitenraumquerschnitten sind äquivalente Maße bzw. Mittelwerte einzusetzen.

Da sich die Radseitenraumströmung in verschiedener Hinsicht von der geraden Rohrströmung unterscheidet, können die Scheibenreibbeiwerte nicht direkt aus der Rohrreibungsformel übernommen werden, sondern deren Konstanten müssen aus Vergleichen mit gemessenen Werten und Berechnungsformeln [5, 8, 11], angepasst werden, so dass man zu der Formel[1]

[1]Gl. (3.174) wurde gegenüber 1. Auflage geändert

$$\lambda = \frac{0{,}2}{\left[\log\left(0{,}135\frac{\varepsilon}{d_h} + \frac{6{,}5}{\mathrm{Re}_{d_h}}\right)\right]^2} \tag{3.174}$$

gelangt. Das zweite Glied in der Klammer gilt für hydraulisch glatte Oberfläche; das erste Glied berücksichtigt die Rauheit der Oberfläche. Hierzu Diagramm Abb. 3.78. Mit ε wird die Sandrauheit angegeben. Vergleiche mit technischen Rauheiten gehen aus Tab. 3.9 hervor.

Rauheiten werden in der Praxis häufig durch Tasten und Vergleich mit „Normalen“ (z. B. RUGO-Test) bestimmt. Gussoberflächen entsprechen oft der Rauheitsklasse N 10 bis N 12. Bei mechanisch bearbeiteten Oberflächen hat die Richtung der Bearbeitungsriefen einen großen Einfluss auf den Reibbeiwert: Riefen in Strömungsrichtung wirken sich nur etwa halb so stark aus wie quer dazu verlaufende. Unter bestimmten Bedingungen können sie nach [47] sogar geringere Reibung verursachen als polierte Oberflächen. Die Bestimmung der Rauheit strömungsrelevanter Bauteile ist mit großen Unsicherheiten bei der Erfassung der Reibungsverluste verbunden, was sich sehr leicht klarmachen lässt, wenn in Gl. (3.174) veränderte Rauheitserhebungen eingesetzt werden. Wird im Berechnungsbeispiel Kap. 4.6 die nächsthöhere bzw. nächstniedrigere Rauheitsklasse zugrunde gelegt, ändern sich die Scheibenreibungsverlust jeweils um etwa 10 %, was auch dem Diagramm Abb. 3.78 entnommen werden kann.

Sandkornrauheiten unterhalb von

$$\varepsilon / d_h = 42\left(10^{[0{,}976 \log (6{,}5/\mathrm{Re}_{dh})]}\right) - 120/\mathrm{Re}_{d_h} \tag{3.175}$$

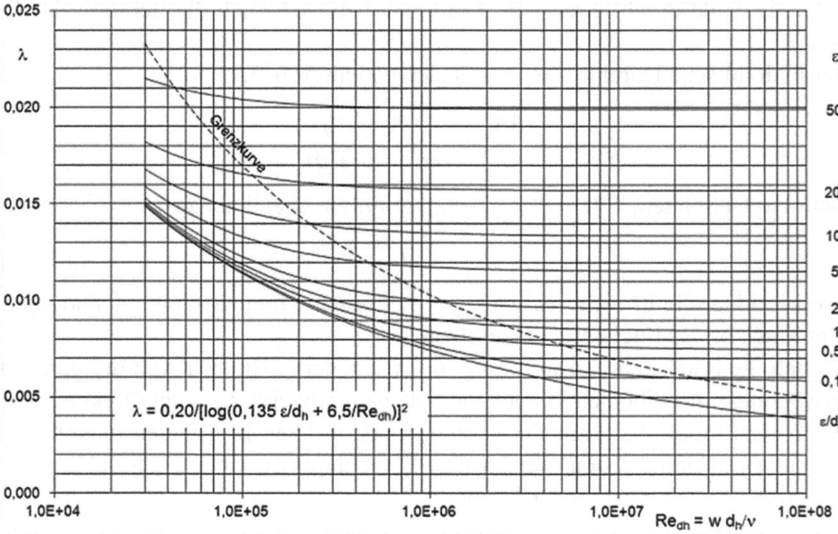

Abb. 3.78 Reibbeiwerte rotierender Scheiben

Tab. 3.9 Rauheitswerte ε

Rauheitsklasse	Sandrauheit ε [μm]	max. Rautiefe senkrecht zur Strömungsrichtung ε_{max} [μm]	max. Rautiefe in Strömungsrichtung ε_{max} [μm]
N 5	1	2,5	5
N 6	2	5	10
N 7	4	10	20
N 8	8	20	40
N 9	16	40	80
N 10	32	80	160
N 11	64	160	320
N 12	128	320	640

können als hydraulisch glatt angesehen werden, da die Rauheitserhebungen dann noch überwiegend innerhalb der laminaren Unterschicht liegen. Der Grenzwert ist auf eine 5 %ige Erhöhung der Reibbeiwerte festgelegt.

Es ist anzunehmen, dass sich die Grenzschichten am rotierenden Laufrad und an der feststehenden Gehäusewand infolge der beim Laufrad auftretenden Fliehkräfte unterschiedlich ausbilden und sich folglich die Reibbeiwerte auch etwas unterscheiden. Da hierüber jedoch keine Forschungsergebnisse bekannt sind, nimmt man gleiche Reibbeiwerte für Laufrad und Gehäuse an, wenn die Oberflächen die gleiche Rauheit aufweisen.

Einfluss von Spaltverlustströmen In der nach Gl. (3.166) bzw. Gl. (3.166a) errechneten Reibleistung ist der Einfluss von Spaltverlustströmen nicht berücksichtigt. Spaltströme können sowohl radial einwärts (zentripetal) als auch radial auswärts (zentrifugal) gerichtet sein. Durch sie wird die Bildung des Festkörperwirbels im Radseitenraum gestört. Die Winkelgeschwindigkeit des Festkörperwirbels ist dann nicht mehr konstant über dem Radius, sondern ändert sich mit ihm, wie in Kap. 2.8 dargelegt und aus Abb. 2.28 ersichtlich. Das hat auch Einfluss auf die Scheibenreibleistung. Da nur wenige konkrete Untersuchungsergebnisse über den Einfluss der Spaltströmung auf die Scheibenreibleistung bekannt sind, ist man auf Schätzungen angewiesen.

Spaltstrom zentripetal Ein radial *einwärts* gerichteter Spaltstrom liegt allgemein vor im deckscheibenseitigen Radseitenraum und im tragscheibenseitigen Radseitenraum einzelentlasteter Räder sowie im tragscheibenseitigen Radseitenraum der letzten Stufe von mehrstufigen Pumpen mit Sammelentlastung und im tragscheibenseitigen Radseitenraum der zweiten Stufe von Pumpen mit „back-to-back“ angeordneten Laufrädern. Infolge seiner Größe hat er meist einen merklichen Einfluss auf die Strömung im Radseitenraum. Er wirkt als „Reibungsturbine“

antreibend auf die Rotation des Festkörperwirbels im Radseitenraum. Mit der Umfangskomponente c_{3u} tritt er am Radumfang in den Radseitenraum ein, und da diese nach dem Drallsatz mit abnehmendem Radius zunimmt, eilt er der Festkörperrotation voraus. Dadurch gibt er einen Teil seiner Energie durch Vermischung an die Radseitenraumströmung ab, so dass deren Reibleistung verringert wird. Einen weiteren Teil seiner Energie verliert er durch Reibung an der Gehäusewand. Nach Passieren des Radseitenraumes tritt er in den Spalt ein und wird dort weiter auf etwa die halbe Umfangsgeschwindigkeit des Spaltes abgebremst, wobei er auch noch Energie an den Rotor abgibt. Aus Vergleich mit experimentellen Untersuchungen [11; 58; 59; 60] wird geschätzt, dass etwa 50 % des Energiepotenzials des zentripetalen Spaltstromes an den Rotor abgegeben werden. Die Reibungsturbine arbeitet also mit einem Wirkungsgrad von $\eta_R = 0{,}5$. Der Rest der Energie geht durch Reibung an der (ruhenden) Gehäuse- bzw. Spaltwand verloren. Das Energiepotenzial des Spaltstromes geht also nicht voll, sondern nur zur Hälfte als Verlust in die Energiebilanz der Pumpe ein. Zudem verringert sich die Druckdifferenz am Spalt durch die erhöhte Rotation, wodurch sich der Spaltstrom seinerseits verringert. Somit „bremst" sich der Spaltstrom gewissermaßen selbst. Bei Pumpen kleiner spezifischer Drehzahl, bei denen der Scheibenreibungsverlust und der Spaltverlust einen relativ hohen Anteil ausmachen, ist der Leistungsgewinn merklich; bei $n_q = 15$ kann er bei kleinen Baugrößen bis zu 2 % des Gesamtleistungsbedarfs ausmachen.

Spaltstrom zentrifugal Ein radial *auswärts* gerichteter Spaltstrom liegt vor z. B. im tragscheibenseitigen Radseitenraum des Laufrades der ersten Stufe einer (zweistufigen) Pumpe mit back-to-back angeordneten Laufrädern und bei mehrstufigen Pumpen mit Sammelentlastung in der ersten bis vorletzten Stufe. Er tritt mit der Umfangskomponente $u_{Sp}/2$, d. h. der halben Umfangsgeschwindigkeit am Dichtspalt – also mit relativ geringer kinetischer Energie – in den Radseitenraum ein und wird durch Reibung an der Laufradwand und Vermischung mit dem Festkörperwirbel beschleunigt und auf das Energieniveau und die Geschwindigkeit c_{3u} am Laufradumfang gebracht, wobei die Rotation des im Radseitenraum befindlichen Fluids verzögert wird. Da die Dichtspaltquerschnittsfläche und die Druckhöhendifferenz am Dichtspalt im Vergleich zum deckscheibenseitigen Dichtspalt relativ gering sind, ist auch der Spaltstrom meist deutlich geringer als dort. Trotzdem sollte die zusätzlich erforderliche Reibleistung nicht außer Acht gelassen werden, da sie ein Mehrfaches der zur Beschleunigung benötigten Energie beträgt. Die Energiezufuhr an den Spaltstrom erfolgt in dieser „Reibungspumpe" zwischen rotierender Radscheibe und rotierendem Festkörperwirbel, so dass sie möglicherweise mit etwa dem gleichen Wirkungsgrad wie die Energieabgabe im Falle des zentripetalen Spaltstromes umgesetzt wird. Nach [50; 58; 59] soll mit einem Wirkungsgrad von auch wieder $\eta_R = 0{,}5$ gerechnet werden, was bedeutet, dass die Erhöhung der kinetischen Energie des Verluststromes den 2,0fachen mechanischen Aufwand erfordert.

Energiepotenzial Allgemein ausgedrückt beträgt das Energiepotenzial eines Spaltvolumenstromes

$$P_{Sp_{th}} = \rho \omega V_{Sp}(r_2 c_{2u} - r_1 c_{1u}), \tag{3.176}$$

wobei sich die Indices auf die Strömungszustände an der äußeren und inneren Begrenzung des jeweiligen Strömungsraumes, z. B. der Radseitenräume oder der Entlastungsscheibenkammer, beziehen. Die Dichtspalte sind dabei mit einzubeziehen, da sie an der Energieumsetzung beteiligt sind. Es wird davon ausgegangen, dass die Strömung am Ende von Dichtspalten im Mittel stets eine Umfangskomponente aufweist, die der halben Umfangsgeschwindigkeit des rotierenden Spaltelements entspricht. Ist die Umfangskomponente der ankommenden Strömung höher, wird sie abgebremst und gibt dabei im Spalt mechanische Energie ab. Das ist z. B. der Fall beim deckscheibenseitigen Laufradspalt. Ist sie niedriger, nimmt sie kinetische Energie auf, wie z. B. beim Stufengehäusespalt mehrstufiger Pumpen, in den sie ohne Umfangskomponente eintritt. Man muss also stets auf den Strömungszustand am Dichtspalt außerhalb des betreffenden Strömungsraumes Bezug nehmen. Beim zentripetal durchströmten Radseitenraum ist die Umfangskomponente c_{2u} des eintretenden Spaltverluststromes durch die Abströmung vom Laufrad mit $c_{3u} = g{\cdot}H_{th}/u_2$ gegeben. Der Spaltstrom verlässt den Dichtspalt mit $c_{1u} = r_{Sp} \cdot \omega/2$. Anders sind die Verhältnisse beim tragscheibenseitigen Radseitenraum der ersten Stufe einer zweistufigen Pumpe in back-to-back-Bauart. Der zentrifugal gerichtete Spaltstrom tritt am Zwischendichtungsspalt mit $c_{1u} = r_{Sp} \cdot \omega/2$ in den zentrifugal durchströmten Radseitenraum ein und wird auf das Energieniveau am Laufradumfang mit c_{3u} befördert. In der Scheibenkammer und dem radial durchflossenen Scheibenspalt von Scheibenentlastungen liegen die gleichen Verhältnisse vor: Der Entlastungsverluststrom tritt aus dem Vordrosselspalt mit dem Radius r_0 mit $c_{1u} = \omega \cdot r_0/2$ in die Entlastungsscheibenkammer ein und verlässt das System am äußeren Scheibenspaltradius r_a mit $c_{2u} = \omega \cdot r_a/2$, (Kammer und Scheibenspalt werden als Einheit betrachtet). Man kann damit Gl. (3.176) vereinfacht schreiben

$$P_{Sp_{th}} = \frac{\rho \omega^2 V_{Sp}}{2}\left(r_a^2 - r_0^2\right). \tag{3.176a}$$

Beim Stufendichtspalt mehrstufiger Pumpen tritt die zentrifugal gerichtete Spaltströmung jedoch praktisch *ohne* Umfangskomponente in den Dichtspalt ein. Damit wird $c_{1u} = 0$ und das zweite Glied in der Klammer in Gl. (3.176) entfällt. Der Aufwand an mechanischer Energie ist dadurch höher als im vorangehend beschriebenen Fall. Der Unterschied ist nicht groß, da der Spaltradius r_0 klein ist gegen r_2.

Spaltstrom zentripetal Für den Fall des radial einwärts gerichteten Spaltstromes ergibt sich nach Obigem mit $\eta_R = 0{,}5$ eine Verringerung der Scheibenreibleistung um

$$P_{Sp} = \eta_R \rho\, \omega\, V_{Sp}(r_2 c_{3u} - r_1 c_{1u}) = 0{,}5 \rho\, \omega\, V_{Sp}(r_2 c_{3u} - r_1 c_{1u}) \tag{3.177}$$

Um diesen Betrag ist die nach Gl. (3.166) bzw. Gl. (3.166a) ohne Spalteinfluss berechnete Scheibenreibleistung zu reduzieren.

Spaltstrom zentrifugal Für den radial auswärts gerichteten Spaltstrom ergibt sich mit $\eta_R = 0{,}5$ eine Erhöhung der nach Gl. (3.166) bzw. Gl. (3.166a) berechneten Scheibenreibleistung um

$$P_{Sp} = \frac{1}{\eta_R}\rho\,\omega\,V_{Sp}(r_2c_{3u} - r_1c_{1u}) = 2\rho\,\omega\,V_{Sp}(r_2c_{3u} - r_1c_{1u}) \quad (3.178)$$

Die Leckageströme V_{Sp} sind gemäß Kap. 3.12 mit den nach Kap. 2.8 zu ermittelnden Druckhöhendifferenzen zu berechnen. Da sie von sich selbst abhängig sind, muss die Berechnung iterativ erfolgen.

In der Literatur wird die Berechnung der Scheibenreibleistung meist nicht so detailliert beschrieben. Häufig werden vereinfachende Annahmen getroffen, was angesichts einer wahrscheinlichen Unsicherheit von 10 % bis 15 % auch bei detaillierter Berechnung in vielen Fällen berechtigt erscheint. Mit Mittelwerten für die REYNOLDS-Zahl, die relative Rauheit und für das Verhältnis der Zylinderflächenbreite (Wandstärke) zum Raddurchmesser, sowie unter Vernachlässigung des inneren Scheibendurchmessers (weil dessen Verhältnis zum Außendurchmesser in der 5. Potenz oft nur wenige Prozent ausmacht) und ohne Berücksichtigung der Spaltstromeinflüsse kann man – z. B. in Anlehnung an [51] – die für grobe Abschätzungen geeignete Formel

$$P_R = 0{,}080 \cdot \rho\left(\frac{n}{1000}\right)^3 D_2^5 \quad (3.179)$$

benutzen. Mit ρ [kg/m³], n [U/min] und D_2 [m] ergibt sich P_R dabei in [kW].

Von solchen Vereinfachungen und Zusammenfassungen wurde hier jedoch abgesehen, um die grundsätzlichen Zusammenhänge und die verschiedenen Einflüsse detailliert darzustellen und die Möglichkeit zu bieten, abzuschätzen mit welchen Folgen gegebenenfalls bei konstruktiven Maßnahmen zu rechnen ist bzw. wie man Verbesserungen erzielen kann.

3.13.3 Anhang

A. Rücken- und Brustschaufeln Zur Reduzierung des Axialschubes und des Druckes an der Wellendurchführung meist einstufiger Pumpen werden unter anderem sog. „Rückenschaufeln“ auf der Tragscheibe des Laufrades angebracht. Sie bestehen aus 6 bis 8 (12) meist radial angeordneten Rippen und haben die Aufgabe, die Rotation der Radseitenraumströmung zu intensivieren, um die Druckhöhendifferenz $H_p - H_x$ im Radseitenraum zu vergrößern und somit den mittleren Druck und die zur Eintrittsseite hin wirkende Axialkraft zu verringern. Die Wirkung der Rückenschaufeln hängt ab von deren Anzahl z_R, ihrer Höhe h_R und ihrem Abstand b_R von der Gehäusewand. Hierzu Abb. 3.117. Da die Leistungsaufnahme eines rotierenden Konstrukts generell mit der 5. Potenz seines äußeren Durchmessers ansteigt, ist man bestrebt, die Winkelgeschwindigkeit der Radseitenraumströmung möglichst hoch zu halten bei möglichst kleinem Durchmesser der

Hilfsschaufeln. Am wirksamsten dazu ist ein geringer Wandabstand der Rückenschaufeln. Aus technischen Gründen sind hier jedoch Grenzen gesetzt, so dass man kaum $b_R < 2$ mm wählt, zumal unvermeidbare Bautoleranzen sich umso stärker auswirken, je kleiner der Abstand ist.

Sogenannte „Brustschaufeln", die bei feststoffhaltigen und abrasiven Medien mitunter auf der Laufraddeckscheibe angebracht werden, um Feststoffe vom Dichtspalt fernzuhalten und den Leckagestrom zu reduzieren, können wie Rückenschaufeln berechnet werden. Wegen ihres in Verbindung mit einem Schräg- oder Radialspalt meist geringen Wandabstandes sind sie in ihrer Wirkung den Rückenschaufeln gleichwertig oder gar überlegen. Um ihre Wirksamkeit zu erhalten, wird der Läufer oft axial verschiebbar ausgeführt, um den Spalt nachjustieren zu können. Die Wirkung des stets vorhandenen Leckagestromes ist wie bei glatter Laufradwand zu behandeln, wobei hier zu beachten ist, dass bei derartigen Konzeptionen meist ein Schräg- oder Radialspalt ausgeführt wird. Spalte dieser Art können sich im Betrieb der Pumpe infolge des Innendruckes relativ stark erweitern, so dass der Leckageverlust und damit die Wirkung der Schaufeln nur mit einer gewissen Unsicherheit erfasst werden können. Eine genaue Erfassung ist jedoch oft nicht notwendig.

Eine mit Rücken- und Brustschaufeln besetzte Laufradwand bzw. den Schaufelstern eines „Repellers" (s. u.) kann man sinngemäß gleich behandeln wie die weiter oben beschriebenen normalen unbeschaufelten – also ebenen – Radseitenwände. Man betrachtet dabei die Beschaufelung als eine sehr raue Oberfläche. Diese pragmatische Betrachtungsweise ist ersichtlich spekulativ, führt jedoch auf einfache Weise zu brauchbaren Ergebnissen. Der Reibbeiwert λ_U der rotierenden Oberfläche ergibt sich dann in Anlehnung an Gl. (3.174) unter Berücksichtigung der Anzahl der Hilfsschaufeln zu

$$\lambda_U = \frac{0{,}2}{\left[\log\left(0{,}095\frac{h_R\sqrt{z_R+1}}{d_h} + \frac{6{,}5}{\mathrm{Re}_{d_h}}\right)\right]^2} \tag{3.180}$$

Der darin enthaltene hydraulische Durchmesser ist zu bilden nach Gl. (3.180a).

$$d_h = \frac{2(b_R + 0{,}05h_R)(r_G - r_0)}{(r_G - r_0 + b_R + 0{,}05h_R)}. \tag{3.180a}$$

Beim radial offenen Radseitenraum, der bei Laufrädern mit Brust- bzw. Rückenschaufeln üblicherweise ausgeführt wird, ist darin r_G durch r_2 zu ersetzen.

Mittels des nach Gl. (3.167) bzw. Gl. (3.167a) bestimmten Rotationsfaktors k_0 kann nun bei fehlendem Spaltverluststrom die erzeugte Druckhöhendifferenz nach Gl. (2.55), bzw. bei vorhandenem Spaltverluststrom nach Gl. (2.56) über Gl. (2.57) berechnet werden, wobei Letztere auf die Form

$$A = 230\,\varsigma_{Sp}\left(\varsigma_{3u}/k_0\right)^{0{,}2}\left(1 - \frac{4(b_R + 0{,}05h_R)}{r_R}\right) \tag{3.180b}$$

gebracht werden muss, um den Einfluss der Schaufelhöhe zu berücksichtigen. Die Reibverlustleistung ergibt sich wie bei „normalen“ Radseitenräumen nach Gl. (3.166) bzw. Gl. (3.166a).

B. Repeller Zur hydrodynamischen Abdichtung von Wellendurchführungen werden mitunter sog. „Repeller“ (Kap. 3.19) eingesetzt. Unter Repeller ist eine mit meist radialen Schaufeln versehene Scheibe zu verstehen, die eine den Brust- bzw. Rückenschaufeln vergleichbare Wirkung hat und eine Druckdifferenz erzeugt, mittels derer das Fördergut von der Wellendurchführung ferngehalten wird. Der Repeller kann auf gleiche Weise wie Rückenschaufeln berechnet werden. Bei der Bestimmung des Rotationsfaktors k_0 und des Leistungsbedarfs ist jedoch zu beachten, dass der Repeller von einem Gehäuse mit zylindrischer Begrenzung umgeben ist, also wie ein gekapselter Radseitenraum zu behandeln ist. Ferner ist zu beachten, dass sich der innere Durchmesser des Flüssigkeitsringes abhängig vom abzudichtenden Druck einstellt, was bei der Berechnung des hydraulischen Durchmessers, der REYNOLDS-Zahl und des Rotationsfaktors sowie der Leistungsaufnahme iterativ zu berücksichtigen ist.

3.14 Axialkraft und Axialkraftausgleich

Der vom Laufrad erzeugte Druck übt am Laufradumfang und in den Radseitenräumen Kräfte auf das Laufrad aus, die nach ihrer Wirkungsrichtung in Axial- und Radialkräfte aufgeteilt werden. Bzgl. Radialkräfte s. Kap. 3.15.

Die in einer Pumpe erzeugten Drücke und Geschwindigkeiten äußern sich in Kräften auf die Welle, die von der Lagerung aufgenommen werden müssen. In axialer Richtung wirken in erster Linie die Drücke in den Radseitenräumen. Dazu kommen Impulskräfte, die stets bei Änderung der Strömungsrichtung und des Betrages der Strömungsgeschwindigkeit auf dem Wege vom Laufradeintritt zum Laufradaustritt auftreten. Konkret handelt es sich dabei hauptsächlich um die Impulskraft im Laufradeintritt, die entsteht, wenn die Strömung aus axialer in radiale oder diagonale Richtung umgelenkt wird, wie aus Gl. (3.188) hervorgeht. Im Prinzip treten auf diese Weise auch Impulskräfte durch die verschiedenen Spaltverlustströme auf, sobald es sich um nicht radiale durchströmte Spalte handelt, was meistens der Fall ist. Diese letztgenannten Impulskräfte sind jedoch in der Regel vergleichsweise äußerst gering, so dass sie außer Acht gelassen werden können. Bei Pumpen mit einseitiger, außen liegender Lagerung wirkt außerdem eine Kraft, die aus dem Eintrittsdruck und dem Querschnitt an der Wellendichtung resultiert. Um die Lagerbelastung beherrschbar zu machen, werden konstruktive Maßnahmen zur Minimierung bzw. Kompensation der Axialkraft getroffen.

Der überwiegende Anteil der Axialkraft entsteht in den Radseitenräumen. Er errechnet sich aus der Projektion der Laufradfläche auf eine radiale Ebene und dem auf diese Fläche wirkenden Druck. Der Druck in den Radseitenräumen erklärt sich aus dem Strömungsmechanismus in denselben. Am Laufradumfang ist er durch den Spaltdruck (s. Kap. 2.6) gegeben. Über dem Umfang gesehen kann er – zumindest im Berechnungspunkt der Pumpe – als konstant, d. h. umfangssymmetrisch, angenommen werden. Über dem Radius ist er jedoch nicht konstant, sondern baut sich zum Zentrum hin ab infolge der Rotation des Medium in den Radseitenräumen. Hierzu Kap. 2.8, wo die Druckhöhenverläufe über dem Radius durch mathematische Funktionen ausgedrückt sind, mittels derer die Axialkräfte durch Integration über dem Radius berechnet werden können. Da die Axialkräfte sehr hohe Beträge annehmen können, ist eine detaillierte Kenntnis des Druckverlaufs im Radseitenraum erforderlich. Man muss deshalb die Spaltverlustströme, die sowohl zentripetal als auch zentrifugal gerichtet sein können und den Druckverlauf merklich beeinflussen, berücksichtigen. Angemerkt sei, dass der Druck im Radseitenraum nur im Bereich um den Bestpunkt einer rechnerischen Erfassung zugänglich ist. Bei der Berechnung wird vorausgesetzt, dass der Druck über der Laufradaustrittsbreite konstant ist. Bei Teil- und Überlast verändert sich meist die Druckverteilung sowohl über der Breite als auch über dem Umfang, wobei keine eindeutige Abhängigkeit vorausgesetzt werden kann. Die Berechnung des Axialschubes wird dadurch zunehmend unsicher. Im vollturbulenten, nicht mehr rückwirkungsfreien Zustand der Teillastströmung treten zudem durch die Austauschvorgänge zwischen Laufrad und Leitapparat – besonders bei beschaufelten Leiträdern – zum Teil erhebliche Veränderungen der Drücke am Laufradaustritt und in den Radseitenräumen auf, die eine Berechnung der Axialkräfte nur sehr begrenzt zulassen. Mit der vorbeschriebenen Berechnung lassen sich nur die statischen Anteile der Axialkräfte ermitteln. Neben ihnen treten jedoch noch instationäre (dynamische) Kräfte auf, die sich einer Berechnung weitestgehend entziehen. Aus Messungen an zwei doppelflutigen Spiralgehäusepumpen unterschiedlicher spezifischer Drehzahl [52] kann der dynamische Anteil abgeschätzt werden. Mit Bezug auf eine mit dem Laufraddurchmesser gebildete Ersatzfläche und einer mit der Umfangsgeschwindigkeit gebildeten Energiehöhe, dem sog. Umfangsgefälle, ergibt sich die dimensionslose Kenngröße

$$k_{A,dyn} = \frac{8F_{A,dyn}}{\rho\,\pi\,{D_2}^2{u_2}^2}. \tag{3.181}$$

Sie lag bei den Versuchen in der Größe von $k_{A,dyn} = 0{,}01$ im Bestpunktbereich und stieg auf etwa $k_{A,dyn} = 0{,}03$ bei Nullförderung. Eine deutliche Abhängigkeit von der spezifischen Drehzahl wurde nicht festgestellt. Ebenfalls war kein ausgeprägter Einfluss erweiterter Dichtspalte erkennbar. Mit Hilfe der Kenngröße $k_{A,dyn}$ kann nach Vorstehendem der dynamische Axialschubanteil überschläglich berechnet werden.

Die Druckverläufe im Radseitenraum gehen aus Kap. 2.8 hervor, s. dazu Abb. 2.25. Die Verhältnisse in den Radseitenräumen bei verschiedenen Konzeptionen zeigt Abb. 3.79.

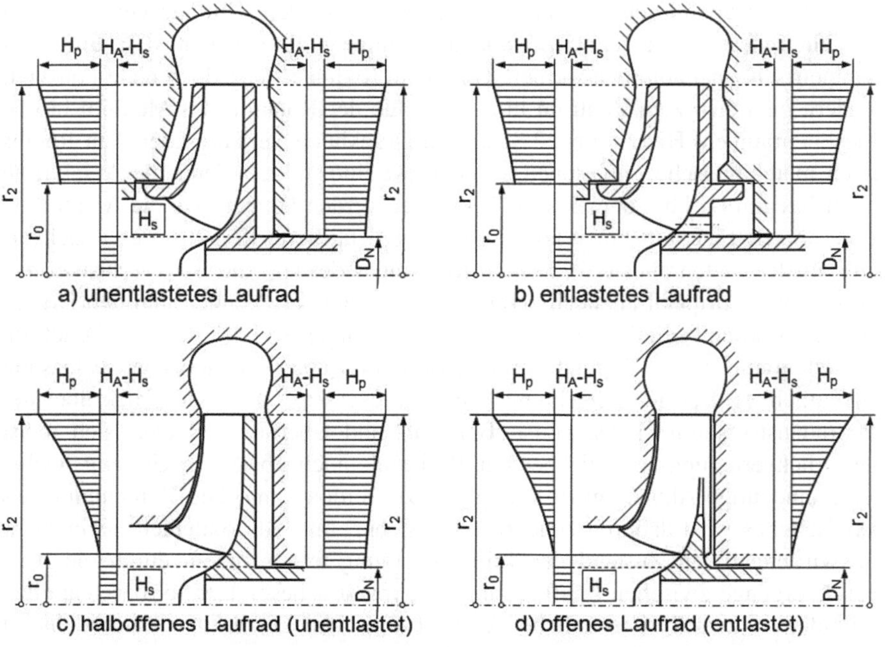

Abb. 3.79 Druckhöhen im Radseitenraum bei verschiedenen Konzeptionen (H_A = Umgebungsdruckhöhe)

Geschlossenes Laufrad Beim Laufrad mit deck- und tragscheibenseitigen Wänden herrschen in den Radseitenräumen Drücke, die auf die Radwände wirken und sich abhängig vom Radius ändern. Auf ein ringförmiges Flächenelement $dA = 2\pi\, r\, dr$ der rotierenden Radscheibe wirkt die Druckhöhe H_x, die sich nach Kap. 2.8 unter Berücksichtigung von Spaltströmen in der allgemeinen Form (s. Gl. (2.56)) zu

$$H_x = H_p - \frac{1}{2g}(k_0\,\omega)^2\left[\left(r_2{}^2 - r_x{}^2\right) - A\left(r_2{}^2 - \frac{r_2{}^4}{r_x{}^2}\right)\right] \tag{3.182}$$

ergibt und die Kraft $dF = \rho\, g\, H_x 2\pi\, r\, dr$ ausübt. Durch Einsetzen und Integration über dem Radius zwischen den Grenzen r_0 und r_2 erhält man die Axialkraft aus der Druckhöhenverteilung in *einem* Radseitenraum

$$F_{ax,RSR} = \pi\rho\left\{gH_p\left(r_2^2 - r_0^2\right) - (k_0\omega)^2\left[\left(\frac{r_2^2 - r_0^2}{2}\right)^2 + A\frac{r_2^2}{2}\left(r_2^2\left(2\ln\frac{r_2}{r_0} - 1\right) + r_0^2\right)\right]\right\} \tag{3.183}$$

Die Axialkräfte im deckscheibenseitigen und im tragscheibenseitigen Radseitenraum sind gegeneinander gerichtet. Sie sind wegen unterschiedlicher Werte k_0, r_0 und A für jeden Radseitenraum getrennt zu berechnen. (Es sei noch einmal angemerkt, dass in der Formel für den Faktor A (s. Gl. (2.57)) zentripetal gerichtete Spaltströme positiv und zentrifugal gerichtete Spaltströme negativ einzusetzen sind).

Halboffenes und offenes Laufrad Mit „halboffen" bezeichnet man Räder ohne vordere Deckscheibe. Beim „offenen" Rad fehlt häufig auch die (hintere) Tragscheibe. Die Beschaufelung ist bei solchen Rädern durch enge Spalte vom Gehäuse getrennt. Mit fehlender Radwand fehlt auch der zugehörige Radseitenraum. Dadurch ist bei halboffenen Rädern evtl. nur auf der Tragscheibenseite ein Radseitenraum vorhanden, für den die Axialkraft nach Gl. (3.183) berechnet werden kann. Auf der „offenen" Seite des Rades ergibt sich die Axialkraft aus dem statischen Druck im Laufrad. Unter der vereinfachenden Annahme, dass $w_0 \approx u_1$ und außerdem die Relativgeschwindigkeit im Verlauf des Schaufelkanals sich nur wenig ändert, folgt der Verlauf der statischen Druckhöhe gemäß Gl. (2.26) einer quadratischen Parabel mit Scheitel auf der Achse und hat die Form

$$H_x = H_p - \frac{\omega^2}{2g}\left(r_2{}^2 - r_0{}^2\right). \tag{3.184}$$

Daraus ergibt sich die Axialkraft analog zu Gl. (3.183)

$$F_{ax,off} = \pi\,\rho\left(r_2{}^2 - r_0{}^2\right)\left[gH_p - \left(\frac{\omega}{2}\right)^2\left(r_2{}^2 - r_0{}^2\right)\right]. \tag{3.185}$$

Sie wirkt in Anströmrichtung des Laufrades. Ihr Betrag ist geringer als bei Vorhandensein einer Deckwand, da die Druckhöhe mit ω^2 anstatt mit $(k_0\omega)^2$ zum Zentrum hin abnimmt.

Vereinfacht kann auch ein linearer Druckanstieg über dem Radius zwischen Laufrad-Ein- und -Austritt angenommen werden, also

$$H_x = H_p\left(\frac{r_x - r_0}{r_2 - r_0}\right). \tag{3.186}$$

Analog zu Gl. (3.183) ergibt sich die Axialkraft der offenen Seite mit dieser Annahme zu

$$F_{ax,off} = \frac{1}{3}\pi\,\rho\,g\,H_p\left(2r_2{}^2 - r_2 r_0 - r_0{}^2\right). \tag{3.187}$$

In vielen Fällen – z. B. bei Pumpen zur Förderung von Suspensionen bei der Papierherstellung – lässt man bei halboffenen Rädern auch die hintere Tragscheibe fort bzw. schneidet sie zwischen den Schaufeln zurück. Die axialen Kräfte sind dann ab dem Durchmesser, bis zu dem zurückgeschnitten wurde, in etwa ausgeglichen. Wurde bis auf den Eintrittsdurchmesser zurückgeschnitten oder wurden die Schaufeln als „Rückenschaufeln" bis zum Eintrittsdurchmesser heruntergezogen, ist praktisch keine resultierende Axialkraft vorhanden, wie in Abb. 3.79d verdeutlicht.

Weitere Axialkräfte (Hierzu Abb. 3.80). Wird die Meridiankomponente der Strömung im Laufrad umgelenkt, was bei Halbaxial- und Radialrädern mit axialem Eintritt stets der Fall ist, so wirkt – mit δ als Umlenkwinkel – nach dem Impulssatz in axialer Richtung die Kraft

$$F_{ax,i} = \rho\, V(c_s - c_{3m} \cos \delta). \tag{3.188}$$

Sie wirkt in Richtung der Anströmung zum Laufrad.

Bei im Meridianschnitt nicht achsparalleler Austrittkante wirkt bei ungleich großen Durchmessern der Laufradwände zusätzlich eine Axialkraft von der Größe

$$F_{ax,p} = \frac{1}{4}\pi\, \rho\, g\, H_p \left(D_{2a}{}^2 - D_{2i}{}^2\right), \tag{3.189}$$

vorausgesetzt, dass die Spaltdruckhöhe H_p über der Austrittsbreite des Laufrades konstant ist.

Die Kräfte F_i und F_p sind im Vergleich zu den Kräften aus den Radseitenräumen bei Radialrädern gering.

Eine weitere Kraft in axialer Richtung ergibt sich bei Pumpen mit einseitiger Lagerung aus der Differenz der Druckhöhe H_s vor dem Laufrad gegenüber der Umgebungsdruckhöhe H_A, die wie bei einem Kolben auf die Querschnittsfläche an der Wellendichtung wirkt. Sie beträgt

$$F_{A_W} = \frac{1}{4}\pi\, \rho\, g\, D_N{}^2 (H_s - H_A) \tag{3.190}$$

Bei Überdruck ist sie zum Lagerkörper hin gerichtet. Im Allgemeinen ist sie relativ gering; kann aber auch – z. B. bei Druckerhöhungspumpen oder bei Förderung von Medien mit hohen Dampfdrücken – so beträchtliche Werte annehmen, dass

Abb. 3.80 Zusätzliche Axialkräfte am Laufrad

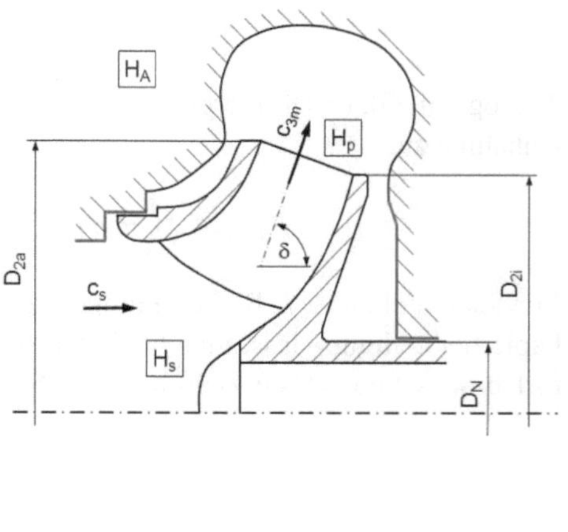

zum Ausgleich die hintere Spaltdichtung mit kleinerem Durchmesser als die vordere versehen wird oder sogar gänzlich entfallen kann. Bei mehrstufigen Pumpen mit axialem Eintritt kann bei entsprechend hohem Zulaufdruck ebenfalls „Schubumkehr" auftreten, so dass man zum Axialkraftausgleich keine Scheibenentlastungseinrichtung verwenden kann, da diese stets einen zur Saugseite gerichteten Axialschub voraussetzt. Die „klassische" Lösung für mehrstufige Pumpen mit Scheibenentlastung ist daher die Ausführung mit beidseitiger außenliegender Lagerung und mit saug- und druckseitig etwa gleichen Durchmessern der Wellendichtungen.

Schließlich wirkt bei vertikaler Anordnung der Welle noch das Gewicht des Läufers – reduziert um dessen Auftrieb im Fördermedium – als Axialkraft.

Zur Bestimmung der gesamten Axialkraft am Laufrad sind die Teilkräfte entsprechend ihren Wirkungsrichtungen zu summieren.

Axialschubausgleich Um die Lagerbelastungen beherrschbar zu machen, werden konstruktive Maßnahmen zur Reduzierung der nach außen wirkenden Kräfte getroffen. Die gebräuchlichsten Maßnahmen sind:

- Spiegelbildliche Anordnung der hydrodynamischen Komponenten durch Aufteilung des Volumenstromes in zwei Teilströme. Der Axialschub ist dabei im gesamten Betriebsbereich theoretisch voll ausgeglichen, so dass in der Realität nur geringe Restkräfte von einem Lager aufgenommen werden müssen.
- Bei einstufigen Pumpen findet dieses Prinzip Anwendung bei Stoffauflaufpumpen in der Papierindustrie, Pipeline- und Wassertransportpumpen, Prozesspumpen und Boosterpumpen für Kesselspeisepumpen großer Leistungen. In 2- und maximal 3stufiger Anordnung auch bei größeren Pipeline- und Wassertransportpumpen und Speicherpumpen. Diese Bauart ermöglicht außerdem durch Aufteilung des Förderstromes in zwei Teilströme höhere Drehzahlen bzw. niedrigere *NPSH*-Werte. An der Welle ist nur gegen den Eintrittsdruck abzudichten. Nachteilig ist der erhöhte Bauaufwand durch ein voluminöses Gehäuse (s. Abb. 3.81 und 3.84).
- Bei mehrstufigen Pumpen wählt man ab zwei Stufen häufig die gegenläufige Anordnung der Hälfte der Stufen. Das setzt eine durch zwei teilbare Stufenzahl voraus und man benötigt eine Umführung nach der ersten Hälfte der Stufen zu den restlichen Stufen. Auch hierbei wird ein nahezu vollkommener Achsschubausgleich im gesamten Betriebsbereich erzielt. An der Welle muss gegen ungefähr den halben Enddruck abgedichtet werden (s. Abb. 3.82 und 3.88). Eine Achsschubausgleicheinrichtung in Form einer Entlastungsscheibe bzw. eines Entlastungskolbens erübrigt sich bei dieser Konzeption. Bei ungerader Stufenzahl muss der Schub einer Stufe vom Axiallager aufgenommen werden. Die in Abb. 3.88 gezeigte Pumpe hat zwar 11 Stufen, die erste Stufe ist jedoch doppelflutig und daher ausgeglichen.
- Das Gros der 1stufigen Pumpen wird mit einseitiger Lagerung und axialem Eintritt ausgeführt. Zur Verringerung der auf die Tragscheibe wirkenden Axialkraft wird meist ein „hinterer" Spalt in Verbindung mit Entlastungsbohrungen

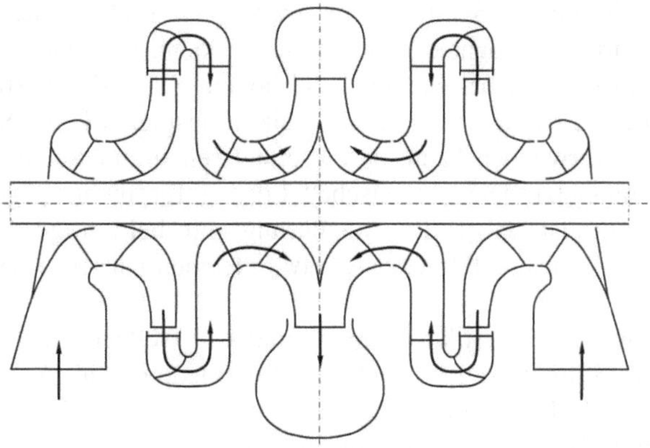

Abb. 3.81 Achsschubausgleich durch spiegelbildliche Anordnung der hydrodynamischen Komponenten. Ausführung zweiflutig-zweistufig

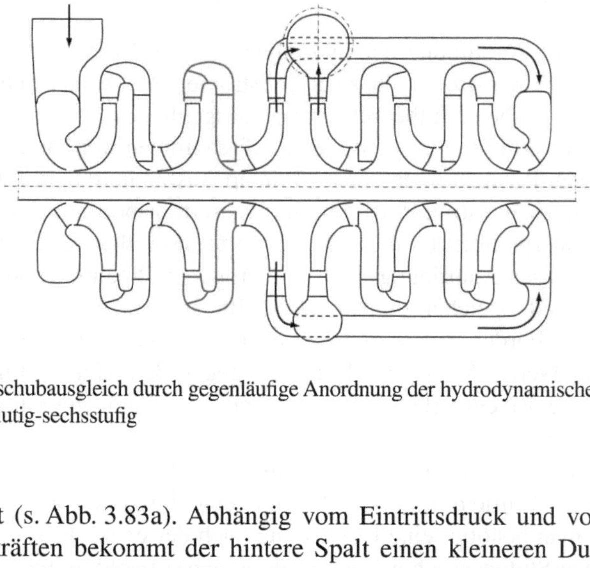

Abb. 3.82 Achsschubausgleich durch gegenläufige Anordnung der hydrodynamischen Komponenten. Ausführung einflutig-sechsstufig

angeordnet (s. Abb. 3.83a). Abhängig vom Eintrittsdruck und von evtl. weiteren Axialkräften bekommt der hintere Spalt einen kleineren Durchmesser als der vordere (deckscheibenseitige) Spalt. Gegebenenfalls entfällt er gänzlich. (**Anmerkung:** die Summe der Querschnitte der Entlastungsbohrungen sollte mindestens das Dreifache des Dichtspaltquerschnittes betragen, damit durch die Entlastungsbohrungen ein wirksamer Druckausgleich stattfinden kann).

- Eine Reduzierung der Axialkraft im hinteren Radseitenraum einstufiger Pumpen kann auch erreicht werden durch Anbringung sog. „Rückenschaufeln" auf der Tragscheibe (s. Abb. 3.83b). Diese bestehen meist aus radial verlaufenden Stegen; ihre Form kann aber auch – wie z. B. bei halboffenen Rädern mit teilweise zurückgeschnittener Rückwand ähnlich Abb. 3.79d – den Laufschaufeln angepasst sein. Durch sie wird die Rotation der Radseitenraumströmung

Abb. 3.83 Achsschubausgleich bei einstufigen Pumpen

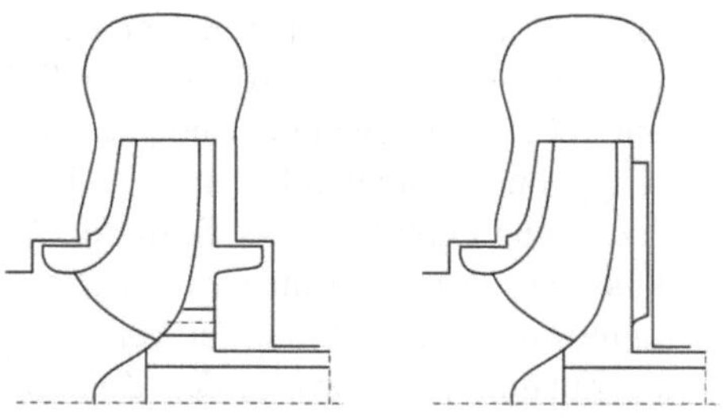

intensiviert und der Druck zum Zentrum hin stärker abgebaut (s. Kap. 2.8). Die Wirkung der Rückenschaufeln hängt im Wesentlichen ab von ihrer Anzahl, ihrem äußeren Durchmesser, ihrer axialen Breite sowie ihrem Abstand von der Gehäusewand. Im Prinzip könnte diese Konzeption auch bei mehrstufigen Pumpen angewendet werden. Dies ist aber höchst selten der Fall und wäre auch nur bei niedriger Stufenzahl sinnvoll, da es sehr aufwändig sein dürfte, die Spaltweiten korrekt zu realisieren. Der zusätzliche Scheibenreibungsverlust durch Rückenschaufeln ist von etwa gleicher Größenordnung wie der Leckageverlust bei hinterem Spalt, so dass etwa der gleiche Wirkungsgrad wie dort erreicht wird. Da die Scheibenreibleistung mit der 5. Potenz des Durchmessers ansteigt, ist es von Vorteil, die Rückenschaufeln nach Möglichkeit nicht bis zum vollen Außendurchmesser des Laufrades auszuführen.

- Die Entlastung des Axialschubes durch einen hinteren Dichtspalt am Laufrad wird zuweilen bei mehrstufigen Pumpen geringerer Stufenzahl angewendet (s. Abb. 3.85). Der hintere Dichtspalt bedingt eine größere Stufenlänge gegenüber einer Pumpe mit Sammelentlastung. Nachteilig bei dieser Konzeption sind oft die größere Baulänge und der größere Bauaufwand durch die zusätzlichen hinteren Dichtspalte sowie deren zusätzlicher Spaltverluststrom, zu welchem noch die beträchtlichen Verlust am Stufengehäusedichtspalt, an dem jeweils der volle Stufendruck wirkt, hinzu kommen. Druckseitig muss bei dieser Konzeption nach außen hin an der Welle gegen den Enddruck der vorletzten Stufe abgedichtet werden, sofern nicht über einen Drosselspalt, der einen weiteren Spaltverlust verursacht, eine Verbindung mit der Pumpeneintrittsseite hergestellt wird. Die Entlastung des Axialschubes durch hintere Dichtspalte an den Laufrädern ist nie vollkommen und erfordert stets ein Axiallager, das für veränderliche Axialschübe bei verschiedenen Betriebspunkten und durch Spielerweiterung ausgelegt sein muss. Sog. "Bohrlochpumpen" werden in dieser Bauart auch mit höheren Stufenzahlen ausgeführt. Bei ihnen bedeutet die größere Baulänge meist keinen Nachteil. Da diese Pumpen vertikal aufgestellt werden, ergeben sich auch keine Probleme mit der Wellendurchbiegung.
- Mehrstufige Hochdruckpumpen werden in Europa überwiegend mit Sammelentlastung in Gestalt einer Entlastungsscheibe oder eines Entlastungskolbens

ausgestattet. Bei Pumpen dieser Bauart, die für höchste Leistungen und Drücke eingesetzt werden, können Axialkräfte von mehreren MN auftreten, so dass eine möglichst genaue Kenntnis der Druckverhältnisse wichtig ist. Die Berechnung von Sammelentlastungen wird in Kap. 3.21 gesondert behandelt. Zur Erzeugung einer Gegenkraft zu den Axialkräften in den einzelnen Stufen steht dabei der Druck am inneren Durchmesser des tragscheibenseitigen Radseitenraumes der letzten Stufe zur Verfügung. Der anfallende Leckagestrom wird in die Zulaufleitung bzw. in den Zulaufbehälter zurückgeführt. Dadurch herrscht hinter der Entlastungseinrichtung etwa der Pumpeneintrittsdruck, gegen den an der Welle abgedichtet werden muss. Neben einem besseren erreichbaren Wirkungsgrad und dem geringeren Bauaufwand ist dies der Hauptvorteil gegenüber der stufenweisen Entlastung des Axialschubes.

- Bei der Entlastungsscheibe erreicht man einen vollständigen Ausgleich des Axialschubes in allen Betriebspunkten, so dass sich ein Axiallager erübrigt (Abb. 3.86). Die Entlastungsscheibe stellt ein hydrostatisches Lager dar, das sich durch den veränderlichen radialen Spalt selbsttätig der Belastung anpasst. Deshalb muss dem Pumpenläufer eine gewisse axiale Verschiebbarkeit ermöglicht werden. Wird der Spalt infolge eines größeren Axialschubes verengt und steigt damit dessen Drosselwirkung, so steigt der auf die Scheibe wirkende Duck und damit die Gegenkraft zum Axialschub. Für einen stabilen Betrieb der Entlastungsscheibe ist eine Drosselstelle vor der Scheibe, die sog. Vordrossel, erforderlich. Die Scheibenentlastung stellt somit eine ideale Konzeption dar. Nachteilig sind Betriebszustände, die hauptsächlich beim An- und Abfahren auftreten können, bei denen sich Scheibe und Gegenscheibe berühren, wodurch Schäden durch Abnutzung auftreten können.
- Der Entlastungskolben wirkt im Prinzip wie der hintere Dichtpalt einer einstufigen Pumpe. Sein Durchmesser ergibt sich aus der Druckverteilung in den Radseitenräumen und ist in der Regel stets etwas kleiner als der Durchmesser des vorderen Dichtspaltes am Laufrad. Wie bei anderen Pumpen mit hinterem Spaltring bleibt beim Entlastungskolben stets eine Restkraft, die durch ein äußeres Lager aufgenommen werden muss (s. Abb. 3.87). Bei der Dimensionierung des Lagers ist zu berücksichtigen, dass die Restkraft vom Betriebspunkt abhängig ist und sich auch durch Spielerweiterung verändern kann. Die Konzeption mit Entlastungskolben gewährleistet eine hohe Verfügbarkeit, ist jedoch wegen des erforderlichen Axiallagers und des meist größeren Entlastungsstromes im Wirkungsgrad etwas niedriger als bei Verwendung einer Entlastungsscheibe.

Ausführungsbeispiele zum Axialschubausgleich

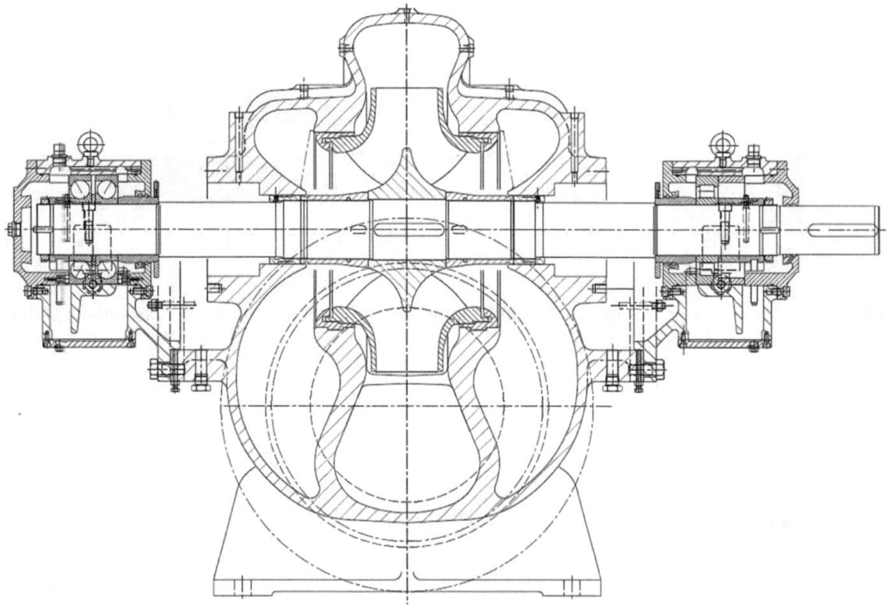

Abb. 3.84 Axialschubausgleich durch symmetrische Anordnung (SULZER)

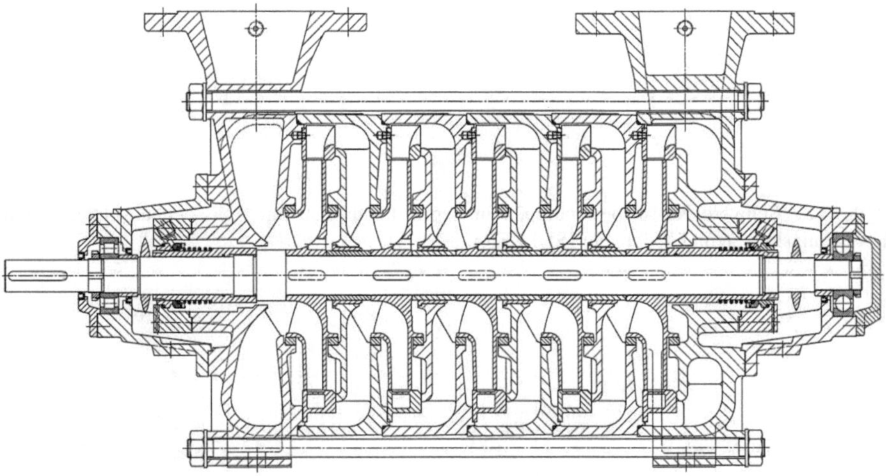

Abb. 3.85 Leichte mehrstufige Pumpe in Segmentbauweise mit stufenweiser Entlastung und Axiallager (DÜCHTING)

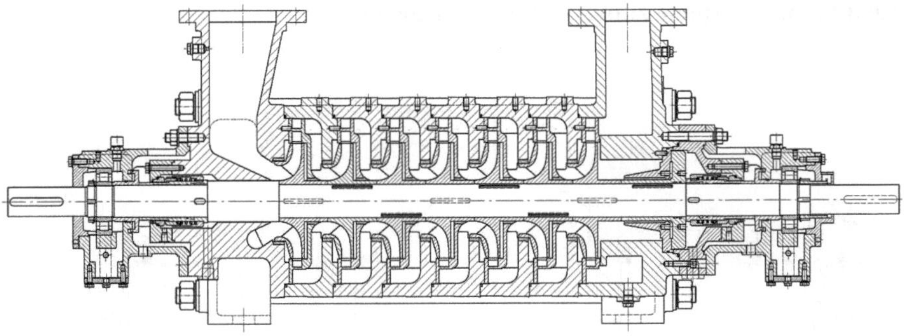

Abb. 3.86 Mehrstufige Pumpe in Segmentbauweise mit vollständigem Achsschubausgleich durch Entlastungsscheibe (DÜCHTING)

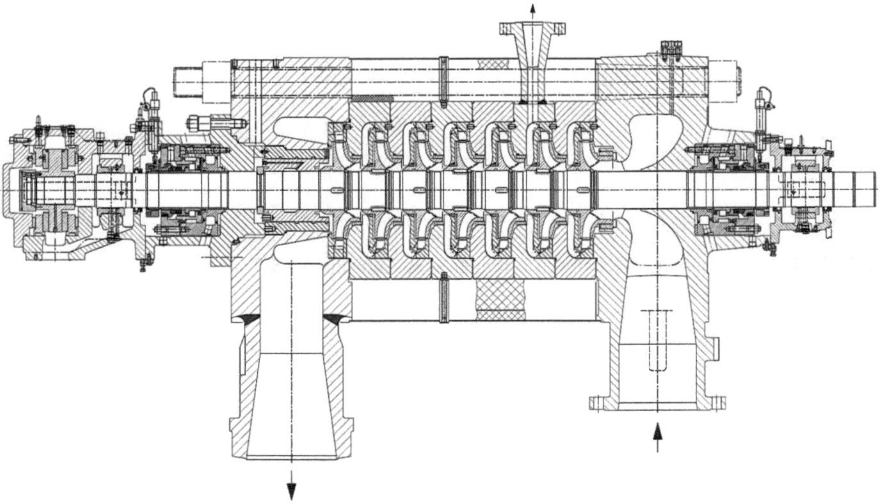

Abb. 3.87 Schwere Kesselspeisepumpen in Segmentbauweise mit Achsschubausgleich durch Entlastungskolben und Axiallager (SULZER)

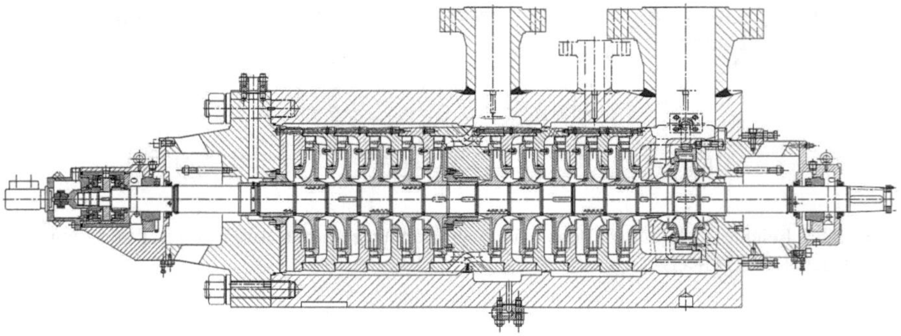

Abb. 3.88 Kesselspeisepumpen 11stufig in Topfbauart mit Achsschubausgleich durch gegenläufige Anordnung und Axiallager (SULZER)

3.15 Radialkraft (Radialschub)

Bei vollkommener Umfangssymmetrie der Druckverteilung am Laufradumfang heben sich die Radialkomponenten der am Laufradaustritt und in den Radseitenräumen wirkenden Drücke auf, d. h., die Resultierende der Radialkräfte ist null. Dieser Zustand ist in einer Pumpe nicht grundsätzlich vorhanden. Die Druckverteilung am Laufradumfang hängt vielmehr ab von der Art des Leitapparates und vom Fördergrad der Pumpe [53].

Beschaufelte Leitapparate sind ab der Schaufelzahl zwei – in diesem Sinne zählen auch Doppelspiralen dazu – rotationssymmetrisch und daher theoretisch immer ausgeglichen, so dass keine resultierende Radialkraft auftritt. In der Praxis ist meist eine geringe Restkraft vorhanden, die durch fertigungstechnische Ungenauigkeiten bedingt ist, oder auch durch unsymmetrische Strömungsverteilung hinter dem Leitapparat hervorgerufen wird, wenn diese durch die Beschaufelung zurückwirkt, was in geringem Maße möglich ist. Bei Teillast können unsymmetrische Druckverteilungen hinter dem Laufrad auftreten, wenn Strömungsablösungen an einzelnen Leitschaufeln auftreten, also hauptsächlich im Übergangsbereich zwischen wohlgeordneter und vollturbulenter Strömung. Bei beschaufelten Leiträdern treten in diesem Bereich häufig auch umlaufende Ablösungen (rotating stall) auf.

Bei Einfachspiralen und konzentrischen Gehäusen sowie auch deren Zwischenformen (semikonzentrische Gehäuse) kann die Radialkraft nur bei einem bestimmten Volumenstrom ein Minimum haben. Dies ist der Volumenstrom größtmöglicher Umfangssymmetrie der Strömungs- und daher auch der Druckverteilung. Die Radialkraft hängt von der Gestaltung dieser Gehäuseelemente – insbesondere vom Querschnittsverlauf über dem Umfang – ab. Weicht der Förderstrom vom Volumenstrom des Radialkraftminimums ab, tritt zunehmend eine Störung der Umfangssymmetrie auf, da das Gehäuse dann nicht mehr zur Strömung „passt“. Mit der Störung der Umfangssymmetrie wächst die Radialkraft an. Bei all diesen Gehäuseformen ist die Radialkraft quasi ortsfest und bewirkt daher stets eine Biegewechselbelastung der Welle.

Spiralen werden ausgelegt für einen Volumenstrom in der Nähe des Bestpunktes. Der Berechnungsvolumenstrom der Spirale ergibt sich nach Kap. 3.8 unter Abstimmung mit dem Laufradeintritt. Damit herrscht bei diesem Volumenstrom weitgehend Umfangssymmetrie und die resultierende Radialkraft hat hier folglich ein Minimum. Für einen kleineren Volumenstrom müsste die Spirale enger ausgelegt sein, wenn die Umfangssymmetrie erhalten bleiben sollte. Da dies nicht möglich ist, muss sich die Strömung an die gegebenen Bedingungen anpassen. Das geschieht dadurch, dass sie zum Spiralendquerschnitt hin aus Kontinuitätsgründen zunehmend verzögert wird, was einen Druckanstieg in diesem Bereich zur Folge hat mit einer entsprechenden resultierenden Radialkraft, die mit abnehmendem Förderstrom zunimmt und bei geschlossenem Schieber aus einem Winkel von $\varphi \approx 230°$ bis $\varphi \approx 260°$, gerechnet ab Spiralzunge in Entwicklungsrichtung der Spirale, zur Achse hin gerichtet ist. Bei Überlast setzt zum Ende der Spirale hin infolge Beschleunigung der entgegengesetzte Vorgang einer Druckabsenkung ein. Die daraus resultierende Radialkraft ist unter einem Winkel von $\varphi \approx 135°$ auf die Welle gerichtet. Hierzu Abb. 3.89, wo der Verlauf der Spaltdruckhöhe über dem abgewickelten Laufradumfang bei verschiedenen Fördergraden dargestellt ist, und das Polardiagramm Abb. 3.90, aus dem Größe und Richtung der Radialkraft zu ersehen sind.

Das Minimum stellt sich, wie gesagt, dort ein, wo der höchste Grad an Umfangssymmetrie in der Druckverteilung vorhanden ist. Die Strömung im Laufrad reagiert entsprechend der Laufradkennlinie auf unsymmetrische Druckverteilungen im Gehäuse mit während jeder Laufradumdrehung veränderlichem Durchfluss in den einzelnen Laufradkanälen. Beim Abweichen vom Förderstrom des Minimums steigt die Radialkraft nahezu linear an.

Für Vergleiche bzw. zur Berechnung führt man einen dimensionslosen Radialschubfaktor ein. Dazu bezieht man die Radialkraft auf die Projektionsfläche des Laufrades und auf das Umfangsgefälle oder die Förderhöhe im Bestpunkt, wobei man die Projektionsfläche des Laufrades vereinfacht mit dem Laufraddurchmesser und der Gesamtbreite am Austritt bildet. Die Zahlenwerte der auf das Umfangsgefälle und auf die Förderhöhe bezogenen Radialschubfaktoren unterscheiden sich voneinander durch die Druckziffer Ψ. (Will man einen mit der Förderhöhe gebildeten Radialschubfaktor auf das Umfangsgefälle beziehen, ist er mit Ψ zu multiplizieren). Wir wollen hier den Radialschub stets auf das Umfangsgefälle beziehen, also

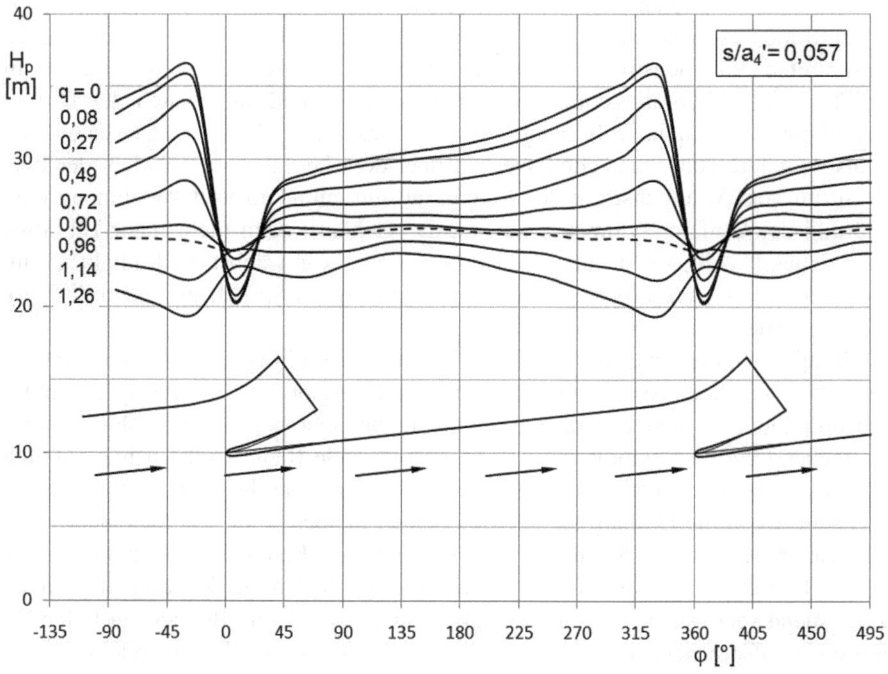

Abb. 3.89 Typische Druckhöhenverteilung am Laufradumfang einer Spiralgehäusepumpe mit $n_q = 21$, abhängig vom Fördergrad. Man erkennt den Einfluss der Spiralzunge. Bei $q = 0{,}96$ (*gestrichelte Linie*) ist die Druckverteilung weitgehend ausgeglichen. (Nach [25])

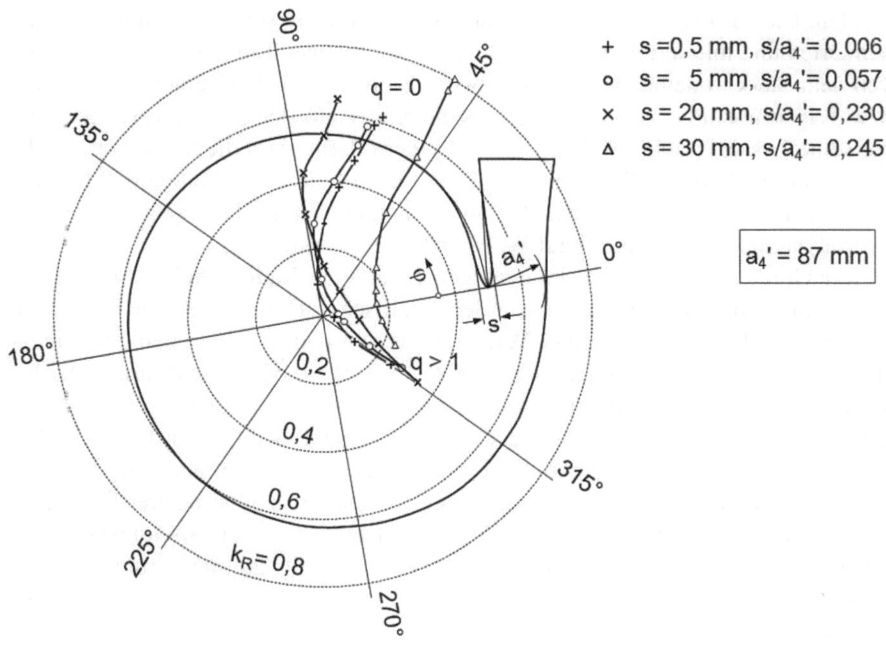

Abb. 3.90 Wirkungsrichtung der Radialkraft abhängig vom Fördergrad und der Zungenstärke gemäß Abb. 3.89. Ermittelt aus Druckhöhenmessungen [25]

$$k_R = \frac{2F_R}{\rho\, u_2{}^2 D_2 B_2} \tag{3.191}$$

mit der Radialkraft F_R, der Umfangsgeschwindigkeit u_2, dem Laufraddurchmesser D_2 und der Gesamtbreite am Laufradaustritt B_2, die die Kanalbreite und die Stärke der Deckwände enthält. Der Bezug auf $u_2{}^2/2g$ hat den Vorteil, dass die Förderhöhe und die Druckziffer, die im Wesentlichen von der spezifischen Drehzahl abhängen, nicht in Erscheinung treten, so dass die Radialkräfte von Pumpen unterschiedlicher spezifischer Drehzahlen besser miteinander verglichen werden können.

Man muss unterscheiden zwischen der hydrodynamischen Radialkraft, die aus der Druckverteilung am Laufradumfang resultiert und unmittelbar auf das Laufrad wirkt und der Radialkraft, mit der die Welle und somit das Lager belastet werden. Die hydrodynamische Radialkraft kann bestimmt werden durch Messung des Drucks im Gehäuse am Laufraddurchmesser mittels über dem Umfang verteilter Druckaufnehmer. Sie ergibt sich dabei durch Integration der über den Laufradumfang wirkenden Druckkräfte. Die Genauigkeit und Zuverlässigkeit der Ergebnisse hängt davon ab, wie genau die Druckverteilung über dem Umfang ermittelt wird. Dazu ist eine genügend große Anzahl von Druckmessstellen erforderlich. Diese Methode liefert die rein hydrodynamisch erzeugte Radialkraft. Nach einer anderen Methode misst man an der Welle bzw. dem Lagerkörper die Verformungen, also mechanische Kräfte, die unter der Einwirkung der Radialkräfte hervor gerufen werden. Die aus der Druckmessung und aus der Kraftmessung, also an verschiedenen Orten und mit verschiedenen Verfahren, gewonnenen Ergebnisse weichen zum Teil sehr stark voneinander ab, und zwar liegen die Ergebnisse aus den Wellen- bzw. Lagermessungen stets niedriger als diejenigen aus den Druckmessungen. Das hat seine Ursache nicht in Messfehlern, sondern darin, dass die hydrodynamische Kraft nicht voll auf die Welle übertragen wird, weil die Dichtspalte eine Stützwirkung ausüben und einen Teil der Radialkraft aufnehmen, so dass nicht die gesamte hydrodynamische Radialkraft auf Welle und Lager wirkt.

Der Gradient des aus Druckmessungen ermittelten Radialschubfaktors scheint über dem Fördergrad nur wenig von der spezifischen Drehzahl abhängig zu sein. Bei realistischen geometrischen Verhältnissen weist der Faktor beim Volumenstrom null ziemlich einheitlich den Wert $k_{R,0} \approx 0{,}60 \div 0{,}65$ auf und fällt linear bis auf den theoretischen Wert null in der Nähe des Bestpunktvolumenstromes. Das geht aus Vergleichen von verschiedenen Messergebnissen hervor [25, 52]. Bei sehr geringem Zungenabstand und bei sehr engen Radseitenräumen kann der Wert $k_{R,0}$ jedoch auch erheblich größer sein, weil offenbar nur ein geringerer Druckausgleich über dem Umfang stattfindet [23, 52]. Der lineare Radialschubverlauf ist schematisch dargestellt als Linie 1 in Abb. 3.91. Das Diagramm beruht auf [25], wo die Radialkraft aus Druckmessungen am Laufradumfang für verschieden dicke Gehäusezungen ermittelt wurde.

Für die Dimensionierung der Welle und der Lagerung ist natürlich nur die dort angreifende Kraft interessant, die sich, wie bereits gesagt, von der hydrodynamischen Radialkraft um die von den Dichtspalten aufgenommene Stützkraft unterscheidet. Die Tragfähigkeit der Dichtspalte wird häufig unterschätzt, da die hydrodynamische Tragfähigkeit von Dichtspalten unbedeutend ist. An axial durchströmtem Ringspalten treten jedoch infolge des sog. „LOMAKIN"-Effekts zentrierende Kräfte auf, die beachtliche Werte annehmen können [49, 53]. Sie hängen

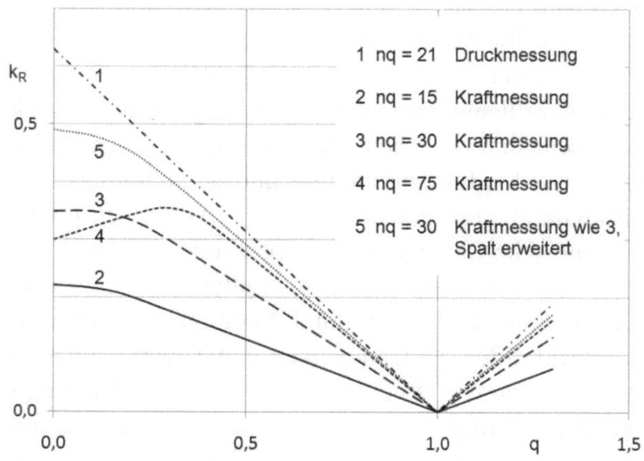

Abb. 3.91 Schematischer Verlauf der Radialkräfte bei verschiedenen Konfigurationen. Vergleich Druckmessung und Kraftmessung

außer von der Druckdifferenz hauptsächlich von der Geometrie der Dichtspalte – insbesondere dem Spaltspiel – ab. Durch Spielvergrößerung nimmt die Tragfähigkeit scheinbar ab, weil die maximale Tragfähigkeit erst bei einer größeren Auslenkung der Welle erreicht wird, wenn das Spiel „aufgebraucht" ist. Mit größerer Spaltlänge nimmt die Tragfähigkeit bis zu einem Optimum zu, kann sich aber bei Verkantung auch ins Gegenteil umkehren. Insgesamt steigt die Tragfähigkeit etwa linear mit der Exzentrizität an bis zum Erreichen einer durch das Spaltspiel gegebenen Grenze.

Die Auswirkung der Stützkraft der Dichtspalte auf die Wellen- bzw. Lagerbelastung hängt ab von ihrem Verhältnis zur hydrodynamischen Radialkraft. Mit der spezifischen Drehzahl wird der Anteil der von den Dichtspalten aufgenommenen Radialkraft relativ geringer. Der Grund ist darin zu sehen, dass die auf das Laufrad wirkende Radialkraft als Produkt aus dem resultierenden Druck und der Projektionsfläche des Laufrades mit der Laufradbreite wächst, die Stützkraft der Spaltdichtung dagegen unter vergleichbaren Bedingungen etwa gleich bleibt. Aus Abb. 3.91 ist daher ersichtlich, dass der k_R-Faktor bei $n_q = 15$ sehr weit unter der Linie 1 verläuft; die Stützkraft beträgt hier demnach etwa gut die Hälfte der hydrodynamischen Radialkraft. Bei $n_q = 75$ (Linie 4) ist nur noch eine geringe Stützwirkung von ca. 12 % der hydrodynamischen Radialkraft vorhanden. Bei $n_q = 30$ fällt die Stützkraft von ca. 30 % bei Normalspalt auf unter 10 % bei erweitertem Spalt (Linie 5). Bei Untersuchungen des Einflusses der Spaltweite auf den Radialschub wurde festgestellt [52], dass dieser bei erweiterten Spalten drastisch zunimmt. Die Ursachen müssen hauptsächlich in verminderter Stützwirkung der Spalte gesucht werden. Insofern müssten alle Ergebnisse von Messungen der Radialkraft hinterfragt werden, da über die Spaltabmessungen bei den Versuchseinrichtungen kaum aussagefähige Angaben gemacht werden. Bei der Beurteilung der Spalteinflüsse müsste neben dem Spaltspiel auch die Steifigkeit von Welle und Lagerung berücksichtigt werden. Aus Abb. 3.91 (Linie 4) ist ferner zu ersehen, dass der Radialschubfaktor bei $n_q = 75$ bei Erreichen eines Wertes von $k_R \approx 0{,}35$ abknickt und gegen $q = 0$ sogar wieder etwas abfällt. Dieses Abknicken kann zunehmend ab mittleren spezifischen Drehzahlen beobachtet werden und wird gelegentlich als Anzeichen des Erreichens einer Schaufelbelastungsgrenze gedeutet. (Die Grenze hängt von der Verzögerung der Relativströmung ab, die mit der spezifischen Drehzahl zunimmt). Viel plausibler erscheint es indessen, dass es aber auch einfach nur mit dem Erreichen der durch das Spaltspiel begrenzten Wellendurchbiegung zusammenhängt, die aus konstruktiven Gründen bei höherer spezifischer Drehzahl früher erreicht wird.

Da also die auf Welle und Lager wirkende Radialkraft wie oben ausgeführt erheblich von der Stützwirkung der Dichtspalte bestimmt wird, diese aber von vielen Faktoren abhängig und daher nur marginal erfassbar ist, kann man keine genauen Werte angeben. Man ist bei der Dimensionierung der Lagerung auf grobe Richtwerte angewiesen. Beispielsweise liegen den Werten in Abb. 3.91 zwei Spaltdichtungen (axialschubentlastete Laufräder) und „normale" Spaltweiten nach Gl. (3.149) zu Grunde. Bei nur einem Dichtspalt würde sich die Stützwirkung etwa halbieren; entsprechend würde sich die verbleibende Lagerbelastung besonders im unteren n_q-Bereich deutlich erhöhen. Mit erhöhter Biegesteifigkeit der Welle nimmt die Lagerbelastung ebenfalls zu, da die Stützwirkung der Dichtspalte wegen geringerer Auslenkung der Welle ebenfalls geringer wird. Eine Minderung der Tragfähigkeit der Dichtspalte kann auftreten, wenn herstellungs- und montagebedingt bereits in unbelastetem Zustand eine Exzentrizität der Welle vorhanden ist. Richtwerte zur Grobabschätzung der Lagerbelastung liefert Abb. 3.92. Die große Bandbreite lässt erkennen, wie unsicher die Ergebnisse aus Kraftmessungen sind. Der obere Bereich des Feldes gilt für eine einzige Spaltdichtung und erweiterte Spalte. Aus vorerwähnten Gründen sollte tunlichst ein Wert aus dem oberen Bereich des Feldes der Wellen- bzw. Lagerberechnung zu Grunde gelegt werden. Bei Benutzung des Diagramms ist zu beachten, dass die spezifische Drehzahl bei doppelflutigen Pumpen stets mit dem Gesamtvolumenstrom zu bilden ist. Der Radialschubfaktor $k_{R,0}$ liefert den Größtwert der Radialkraft, der meist nahe bei $q = 0$ auftritt.

Einfluss der Zungenstärke Da die Strömung im Spiralgehäuse sehr weitgehend den Gesetzen der Potentialströmung folgt, wird der höchste Grad an Umfangssymmetrie erreicht mit nach Drallsatz ausgelegten Spiralen und zwar dann, wenn diese mit sehr dünner Zunge ausgeführt werden. Bei der Anströmung der Spiralzunge tritt bereits eine (örtliche) Störung der Umfangssymmetrie auf, die mit der Zungenstärke zunimmt. Das Schubminimum als Maß für die Umfangssymmetrie nimmt dadurch höhere Werte an. Insgesamt führt das zu einer Parallelverschiebung des Radialschubverlaufs zu größeren Werten bei gleichzeitig größerem Fördergrad. Hierzu s. Abb. 3.93. Es sei hier erwähnt, dass kein unmittelbarer Zusammenhang besteht zwischen Unsymmetrie der Strömung im Gehäuse und hydrodynamischen Verlusten. So sind nach Kap. 3.10 nur geringe Unterschiede im Wirkungsgrad festzustellen zwischen der „idealen" Spirale und einer solchen mit relativ dick ausgeführter Zunge wie auch zwischen der „idealen" Spirale und konzentrischen bzw. semikonzentrischen Gehäusen, die begreiflicherweise beträchtliche Unsymmetrien, sichtbar an den Radialkräften, aufweisen.

Zur Vermeidung hoher Radialbelastungen werden oft Doppelspiralen konzipiert, mit denen – wie bereits gesagt – eine weitgehende Symmetrie der Kräfte erreicht werden kann. Oft ist es jedoch nicht erforderlich, die Radialkraft so weit

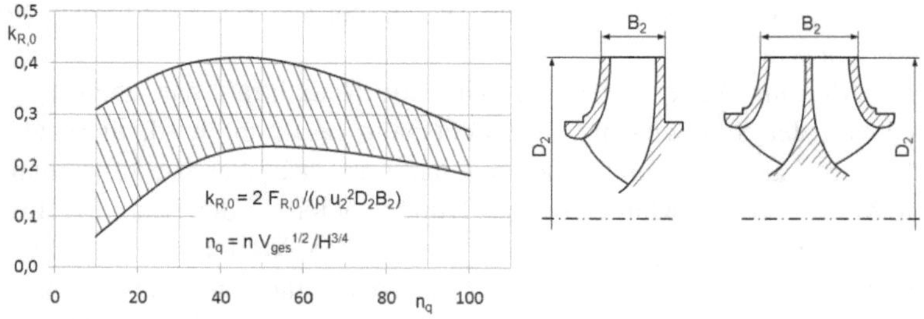

Abb. 3.92 Richtwerte des Radialschubfaktors für Einfachspiralen bei q = 0

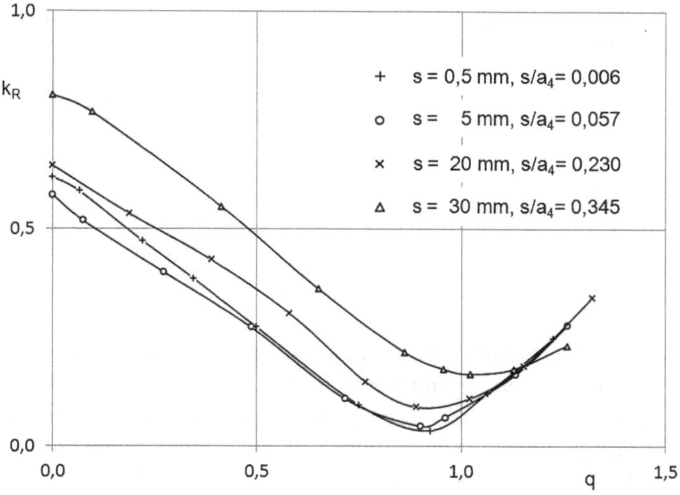

Abb. 3.93 Einfluss der Zungenstärke auf die resultierende Radialkraft, Spiralgehäusepumpe mit $n_q = 21$. (Aus Abb. 3.90)

wie möglich zu minimieren, sondern es genügt bereits eine deutliche Reduzierung derselben. In solchen Fällen können Doppelspiralen mit nicht symmetrischer Anordnung der Teilspiralen ausgeführt werden, s. Abb. 3.54b. Diese haben den Vorteil, dass der Umführungskanal der äußeren Teilspirale kürzer und mit größerem Querschnitt ausgeführt werden kann, wodurch sich fertigungstechnische Vorteile und geringere hydrodynamische Verluste ergeben. Bei mittengeteilten (split-casing) Pumpen kann man auf diese Weise erreichen, dass die Rippe, welche die innere Teilspirale bildet, nicht durch die Teilungsebene hindurchgeführt werden muss, was zusätzliche fertigungstechnische Vorteile bringt. Die Größe der resultierenden Radialkraft bei solchen Doppelspiralen hängt davon ab, wie weit die Spiralanfänge von der symmetrischen Anordnung mit 180° abweichen [23]. Abbildung 3.94 zeigt das theoretisch sich ergebende Verhältnis zur Einfachspirale. Da die 180°-Doppelspirale aber nie den theoretischen Wert null erreicht, sollte mit der oberen (realistischen) Kurve gerechnet werden. Sicherheitshalber sollte bei Doppelspiralen jedweder Art stets ein Mindestwert von $k_R = 0{,}1$ zu Grunde gelegt werden.

Bei Spiralgehäusen mit engen Radseitenäumen ergaben sich größere Beträge der Radialkraft als bei weiten Radseitenäumen [23]. Dies deckt sich mit nachstehenden Ergebnissen von Untersuchungen an konzentrischen und semikonzentrischen Gehäusen. Im Allgemeinen werden Spiralgehäuse aber stets mit weiten Radseitenräumen ausgeführt. Es wird (aus Wirkungsgradgründen) auch keine Entkoppelung der Spiralströmung von der Radseitenströmung vorgenommen (s. Abb. 2.26).

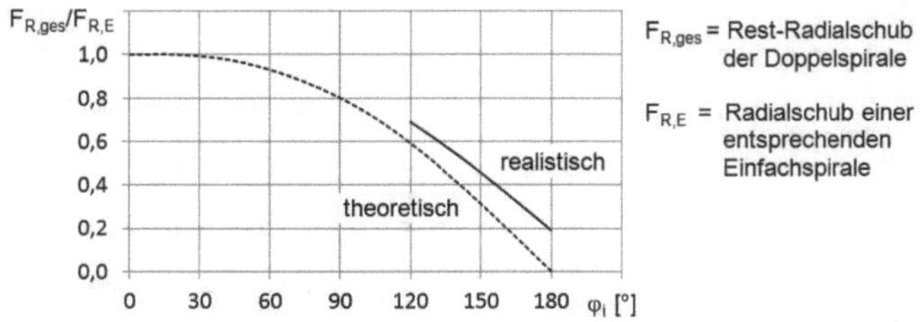

Abb. 3.94 Radialkraft bei D-Spiralen mit ungleichen Teilspiralen

Konzentrische und semikonzentrische Gehäuse Unter „konzentrisch" sollen hier Gehäuse verstanden werden, deren Querschnitte – im Gegensatz zu Spiralgehäusen – über dem Umfang außer beim Übergang zum Druckstutzen konstant bleiben. Mit „semikonzentrisch" werden Zwischenformen bezeichnet, deren Querschnitte – gerechnet ab der Gehäusezunge – anfangs konzentrisch verlaufen und sich erst im weiteren Verlauf wie Spiralgehäuse erweitern. Je nach dem Umschlingungswinkel φ_k des konzentrischen Bereichs ergeben sich verschiedene Konzentrizitäten.

In konzentrischen und semikonzentrischen Gehäusen muss logischerweise bei kleineren Förderströmen als dem des besten Wirkungsgrades eine bessere Umfangssymmetrie der Druckverteilung als im Bestpunkt herrschen. Diese Vorstellung wird bestätigt durch die bei solchen Gehäuseformen auftretende resultierende Radialkraft. Nach experimentellen Untersuchungen [31] weist die Radialkraft beim konzentrischen Gehäuse nahe dem Volumenstrom null ein Minimum auf und steigt mit dem Volumenstrom stetig an bis zu einem Höchstwert. Diese Tendenz bleibt bei semikonzentrischen Gehäusen erhalten, schwächt sich aber mit abnehmender Konzentrizität, d. h. mit abnehmendem Winkel bis $\varphi_\kappa \approx 180°$ ab. Bei noch geringerer Konzentrizität gleicht der Verlauf der Radialkraft mit einem Minimum beim Volumenstrom besten Wirkungsgrades zunehmend dem einer reinen Spirale, wobei jedoch deren Maximalwert bei Schwachlast nicht erreicht wird. Hierzu Abb. 3.95. Insgesamt ist zu erkennen, dass bei semikonzentrischen Gehäuseformen zwar nicht die Minimalwerte von reinen Spiralen erreicht werden, andererseits aber die Maximalwerte wesentlich niedriger liegen als dort.

Der Einfluss des Zungenabstandes ist – außer bei extrem kleinen Werten – bei weiten Radseitenräumen sehr gering. Große Zungenabstände und weite Seitenräume wirken ausgleichend auf die Strömung und ergeben dadurch niedrigere Radialkräfte [31], was auch bei reinen Spiralgehäusen beobachtet wurde. Dagegen steigt die Radialkraft bei engen Radseitenräumen auf ein Mehrfaches an und kann in Verbindung mit einem geringen Zungenabstand bis zum 5fachen betragen, wobei der Verlauf über dem Volumenstrom prinzipiell gleich bleibt.

Semikonzentrische Gehäuseformen können für kleine Pumpen, die aus fertigungstechnischen Gründen nicht mit einer Doppelspirale ausgerüstet werden, interessant sein, zumal der erreichbare Wirkungsgrad nur wenig niedriger ist als der

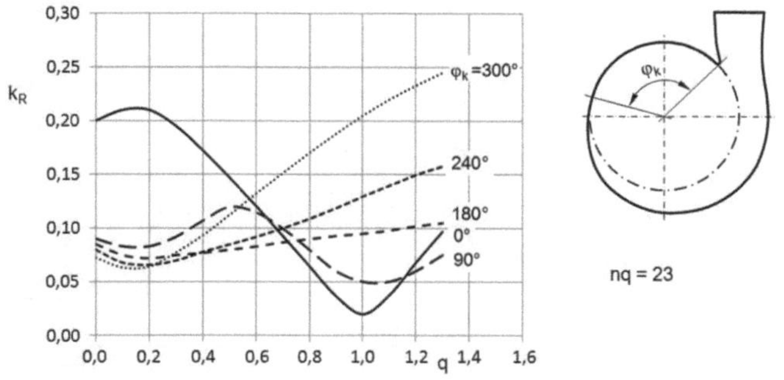

Abb. 3.95 Radialkraft bei Spirale, semikonzentrischem und konzentrischem Gehäuse. (Nach [31])

einer „echten" Spirale. Mit zunehmender Konzentrizität wächst der Einfluss des Zungenabstandes und der Radseitenraumbreite.

Neben den bisher behandelten bekannten statischen Radialkräften treten immer auch dynamische Kräfte auf, die durch Druckpulsationen aus unterschiedlichen Ursachen hervorgerufen werden. Sie können bei normaler Spaltausführung im Bereich des Bestpunktes mit dem Beiwert $k_{R,dyn} \approx \pm 0{,}1$ erfasst werden. Gegen Nullförderung steigen sie evtl. etwas an. Bei erweiterten Spalten können sie, wie auch die statischen Anteile, deutlich zunehmen, was auch wieder gewisse Rückschlüsse auf die stützende und damit dämpfende Wirkung der Spalte zulässt.

3.16 Grafische Darstellung räumlich gekrümmter Schaufelflächen (Erstellung von Schaufelplänen)

Unter Schaufelplan versteht man die Darstellung einer oder beider Schaufelflächen in grafischer Form oder punktweise als Datenfile, wonach die Schaufel gefertigt werden kann. Räumlich gekrümmte Schaufelflächen lassen sich im Allgemeinen nicht als mathematische Funktionen angeben, so dass eine geometrisch korrekte, maßstäbliche grafische Darstellung erforderlich ist. Sehr häufig wählt man dazu sogenannte „Brettschnitte", das sind Verschneidungslinien der Schaufelfläche mit zueinander parallelen Radialflächen. Sie haben den Vorteil, dass sie die Schaufelfläche in „Höhenlinien" darstellen und dadurch dem geübten Betrachter eine gute optische Beurteilung ermöglichen (Abb. 3.96a). Daneben werden zur Darstellung auch „Radialschnitte" gewählt (Abb. 3.96b). Radialschnitte sind radial verlaufende achsparallele Schnitte in bestimmten Winkelabständen voneinander. Sie ermöglichen keine so gute optische Beurteilung wie Brettschnitte.

Je nach Art der Modellherstellung bei gegossenen Schaufeln wählt man zur Darstellung der Schaufel beide Schaufelflächen oder nur eine Schaufelfläche

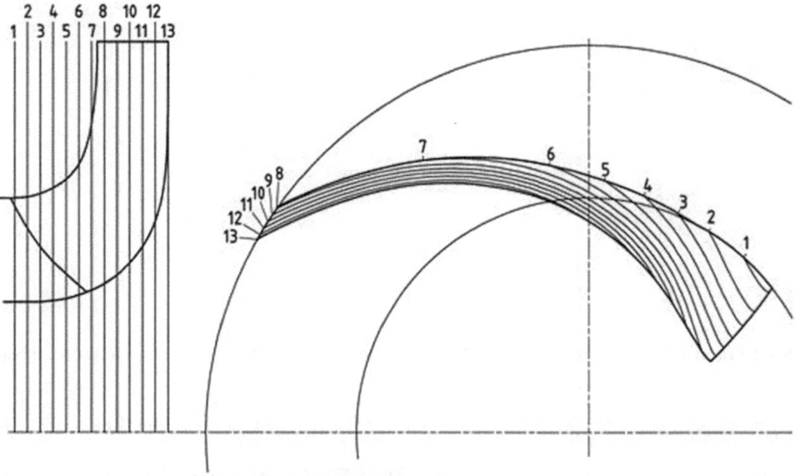

a) Darstellung mittels Brettschnitten

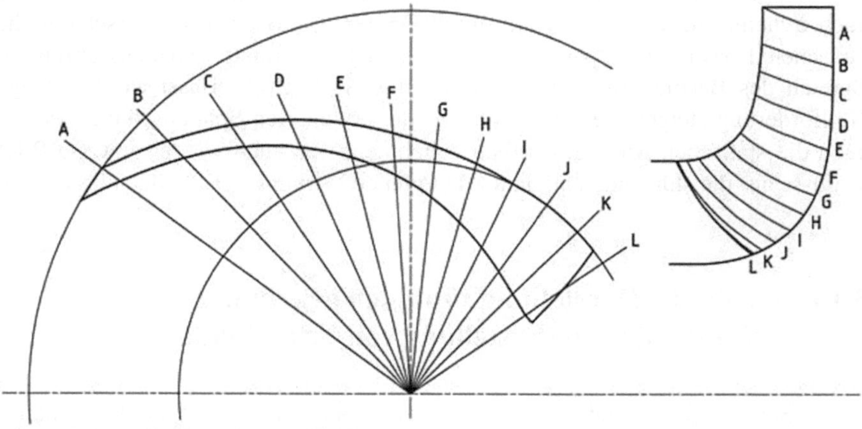

b) Darstellung mittels Radialschnitten

Abb. 3.96 Verschiedene Arten der Schaufeldarstellung

mit zusätzlichen Angaben für die Schaufelstärke, aus der sich dann die zweite Schaufelfläche ergibt. In diesem Falle empfiehlt es sich, die Saugfläche für die Darstellung zu wählen, da man dann unmittelbar die Lichtweiten am Schaufeleintritt bestimmen kann. Selbstverständlich kann man auch von der Darstellung der Schaufel-Skelettfläche oder von der Druckfläche ausgehen.

Zur Erstellung von Schaufelplänen räumlich gekrümmter Schaufeln geht man von Schaufelabwicklungen auf Teilstromflächen aus. Die Teilstromflächen sind Rotationsflächen; zwei von ihnen sind durch die Laufradkontur an der Deckscheibe und der Tragscheibe gegeben. Ein radialer Schnitt durch das Laufrad ergibt den Meridianschnitt oder Aufriss; die Teilstromflächen erscheinen darin als Stromlinien. Im Meridianschnitt werden Laufräder stets in Zirkularprojektion dargestellt, d. h., alle nicht in der Zeichenebene liegenden Begrenzungslinien wie Ein- und Austrittskanten und Radialschnitte werden in die Zeichenebene gedreht. Je nach relativer Breite des Laufrades und dem Verhältnis von Naben- zu Eintrittsdurchmesser wählt man noch eine bis drei Zwischenstromflächen. Für Laufräder höherer spezifischer Drehzahl und geringem Nabendurchmesser, die naturgemäß stark verwundene Schaufeln aufweisen, ist es hilfreich, die Anzahl der Stromflächen hoch zu wählen, um die Schaufel ausreichend zu beschreiben. Eine größere Anzahl Stromflächen ist auch erforderlich zur Beurteilung des Eintrittsquerschnitts der Schaufelkanäle, wie in Kap. 3.17 beschrieben. Man benötigt dazu im Laufradeintritt noch Zwischenstromlinien, so dass bei z. B. vier gewählten Teilströmen insgesamt neun Stromlinien zu zeichnen sind. Man erhält die Stromflächen als Begrenzung der Teilvolumenströme, in die man den Laufradvolumenstrom unterteilt. Zweckmäßig wählt man gleich große Teilströme.

Die ideale Strömung in einem Rotationraum würde sich gemäß den Gesetzen der Potenzialströmung verhalten, d. h., auf Normalen zur Strömung würde infolge der nach außen hin stärker gekrümmten Strombahnen der Druck dort abnehmen und die Geschwindigkeit zunehmen. Da es sich durch die Beschaufelung nicht mehr um eine freie Strömung handelt, ist anzunehmen, dass sich die Strömung – wenn überhaupt – nur sehr begrenzt als Potenzialströmung ausbildet. Man geht daher meist den einfachen Weg, dass man längs der Normallinien konstante Geschwindigkeit annimmt. Diese Annahme ist zweifellos nicht korrekt, der Fehler ist aber unerheblich, da sich das Stromlinienfeld durch ihn nur wenig ändert. Außerdem ist für die Berechnung der Winkel am Schaufeleintritt nur die dort herrschende Meridiangeschwindigkeit von Wichtigkeit, die auf diese Weise hinreichend genau bestimmt werden kann. Die Bestimmung des Stromlinienfeldes der auf den Normalen konstant angenommenen Geschwindigkeit geht aus Abb. 3.97 am Beispiel mit vier gleich großen Teilströmen und der Normalen III hervor (Stromlinien a, c, e, g, j). Man trifft zunächst grobe Annahmen für den Verlauf der Stromlinien und die orthogonal zu ihnen verlaufenden Normalen. Danach werden die Abstände b_b bis b_h der Stromlinien auf den Normalen überprüft und gegebenenfalls korrigiert. Bei konstanter Geschwindigkeit ergeben sich die Abstände aus der Bedingung, dass die Ringflächen $2\pi R_x b_x$, somit die Beträge $R_x b_x$ auf einer Normalen jeweils gleich groß sein müssen. Die Radien R_x beziehen sich dabei auf den Schwerpunkt einer Ringfläche, also von b_x. Die Bestimmung des Stromlinienfeldes für eine von der Krümmung der Stromlinien abhängigen Geschwindigkeitsverteilung längs der Normalen, wird in [2] und [51] beschrieben.

Da die Stromflächen räumlich gekrümmt sind, lassen sie sich nicht unverzerrt in einer Ebene abbilden. Man wählt deshalb eine winkeltreue konforme Abbildung. Dazu unterteilt man, wie in Abb. 3.98 gezeigt, die Stromlinien im Meridianschnitt – ausgehend von der Austrittskante – in gleiche Abstände Δe und ordnet den durch die Abstandspunkte verlaufenden Parallelkreisen eine Schaar von parallelen Geraden – ebenfalls im Abstand Δe – zu. In dieser konformen Abbildung wird nun die Skelettlinie der Schaufel entworfen. Aus der Stromlinienlänge

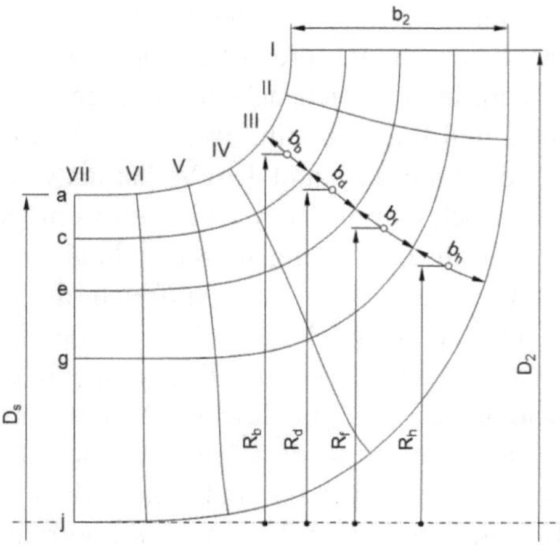

Abb. 3.97 Stromlinienfeld

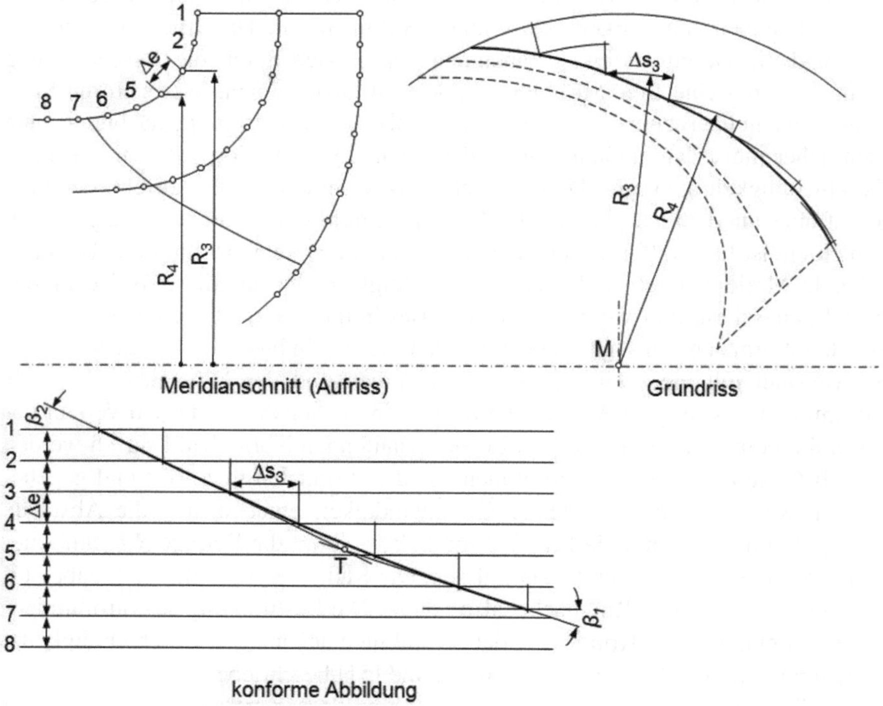

Abb. 3.98 Konstruktion der Schaufel im Grundriss aus der konformen Abbildung. In der konformen Abbildung sind die Parallelkreise als parallele Geraden dargestellt

zwischen Ein- und Austrittskante sowie aus den vorgegebenen Schaufel-Ein- und -Austrittswinkeln kann ein Schaufelverlauf gezeichnet werden, aus dem sich die Schaufellänge ergibt. Je nach dem Winkelverlauf zwischen Ein- und Austritt kann die Schaufellänge etwas variiert werden. Wichtig ist vor allem, dass sich ein harmonischer und stetiger Verlauf ergibt. Diesen erreicht man z. B., wenn der Schnittpunkt T der Tangenten an Ein- und Austritt in der vorderen Hälfte – etwa im Verhältnis 3:5 bis 2:3 auf der Schaufellänge – liegt. Der Schnittpunkt sollte sich auch an der Krümmung der jeweiligen Stromlinie orientieren, so dass die größere Winkeländerung etwa dort liegt, wo auch die stärkere Krümmung der Stromlinie vorhanden ist. Der Eintrittswinkel sollte jedoch auf den ersten 10% bis 15% der Schaufellänge und der Austrittswinkel auf den letzten 15% bis 20% konstant gehalten werden.

Entsprechend der gewählten Anzahl Teilströme werden nun Schaufelverläufe auf weiteren Stromflächen entworfen. Sodann werden die Schaufelabwicklungen der konformen Abbildung nach dem als „KAPLAN'sche Dreiecksmethode" bekannten Verfahren in den Grundriss übertragen, wie ebenfalls in Abb. 3.98 dargestellt. Man beginnt am Laufradaustritt und geht schrittweise vor bis zum Eintritt. Oft muss man Korrekturen vornehmen, um die Schaufellängen auf den einzelnen Stromflächen einander anzupassen. Das beschriebene Verfahren führt also nicht immer unmittelbar zum Ziel. Mit dem Winkelverlauf, d. h. durch Verschieben des Tangentenschnittpunktes T in der konformen Abbildung, kann man die Schaufellänge etwas verändern. Sind größere Änderungen erforderlich, müssen evtl. die Eintrittswinkel modifiziert werden. Eine Winkelvergrößerung auf einer Stromfläche muss mit einer Verkleinerung auf einer andern kompensiert werden. Bei den meist relativ kleinen Unterschieden der Schaufelwinkel von Ein- und Austritt der äußeren Stromfläche bewirkt eine Winkeländerung von $1°$ in Verbindung mit einer Verschiebung des Tangentenschnittpunktes bereits eine merkliche Änderung der Schaufellänge. Eine weitere Möglichkeit der Anpassung der Schaufellänge bietet sich durch Veränderung der gewählten Eintrittskante im Meridianschnitt, also durch Veränderung der Stromlinienlänge. Hierbei müssen gegebenenfalls die Schaufeleintrittswinkel neu berechnet werden, wenn sich mit der Änderung der Eintrittskante die Meridiangeschwindigkeit und/oder der Radius (somit die Umfangsgeschwindigkeit) der Zuströmwinkel ändern. In geringerem Maße kann man auch die Eintrittskante im Grundriss etwas variieren. Häufig wird die Schaufelaustrittskante nicht achsparallel gelegt, sondern die einzelnen Schaufelabwicklungen sind um einen bestimmten „Rake"-Winkel gegeneinander verdreht angeordnet, wobei die Schaufelabwicklung der äußeren Stromlinie stets den anderen Stromlinien – in Drehrichtung des Laufrades gesehen – vorauseilt. Diese Maßnahme wird aus hydrodynamischen Gründen ergriffen, um Druckpulsationen abzumildern. Ihre Wirksamkeit nimmt zu mit dem Verhältnis des Rakes zur Schaufelteilung, somit auch von der spezifischen Drehzahl. Mit dem Rake kann die Lage der Schaufeleintrittskante etwas beeinflusst werden. Ein gewisser Rake kann auch die Modellherstellung erleichtern, weil bei Ganzkernmodellen evtl. die „Ziehbarkeit“ der Modellschaufeln aus dem Kernsand erleichtert wird.

Es gibt zwar Verfahren, bei denen der Schaufelverlauf nach einem vorgegebenen Entwicklungswinkel φ direkt erstellt wird. Der Winkelverlauf über der Schaufellänge ergibt sich dann zwangsläufig. Für den Schaufelverlauf kann man auch verschiedene Entwicklungsgesetze – wie z. B. einen bestimmten (oft linearen) Winkelverlauf oder einen bestimmten Verlauf der Relativgeschwindigkeit – zu Grunde legen, wie in [51] erwähnt. Ein harmonischer Schaufelverlauf ist damit jedoch oft nicht gegeben, weshalb hier dem zuvor angegebenen Verfahren, das eine gute optische Beurteilung ermöglicht, der Vorzug gegeben wird.

Es sei angemerkt, dass die hier beschriebene KAPLAN'sche Methode eine Näherung darstellt. Bei der Übertragung der Schaufelabwicklung von der konformen Abbildung in den Grundriss entstehen Fehler dadurch, dass die geradlinigen Elemente Δs im Grundriss zu Sehnen von Kreisbogen-Elementen werden (Abb. 3.98). Der Fehler nimmt zu mit dem Zentriwinkel dieser Kreisbogen-Elemente, also mit dem Verhältnis der Größe eines Elements zu seinem Achsabstand. Er strebt gegen null, wenn die Schritte Δe bzw. Δs gegen null gehen. Beim händischen Entwurf wählt man an der äußeren Stromlinie die Anzahl der Elemente zu etwa 12. Damit ist der Fehler im Allgemeinen bereits unerheblich. Eine wesentlich höhere Anzahl ist nicht zu empfehlen, da sich dann die unvermeidlichen Ungenauigkeiten zu sehr addieren würden. Am Computer kann man natürlich die Anzahl der Elemente ohne diesen Fehler erhöhen. (In Abb. 3.98 wurde aus Gründen der Übersichtlichkeit eine kleinere Anzahl gewählt).

Bei genügend großer Anzahl von Stromflächen könnte man theoretisch die zur Schaufeldarstellung benötigten Brettschnitte direkt aus den Schaufelabwicklungen im Grundriss erstellen. Für ein händisches zeichnerisches Vorgehen wäre die benötigte Anzahl jedoch zu groß und die erzielte Genauigkeit wegen dabei häufig auftretender „schleifender Schnitte“ trotzdem nicht befriedigend. Man geht deshalb den Weg über die Radialschnitte. Er besteht darin, dass man zunächst in den Grundriss mit den Schaufelabwicklungen der einzelnen Stromflächen (in Abb. 3.99 sind es die Stromflächen *a* bis *j*) eine Anzahl Radialschnitte (z. B. *A* bis *F*) im geeigneten Winkelabstand legt und den Achsabstand ihrer Schnittpunkte mit den Schaufelabwicklungen in den Aufriss überträgt (am Beispiel Radius R_x). Die Verbindung der Schnittpunkte durch jeweils einen Kurvenzug ergibt im Aufriss die Radialschnitte, wie in Abb. 3.99 am Beispiel des Radialschnittes *D* dargestellt. Als Nächstes werden im Aufriss äquidistante radiale Schnitte – die „Brettschnittebenen“ – gezeichnet. Danach werden deren Schnittpunkte mit den Radialschnitten auf die korrespondierenden Radialschnitte im Grundriss rückübertragen und auch mit jeweils einem Kurvenzug verbunden, womit dann schließlich die Brettschnitte gegeben sind, wie in Abb. 3.100 am Beispiel des Brettschnittes 6 gezeigt. Ausgehend vom Schaufelaustritt wählt man im Allgemeinen für die Radialschnitte Abstände von $\Delta\varphi = 15°$, zum Schaufeleintritt hin auch $\Delta\varphi = 10°$, was dann etwa

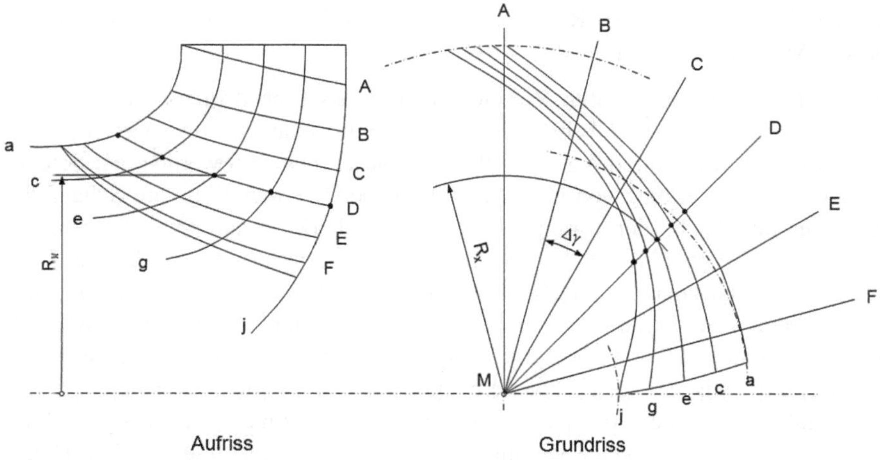

Abb. 3.99 Übertragung der Radialschnitte vom Grundriss in den Aufriss (Beispiel Schnitt D)

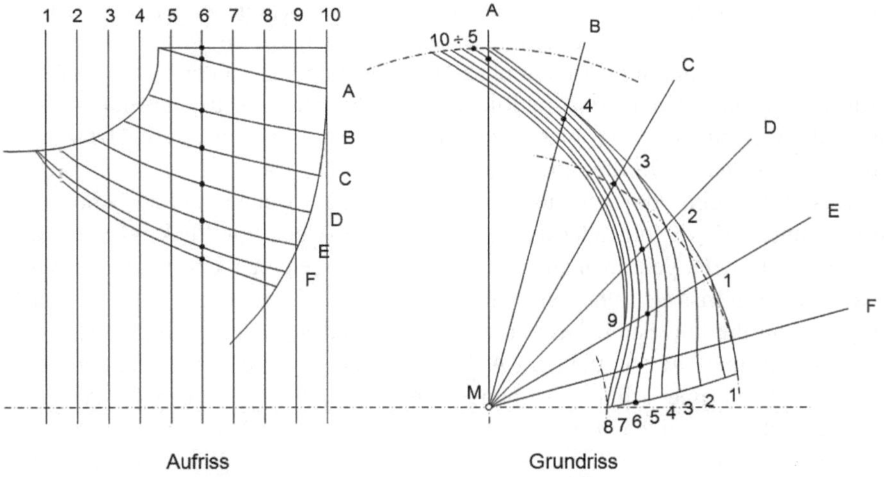

Abb. 3.100 Übertragung der Brettschnitte vom Aufriss in den Grundriss (Beispiel Brettschnitt 6)

6 bis 10 Radialschnitte ergibt. Für die Brettschnitte ist meist eine Anzahl von etwa 10 ausreichend; bei sehr kleinen Abmessungen auch eine geringere Anzahl.

Bei Laufrädern mittlerer und höherer spezifischer Drehzahl wählt man wegen der räumlich gekrümmten Schaufelfläche die Anzahl der Radial- und der Brettschnitte – wie auch die Anzahl der Stromflächen – tendenziell höher als bei niedriger spezifischer Drehzahl. Wie bereits bei der konformen Darstellung der

Schaufeln ist auch bei den Radialschnitte und den Brettschnitten stets auf harmonische Verläufe zu achten.

Ermittlung der Lichtweiten Zur Bestimmung des Eintrittsquerschnittes, die im nachfolgenden Kap. 3.17 behandelt wird, benötigt man als Ausgangsgrößen die Lichtweiten am Beginn des Schaufelkanals. Die Lichtweiten werden hier definiert als kürzeste Entfernung von einem Punkt auf der Staupunktlinie am Schaufelbeginn zur Saugfläche der vorangehenden Schaufel. Die Staupunktlinie wurde als Ausgangsbasis gewählt aus der Überlegung heraus, dass (wie auch bei der Beurteilung von Leitschaufeln und Gehäusezungen) die Schaufelprofilierung nur einen örtlich begrenzten Einfluss auf die Strömung ausübt und diese sich im Wesentlichen am Staupunkt orientiert und daher nicht der tatsächlich vorhandene freie Querschnitt zwischen den Schaufeln entscheidend ist für das Förderverhalten des Laufrades, sondern der auf die Staupunktlinie bezogene Eintrittsquerschnitt. Damit steht die vorstehende Definition im Widerspruch zur traditionellen Definition, nach der die Lichtweite die effektiv vorhandenen freien (lichten) Durchgänge zwischen den Schaufeln wiedergibt und die man zur Kontrolle des Laufradeintritts am Gussmodell bzw. am fertigen Werkstück benutzen kann. Diese „effektive" Lichtweite kann aus der auf die Staupunktlinie bezogenen Lichtweite unter Berücksichtigung der Schaufelprofilierung näherungsweise bestimmt werden. Eine exakte Bestimmung ist nicht ohne Weiteres möglich, da der hierzu benötigte Ausgangspunkt auf der Schaufeldruckfläche nahe der Eintrittskante nicht fixiert ist und daher nur durch Probieren gefunden werden kann bzw. geschätzt werden muss. Im Normalfall ist dies aber unerheblich.

Das prinzipielle Vorgehen zur Ermittlung von Lichtweiten geht aus Abb. 3.101 hervor und verläuft folgendermaßen: Um beispielsweise für Punkt G die Lichtweite zu ermitteln, geht man aus von einer durch G gelegten achsparallelen Achse g, die im Grundriss als Punkt erscheint und dort mit g bezeichnet ist. Im Grundriss werden nun die kürzesten Entfernungen vom Punkt g zu den einzelnen Höhenlinien (Brettschnitten) ermittelt, im Aufriss auf den zugeordneten Schnitten abgetragen und mit einer Linie l_g verbunden. Auf diese Weise werden die Abstände von der Achse g zu den einzelnen Brettschnitten in die Zeichenebene geklappt und erscheinen in wahrer Größe. Die kürzeste Entfernung vom Punkt G zur Verbindungslinie l_g, ergibt im Aufriss schließlich die gesuchte Lichtweite von Punkt G zur Fläche der vorangehenden Schaufel. Den Berührungspunkt des Kreisbogens um G mit der Linie l_g bezeichnen wir als Fußpunkt der Lichtweite a_{1g}. Da sich die Lichtweite längs der Eintrittskante meist ändert, muss sie gegebenenfalls für mehrere Punkte der Eintrittskante ermittelt werden.

Kegellehren Dienen die Lichtweiten der Ermittlung der Eintrittsquerschnitte und der Kontrolle der Schaufelabstände, so bietet die „Kegellehre" eine Möglichkeit zur Kontrolle der korrekten Lage der Schaufeln im Laufrad und gleichzeitig der

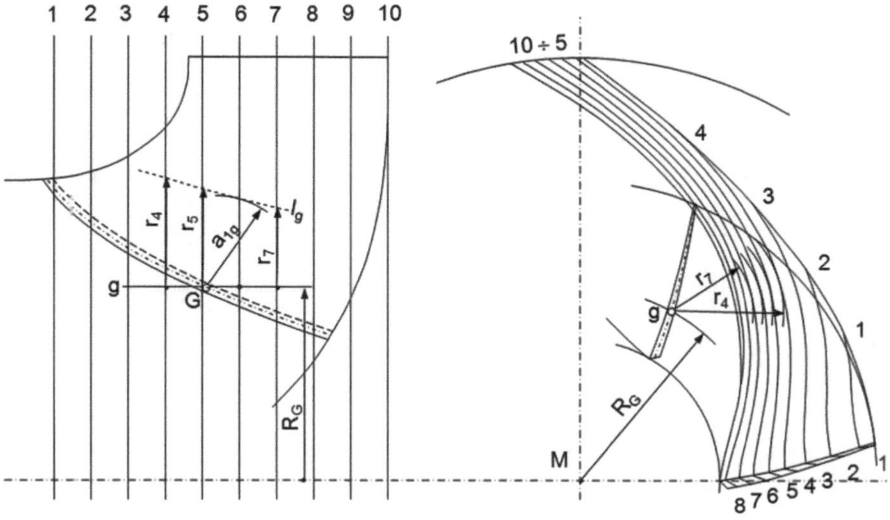

Abb. 3.101 Ermittlung der Lichtweiten

Kontrolle der Profilierung der Schaufelsaugflächen im Bereich des Laufradeintritts. (Prinzipiell kann die Kegellehre auch für die Schaufeldruckfläche erstellt werden, ihre Handhabung ist dann jedoch stark eingeschränkt). Zur Erstellung einer Kegellehre wird die Verschneidungslinie eines Kegels mit der Schaufelfläche konstruiert. Dazu benötigt man die Radialschnitte in der Aufriss-Darstellung. Der Kegel wird so gewählt, dass seine Mantellinie möglichst senkrecht zu den Radialschnitten, somit zur Schaufelfläche, gerichtet ist, wodurch die Kegellehre ein hohes Maß an Genauigkeit ermöglicht. Nähere Einzelheiten gehen aus Abb. 3.102 hervor. Haben die Radialschnitte von einander den Winkelabstand $\Delta\gamma$, so folgt, weil das Winkelelement $\Delta\delta$ auf der Kegelmantelfläche dem Winkelabstand der Radialschnitte $\Delta\gamma$ entspricht, die Beziehung $\Delta b = m{\cdot}\Delta\delta = R{\cdot}\Delta\gamma$ und, wegen $\sin\alpha = R/m$, mit dem Kegelwinkel α die Beziehung

$$\Delta\delta = \Delta\gamma \sin\alpha. \tag{3.192}$$

Den Winkelabstand der Radialschnitte wählt man zweckmäßig zu $\Delta\gamma = 3° \div 5°$. Im Aufriss findet man mit Hilfe der Radialschnitte die Längen m auf der Mantelfläche und kann damit die Abwicklung der Kegellehre zeichnen und daraus die Kegellehre anfertigen (s. Abb. 3.102d). Bei größeren Laufrädern hoher spezifischer Drehzahl empfiehlt es sich, zwei oder gar drei Kegellehren vorzusehen.

Abb. 3.103 zeigt die Beschaufelung eines Laufrades höherer spezifischer Drehzahl mit räumlich gekrümmten Schaufeln.

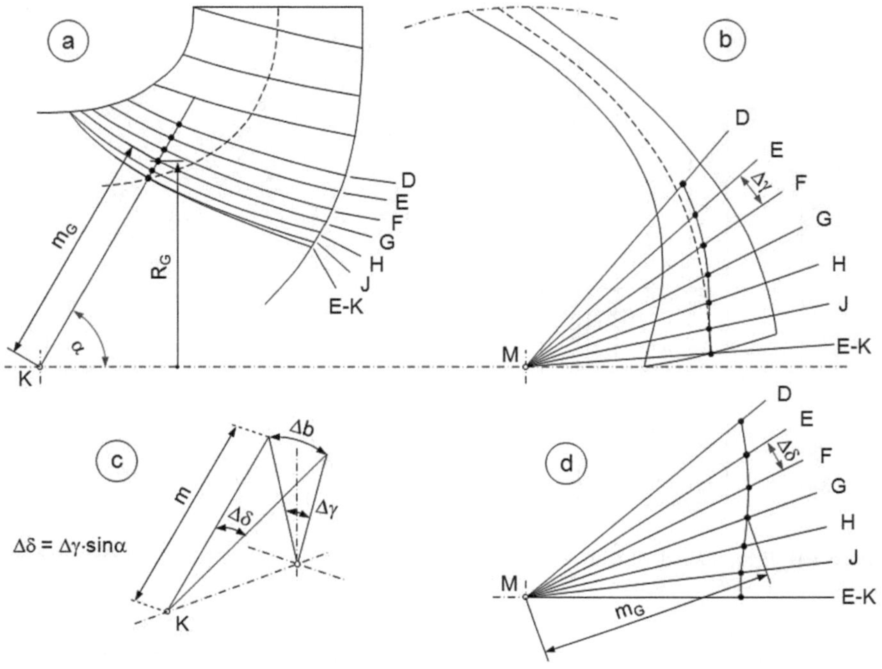

Abb. 3.102 Konstruktion von Kegellehren. **a** Aufriss mit Radialschnitten und Kegel. **b** Grundriss mit Radialschnitten und Verschneidungslinie. **c** Zusammenhang zwischen $\Delta\delta$ und $\Delta\gamma$. **d** Abgewickelte Kegelmantelfläche

Abb. 3.103 Computer-Simulation eines Laufrades mit räumlich gekrümmten Schaufeln (Deckscheibe entfernt)

3.17 Eintrittsquerschnitt bei räumlich gekrümmten Schaufeln

Wie bereits in Kap. 3.9 angemerkt, setzt die Ermittlung des Eintrittsquerschnitts das Vorhandensein eines Schaufelplanes voraus. Bei der Erstellung des Schaufelplanes geht man von zuvor bestimmten Schaufel-Ein- und -Austrittswinkeln aus. Der Schaufelplan kann daher nicht direkt für einen vorgegebenen Eintrittsquerschnitt erstellt werden. sondern man kann den Eintrittsquerschnitt immer erst ermitteln, wenn ein Schaufelplan vorliegt. Um bestimmte vorgegebene Werte für die Eintrittsquerschnitte zu realisieren, muss man also iterativ vorgehen. Dazu sind evtl. mehrere Iterationsschritte erforderlich.

Der sich zwischen der Eintrittskante einer Schaufel und der Saugfläche der vorangehenden Schaufel ergebende Eintrittsquerschnitt steht im allgemeinen Fall der beliebig gestalteten Eintrittsgeometrie nicht normal zur Strömungsrichtung. Nach Kap. 3.9 besteht die Aufgabe darin, die normal zur Strömung gerichtete Komponente der Eintrittsfläche, die wir mit A_{1eff}* bezeichnen, zu bestimmen. Wegen der räumlichen Krümmung der Eintrittsfläche (s. hierzu die Fläche A_1* in Abb. 3.45a) gelingt das näherungsweise, indem man diese entsprechend den Teilströmen unterteilt. Von den Teilflächen kann man nun zwischen den Stromflächen die annähernd normal zu den Stromlinien ausgerichteten Komponenten ermitteln, wie sie in Abb. 3.45b als Teilflächen $\Delta A_{1,eff}$* dargestellt sind. Man kann sich das auch verdeutlichen, wenn man die Eintrittsfläche zwischen den einzelnen Stromflächen treppenartig in Teilquerschnitte aufteilt und zwar in solche, die identisch mit den Stromflächen sind und durch die kein Flüssigkeitsaustausch stattfindet, und in solche, die orthogonal zu diesen zwischen den Stromflächen liegen. Mit zunehmender Anzahl der Stromlinien werden die Treppenstufen immer kleiner, womit die Genauigkeit zunimmt. Die Summe der normal zwischen den Stromflächen liegenden Teilflächen bildet die Querschnittsfläche A_{1eff}*. Im nachfolgend beschriebenen Verfahren wird aus Gründen der Übersichtlichkeit von vier Teilströmen ausgegangen.

Liegt der Schaufelplan durch Brettschnitte gegeben vor, wird wie folgt vorgegangen:

- Ausgehend von der in Kap. 3.16 beschriebenen Konstruktion der Lichtweiten konstruiert man zunächst im Grundriss die Fußpunkte der Lichtweiten auf der Saugfläche der vorangehenden Schaufel. Dazu verbindet man die bei der Bestimmung der Lichtweiten sich ergebenden Berührungspunkte mit den Brettschnitten durch eine Linie, z. B. die Linie l_g für die Lichtweite a_{1g} (Abb. 3.104). Diese Linie entspricht der Hüllkurve l_g im Aufriss, die von dem um Punkt G geschlagenen Kreisbogen mit der Lichtweite a_{1g} als Radius im Punkt G' tangiert wird. G' ist der Fußpunkt des von G auf die Saugfläche der vorausgehenden Schaufel gefällten Lotes. Er wird nun in den Grundriss übertragen, indem der radiale Abstand r_g' des Punktes G' von der Achsparallelen g im Grundriss von G aus auf der Linie l_g abgetragen wird. Im Fußpunkt G' steht das vom

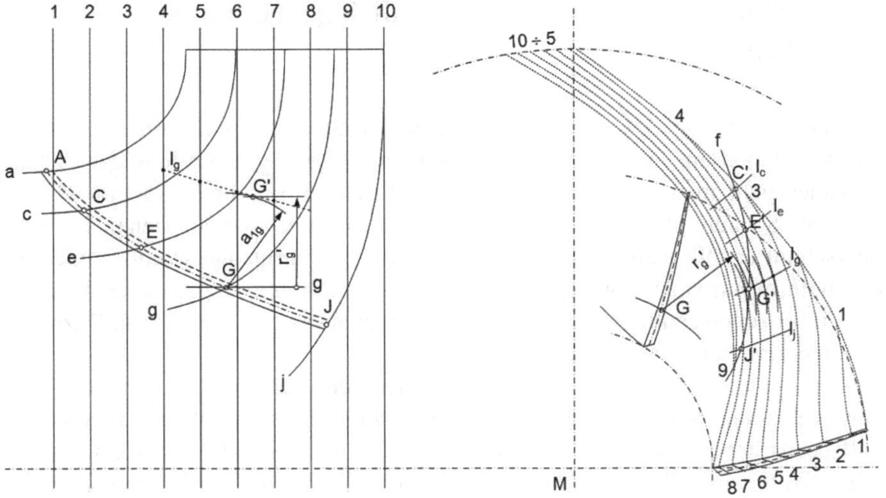

Abb. 3.104 Konstruktion der Fußpunkte und der Fußpunktlinie *f*

Punkt *G* gefällte Lot senkrecht auf den Hüllkurven sowohl im Grundriss als auch im Aufriss und bildet somit eine Normale zur Saugfläche der vorausgehenden Schaufel. Das Lot mit dem Betrag der Lichtweite a_{1g} ist die kürzeste Entfernung von Punkt *G* zu Punkt *G′*. Auf die gleiche Weise werden für weitere Punkte auf der Eintrittskante die Fußpunkte im Aufriss und im Grundriss bestimmt.

- Für das weitere Vorgehen benötigen wir eine Schar von Stromflächen, im Grundriss und im Aufriss dargestellt als Stromlinien. Außer den durch Tragscheibe bzw. Deckwand gegebenen inneren bzw. äußeren Stromflächen sollte mit mindestens drei Zwischenstromflächen – somit vier Teilströmen – gearbeitet werden. Im Grundriss wird nun durch die vorangehend gefundenen Fußpunkte ein Kurvenzug gelegt von der äußeren bis zur inneren Stromlinie (Abb. 3.105). Dabei muss evtl. etwas extrapoliert werden. Wir bezeichnen den Kurvenzug mit *f* und nennen ihn „Fußpunktlinie“. Die Fußpunktlinie ist die Verbindung der von der Eintrittskante gefällten Lote und markiert somit die Begrenzung des Querschnitts A_1* auf der Saugfläche der vorangehenden Schaufel. Mit der Fußpunktlinie, der Eintrittskante der nachfolgenden Schaufel sowie den direkten Verbindungen der Endpunkte dieser beiden Linien auf der Tragscheibe bzw. der Deckwand ist die Eintrittsfläche A_1* festgelegt. Sie ist in Abb. 3.45a perspektivisch dargestellt und mit den Eckpunkten *J′* – *A′* – *A* – *J* bezeichnet.
- Es ist nunmehr die effektive Eintrittsfläche – also die Projektion der Eintrittsfläche in eine Fläche normal zur Strömung – zu finden. Dies muss auch wieder für die einzelnen Teilströme getrennt geschehen, da die Normalfläche ebenfalls räumlich gekrümmt ist. Wir benutzen dazu die Darstellung der

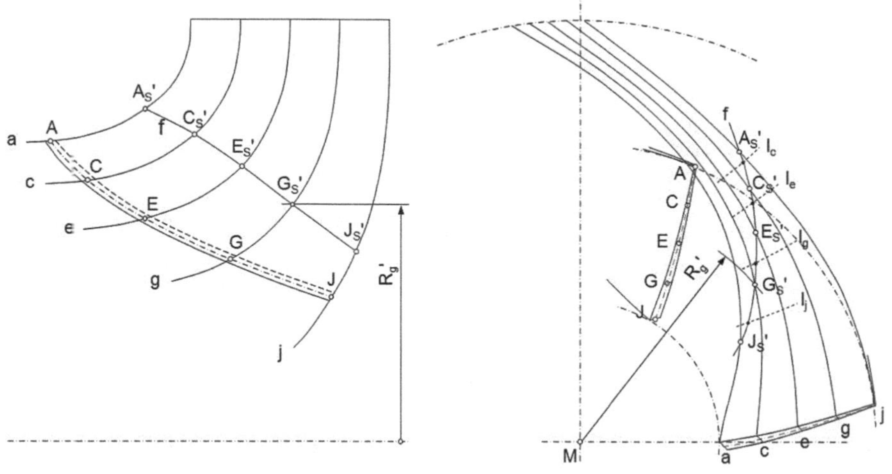

Abb. 3.105 Übertragung der Fußpunktlinie *f* vom Grundriss in den Aufriss als Zirkularprojektion

Fußpunktlinie im Aufriss, die sich zunächst als Zirkularprojektion ergibt, wenn wir dort die Abstände der Schnittpunkte vom Mittelpunkt *M* (beispielsweise R_g' für den Schnittpunkt G_S') auf den entsprechenden Stromlinien abtragen und durch einen Kurvenzug verbinden, wie in Abb. 3.105 dargestellt. Sind im Grundriss keine Stromlinien gegeben, findet man die Fußpunktlinie im Aufriss durch sinngemäßes Übertragen ihrer Schnittpunkte mit den Brettschnitten. Zum Unterschied zu den früher gefundenen Fußpunkten kennzeichnen wir die Schnittpunkte mit dem Index „S“, um auszudrücken, dass es sich um Schnittpunkte mit den Stromlinien handelt. Mit dem Kurvenzug ist der effektive Eintrittsquerschnitt in Zirkularprojektion gegebenen. Die durch die Stromlinien gebildeten Teilflächen bilden die effektiven Eintrittsquerschnitte der Teilströme (ebenfalls in Zirkularprojektion). Wir verbinden nun im Grundriss die korrespondierenden Punkte (also *A* mit A_S' bis *J* mit J_S') und erhalten so die Projektion dieser Flächen (s. Abb. 3.106). Es ist zu beachten, dass die Verbindungslinien nicht mehr die kürzeste Entfernung von einem Punkt der Eintrittskante zur *Fläche* der vorangehenden Schaufel darstellen, sondern die kürzeste Entfernung auf der (gekrümmten) Stromfläche zur korrespondierenden *Stromlinie* der Fläche der vorangehenden Schaufel.

- Zur Auffindung der wahren Größe des effektiven Eintrittsquerschnittes sowie der Teilquerschnitte müssen diese aus der Darstellung in Zirkularprojektion in die Zeichenebene „geklappt“ werden. Das wird dadurch erreicht, dass man die Verbindungslinie zwischen den korrespondierenden Punkten der Eintrittskante und der Fußpunktlinie der vorangehenden Schaufel (beispielsweise die Strecke $\overline{GG_S}' = r_g$) aus dem Grundriss in den Aufriss überträgt. Diese Linie erscheint im Grundriss als Gerade, ist jedoch im Raum gekrümmt, da sie auf

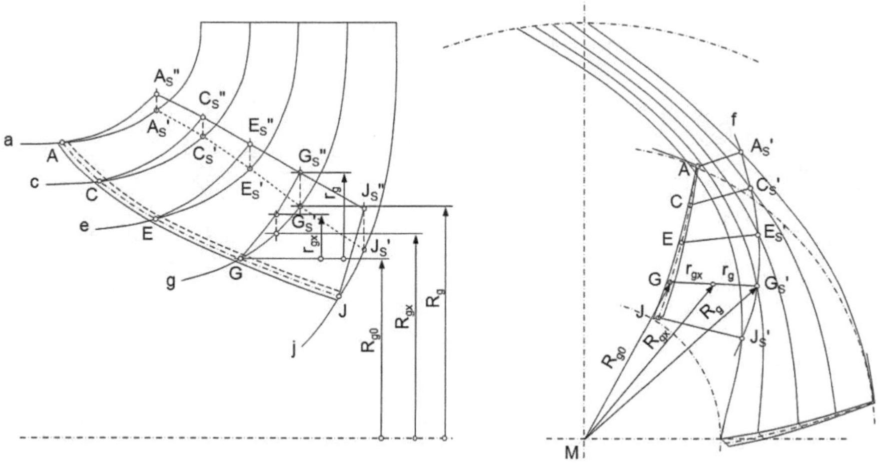

Abb. 3.106 Zirkularprojektion und wahre Größe des effektiven Eintrittsquerschnitts im Aufriss

einer Stromfläche verläuft. Wir unterteilen r_g im Grundriss in mehrere Teilstrecken (z. B. r_{gx}) und bringen die Abstände ihrer Endpunkte vom Mittelpunkt *M* zum Schnitt mit der zugehörigen Stromlinie im Aufriss, im Beispiel also mit der Stromlinie *g*. Durch die Schnittpunkte werden radiale Linien gezogen, auf denen – im Beispiel von der Achse *g* ausgehend – die im Grundriss vom Punkt *G* aus gemessenen Teilstrecken r_{gx} abgetragen werden. Die Fußpunkte verschieben sich dadurch nach außen, so z. B. Punkt G_S' nach G_S''. Diese Prozedur wird für alle Stromlinien durchgeführt. Die Endpunkte werden mit einem Kurvenzug verbunden und geben die wahre Größe der effektiven Eintrittsfläche A_{1eff}*, gekennzeichnet durch die Eckpunkte $A - A_s'' - J_s'' - J$, sowie auch ihrer Teilflächen ΔA_{1eff}* wieder (Abb. 3.106).

3.18 Vereinfachte Berechnung von Drosseln

Drosseln dienen stets dem Zweck, in einer Rohrströmung Druckabfälle zu erzeugen. Da diese Druckabfälle abhängig sind von der Strömungsgeschwindigkeit, werden Drosselgeräte auch häufig zur Durchflussmessung eingesetzt. Ein unvermeidbarer Druckverlust wird dabei in Kauf genommen. In anderen Fällen ist gerade dieser bleibende Druckverlust aus bestimmten Gründen erwünscht. Der Einsatz von Drosseln setzt voraus, dass die Strömung den gesamten Querschnitt der Rohrleitung ausfüllt.

Nachfolgend wird ein Näherungsverfahren beschrieben, nach welchem Drosseln bei guter Genauigkeit sehr einfach berechnet werden können. Das Verfahren stützt sich auf die VDI-Durchflussmessregeln [54–56].

Eine Drossel ist immer so aufgebaut, dass sie durch Einschnürung der Strömung und damit nach BERNOULLI einen Druckabfall bewirkt. Anschließend tritt eine teilweise Verwirbelung der Strömung ein, die zu einem bleibenden Druckverlust führt. Es ist daher zu unterscheiden zwischen der unmittelbar vor und hinter der Drossel auftretenden Druckdifferenz, dem sog. „Wirkdruck", der gegebenenfalls zur Bestimmung der Durchflussgeschwindigkeit herangezogen wird und dem „bleibenden" Druckverlust, der erst nach einer gewissen Rohrstrecke hinter der Drossel völlig ausgebildet ist und u. a. von der Beschaffenheit der nachfolgenden Rohrleitung (z. B. deren Durchmesser) abhängt. Grundsätzlich ist der Wirkdruck immer größer als der bleibende Druckverlust, da ein Druckrückgewinn nach CARNOT stattfindet, wenn die Strömung hinter der Einschnürung wieder den vollen Rohrquerschnitt eingenommen hat. Hierzu s. Abb. 3.107.

Drosseln werden hauptsächlich als Blenden oder Düsen ausgeführt. In ihrer Wirkungsweise sind beide gleich, da stets der Druckverlust durch Umwandlung von Druckenergie in kinetische Energie mit anschließender unvollkommener Druckrückgewinnung erzeugt wird. Sowohl Blende als auch Düse bestehen im Wesentlichen aus einer Lochscheibe, die in eine Rohrleitung eingebracht wird und deren Querschnitt einengt. Die Blende hat auf der Zuströmseite eine scharfkantige Begrenzung der Bohrung, wodurch sich die Strömung von der Wand der Bohrung ablöst und eine Strahlkontraktion eintritt, die zur Folge hat, dass der Strahl einen wesentlich kleineren Querschnitt als den der Bohrung einnimmt. Die Düse dagegen hat auf der Zuströmseite eine Abrundung, der die Strömung sehr gut folgt, so dass der Strahl ziemlich genau den gesamten Bohrungsquerschnitt einnimmt, Hierzu Abb. 3.108 und 3.109. Da die Drosselwirkung davon abhängt, wie stark sich die Einschnürung der Strömung ausbildet, ergibt sich, dass die Blende bei gleichem Bohrungsdurchmesser eine stärkere Drosselwirkung erzielt als die Düse, bzw. dass die Blende bei gleichem gewünschten Druckverlust eine größere Bohrung erhalten muss als die Düse.

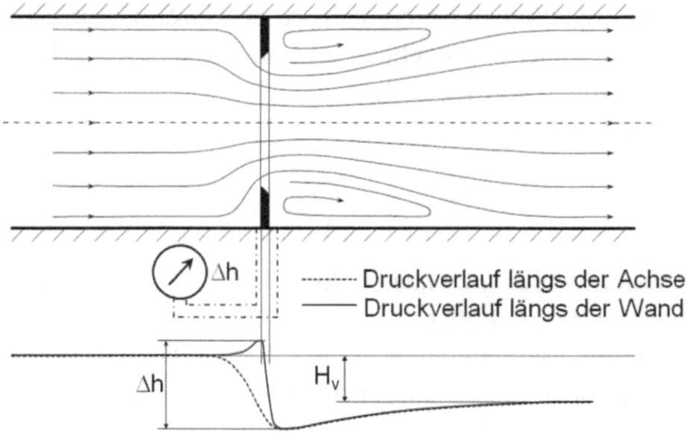

Abb. 3.107 Druckverlauf an einer Drosselblende

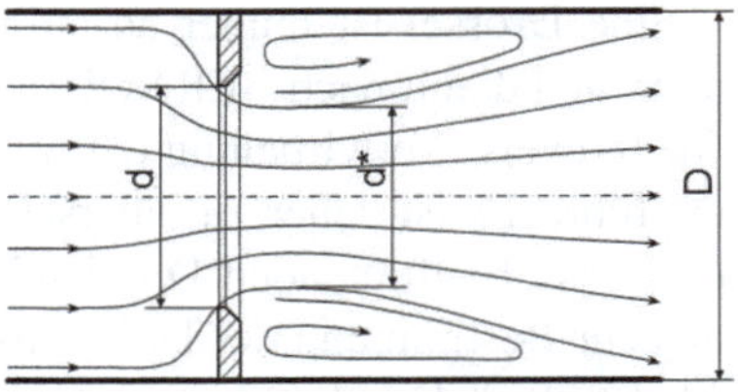

Abb. 3.108 Drosselblende
Der Strahldurchmesser d^* ist wesentlich kleiner als der Bohrungsdurchmesser d

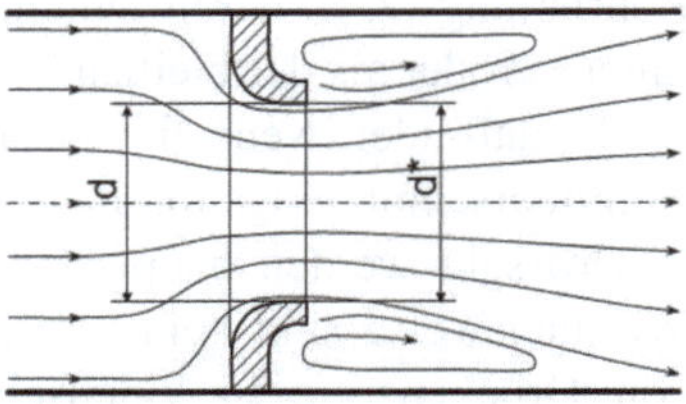

Abb. 3.109 Drosseldüse
Der Strahldurchmesser d^* ist etwa gleich dem Bohrungsdurchmesser d

Blenden lassen sich einfacher herstellen als Düsen; sie sind jedoch bei abrasiven Medien stärker dem Verschleiß unterworfen, wodurch die Strahleinschnürung und damit die Drosselwirkung, die sehr von der „Scharfkantigkeit" der Bohrung abhängt, leicht beeinträchtigt wird. Der Vollständigkeit halber sei noch erwähnt, dass auch vereinzelt „Stauscheiben" zur Erzeugung von Druckabfällen eingesetzt werden. Diese arbeiten nach dem gleichen Prinzip wie Blenden und Düsen, indem sie eine Einschnürung des Strömungsquerschnitts durch einen zentral in die Rohrleitung eingebrachten Verdrängungskörper bewirken. Auf sie soll hier nicht weiter eingegangen werden.

Zur Erzeugung von Differenzdrücken mit möglichst geringem bleibendem Druckverlust – beispielsweise zur Durchflussmessung – werden „Venturidüsen" eingesetzt. Sie bestehen aus einer Drosseldüse mit anschließendem konischem Erweiterungsstück, welches eine möglichst gute Druckrückgewinnung bewirken soll (Abb. 3.110). Die Druckrückgewinnung hängt sehr von der Güte des anschließenden Diffusors ab. Wegen der angestrebten hohen Druckrückgewinnung kann die Venturidüse im eigentlichen Sinne nicht zu den Drosselgeräten gerechnet werden. Die Berechnung gleicht weitgehend derjenigen der Drosseldüse, weshalb sie hier gemeinsam behandelt werden soll.

Nach der Grundgleichung

$$V = \alpha F_0 \sqrt{2g\,\Delta h} \tag{3.193}$$

ergibt sich ein Zusammenhang zwischen dem Volumenstrom V und der vom Drosselorgan erzeugten Wirkdruckhöhe Δh, die unmittelbar vor und hinter der Drossel an der Rohrwandung vorhanden ist. $F_0 = \pi d^2/4$ ist dabei der engste Querschnitt der Drossel; der Faktor α ist die Durchflussziffer, in der alle Einflussfaktoren wie Öffnungsverhältnis $m = d^2/D^2$, REYNOLDS-Zahl und Geometrie der Drossel, d. h. ihr Einfluss auf die Strahlkontraktion, enthalten sind. Er wurde an genormten

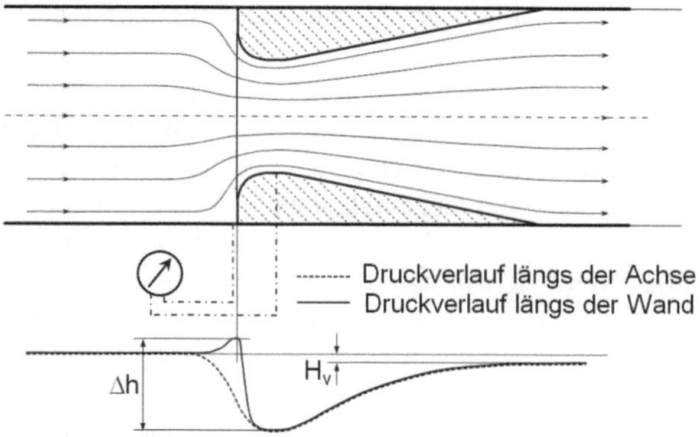

Abb. 3.110 Druckverlauf in einer Venturidüse

Geräten experimentell gefunden und ist in Tafeln, abhängig von der REYNOLDS-Zahl und dem Öffnungsverhältnis *m*, aufgetragen [55]. Der Wirkdruck wird also benutzt bei der Durchführung von Durchflussmessungen. In den Normen sind genaue Richtlinien bezgl. der Druckentnahme sowie des Einbaus und der Anwendungsgrenzen aufgeführt.

Wird dagegen eine Drossel zum Zwecke des Druckabbaus verwendet, interessiert die bleibende Druckverlusthöhe H_v. Diese ergibt sich aus dem Wirkdruck nach der Beziehung

$$H_v = \beta \cdot \Delta h, \tag{3.194}$$

wobei $\beta \cdot$ auch wiederum von verschiedenen Einflussfaktoren – hauptsächlich dem Öffnungsverhältnis *m* und der REYNOLDS-Zahl – abhängt. Auch für $\beta \cdot$ liegen tabellarische Werte vor [54–56]. Man kann nun in Gl. (3.193) den Wirkdruck durch H_v ersetzen, so dass man einen Zusammenhang zwischen Volumenstrom und bleibendem Druckverlust bekommt:

$$V = \alpha F_0 \sqrt{2g \frac{H_v}{\beta}} \tag{3.195}$$

oder

$$V = F_0 \sqrt{2g H_v} \sqrt{\frac{\alpha^2}{\beta}}. \tag{3.196}$$

Die bisherige Prozedur bei der Auslegung von Drosseln bestand darin, dass der gesuchte Wert F_0 abhängig ist von den Durchflusszahlen, die ihrerseits wieder vom Öffnungsverhältnis, also auch von F_0 abhängig sind. Es war demnach nicht ohne Iteration möglich, für gegebene Werte von *V* und Δh *bzw.* H_v den Querschnitt F_0 zu bestimmen. Um die unvermeidbare Iteration zu umgehen, werden Drosseln häufig mit einem festen Mittelwert für die Durchflussziffer berechnet, was zu ungenauen Ergebnissen führt.

Das vorliegende vereinfachte Verfahren beruht darauf, dass die komplexen Abhängigkeiten $\alpha(m)$ bzw. $\beta(m)$ durch einfache, lineare Funktionen ausgedrückt werden, wodurch es dann in einen einzigen Rechnungsgang möglich wird, den Drosselquerschnitt F_0 mit guter Genauigkeit explizit zu ermitteln. Der Fehler nach diesem Verfahren beträgt maximal etwa 3 %. Die Abhängigkeit der Beiwerte α und β von der REYNOLDS-Zahl wird dabei außer Acht gelassen, da in den meisten Fällen $R_e \geq 10^5$ ist, wo die Beiwerte nahezu konstant sind (Abweichung maximal 1 %).

Soll die zu berechnende Drossel für genaue Volumenstrommessungen benutzt werden, empfiehlt es sich, die Auslegung nach dem hier beschriebenen vereinfachten Verfahren zu tätigen und die Bestimmung des Volumenstroms nach den genormten tabellarischen Richtlinien vorzunehmen, wobei dann alle Parameter genau berücksichtigt werden können. Besonders sind dabei auch die genormten Angaben bzgl. der Druckentnahme zu beachten. Werden Drosseln zu Volumenstrommessung nach den genormten Richtlinien ausgeführt und eingebaut, ist gewährleistet, dass sie ohne Kalibrierung eine hohe Genauigkeit erreichen.

Für die Berechnung des bleibenden Druckverlustes von Drosseln dürfte dagegen die nach dem Näherungsverfahren erzielte Genauigkeit (Fehler maximal 3 %, bzw. bei Venturidüsen etwa 6 %) völlig ausreichend sein.

Die Abhängigkeit der Durchflussziffern α und β vom Öffnungsverhältnis wird durch die einfachen Beziehungen

$$\frac{1}{\alpha} = A - B \cdot m \tag{3.197}$$

und

$$\sqrt{\frac{\beta}{\alpha^2}} = C - D \cdot m \tag{3.198}$$

ausgedrückt, d. h. die komplexen Abhängigkeiten werden durch Geraden angenähert. Dabei sind die Konstanten *A, B, C, D* für Blenden und Düsen jeweils verschieden und der Tab. 3.10 zu entnehmen.

Unter Verwendung der Beziehungen nach Gl. (3.197) bzw. Gl. (3.198) und der Definition

$$m = F_0/F = (d/D)^2$$

Tab. 3.10 Konstante zur Bestimmung der Durchflussbeiwerte

A	B	C	D	
1,75	0,65	1,74	1,52	Blende
1,055	0,28	1,03	1,08	Düse
1,055	0,28	0,42	0,36	Venturidüse

für das Öffnungsverhältnis (Definitionen nach Abb. 3.108 und 3.109) ergeben sich aus Gln. (3.193) und (3.194) die Volumenströme in Abhängigkeit von der Wirkdruckhöhe und der bleibenden Druckverlusthöhe

$$V = \frac{F_0\sqrt{2g\,\Delta h}}{A - B \cdot m} \tag{3.199}$$

bzw.

$$V = \frac{F_0\sqrt{2g\,H_v}}{C - D \cdot m}. \tag{3.200}$$

Werden diese Gleichungen nach $d = \sqrt{4F_0/\pi}$ aufgelöst, die Konstanten A bis D und außerdem entsprechende Faktoren eingesetzt, damit V in [m³/h], d, D in [cm] und Δh, H_v in [m] eingesetzt werden können, findet man schließlich für die Dimensionierung der Drosselbohrung nach der Wirkdruckhöhe

$$d = \sqrt{\frac{100}{\frac{71{,}5\sqrt{\Delta h}}{V} + \frac{37{,}10}{D^2}}} \text{ (für Blenden)} \tag{3.201}$$

$$d = \sqrt{\frac{100}{\frac{118{,}8\sqrt{\Delta h}}{V} + \frac{26{,}55}{D^2}}} \text{ (für Düsen und Venturidüsen)} \tag{3.202}$$

und für die Dimensionierung der Drosselbohrung nach der bleibenden Druckverlusthöhe

$$d = \sqrt{\frac{100}{\frac{72{,}0\sqrt{H_v}}{V} + \frac{105}{D^2}}} \text{ (für Blenden)} \tag{3.203}$$

$$d = \sqrt{\frac{100}{\frac{122\sqrt{H_v}}{V} + \frac{105}{D^2}}} \text{ (für Düsen)} \tag{3.204}$$

$$d = \sqrt{\frac{100}{\frac{298\sqrt{H_v}}{V} + \frac{85{,}7}{D^2}}} \text{ (für Venturidüsen)} \tag{3.205}$$

Wird bei gegebener Drossel nach der bleibenden Druckverlusthöhe gefragt, findet man aus den obigen Formeln die Beziehungen

$$H_v = \left[\left(\frac{100}{d^2} - \frac{87{,}3}{D^2}\right)\frac{V}{72}\right]^2 \text{ (für Blenden)} \tag{3.206}$$

$$H_v = \left[\left(\frac{100}{d^2} - \frac{105}{D^2}\right)\frac{V}{122}\right]^2 \text{ (für Düsen)} \tag{3.207}$$

$$H_v = \left[\left(\frac{100}{d^2} - \frac{85{,}7}{D^2}\right)\frac{V}{298}\right]^2 \text{ (für Venturidüsen)} \tag{3.208}$$

Obige Formeln Gln. (3.201) und (3.202) haben, wie bereits erwähnt, nur Gültigkeit, wenn die Geometrie weitgehend den in den Normen festgelegten Werten entspricht. Für Blenden zur Volumenstrommessung sind daher besonders folgende Kriterien zu erfüllen: Die Länge s' der zylindrischen Bohrung soll innerhalb der Grenzen $(0{,}005 \div 0{,}02)D$ liegen. Ist die Materialstärke s größer als s', muss auf der Abströmseite eine konische Anfasung unter 45° vorhanden sein. Die Materialstärke darf jedoch auch in diesem Falle das Maß $s = 0{,}05D$ nicht überschreiten, da sonst der Wirkdruck beeinträchtigt wird. Auf der Zuströmseite der Blende muss eine möglichst scharfe Kante vorhanden sein. Kleinste Abrundungen an dieser Stelle beeinträchtigen die Drosselwirkung. Bohrung und Stirnfläche der Blende sind feinst zu bearbeiten. Hierzu s. Abb. 3.111. Wird die Blende nur zu Drosselzwecken eingesetzt, kann s auch bis zu $0{,}2D$ ausgeführt werden)

Für Drosseldüsen zu Messzwecken gilt: Die Gesamtstärke der Düse soll $s \approx 0{,}6d$ und die Abrundung $R \approx 0{,}35d$ betragen. Der Übergang vom Abrundungsradius zum zylindrischen Teil der Bohrung muss stetig verlaufen und die Oberfläche wie auch die Stirnfläche müssen feinst bearbeitet sein. Hierzu s. Abb. 3.112.

Wird die Düse zur Venturidüse verlängert, ist die konische Erweiterung mit einem Winkel von $2\gamma = 8° \div 10°$ auszuführen. Bei starker Einschnürung würde die Diffusorlänge L sehr groß werden. In solchen Fällen ist es besser, die Länge zu

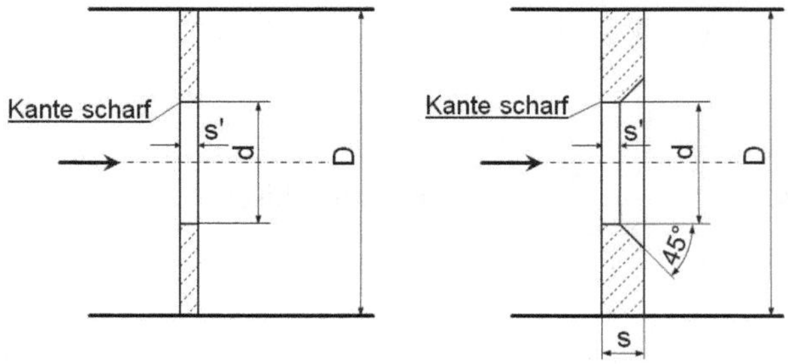

Abb. 3.111 Geometrie der Drosselblende

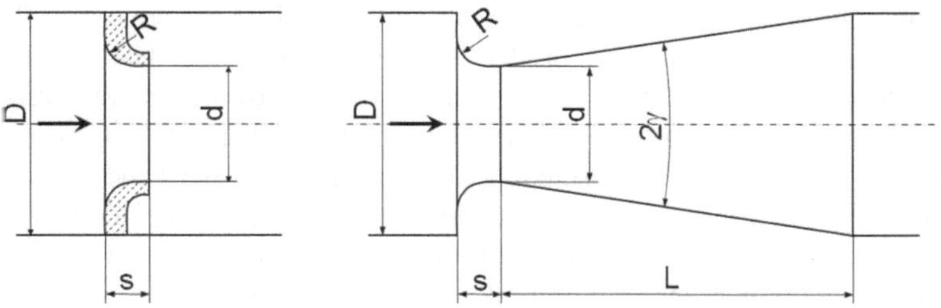

Abb. 3.112 Geometrie von Drosseldüse und Venturidüse

begrenzen bei Einhaltung des zulässigen Erweiterungswinkels und einen abrupten Übergang zum Rohrdurchmesser in Kauf zu nehmen, anstatt den Erweiterungswinkel zu vergrößern und damit einen niedrigeren Diffusorwirkungsgrad zu bekommen. Im letzten Abschnitt des Diffusors ist der Druckgewinn sehr niedrig, sodass der durch einen Durchmessersprung entstehende CARNOT-Rückgewinn kaum niedriger ist. In den Normen [54, 55] werden Venturidüsen mit gekürztem Diffusor zur Volumenstrommessung, sog. „Kurzventurirohre", beschrieben. Im Übrigen gilt das vorstehend Gesagte.

Um die gewünschte Funktion von Drosseln zu gewährleisten, ist darauf zu achten, dass die ankommende Strömung drallfrei ist und ein möglichst symmetrisches Geschwindigkeitsprofil aufweist. Diese Forderung ist besonders zu beachten, wenn die Drossel zur genauen Volumenstrommessung verwendet werden soll. Für viele Zwecke der Druckvernichtung kann auf symmetrisches Geschwindigkeitsprofil weitgehend verzichtet werden, wogegen die Forderung nach Drallfreiheit möglichst immer erfüllt sein sollte, da ein Drall die Druckumsetzung sehr stark beeinflussen kann. Zur Drallvermeidung dienen Drallbremsen in Form von Rippen, Rippenkreuzen, Rohrbündeln, Sieben oder Lochblechen. Hierzu Kap. 5.4.

Die Wirkung von Blenden und Düsen ändert sich, wenn an einer Stelle im Fördermedium der statische Druck den Dampfdruck erreicht. Dies ist meist im engsten Querschnitt der Strömung, also bei Blenden hinter dem Querschnitt F_0 und bei Düsen praktisch im engsten Querschnitt der Fall. Es tritt dann Verdampfung mit anschließender Kondensation auf. Da die Strömung nicht den vollen Querschnitt ausfüllt, wird der Druckrückgewinn hinter der Drossel gestört. Durch Verringerung des Gegendruckes kann der Durchfluss nicht weiter gesteigert werden. Man macht sich diese Erscheinung zunutze, um den Durchfluss in einer Rohrleitung auf eine bestimmte Menge zu begrenzen. Bei einer Kreiselpumpe mit Entlastungsscheibe kann man so z. B. verhindern, dass diese durch zu geringen Gegendruck gefährdet ist, bzw. kann man den Antriebsmotor einer Pumpe vor Überlastung schützen, wenn die Pumpe eine mit dem Volumenstrom ansteigende Leistungsaufnahme besitzt, welche die Motorleistung übersteigt. Dazu wird in der Druckleitung hinter der Pumpe eine Venturidüse angeordnet, die in ihrem engsten Querschnitt so dimensioniert ist, dass dort der statische Druck der Strömung beim betreffenden

Volumenstrom bis auf den Dampfdruck abfällt, die Wirkdruckhöhe also der Differenz des statischen Druckes vor der Düse gegenüber dem Dampfdruck entspricht. Wird der Dampfdruck bei kleineren Volumenströmen nicht erreicht, ist der Druckverlust infolge guter Rückgewinnung im Diffusor zunächst gering (*Fall* I in Abb. 3.113). Wird durch Absenkung des Gegendruckes der Durchfluss erhöht, fällt auch der Druck im engsten Querschnitt entsprechend und der Diffusorverlust nimmt etwas zu (*Fall* II). Bei weiterer Erhöhung des Durchflusses wird im engsten Querschnitt schließlich der Dampfdruck erreicht. Ein geringer Teil der Strömung verdampft. Die Strömung folgt nicht mehr der Wandung; es tritt Strahlbildung ein und es findet kein Druckrückgewinn im vorderen Teil des Diffusors statt. Je nach Gegendruck vom System her bildet sich im Diffusor jedoch ein Verdichtungsstoß, bei dem die Dampfblasen verschwinden und der wieder eine anliegende Strömung mit Druckgewinn ermöglicht. Der Ort des Verdichtungsstoßes stellt sich so ein, dass der anschließende Diffusor den vom System verlangten Gegendruck erzeugen kann (*Fall* III in Abb. 3.113).

Sind in einem System sehr große Drücke abzubauen, kann dies über eine Kaskade, d. h. in mehreren Stufen geschehen. Die Strahlgeschwindigkeit wäre in einer einzigen Stufe zu hoch, so dass mit unzulässiger Geräuschbildung und evtl. Materialzerstörung zu rechnen ist. Die Grenze für den Druckabbau in einer Stufe liegt bei $\Delta p \approx 10$ bar bzw. bei einer Strahlgeschwindigkeit von $c = 45$ m/s bis maximal $c = 50$ m/s. Man kann eine Kaskade auf einfache Weise herstellen durch eine Anordnung von Lochscheiben mit exzentrisch angeordneten Bohrungen und Distanzringen in einem Rohr, wie in Abb. 3.114 gezeigt. Dabei ist darauf zu achten, dass die Bohrungen nicht fluchten, sondern gegeneinander versetzt sind und sich nicht durch Vibrationen verdrehen können. In den Kammern hinter den Lochscheiben verwirbelt das Medium und strömt ungeordnet zur nächsten Stufe. Die Drosselwirkung ist tendenziell höher als sie sich aus der Summe der Einzeldrosseln ergibt.

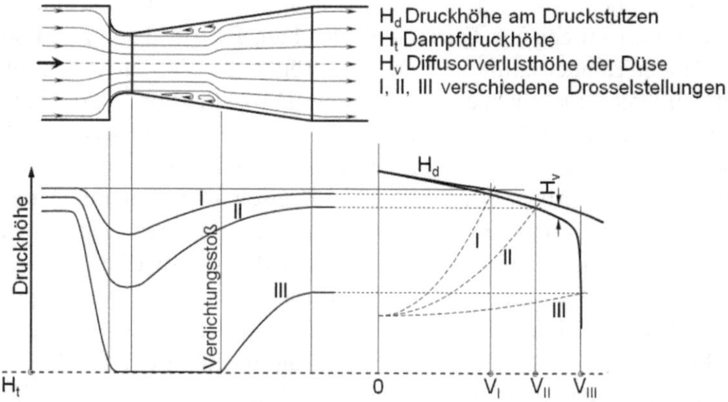

Abb. 3.113 Druckverlauf in einer kavitierenden Venturidüse

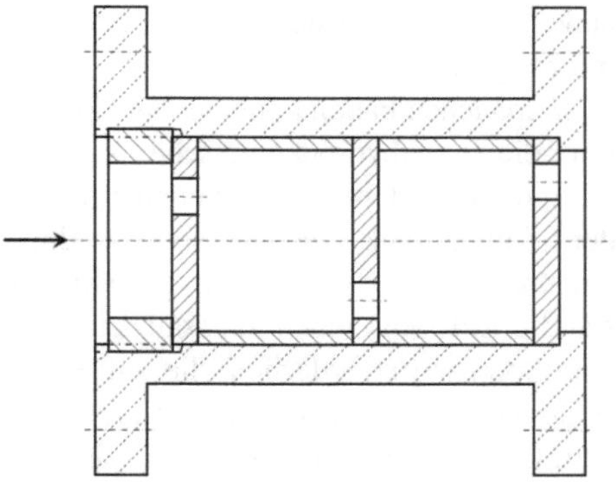

Abb. 3.114 *Kaskade*

Der Abbau hoher Drücke kann auch nach einem anderen Prinzip erfolgen: Dazu benutzt man eine der Venturidüse ähnliche „Wirbeldüse“. Das Medium strömt dabei jedoch tangential in eine Kammer ein und erzeugt einen Drall, dessen Umfangsgeschwindigkeit auf dem Wege zum engsten Querschnitt hin so stark zunimmt, dass der Druck bis auf den Dampfdruck abfällt. Infolge der Rotation tritt die Verdampfung jedoch nur im Zentrum des Wirbels auf; an der Wandung im anschließendem „Diffusor“ bleibt der Flüssigkeitsstrom erhalten. Er wird durch die Flüssigkeitsreibung an der Wandung abgebremst, wodurch seine Energie vernichtet wird. Der Druckabbau erfolgt also nicht durch ungeordnete Verwirbelung. Infolgedessen treten keine Materialschäden durch Kavitation auf und die Geräuschentwicklung bleibt gering.

3.19 Hydrodynamische Dichtungen

Bei den in Kap. 3.12 behandelten unvermeidbaren Spaltverlusten handelt es sich um innere Verluste, die sich im Wirkungsgrad äußern, und die man demzufolge bestrebt ist, möglichst klein zu halten, soweit es die Betriebssicherheit zulässt. Demgegenüber treten an der Wellendurchführung Leckageverluste auf, die im Vergleich zu den inneren Verlusten gering sind und sich praktisch nicht auf den Wirkungsgrad auswirken, dafür aber unerwünscht und störend sein können, da sie – je nach Fördermedium – mitunter toxisch oder explosiv sind, weshalb ihr Austritt ins Freie verhindert werden muss, oder eine ständige Spülung erfordern. Bei feststoffhaltigem Fördergut kann die Wellendichtung außerdem verstärktem Verschleiß unterworfen sein.

Die konventionelle Packungsstopfbüchse genügt diesen Anforderungen oft nur unvollkommen. Man ist daher bemüht, Wellendichtungen zu entwickeln, die möglichst keine Leckage zulassen bzw., die das Fördergut von sich fernhalten. Das hat zu z. T. sehr aufwendigen Lösungen geführt, wie z. B. doppelt wirkenden Gleitringdichtungen oder aber zu Konstruktionen ohne jegliche Wellendurchführung nach außen, d. h. zu Antrieben durch Nassläufermotoren bzw. zu gekapselten Rotoren mit Magnetantrieb.

In manchen Fällen können obige Forderungen durch eine sehr einfache Konstruktion, die sog. „hydrodynamische Dichtung", abgedeckt werden. Diese ist so konzipiert, dass im Bereich der Wellendurchführung ein geringer Unterdruck gegenüber dem Außendruck entsteht, so dass dort keine Förderflüssigkeit austreten kann. Andererseits muss natürlich gewährleistet sein, dass durch das Vakuum nicht ständig Luft von außen angesaugt und dem Fördergut beigemischt wird. Dazu ist eine Sperrung erforderlich, die auf einfache Weise durch die Bildung eines Flüssigkeitsringes erreicht wird, der sich durch entsprechende Ausdehnung selbsttätig dem Gegendruck anpasst und in seinem Inneren mit der Wellendurchführung – d. h. dem Außendruck – in Verbindung steht. Eine solche Dichtung ist völlig funktionsfähig und zudem verschleißfrei. Der Nachteil der hydrodynamischen Dichtung besteht darin, dass sie nur bei laufender Pumpe funktioniert, somit vorzugsweise für Dauerbetrieb geeignet ist und dass sie ab einem bestimmten Eintrittsdruck nicht mehr verwendbar ist. Bei abgeschalteter Pumpe ist deshalb eine Stillstandsdichtung erforderlich, die den Betriebsanforderungen entsprechend auszubilden und vorzugsweise selbstständig wirksam ist, wozu es verschiedene Möglichkeiten gibt. Genügt in manchen Fällen eine lockere Packungsstopfbüchse mit einer Fettfüllung, kann man auch mit elastischen Lippendichtungen oder gar mit einem vom Axialschub gesteuerten axial verschiebbaren Läufer eine selbsttätige Dichtung im Stillstand erreichen. Um bei feststoffhaltigen Medien die Ansammlung von Feststoffen im Dichtungsbereich zu behindern, kann beim Abschalten oder Wiederanfahren der Pumpe eine kurzzeitige Spülung sinnvoll sein.

Die Anwendung der hydrodynamischen Dichtung ist auf mäßige Überdrücke – und unter bestimmten Voraussetzungen auch begrenzt – auf Unterdrücke beschränkt. Daher bietet sie sich hauptsächlich an für einstufige (Spiralgehäuse)-Pumpen, da es bei diesen auch bei Saugbetrieb leicht möglich ist, an der Wellendurchführung einen geringen Überdruck zu erzeugen. Bei mehrstufigen Pumpen ist sie ebenfalls anwendbar und zwar sowohl an der eintrittsseitigen als auch an der druckseitigen Wellendurchführung, jedoch immer nur bei abzudichtendem Überdruck. Kriterium für die Verwendbarkeit der hydrodynamischen Dichtung ist der abzudichtende Druck, der zwar wie gesagt positiv, aber stets niedriger sein muss als der Druck, der mit dem sog. „Repeller" (s. Abb. 3.115) unter den konstruktiven Gegebenheiten erzeugt werden kann. Gegebenenfalls kann der Repeller auch mehrstufig ausgeführt werden, um eine größere Druckhöhendifferenz zu erzeugen. Die Abdichtung gegenüber Unterdrücken wäre theoretisch möglich mit einem „Gegen"-Repeller, der entgegengesetzt zum normalen Repeller wirkt und einen Druck gegen das Vakuum erzeugt. Er wird – wenn überhaupt – nur selten angewendet, da sich naturgemäß nicht immer selbsttätig ein Flüssigkeitsring bilden kann. Dieser Punkt soll hier nicht weiter verfolgt werden.

Aus der für die Funktion der hydrodynamischen Dichtung erforderlichen Verbindung der Wellendurchführung mit dem Umgebungsdruck geht hervor, dass diese Dichtungsart nur für Förderflüssigkeiten eingesetzt werden kann, deren Dampfdruck niedriger ist als der Umgebungsdruck.

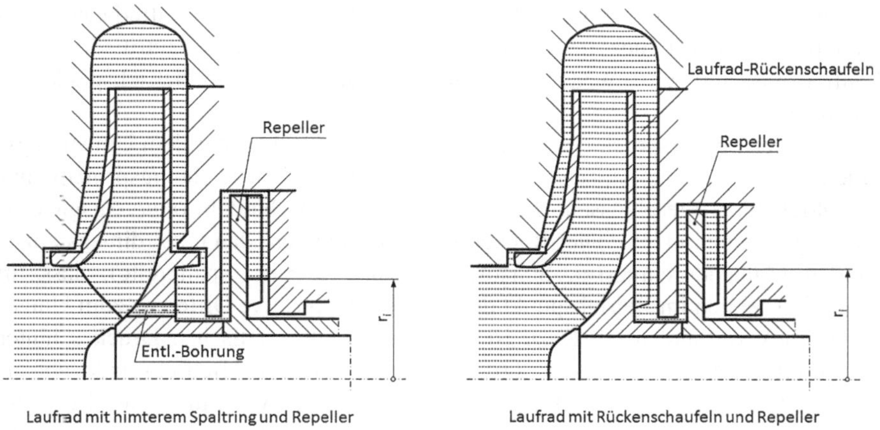

Abb. 3.115 Hydrodynamische Dichtung bei verschiedenen Pumpenkonzeptionen. r_i innerer Radius des Flüssigkeitsringes

Für die Auslegung der hydrodynamischen Dichtung ist vom abzudichtenden Druck auszugehen. Dieser sollte, wie gesagt, vorzugsweise stets etwas höher als oder gleich groß wie der Atmosphärendruck sein.

Bei Pumpen mit radialem Eintritt – somit meist außen liegender Lagerung –ist der an der Wellendurchführung herrschende Druck, für den der Repeller auszulegen ist, praktisch durch den Eintrittsdruck gegeben. Bei mäßigem Zulaufdruck könnte hier also die hydrodynamische Dichtung ebenfalls eingesetzt werden. Bei einstufigen – außer doppelflutigen – Pumpen ist diese Konzeption mit radialem Eintritt seltener, bei mehrstufigen Pumpen jedoch überwiegend gegeben. Besteht bei mehrstufigen Pumpen mit Sammelentlastung – wie meist üblich – eine Verbindung der Entlastungskammer mit der Eintrittsseite der Pumpe, kann die hydrodynamische Dichtung auch an der druckseitigen Wellendurchführung zum Einsatz kommen. Dasselbe gilt auch für mehrstufige Pumpen mit Einzelentlastung, wo sich der Druck hinter der letzten Stufe durch eine Verbindung zum Eintrittsgehäuse ebenfalls auf das Niveau des Eintrittsdruckes senken lässt.

Bei mit mäßigem Zulaufdruck arbeitenden einstufigen Pumpen mit axialem Eintritt – somit tragscheibenseitiger Wellendurchführung – kann der Druck im Dichtungsbereich je nach Konstruktion auf Werte reduziert werden, die für die Abdichtung günstig sind, und zwar

- bei geschlossenen Laufrädern mit hinterem Spaltring durch Ausgleichsbohrungen,
- bei Laufrädern (geschlossen oder halb offen) mit Rückenschaufeln durch deren Dimensionierung und/oder ebenfalls zusätzliche Ausgleichsbohrungen,
- bei offenen Laufrädern mit Rückenschaufeln (s. Abb. 3.31e) durch die bis zum Eintrittsdurchmesser zurückgeschnittene hintere Laufradwand.

Durch die Ausgleichsbohrungen bzw. die zurückgeschnittene Laufradwand wird erreicht, dass der Druck im Dichtungsbereich auf etwa den Eintrittsdruck am Laufrad reduziert wird, wodurch er nur wenig abhängig vom Betriebspunkt der Pumpe ist.

Liegt der Eintrittsdruck der Pumpe mit axialem Eintritt unter dem Umgebungsdruck, gibt es für die Anwendung des hydrodynamischen Dichtungsprinzips nur die Möglichkeit, geschlossene Laufräder mit Rückenschaufeln *ohne* Ausgleichsbohrungen einzusetzen. Die Rückenschaufeln müssen dann so dimensioniert werden (Außendurchmesser, Schaufelhöhe und -anzahl, Spaltbreite), dass im Dichtungsbereich im Betriebspunkt der Pumpe eine positive Differenz zum Umgebungsdruck vorhanden ist. Dazu ist die Kenntnis des statischen Druckes hinter dem Laufrad (Spaltdruck, Kap. 2.6) erforderlich, der vom Betriebspunkt abhängig ist. Dabei sind auch die Druckverhältnisse bei allen vorkommenden Betriebspunkten zu beachten. Bei einer vorhandenen Pumpe wird man in erster Linie den Durchmesser der Rückenschaufeln anpassen.

Eine wesentlich einfachere Lösung ohne zusätzlichen Repeller besteht bei Saugbetrieb darin, dass Rückenschaufeln am Laufrad die Funktion des Repellers übernehmen. Der Flüssigkeitsring bildet sich dann im Radseitenraum im äußeren Bereich der Rückenschaufeln, die so auszulegen sind, dass der von ihnen bei vollständiger Füllung des Radseitenraumes mit Förderflüssigkeit erzeugte Absolutdruck höher ist als der Absolutdruck am Laufradaustritt, dem sog. Spaltdruck. Während des Betriebs der Pumpe füllt sich dann der innere Teil des Radseitenraumes mit Luft und die innere Begrenzung des so entstandenen Flüssigkeitsringes stellt sich so ein, dass gerade der Spaltdruck erzeugt wird. Die Wirkungsweise ist dieselbe wie beim Repeller. Hierzu Abb. 3.116. Das Laufrad erhält dann keine Ausgleichsbohrungen.

Die Rückenschaufeln bzw. der Repeller werden im Allgemeinen als Schaufelstern mit radialen Rippen ausgeführt. Rückwärts oder gar vorwärts gekrümmte Schaufeln bringen keine Vorteile, da der Repeller nicht fördern, sondern lediglich einen Flüssigkeitsring erzeugen soll[2]. Die im Vergleich zu einem fördernden Laufrad relativ hohe Schaufelzahl wird gewählt, um eine möglichst hohe Rotation des Flüssigkeitsringes zu erzeugen und dadurch den äußeren Durchmesser der Rückenschaufeln bzw. des Repellers möglichst klein halten zu können, was im Interesse der Leistungsaufnahme anzustreben ist, da diese mit der 5. Potenz des Durchmessers ansteigt. Neben der Schaufelzahl z_R wirken sich besonders die Schaufelhöhe h_R und der Abstand b_R, (Spaltweite) zwischen Schaufeln und Wand auf die Rotation des Flüssigkeitsringes aus. Eine geringe Spaltweite wirkt sich zwar günstig aus; kann aber aus baulichen Gründen nicht beliebig klein ausgeführt werden.

[2]Bei halboffenen Laufrädern mit zwischen den Schaufeln zurückgeschnittener Tragscheibe (s. Abb. 3.31e) werden die Rückenschaufeln als Fortsetzung der Laufradschaufeln ausgeführt. Sie haben deren Anzahl und Winkelverlauf und tragen mit zur Energieübertragung an das zu fördernde Fluid bei.

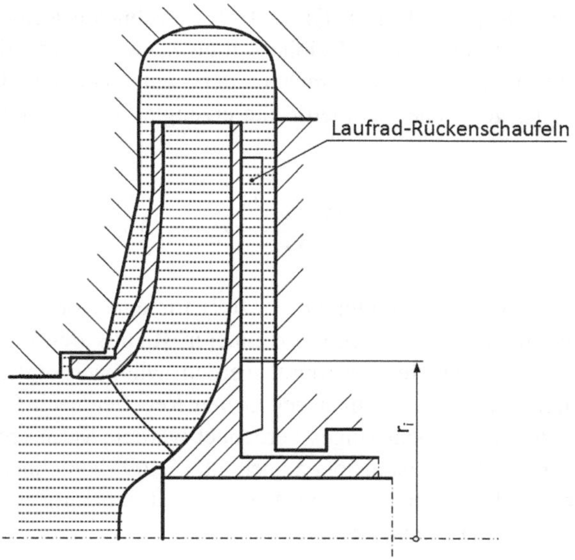

Abb. 3.116 Hydrodynamische Dichtung mit Hilfe von Rückenschaufeln bei Pumpe im Saugbetrieb

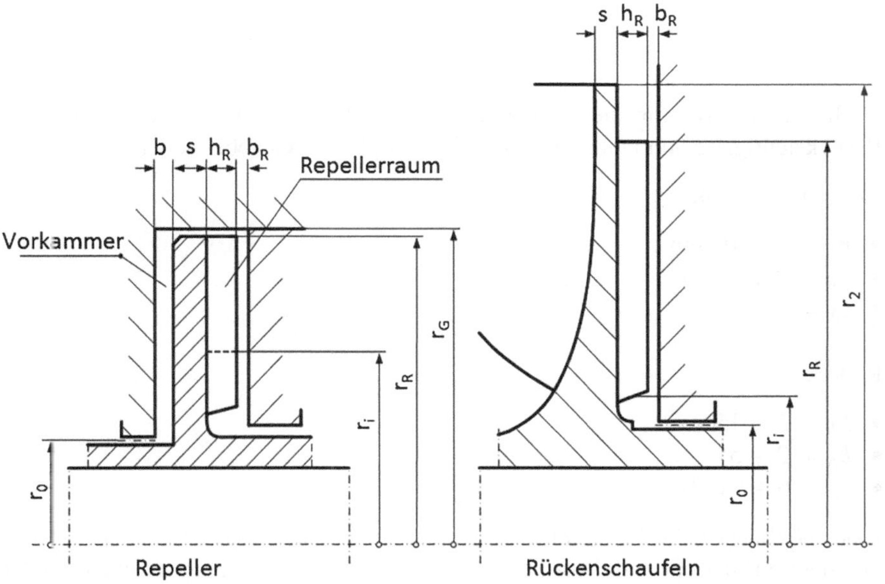

Abb. 3.117 Zur Berechnung von Repeller- und Rückenschaufeln

Mit dem gemäß Kap. 3.13, nach Gl. (3.180) berechneten Reibbeiwert λ_U und dem nach Gl. (3.174) berechneten Reibbeiwerten λ_G wird nach Gl. (3.167) bzw. Gl. (3.167a) der Rotationsfaktor k_0 berechnet, der – entsprechend Gl. (2.55) – nach Gl. (3.209) für eine gegebene Geometrie die erzeugte Druckhöhendifferenz ΔH_R liefert.

$$\Delta H_R = \frac{(k_0 \cdot \omega)^2}{2g} \left(r_R^2 - r_i^2 \right) \tag{3.209}$$

Andererseits kann mit umgeformter Gl. (3.209) für eine vorgegebene Druckhöhendifferenz und für einen vorgegebenen inneren Radius des Flüssigkeitsringes der äußere Radius des Repellers bestimmt werden, wie nachfolgende Gl. (3.210) zeigt. Und schließlich kann für einen gegebenen Repeller nach Gl. (3.210a) der innere Radius r_i des Flüssigkeitsringes berechnet werden, vorausgesetzt, dass die Druckhöhendifferenz kleiner ist als oben nach Gl. (3.209) berechnet. Da k_0 bei den zu berechnenden Radien r_R bzw. r_i von diesen selbst abhängig ist, muss bei den Berechnungen iterativ vorgegangen werden.

$$r_R = \sqrt{r_i^2 + \frac{2g\Delta H_R}{(k_0\omega)^2}} \tag{3.210}$$

$$r_i = \sqrt{r_R^2 - \frac{2g\Delta H_R}{(k_0\omega)^2}}. \tag{3.210a}$$

Grobe Richtwerte für die Abmessungen und die Anzahl der Schaufeln unter Berücksichtigung von Durchmesser und konstruktiven Gegebenheiten:

Rückenschaufeln:

- $h_R = 3 \div 10\,\text{mm}$
- $b_R = 2 \div 5\,\text{mm}$
- $z_R = 6 \div 8\,(12)$

Repeller:

- $h_R = 5 \div 15\,\text{mm}$
- $b_R = 2 \div 5\,\text{mm}$
- $z_R = 6 \div 8\,(12)$

Eine möglichst hohe Schaufelzahl ist nicht immer die beste Lösung. Es kommt vielmehr auf die optimale Abstimmung der frei wählbaren geometrischen Größen an, um bei geforderter Druckhöhendifferenz die zusätzliche Leistungsaufnahme möglichst gering zu halten. Die zu erzeugende Druckhöhe bestimmt in erster Linie den Außendurchmesser der Repeller-Beschaufelung. Bei der Auslegung des Repellers muss bedacht werden, dass die Gesamtdruckhöhe des Repellers um die Druckhöhendifferenz der Vorkammer größer sein muss als die zur Funktion der

Dichtung erforderliche Druckhöhe an der Nabe hinter dem Laufrad. Die vom Repeller insgesamt erzeugte Druckhöhe beruht auf der Differenz der Rotationsfaktoren von Repellerraum und Vorkammer. Wird im Repellerraum mittels der Beschaufelung ein möglichst großer Faktor von $k_0 \rightarrow 1$ angestrebt, um eine möglichst hohe Druckhöhendifferenz zu verwirklichen, so soll dieser in der Vorkammer möglichst niedrig sein, um hier die Druckhöhendifferenz gering zu halten, was mit einer eher rauen oder gar mit Rippen versehenen Gehäusewand und einer möglichst glatten Scheibenwand zu erreichen ist. Die Druckhöhendifferenz in der Vorkammer errechnet sich ebenfalls nach Gl. (3.209), wobei k_0 sinngemäß nach Kap. 3.13, d. h. Gl. (3.167), zu ermitteln ist.

Bei der Auslegung des Repellers sind die Druckverhältnisse im gesamten Betriebsbereich der Pumpe – also auch bei $V \rightarrow 0$ – zu berücksichtigen. Mittels Ausgleichsbohrungen sowohl bei Ausführung mit hinterem Spaltring als auch mit Rückenschaufeln kann der mit dem Repeller abzubauende Druck hinter dem Laufrad ungefähr auf den Druck im Laufradeintritt eingestellt werden.

Kap. 4.10 zeigt ein Berechnungsbeispiel für Rückenschaufeln und Repeller.

3.20 Reibung in zylindrischen Dichtspalten

Bei der Erfassung der Verluste sind auch die Reibungsverluste in den Dichtspalten zu beachten. Diese Verluste treten in allen vom Medium berührten Spalten auf, in denen Scherkräfte in Umfangsrichtung wirken. Überwiegend handelt es sich dabei um zylindrische Spalte mit rotierendem inneren Zylinder und feststehender äußerer Buchse. In einer Kreiselpumpe üblicher Bauart mit „geschlossenen“ Laufrädern befinden sich Dichtspalte am Laufradsaugmund, bei axialschubentlasteten Rädern zusätzlich am hinteren Spaltring. Hinzu kommen bei mehrstufigen Pumpen die Dichtspalte an den Stufendichtungen und bei mehrstufigen Pumpen mit Sammelentlastung des Axialschubes noch der Vordrosselspalt und der Entlastungsscheibenspalt bzw. der Spalt am Entlastungskolben. Gegenüber den Scheibenreibungsverlusten in den Radseitenräumen sind die Reibungsverluste in den Dichtspalten meist relativ gering, sollten aber grundsätzlich nicht vernachlässigt werden, zumal sie z. B. beim Entlastungskolben und bei der Entlastungsscheibe immerhin doch die Größenordnung der Scheibenreibungsverluste eines Laufrades erreichen.

Bei einstufigen Pumpen für stark erosive Medien findet man am Laufradsaugmund auch sog. „Diagonalspalte“ und auch radial von außen nach innen durchflossene Dichtspalte. Die Reibungsverluste dieser Art von Spalten kann man sinngemäß ebenso berechnen wie die von zylindrischen Spalten. Da bei diesen Pumpen das Hauptaugenmerk auf anderem Gebiet liegt und außerdem der Anteil der Spaltreibungsverluste an den Gesamtverlusten meist gering ist, ist die Erfassung dieser Verluste überwiegend von geringerem Interesse. Sie wäre – ebenso wie die Erfassung der volumetrischen Verluste – sehr ungenau, da die tatsächliche Spaltweite an solchen Spalten nur sehr ungenau bekannt ist bzw. bestimmt werden kann. (Durch sogenanntes „Atmen" des Gehäuses infolge des Innendruckes vergrößern sich die Spalte im Betrieb).

Da Dichtspalte in Kreiselpumpen Räume unterschiedlicher Drücke berührungsfrei trennen sollen, werden sie stets von einem Spaltverluststrom durchflossen. Die Reibleistung eines durchflossenen Spaltes können wir uns zusammengesetzt denken aus der Reibung eines nicht durchflossenen Spaltes und dem Energieaufwand zur Übertragung von Rotationenergie auf die Spaltströmung innerhalb des Spaltes. Es wird davon ausgegangen, dass der Spaltverluststrom im Mittel stets den Spalt mit einer Umfangskomponente verlässt, die der halben Umfangsgeschwindigkeit des rotierenden Bauteils entspricht. Tritt das Medium bereits mit einer Umfangskomponente in den Dichtspalt ein, wie dies der Fall ist bei im Radseitenraum zentripetal gerichteten Spaltströmen, also beim deckscheibenseitigen Laufradspalt, dem Vordrosselspalt und dem Entlastungskolbenspalt, entfällt dieser Energieaufwand; er ist in der Berechnung der Scheibenreibung bereits enthalten. Beim Stufengehäusespalt mehrstufiger Pumpen tritt der Spaltstrom jedoch praktisch drallfrei in den Dichtspalt ein und erhält durch Reibung eine Umfangskomponente. Die kinetische Energie des Spaltstromes erhöht sich dadurch um den Betrag

$$P = \rho\, V_{Sp} u_{Sp} c_{Sp,u}. \qquad (3.211)$$

Mit den Annahmen, dass das Fluid wie oben gesagt im Spalt auf die halbe mittlere Umfangsgeschwindigkeit gebracht wird, also $c_{Sp,u} = u_{Sp}/2$, und mit einem wie bei der Energieübertragung durch Reibung in den Radseitenräumen (Kap. 3.13) angenommen Wirkungsgrad von $\eta = 0{,}5$ beträgt der für diese Energieerhöhung erforderliche mechanische Aufwand

$$P_R = \frac{P}{\eta} = \rho\, \omega^2\, V_{Sp}\, r_{Sp}^2 \qquad (3.212)$$

Dieser Betrag ist gegebenenfalls den nach Gl. (3.219) für turbulente bzw. nach Gl.(3.223) für laminare Spaltströmung ermittelten Reibleistungen hinzuzufügen.

Grundsätzlich kann die Strömung in Dichtspalten in zwei Mustern auftreten: Je nach den gegebenen Verhältnissen kann sie **turbulent** oder **laminar** sein. Maßgebend dafür ist die kritische REYNOLDS-Zahl, die sich aus der Spaltgeometrie, d. h. dem Spaltdurchmesser $D_{Sp} = 2 \cdot r_{Sp}$ und der Spaltweite e_{Sp}, der Strömungsgeschwindigkeit im Spalt w_{Sp} und der kinematischen Viskosität ν des Fluids ergibt. Wird die Spaltströmung als Rohrströmung aufgefasst, ergibt sich die REYNOLDS-Zahl gemäß Abb. 3.120 mit dem hydraulische Durchmesser d_h als charakteristischer geometrischer Größe des Spaltquerschnitts nach Gl. (3.173) zu

$$\mathrm{Re} = \frac{w_{Sp} \cdot d_h}{\nu}. \qquad (3.213)$$

die man für enge Spalte, d. h. $e_{Sp} << s_{Sp}$ schreiben kann

$$\mathrm{Re} = \frac{2 w_{Sp}\, e_{Sp}}{\nu}, \qquad (3.213a)$$

weil nach Gl. (3.173a) $d_h = 2e_{Sp}$ gesetzt werden kann.

Für die charakteristische Größe der Geschwindigkeit w_{Sp} ist die vektorielle Summe aus der Umfangskomponente und der axialen Komponente der Spaltströmung einzusetzen. In Umfangsrichtung rotiert das Medium im Mittel mit etwa der halben Umfangsgeschwindigkeit des Innenzylinders. Die axiale (meridiane) Komponente $c_{Sp,m}$ ist gegeben durch einen üblicherweise vorhandenen Spaltverluststrom und wird ohne Beachtung des Grenzschichteinflusses als meridiane Geschwindigkeit aus Volumenstrom und Querschnitt gebildet zu $c_{Sp,m} = V_{Sp}/A_{Sp}$. Somit ist

$$w_{Sp} = \sqrt{c_{Sp,m^2} + \left(u_{Sp}/2\right)^2}. \tag{3.214}$$

Die kritische REYNOLDS-Zahl zwischen turbulenter und laminarer Rohrströmung liegt nach [5] und [57] bei Re $\approx 2000 \div 2500$.

Für eine vereinfachte Darstellung der Strömungsvorgänge im Spalt können wir von zwei parallelen ebenen Wänden mit dem Abstand e_{Sp} ausgehen. Abb. 3.118 zeigt die Geschwindigkeitsprofile turbulenter und laminarer Strömung zwischen zwei feststehenden parallelen Wänden. (Das „spitze" Profil der laminaren Strömung tritt nur auf zwischen parallelen Wänden genügender Breite; bei Rohren mit Kreisquerschnitt nimmt die Strömungsgeschwindigkeit einen parabolischen Verlauf über dem Rohrradius an). Abb. 3.119 zeigt die Geschwindigkeitsprofile zwischen zwei parallelen Wänden, von denen nur die obere feststeht und die untere sich mit der Geschwindigkeit u_{Sp} nach rechts bewegt. Auf Abb. 3.120 sind die Verhältnisse von Abb. 3.119 auf den Dichtspalt übertragen. Der innen liegende Zylinder rotiert mit der Umfangsgeschwindigkeit u_{Sp} im feststehenden Gehäuse.

Der Einfluss der Krümmung wird bei diesem vereinfachten Modell allerdings vernachlässigt. Es ist anzunehmen, dass unter realen Verhältnissen am rotierenden Zylinder noch Sekundäreffekte durch Fliehkräfte auftreten (z. B. TAYLOR-Wirbel). Ebenso sind Einflüsse einer meist vorhandenen Exzentrizität denkbar. Über die Folgen dieser Effekte auf die Spaltreibung ist wenig bekannt. Sie werden daher hier nicht berücksichtigt und sollen in Hinblick auf die anteilmäßig geringen Spaltreibungsverluste und die allgemeine Unsicherheit der gesamten Verlustrechnung außer Acht gelassen werden.

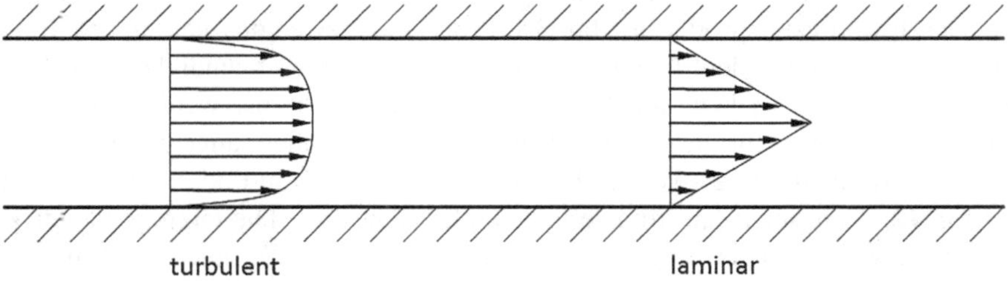

Abb. 3.118 Geschwindigkeitsprofile von turbulenter und laminarer Strömung zwischen zwei ruhenden parallelen Platten

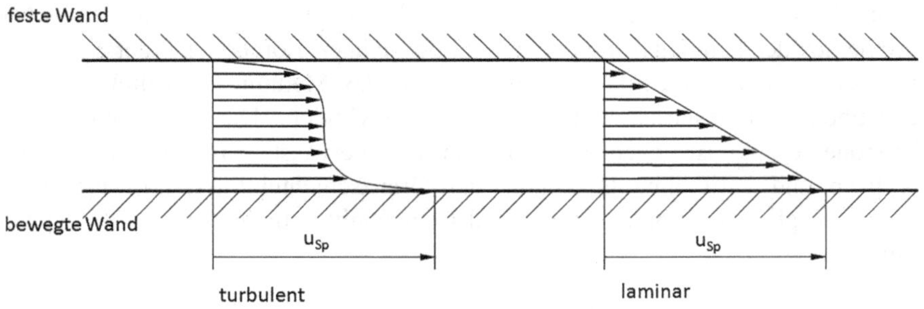

Abb. 3.119 Geschwindigkeitsprofile von turbulenter und laminarer Strömung zwischen zwei parallelen Platten, von denen die obere feststeht und die untere sich mit der Geschwindigkeit u_{Sp} bewegt

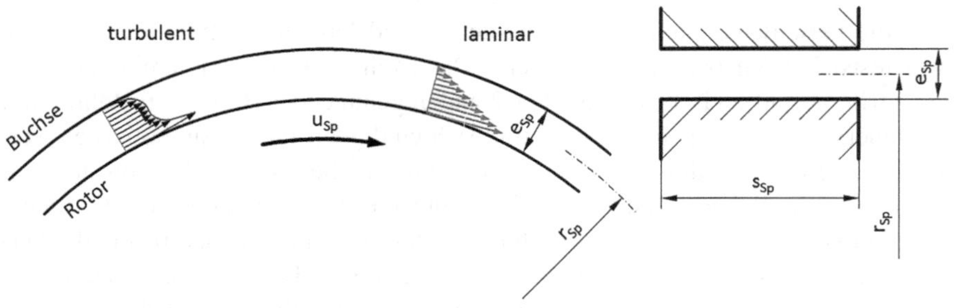

Abb. 3.120 Verhältnisse am Dichtspalt mit rotierendem Innenzylinder

A. Turbulente Spaltströmung Bei turbulenter Strömung bildet sich infolge des Energieaustausches durch ungeordnete Querbewegungen bei genügend hoher REYNOLDS-Zahl eine Kernströmung aus, die ähnlich wie ein Festkörper rotiert und zu den Wänden hin in den Grenzschichten durch Reibung an die jeweilige Wandgeschwindigkeit angepasst wird, wie Abb. 3.119 zeigt. Im Zentrum der Kernströmung muss es einen mehr oder weniger eng begrenzten Bereich geben, in welchem keine Scherkräfte vorhanden sind, wie aus der senkrechten Tangente des Geschwindigkeitsprofils in Abb. 3.118 bis 3.120 zwanglos hervorgeht. Beim Ringspalt mit rotierendem Innenzylinder wird also die Geschwindigkeit am Rotor bis auf u_{Sp} ansteigen bzw. am Gehäuse auf null abgebremst werden, wie Abb. 3.120 zeigt. Wenn für beide Oberflächen gleiche Rauheit angenommen wird, rotiert die Kernströmung – vergleichbar mit der Strömung im Radseitenraum – mit etwa $u_{Sp}/2$, wenn man Zentrifugaleffekte außer Acht lässt. Die Grenzschichtdicke ist abhängig von der jeweiligen Oberflächenrauheit, dem Turbulenzgrad und der REYNOLDS-Zahl. Unterhalb einer "kritischen" REYNOLDS-Zahl, bei der die Grenzschichtdicke die halbe Spaltweite erreicht, kann sich keine Kernströmung mehr ausbilden, die wie ein fester Körper mit der halben Winkelgeschwindigkeit rotiert. Die Strömung wird dadurch laminar (s. u.).

Ausgehend von der Vorstellung einer mit der Geschwindigkeit w längs angeströmten ebenen Platte der Oberfläche A ergibt sich mit dem Reibungsbeiwert c_f die Schubkraft an den Wänden zu

$$F_{Pl} = c_f \frac{\rho}{2} w^2 A, \tag{3.215}$$

wobei der Beiwert c_f abhängig ist von der relativen Rauheit und der REYNOLDS-Zahl.

Für die Spaltreibung am rotierenden Zylinder sollen jedoch die Gegebenheiten der Rohrströmung zu Grunde gelegt werden, wie bereits in Kap. 3.13.2 für die Radseitenraumströmung begründet. Mit der Beziehung zwischen Platten- und Rohrströmung

$$\lambda_R = 4\, c_f, \tag{3.216}$$

ergeben sich die Wandschubkräfte am Gehäuse und am Rotor zu jeweils

$$F = \frac{\lambda_R}{4} \frac{\rho}{2} w^2 A = \frac{\lambda_R}{8} \rho\, w^2 2\pi\, r_{Sp} s_{Sp} \tag{3.217}$$

mit der Oberfläche $A = 2\pi r_{Sp} s_{Sp}$ und der mittlere Strömungsgeschwindigkeit w. Wird nun gemäß Abb. 3.120 und oben Gesagtem für die Kernströmung $w = u_{Sp}/2 = \omega r_{Sp}/2$ eingesetzt, findet man für das Moment zwischen Zylinder und Kernströmung sowie zwischen Kernströmung und feststehender Buchse jeweils

$$M = F\, r_{Sp} = \frac{\lambda_R}{8} \rho \left(\frac{\omega\, r_{Sp}}{2} \right)^2 2\pi\, r_{Sp}{}^2 s_{Sp} = \frac{\lambda_R}{16} \rho \omega^2 \pi\, r_{Sp}{}^4 s_{Sp} \tag{3.218}$$

(Es sei angemerkt, dass das Moment nur von der Umfangskomponente der Strömung im Spalt abhängt, also nicht von deren axialer Komponente; diese ist lediglich zur Bestimmung der REYNOLDS-Zahl zu beachten).

Für die gesamte Reibleistung des rotierenden Zylinders müssen die beiden Teilmomente addiert werden, so dass sich schließlich mit $P_{Zyl} = 2M\omega$ die gesamte Reibleistung zu

$$P_{Zyl} = \frac{\lambda_R}{8} \pi\, \rho\, \omega^3 r_{Sp}^4 s_{Sp} \tag{3.219}$$

ergibt. Es erscheint paradox, dass das Moment nach Gl. (3.218) nicht bereits das Gesamtmoment darstellt, erklärt sich aber damit, dass die Kernströmung ihrerseits mit der halben Winkelgeschwindigkeit rotiert (s. Abb. 3.119 links). Dies wird auch bei der Radseitenraumströmung Kap. 3.13.2 damit begründet, dass im Zentrum der Kernströmung keine Scherkräfte wirksam sind.

Die Spaltreibung wächst also bei turbulenter Spaltströmung mit der dritten Potenz der Drehzahl und der vierten Potenz des Spaltdurchmessers. Die Spaltweite e_{Sp} erscheint nicht in der Formel; sie wirkt sich jedoch indirekt über den

Wert λ_R aus, der abhängig ist von der relativen Rauheit ε/d_h und der REYNOLDS-Zahl Re_{d_h}, wie aus Gl. (3.220) hervorgeht.

Gl. (3.217) lässt sich auch entwickeln aus Gl. (3.166), wenn man einsetzt:

$$\lambda_U = \lambda_G = \lambda_R$$
$$k_0 = 0{,}5$$
$$r_{Sp} = r_0 = r_G$$
$$b = 0$$

Mangels genauerer Kenntnis soll mit Hilfe von Gl. (3.166) bzw. Gl. (3.166a) auch die Verlustleistung von *radial* durchströmten Spalten – wie dem Spalt von Entlastungsscheibeneinrichtungen – ermittelt werden, wobei man vereinfachend auch $\lambda_U = \lambda_G = \lambda_{R;}$ und $k_0 = 0{,}5$ setzen kann. Für die Ermittlung des Gesamtverlustes von radial durchströmten Spalten ist wie bei der Radseitenräumströmung der Spaltstromeffekt gemäß Gl. (3.177) bzw. Gl. (3.178), sowie gegebenenfalls Gl. (3.212) zu berücksichtigen. Bei zentripetal durchströmten Spalten ergibt sich also ein Energierückgewinn, während bei zentrifugal durchströmten Spalten ein zusätzlicher Energieaufwand vorhanden ist.

Mit der relativen Rauheitserhebung $\varepsilon\,/d_h$ kann nun nach der Rohrreibungsformel der Reibungsbeiwert λ_R berechnet werden, wobei hier wegen $e_{Sp} << (r_a - r_i)$ auch $d_h = 2e_{Sp}$ gesetzt werden kann, zu

$$\lambda_R = \frac{0{,}31}{\left[\log\left(0{,}135\frac{\varepsilon}{d_h} + \frac{6{,}5}{\text{Re}_{d_h}}\right)\right]^2}. \tag{3.220}$$

Wieweit sich die bei axial durchströmten zylindrischen Spalten unter bestimmten Bedingungen auftretenden TAYLOR-Wirbel, die den Durchflusswiderstand deutlich vergrößern, auf den *Reibungsverlust* auswirken, ist unbekannt. Vermutlich ist ihr Einfluss – wenn überhaupt vorhanden – nur gering; er wird hier nicht berücksichtigt.

Der Umschlagpunkt bei $\text{Re}_{d_h,krit} \approx 2000 \div 2500$ von turbulenter zu laminarer Strömung ist erst bei relativ kleinen Pumpen von Bedeutung. So ergibt sich z. B. für einem glatten Spalt mit den Abmessungen

$$\begin{aligned} & r_{Sp} && = 25\,\text{mm}, \\ & e_{Sp} && = 0{,}2\,\text{mm} \\ & n && = 1500\,\text{U/min} \\ \text{somit}\quad & u_{Sp} && = 3{,}9\,\text{m/s}, \\ \text{außerdem}\quad & c_{Sp,m} && = 7\,\text{m/s}, \end{aligned}$$

was einer Druckhöhendifferenz am Spalt von $\Delta H \approx 10$ m entspricht, und daraus

$$w_{Sp} = 7{,}2\,\text{m/s},$$

bei Kaltwasserförderung ($\nu = 10^{-6}$ m²/s) bereits die "überkritische" REYNOLDS-Zahl

$$\text{Re} = 7{,}2 \cdot 0{,}4 \cdot 10^3 = 2800.$$

Bei Pumpen im industriellen Einsatz kann also meist von der Annahme turbulenter Strömung in den Dichtspalten ausgegangen werden, so dass obige Gleichungen Gültigkeit haben. Kleine Pumpen, z. B. Heizungsumwälzpumpen, können durchaus im „unterkritischen" REYNOLDS-Zahl-Bereich liegen. Bei Ihnen dürfte allerdings die Dichtspaltreibung im 1/10-Watt-Bereich liegen. Der Vollständigkeit halber soll jedoch auch die Zylinderreibung für laminare Spaltströmung hergeleitet werden.

B. Laminare Spaltströmung Bei laminarer Strömung wächst die Geschwindigkeit ebenfalls von null an der ruhenden Wand bis auf die Geschwindigkeit u_{Sp} der bewegten Wand an. Da jedoch kein Energieaustausch zwischen den einzelnen Stromlinien stattfindet, werden die Fluidteilchen nur durch Zähigkeitskräfte in Drehrichtung mitgeschleppt. Für NEWTON'sche Flüssigkeiten ist dadurch der Geschwindigkeitsverlauf – wie nachfolgend hergeleitet – linear, d. h. die Geschwindigkeit wächst von null an der ruhenden Wand proportional zum Abstand von ihr bis auf die Geschwindigkeit u_{Sp} der bewegten Wand an. Wenn wir wieder von zwei parallelen Platten mit dem Abstand y ausgehen, deren eine sich mit der Geschwindigkeit w bewege, so ist ganz allgemein die Schubspannung nach dem Schubspannungsgesetz $\tau = \rho \cdot \nu \frac{dw}{dy}$, woraus sich für NEWTON'sche Flüssigkeiten

$$\tau = \rho \cdot \nu \frac{w}{y} \tag{3.221}$$

ergibt, was nichts anderes bedeutet, als dass die Geschwindigkeit linear mit dem Abstand von der feststehenden Wand bis zur Geschwindigkeit w beim Abstand y ansteigt, wie das auch in Abb. 3.119 und 3.120 dargestellt ist. Auf die Verhältnisse am zylindrischen Spalt übertragen wird die Schubkraft

$$F = \tau \cdot A = 2\pi\, \rho\, \nu\, \omega\, {r_{Sp}}^2 \frac{s_{Sp}}{e_{Sp}}, \tag{3.222}$$

und verhält sich damit proportional zur Geschwindigkeit $u_{Sp} = \omega r_{Sp}$, der Dichte ρ, der kinematischen Viskosität ν, der Fläche $A = 2\pi r_{Sp} s_{Sp}$ und umgekehrt proportional der Spaltweite e_{Sp}. Daraus ergibt sich die Reibleistung zu

$$P_R = F\, \omega\, r_{Sp} = 2\pi\, \rho\, \nu\, \omega^2 r_{Sp}^3 \frac{s_{Sp}}{e_{Sp}}, \tag{3.223}$$

die damit im Gegensatz zur turbulenten Strömung nur mit dem Quadrat der Drehzahl und der dritten Potenz des Spaltradius' wächst und mit zunehmender Spaltweite e_{Sp} abnimmt. Ein weiterer Unterschied zur turbulenten Strömung besteht darin, dass die Oberflächenrauheit keinen Einfluss auf die Reibleistung hat. Wie man aus den bekannten Diagrammen der Rohrreibungsbeiwerte über der

REYNOLDS-Zahl (z. B. [57]) entnehmen kann, nimmt die Reibleistung beim Übergang von der laminaren zur turbulenten Rohrströmung sprunghaft um etwa 50 % zu, was auch für die Spaltströmung gefolgert werden kann.

Unabhängig von der Art der Strömung (turbulent oder laminar) kommt, wie oben erwähnt, zur Spaltreibleistung ein Betrag hinzu, der aus der Umfangskomponente resultiert, die der Spaltströmung durch Reibung im Spalt aufgeprägt wird und nach Gl. (3.212) erfasst werden kann.

3.21 Berechnung von Sammelentlastungen

Der auszugleichende Axialschub ergibt sich aus der Differenz der in den Radseitenräumen auf Deck- und Tragscheiben wirkenden Drücke, sowie der Impulskraft der axial in das Laufrad eintretenden und in ihrer Richtung abgelenkten Strömung, die sich nach Gln. (3.183) und (3.188) berechnen lassen. Wie aus Abb. 2.25 hervorgeht, gleicht sich ein Teil der Drücke aus; es bleibt jedoch eine Axialkraft, die sich – grob gesehen – im Wesentlichen aus der Ringfläche, gebildet mit dem deckscheibenseitigen Dichtspaltdurchmesser am Laufrad und dem Nabendurchmesser, und dem Druck hinter dem Laufrad der letzten Stufe zusammensetzt. Durch geeignete Konstruktionen kann die Axialkraft, die bei mehrstufigen Hochdruckpumpen mitunter sehr hohe Beträge annimmt, mithilfe des von der Pumpe selbst erzeugten Druckes vollkommen oder zum größten Teil ausgeglichen werden. Dazu reichen pauschale Annahmen nicht aus; man benötigt detaillierte Kenntnis der wirkenden Axialkräfte, wozu z. B. die Einflüsse der Geometrie der Radseitenräume und der unterschiedlich gerichteten Spaltströme in den Radseitenräumen zu berücksichtigen sind. Beim Ausgleich des Axialschubes unterscheidet man zwischen Scheibenentlastung und Kolbenentlastung. Die Einzel- oder Stufenentlastung ist in ihrer Wirkung vergleichbar mit der Kolbenentlastung.

Zur Erzeugung einer Gegenkraft zu der Summe der Axialkräfte der einzelnen Stufen steht der Druck des tragscheibenseitigen Radseitenraumes der letzten Stufe am jeweiligen Drosselspalt (Vordrossel bei Scheibenentlastung bzw. Entlastungskolben bei Kolbenentlastung) zur Verfügung. Der Druck ist bei Entlastungsscheibe und Entlastungskolben etwas verschieden infolge unterschiedlicher Druckverteilung im Radseitenraum der letzten Stufe.

Der anfallende Leckagestrom wird in die Zulaufleitung zur Pumpe bzw. in den Zulaufbehälter zurückgeführt. Dadurch herrscht hinter der Entlastungseinrichtung etwa der Pumpeneintrittsdruck, gegen den an der Welle abgedichtet werden muss. Die Vorteile einer Pumpe mit Sammelentlastung gegenüber der stufenweisen Entlastung des Axialschubes liegen ab einer bestimmten Stufenzahl im besseren erreichbaren Wirkungsgrad, besonders bei Scheibenentlastung, und in einer geringeren Gesamtlänge der Pumpe.

Ein wesentlicher Unterschied zwischen dem Axialschubausgleich mittels Scheibe und Kolbens besteht darin, dass der Axialschub bei Scheibenentlastung im gesamten

Betriebsbereich der Pumpe selbsttätig vollkommen ausgeglichen wird, so dass kein zusätzliches Axiallager benötigt wird, und dass bei Kolbenentlastung wie auch bei Einzelentlastung eine Restkraft bleibt, die vom Betriebspunkt abhängig ist und durch ein Axiallager aufgenommen werden muss.

Entlastungsscheibe Durch den vollständigen Ausgleich des Axialschubes bei der Entlastungsscheibe erübrigt sich wie gesagt ein Axiallager, wie z. B. Abb. 3.86 zeigt. Die Entlastungsscheibe stellt ein hydrostatisches Lager dar, das sich durch den veränderlichen radialen Scheibenspalt der Belastung anpasst. Dazu muss dem Pumpenläufer eine gewisse axiale Verschiebbarkeit ermöglicht werden. Der Druck in der Entlastungsscheibenkammer erzeugt eine Gegenkraft zum Axialschub. Wird der Scheibenspalt infolge eines größeren Axialschubes verengt und steigt damit dessen Drosselwirkung, so steigt der auf die Scheibe wirkende Druck in der Entlastungsscheibenkammer und damit die Gegenkraft zum Axialschub. Für einen stabilen Betrieb der Entlastungseinrichtung ist eine Drosselstelle vor der Entlastungsscheibe, die sog. Vordrossel, erforderlich. Die Scheibenentlastung stellt insofern eine ideale Konzeption dar. Nachteilig sind Betriebszustände, die hauptsächlich beim An- und Abfahren auftreten, bei denen sich Scheibe und Gegenscheibe berühren und wodurch Schäden durch Abnutzung auftreten können.

Die Wirkungsweise einer Entlastungsscheibe geht aus Abb. 3.121 hervor. Mittels der Druckhöhe H_E hinter dem Laufrad der letzten Stufe wird in der Entlastungsscheibenkammer ein Druck, und damit eine Gegenkraft zum Axialschub aufgebaut, die ihrem Betrage nach genau dem Axialschub entspricht, diesem jedoch entgegenwirkt und ihn somit vollständig ausgleicht. Die Entlastungsscheibenkammer muss so dimensioniert sein, dass die zum Kräftegleichgewicht erforderliche Druckhöhe H_{ES} in ihr in allen Betriebsbereichen deutlich niedriger ist als der Druck hinter dem Laufrad der letzten Stufe. Das wäre der Fall, wenn der mittlere Durchmesser des radialen Scheibenspaltes etwa so groß ist wie der mittlere Durchmesser der deckscheibenseitigen Dichtspalte an den Laufrädern. Aus Sicherheitsgründen wählt man jedoch den inneren Durchmesser der Entlastungsscheibe mindestens in der Größe des mittleren Durchmessers der deckscheibenseitigen Dichtspalte. Der

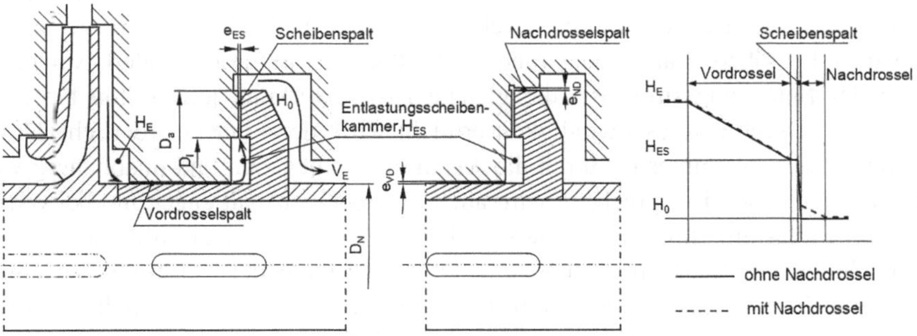

Abb. 3.121 Scheibenentlastungseinrichtung ohne und mit Nachdrossel; rechts: Druckhöhenverlauf über der axialen Erstreckung der Entlastungseinrichtung

radial durchflossene Spalt zwischen Entlastungsscheibe und Gegenscheibe ist nicht konstant, sondern stellt seine Weite selbsttätig so ein, dass infolge seiner Drosselwirkung der zum Axialschubausgleich erforderliche Druck in der Entlastungskammer aufrecht erhalten bleibt. Um den vollständigen Ausgleich des Axialschubes zu ermöglichen, muss daher der Pumpenläufer axial verschiebbar sein, damit die erforderliche Drosselwirkung des Scheibenspaltes ermöglicht wird. Ein Axiallager hätte somit bei Scheibenentlastung nicht nur keine Funktion sondern wäre sogar kontraindiziert.

Eine Entlastungseinrichtung mittels Scheibe ist so zu bemessen, dass bei allen vorkommenden Betriebszuständen ein sicherer Betrieb, d. h. ein genügend großer Scheibenspalt gewährleistet ist. Bei Inbetriebnahme einer Pumpe mit Entlastungsscheibe ist darauf zu achten, dass der Läufer nicht so weit zur Druckseite hin verschoben ist, dass sich in den tragscheibenseitigen Radseitenräumen nicht genügend Druck aufbauen kann, so dass „Schubumkehr" eintritt. (Dazu kann man einen „Anlaufbund" vorsehen, der dies verhindert). Wird die Entlastungsscheibe knapp dimensioniert, muss sich in der Entlastungskammer ein höherer Druck einstellen, um die erforderliche Gegenkraft aufzubauen. Dazu muss sich der Scheibenspalt verengen, um diesen höheren Druck zu halten. Eine Entlastungsscheibe ist definitiv zu klein, wenn der Druck hinter dem Laufrad der letzten Stufe nicht ausreicht, um in der Entlastungskammer die zum Axialschubausgleich erforderliche Kraft aufzubauen, auch wenn sich der Scheibenspalt (theoretisch) auf null reduzieren würde. Eine aus Gründen der Betriebssicherheit erforderliche Mindestspaltweite bedingt also die Mindestgröße der Entlastungsscheibe. Festigkeitsmäßig ist die Entlastungsscheibe so zu dimensionieren, dass sie sich unter der hohen Belastung mechanisch praktisch nicht verformt. Die Verformung würde durch „Krempeln" zu einer Verringerung der Spaltweite am inneren Durchmesser gegenüber der Spaltweite am äußeren Durchmesser führen, wodurch der „repräsentative" mittlere Scheibendurchmesser kleiner und der Spalt insgesamt enger würde, was schließlich die Betriebssicherheit gefährden könnte.

Die Größe des Entlastungsstromes hängt bei gegebenen Abmessungen ausschließlich von der in der Vordrossel abzubauenden Druckdifferenz und der Drosselwirkung der Vordrossel ab und *nicht* von der Weite des Scheibenspaltes. Die Drosselwirkung der Vordrossel ist etwa quadratisch abhängig vom Entlastungsstrom. Wird die Drosselwirkung durch konstruktive Maßnahmen, z. B. geringeres Spaltspiel, größere Länge oder rauere Oberflächenstruktur vergrößert, verringert sich der Entlastungsstrom, da die gleiche Drosselwirkung jetzt schon bei einer kleineren Durchflussgeschwindigkeit erreicht wird, denn der erforderliche Druck in der Scheibenkammer ist durch die Axialkraft vorgegeben und unabhängig vom Entlastungsstrom. Entsprechend wird auch der Scheibenspalt enger, um bei verringertem Entlastungsstrom den Druck in der Entlastungskammer aufrecht zu erhalten. Umgekehrt führt eine verringerte Drosselwirkung der Vordrossel zu einem größeren Entlastungsvolumenstrom und damit zu einem größeren Scheibenspalt. Die Auslegung einer Scheibenentlastungseinrichtung ist unter dem Aspekt vorzunehmen, einen möglichst kleinen Entlastungsverluststrom gepaart mit einem (aus Gründen der Betriebssicherheit) genügend großen Scheibenspalt zu erzielen, wobei gleichzeitig im Interesse des Gesamtwirkungsgrades die übrigen Verluste, so der Reibungsverlust der Entlastungsscheibe, zu berücksichtigen sind. Das führt zu einer Vordrossel mit noch zulässig hoher Drosselwirkung (Spaltweite und Spaltlänge) und einem möglichst kleinen, noch zulässigen inneren und einen eher reichlich bemessenen äußeren Durchmesser des Entlastungsscheibenspaltes, (wobei zu berücksichtigen ist, dass mit dem Scheibendurchmesser der Scheibenreibungsverlust stark zunimmt). Andererseits ist zu vermerken, dass man zwar den Entlastungsverluststrom durch konstruktive Maßnahmen sehr niedrig halten könnte, dem jedoch eine Grenze gesetzt ist, weil damit die Betriebssicherheit zunehmend gefährdet wäre infolge eines sich unzulässig eng einstellenden Scheibenspaltes. Bei der Auslegung der Entlastungseinrichtung müssen auch Betriebszustände außerhalb des Berechnungspunktes und mechanische Gesichtspunkte (Fertigungs- und Montagegenauigkeit, Wellendurchbiegung, thermische Beanspruchung) berücksichtigt werden.

Mit der Geometrie der Entlastungsscheibe kann man die Größe des Entlastungsstromes insofern beeinflussen, als der aufzubauende Druck in der Scheibenkammer von der druckbeaufschlagten Fläche A_{ES} – gebildet aus einem repräsentativen Scheibenspaltdurchmesser D_m und dem Durchmesser der Vordrossel D_N – abhängt (s. Abb. 3.121). Mit größerem Durchmesser wird in der Kammer ein geringerer Druck benötigt, wodurch die Druckdifferenz am Vordrosselspalt steigt und der Entlastungsstrom entsprechend etwas zunimmt. Gleichzeitig öffnet sich der Scheibenspalt etwas, da hier die abzubauende Druckdifferenz beim etwas größeren Entlastungsstrom kleiner wird.

Mitunter wird eine sog. „Nachdrossel" vorgesehen (Abb. 3.121, Mitte). Sie besteht aus einem zylindrischen Spalt am Außendurchmesser der Entlastungsscheibe und bewirkt hinter dem radialen Scheibenspalt eine zusätzliche Drosselung. Fälschlicherweise wird manchmal angenommen, dass die Nachdrossel in ihrer Wirkung die Vordrossel unterstützt. Da jedoch das Ausmaß der gesamten erforderlichen Drosselung im Anschluss an die Entlastungsscheibenkammer allein durch den Druck in dieser Kammer vorgegeben ist, muss die Drosselung im Scheibenspalt um den Betrag dieser zusätzlichen Druckabbaus der Nachdrossel geringer werden. Das bedeutet, dass sich der Scheibenspalt etwas weiter öffnet. Nur ganz minimal ändert sich der Druck in der Scheibenkammer infolge des etwas geänderten Druckverlaufs im Scheibenspalt, wodurch sich auch der Entlastungsstrom geringfügig vergrößert und der Scheibenspalt geringfügig erweitert. Die Nachdrossel hat dadurch eine ähnliche Wirkung wie ein größerer Außendurchmesser der Entlastungsscheibe, jedoch mit dem Unterschied, dass ihre Drosselwirkung nicht von der Weite des Scheibenspaltes abhängig ist. Man erhält somit durch die Nachdrossel eine zusätzliche Sicherheit gegen Berührung von Scheibe und Gegenscheibe. Andererseits reagiert der Läufer mit etwas größeren axialen Auslenkungen auf veränderte Axialkräfte, d. h. er reagiert etwas „weicher" auf Laständerungen. Erwähnt sei noch, dass mittels einer Nachdrossel Verdampfung im Scheibenspalt vermieden werden kann, was in kritischen Fällen bei heißen Medien etwa bei sehr geringen Förderströmen – besonders auch bei Kohlenwasserstoffen

– angezeigt sein kann. Ähnlich wie eine Nachdrossel würde auch eine Drosselung in der Entlastungsrückführung wirken.

Wie in Kap. 2.8 beschrieben und wie auch aus Gl. (3.183) hervorgeht, werden die Druckverteilung und damit die auf den Pumpenrotor wirkenden Axialkräfte von den Spaltverlustströmen beeinflusst. Eine Vergrößerung der Spaltspiele, mit der im Betrieb immer zu rechnen ist, wirkt sich stets in einer Vergrößerung des Axialschubes zur Saugseite hin aus, weil der mittlere Druck im deckscheibenseitigen Radseitenraum infolge vergrößerter Spaltverluste abfällt und im tragscheibenseitigen Radseitenraum zunimmt. Bei Scheibenentlastung kommt neben dem Einfluss vergrößerter Spaltverluste auf den Axialschub evtl. noch hinzu, dass sich betriebsbedingt Entlastungsscheibe und Gegenscheibe durch Berührung abnutzen können, wodurch sich der Pumpenrotor axial zur Saugseite hin verschiebt. Das hat ebenfalls eine gewisse Zunahme des Axialschubes zur Saugseite hin zur Folge, indem die Radseitenraumbreite an der Deckscheibe geringer und an der Tragscheibe größer wird. Durch die axiale Verschiebung ändert sich auch die Überdeckung der Lauf- und Leiträder, was zu einer Deformation der Pumpenkennlinie bei Teillast führen und dort außerdem einen unvorhersehbaren Einfluss auf die Druckverteilung in den Radseitenräumen – und damit des Axialschubes – haben kann. Wegen der vielfältigen nicht genau erfassbaren Einflüsse und wegen der relativ starken Auswirkungen bereits kleinster Bearbeitungs- und Montagetoleranzen ist man geneigt, die Scheibenentlastung eher großzügig zu dimensionieren. Zu diesen Toleranzen und Unsicherheiten zählt z. B., dass der repräsentative Durchmesser des Scheibenspaltes sehr stark von der Planparallelität von Scheibe und Gegenscheibe abhängt und dadurch nicht exakt definierbar ist. Hinzu kommen nie ganz vermeidbare Fluchtfehler und Abweichung von der Planparallelität des Scheibenspaltes durch Wellendurchbiegung infolge Eigengewichts und mechanischer Beanspruchung, was zu Schiefstellungen führen kann. Außerdem kann die Drosselwirkung der Vordrossel – analog zur allgemeinen Unsicherheit bei der Ermittlung von Spaltverlusten – nur verhältnismäßig grob berechnet werden. Das wirkt sich infolge der Selbstregelung der Scheibenentlastung jedoch kaum nachteilig auf ihre Funktion aus. Eine exakte Berechnung ist somit in letzter Konsequenz nicht möglich, aber auch nicht zwingend erforderlich.

Dessen ungeachtet sollen hier jedoch zum besseren Verständnis die prinzipiellen und theoretischen Zusammenhänge aufgezeigt werden, wobei allerdings einige vereinfachende Annahmen getroffen werden müssen.

Der Axialschub ist nur für Betriebspunkte rechnerisch bestimmbar, bei denen die Strömung weitgehend geordnet ist, d. h. von etwa dem 0,7fachen des Bestvolumenstromes bis weit ins Überlastgebiet, soweit keine Deformation der Drosselkurve durch Kavitation – die bei Überlast übrigens auch in den Leiträdern auftreten kann – vorliegt. Mit abnehmender Förderung steigt der Axialschub zur Saugseite an. Unterhalb von $q \approx 0{,}7$ wird die Abströmung vom Laufrad vollturbulent und ist der Berechnung nicht mehr zugänglich. Es bilden sich Rückströmungen ins Laufrad aus, die sowohl an der Deckscheibe als auch an der Tragscheibe bevorzugt auftreten können. Sie sind abhängig sowohl von der Geometrie des Laufrades und des Leitapparates als auch von deren axialer Stellung zueinander. Die Radseitenraumströmung wird dadurch ganz unterschiedlich beeinflusst, so dass unkalkulierbare Axialschübe auftreten können und sich keine allgemein gültigen Regeln über den Axialschub bei starker Teillast aufstellen lassen. Die Erfahrung zeigt jedoch, dass diese unkalkulierbaren Axialschübe überwiegend zur Saugseite gerichtet sind und in der Regel nicht zur Schubumkehr führen, was die Anwendung des Prinzips der Scheibenentlastung ausschlösse. Mit zunehmender Überlast nehmen sowohl der Axialschub als auch der zu seinem Ausgleich herangezogene Druck hinter der letzten Stufe ab. Da jedoch der Druck in stärkerem Maße abfällt als der Axialschub, muss zur Erhaltung des Kräftegleichgewichtes in der Vordrossel mit wachsendem Fördergrad weniger Druck abgebaut werden, was automatisch durch Reduzierung des Entlastungsvolumenstromes mit gleichzeitiger Verengung des Scheibenspaltes erreicht wird. Bei zu engem Scheibenspalt besteht die Gefahr, dass sich Scheibe und Gegenscheibe berühren, was – wie bereits erwähnt – die Betriebssicherheit beeinträchtigen würde. Abb. 3.122 zeigt den Verlauf der Axialkraft F_{ax}, des Druckabbaus ΔH_{VD} in der Vordrossel, des Entlastungsstromes V_{ES} und der Spaltweite e_{ES} abhängig vom Fördergrad der in Kap. 4.7 als Beispiel berechneten 13-stufigen Pumpe mit Scheibenentlastung. Man erkennt, dass auch bei theoretisch noch „gesunder" Förderung beim Fördergrad $q \approx 1{,}9$ der Druckabbau in der Vordrossel gegen null strebt, was somit die theoretisch absolute Grenze für den Achsschubausgleich mittels Entlastungsscheibe darstellt. Bei durch Kavitation deformierter Pumpenkennlinie wird die Grenze früher erreicht.

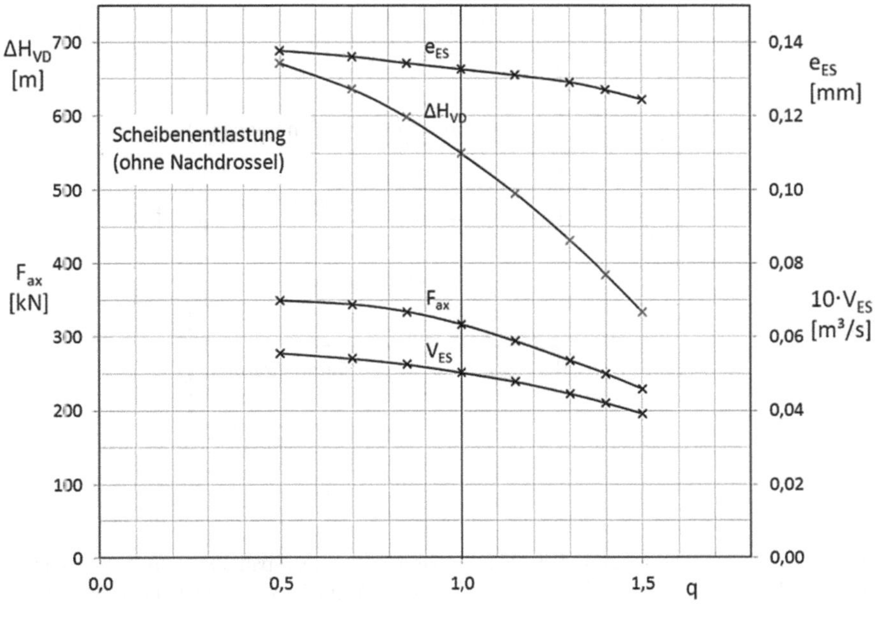

Abb. 3.122 Verschiedene Parameter der Scheibenentlastung abhängig vom Fördergrad. Zahlenwerte aus Berechnungsbeispiel Kap. 4.7

Aus Sicherheitsgründen wird man eine Pumpe daher kaum über $q \approx 1{,}3$ hinaus betreiben.

Der zur Erzeugung der axialen Gegenkraft in der Ausgleichseinrichtung wirkende Druck ist über dem Radius nicht konstant. In der Entlastungsscheibenkammer rotiert das Fluid wie in den Radseitenräumen mit etwa der halben Winkelgeschwindigkeit und wird vom Entlastungsvolumenstrom überlagert. Da dieser zentrifugal gerichtet ist, wirkt er bremsend auf die Rotation, wodurch der Druckverlauf abhängig vom Entlastungsverlust mit dem Radius nur wenig oder gar nicht ansteigt bzw. sogar abfallen kann. Im Scheibenspalt entspannt sich der Druck anschließend auf den im Sammelraum herrschenden Druck, also im Allgemeinen auf den Eintrittsdruck vor der Pumpe, bzw. auf den Druck, der in einer evtl. vorhandenen Nachdrossel abgebaut wird. Der Druckabbau im radial durchflossenen Spalt ist abhängig von der örtlichen Strömungsgeschwindigkeit. Da diese vom Radius abhängig ist, ist der Druckabbau nicht linear, sondern von innen nach außen hin mit der meridianen Komponente der Geschwindigkeit im Spalt abnehmend. Der Druckverlauf in Scheibenkammer und Scheibenspalt über dem Radius für das in Kap. 4.7 berechnete Beispiel ist in Abb. 3.123 gezeigt. Wegen der Beschleunigung beim Eintritt in den Spalt tritt eine Druckabsenkung ein.

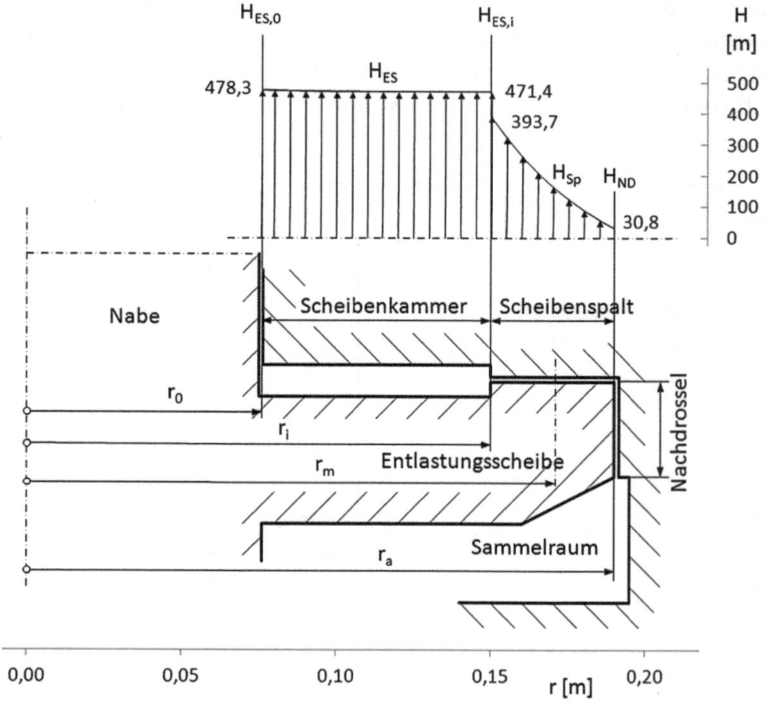

Abb. 3.123 Druckhöhenverlauf in Scheibenkammer und Scheibenspalt über dem Radius. Zahlenwerte aus Berechnungsbeispiel Kap. 4.7. (Druckverlauf entspricht Ausführung mit Nachdrossel)

Aus Gl. (2.56) findet man den Verlauf der Druckhöhendifferenz über dem Radius. Umgeformt und auf die Druckhöhe $H_{ES,i}$ am Radius r_i der Scheibenkammer bezogen ist

$$H_{ES,x} = H_{ES,i} - \frac{(k_0\omega)^2}{2g}\left[\left(r_i^2 - r_x^2\right) - A\left(r_i^2 - \frac{r_i^4}{r_x^2}\right)\right] \tag{3.224}$$

Aus der Bedingung, dass die Druckhöhe im Scheibenspalt von $H_{Sp,i}$ am Radius r_i bis zum äußeren Scheibenradius r_a auf die Druckhöhe H_{ND} abfällt, findet man für den Druckhöhenverlauf im Scheibenspalt

$$H_{Sp,x} = H_{ES,x} - \frac{c_i^2}{2g} - \left(H_{ES,i} - \frac{c_i^2}{2g} - H_{ND}\right)\frac{r_a^2(r_x - r_i)}{(r_a - r_i)r_x^2}, \tag{3.225}$$

wobei $$c_i = \frac{V_{Sp}}{2\pi r_i e_{Sp}}.$$

Im allgemeinen Fall ist $H_{ND} = 0$. In der Formel ist berücksichtigt, dass sich die Meridiangeschwindigkeit im Spalt umgekehrt proportional zum Radius verhält.

Durch Integration der Druckverläufe über dem Radius zwischen den Grenzen r_0 und r_i bzw. den Grenzen r_i und r_a findet man die Abhängigkeit der Axialkraft von der Druckhöhe $H_{ES,i}$. Für die Scheibenkammer erhält Gl. (3.183) die Form

$$F_{ES} = \pi\rho\left\{gH_{ES,i}\left(r_i^2 - r_0^2\right) - (k_0\omega)^2\left[\left(\frac{r_i^2 - r_0^2}{2}\right)^2 + A\frac{r_i^2}{2}\left(r_i^2\left(2\ln\frac{r_i}{r_0} - 1\right) + r_0^2\right)\right]\right\}, \tag{3.226}$$

und für den Scheibenspalt

$$F_{Sp} = \frac{\pi\rho g}{r_a - r_i}\left\{\begin{array}{l} H_{ES,i}\left[(r_a - r_i)^2(r_a + r_i) - 2r_a^2\left(r_a - r_i - r_i\ln\frac{r_a}{r_i}\right)\right] \\ +2r_a^2\left(\frac{c_i^2}{2g} + H_{ND}\right)\left(r_a - r_i - r_i\ln\frac{r_a}{r_i}\right) - \frac{c_i^2}{2g}(r_a - r_i)^2(r_a + r_i) \end{array}\right\} \tag{3.227}$$

Durch Addition von F_{ES} und F_{Sp} findet man die axiale Gegenkraft F_{ax}* der Entlastungsscheibe in Abhängigkeit von der Druckhöhe $H_{ES,i}$. Da die Gegenkraft stets genau dem Achsschub F_{ax} der Laufräder entspricht, kann damit die zum Ausgleich erforderliche Druckhöhe $H_{ES,i}$ berechnet werden, wenn man die Summengleichung nach $H_{ES,i}$ auflöst. Man findet die sehr komplizierte Lösung durch Aufteilung der Gleichungen. Es ist also

$$F_{ax}^* = F_{ES} + F_{Sp} \tag{3.228}$$

mit

$$F_{ES} = F_A + F_B \tag{3.229}$$

und

$$F_{Sp} = F_C + F_D, \tag{3.230}$$

somit

$$F_{ax} = F_A + F_B + F_C + F_D. \tag{3.231}$$

Darin ist

$$F_A = \pi \rho g H_{ES,i}\left(r_i^2 - r_0^2\right) \tag{3.232}$$

$$F_B = -\pi\rho(k_0\omega)^2\left[\left(\frac{r_i^2 - r_0^2}{2}\right)^2 + A\frac{r_i^2}{2}\left(r_i^2\left(2\ln\frac{r_i}{r_0} - 1\right) + r_0^2\right)\right] \tag{3.233}$$

$$F_C = \frac{\pi\,\rho\, g H_{ES.i}}{r_a - r_i}\left[(r_a - r_i)^2(r_a + r_i) - 2r_a^2\left(r_a - r_i - r_i\ln\frac{r_a}{r_i}\right)\right] \tag{3.234}$$

$$F_D = \frac{\pi\rho g}{r_a - r_i}\left[2r_a^2\left(\frac{c_i^2}{2g} + H_{ND}\right)\left(r_a - r_i - r_i\ln\frac{r_a}{r_i}\right) - \frac{c_i^2}{2g}(r_a - r_i)^2(r_a + r_i)\right] \tag{3.235}$$

Die Summe von Gln. (3.232) und (3.234) ergibt

$$F_A + F_C = \pi\,\rho\, g\, H_{ES,i}\left[r_i^2 - r_0^2 + \frac{(r_a - r_i)^2(r_a + r_i) - 2r_a^2\left(r_a - r_i - r_i\ln\left(r_a/r_i\right)\right)}{r_a - r_i}\right]. \tag{3.236}$$

Wenn man in dieser Gleichung die Faktoren von $H_{ES,i}$ unter „E" zusammenfasst und gleichzeitig $F_A + F_C$ aus Gl. (3.231) durch

$$F_{ax} - F_B - F_D$$

ersetzt, so dass

$$H_{ES,i} \cdot E = F_{ax} - F_B - F_D,$$

findet man schließlich die Druckhöhe $H_{ES,i}$ am inneren Radius r_i des Scheibenspaltes, (d. h. am äußeren Radius der Scheibenkammer)

$$H_{ES,i} = \frac{F_{ax} - F_B - F_D}{E}. \tag{3.237}$$

Für die Berechnung des Entlastungsverluststromes wird die Druckhöhe $H_{ES,0}$ am inneren Durchmesser der Entlastungsscheibenkammer benötigt, die sich aus Gl. (3.224) berechnet zu

$$H_{ES,0} = H_{ES,i} - \frac{(k_0\omega)^2}{2g}\left[r_i^2 - r_0^2 - A\left(r_i^2 - \frac{r_i^4}{r_0^2}\right)\right]. \tag{3.238}$$

Da zwischen Entlastungsstrom, dem Druckverlauf in der Entlastungseinrichtung und dem Axialschub eine Zirkelbeziehung besteht, ist die Lösung durch Iteration zu finden.

Zur überschläglichen und meist ausreichend genauen Berechnung kann dieses sehr aufwendige – eher „akademische" – Verfahren vereinfacht werden durch die Annahme eines mittleren konstanten Druckes H_{ES} in der Scheibenkammer, der auf die Fläche $A_{ES} = \pi(r_m^2 - r_0^2)$ mit einem repräsentativen Scheibenradius $r_m = (r_a + r_i)/\,2$ wirkt. Die Druckhöhe in der Scheibenkammer ergibt sich dann zu

$$H_{ES} = \frac{F_{ax}}{\pi\,\rho\,g\Big(\big(\frac{r_a+r_i}{2}\big)^2 - r_0^2\Big)}. \tag{3.239}$$

Sie unterscheidet sich beim Berechnungsbeispiel in Kap. 4.6 bzw. Kap. 4.7 vom nach Gl. (3.228) bis (3.238) berechneten Wert um ca. 9 %, was einer Unsicherheit bei der Berechnung des Entlastungsverlustes von etwa 3 bis 5 % entspricht, so dass die vereinfachte Berechnung in vielen Fällen genügend genaue Ergebnisse liefert, zumal allgemein noch viele Unsicherheiten bei der Berechnung von Spaltverlusten hinzu kommen.

Folgende Erfahrungswerte können als Anhalt für die Abmessungen der Entlastungsscheibeneinrichtung benutzt werden:

- Entlastungsscheibe $D_i \geq 1{,}0\,D_{SpI}$ innerer Durchmesser Scheibenspalt
  $D_a \approx (1{,}25 \div 1{,}35)\,D_i$ äußerer Durchmesser Scheibenspalt
- Vordrossel $s_{VD} \approx (0{,}8 \div 1{,}0)\,D_N$ Länge des Vordrosselspaltes
- Die radiale Spaltweite e_{VD} der Vordrossel wird oft wie die übrigen Spaltweiten an Laufrad und Stufengehäuse gewählt. Da die Entlastungseinrichtung nahe der Lagerung positioniert ist, könnte e_{VD} wegen geringerer Durchbiegung etwas enger gewählt werden. Da der Entlastungsstrom aus Gründen der Betriebssicherheit nicht beliebig gering gehalten werden kann, könnte in diesem Falle zum Ausgleich der Vordrosselspalt kürzer gewählt werden.
- Der Entlastungsvolumenstrom V_{ES} sollte in der Größenordnung des Laufradspaltverlustes V_{SpI} liegen. Er ist u. a. abhängig von der Stufenzahl der Pumpe. Hierzu auch Gl. (3.152).
- Die Druckhöhe H_{ES} in der Scheibenkammer sollte sich als etwa das 0,4- bis 0,6fache der Druckhöhe H_E hinter der letzten Stufe ergeben, (H_E nach Gl. (3.157)). Größeren Abweichungen wird durch die Wahl der Radien r_i und/oder r_a begegnet.

Die Druckhöhendifferenz $H_E - H_{ES,0} = H_{VD}$ wird in der Vordrossel abgebaut. Sie ergibt zusammen mit deren Spaltgeometrie über Gln. (3.158) und (3.150) den Entlastungsvolumenstrom V_{ES} (s. a. Berechnungsbeispiel Kap. 4.6 bzw. Kap. 4.7). Der in seiner Weite variable radiale Scheibenspalt e_{ES} stellt sich selbsttätig so ein, dass die notwendige Druckhöhe H_{ES} in der Entlastungskammer gehalten wird. Er hat keinen Einfluss auf V_{ES}. Aus der Druckhöhe $H_{ES,i}$ und dem Entlastungsstrom lässt sich jetzt aus umgeformter Gl. (3.150) die sich einstellende Spaltweite e_{ES} errechnen. Wir übertragen dazu vereinfachend die Verhältnisse eines axial durchströmten zylindrischen Spaltes auf den radial durchströmten Scheibenspalt und bekommen mit dem mittleren Scheibenspalt-Durchmesser $D_m = (D_a + D_i)/2$, bzw. $D_m = r_a + r_i$ die Spaltweite

$$e_{ES} = \frac{V_{ES}}{\mu\,\pi\,D_m\sqrt{2g\left(H_{ES,i} - \Delta H_{ND}\right)}}. \tag{3.240}$$

Beim Durchflussbeiwert μ nach Gl. (3.158) ist die Spaltlänge mit $s = (r_a - r_i) = (D_a - D_i)/2$ einzusetzen. Da μ von der Spaltweite selbst abhängig ist, muss diese durch Iteration ermittelt werden. Sie ergibt sich in der Größenordnung von etwa $e_{ES} \approx 0{,}1$ mm. Die in der Nachdrossel abgebaute Druckhöhe ΔH_{ND} ist unabhängig vom Scheibenspalt und wird vorab aus der Geometrie der Nachdrossel (Spaltweite, -länge -durchmesser und -oberfläche) und dem Entlastungsstrom berechnet. Bei fehlender Nachdrossel ist in obiger Gl. $\Delta H_{ND} = 0$ zu setzen. Die abgebaute Druckhöhe in der Nachdrossel hat nur einen minimalen Einfluss auf die Größe des Entlastungsstromes und beeinflusst hauptsächlich die Weite des Scheibenspaltes. Theoretisch müsste die in der Nachdrossel abgebaute Druckhöhe bei der Berechnung des Druckverlaufs und der Axialkraft im Scheibenspalt berücksichtigt werden. Sie wirkt sich in einer geringen Vergrößerung der im Spalt erzeugten Gegenkraft aus, da der Druck nicht bis auf null abgebaut wird. Die Auswirkungen auf das Gesamtergebnis sind jedoch äußerst gering und können daher vernachlässigt werden. Sie sind aus dem Berechnungsbeispiel Kap. 4.6 bzw. Kap. 4.7 ersichtlich.

Anmerkung: Alle Druckhöhenangaben sind als Differenz zur Druckhöhe H_0 im Pumpeneintritt zu verstehen. Die Druckhöhe im Sammelraum hinter der Entlastungsscheibe kann vereinfacht mit H_0 gleichgesetzt werden, wenn der Druckverlust in der Entlastungsleitung vernachlässigbar klein ist gegenüber dem Pumpendruck. Liegen die Druckverluste höher, (was wegen ihrer quadratischen Abhängigkeit vom Entlastungsstrom zu beachten ist) oder wird der Entlastungsstrom nicht in den Pumpeneintritt, sondern z. B. hinter die erste Stufe rückgeführt, was aus *NPSH*-Gründen manchmal praktiziert wird, ist das sinngemäß zu berücksichtigen. Im Allgemeinen reagiert eine Scheibenentlastung eher „gutmütig" auf manche Ungenauigkeiten. Allen Betrachtungen zur Scheibenentlastung wird ein höchster Grad an Planparallelität von Entlastungsscheibe und Gegenscheibe zu Grunde gelegt, die aber in der Realität infolge von unvermeidlichen Fertigungs- und Montagefehlern nur bis zu einem gewissen Grad vorhanden ist. Durch Wellendurchbiegung wird zudem der Scheibenspalt über dem Umfang nie absolut gleich sein. Durch besondere Bearbeitung der Stufengehäuse versucht man, die Biegelinie des Rotors nachzuempfinden, wobei berücksichtigt werden muss, dass die Durchbiegung der Welle durch ihr Eigengewicht im Stillstand der Maschine größer ist als im Betrieb, wo infolge der Axialkraft die Welle ganz erheblich auf Zug beansprucht wird, was die Durchbiegung auf etwa die Hälfte verringern kann. Dazu kommen auch noch thermische Effekte, die hauptsächlich beim Aufwärmen und Abkühlen zu Verformungen führen können. Der eigentliche Zweck der obigen

Berechnungen, nämlich die Darstellung der Zusammenhänge und die Optimierung der Geometrie, wird aber trotz der Vereinfachungen erreicht.

Durch Variation der geometrischen Eingabedaten für Vordrossel und Entlastungsscheibe kann man deren Auswirkung auf den Entlastungsvolumenstrom und die Weite des Scheibenspaltes anschaulich darstellen.

Entlastungskolben Anders als bei der Scheibenentlastung kann der Axialschub mit einem Entlastungskolben nur bei *einen* bestimmten Betriebspunkt durch die Wahl des Kolbendurchmessers vollständig ausgeglichen werden. Bei davon abweichender Förderung entsteht stets eine Restkraft ΔF_{ax}, die von einem Axiallager aufgenommen werden muss. Der Entlastungskolben wirkt im Prinzip wie ein hinterer Dichtspalt bei einer einstufige Pumpe bzw. einer mehrstufigen Pumpe mit Stufenentlastung. Sein grundsätzlicher Aufbau geht aus Abb. 3.124 hervor. Durch die unterschiedliche Geometrie der trag- und deckscheibenseitigen Radseitenräume ergibt sich wie bei der Scheibenentlastung eine resultierende Axialkraft F_{ax} mit der Tendenz, den Rotor zur Saugseite zu schieben. Der zum Ausgleich dieser Axialkraft erforderliche Kolbendurchmesser D_K ergibt sich aus der Druckverteilung in den Radseitenräumen und hat – grob betrachtet – etwa die Größe des Durchmessers des vorderen Dichtspaltes D_{SpI} am Laufrad. Abhängig von konstruktiven und hydrodynamischen Parametern wie Geometrie der Radseitenräume, Spaltgeometrie, spezifische Drehzahl, Fördergrad und Druckziffer sowie der Stufenzahl ergibt er sich im Endeffekt meist etwas kleiner als der Durchmesser des

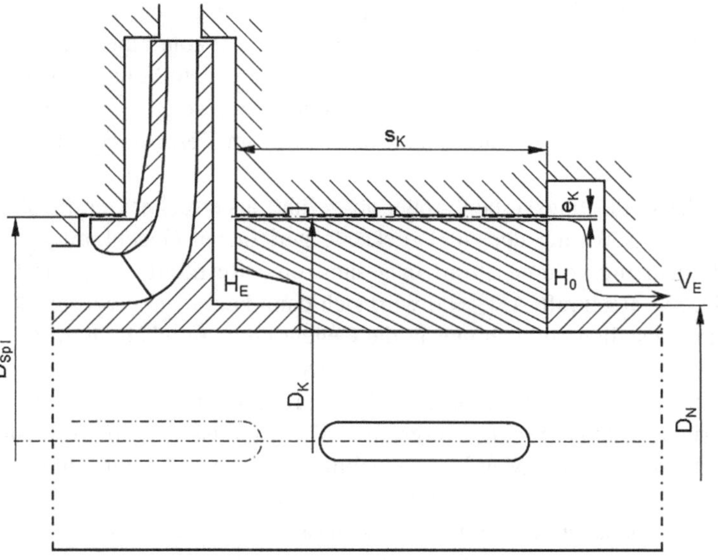

Abb. 3.124 Kolbenentlastung

deckscheibenseitigen Dichtspaltes. Die genannten Parameter wirken sich im Einzelnen wie folgt aus:

- Breitere Radseitenräume bewirken generell eine geringere Rotation des Festkörperwirbels und damit eine etwas höhere mittlere Axialkraft im jeweiligen Radseitenraum.
- Vergrößerte Spaltspiele haben eine Abnahme des mittleren Druckes im deckscheibenseitigen und eine Zunahme im tragscheibenseitigen Radseitenraum zur Folge, also eine vergrößerte Axialkraft in Richtung Saugseite, wie bereits bei der Scheibenentlastung erwähnt. Dies ist zu beachten, wenn sich im Laufe des Betriebes die Spaltspiele vergrößern. Durch Wahl eines größeren Kolbendurchmessers kann man dem Rechnung tragen; im Neuzustand der Pumpe hat man dann aber bereits im Auslegungspunkt der Pumpe einen gewissen Restschub zur Druckseite.
- Mit der spezifischen Drehzahl (und auch mit dem gewählten Wellendurchmesser) ändern sich die Durchmesserverhältnisse, also die Geometrie der Radseitenräume und damit die Wirkung der Spaltverluste.

Wie bereits gesagt, ergibt sich bei Pumpen mit Sammelentlastung aus der Konstruktion eine zur Saugseite gerichtete Axialkraft F_{ax}. Dieser wird bei der Konzeption mit Entlastungskolben durch eine vom Kolben erzeugte Gegenkraft F_{ax}* entgegengewirkt. Abhängig vom Betriebspunkt verbleibt eine unterschiedlich große Restkraft $\Delta F_{ax,}$ die von einem Axiallager aufgenommen werden muss. Mit zunehmendem Fördergrad nehmen sowohl der Axialschub F_{ax} als auch die Gegenkraft F_{ax}* ab und mit abnehmendem Fördergrad zu (s. Abb. 3.125).

Im Allgemeinen ist der Gradient von F_{ax}* – besonders bei Teillast – größer als der Gradient von F_{ax}. (Theoretisch steigt er bis $V = 0$ kontinuierlich an). Dadurch ergibt sich bei Teillast tendenziell eine mit abnehmendem Volumenstrom anwachsende Restkraft zur Druckseite und bei Überlast eine solche zur Saugseite, wenn der Kolben so ausgelegt wurde, dass die Kräfte im Berechnungspunkt ausgeglichen sind.

Wird der Entlastungskolben größer ausgeführt als errechnet, ergibt sich tendenziell eine Vergrößerung der zur Druckseite gerichteten Gegenkraft F_{ax}*, so dass beim Berechnungsvolumenstrom insgesamt eine Restkraft ΔF_{ax} zur Druckseite verbleibt. Die Restkraft $\Delta F_{ax} = 0$ wird sich dann bei einem etwas größeren Volumenstrom einstellen und dahinter in die Gegenrichtung umkehren. Mit einem größer gewählten Kolben beugt man der Schubvergrößerung etwas vor, wenn sich im Betrieb nach einiger Zeit die Spaltspiele vergrößern und sich damit die zur Saugseite gerichtete Axialkraft F_{ax} vergrößert. Der Einfluss der Spaltverluste auf die Axialkraft ist erheblich. Man kann annehmen, dass sich die zur Saugseite gerichtete Axialkraft F_{ax} bei Verdoppelung der Spaltspiele um mehr als 20% über dem gesamten Betriebsbereich vergrößert, so dass dadurch unter bestimmten Voraussetzungen nur noch eine zur Saugseite gerichtete Restkraft resultiert. Dem kann somit durch Wahl eines größeren Kolbendurchmessers begegnet werden.

Andererseits wird bei kleiner ausgeführtem Entlastungskolben die zur Druckseite gerichtete Gegenkraft F_{ax}* geringer, so dass beim Berechnungsvolumenstrom

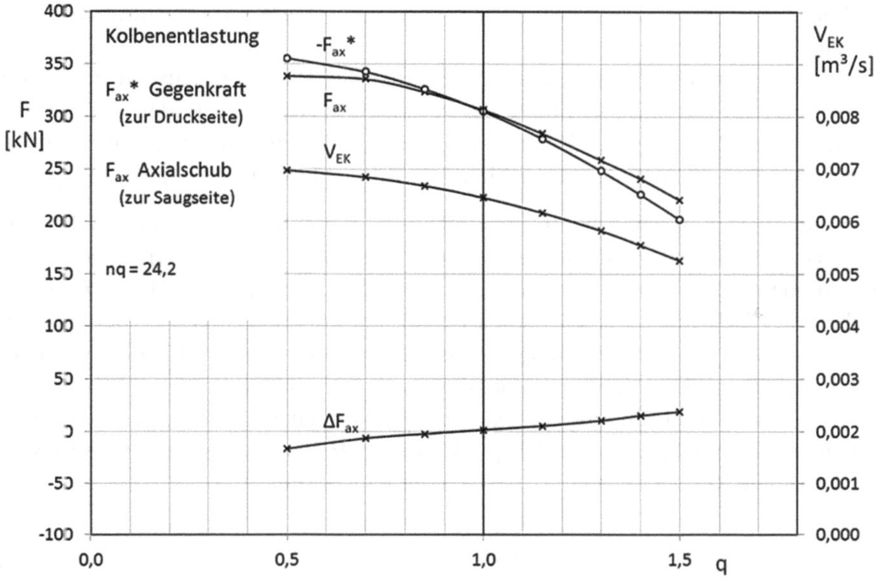

Abb. 3.125 Axialkräfte bei Kolbenentlastung. Zahlenwerte aus Berechnungsbeispiel Kap. 4.7

eine zur Saugseite gerichtete Restkraft verbleibt, die mit abnehmendem Volumenstrom kleiner wird, so dass sich bei einem bestimmten Teillast-Betriebspunkt ein Nulldurchgang mit Schubumkehr ergibt. Da mehrstufige Pumpen selten bei größerer Überlast betrieben werden, zudem die Axialkräfte bei Überlast kalkulierbar sind, ist ein kleinerer Entlastungskolben bei überwiegendem Teillastbetrieb mitunter sinnvoll. Durch Spielvergrößerung kann dann jedoch die Restkraft beim Berechnungsvolumenstrom erheblich anwachsen.

- Abb. 3.125 zeigt die Kräfteverteilung der in Kap. 4.7 berechneten Sammelentlastung mittels Kolbens. Der Kolbendurchmesser wurde mit Ø 246 mm minimal kleiner ausgeführt als er sich für völligen Schubausgleich bei $q = 1$ ergeben hätte (Ø 246,3 mm). Dadurch bleibt im Berechnungspunkt eine minimale Restkraft zur Saugseite. Der Nulldurchgang liegt geschätzt bei $q \approx 0{,}97$. Dadurch verbleibt für $q < 0{,}97$ mit abnehmender Förderung zunehmend eine Restkraft zur Druckseite und bei $q > 0{,}97$ mit zunehmender Förderung eine solche zur Saugseite.

Häufig wird der Entlastungskolben so ausgelegt, dass im gefahrenen Betriebsbereich der Pumpe der Nulldurchgang der Restkraft – also Schubumkehr – vermieden wird, um zu gewährleisten, dass das Axiallager stets eine definierte Belastung erfährt.

- Mit höherer Druckziffer nimmt die Umfangskomponente der Strömung am Laufradaustritt zu, was sich ähnlich wie vergrößerte Spaltverlustströme in einer Zunahme der Druckdifferenz zwischen deck- und tragscheibenseitigen

Radseitenräumen äußert, also auch in einer vergrößerten Axialkraft in Richtung Saugseite.
- Bei geringer Stufenzahl nimmt der Einfluss des Radseitenraumdruckes hinter der letzten Stufe zu, der infolge des zentripetal gerichteten Entlastungsverluststromes einen geringeren Beitrag zum Axialschub liefert als die übrigen Stufen, was tendenziell zu einem etwas kleineren Kolbendurchmesser führt.

Der maximale Restschub bei Teillast hängt im Wesentlichen ab von der Förderhöhe H_{opt} im Bestpunkt, dem Laufraddurchmesser D_2 und dem Verlauf der Spaltdruckhöhe H_p über dem Förderstrom, ausgedrückt durch das Verhältnis $H_0/H_{Fax,0}$, wobei die Förderhöhe $H_{Fax,0}$ bezogen ist auf den Förderstrom $V_{Fax,0}$, bei dem der Restschub null ist. Die Abhängigkeit des Restschubes vom Verhältnis des deckscheibenseitigen Dichtspaltdurchmessers zum Laufraddurchmesser kann durch die spezifische Drehzahl ausgedrückt werden. Wird der Kolben für den Schubausgleich für einen beliebigen Betriebspunkt $\left(V_{Fax,0};\, H_{Fax,0}\right)$ dimensioniert, ergibt sich der maximale Restschub bei Teillast nach der Faustformel

$$\Delta F_{ax,\max} = 1{,}65 \cdot 10^{-4} \rho\, g\, H_{opt} D_2^2 \left(H_0 / H_{Fax,0}\right) n_q^{1{,}5}, \tag{3.241}$$

die zur groben Abschätzung, z. B. zur Vorauswahl des erforderlichen Axiallagers, benutzt werden kann, mit $\Delta F_{ax,max}$ in [N] und H und D_2 in [m]. Der Restschub bei Überlast kann angenähert grafisch ermittelt werden durch die verlängerte Gerade vom maximalen Restschub bei $V = 0$ durch den Punkt $\left(V_{Fax,0};\, H_{Fax,0}\right)$.

Wegen des relativ hohen abzubauenden Druckes wird der Kolben mit einer Länge von $s_K \approx (0{,}8 \div 1{,}0)\, D_K$ und häufig mit Nuten in der Gehäusebuchse ausgeführt, um den Durchflusswiderstand zu erhöhen und den Verluststrom auf eine akzeptable Größenordnung zu beschränken. Häufiger als beim Vordrosselspalt der Scheibenentlastung wird der Kolbenspalt enger ausgeführt als die übrigen Dichtspalte an den Laufrädern und Stufendichtungen. Auch wird aus diesem Grunde wie bei der Scheibenentlastung mitunter versucht, die Biegelinie des Rotors zu berücksichtigen. Da beim Kolben der volle Druck abgebaut wird, der hinter dem Laufrad der letzten Stufe gegenüber dem Eintrittsdruck vor der Pumpe herrscht, außerdem die Spaltquerschnittsfläche größer ist als die Querschnittsfläche in der Vordrossel einer vergleichbaren Scheibenentlastung, ist der Entlastungsvolumenstrom bei Kolbenentlastung in der Regel etwa 30 % ÷ 40 % größer als dort. Da sich die Restkraft, die durch ein Axiallager aufgenommen werden muss, als Differenz von zwei sehr großen Beträgen ergibt, ist ihre Berechnung mit einer verhältnismäßig großen Unsicherheit behaftet. Dazu kommt, dass wie bei der Scheibenentlastung besonders bei Teillast kaum voraussehbare Druckverteilungen in den Radseitenräumen auftreten können, die einer Berechnung nicht zugänglich sind. Bei mittiger Stellung der Laufräder zu den Leiträdern tritt bei Teillast häufig (nicht generell) eine erhöhte Axialkraft in Richtung zur Saugseite auf. Wird jedoch das Axiallager genügend sicher konzipiert, ist die Verfügbarkeit einer Pumpe mit

Kolbenentlastung meist höher als bei Scheibenentlastung. Die Kolbenentlastung ist auch bei Pumpen mit axialem Eintrittsstutzen und hohen Zulaufdrücken einsetzbar, was die Anwendung der Scheibenentlastung wegen drohender Schubumkehr ausschließt.

Der Kolbendurchmesser wird berechnet aus dem Axialschub im Auslegepunkt und der Differenz der Drücke vor und hinter dem Kolben. Kann der Druck hinter dem Kolben gleich dem Pumpeneintrittsdruck gesetzt werden, entspricht die Druckdifferenz der Druckhöhe hinter dem Laufrad der letzten Stufe am Kolbendurchmesser. (H_E aus Gl. (3.157)). Mit dem Nabendurchmesser hinter dem Kolben D_N wird der Kolbendurchmesser

$$D_{EK} = \sqrt{\frac{4F_{ax}}{\pi \rho g H_E} + D_N^2} \tag{3.242}$$

bzw.

$$r_{EK} = \sqrt{\frac{F_{ax}}{\pi\, \rho\, g\, H_E} + r_N^2}. \tag{3.242a}$$

Da mehrstufige Pumpen selten bei größerer Überlast betrieben werden, zudem die Axialkräfte bei Überlast kalkulierbar sind, ist ein kleinerer Entlastungskolben bei überwiegendem Teillastbetrieb sinnvoll. Es sei angemerkt, dass man im Gegensatz zur Entlastungsscheibe bei der Berechnung des Kolbens keine „Sicherheitszuschläge“ machen kann. Unsicherheiten treten bei Teillast auf und müssen bei der Lagerauslegung entsprechend berücksichtigt werden.

Liegt nun die Geometrie des Entlastungskolbens fest, kann – wie im Berechnungsbeispiel Kap. 4.6 gezeigt – der Entlastungsverluststrom V_{EK} berechnet werden. Da die Druckhöhe H_E wiederum von V_{EK} abhängt (Druckabfall im Radseitenraum der letzten Stufe), besteht wieder eine Zirkelbeziehung zwischen D_{EK} und V_{EK}, die jedoch iterativ schnell zu lösen ist, da die Abhängigkeit relativ gering ist.

Kap. 4.7 zeigt ein Berechnungsbeispiel zur Bestimmung der Axialkräfte und deren Ausgleich mittels Entlastungsscheibe bzw. -kolbens.

3.22 Das Einschaufelrad

Als Sondergebiet des Feststofftransports besteht in der Abwassertechnik bei der Förderung von ungeklärten, d. h. nicht vorgereinigten kommunalen Abwässern das Hauptproblem in der Verstopfungsgefahr der Laufräder durch Feststoffe. Das hat zur Entwicklung spezieller Radformen geführt, wie bereits in Kap. 3.9.2 ausgeführt. Durch die Forderung nach höchster Verfügbarkeit, d. h. nach einem Höchstmaß an Verstopfungsfreiheit kommt dem Einschaufelrad zur Förderung von nicht vorgereinigten kommunalen Abwässern eine wachsende Bedeutung zu, da sich u.

a. die Zusammensetzung der Abwässer verändert hat im Sinne zunehmender Verstopfungsneigung. Das Einschaufelrad weist sowohl den größtmöglichen freien Durchgang auf und verhindert auch durch die besondere Gestaltung des Schaufelkanals weitestgehend das Ansetzen von faserigen Feststoffen. Mit dem Einschaufelrad kann die Forderung „was in die Pumpe hinein gelangt muss auch durch die Pumpe hindurch“ bestmöglich erfüllt werden.

Hydrodynamische Eigenschaften Allerdings ist das Einschaufelrad wegen seiner hydrodynamischen Nachteile nicht uneingeschränkt einsetzbar. Diese Nachteile sind in der Natur der Einschaufelräder begründet und lassen sich durch konstruktive Maßnahmen zwar etwas abmildern, jedoch nicht grundsätzlich beheben. Der Hauptnachteil besteht in der „hydrodynamischen Unwucht“, die dadurch entsteht, dass die Beschaufelung und die aus ihr resultierende Schaufelkraft bei nur einer Schaufel nicht umfangssymmetrisch ist, sondern – vergleichbar mit einer mechanischen Unwucht – mit dem Rad umläuft und dadurch zu zusätzlichen Lagerkräften und Schwingungen führt. Sie kann zwar durch eine zusätzliche mechanische Unwucht ausgeglichen werden, doch ist dies nur für einen engen Betriebsbereich möglich, da sich die hydrodynamische Unwucht mit dem Betriebspunkt der Pumpe ändert. Ab der Schaufelzahl „zwei“ besteht bei exakter Schaufelteilung und -geometrie immer Umfangssymmetrie und alle Schaufelkräfte gleichen sich in ihrer Summe theoretisch vollkommen aus. Ein weiterer Nachteil des Einschaufelrades besteht darin, dass infolge der großen Schaufelteilung starke Druckpulsationen auftreten. Betrachtet man von einem raumfesten Punkt, z. B. der Gehäusezunge aus den zeitlichen Druckverlauf der vorbeistreichenden Schaufel, wird man eine von der augenblicklichen Schaufelstellung abhängigen Druckhöhe feststellen, die von einem Anfangswert bis zum Schaufelaustritt ansteigt und mit jeder Umdrehung dann plötzlich wieder auf den Anfangswert abfällt. Mit dieser Druckpulsation ist ein Pulsieren des Durchflusses gekoppelt als Reaktion auf die mittleren Drücke in den Rohrleitungen. Diese Druck- und Durchflusspulsationen treten zwar grundsätzlich bei allen beschaufelten Laufrädern auf, sind aber umso weniger ausgeprägt, je höher die Schaufelzahl ist. Demzufolge sind sie beim Einschaufelrad am stärksten. Bei der meist sehr knappen oder gar fehlenden Schaufelüberdeckung des Einschaufelrades kann hier der Druck nach dem Vorbeistreichen der Schaufel an der Spiralzunge praktisch auf den Eintrittsdruck fallen, so dass die größtmöglichen Druck- und Durchflusspulsationen auftreten. Aus Abb. 3.127b geht hervor, wie die Druckpulsationen zu Förderstromschwankungen führen. Diese können so groß sein, dass unter bestimmten Bedingungen die Wassersäule in der Saugleitung kurzzeitig „abreißt“ und hörbare Wasserschläge auftreten.

Man hat also sowohl mit mechanischer Laufunruhe als auch mit Druck- und Durchflusspulsationen zu tun, die sich superponieren. Die Druck- und Durchflusspulsationen führen u. a. auch zum Absinken des erreichbaren Wirkungsgrades, was wohl z. T. darauf zurückzuführen ist, dass bei diesbezüglichen Messungen stets Mittelwerte erfasst werden, die umso weniger repräsentativ sind, je größer die Schwankungen sind. Wird beim Zweischaufelrad noch ein Wirkungsgrad erreicht, der nur wenige Prozent unter dem von normal beschaufelten Laufrädern liegt, steigt er beim Einschaufelrad praktisch kaum noch über 75 ÷ 77%.

Auffällig an der Drosselkurve von Einschaufelradpumpen ist der meist konkave Verlauf ähnlich dem der theoretischen Förderhöhe (Kap. 2.7). Zudem ist die Druckziffer im Bestpunkt im Vergleich zu anderen Rädern niedrig aufgrund der Schaufelzahl $z_U = 1$ und des kleinen Austrittswinkels β_2, trotz der relativ großen Austrittsbreite. Dennoch erreicht das Einschaufelrad etwa die gleiche Nullförderhöhe wie Räder mit „normaler" Schaufelzahl, wie z. B. der Vergleich in Abb. 3.29 zeigt. Die Saugfähigkeit von Einschaufelrädern ist geringer als die von normalbeschaufelten Laufrädern, was seine Ursache hauptsächlich in der pulsierenden Strömung haben dürfte. Je nach Baugröße werden Saugzahlen von $S_{3\%} \approx 110 \div 150$ erreicht. Trotz der aus dem üblichen Rahmen fallenden Konstruktionsmerkmale haben die Minderleistungsformeln in Kap 2.7 für die Berechnung des Einschaufelrades volle Gültigkeit.

A. Hydrodynamische Unwucht Die hydrodynamische Unwucht kann – wie oben bereits erwähnt – durch eine mechanische Unwucht als Gegenkraft ausgeglichen werden, die am Rad oder möglichst nahe dem Rade auf der Welle angebracht ist. Der Ausgleich kann jedoch wie gesagt nur für einen bestimmten, eng begrenzten Betriebsbereich herbeigeführt werden, da die hydrodynamische Kraft in Betrag und Angriffsrichtung mit dem Förderstrom veränderlich ist, wie aus Abb. 3.126 und 3.127 hervorgeht. Die Größe der resultierenden Kraft verhält sich

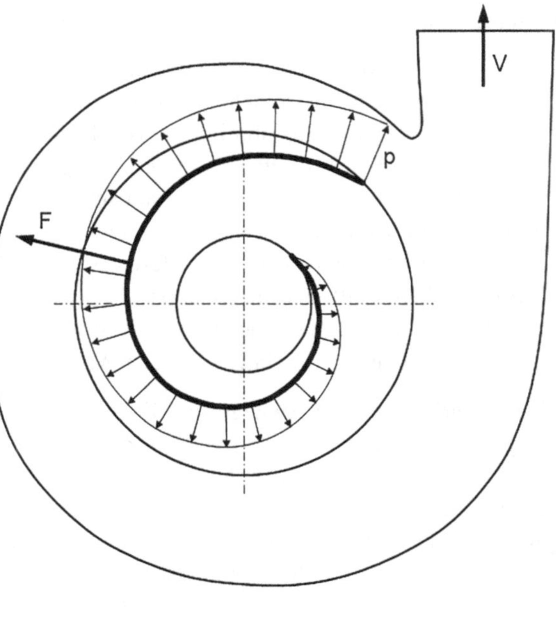

Abb. 3.126 Schematische Darstellung des Schaufeldruckes beim Einschaufelrad. *p* Schaufeldruck, *F* resultierende Schaufelkraft

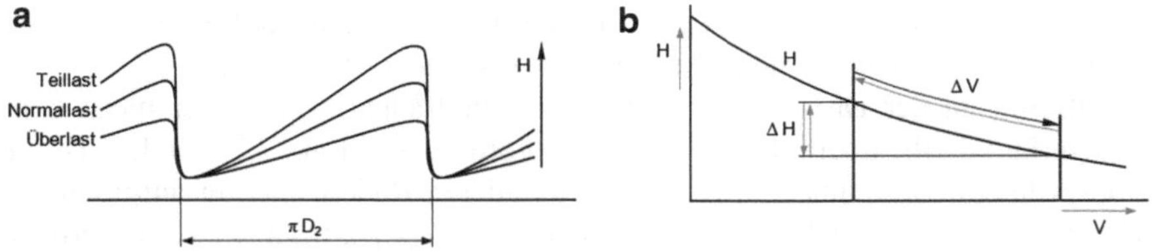

Abb. 3.127 **a** Schaufeldruckhöhe über dem Laufradumfang bei verschiedenen Förderzuständen (schematisch) **b** Druckhöhen- und Durchflussschwankung bei jeder Umdrehung

etwa proportional der Spaltdruckhöhe, also auch ungefähr proportional der Förderhöhe, wie in Abb. 3.127a schematisch dargestellt. Ihre Richtung hängt von der Druckverteilung auf der Schaufel ab und ergibt sich als Vektorsumme der Drücke; ihr Angriffspunkt liegt etwa im mittleren Bereich der Schaufellänge und verändert sich mit dem Betriebspunkt. Wegen dieser vom Betriebspunkt abhängigen hydrodynamischen Kraft ist der Fahrbereich der Pumpe ziemlich eingeengt, wenn man keine größere Restunwucht zulassen will. Zum Massenausgleich über einen größeren Förderbereich müsste die Ausgleichsmasse im Betrieb veränderlich sein, was theoretisch mit zwei gleich großen auf der Welle verdrehbar angebrachten Massen möglich gemacht werden könnte. Wenn sich diese um 180° gegenüber befinden, haben sie keine Wirkung. Durch Verdrehen in verschiedene Richtungen gegeneinander könnte stets ein Ausgleich erreicht werden. Mit einer automatisierten Regelung ließe sich das Hauptproblem der Einschaufelradpumpe – die hydraulische Unwucht – über den gesamten Betriebsbereich lösen.

B. Druckpulsationen Die Druckpulsationen und ihre Auswirkungen lassen sich grundsätzlich nicht vermeiden. Ähnlich wie bei Kolbenpumpen könnte man sie mittels eines Windkessels abmildern. Wo der Betrieb es zulässt, kann auch durch geringe Zugabe von Luft eine deutliche Dämpfung erreicht werden. Die benötigte Luftmenge ist so gering, dass es praktisch nicht zu störender Luftansammlung durch Ausgasen kommt, da sich die feinen Luftblasen an den Feststoffpartikeln anlagern. Überdies wird bei der weiteren Abwasserbehandlung wegen des Anteils an organischen Stoffen Luft (Sauerstoff) benötigt. Durch konstruktive Maßnahmen, d. h. hauptsächlich eine möglichst große Schaufelüberdeckung, können die Druckpulsationen nur in relativ geringem Maße etwas abgemildert werden.

C. Hydrodynamische Auslegung Mit der Forderung, dass der freie Durchgang (Kugeldurchgang) gleich der Weite des Saugstutzens sein soll, sind die Parameter für die hydrodynamische Auslegung eingeengt. Aus Abb. 3.30 ist ersichtlich, dass bei gegebener Drehzahl der Berechnungsförderstrom mit dem freien Durchgang festgelegt ist. Da auch die Austrittsbreite b_2 und der Austrittswinkel β_2 quasi fest sind, kann nur noch der Laufraddurchmesser entsprechend der gewünschten Förderhöhe gewählt werden. Andersherum ergibt sich der freie Durchgang nach

Abb. 3.30 aus dem Volumenstrom und der Drehzahl und es ist zu prüfen, ob der sich ergebende freie Durchgang den Vorgaben entspricht. In jedem Falle muss jedoch die Korrelation von freiem Durchgang und Volumenstrom beachtet werden. Eine weitere Eingrenzung der Parameter erfolgt aus der Bedingung, dass auch der Spiralendquerschnitt nicht nach den Richtlinien der Spiralberechnung bestimmt werden kann, sondern sein Mindestwert durch den Kugeldurchgang ebenfalls vorgegeben ist, so dass erhebliche Diskrepanzen gemäß Kap. 3.8 auftreten können. Die damit mögliche Verschiebung des Bestpunktes muss in Kauf genommen werden; sie ist andererseits oft von untergeordneter Bedeutung, da der Wirkungsgradverlauf von Einschaufelradpumpen relativ flach und sein Einfluss auf die Drosselkurve nur gering ist. Durch das Fehlen einer Eintrittskante im üblichen Sinne gibt es beim Einschaufelrad praktisch keine „stoßhafte" Anströmung, so dass der *NPSH*-Verlauf sehr flach verläuft ohne den typischen Steilanstieg bei Überlast.

D. Geometrie des Einschaufelrades Im Gegensatz zu Mehrschaufelrädern bildet sich an der „Eintrittskante" der Schaufel kein Staupunkt, da die Eintrittskante die Strömung nicht teilt, sondern von ihr umströmt wird, wodurch es grundsätzlich nicht zum Anhaften von faserigen Feststoffen kommen kann, es sei denn, dass die Eintrittskante mit sehr kleiner Abrundung ausgeführt ist. Der gesamte in das Laufrad einströmende Volumenstrom muss zwangsläufig die Schaufeleintrittskante umströmen, da dies der einzige Weg ist, das Laufrad zu passieren. Das ist unabhängig davon, wie die Schaufel ausgebildet ist. Eine einfache Konstruktion, die zuweilen bei kleinen Baugrößen und für untergeordnete Zwecke angewendet wird, ergibt sich, wenn man zwischen zwei ebenen Rotationflächen (Deck- und Tragscheibe) eine zylindrisch gebogene Schaufel mit quasi achsparalleler Ein- und Austrittskante legt, ähnlich wie in Abb. 3.31a dargestellt. Das gibt allerdings nur befriedigende Ergebnisse bei „großem" Durchmesserverhältnis D_2/D_s, da man nur hier eine genügend große Schaufelüberdeckung erreicht. Bei größeren Maschinen und vor allem beim Durchmesserverhältnis $D_2/D_s < 3$ muss die Schaufel räumlich gekrümmt und das Laufrad im Meridianschnitt axial vorgezogen werden, um die gewünschte Schaufelüberdeckung beim geforderten freien Kugeldurchgang zu gewährleisten, was zu einem Meridianschnitt ähnlich Abb. 3.31b führt. Je kleiner

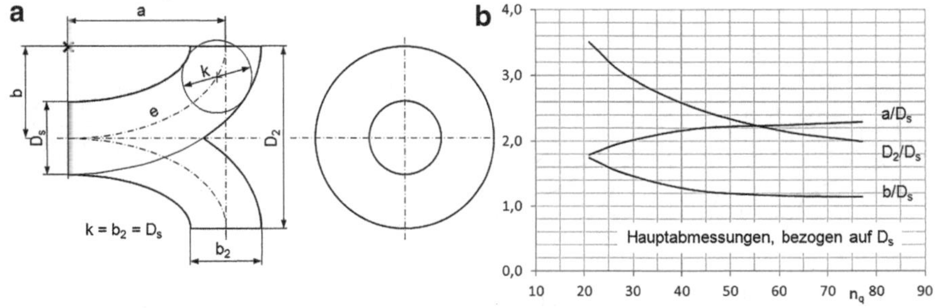

Abb. 3.128 Definition der Hauptabmessungen des Einschaufelrades **a** und Richtwert zur Dimensionierung der Hauptabmessungen **b**. Alle Größen auf den Eintrittsdurchmesser D_s bezogene

das Durchmesserverhältnis, desto mehr muss der Eintritt axial vorgezogen werden. Die mittlere Stromlinienlänge *e* im Meridianschnitt sollte etwa das Zweieinhalbfache des Kugeldurchgangs *k* – also des Eintrittsdurchmessers oder der Austrittsbreite – betragen. Richtwerte abhängig vom Durchmesserverhältnis D_2/D_s bzw. der spezifischen Drehzahl n_q können aus Abb. 3.128 entnommen werden.

Zur Konfiguration der räumlich gekrümmten Schaufel kann man von der Vorstellung ausgehen, dass sich der Mittelpunkt einer Kugel mit Durchmesser *k* vom Eintritt zum Austritt auf einer spiralförmigen „Skelettlinie" von der axialen allmählich in die radiale Richtung bewegt. Das ergibt einen Schaufelkanal in der Form eines räumlich verwundenen Rohres mit Kreisquerschnitt, wie in Abb. 3.130 dargestellt.. Dieser Schaufelkanal weist logischerweise keine „echte" Eintrittskante auf. Die wahrgenommene Eintrittskante ist vielmehr nur ein Rohrkrümmer mit großem Umlenkwinkel und kleinem Umlenkradius.

Die Aufgabe besteht nun darin, den Schaufelkanal so zu formen, dass sich keine Überschneidungen der Querschnitte ergeben und sich die Schaufel über einem möglichst großen Entwicklungswinkel φ erstreckt. Das bedeutet, dass sich zwei beliebige um 360° versetzte Querschnitte nicht überschneiden dürfen, sondern stets durch die vorgegebene Wandstärke *s* getrennt sein müssen. Deshalb müssen die gedachten Kugelmittelpunkte von einander einen Abstand von $r = k + s$ aufweisen. Bei im Meridianschnitt (Zirkularprojektion) vorgegebener Skelettlinie kann man folgendermaßen vorgehen:

Man beginnt gemäß Abb. 3.129 am Laufradaustritt am Radius $R_0 = (D_2 + k)/2 + s$, dem man den Entwicklungswinkel $\varphi = 0°$ zuordnet. Nun trägt man auf der Skelettlinie jeweils die Schnittpunkte M_x im Abstand *r* ab und bestimmt den Abstand R_x dieser Schnittpunkte von der Achse. Es ist ersichtlich, dass dies – abhängig von der Geometrie des Meridianschnittes – nur möglich ist, wenn die Querschnitte mit zunehmendem Entwicklungswinkel axial in Richtung Eintritt ausweichen. Die zu den Schnittpunkten M_x gehörenden Querschnitte unterscheiden sich jeweils um einen Entwicklungswinkel von $\Delta\varphi = 360°$. Mit den Radien *R* dieser Querschnitte findet man durch eine Näherungsfunktion für Zwischenwerte

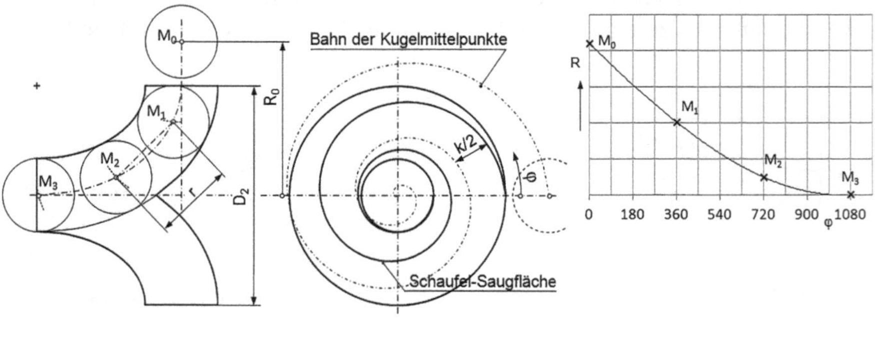

Abb. 3.129 Konstruktion des Schaufelkanals

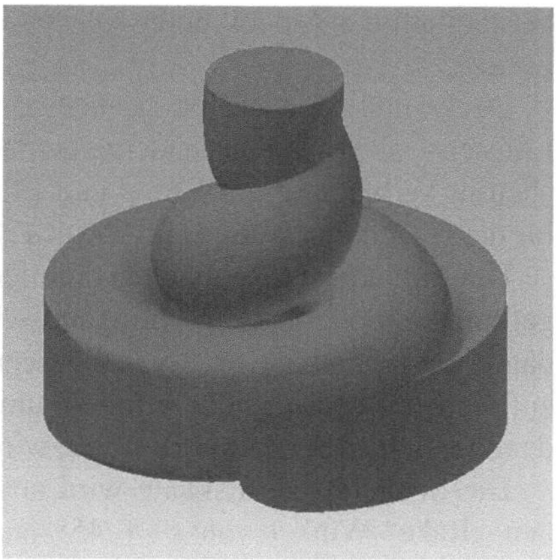

Abb. 3.130 Kernkörper des Einschaufelrades

Abb. 3.131 Einschaufelrad-Modell mit abgenommener Deckwand

von φ die zugehörenden Radien R_x, d. h. einen harmonischen Kurvenzug $R_x(\varphi)$, wie in Abb. 3.129 rechts dargestellt. Damit ist nun im Grundriss die Spiralkontur (Skelettlinie) für die Mittelpunkte der Kreisquerschnitte – also der Kanalverlauf – festgelegt. Subtrahiert man den Kugelradius plus Wandstärke vom Radius R_x, erhält man die Außenkontur des Kanals, gewissermaßen die Saugfläche des aus Kugelquerschnitten entstandenen Schaufelkanals. Der Kanal muss in seiner Endausführung nicht streng Kreisquerschnitte aufweisen, sondern er kann beliebig von der Kreisform abweichen, solange der Kugeldurchgang k nicht unterschritten wird. Das kann sich im Interesse der Massenverteilung und zur Vermeidung von Materialanhäufungen, besonders an der Schaufelaustrittskante – und auch zur Gewichtsersparnis – als zweckmäßig erweisen. Den Übergang zu Deck- und Tragscheibe wird man stets mit großen Abrundungen versehen. Abb. 3.131 zeigt beispielhaft das Modell eines solchen Einschaufelrades mit abgenommener Deckwand.

Deck- und Tragscheibe können als äquidistante Rotationsflächen aus Viertel-Ellipsen – aber auch aus anderen geometrischen Figuren wie z. B. Kegelmantelflächen in Verbindung mit Kreis- und Ellipsen-Tori gebildet werden. Die Richtwerte für die Hauptabmessungen in Abb. 3.128 gelten für Viertel-Ellipsen.

Um die Druckpulsationen abzumildern, muss die Schaufel möglichst lang ausgeführt werden. Ihr Umschlingungswinkel sollte mehr als $\varphi = 360°$ betragen, damit die Druckhöhe an der Gehäusezunge nicht bei jeder Umdrehung des Rades auf die Eintrittsdruckhöhe, sondern um einen geringeren Betrag abfällt und außerdem die Schaufelbelastung gesenkt wird.

Die Schaufelaustrittskante wird außerdem zweckmäßigerweise mit einen großen „Rake"-Winkel von $\kappa \geq 45°$ ausgeführt, so dass der Druckabfall zeitlich „gedehnt" wird und somit sanfter erfolgt. Durch die sehr große Austrittsbreite der Einschaufelrädern ergibt sich z. B. mit einem Rake von $\kappa = 50°$ und einem Verhältnis des Laufraddurchmessers zur Austrittsbreite von $D_2/b_2 = 3$ ein Umschlingungswinkel von $\varphi_\kappa \approx 30°$. Ein großer Rake ergibt sich meist von selbst, wenn man den Kanalquerschnitt zum Austritt hin zunehmend von der Kreisform abweichen und in eine Rechteckform übergehen lässt, um starke Materialanhäufungen zu vermeiden und um die Schaufelwandstärke über der Austrittsbreite gleichmäßig gering auszuführen. Der Austrittswinkel ergibt sich aus der Konstruktion des Schaufelkanals mit $\beta_2 \approx 8° \div 11°$ ziemlich klein, abhängig vom Durchmesserverhältnis bzw. von der spezifischen Drehzahl.

Literatur

1. DIN 24260, Kreiselpumpen und Kreiselpumpenanlagen. Normenausschuss Maschinenbau (NAM) im DIN Deutsches Institut für Normung e. V. (1986)
2. Pfleiderer, C.: Die Kreiselpumpen für Flüssigkeiten und Gase, 5. Aufl. Springer, Berlin (1961)
3. Florjancic, D.: Experimentelle Untersuchungen an einer Pumpe zur Feststellung der Änderung der Saugfähigkeit durch Oberflächenrauhigkeit, durch Mischvorgänge am Laufradeintritt und durch Heißwasserförderung. Dissertation, ETH Zürich (1970)
4. Florjancic, D., et al.: Beurteilungskriterien für die Wahl des Zulaufdrucks von Kreiselpumpen. 3R international, 27. Jahrgang, Heft 7. Vulkan, Essen (1988)
5. Gülich, J.F.: Kreiselpumpen, 2. Aufl. Springer, Berlin (2004)
6. Münch, A.: Untersuchungen zum Wirkunsgradpotenzial von Kreiselpumpen. Dissertation, TU Darmstadt (1999)
7. EUROPUMP: Attainable Efficiencies of Volute Casing Pumps, 4. Aufl. Elsevier Advanced Technology, Oxford (1999)
8. Tamm, A.: Beitrag zur Bestimmung der Wirkungsgrade einer Kreiselpumpe durch theoretische, numerische und experimentelle Untersuchungen. Dissertation, TU Darmstadt (2002)
9. Osterwalder, J., Hippe, L.: Betrachtungen zur Aufwertung bei Serienpumpen. VDI-Berichte. 424 (1981)

10. Pfleiderer, C.: Die Kreiselpumpen für Flüssigkeiten und Gase, 3. Aufl. Springer, Berlin (1949)
11. Wesche, W.: Experimentelle Untersuchungen am Leitrad einer radialen Kreiselpumpe. Dissertation, TU Braunschweig (1989)
12. Wesche, W.: Der Einfluss der Verluste auf den Bestpunkt bei Leitradpumpen. VDMA Pumpentagung Karlsruhe (1988)
13. Wesche, W.: Berücksichtigung der Verluste bei der Auslegung von Leitapparaten für Kreiselpumpen, Mitteilungen des Pfleiderer-Instituts für Strömungsmaschinen Heft 1, Sept. (1994)
14. Hydaulic Institute Standards. 14th Edition (1983)
15. ANSI/Hydaulic Institute: Effect of Liquid Viscosity on Pump Performance. Standards 9.6.7–2003
16. Lünzmann, H., Kosyna, G.: Erforschung der Verfahrensparameter und Ermittlung von Korrekturfaktoren für Pipeline-Kreiselpumpen beim Fördern von Mineralölen erhöhter Viskosität. DGMK Deutsche Wissenschaftliche Gesellschaft für Erdöl, Erdgas und Kohle. Forschungsbericht. 479 (1993)
17. Grabow, G.: Hydraulischer Feststofftransport mit Kreiselpumpen. Maschinenmarkt Würzburg 103, 11 (1997)
18. Wesche, W.: Method for Calculation the Number of Vanes at Centrifugal Pumps. 6th Conference on Fluid Machinery, Budapest (1969)
19. Troskolánski, A.T., Lazarkiewicz, S.: Kreiselpumpen, 3. Aufl. Birkhauser, Basel (1976)
20. Eck, B.: Ventilatoren, 4. Auflage. Springer, Berlin (1962)
21. De Covats, A., Desmur, G.: Pumpen, Ventilatoren und Kompressoren. Verlag G. Braun Karlsruhe, Hannover (1968)
22. Kettner, P.: Strömung in der Spirale radialer Kreiselpumpen. Dissertation, TH Karlsruhe (1965)
23. Jensen, R.: Experimentelle Untersuchungen an Einfach- und Doppelspiralgehäusen für Kreiselpumpen. Dissertation, TU Braunschweig (1984)
24. Jensen, R.: Experimentelle Untersuchungen an Spiralgehäusen mit großen Zungenabständen und dicken Zungen. Unveröffentlichter Bericht Pfleiderer-Institut TU Braunschweig (1980)
25. Wesche, W.: Messungen am Spiralgehäuse einer Kreiselpumpe. Technische Rundschau SULZER, 2 (1987)
26. Bergen, J.: Untersuchungen an einer Kreiselpumpe mit verstellbarem Spiralgehäuse. Dissertation, TU Braunschweig (1969)
27. Pekrun, M.: Spiralgehäuse mit vergrößertem Endquerschnitt für unsymmetrische Laufradströmung. IAHR-Symposium Braunschweig (1966)
28. Wesche, W.: Auslegung von Pumpenspiralgen mit dicken Gehäusezungen. Technische Rundschau Sulzer, 4 (1980)
29. Wesche, W.: Beitrag zur Auslegung von Pumpenspiralen. VDI-Berichte 424, Tagung (1981)
30. Jensen, R.: Experimentelle Untersuchungen an Doppelspiralen in Anlehnung an Einfachspiralen mit dicken Zungen. Unveröffentlichter Bericht Pfleiderer-Institut, TU Braunschweig (1982)
31. Miete, R.: Experimentelle Untersuchungen an einer langsamläufigen Radialpumpe mit konzentrischen und halbkonzentrischen Gehäusen. Unveröffentlichter Bericht Pfleiderer-Institut, TU Braunschweig (1983)
32. Furchner, H.: Experimentelle Untersuchungen an einer langsamläufigen Radialpumpe. Unveröffentlichter Bericht Pfleiderer-Institut, TU Braunschweig (1982)
33. Jensen, R.: Experimentelle Untersuchungen an einer langsamläufigen Radialpumpe. VDI-Berichte 424, Tagung (1981)
34. Flörkemeier, K.H.: Experimentelle Untersuchungen zur Optimierung von Spiralgehäusen für Kreiselpumpen mit tangentialen und radialen Druckstutzen, Dissertation, TU Braunschweig (1977)
35. Stepanoff, A.J.: Radial- und Axialpumpen, 2. Aufl. Springer, Berlin (1959)

36. Domm, U., Dernedde, R.: Über eine Auswahlregel für die Lauf- und Leitschaufelzahl von Kreiselpumpen. KSB Technische Berichte 9
37. Lomakin, A.: Zentrifugal- und Axialpumpen, 2. Aufl. Maschinostrojenje, Moskau (1966)
38. Stampa, B.: Experimentelle Untersuchungen an axial durchströmten Ringspalten. Dissertation, TU Braunschweig (1971)
39. Weber, D.: Experimentelle Untersuchungen an axial durchströmten kreisringförmigen Spaltdichtungen für Kreiselpumpen. Dissertation, TU Braunschweig (1971)
40. Henning, H.: Experimentelle Untersuchungen an als Drosseln arbeitenden Gewinderillendichtungen für hydraulische Strömungsmaschinen. Dissertation, TU Braunschweig (1979)
41. Wagner, W.: Experimentelle Untersuchungen an radial von innen nach außen durchströmten Spaltdichtungen. Dissertation, TU Braunschweig (1972)
42. Kosyna, G., Lünzmann, H.: Experimental investigations on the influence of leakage flow in centrifugal pumps with diagonal clearance gap. ImechE Paper C 439/010, (1992)
43. Kármán, v.: Über laminare und turbulente Reibung. Z. Angewandte Mathematik Mechanik (ZAMM). 233–255 (1921)
44. Schultz-Grunow, E.: Der Reibungswiderstand rotierender Scheiben in Gehäusen. ZAMM. 15(4) (1935)
45. Schlichting, H., Gersten, K.: Grenzschichttheorie. Springer, Berlin (1997)
46. Lauer, J.: Einfluss der Eintrittsbedingungen und der Geometrie auf die Strömung in den Radseitenräumen von Kreiselpumpen. Dissertation, TU Darmstadt (1999)
47. Brodersen, S.: Neues zur Strömung in Radseitenräumen. Mitteilungen des Pfleiderer-Instituts für Strömungsmaschinen, Heft 1, September (1994)
48. Hergt, P., Prager, S.: The influence of different parameters on the disc friction losses of a centrifugal pump. The 9th Conference on Fluid Machinery Budapest, (1991)
49. Meier-Grotrian, J.: Untersuchungen der Radialkraft auf das Laufrad einer Kreiselpumpe bei verschiedenen Spiralgehäuseformen. Dissertation, TU Braunschweig (1972)
50. Straub, H.: Experimentelle Untersuchungen an einer Reibungspumpe im turbulenten Strömungsbereich. Dissertation, TH Darmstadt (1983)
51. Pfleiderer, C.: Strömungsmaschinen, 2. Aufl. Springer, Berlin (1957)
52. Schwarz, D., Wesche, W.: Radial- und Axialschubmessungen an einer doppelflutigen einstufigen Kreiselpumpe. VDMA Pumpentagung Karlsruhe (1973)
53. Agostinelli, A., et al.: An experimental investigation of radial thrust in centrifugal pumps. Trans ASME. (1960)
54. DIN EN ISO 5167: Durchflussmessungen von Fluiden mit Drosselgeräten in durchströmten Leitungen mit Kreisquerschnitt. Ausgabe 2004-01. Beuth, Berlin
55. VDI-Durchflusszahlen und Expansionszahlen genormter Drosselgeräte und Abweichungen von den Normvorschriften DIN 2040, Beuth-Vertrieb GmbH, Berlin, Ausgabe Sept. (1996)
56. Hütte, I.: Theoretische Grundlagen, 28. Aufl. Verlag von Wilhelm Ernst & Sohn, Berlin (1955)
57. Eck, B.: Technische Strömungslehre, 3. Aufl. Springer, Berlin (1949)
58. Felsch, K.-O., Piesche, M.: Das Betriebsverhalten von Reibungsturbomaschinen. VDI-Berichte, S. 424 (1981)
59. Möhring, U. K.: Untersuchung des radialen Druckverlaufs und des übertragenen Drehmomentes im Radseitenraum bei glatter, ebener Radseitenwand und bei Anwendung von Rückenschaufeln. Dissertation, TU Braunschweig (1976)
60. Hergt, P., Prager, S.: The Influence of Different Parameters on the Disc Friction Losses of a Centrifugal Pump. The 9th Conference on Fluid Machinery, Budapest (1991)

Kapitel 4
Berechnungs- und Entwurfsbeispiele

4.1 Normallaufrad

Es sei das Laufrad einer einstufigen Spiralgehäusepumpe mit axialem Eintritt zu entwerfen. Berechnung nach Kap. 3.9.

Förderdaten:

$$V_{opt} = 1000 \text{ m}^3/\text{h} = 0{,}2778 \text{ m}^3/\text{s}$$
$$H_{opt} = 39 \text{ m}$$
$$H_{s,geo} = 1{,}5 \text{ m}$$

Fördergut: Sauberes Wasser, Temperatur $T = 14$ °C, Dichte $\rho = 999{,}2$ kg/m^3, Dampfdruck $p_t = 0{,}016$ bar, Umgebungsdruck $p_A = 0{,}96$ bar.
Betriebsweise: Dauerbetrieb. (Daher sind genügende Kavitationssicherheit und guter Wirkungsgrad anzustreben).
Aufstellung: Trockenaufstellung, Welle horizontal.

NPSH Mit der geforderten geodätischen Saughöhe von $H_{s,geo} = 1{,}5$ m, einer geschätzten saugseitigen Druckverlusthöhe von $H_V = 0{,}5$ m und einer angenommenen Eintrittsgeschwindigkeit von $c_E = 5{,}7$ m/s (entsprechend *DN* 250) und damit $c_E^2/2g = 1{,}66$ m ergibt sich die Druckhöhe am Eintrittsstutzen zu

$$H_E = -(H_{s,\,geo} + c_E{}^2/2g + H_V) = -(1{,}50 + 1{,}66 + 0{,}50) = -3{,}66 \text{ m}$$

als Unterdruckhöhe gegenüber der Umgebungsdruckhöhe. Hieraus errechnet sich nach Gl. (3.42) die verfügbare Haltdruckhöhe der Anlage

$$NPSH_{av} = (p_A - p_t)/\rho\, g + H_E + c_E/2g = 9{,}63 - 3{,}66 + 1{,}66 = 7{,}63 \text{ m}$$

W. Wesche, *Radiale Kreiselpumpen*,
DOI 10.1007/978-3-662-48912-3_4

Mit einem vorab nach Tab. 3.2 sowie Abb. 3.15 und 3.16 geschätzten Sicherheitsbeiwert von $S \approx 1{,}4$ finden wir mit Gl. (3.46), dass der Wert von $NPSH_3 = 5{,}45$ m bei der geforderte Betriebsweise nicht überschritten werden darf.

Bauart Für die gegebenen Betriebsbedingungen wählt man vorzugsweise eine Spiralgehäusepumpe mit axialem Eintritt und einseitiger Lagerung, d. h. mit „fliegend" angeordnetem Laufrad, ähnlich Abb. 2.4. Pumpen dieser Art sind hinsichtlich Saugfähigkeit, Wirkungsgrad und Bauaufwand optimal.

Drehzahl Die zulässige Drehzahl ist durch die Kavitationsgefahr am Laufradeintritt begrenzt. Aus Abb. 3.9 entnehmen wir für axialen Eintritt eine mittlere Saugzahl von $S_3 \approx 230$, aus der wir mittels umgeformter Gl. (3.45), mit dem gegebenen Volumenstrom und der zulässigen Haltedruckhöhe die maximal zulässige Drehzahl

$$n = \frac{S_3 NPSH_3{}^{0,75}}{\sqrt{V}} = \frac{230 \cdot 5{,}45^{0,75}}{\sqrt{0{,}2778}} = 1557 \text{ U/min}$$

finden. Wir wählen die nächstniedrigere Asynchrondrehzahl

$$n = 1485 \text{ U/min } (\omega = 155{,}51 \text{ rad/s})$$

und bekommen damit eine geringe zusätzliche Sicherheit gegen Kavitation.

Spezifische Drehzahl Diese ergibt sich mit der nunmehr festgelegten Drehzahl nach Gl. (3.50) zu

$$n_q = 50{,}15 \text{ U/min}$$

Dieser Wert liegt in Bezug auf Wirkungsgrad in einem günstigen Bereich.

Wirkungsgrad und Laufraddurchmesser Zur Ermittlung des zu erwartenden Gesamtwirkungsgrades wird vom hydrodynamischen Wirkungsgrad ausgegangen. Um hinter dem Bestpunktvolumenstrom zunächst noch einen nur schwach ansteigenden *NPSH*-Verlauf zu gewährleisten, wird die Laufradbeschaufelung am Eintritt für einen um ca. 8 % größeren Volumenstrom V_{stfr} ausgelegt. Die sich dadurch ergebende Verschiebung des Verlustminimums zu einem größeren Volumenstrom wird (später) durch ein entsprechend engeres Spiralgehäuse kompensiert. Es ergibt sich eine geringe Wirkungsgradeinbuße, die nach Kap. 3.8 zu maximal 0,5 % geschätzt wird. Nach Tab. 3.5 wird in Hinblick auf diese Wirkungsgradeinbuße und eine geschätzte Oberflächengüte von N9 die Gütezahl

$A = 0{,}985$ angenommen, die mit $V/n = 0{,}67$ gemäß Gl. (3.56) den Rechenwert $\eta_{h0} = 0{,}9321$ ergibt.

Daraus findet man nach Gl. (3.55) nun den hydrodynamischen Wirkungsgrad

$$\eta_h = 0{,}9166.$$

Um den Gesamtwirkungsgrad zu ermitteln, benötigt man die Nebenverluste der Leckage, der Scheibenreibung und der Mechanik des Antriebs. Wir berechnen sie zunächst nach Näherungsformeln und können sie später, wenn die Konstruktion vorliegt, durch genauere Berechnung überprüfen. Zur Berechnung des Spaltverlustes und der Scheibenreibung ist die Kenntnis des Laufraddurchmessers erforderlich, den wir mittels der aus Abb. 3.33 gefundenen Druckziffer $\psi_{th} = 0{,}97$ nach Gl. (3.78) berechnen zu

$$D_2 = 0{,}377 \text{ m}.$$

In Hinblick auf einen Zentrierdurchmesser des Gehäuses von 380 mm und zur bequemen Montage des Laufrades legen wir seinen Wert fest auf

$$D_2 = 378 \text{ mm} = 0{,}378 \text{ m}.$$

Nun können wir nach Gl. (3.151) mit $D_N/D_2 = 0$ überschläglich den Spaltverlust am vorderen Laufradspalt berechnen

$$V_{sp,\mathrm{I}} = 0{,}00374 \text{ m}^3/\text{s}.$$

Angesichts der relativ geringen Förderhöhe wird auf eine Entlastung des Axialschubes verzichtet. Dadurch entfällt ein hinterer Dichtspalt mit entsprechendem Spaltverlust, was sich in einem Wirkungsgradgewinn von rd. 1 % äußert.

Für die weitere Berechnung benötigen wir den Laufradvolumenstrom im Bestpunkt, der sich aus dem Bestpunktvolumenstrom und dem oben ermittelten Spaltvolumenstrom zusammensetzt

$$V_{U,opt} = V_{opt} + V_{sp,\mathrm{I}} = 0{,}2815 \text{ m}^3/\text{s}.$$

Damit finden wir nach Gl. (3.10) den volumetrischen Wirkungsgrad zu

$$\eta_V = 0{,}9869.$$

Aus der hydrodynamischen Leistung nach Gl. (3.7)

$$P_h = 10^{-3} \cdot 999{,}2 \cdot g \cdot 0{,}2815 \cdot 39/0{,}9166 = 117{,}36 \text{ kW}$$

und der Scheibenreibleistung nach Gl. (3.179) für das gesamte Rad

$$P_R = 0{,}08 \cdot 999{,}2 \cdot 1{,}485^3 \cdot 0{,}378^5 = 2{,}02 \text{ kW}$$

finden wir nach Gl. (3.6) die innere Leistung

$$P_i = 117{,}36 + 2{,}02 = 119{,}38 \text{ kW}$$

und damit nach Gl. (3.12) den Reibungsbeiwert

$$\zeta_R = 117{,}36/119{,}38 = 0{,}9831.$$

Desweiteren beträgt nach Gl. (3.5) der innere Wirkungsgrad

$$\eta_i = 10^{-3} \cdot 999{,}2 \cdot g \cdot 0{,}2778 \cdot 39/119{,}38 = 0{,}8893.$$

Nach Gl. (3.57) findet man die mechanische Verlustleistung

$$P_m = 0{,}2 \cdot 119{,}38^{1/3} = 0{,}98\,\text{kW},$$

wenn man der Einfachheit halber für die Gesamtleistung P die innerer Leistung P_i einsetzt, was keinen großen Fehler bedeutet, da sich beide Werte wenig unterscheiden und es sich außerdem nur um eine „Schätzformel" handelt.

Damit errechnen wir nun nach Gl. (3.15) den mechanischen Wirkungsgrad

$$\eta_m = 119{,}38/(119{,}38 + 0{,}98) = 0{,}9919$$

und nach Gl. (3.17) den Gesamtwirkungsgrad

$$\eta = 09166 \cdot 0{,}9869 \cdot 0{,}9831 \cdot 0{,}9919 = \underline{\underline{0{,}882}}.$$

Durch detaillierte Berechnung des Spaltverlustes unter Berücksichtigung der Strömungsverhältnisse im Radseitenraum gemäß Kap. 2.8 und der Scheibenreibung nach Kap. 3.13 könnte der zu erwartende Wirkungsgrad noch genauer bestimmt werden. Die damit zu erwartenden geringen Änderungen sind jedoch für den Laufradentwurf nicht von Einfluss und werden deshalb hier nicht durchgeführt, zumal die mechanischen Verluste meist auch nur überschläglich berechnet werden können. Der errechnete Wirkungsgrad dient somit hauptsächlich nur zur Information.

Die Prüffeldmessung der ausgeführten Pumpe ergab einen Gesamtwirkungsgrad von $\eta = 0{,}876$, womit die Berechnung hinreichend bestätigt ist.

Eintrittsdurchmesser Beim Eintrittsdurchmesser ist ein Kompromiss zu schließen zwischen Saugfähigkeit und Wirkungsgrad. Mit größerem Eintrittsdurchmesser kann die Saugfähigkeit innerhalb gewisser Grenzen verbessert werden, gleichzeitig nehmen das Verzögerungsverhältnis der Relativgeschwindigkeit und die Leckageverluste zu, was sich von der Tendenz her negativ auf den Wirkungsgrad auswirkt. Als Entscheidungshilfe für die Wahl des Eintrittsdurchmessers dient die grafische Darstellung von Relativgeschwindigkeit und Zuströmwinkel an der äußeren Stromlinie sowie dem $NPSH_3$-Verlauf über dem Eintrittsdurchmesser, wie in Tab. 4.1 zusammengestellt und aus Abb. 4.1 ersichtlich. Dabei ist

$$c_s = \frac{4V_U}{\pi\left(D_s{}^2 - D_N{}^2\right)}, \quad u_s = \frac{\omega D_s}{2}, \quad w_{0a} = \sqrt{c_s{}^2 + w_{0a,u}{}^2},$$

$$\beta_{0a} = \arctan\frac{c_s}{w_{0a,u}}$$

In unserem Beispiel ist $D_N = 0$ zu setzen, und da infolge axialer Zuströmung zum Laufrad Drallfreiheit angenommen werden kann, ist außerdem in den beiden letzten Formel $w_{0a,u} = u_s$. Die Haltedruckhöhe $NPSH_3$ berechnen wir nach Gl. (3.43), worin die Faktoren gemäß Tab. 3.1 mit $\lambda_{c3} = 1{,}15$ und $\lambda_{w3} = 0{,}14$ eingesetzt werden.

Tab. 4.1 Zur Bestimmung des Eintrittsdurchmessers

$V_{U,opt} = 0{,}2815\ m^3/s$		$\omega = 155{,}51$ rad/s		$\lambda_{c3} = 1{,}15$		$\lambda_{w3} = 0{,}14$		$D_N = 0$
D_s	200	210	220	230	**240**	250	260	270	*mm*
$\pi D_s^2/4$	314,16	346,36	380,13	415,48	**452,39**	490,87	530,93	572,56	*cm²*
c_s	8,96	8,13	7,41	6,78	**6,22**	5,74	5,30	4,92	*m/s*
u_s	15,55	16,33	17,11	17,88	**18,66**	19,44	20,22	20,99	*m/s*
β_{0a}	29,95	26,46	23,41	20,75	**18,44**	16,44	14,70	13,18	*Grad*
w_{0a}	17,95	18,24	18,64	19,12	**19,67**	20,27	20,90	21,56	*m/s*
$\lambda_{c3}c_s^2/2g$	4,71	3,87	3,22	2,69	**2,27**	1,93	1,65	1,42	*m*
$\lambda_{w3}w_{0a}^2/2g$	2,30	2,37	2,48	2,61	**2,76**	2,93	3,12	3,32	*m*
$NPSH_3$	7,01	6,25	5,70	5,30	**5,03**	4,86	4,77	4,74	*m*
S_q	181,7	198,0	212,3	244,0	**232,9**	239,1	242,6	243,8	-

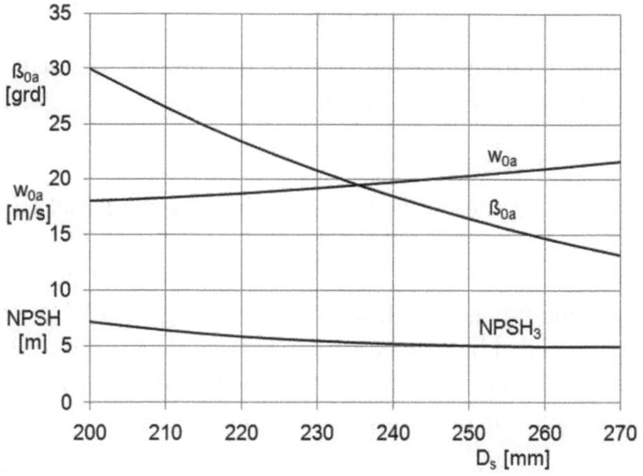

Abb. 4.1 w_{0a}, β_{0a}, und $NPSH_3$ über dem Eintrittsdurchmesser D_s

Aus dem Diagramm ist ersichtlich, dass die Haltedruckhöhe bei $D_s = 240$ mm nur geringfügig höher ist als das Minimum, das bei $D_s \approx 270$ mm liegt, die Relativgeschwindigkeit aber nur das 0,9 fache beträgt. Wir wählen daher

$$D_s = 240 \text{ mm}$$

und erhalten

$$NPSH_3 = 5{,}03 \text{ m}.$$

Die Nachprüfung der Kavitationssicherheit gemäß Gl. (3.46) liefert

$$S = S_P \cdot S_V \cdot S_E \cdot S_T \cdot S_M = 1{,}05 \cdot 1{,}2 \cdot 1{,}12 \cdot 1{,}0 \cdot 1{,}0 = 1{,}41.$$

Damit wird der erforderliche Anlagenwert $NPSH_{erf} = 7{,}1$ m, so dass mit dem vorhandenen Wert $NPSH_{av} = 7{,}63$ m noch eine Sicherheit von rd. 0,5 m vorhandenen ist. Mit dem gewählten Eintrittsdurchmesser lässt sich zwanglos ein Saugstutzendurchmesser von $D_E = 250$ mm ausführen.

Austrittsbreite, Schaufelzahl, Schaufelstärke und Austrittswinkel Mittels der auf dem Diagramm Abb. 3.35 angegebenen Gleichung finden wir für eine zunächst angenommene Schaufelzahl $z_U = 7$ den Durchflussbeiwert $\varsigma_{3m} = 0{,}137$. Mittels der Umfangsgeschwindigkeit $u_2 = \omega\, D_2/2 = 29{,}39$ m/s erhält man die Meridiangeschwindigkeit $c_{3m} = 4{,}026$ m/s und unter Anwendung von Gl. (3.80) schließlich die Austrittsbreite $b_2 = 58{,}9$ mm. Wir runden diesen Wert auf

$$b_2 = 60 \text{ mm}$$

und erhalten damit

$$c_{3m} = 3{,}951 \text{ m/s sowie}$$
$$\varsigma_{3m} = 0{,}1344.$$

Mit dem gewählten Laufraddurchmesser und der mittels des hydrodynamischen Wirkungsgrades errechneten theoretischen Förderhöhe

$$H_{th} = H/\eta_h = 39/0{,}9165 = 42{,}55 \text{ m}$$

ergibt sich nach Gl. (2.35) der Sollwert für die theoretische Druckziffer

$$\psi_{th} = 0{,}966,$$

der wegen der angenommenen drallfreien Zuströmung dem Wert $\psi_{th}{}^*$ entspricht, für den die Austrittswinkel berechnet werden sollen.

Nach Gl. (3.94) finden wir einen Richtwert für die Schaufelstärke von $s_{U2} = 10$ mm und wählen an der äußeren Stromlinie

$$s_{U1,a} = s_{U2,a} = 8 \text{ mm, und für die innere Stromlinie}$$
$$s_{U1,j} = s_{U2,j} = 11 \text{ mm}$$

Durch die größer gewählte Schaufelstärke an der inneren Stromlinie ergibt sich eine Aushebeschräge, die die Modellherstellung erleichtert (Gleiche Werte s_{U1} und s_{U2} bedeuten, dass die Schaufelstärke – außer an Ein- und Austritt – über der Schaufellänge konstant bleibt). Die Schaufelstärke am Austritt wählen wir nach Abb. 3.43 zu

$$s_{U3,a} = 0{,}55\, s_{U2,a} = 4{,}40 \text{ mm} \quad \text{bzw.}$$
$$s_{U3,j} = 0{,}55\, s_{U2,j} = 6{,}05 \text{ mm.}$$

Der Zuschärfungswinkel soll über der gesamten Breite $\delta_2 = 10°$ betragen.

Zur Verringerung der Impulse beim Passieren der Schaufeln an der Spiralzunge soll die Beschaufelung mit einem Rake-Winkel von $\kappa \approx 20°$ ausgeführt werden.

Mit einem Versatzwinkel von $\varphi_R = 7°$ erhalten wir nach Gl. (3.92) den Rake-Winkel $\kappa = 21°$.

Wir suchen nun die Austrittswinkel, mit denen wir obige Druckziffer mit der vorab gewählten Schaufelzahl und Austrittsbreite erreichen. Da die Schaufelstärke über der Austrittsbreite nicht konstant ist, ist die Minderleistung verschieden, so dass die Rechnung für die äußere und die innere Stromlinie durchgeführt werden soll. Dabei wird iterativ vorgegangen, indem die gewählten Winkel solange verändert werden, bis die vorgegebene Druckziffer erreicht wird. Unter Berücksichtigung der Schaufelversperrung σ_{U3} am Austritt, die nach Gl. (3.93) außer vom Rake auch vom gesuchten Austrittswinkel abhängt, finden wir mittels der Gl. (2.49) bis (2.52) die Austrittswinkel der Schaufelskelettfläche wie in Tab. 4.2 gezeigt, zu $\beta_{2a} = 27°$ bzw. $\beta_{2j} = 28°$.

Gegenüber dem Sollwert $\psi_{th}{}^* = 0{,}966$ behalten wir damit eine Sicherheit von rd. 1 %.

Die Winkel $\beta_{2a} = 27°$ und $\beta_{2j} = 28°$ sollen ausgeführt werden. Sie liegen relativ hoch, jedoch noch im durchaus üblichen Bereich, so dass die Austrittsbreite bzw. der Laufraddurchmesser nicht neu festgelegt werden müssen. Die etwas ungleichen Austrittswinkel sind für die Schaufelentwicklung und auch in Hinblick auf die Modellherstellung bei Ganzkernmodellen von Vorteil. In Tab. 4.8 sind alle relevanten Daten des Laufradaustritts zusammengefasst.

Meridianschnitt Mit den ermittelten Werten $D_2 = 378$ mm, $Ds = 240$ mm, $b_2 = 60$ mm und einer nach Abb. 3.37 gewählten Gesamtbreite $B_{1a} = 122$ mm können wir nun den Meridianschnitt mit den Stromlinien und den Normalen entwerfen, wie in Kap. 3.9 und 3.16 beschrieben und in Abb. 4.2 dargestellt. Zur Überprüfung der Stetigkeit des Verlaufs der Meridiangeschwindigkeit dient das Geschwindigkeitsfeld, dessen Berechnung aus Tab. 4.3 und dessen grafische Darstellung aus Abb. 4.3 zu ersehen ist. Aus Abb. 4.3 können wir auch die Geschwindigkeiten an der Schaufeleintrittskante für die Berechnung der Eintrittswinkel entnehmen. Wir wählen dafür die Stromlinien *a, e* und *j*. Für die spätere Ermittlung des Eintrittsquerschnittes sind zusätzlich die Stromlinien *c* und *g* und im Bereich des Laufradeintritts außerdem die Zwischenstromlinien *b, d, f, h* eingezeichnet.

Eintrittswinkel Die Eintrittswinkel werden für den „stoßfreien" Volumenstrom berechnet, der lt. Vorgabe um den Faktor $C_{stfr,U} = 1{,}08$ größer als der Bestpunktvolumenstrom, somit zu $V_{U,stfr} = 1{,}08\ V_{U,opt} = 0{,}3040\ m^3/s$ berechnet wurde. Dieser Volumenstrom liegt dem Geschwindigkeitsfeld in Abb. 4.3 bereits zu Grunde. Wir berechnen die Eintrittswinkel für die drei Stromlinien *a*, *e* und *j*, wie in Tab. 4.4 und 4 5 zusammengefasst.

Wegen der Abhängigkeit einiger Einflussgrößen von den (zunächst) noch nicht bekannten Eintrittswinkeln muss die Berechnung in mehreren Iterationsschritten durchgeführt werden (Tab. 4.4 und 4.5). Die Werte konvergieren sehr schnell, so dass hinsichtlich der erforderlichen Genauigkeit meist drei Iterationsschritte genügen. Im Beispiel wurden fünf Schritte gewählt. In den Tabellen sind nur der erste und der letzte Iterationsschritt aufgeführt.

Tab. 4.2 Berechnung der Austrittswinkel

	a	j	Dim	Formel	Bemerkung
ζ_{3m}	0,1344		-	$\frac{c_{3m}}{u_2}$	Durchflussbeiwert
z_U	7		-		Schaufelzahl
β_2	27	28	*Grad*		Austrittswinkel der Schaufelskelettfläche, (gewählt)
m	0,7397		-	$0{,}58\ z_U^{\ 0{,}125}$	Minderleistungsziffer
a	0,0589	0,0615	-	$\left(\frac{1-m}{2{,}25}\right)\tan\beta_2$	Konstante
b	0,0779	0,0813	-	$\left(\frac{1}{2}-\frac{2(1-m)}{1{,}5}\right)\tan\beta_2$	Konstante
s_{U3}	4,40	6,05	*mm*		Schaufelstärke am Austritt
κ	21		*Grad*		
s_{U3}'	4,47	6,05	*mm*	$\frac{s_{U3}}{\sin\left[\arctan\left(\frac{1}{\sin\beta_2\tan\kappa}\right)\right]}$	scheinbare Schaufelstärke
σ_{U3}	9,868	13,094	*mm*	$\frac{s_{U3}'}{\sin\beta_2}$	Schaufelversperrung
$\psi_{th}*$	0,9706	0,9863	-	$2+\frac{b}{2a}-\sqrt{\left(\frac{b}{2a}\right)^2+\frac{\zeta_{3m}}{a}\left(\frac{t_2}{t_2-\sigma_{U3}}\right)}$	Druckziffer
$\overline{\psi_{th}}*$	**0,978**		-	$\frac{\psi_{th,a}+\psi_{th,j}}{2}$	Druckziffer, Mittelwert

Schaufelplan Nachdem nun alle für die Konstruktion des Schaufelplans benötigten Größen vorliegen, kann dieser gezeichnet werden. Es sei daran erinnert, dass bei der Darstellung der Schaufelabwicklung in der konformen Abbildung von den errechneten Eintrittswinkeln der Druckfläche $\beta_{1(\mathrm{d})}$ ausgegangen wird und die dargestellte Saugfläche sich wie in Abb. 3.41 dargestellt, durch die (nachträgliche) Profilierung ergibt. Dabei erfährt die Profilskelettlinie eine Krümmung im Bereich der Profilierung. Es wird eine ellipsenähnliche Profilierung nach Abb. 3.44 mit einem Schlankheitsgrad von $L_1/s_{u1}=3$ gewählt. Aus Tab. 3.7 und den Gl. (3.96) bis (3.99) ergeben sich für die äußere bzw. innere Stromlinie die Größen

$$\begin{aligned} L_{1a} &= 24 \text{ mm} & L_{1j} &= 33 \text{ mm} \\ \rho_{0a} &= 1,16 \text{ mm} & \rho_{0j} &= 1,60 \text{ mm} \\ \rho_{1a} &= 94,4 \text{ mm} & \rho_{1j} &= 129,9 \text{ mm} \\ \delta_{1a}/2 &= 14,17^\circ & \delta_{1j}/2 &= 14,17^\circ \\ s_{U0,a} &= 1,81 \text{ mm} & s_{U0,j} &= 2,49 \text{ mm}. \end{aligned}$$

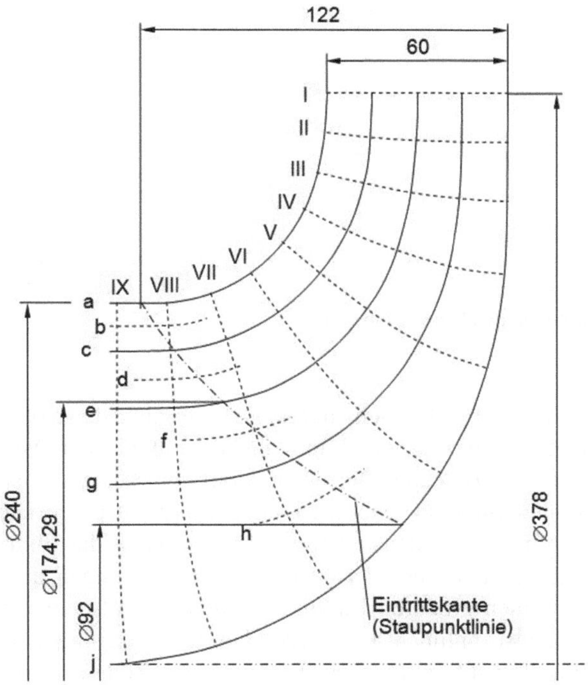

Abb. 4.2 Meridianschnitt

Tab. 4.3 Geschwindigkeitsfeld

Normale	Stromlinie						
	Stromlinienlänge *e* (mm)			$V_{U,\,stfr} = 0{,}3040\ m^3/s$			
	a	*e*	*j*	*D* (mm)	*b* (mm)	*A* (cm^2)	c_m (m/s)
I	0	0	0	378,0	60,0	712,51	4,27
II	12,6	15,4	16,5	350,5	61,0	671,69	4,53
III	26,4	33	36,2	316,0	64,0	635,36	4,79
IV	39,6	52,7	61	278,0	70,0	611,35	4,97
V	52,8	74,8	92,3	232,0	80,0	583,08	5,21
VI	67,5	99	129,6	189,0	91,5	543,29	5,60
VII	83	126	183	147,0	107,0	494,14	6,15
VIII	98	150,5	227	125,6	116,5	459,69	6,61
IX	114	169	258	120,0	120,0	452,39	6,72
Eintrittskante	106	132,5	152				

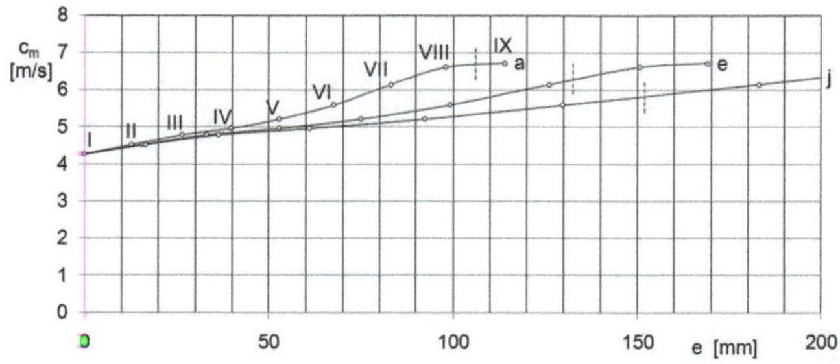

Abb. 4.3 Geschwindigkeitsfeld nach Tab. 4.3

Im Verlauf der Erstellung des Schaufelplans ergab sich die Notwendigkeit, die Eintrittswinkel etwas zu verändern, um einen harmonischen Verlauf über der Schaufellänge zu verwirklichen. Bei einer derartigen Korrektur ist zu beachten, dass eine Winkeländerung auf einer Stromlinie durch entsprechende Änderungen auf anderen Stromlinien kompensiert werden muss, damit der Eintrittsquerschnitt insgesamt möglichst nicht verändert wird. Winkeländerungen auf der mittleren Stromlinie haben einen größeren Einfluss auf den Eintrittsquerschnitt als Änderungen auf den Randstromlinien. Die durchgeführten Änderungen der Profilierung sind am Ende der Tab. 4.5 zu ersehen. In der letzten Zeile sind dort die aus der Konstruktion sich ergebenden Lichtweiten angegeben, die für die Ermittlung des Eintrittsquerschnittes benötigt werden, sowie zur Modell- und Abgusskontrolle verwendet werden können. (Ermittlung der Lichtweiten nach Kap. 3.16). Der fertige Schaufelplan ist in Abb. 4.4 dargestellt.

Schaufelbelastung Nachdem der Eintrittswinkel der äußeren Stromlinie festliegt, kann dort die Schaufelbelastung anhand der vorgegebenen hydrodynamischen und der konstruktiv gefundenen geometrischen Daten überprüft werden. Dazu Tab. 4.6. Die Schaufelbelastung liegt nach Abb. 3.36 mit $\varepsilon_a = 1{,}09$ im unteren Bereich, so dass zu prüfen wäre, ob evtl. sechs Schaufeln ausreichen. Dabei wäre jedoch zu beachten, dass die bereits relativ großen Austrittswinkel dann noch größer ausgeführt werden müssten. Darum soll hier von einer Änderung der gewählten Werte für Schaufelzahl und Austrittswinkel abgesehen werden. Das Verzögerungsverhältnis der Relativgeschwindigkeit liegt mit $w_3/w_{0a} = 0{,}792$ recht günstig.

Eintrittsquerschnitt Abb. 4.5 zeigt im Aufriss den gemäß Kap. 3.17 ermittelten und durch die Punkte A–J–J_S''–A_S'' begrenzten effektiven Eintrittsquerschnitt in wahrer Größe. Wir bestimmen nun die für die Querschnitte der vier Teilvolumenströme nach der Kontinuitätsbedingung jeweils die Relativgeschwindigkeit w_1^* und setzen diese ins Verhältnis zu den einzelnen Relativgeschwindigkeiten w_0 auf den zugehörigen Zwischenstromlinien *b, d, f, h*. Dazu Tab. 4.7. Das Verzögerungsverhältnis w_1^*/w_0 müsste idealerweise für alle Teilvolumenströme gleiche Werte ergeben. Die Abweichungen erklären sich aus der Ungenauigkeit bei

Tab. 4.4 Berechnung der Eintrittswinkel

	a	*e*	*j*	Dim	Formel	Bemerkung
$e_{EK(St)}$	106,0	132,5	152,0	*mm*		Stromlinienlänge von D_2 bis Eintrittskante (aus Meridianschnitt)
c_{0m}	6,70	6,30	5,80	*m/s*		Meridiangeschw. vor La.-Eintritt (aus Geschwindigkeitsfeld)
$D_{1(St)}$	240,0	175,0	92,0	*mm*		Eintrittsdurchmesser, bezog. auf Staupunkt (aus Meridianschnitt)
u_1	18,66	13,61	7,15	*m/s*	$\frac{D_{1(St)}}{2}\omega$	Umfangsgeschw. bei $D_{1(St)}$
c_{0u}	0	0	0	*m/s*	$\frac{2K_0}{D_{1(St)}}$	Umfangskomponente von c_0
α_0	90	90	90	*Grad*	$\arctan\frac{c_{0m}}{c_{0u}}$	Winkel der Absolutströmung
w_{0u}	18,66	13,61	7,15	*m/s*	$u_1 - c_{0u}$	Umfangskomponente von w_0
β_0	19,75	24,84	39,04	*Grad*	$\arctan\frac{c_{0m}}{w_{0u}}$	Winkel der Relativströmung vor dem Laufrad
w_0	19,83	14,99	9,21	*m/s*	$\frac{c_{0m}}{\sin\beta_0}$	Relativgeschwindigkeit vor dem Laufrad
s_{U1}	8,0	9,2	11,0	*mm*		Schaufelstärke (effektiv)
γ	57	55	75	*Grad*		Winkel zwischen Radialschnitt u. Stromlinie (geschätzt)
$\beta_{1(d)}$	22	35	55	*Grad*		Eintrittswinkel, auf Druckfläche bezogen (geschätzt)
s_{U1}'	9,34	10,61	11,13	*mms*	$\frac{s_{U1}\sin\beta_{1(d)}}{\sin[\arctan(\tan\beta_{1(d)}\sin\gamma)]}$	(scheinbare) Schaufelstärke auf Stromfläche
$\frac{t_1}{t_1-\sigma_{U1}}$	1,25	1,30	1,35	–		Verengungsfaktor, vorläufig
$\beta_{1(d)*}$	24,17	31,04	47,59	*Grad*	$\arctan\left(\frac{t_1}{t_1-\sigma_{U1}}\tan\beta_0\right)$	Winkel stoßfreien Eintritts
$\beta_{1(d)}$	24,99	33,11	58,24	*Grad*	$\arcsin\left(\frac{t_1}{t_1-\sigma_{U1}}\sin\beta_0\right)$	Schaufelwinkel, vorläufig
z_U	7	7	7	–		Laufradschaufelzahl
t_1	107,7	78,5	41,3	*mm*	$\frac{\pi D_{1(St)}}{z_U}$	Schaufelteilung
s_{U1}'	9,28	10,67	11,11	*mm*	$\frac{s_{U1}\sin\beta_{1(d)}}{\sin[\arctan(\tan\beta_{1(d)}\sin\gamma)]}$	(scheinbare) Schaufelstärke auf Stromfläche, mit neuem $\beta_{1(d)}$
σ_{U1}	21,98	19,53	13,07	*mm*	$\frac{s_{U1}'}{\sin\beta_{1(d)}}$	Schaufelversperrung vorläufig
$\frac{t_1}{t_1-\sigma_{U1}}$	1,256	1,331	1,463	-		Verengungsfaktor neu
$\beta_{1(d)*}$	24,28	31,64	49,87	*Grad*	$\arctan\left(\frac{t_1}{t_1-\sigma_{U1}}\tan\beta_0\right)$	Winkel stoßfreien Eintritts
$\beta_{1(d)}$	25,12	34,00	67,12	*Grad*	$\arcsin\left(\frac{t_1}{t_1-\sigma_{U1}}\sin\beta_0\right)$	*Ende des 1. Iterationsschrittes*

Tab. 4.5 Fortsetzung Berechnung der Eintrittswinkel

	a	c	j	Dim	Formel	Bemerkung
s_{U1}'	9,28	10,65	11,08	*mm*	$\frac{s_{U1}\sin\beta_{1(d)}}{\sin[\arctan(\tan\beta_{1(d)}\sin\gamma)]}$	(scheinbare) Schaufelstärke auf Stromfläche
σ_{U1}	21,88	19,16	12,34	*mm*	$\frac{s_{U1}'}{\sin\beta_{1(d)}}$	Schaufelversperrung vorläufig
$\frac{t_1}{t_1-\sigma_{U1}'}$	1,255	1,323	1,426	–		Verengungsfaktor, neu
$\beta_{1(d)*}$	24,26	31,48	49,15	*Grad*	$\arctan\left(\frac{t_1}{t_1-\sigma_{U1}}\tan\beta_0\right)$	Winkel stoßfreien Eintritts
$\beta_{1(d)}$	25,09	33,76	63,93	*Grad*	$\arcsin\left(\frac{t_1}{t_1-\sigma_{U1}}\sin\beta_0\right)$	*Ende des 5. Iterationsschrittes*
$\beta_{1(d)}$	*24*	*36*	*55*	*Grad*		Gewählt, vorläufig
$\delta_1/2$	14,17	14,17	14,17	*Grad*	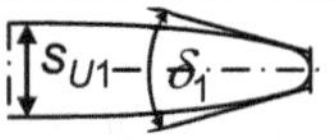	Bezogen auf Tangenten am Schaufeleintrittsprofil
s_{U1}'	9,30	10,57	11,11	*mm*	$\frac{s_{U1}\sin\beta_{1(d)}}{\sin[\arctan(\tan\beta_{1(d)}\sin\gamma)]}$	
$\delta_1'/2$	16,36	16,18	14,31	*Grad*	$\arctan\left(\frac{s_{U1}'}{s_{U1}}\cdot\tan\delta_1/2\right)$	Auf s_{U1}' bezogen
$\beta_{1(Sk)}$	7,64	19,82	43,38	*Grad*	$\beta_{1(d)}-\frac{\delta_1'}{2}$	Auf Skelettfläche bezogen (asymmetr. Profilierung)
$\beta_{1(s)}$	−8,73	3,63	29,33	*Grad*	$\beta_{1(d)}-\delta_1'$	Auf Saugfläche bezogen (asymmetr. Profilierung)
$\beta_{1(d)}$	**23,5**	**35**	**54**	*Grad*		*Endgültig ausgeführt*
s_{U1}'	9,31	10,61	11,14	*mm*	$\frac{s_{U1}\sin\beta_{1(d)}}{\sin[\arctan(\tan\beta_{1(d)}\sin\gamma)]}$	Endgültig ausgeführt
$\delta_1'/2$	16,38	16,23	14,34	*Grad*	$\arctan\left(\frac{s_{U1}'}{s_{U1}}\cdot\tan\delta_1/2\right)$	*Endgültig ausgeführt*
s_{U0}	1,81	2,15	2,49	*mm*		Stärke der eckig gedachter Profilnase
s_{U0}'	2,10	2,31	2,52	*mm*	$\frac{s_{U0}\sin\beta_{1(d)}}{\sin[\arctan(\tan\beta_{1(d)}\sin\gamma)]}$	Scheinbare Stärke der eckig gedachter Profilnase
$\beta_{1(Sk)}$	7,12	18,77	39,66	*Grad*	$\beta_{1(d)}-\delta_1'/2$	Auf Skelettfläche bezogen, ausgeführt
$\beta_{1(s)}$	−9,26	2,54	25,32	*Grad*	$\beta_{1(d)}-\delta_1'$	Auf Saugfläche bezogen, ausgeführt
a_1'		**41,0**	**36,0**	*mm*		Auf Staupunktlinie bezog. Lichtweite, am Entwurf ausgemessen

der Festlegung der Stromlinien sowie auch aus der Art der Ermittlung der Querschnitte, die hier auf grafischem Wege vorgenommen wurde. Außerdem daraus, dass von der Annahme konstanter Geschwindigkeit auf den Normalen ausgegangen wurde. Sie kompensieren sich gegenseitig und beeinträchtigen daher den Mittelwert nur unbedeutend. Das gemittelte Verzögerungsverhältnis

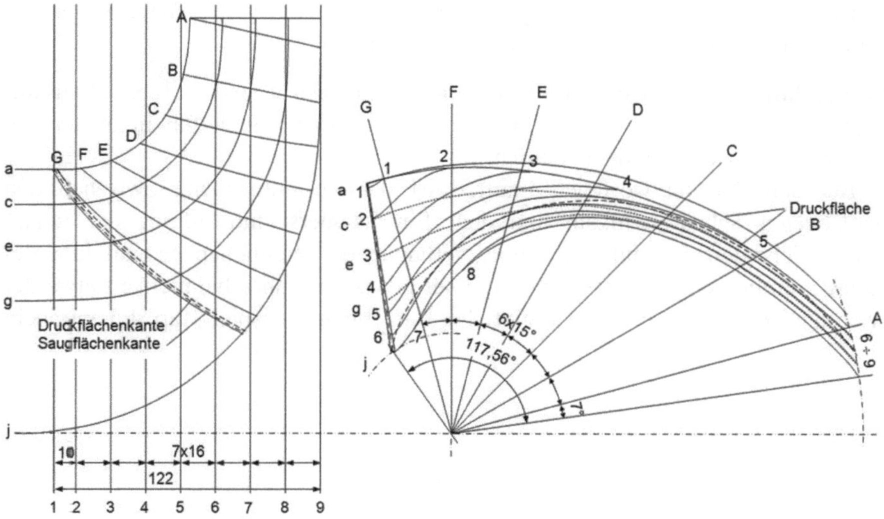

Abb. 4.4 Schaufelplan mit Brettschnitten

Tab. 4.6 Schaufelbelastung

	Wert	Dim	Formel	Bemerkung
z_U	7	–		Schaufelzahl Laufrad
$\beta_{1(d)a}$	23,5	*Grad*		Eintrittswinkel äußere Stromlinie
β_{2a}	27,0	*Grad*		Austrittswinkel
$\beta_{m,a}$	25,25	*Grad*	$\frac{\beta_{1(d)a}+\beta_{2a}}{2}$	Mittlerer Schaufelwinkel
$e_{EK(St)a}$	106,0	*mm*	$\frac{e_{EK(St)a}}{\sin\beta_{m,a}}$	Länge der äußeren Stromlinie
L_a	248,5	*mm*		Schaufellänge
w_{0a}	19,83	*m/s*		Relativgeschw. (s. Berechnung Laufradeintrittswinkel)
c_{3u}	14,20	*m/s*	$\frac{2K_3}{D_2}$	Umfangskomponente von c_3
w_{3u}	15,19	*m/s*	$u_2 - c_{3u}$	Umfangskomponente von w_3
c_{3m}	3,95	*m/s*	$c_{2\mathrm{m}}$	Meridiangeschw. La-Austritt
α_3	15,5	*Grad*	$\arctan\frac{c_{3m}}{c_{3u}}$	Abströmwinkel der Absolut-Strömung
w_3	15,70	*m/s*	$\sqrt{c_{3m}^2 + w_{3u}^2}$	Relativgeschwindigkeit am Laufradaustritt
$w_{\infty a}$	17,76	*m/s*	$\frac{w_{0a}+w_3}{2}$	Mittlere Relativgeschwindigkeit
$\frac{w_3}{w_{0a}}$	0,792	–		Verzögerungsverhältnis der Relativgeschwindigkeit
ε_a	**1,09**	–	$\frac{4\cdot\pi\cdot K_3}{z_U\cdot L_a\cdot w_{\infty a}}$	Schaufelbelastung

von $\overline{w_1^*/w_0} = 0{,}823$ erfüllt sehr gut das nach Gl. (3.100) vorgegebene Kriterium; somit erübrigen sich Korrekturen am Schaufelplan.

Laufradaustritt Die Geometriedaten am Laufradaustritt sind in Tab. 4.8 zusammengestellt. Daraus ist der Einfluss des Rakes auf die Schaufelwinkel und die scheinbare Schaufelstärke ersichtlich.

Bei dem hier entworfenen Laufrad ist der Zusammenhang zwischen den berechneten Schaufelwinkeln und dem Eintrittsquerschnitt infolge der relativ hohen Schaufelzahl und der damit verbundenen reichlichen Schaufelüberdeckung ziemlich eng, so dass sich mit einer gewissen Wahrscheinlichkeit etwa der „richtige“ Eintrittsquerschnitt ergibt. Im Berechnungsbeispiel Kap. 4.5 wird ein

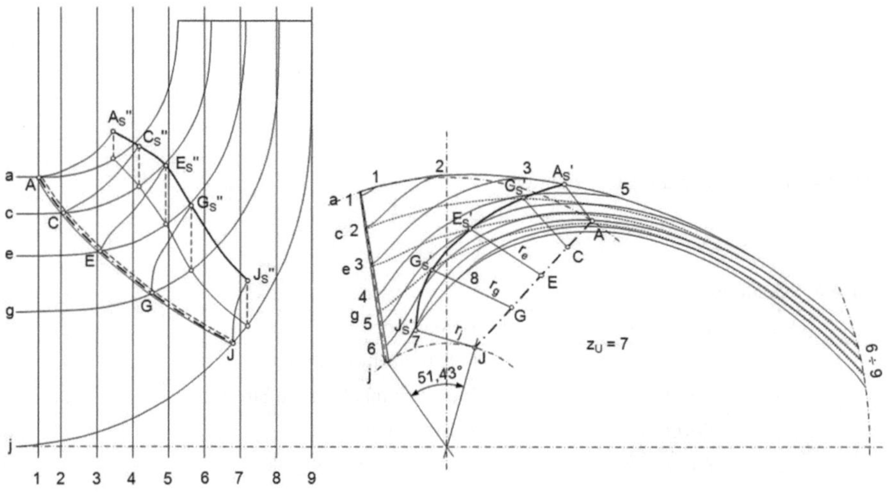

Abb. 4.5 Ermittlung des Eintrittsquerschnitts

Tab. 4.7 Eintrittsquerschnitt

	b	d	f	h	Dim	Bemerkung
D_0	224,5	191	155	116	*mm*	Eintrittsdurchmesser der Zwischenstromlinien (aus Abb. 4.2)
c_{0m}	6,70	6,40	6,20	5,85	*m/s*	Meridiangeschwindigkeit bei D_0
u_1	17,46	14,85	12,05	9,02	*m/s*	Umfangsgeschwindigkeit bei D_0
w_0	18,70	16,17	13,55	10,75	*m/s*	Relativgeschwindigkeit bei D_0
A_{1eff}^*	6,32	8,00	9,93	13,90	cm^2	Effektiver Eintrittsquerschnitt (aus Abb. 4.5)
w_1^*	17,18	13,57	10,94	7,81	*m/s*	$\frac{V_{U,stfr}}{4 z_U A_{1eff}^*}$ Relativgeschwindigkeit im Eintrittsquerschnitt
w_1^*/w_0	0,919	0,839	0,807	0,727	–	Verzögerungsverhältnis
$\overline{w_1^*/w_0}$		**0,823**			–	Arithmetischer Mittelwert

Tab. 4.8 Laufradaustrittsgeometrie

	a	*e*	*j*	Dim	Formel	Bemerkung
$\beta_{2(Sk)}$	27,0	27,5	28,0	*Grad*		Skelettwinkel, endgültig ausgeführt
δ	10			*Grad*		Zuschärfung am Laufrad-austritt
κ	21			*Grad*	$\arctan\left(\frac{\varphi_R \pi\ D_2}{360\ b_2}\right)$	"Rake"-Winkel (φ_R =7°)
δ'	10,15	10,15	10,16	*Grad*	$\arctan\left(\frac{\tan\delta}{\sin\arctan\left(\frac{1}{\tan\kappa\cdot\sin\beta_2}\right)}\right)$	Zuschärfung unter Einfluss des Rakes
$\beta_{2(d)}$	21,93	22,42	22,92	*Grad*	$\beta_{2(Sk)}$-$\delta'/2$	Druckfläche
$\beta_{2(s)}$	32,07	32,58	33,08	*Grad*	$\beta_{2(Sk)}$+$\delta'/2$	Saugfläche
s_{U3}'	4,47	5,31	6,15	*mm*	$\frac{s_{U3}}{\sin\left(\arctan\left(\frac{1}{\sin\beta_2\tan\kappa}\right)\right)}$	scheinbare Schaufelstärke

Zweischaufelrad entworfen, bei dem die Schaufelüberdeckung vergleichsweise viel geringer ist und die gerechneten Schaufelwinkel praktisch keinen Anhaltswert für den „richtigen" Eintrittsquerschnitt liefern, da dieser vom gesamten Winkelverlauf, also auch vom Austrittswinkel, stark beeinflusst wird. Um den „richtigen" Eintrittsquerschnitt zu realisieren, müssen dort die ausgeführten Eintrittswinkel gegenüber den gerechneten drastisch verändert werden.

4.2 Spiralgehäuse

Zum Berechnungsbeispiel Kap. 4.1 ist ein Spiralgehäuse zu entwerfen. Dazu s. Kap. 3.10.

Förderdaten:

$$V_{opt} = 1000\ \text{m}^3/\text{h} = 0{,}2778\ \text{m}^3/\text{s}$$
$$H_{opt} = 39\ \text{m}$$
$$n = 1485\ \text{U/min} \quad \text{bzw.} \quad \omega = 155{,}51\ \text{rad/s}$$
$$n_q = 50{,}15\ \text{U/min}$$

Fördergut: Sauberes kaltes Wasser
Saugstutzen: axial horizontal
Druckstutzen: radial nach oben

Leitapparatvolumenstrom Da in der Spirale keinerlei Spaltverluste zu berücksichtigen sind – die bei der Laufradberechnung berücksichtigten Spaltverluste sind laufradintern – ist der Leitradvolumenstrom gleich dem Nutzförderstrom, also

$$V_{L,\,opt} = V_{opt}.$$

Bei der Laufradberechnung war der Volumenstrom stoßfreien Eintritts um den Faktor $C_{stfr,U} = 1{,}08$ größer als der Bestpunktvolumenstrom festgelegt worden. Nach Abb. 3.27 wird dies kompensiert durch einen um 5 % reduzierten Leitapparatvolumenstrom, also $C_L = 0{,}95$. Mit der bei der Laufradberechnung angenommenen Gütezahl von $A = 0{,}985$ ergibt sich andererseits nach Gl. (3.75) ein erforderlicher Zuschlag zum Leitapparatvolumenstrom von $C_Z = 1{,}03$. Damit wird der Berechnungsvolumenstrom für die Spirale

$$V_L = 0{,}95 \cdot 1{,}03 \cdot V_{L,opt} = 0{,}2718\ \text{m}^3/\text{s}.$$

Die Differenz beträgt $\Delta V_L = V_L - V_{L,opt} = -0{,}006\ \text{m}^3/\text{s}$.

Drallziffer (Drallkonstante). Nach Kap. 2.7 kann nun die theoretische Druckziffer $\psi_{th,L}$ beim Leitapparatvolumenstrom V_L berechnet werden. Die in Gl. (2.49) dazu benötigte Lieferziffer findet man aus dem Volumenstrom $V_{U,L}$, den das Laufrad beim Leitradvolumenstrom V_L liefert und der sich folglich vom Bestpunktvolumenstrom des Laufrades um ΔV_L unterscheidet, also

$$V_{U,\,L} = V_{U,\,opt} + \Delta V_L = 0{,}2815 - 0{,}006 = 0{,}2755\ \text{m}^3/\text{s}.$$

Für diesen Volumenstrom erhält man wie bei der Laufradberechnung die Lieferziffer

$$\varsigma_{3m} = 0{,}1315$$

und nach Gl. (2.49 ff.) ebenso schließlich

$$\psi_{th,L}* = 0{,}983$$

und damit

$$H_{th,L} = 43{,}28\ \text{m},$$

womit wir den für die Spiralberechnung benötigten Drall

$$K_L = gH_{th,\,L}/\omega + K_0 = 2{,}729\ \text{m}^2/\text{s}$$

finden, wobei in unserem Falle $K_0 = 0$ zu setzen war.

Zungenabstand und Zungenstärke Mit der nach Gl. (3.109) vorläufig überschläglich berechneten Lichtweite des Spiralendquerschnitts

$$a_4{}' = 208{,}5\ \text{mm}$$

kann jetzt nach Gl. (3.108) der die Spiralzunge tangierende Grundkreisdurchmesser D_4 errechnet werden

$$D_4 = 420{,}50 \text{ mm}.$$

Wir wählen den aufgerundeten Wert

$$D_4 = 422 \text{ mm}.$$

Wenn später die Lichtweite des Spiralendquerschnitts genauer bekannt ist, könnte der Grundkreisdurchmesser noch überprüft werden. In der Regel ist dies jedoch nicht notwendig.

Für saubere Medien berechnen wir die Zungenstärke nach Gl. (3.113) zu

$$s_L = 15{,}4 \text{ mm, runden diesen Wert auf}$$
$$s_L = 16 \text{ mm}$$

und können nun die ellipsenähnliche Zungenprofilierung für das Achsenverhältnis $L_4/s_L = 1{,}0$ mit

$\rho_4 = 27{,}11$ mm für den Nebenscheitelradius nach Gl. (3.116) bestimmen, nachdem der Nasenradius $\rho_3 = 0{,}32\ s_L = 5{,}12$ mm gewählt wurde (Tab. 3.7).

Staupunktdurchmesser Nunmehr kann der Staupunktdurchmesser, der für die Berechnung der Spiralquerschnitte zu Grunde gelegt wird, bestimmt werden. Nach Gl. (3.119) ergibt sich

$D_{4,St} = 431{,}39$ mm mit dem gewählten Zungenwinkel $\alpha_4 = 14° \approx \alpha_3$.

Der Staupunktdurchmesser ist ein reiner Rechenwert und sollte nicht gerundet werden.

Konstruktive Gestaltung Als Bezugsgröße der Spiralquerschnitte und der Druckstutzengestaltung dient der Durchmesser des kreisförmig gedachten Spiralendquerschnitts, den wir jetzt nach Gl. (3.123) für $z_L = 1$ berechnen können zu

$$d_4' = 197{,}09 \text{ mm}.$$

(Dieser Wert unterscheidet sich nicht viel vom vorab gefundenen a_4'). Für die Spiralquerschnitte wählen wir eine trapezähnliche Form, d. h., wir entwickeln die Querschnitte zwischen zwei konischen Rotationsflächen. Die Basisbreite wählen wir nach den Richtwerten in Abschn. 3.10 zu

$$b_4 = 100 \,\text{mm entsprechend } b_4/d_4' \approx 0,5, \text{ die Konuswinkel zu}$$
$$\gamma = 30° \text{ und den Übergangsradius}$$
$$r_4 = 40 \,\text{mm entsprechend } r_4/b_4 = 0,4 \text{ und}$$
$$m = 114,115 \,\text{mm}.$$

Den Abstand m der Schnittlinie der beiden Kegelflächen von der Achse, der die Konstruktion erleichtert, liefert uns Gl. (3.121). Das Spiralgehäuse bekommt eine optisch ansprechende Form, wenn man die Querschnitte aus zwei Kreisbögen mit den Radien r_1 und r_2 gemäß Abb. 3.55 derart zusammensetzt, dass man den Radius r_1 mit zunehmendem Entwicklungswinkel abnehmen lässt oder über dem gesamten Entwicklungswinkel konstant hält und den Radius r_2 mit der Entwicklung der Spirale so zunehmen lässt, dass er sich zum Ende hin dem Radius r_1 annähert. Die Entwicklungsgesetze für die Radien kann man in Abhängigkeit vom Achsabstand R der äußeren Spiralkontur oder auch vom Entwicklungswinkel φ wählen.

Jetzt wären für eine Schar von nach obigen Gesichtspunkten frei gewählten Spiralquerschnitten verschiedener Größe jeweils das Integral nach Gl. (3.107) zu bilden und die zugehörigen Entwicklungswinkel φ, die dem Volumenstrom proportional sind, zu bestimmen, so dass daraus ein Zusammenhang zwischen Spiralkontur und Entwicklungswinkel resultiert und man für vorgegebene Entwicklungswinkel die Spiralkontur und die Querschnitte aufzeichnen kann. Man kann den beachtlichen Aufwand zur Auffindung der äußeren Spiralkontur mittels Integration ohne großen Fehler umgehen, wenn man für vorgegebene Entwicklungswinkel nach Gl. (3.122) zunächst Kreisquerschnitte bestimmt und daraus flächengleiche Trapezquerschnitte bildet. Bei dieser Verfahrensweise, die auch im vorliegenden Berechnungsbeispiel angewendet werden soll, empfiehlt es sich, die Radien r_1 und r_2 abhängig vom Entwicklungswinkel φ anstelle vom Achsabstand R zu wählen. Die Bestimmung der Trapezquerschnitte lässt sich mathematisch lösen, indem diese in Kreissegment- und Dreiecksflächen aufgeteilt werden, wie in Abb. 4.6 gezeigt. Beim Abgleich mit den nach Drallsatz berechneten Kreisquerschnitten wird dann der Radius $R_{(\varphi)}$ so verändert, dass Flächengleichheit erzielt wird, was z. B, mittels „Zielwertsuche" am PC leicht durchführbar ist.

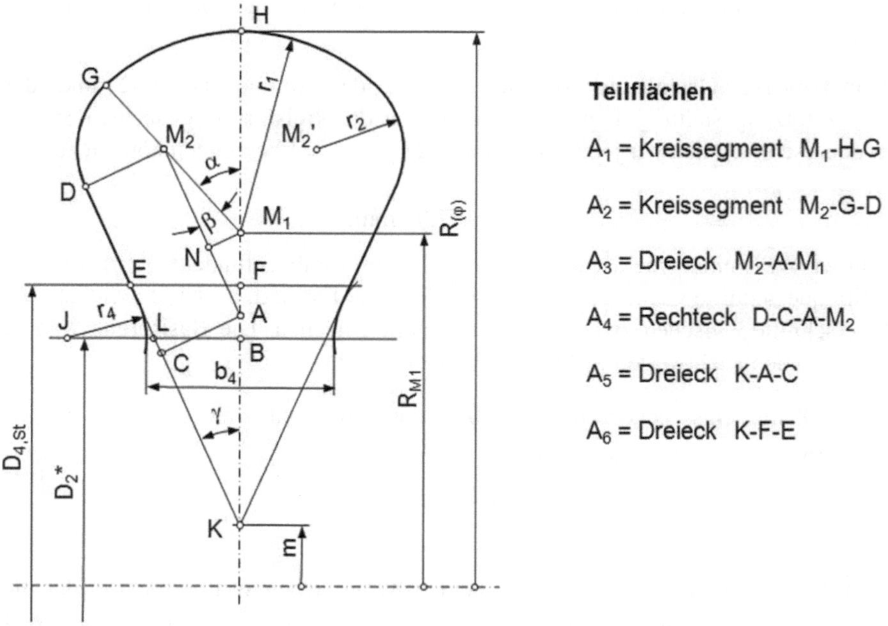

Abb. 4.6 Zur Berechnung des Flächeninhalts von trapezartigen Querschnitten

Aus Abb. 4.6 ergeben sich folgende Beziehungen:

$$\overline{JL} = r_4/\cos\gamma$$

$$\overline{LB} = b_4/2 + r_4 - \overline{JL} = b_4/2 + r_4(1 - 1/\cos\gamma)$$

$$\overline{KB} = \frac{\overline{LB}}{\tan\gamma} = \frac{b_4/2 + r_4(1 - 1/\cos\gamma)}{\tan\gamma}$$

$$m = \frac{D_2{}^*}{2} - \overline{KB} = \frac{D_2{}^*}{2} - \frac{b_4/2 + r_4(1 - 1/\cos\gamma)}{\tan\gamma}$$

$$\overline{KA} = r_2/\sin\gamma$$

$$\overline{AM_1} = R_{M_1} - \overline{KA} - m = R_{M_1} - r_2/\sin\gamma - m$$

$$\overline{NM_1} = \overline{AM_1}\cdot\sin\gamma = \left(R_{M_1} - r_2/\sin\gamma - m\right)\sin\gamma$$

$$\overline{M_1M_2} = r_1 - r_2$$

$$\beta = \arcsin\left(\frac{\overline{NM_1}}{\overline{M_1M_2}}\right) = \arcsin\left(\frac{\left(R_{M_1} - r_2/\sin\gamma - m\right)\sin\gamma}{r_1 - r_2}\right)$$

$$\alpha = \gamma + \beta$$

$$\overline{AM_2} = \overline{AM_1}\cdot\cos\gamma + \overline{M_1M_2}\cdot\cos\beta$$

$$= \left(R_{M_1} - r_2/\sin\gamma - m\right)\cos\gamma + (r_1 - r_2)\cos\beta$$

Mit diesen Beziehungen ergeben sich die Inhalte der Teilflächen zu

$$A_1 = \pi r_1{}^2\alpha/360$$

$$A_2 = \pi r_2{}^2(90 - \beta)/360$$

$$A_3 = 0{,}5\sin\gamma[(R_{M_1} - r_2/\sin\gamma - m)\cos\gamma + (r_1 - r_2)\cos\beta][R_{M_1} - r_2/\sin\gamma - m]$$

$$A_4 = r_2[(R_{M_1} - r_2/\sin\gamma - m)\cos\gamma + (r_1 - r_2)\cos\beta]$$

$$A_5 = 0{,}5 r_2{}^2/\tan\gamma$$

$$A_6 = 0{,}5(D_{4,St}/2 - m)^2\tan\gamma$$

Die Gesamtfläche ist die zweifache Summe der Teilflächen A_1 bis A_5 abzüglich der zweifachen Teilfläche A_6, also

$$A_{ges} = 2(A_1 + A_2 + A_3 + A_4 + A_5 - A_6).$$

Anmerkung: Der Winkel β und die Teilfläche A_3 können unter bestimmten Umständen negative Werte annehmen.

Ab dem Winkel $\varphi = 30°$ wählen wir einen für die gesamte Spirale konstanten Radius $r_1 = 125$ mm. Damit können wir einen guten Übergang zum nachstehend gewählten Druckstutzendurchmesser erwarten. Im unmittelbaren Zungenbereich wählen wir den doppelten Wert, also $r_{1,0} = 250$ mm, damit die Spiralzunge nach den Seiten hin nicht zu dick wird, und lassen ihn auf den ersten 30° bis zum Wert 125 mm stetig abnehmen. Den Radius r_2 lassen wir mit dem Spiralentwicklungswinkel φ linear anwachsen von $r_{2,0} = 12$ mm bei $\varphi_B = 2{,}96°$ (nach Gl. (3.120)) bis $r_{2max} = 80$ mm bei $\varphi = 360°$ gemäß

$$r_2 = \frac{(r_{2\,\max} - r_{2,0})(\varphi - \varphi_B)}{(360 - \varphi_B)} + r_{2,0} \tag{4.1}$$

(Der Winkel φ_B kennzeichnet den Punkt, an welchem die Spiralkontur den Grundkreis mit D_4 berührt).

Die Spiralkontur wird zunächst für die ideelle Spirale – d. h. für die Zungenstärke null – entworfen und bis zum Winkel $\varphi = 360°$ entwickelt. Danach wird die Zunge gemäß Abb. 4.7 mit den zuvor festgelegten Abmessungen konstruiert und ein stetiger Übergang zur Kontur der ideellen Spirale vollzogen, der sich in unserem Falle beim Entwicklungswinkel $\varphi = 105°$ ergibt. Im Allgemeinen genügt es, die Spiralquerschnitte in Abständen von 30 oder 45° anzugeben. Für die Herstellung ist evtl. die Angabe von Krümmungsradien für die Spiralkontur hilfreich. In der Tab. 4.9 wurden die Querschnitte in 15°-Schritten angegeben.

Für den Druckstutzen wählen wir den Durchmesser $D_D = 250$ mm und erhalten damit eine Geschwindigkeit im Stutzen von $c_D = 5{,}66$ m/s beim Bestpunktvolumenstrom, entsprechend einem Anteil an Geschwindigkeitsenergie von 4,2 % der Förderhöhe. (Eine Stutzenweite von $D_D = 200$ mm wäre auch möglich

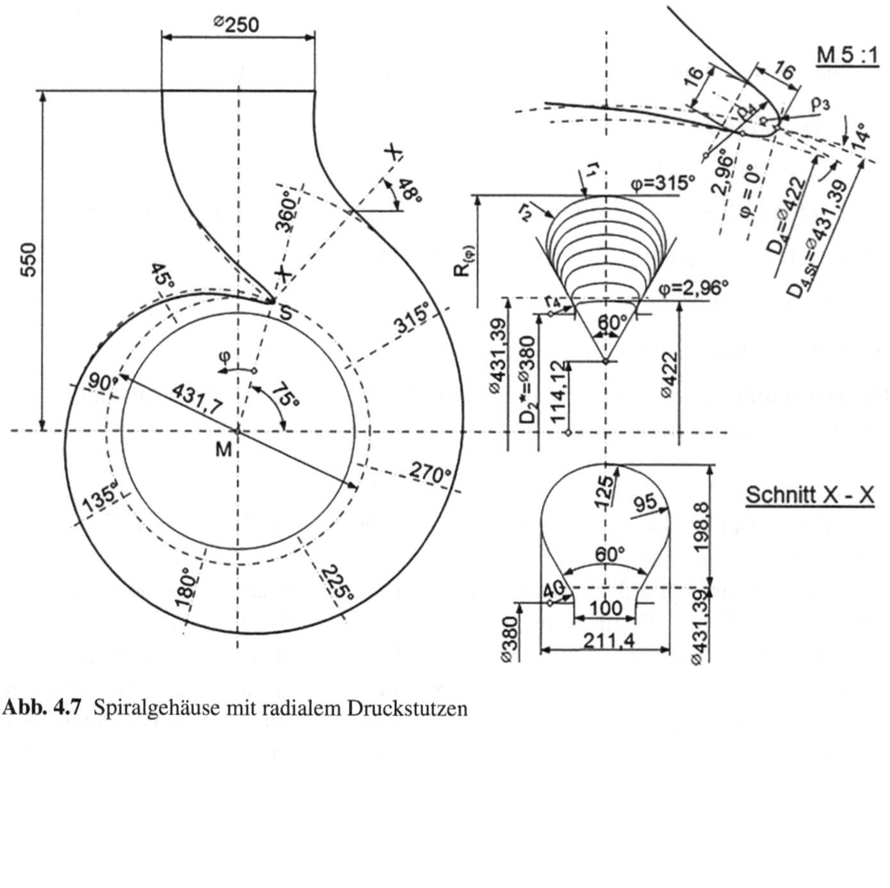

Abb. 4.7 Spiralgehäuse mit radialem Druckstutzen

Tab. 4.9 Spiralquerschnitte

φ (grad)	$R_{(\varphi)}$ (mm)	r_1 (mm)	r_2 (mm)	$A_{ausgef.}$ (cm^2)	A_{Kreis} (cm^2)
0,00	215,70	9999	0	0,00	0,00
1,00	212,00	999	0	−4,85	0,61
2,96	211,00	250	12,00	−8,90	1,84
15,0	215,00	160	14,29	−5,97	9,73
30,0	228,83	125	17,15	8,13	20,07
45,0	240,84	125	20,01	22,23	30,82
60,0	251,96	125	22,86	36,33	41,90
75,0	262,38	125	25,72	50,44	53,28
90,0	272,22	125	28,58	64,54	64,93
105,0	280,48	125	31,43	76,82	76,82
120,0	288,34	125	34,29	88,94	88,94
135,0	296,04	125	37,15	101,27	101,27
150,0	303,62	125	40,00	113,81	113,81
165,0	311,07	125	42,86	126,54	126,54
180,0	318,41	125	45,72	139,47	139,47
195,0	325,64	125	48,57	152,57	152,57
210,0	332,77	125	51,43	165,85	165,85
225,0	339,81	125	54,29	179,29	179,29
240,0	346,76	125	57,15	192,90	192,90
255,0	353,63	125	60,00	206,68	206,68
270,0	360,41	125	62,86	220,60	220,60
285,0	367,13	125	65,72	234,69	234,69
300,0	373,78	125	68,57	248,92	248,92
315,0	380,36	125	71,43	263,29	263,29
330,0	386,88	125	74,29	277,81	277,81
345,0	393,34	125	77,14	292,48	292,48
360,0	399,74	125	80,00	307,27	307,27
X–X	414,50	125	95,00	339,76	–

gewesen; der daraus resultierende hohe Anteil an Geschwindigkeitsenergie von ca. 10 % sollte jedoch vermieden werden, da sonst durch unsachgemäße Rohrleitungsführung hinter der Pumpe erhebliche Strömungsverluste auftreten können). Anhaltswerte für die Gestaltung des Druckstutzens können aus Abb. 3.58 entnommen werden. Aus dem Spiralendquerschnittsdurchmesser d_4' und dem Stutzendurchmesser D_D finden wir das Flächenverhältnis $A_D/A_4' \approx 1{,}6$ und daraus die zulässige Erweiterung im Druckstutzen $2\varepsilon \approx 16°$. Unter Berücksichtigung der spezifischen Drehzahl finden wir ferner die Stutzenausladung $H \approx 550$ mm und den Beginn der Spirale bei $\varphi_z \approx 15°$. Weitere Hilfen liefern die Werte $\delta \approx 53°$ und $R/d_4' \approx 1{,}2$.

Fehlende Maße der in Abb. 4.7 dargestellten Spiralquerschnitte sind in Tab. 4.9 zusammengestellt, wo auch ein Vergleich der ausgeführten Querschnitte mit den nach Gl. (3.122) berechneten Kreisquerschnitten ersichtlich ist. Die Abweichungen bis zum Entwicklungswinkel $\varphi = 105°$ – besonders die negativen Flächen im vorderen Entwicklungsbereich – sind auf den Einfluss der ausgeführten Spiralzunge zurückzuführen. Die Querschnitte ergeben sich zwanglos, wenn man die Kontur so wählt, dass bei $\varphi = 105°$ ein sanfter Übergang gegeben ist.

Beim Übergang zum Druckstutzen beginnt die äußere Kontur ab dem Entwicklungswinkel $\varphi \approx 340°$ vom Verlauf der ideellen Spirale abzuweichen. Dadurch und durch den vom Entwicklungsgesetz etwas abweichend gewählten Übergangsradius r_2 ergibt sich der Querschnitt *X–X* mit 339,76 cm^2 deutlich größer als der theoretische Endquerschnitt bei $\varphi = 360°$. Eine Querschnittsänderung unmittelbar vor dem Übergang in den Druckstutzen hat jedoch keinerlei negative Auswirkungen auf die Charakteristik der Spirale. Der größere Endquerschnitt hat im Gegenteil eine geringere Verzögerung der Strömung im Druckstutzen und damit eine bessere Druckumsetzung zur Folge.

4.3 Beschaufeltes Leitrad mit Umführung

Für eine mehrstufige Pumpe mit Sammelentlastung des Axialschubes ist ein Leitrad zu entwerfen für folgende Förderdaten:

$$\begin{aligned} V_{opt} &= 300 \text{ m}^3/\text{h} = 0{,}0833 \text{ m}^3/\text{s} \\ H_{opt} &= 103{,}5 \text{ m (Stufenförderhöhe)} \\ n &= 2980 \text{ U/min bzw. } \omega = 312{,}06 \text{ rad/s} \\ n_q &= 26{,}5 \text{ U/min} \\ i &= 5 \text{ (Stufenzahl)} \end{aligned}$$

Zum Entwurf s. Kap. 3.10. Um den Bauaufwand niedrig zu halten, wird das Leitrad entsprechend Abb. 3.62, Typ B – d. h. mit seitlichen Austrittsdreiecken in den schaufellosen Umführungsraum – gewählt. Bei der vorliegenden spezifischen Drehzahl ist dieser Leitradtyp vorteilhaft.

Nach Gln. (3.55) und (3.56) wird mit der Gütezahl

$$A = 0{,}975 \quad \text{(aus Tab. 3.5)}$$

ein hydraulischer Wirkungsgrad von

$$\eta_h = 0{,}901$$

erwartet, wobei die Oberflächengüte *N* 8 der strömungsrelevanten Strukturen vorausgesetzt wird.

Mit den Nebenverlusten der Spalt- und Entlastungsströme, der Scheibenreibung sowie den mechanischen Verluste nach Kap. 3.12 und 3.13, ferner nach Kap. 3.6 wird ein Gesamtwirkungsgrad von

$$\eta = 0{,}818 \text{ errechnet.}$$

Vom Laufradentwurf sind gegeben

$$\begin{aligned}
D_2 &= 280 \text{ mm (Austrittsdurchmesser)}\\
b_2 &= 25 \text{ mm (Austrittsbreite)}\\
z_U &= 7 \text{ (Schaufelzahl)}\\
\beta_2 &= 26^\circ \text{ (Austrittswinkel bezogen auf die Skelettfläche)}\\
D_N &= 92 \text{ mm (Nabendurchmesser)}\\
D_s &= 156 \text{ mm (Eintrittsdurchmesser),}
\end{aligned}$$

und damit die Druckziffer

$$\psi_{opt} = 1{,}06,$$

ferner der Laufradvolumenstrom im Bestpunkt

$$\begin{aligned}
V_{U,opt} &= \left(V_{opt} + V_{SP,\,I} + V_E\right) = 0{,}0880 \text{ m}^3/\text{s mit den Verlusten}\\
V_{SP,I} &= 0{,}0029 \text{ m}^3/\text{s (vorderer Laufradspalt) nach Gl. (3.151)}\\
V_E &= 0{,}0017 \text{ m}^3/\text{s (Sammelentlastung, nach Gl. (3.152))}
\end{aligned}$$

sowie der Übertreibungsfaktor für den Volumenstrom stoßfreien Eintritts ins Laufrad

$$C_{stfr,U} = 1{,}09.$$

Die Zuströmung zum Laufrad wurde als drallfrei vorausgesetzt.

Nach Abb. 3.64 werden der Stufenschritt mit

$B = 110$ mm und der Gehäuse-Innendurchmesser im Einklang mit Abb. 3.34 zu $D_G = 375$ mm gewählt.

Das Leitrad soll als „geschlossenes" Leitrad, d. h. mit angegossener Seitenwand ausgeführt werden. An dieser Seitenwand wird das Leitrad im Gehäuse zentriert, so dass die Leitschaufeln am äußeren Umfang nicht bearbeitet zu werden brauchen. Die Leitschaufeln werden deshalb nicht bis zum Gehäusedurchmesser geführt, sondern nur bis zum Durchmesser $D_5 = 370$ mm. Das hat gleichzeitig den Vorteil, dass verdickte und träge Grenzschichten aus dem Diffusor am Kanalaustritt von der Strömung, die durch den Spalt zwischen Leitschaufel und Gehäuse mit relativ hoher Geschwindigkeit fließt, mitgerissen werden und somit der Ablöseneigung im Diffusor entgegengewirkt wird.

Leitradvolumenstrom Der Verluststrom $V_{Sp,\,I}$ strömt nicht durch das Leitrad, stattdessen jedoch der Verluststrom der Stufendichtung, der sich nach Abschn. 3.12 zu

$$V_{SP,\,III} \approx 0{,}6 V_{SP,\,I} = 0{,}0017 \text{ m}^3/\text{s errechnet.}$$

Somit ist der Leitradvolumenstrom im Bestpunkt

$$V_{L,\,opt} = (V_{opt} + V_{SP,\,III} + V_E) = 0{,}0867 \text{ m}^3/\text{s}.$$

Zur Kompensation der Laufradeintrittsübertreibung ergibt sich nach Abb. 3.27 der Korrekturfaktor

$$C_L = 0{,}98,$$

während die zusätzlichen hydrodynamischen Verluste – ausgedrückt durch die Gütezahl A (s. o.) – nach Gl. (3.74) zu berücksichtigen sind mit

$$C_Z = 1{,}05.$$

Der Berechnungsvolumenstrom für das Leitrad ergibt sich somit zu

$$V_L = C_L \cdot C_Z \cdot V_{L,opt} = 0{,}0892 \text{ m}^3/\text{s}.$$

Er ist also um $\Delta V_L = 0{,}0025$ m³/s größer als der Leitradvolumenstrom im Bestpunkt $V_{L,opt}$.

Drallziffer des Leitrades (Drallkonstante) Zur weiteren Berechnung des Leitrades muss die Drallziffer K_L beim Leitradvolumenstrom V_L bekannt sein. Dazu ist die Lieferziffer beim um ΔV_L vergrößerten Laufradvolumenstrom $V_{U,opt}$ erforderlich, also bei

$$V_U = V_{U,opt} + \Delta V_L = 0{,}0880 + 0{,}0025 = 0{,}0905 \text{ m}^3/\text{s}.$$

Aus der Laufradgeometrie und der Drehzahl ergibt sich für diesen Volumenstrom

$$\varsigma_{3m} = \frac{2V_U}{\pi D_2{}^2 b_2 \omega} = 0{,}0942$$

Mit den gegebenen Laufraddaten errechnet sich nach Gl. (2.49 ff.) die theoretische Druckziffer nun zu

$$\psi_{th,\,L}{}^* = 1{,}165$$

und mittels umgeformter Gl. (2.47) schließlich die Drallkonstante

$$K_L = \psi_{th,\,L}{}^* \cdot D_2{}^2\ \omega/8 = 3{,}56 \text{ m}^2/\text{s}$$

Schaufelabstand (Grundkreis) und Schaufelzahl Nach der Auswahlregel in Kap. 3.10 kommen die Leitschaufelzahlen $z_L = 12$ und $z_L = 9$ in Frage. Nach Gl. (3.129) ist bei 12 Schaufeln $a_4{}' \approx 12$ mm zu erwarten, womit der Diffusorkanal mit $a_4/b_4 \approx 0{,}43$ relativ flach würde. (b_4 s. u.) Wir wählen deshalb

$z_L = 9$ und bekommen damit
$a_4{}' \approx 15$ mm und das günstigere Verhältnis $a_4/b_4 \approx 0{,}54$.

Nach Gl. (3.130) finden wir nun

D_4 = 286,67 mm. Um die „Aushebeschräge“ und Fertigungsungenauigkeiten zu berücksichtigen, wählen wir
D_4 = 288 mm und bekommen damit
D_4/D_2 = 1,0286.

Leitradbreite und Schaufelprofilierung Nach Gl. (3.135) wählen wir die Leitradbreite zu

$$b_4 = 28 \text{ mm}$$

und erhalten nach Gl. (3.131) eine Schaufelstärke von

$$s_L = 6{,}925 \text{ mm}.$$

Da das Leitrad – wie allgemein üblich – als Metallgussstück hergestellt werden soll, muss eine Aushebeschräge von mindestens 1° berücksichtigt werden, die sich bei der vorhandenen Leitradbreite b_4 in einer um ca. 1 mm differierenden Schaufelstärke äußert. Wir wählen die mittlere Schaufelstärke zu

$$s_L = 6{,}5 \text{ mm},$$

und erhalten so maximal eine Stärke von 7 mm und minimal eine solche von 6 mm. Diese minimale Stärke wird auf die Ebene der Modellteilung bezogen, die der Konstruktionszeichnung zu Grunde gelegt wird. Für diese Ebene gilt auch der Grundkreisdurchmesser D_4. Die Modellteilungs-Ebene legt man üblicherweise entlang der äußeren Stromlinie. Für die Profilierung des Schaufelanfangs finden wir aus Kap. 3.10 nach den Anhaltswerten für asymmetrische Profilierung, sowie den Gln. (3.132) und (3.133) gemäß Abb. 3.61 für die Schaufelstärke s_L = 6 mm (Ebene der Modellteilung) mit k = 0,65

$$\begin{aligned}
\rho_3 &= 0{,}25\, s_L &&= 1{,}5 \text{ mm}\\
\rho_4 &= 6\, s_L &&= 36 \text{ mm}\\
s_{La} &= 0{,}35\, s_L &&= 2{,}1 \text{ mm}\\
s_{Li} &= 0{,}65\, s_L &&= 3{,}9 \text{ mm}\\
L_{4\mathrm{a}} &= 1{,}318\, s_L &&= 7{,}91 \text{ mm}\\
L_{4\mathrm{i}} &= 2{,}357\, s_L &&= 14{,}12 \text{ mm}
\end{aligned}$$

Staupunktdurchmesser Nach Gl. (3.117) berechnen wir den Winkel α_4 nach Drallsatz mit der Leitradbreite b_4 = 28 mm mit

$$\alpha_4 = \arctan\left(\frac{0{,}0890}{2\pi 0{,}028 \cdot 3{,}562}\right) = 8{,}10°.$$

Damit wird nun nach Gl. (3.134) der Staupunktdurchmesser berechnet, der im Gegensatz zum Durchmesser D_4 über der Leitradbreite auch dann konstant bleibt, wenn wie in unserem Falle eine Aushebeschräge berücksichtigt werden soll.

$$D_{4,St} = 288 + 2[36 - 14{,}12 \sin 8{,}08° - (36 - 3{,}9) \cos 8{,}08°] = 292{,}47 \text{ mm}.$$

Diffusor-Eintrittsquerschnitt Mit $R_0 = D_{4,St}/2 = 146{,}23$ mm und der Schaufelzahl $z_L = 9$ findet man nach Gl. (3.127) die Radiusdifferenz

$$R - R_0 = 146{,}675\left(e^{\frac{0{,}0892}{9 \cdot 0{,}028 \cdot 3{,}562}} - 1\right) = 15{,}32 \text{ mm}$$

Hieraus ergibt sich nach Gl. (3.136) die ideelle Lichtweite für die gedachte Schaufelstärke null zu

$$a_4{}' = 15{,}32 \cos 8{,}10° = 15{,}17 \text{ mm}.$$

Dieser Wert gilt für die Mitte der Kanalbreite b_4. Infolge der Aushebeschräge, die – bezogen auf die gesamte Kanalbreite – 0,5 mm beträgt, ist er an der äußeren Stromlinie – weil er auf den Staupunktdurchmesser zu beziehen ist – um 0,25 mm größer, also

$$a_4{}'_a = 15{,}42 \text{ mm}$$

Unter Berücksichtigung des Nasenradius'ρ_3 finden wir die effektive Lichtweite

$$a_4 \approx 15{,}17 - 1{,}5 = 13{,}67 \text{ mm, gerundet}$$
$$a_4 = 13{,}7 \text{ mm}$$

Dieser Wert gilt für die Mitte der Kanalbreite b_4. Infolge der Aushebeschräge – die sich hier zweimal zur Hälfte auswirkt, ist er an der äußeren Stromlinie um $2 \times 0{,}25 = 0{,}5$ mm auf

$$a_{4a} = 14{,}2 \text{ mm}$$

zu vergrößern bzw. an der inneren Stromlinie um den gleichen Betrag zu verringern, somit

$$a_{4i} = 13{,}2 \text{ mm}$$

Der effektive Eintrittsquerschnitt errechnet sich aus dem Mittelwert zu

$$A_4 = a_4 \cdot b_4 = 3{,}84 \text{ cm}^2.$$

Leitschaufeln Einen Richtwert für den inneren Krümmungsradius der Leitschaufeln, die wir als Kreisbögen ausführen wollen, findet man nach Gl. (3.138) mit

$$\rho_{L,i} = 1{,}35 \cdot 293{,}35(15{,}42/102{,}4)^{0{,}3} = 224 \text{ mm}$$

Konstruktionsgang Wir beginnen mit dem Staupunktdurchmesser und tragen an einem gewählten Staupunkt S den Schaufelwinkel α_4 an, auf dessen Schenkel im Abstand $\rho_3 = 1{,}5$ mm vom Staupunkt der Mittelpunkt des Profilnasenradius' ρ_3 liegt. Sodann wird mit dem Krümmungsradius $\rho_4 = 36$ mm ein Kreisbogen geschlagen, der gleichzeitig in den Profilnasenradius $\rho_3 = 1{,}5$ mm übergeht und den Grundkreis mit $D_4 = 288$ mm berührt. Nun wird um den Staupunkt ein Kreisbogen mit der ideellen Lichtweite (unter Beachtung der Aushebeschräge) also mit einem Radius $a_4{}'_a = 15{,}42$ mm geschlagen und ein Kreisbogen mit dem vorläufigen Radius $\rho_{L,i} = 224$ mm bis zum gewählten Außendurchmesser $D_5 = 570$ mm des Leitrades so gelegt, dass er stetig in den Profilradius ρ_4 übergeht und bei einer um die Teilung versetzten zweiten Schaufel gleichzeitig den Kreisbogen mit $a_4{}'_a = 15{,}42$ mm berührt, wie aus Abb. 4.8 hervorgeht. Nun muss der Kanalverlauf kontrolliert werden. Da der Erweiterungswinkel etwas zu groß erscheint, müssen die Krümmungsradien kleiner gewählt werde. Dadurch wird der Diffusorkanal länger und der Erweiterungswinkel sowie die Austrittslichtweite a_5 werden kleiner. Nach kurzem Probieren können wir die Radien mit $\rho_{L,i} = 210$ mm bzw. $\rho_{L,a} = 216$ mm festlegen und bekommen damit die Austrittsweite von $a_{5a} = 26$ mm bei einer Kanallänge von $L \approx 70$ mm und einem akzeptablen Erweiterungswinkel in radialer Ebene von $2\alpha = 9{,}6°$. Nun muss noch diffusorseitig mit $\rho_4 = 36$ mm ein Übergang zum Profilnasenradius ρ_3 zum äußeren Schaufelradius $\rho_{L,a}$ geschaffen werden. Zur Verbesserung der Abströmung wird die Schaufel am Diffusoraustritt auf eine Stärke von 2 mm verjüngt. Zum gleichen Zweck der Verbesserung der Abströmung in den Umführungsraum werden die Diffusorkanal-Querschnitte in ihrem Verlauf zunehmend einseitig stark abgerundet so dass sie von der Rechteckform abweichen. Ihr Flächeninhalt muss durch Planimetrieren bestimmt werden. Um trotz der Abrundung den erforderlichen Austrittsquerschnitt zu erhalten, wird die Breite entsprechend vergrößert. Durch die Abrundung verändert sich ebenfalls der Eintrittsquerschnitt gegenüber dem oben errechneten Wert geringfügig auf $A_4 = 3{,}88$ cm²; er muss deshalb nicht korrigiert werden. Bei gegossenen Leiträdern kann sich am Diffusoraustritt je nach Formverfahren eine geringe Unstetigkeit infolge entgegengesetzter Aushebeschrägen ergeben. Ein dabei auftretender Rücksprung mit einer plötzlichen Querschnittserweiterung ist dabei nicht schädlich. Für den Austrittquerschnitt ergibt sich (durch Planimetrieren) (Abb. 4.9).

$$A_5 = 9{,}59 \text{ cm}^2.$$

Damit findet man den auf flächengleiche Kreise bezogenen Erweiterungswinkel

$$2\varepsilon = 2 \arctan\left(\frac{\sqrt{A_5/\pi} - \sqrt{A_4/\pi}}{L}\right) = 10{,}4°,$$

der nach Abschn. 2.9 für das Verzögerungsverhältnis von $A_5/A_4 = 2{,}45$ für schwach gekrümmte Flachkantkrümmer als günstig zu beurteilen ist.

Mit dem Austrittsquerschnitt finden wir die Austrittsgeschwindigkeit

$$c_5 = \frac{V_{L,opt}}{z_L A_5} = \frac{0{,}0865}{9 \cdot 0{,}000959} = 10{,}02 \text{ m/s}$$

und die auf die Stufenförderhöhe bezogene Energiehöhe

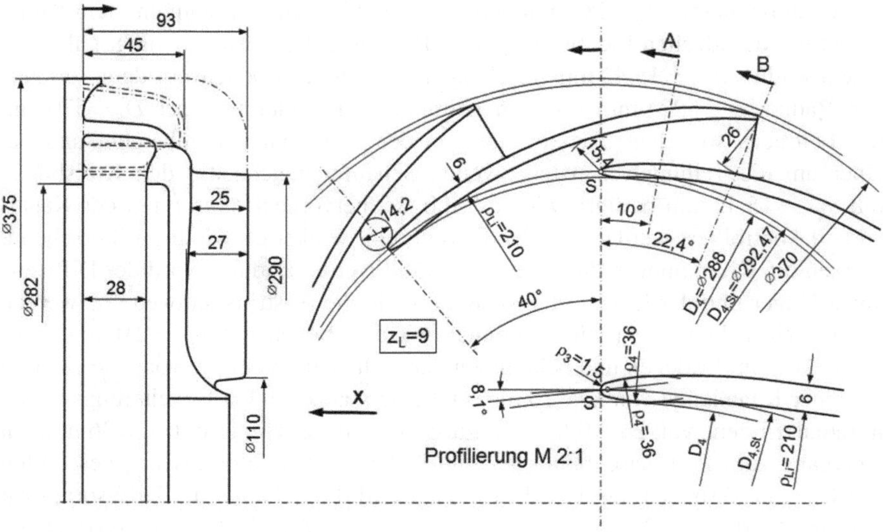

Abb. 4.8 Konstruktion der Leitschaufeln

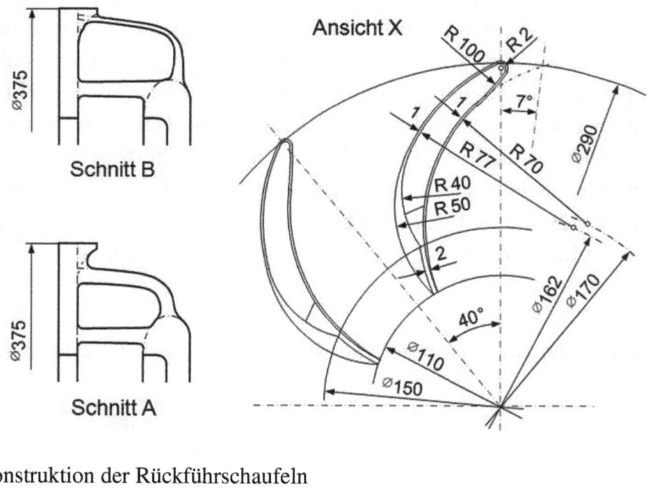

Abb. 4.9 Konstruktion der Rückführschaufeln

$$\frac{c_5{}^2}{2gH_{opt}} = \frac{10{,}02^2}{2g\,103{,}5} = 0{,}049.$$

Mit Hilfe des Zwischenwertes $A_A = 5{,}85\ \text{cm}^2$ lässt sich der Querschnittsverlauf kontrollieren, Er zeigt über der Kanallänge einen fast linearen Verlauf.

Rückführschaufeln Es wird gewählt:

$z_R = 9$ Anzahl der Rückführschaufeln ($= z_L$)

$D_8 = 290$ mm Eintrittsdurchmesser

$b_8 = 25$ mm Eintrittsbreite

$D_9 = 110$ mm Austrittsdurchmesser

$b_9 = 27$ mm Austrittsbreite

Die Breite b_9 wird so gewählt, dass noch eine leichte Beschleunigung zum folgenden Laufradeintritt vorhanden ist.

Mit der Austrittsgeschwindigkeit aus den Leitschaufeln $c_{5u} \approx c_5 = 10{,}0$ m/s bei einem geschätzten mittleren Durchmesser $D_5{}^* = 335$ mm lässt sich der Drall hinter dem Leitrad berechnen

$$K_5 = D_5{}^* c_{5u}/2 = 0{,}335 \cdot 10{,}0/2 = 1{,}68\ \mathrm{m^2/s}.$$

Damit findet man am Eintrittsdurchmesser der Rückführschaufeln $D_8 = 290$ mm bei Vernachlässigung der Reibungsverluste eine Umfangskomponente von

$$c_{7u} = \frac{2K_5}{D_8} = 11{,}6\ \mathrm{m/s}$$

wobei die Meridiankomponente aus der Kontinuitätsbedingung

$$c_{7m} = \frac{V_{L,opt}}{\pi D_8 b_8} = \frac{0{,}0865}{\pi 0{,}29 \cdot 0{,}025} = 3{,}80\ \mathrm{m/s}$$

und somit der Strömungswinkel

$$\alpha_7 = \arctan \frac{c_{7m}}{c_{7u}} = 18{,}1^\circ.$$

Unter Berücksichtigung der Reibung nach Gl. (3.143) ergibt sich mit einer geschätzten Stromlinienlänge von $L = 0{,}05$ m und unter Annahme des Reibungsbeiwertes $\lambda = 0{,}04$ schließlich

$$\alpha_7{}' = \arctan\left(\tan\alpha_7 + \frac{\lambda L}{4b_8}\right) = 19{,}1^\circ.$$

Der Reibungseinfluss ist demnach angesichts der insgesamt unsicheren Berechnung und der nachfolgenden willkürlichen Winkelvergrößerung unerheblich.

Mit der Schaufelversperrung

$t_8/(t_8 - \sigma_8) = 1{,}2$ aus $t_8 = \pi D_8/z_R = 101$ mm und geschätztem $\sigma_8 = 16$ mm ergibt sich der Eintrittswinkel zu

$$\alpha_8 = \arctan\left(\frac{t_8}{t_8 - \sigma_8}\tan\alpha_7\right) = 22{,}6^\circ.$$

Der Eintrittswinkel wird mit $\alpha_8 = 28°$ etwas größer ausgeführt, da die wirklichen Strömungsverhältnisse nur sehr grob erfassbar sind und eine beim Eintritt eventuell erzwungene plötzliche leichte Verzögerung wahrscheinlich weniger schädlich ist als eine Beschleunigung mit Ablösungsgefahr auf der konkaven Schaufelseite.

Die Austrittswinkel werden so gewählt, dass sich eine möglichst drallfreie Zuströmung in das nachfolgende Laufrad ergibt. Der Versuch einer exakten Berechnung der Rückführbeschaufelung ist wenig erfolgversprechend (s. hierzu die Ausführungen in Kap. 3.10).

4.4 Eintrittsgehäuse

Für eine mittengeteilte zweiflutige Pumpe für eine Wasserversorgungsanlage mit den Förderdaten

$$V = 4300\ \text{m}^3/\text{h} = 1{,}194\ \text{m}^3/\text{s bzw.}$$
$$V/2 = 2150\ \text{m}^3/\text{h} = 0{,}597\ \text{m}^3/\text{s}$$
$$H = 62\ \text{m}$$
$$n = 1485\ \text{U/min bzw. } \omega = 155{,}51\ \text{rad/s}$$
$$n_{q(V/2)} = 51{,}94\ \text{U/min}$$

ist gemäß Kap. 3.11 ein Eintrittsgehäuse zu entwerfen. Aus Wirkungsgrad- und *NPSH*-Gründen – und da außerdem die abzudichtende Fläche an der Mittenteilung kleiner ist als bei symmetrischem Zulauf – wird nach Abb. 3.67e ein asymmetrisches Gehäuse gewählt. Der damit erzeugte Vordrall muss bei der Berechnung von Laufrad und Spirale berücksichtigt werden.

Vom Laufrad sind die Abmessungen gegeben:

$$D_s = 350\ \text{mm}$$
$$D_N = 155\ \text{mm}$$
$$A_s = 0{,}0773\ \text{m}^2 = \pi/4\ ({D_s}^2 - {D_N}^2)$$
$$B_{1a} = 170\ \text{mm (pro Radseite)}$$

Für den Eintrittsstutzen wird gewählt

$$D_E = 600\ \text{mm, somit ist}$$
$$A_E = 0,283\ \text{m}^2.$$

Daraus ergibt sich eine Beschleunigung zum Laufrad von

$A_E/2A_s = 1{,}83$, die nach Kap. 3.11 ausreichend ist.

Mit dem Flanschdurchmesser von 780 mm wird die Exzentrizität des Eintrittsstutzens gewählt zu

$$E = 400 \text{ mm}.$$

Für die weitere Konstruktion müssen die vom Eintrittsgehäuse umschlossenen Spiralquerschnitte bekannt sein, die sich ihrerseits abhängig von der Lage der Spiralzunge und damit von der Exzentrizität E ergeben.

In Hinblick auf den Lagerabstand und auf möglichst geringe radiale Erstreckung der Querschnitte des Eintrittsgehäuses sowie weiteren Richtlinien nach Kap. 3.11 wird nun der Aufriss entworfen. Bei der Gestaltung der Querschnitte ist das Herstellungsverfahren (Formtechnik, Modellteilung, Aushebeschrägen) zu berücksichtigen. Wir skizzieren zunächst einen ersten Entwurf des Gehäuses und prüfen, ob die Vorgaben nach Kap. 3.11 eingehalten werden. Bei dieser Arbeit ist räumliches Vorstellungsvermögen und ein gutes Formgefühl von Nutzen (man kann nicht alle Proportionen nach festgelegten Funktionen bestimmen). Mit dem axial weit vorgezogenen Wulst mit der Breite $2 \times 280 = 560$ mm wird die Forderung nach meridianer Länge des Ringraumes gemäß Gl. (3.145) in etwa erfüllt. Nach Gl. (3.144) ergibt sich die Gesamtbreite $B_G = 2 \times 460 = 920$ mm.

Nach einigem Probieren finden wir die Abmessungen des in Abb. 4.10 dargestellten Gehäuses mit der Gesamtbreite

$$B_G = 2 \times 450 = 900 \text{ mm}.$$

Die Beschleunigung der Strömung bis zum Querschnitt X–X ist zunächst gering und nimmt dann von den Querschnitten $\varphi = 180°$ bis $\varphi = 0°$ zum Eintritt in das Laufrad bis auf den Wert 1,5 zu. Die Querschnitte werden so geformt, dass sich Krümmungen stetig und harmonisch ändern. Die Mittelrippe wird bis etwa zum Querschnitt X–X geführt und so gelegt, dass die durch sie gebildeten Teilquerschnitte etwa gleich groß sind. In ihrer Verlängerung darf sie wegen des beabsichtigten Vordralls nicht (wie bei symmetrischen Gehäuse) auf die Achse gerichtet sein. Wegen des Vordralls wird auch die Drallrippe bei $\varphi = 0°$ etwas einseitig ausgeführt, wie im Schnitt A–B in Abb. 4.10 ersichtlich. Bei der Gestaltung der Querschnitte wird darauf geachtet, dass sich stets gewölbte Flächen ergeben. Wegen ihrer niedrigen Eigenfrequenzen, die zu Resonanzen führen können, sind ebene Flächen möglichst zu vermeiden. Zum Verständnis der Darstellung sei angemerkt, dass die Konturen in der Seitenansicht und in der Draufsicht auf die Symmetrieebene (Modellteilung) bezogen sind unter Berücksichtigung einer Aushebeschräge von 3°.

In Tab. 4.10 sind die durch Planimetrieren ermittelten ausgeführten Werte der einzelnen Querschnitte zusammengestellt. Die Beschleunigungen beziehen sich auf die Geschwindigkeit am Laufradeintritt. Abb. 4.11 zeigt detailliert die Geometrie der Querschnitte $\varphi = 0°$ bis $\varphi = 180°$.

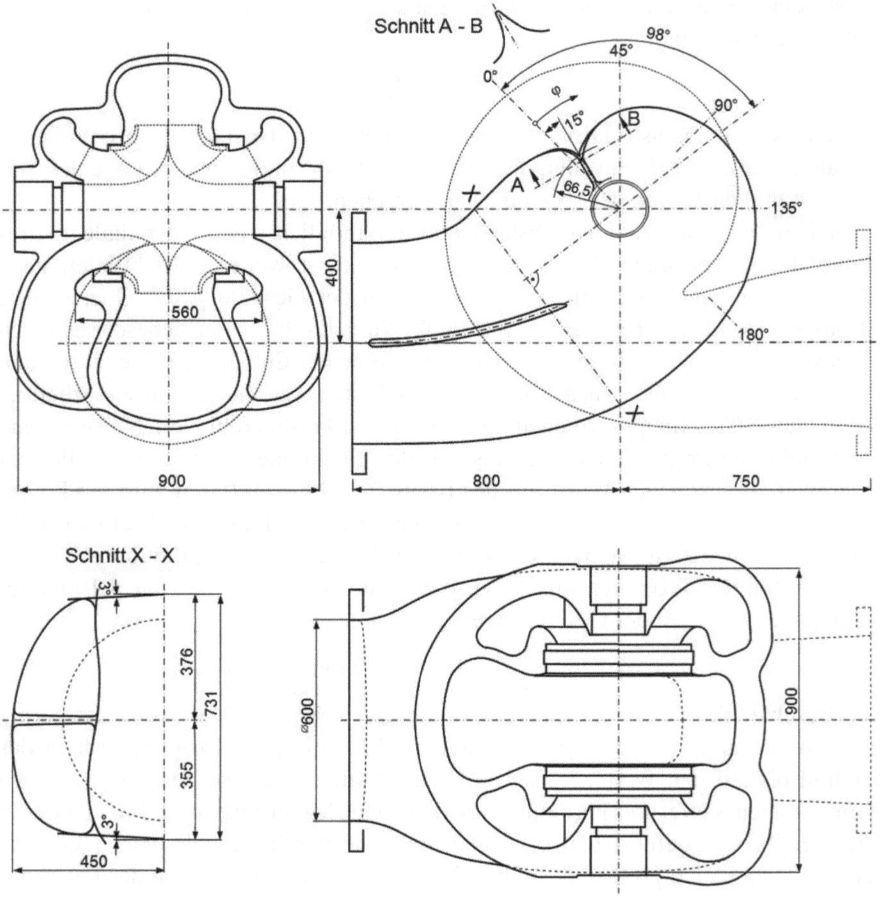

Abb. 4.10 Eintrittsgehäuse

Mit dem aus der Konstruktion gefundenen Versatzwinkel von $\varepsilon = 98°$ kann nun der Vordrall abgeschätzt werden, der bei der Laufrad- und Spiralberechnung berücksichtigt werden muss. Wir verwenden dazu den Querschnitt

$A_\varphi = 437\ \text{cm}^2$ beim Entwicklungswinkel $\varphi = 135°$, der den äquivalenten Durchmesser $d_\varphi = 0{,}236$ m liefert.

In diesem Querschnitt ist der anteilige Volumenstrom (einer Radseite)

$$V_\varphi = \frac{135}{360} \cdot \frac{V}{2} = \frac{3\,V}{16} = 0{,}229\ \text{m}^3/\text{s}.$$

Mit dem mittleren Durchmesser an der Drallrippe

$$D_0 = 0{,}282\ \text{m}$$

Tab. 4.10 Ausgeführte Querschnitte

Position	X–X	0°	45°	90°	135°	180°	
Achsabstand		199,5	291	357	405	450	*mm*
Fläche *A*	1305	0	148	298	437	574	cm^2
c_A	4,57	–	5,04	5,01	5,12	5,20	*m/s*
c_s/c_A	1,69	–	1,53	1,54	1,51	1,49	–

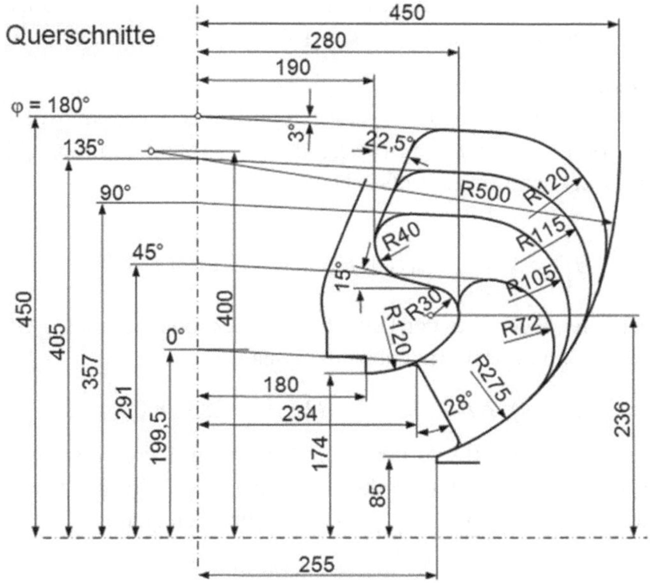

Abb. 4.11 Gehäusequerschnitte

lässt sich schließlich der Vordrall nach Gl. (3.148) berechnen zu

$$K_0 = 0{,}349\ m^2/s,$$

der bei der Laufradberechnung zu berücksichtigen ist.

4.5 Sonderlaufrad

Spezialaufrad zur Abwasserförderung. Einstufige Pumpe mit axialem Eintrittsstutzen. Berechnung nach Kap. 3.9. Der Berechnungsgang gleicht weitgehend dem des normalbeschaufelten Laufrades im Beispiel Kap. 4.1.

Förderdaten:

$$\begin{aligned} V_{opt} &= 1200 \text{ m}^3/\text{h} = 0{,}3333 \text{ m}^3/\text{s} \\ H_{opt} &= 35 \text{ m} \\ H_{s,geo} &= 3{,}0 \text{ m im Dauerbetrieb} \\ H_{s,geo,max} &= 5{,}5 \text{ m kurzzeitiger Betrieb beim Entleeren} \end{aligned}$$

Fördergut: Kommunales ungeklärtes Abwasser mit Feststoffen aller Art und hohem Sandanteil, Temperatur $T_{max}=25$ °C, Dampfdruck $p_t=0{,}032$ bar, minimaler Atmosphärendruck $p_A=0{,}94$ bar. Die Dichte wird mit $\rho=997$ kg/m^3 (Wasser) angenommen.

Geforderter freier Kugeldurchgang $k \geq 130$ mm.

Haltedruckhöhe Aus der maximalen Saughöhen $H_{s,geo,max}=5{,}5$ m, einer geschätzten saugseitigen Druckverlusthöhe von $H_V=0{,}2$ m und einer angenommenen Eintrittsgeschwindigkeit von $c_E=6{,}8$ m/s (entsprechend *DN* 250) und damit $c_E{}^2/2\,\text{g}=2{,}35$ m ergibt sich die Druckhöhe am Eintrittsstutzen zu

$$H_E = -(H_{s,geo,max} + H_V + c_E{}^2/2\,\text{g}) = -8{,}05 \text{ m}$$

als Unterdruckhöhe gegenüber der Umgebungsdruckhöhe. Hieraus ergibt sich nach Gl. (3.42) die verfügbare Haltdruckhöhe der Anlage

$$NPSH_{av} = (p_A - p_t)/\rho g + H_E + c_E{}^2/2\text{ g} = 9{,}28 - 8{,}05 + 2{,}35 = 3{,}58 \text{ m}.$$

Da dieser Wert nur kurzzeitig vorliegt – z. B. beim Entleeren des Beckens – kann er als $NPSH_3$ der Pumpe gesetzt werden, d. h. nach Gl. (3.46) mit $S=1$.

Mit der normalen Saughöhe $H_{s,geo}=3{,}0$ m ergibt sich analog

$$NPSH_{av} = 6{,}08 \text{ m}.$$

Bezogen auf vorstehenden Grenzwert resultiert daraus nach Gl. (3.46) ein Kavitationssicherheitsbeiwert von $S=1{,}7$. Dieser Wert ist hoch genug, um für den Dauerbetrieb kavitationsbedingte Störungen mit Gewissheit ausschließen zu können, so dass sich die detaillierte Berechnung der Sicherheitsbeiwerte gemäß Gl. (3.47) erübrigt.

Bauart Für die gegebenen Betriebsbedingungen haben sich vertikal oder horizontal aufgestellte einstufige Spiralgehäusepumpen mit axialem Eintrittsstutzen und einseitiger Lagerung bewährt. Wo es der Platzbedarf zulässt, wird der horizontalen Aufstellung aus Gründen größerer Wartungsfreundlichkeit der Vorzug gegeben. Aus Verschleißgründen (Sandschliff) wird ein geschlossenes Laufrad (mit Deckscheibe) gewählt. Um die Anfälligkeit gegen Verstopfung gering zu halten, werden die Schaufeln im Eintritt relativ dick und mit plumper Profilierung ausgeführt. Mittels geringer Schaufelzahl werden große freie Durchgänge geschaffen.

Drehzahl Nach Abb. 3.9 schätzen wir die Saugzahl vorsichtig zu $S_3 \approx 170$. In diesem relativ niedrig angenommenen Wert ist berücksichtigt, dass wegen der zur Abwasserförderung speziellen Schaufelprofilierung und weil das Laufrad zur Realisierung der geforderten großen Eintrittslichtweite mit einem relativ kleinem

Eintrittsdurchmesser, somit großem Strömungswinkel, ausgeführt werden soll, kein optimaler *NPSH*-Wert erreicht werden kann. Mittels umgeformter Gl. (3.45) erhalten wir mit der angenommenen Saugzahl die maximale Drehzahl

$$n = 766 \text{ U/min}$$

und wählen die nächstniedrigere Asynchrondrehzahl

$$n = 740 \text{ U/min } (\omega = 77{,}49 \text{ rad/s}).$$

Spezifische Drehzahl Mit der nun festgelegten Drehzahl ergibt sich die spezifische Drehzahl nach Gl. (3.50) zu

$$n_q = 29{,}69 \text{ U/min}.$$

Schaufelzahl Im Gegensatz zum Vorgehen bei der Berechnung von Laufrädern für reine Flüssigkeiten muss hier wegen der Forderung nach großem freiem Kugeldurchgang zunächst die Schaufelzahl festgelegt werden. Man darf nicht willkürlich den Kugeldurchgang unabhängig von der Schaufelzahl und vom Volumenstrom festlegen, weil damit der Volumenstrom stoßfreien Eintritts unkontrollierte Werte annehmen kann, was sich nachteilig auf die Fördercharakteristik (Bestpunkt, Wirkungsgrad, Laufruhe) auswirken würde. Aus Abb. 3.30 finden wir für $\dot{V} = 1200\ \text{m}^3/\text{h}$ und $k \geq 130$ mm die Schaufelzahl

$$z_U = 2.$$

Für einen kleineren Volumenstrom (z. B. 800 m^3/h) wäre es schwierig geworden, ein zweischaufliges Rad mit dem geforderten freien Durchgang auszulegen. In diesem Fall wäre zu prüfen gewesen, wie weit eine größer ausgelegte Pumpe im Dauerbetrieb bei Teillast betrieben werden kann oder ob ein Einschaufelrad gewählt werden muss. Der Einsatz von Einschaufelrädern wird wegen deren Nachteile (hydrodynamische Unwucht, erhöhte Druckpulsationen, niedriger Wirkungsgrad) nach Möglichkeit vermieden, sie bieten allerdings die höchste Sicherheit gegen Verstopfung.

Wirkungsgrad und Laufraddurchmesser Der Volumenstrom stoßfreien Eintritts wird gleich dem Bestpunktvolumenstrom gesetzt. Somit ergeben sich keine zusätzlichen Verluste durch Addition von Stoßverlusten. Nach Tab. 3.5 wird die Güteziffer

$$A = 0{,}95$$

gewählt, womit sich nach Gln. (3.55) und (3.56) der hydraulische Wirkungsgrad

$$\eta_h = 0{,}8913$$

und mit diesem die theoretische Förderhöhe

$$H_{th} = 39{,}28 \text{ m}$$

ergibt. Nach Abb. 3.33 kann mit einer theoretischen Druckziffer von $\psi_{th} \approx 1{,}05$ gerechnet werden, woraus sich gemäß Gl. (3.78) ein Laufraddurchmesser von $D_2 = 699$ mm ergibt. Mit einer Gehäusebohrung von 700 mm legen wir den Laufraddurchmesser zur bequemeren Montage fest zu

$$D_2 = 698 \text{ mm} = 0,698 \text{ m}$$

und bekommen damit nach umgeformter Gl. (3.78) endgültig die theoretische Druckziffer

$$\psi_{th} = 1,053.$$

Mit dem Laufraddurchmesser kann nun nach Gl. (3.151) überschläglich der Spaltverluststrom am vordere Dichtspalt berechnet werden zu $V_{Sp,\mathrm{I}}$=20,4 m³/h=0,0057 m³/s. Aus fördertechnischen Gründen (Verstopfungsgefahr der Entlastungsbohrungen) wird kein hinterer Spalt zur Axialschubentlastung vorgesehen. Wegen der bei Zweischaufelrädern relativ großen Biegewechselbeanspruchung der Welle wird mit etwas erweitertem Spalt und dadurch mit einem um ca. 15 % vergrößertem Spaltverluststrom gerechnet, somit

$$V_{Sp,\mathrm{I}} = 23{,}3 \text{ m}^3/\text{h} = 0,0065 \text{ m}^3/\text{s}.$$

Damit wird der Laufradvolumenstrom

$$V_{U,opt} = V_{opt} + V_{Sp,\mathrm{I}} = 0{,}3333 + 0{,}0065 = 0{,}3398 \text{ m}^3/\text{s}$$

und – nach Gl. (3.10) – der volumetrische Wirkungsgrad

$$\eta_V = 0{,}9809.$$

Aus der hydrodynamischen Leistung nach Gl. (3.7)

$$P_h = 130{,}46 \text{ kW}$$

und der Scheibenreibleistung nach Gl. (3.179) für das gesamte Rad

$$P_R = 5{,}35 \text{ kW}$$

finden wir nach Gl. (3.6) die innere Leistung

$$P_i = 135{,}82 \text{ kW}$$

und damit nach Gl. (3.12) den Reibungsbeiwert

$$\zeta_R = 0{,}9606.$$

Des Weiteren beträgt nach Gl. (3.5) der innere Wirkungsgrad

$$\eta_i = 0{,}8398.$$

Nach Gl. (3.57) findet man die mechanische Verlustleistung

$$P_m = 1{,}03 \text{ kW},$$

wenn man – wie beim Entwurf des Normallaufrades (Kap. 4.1) – der Einfachheit halber für die Gesamtleistung P die innerer Leistung P_i einsetzt, was keinen großen Fehler bedeutet, da sich beide Werte wenig unterscheiden und es sich außerdem nur um eine „Schätzformel" handelt.

Damit errechnen wir nun nach Gl. (3.15) den mechanischen Wirkungsgrad

$$\eta_m = 0{,}9925$$

und nach Gl. (3.17) den Gesamtwirkungsgrad

$$\eta = \underline{0{,}834}.$$

Wie bereits unter Kap. 4.1 angemerkt, könnte der zu erwartende Wirkungsgrad durch detaillierte Berechnung des Spaltverlustes unter Berücksichtigung des Strömungsverhältnisse im Radseitenraum nach Kap. 2.8 und der Scheibenreibung nach Kap. 3.13 noch genauer bestimmt werden. Die damit zu erwartenden geringen Änderungen sind jedoch für den Laufradentwurf nicht von Einfluss und werden deshalb hier nicht durchgeführt, zumal die mechanischen Verluste meist auch nur überschläglich berechnet werden können. Der errechnete Wirkungsgrad dient somit hauptsächlich nur zur Information.

Bei der Prüffeldmessung wurde ein Gesamtwirkungsgrad von $\eta = 0{,}844$ erreicht, womit die Berechnung hinreichend bestätigt ist.

Eintrittsdurchmesser Um die Abhängigkeit der Haltedruckhöhe, der Relativgeschwindigkeit und deren Zuströmwinkel vom Eintrittsdurchmesser beurteilen zu können, werden diese Größen, wie bereits in Kap. 4.1 praktiziert, grafisch dargestellt. Im Interesse eines möglichst großen freien Durchgangs müssen der Eintrittsdurchmesser relativ klein, somit der Zuströmwinkel groß gewählt werden. Das hat den Nebeneffekt, dass die Verzögerung der Relativströmung w_3/w_{0a} geringer wird und somit eine durch die geringe Schaufelzahl $z_U = 2$ zu erwartende höhere Schaufelbelastung zugelassen werden kann. Zusätzlich wirkt sich der relativ geringe Eintrittsdurchmesser positiv auf den Spaltverluststrom aus.

Nach Tab. 4.11 und Abb. 4.12 wählen wir den Eintrittsdurchmesser zu

$$D_s = 270 \text{ mm}$$

und erhalten damit

$$\beta_{0a} = 29{,}57°$$

sowie

$$NPSH_3 = 3{,}25 \text{ m}.$$

Der $NPSH_3$-Wert liegt etwas unterhalb des minimalen Anlagewertes. Eine Nachrechnung ist also nicht erforderlich. Aus der Tab. 4.11 ist übrigens ersichtlich, dass der Anteil der Relativgeschwindigkeit an der Haltedruckhöhe gegenüber dem der Absolutgeschwindigkeit gering ist. Das bedeutet, dass der Einfluss der Profilierung ebenfalls gering ist. Ferner ist ersichtlich, dass die Relativgeschwindigkeit w_{0a} beim gewählten Eintrittsdurchmesser nahezu ihr Minimum erreicht.

Austrittsbreite, Schaufelstärke und Austrittswinkel Diagramm Abb. 3.35 liefert uns für die bereits festgelegte Schaufelzahl $z_U = 2$ die Lieferziffer $\zeta_{3m} = 0{,}0402$, woraus wir mittels Gl. (3.80) die Laufradbreite $b_2 = 142{,}6$ mm errechnen. Mit dieser großen Austrittsbreite würden sich in Verbindung mit dem relativ kleinen Eintrittsdurchmesser ein ungünstig proportionierter Meridianschnitt ergeben. Außerdem würde der sich nach Gl. (2.54) ergebenden Wert überschritten werden, was nach Möglichkeit

Tab. 4.11 Zur Bestimmung des Eintrittsdurchmessers

$V_U = 0{,}3398\ m^3/s$		$\omega = 77{,}493\ rad/s$	$\lambda_{c3} = 1{,}15$			$\lambda_{w3} = 0{,}16$		$D_N = 0$
D_s	240	250	260	**270**	280	290	300	310	*mm*
$\pi D_s^2/4$	452,4	491,9	530,9	**572,6**	615,8	660,5	706,9	754,8	*cm²*
c_0	7,51	6,92	6,4	**5,94**	5,52	5,14	4,81	4,50	*m/s*
u_s	9,30	9,69	10,07	**10,46**	10,85	11,24	11,62	12,01	*m/s*
β_{0a}	38,93	35,55	32,43	**29,57**	26,96	24,60	22,47	20,55	*Grad*
w_{0a}	11,95	11,91	11,94	**12,03**	12,17	12,36	12,58	12,83	*m/s*
$\lambda_{c3}c_0^2/2g$	3,31	2,81	2,40	**2,07**	1,79	1,55	1,36	1,19	*m*
$\lambda_{w3}w_{0a}^2/2g$	1,17	1,16	1,16	**1,18**	1,21	1,25	1,29	1,34	***m***
$NPSH_3$	4,47	3,97	3,56	**3,25**	2,99	2,80	2,65	2,53	***m***
S_3	138,9	152,0	164,7	**176,7**	187,7	197,5	205,9	212,9	-

Abb. 4.12 w_{0a}, β_{0a} und $NPSH_3$ über dem Eintrittsdurchmesser D_s

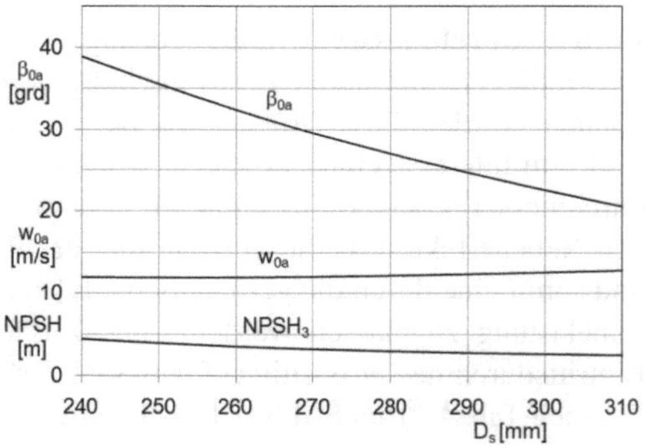

vermieden werden sollte. Deshalb legen wir die Austrittsbreite nur wenig breiter als den geforderten freien Durchgang fest mit

$$b_2 = 132 \text{ mm}.$$

Dieser Wert ergibt eine Lieferziffer von

$$\zeta_{3\text{m}} = 0{,}0434.$$

In Anbetracht der besonderen Betriebsbedingungen und der dadurch gegebenen großen Austrittsbreite und geringen Schaufelzahl soll die Schaufelstärke – abweichend vom Richtwert nach Gl. (3.94) – folgendermaßen ausgeführt werden:

Am Eintritt wird zur Verringerung der Verstopfungsneigung gewählt

$$s_{U1,a} = 35 \text{ mm}$$
$$s_{U1,j} = 45 \text{ mm}.$$

mit einer „plumpen“ Profilierung von

$$L_1/s_{U1} = 1.$$

Im mittleren Bereich wird die Schaufelstärke aus Gewichtsgründen mit

$$s_{U2,a} = 20 \text{ mm}.$$

$$s_{U2,j} = 30 \text{ mm}.$$

geringer gewählt. Diese Werte dürften festigkeitsmäßig ausreichend sein, zumal sich der große Umschlingungswinkel der Schaufeln in dieser Hinsicht günstig auswirkt. Wegen des Herstellungsverfahrens (Ganzkernmodell) wird eine Aushebeschräge von 10 mm vorgesehen. Der Verlauf der Schaufelstärke ist in Abb. 4.13 dargestellt.

Aus der gewählten Eintrittsprofilierung ergeben sich gemäß Tab. 3.7 bzw. mittels Gl. (3.96) bis (3.99) die Werte

$\rho_{0a} = 11{,}2$ mm, Nasenradius äußeres Profil (Deckscheibe)
$\rho_{0j} = 14{,}4$ mm, Nasenradius inneres Profil (Tragscheibe)
$\rho_{1a} = 59{,}3$ mm, Flankenradius äußeres Profil
$\rho_{1j} = 76{,}2$ mm, Flankenradius inneres Profil
$s_{U0,a} = 13{,}0$ mm, (bei eckig gedachter Eintrittskante, s. Abb. 3.44)
$s_{U0,j} = 16{,}7$ mm, (bei eckig gedachter Eintrittskante, s. Abb. 3.44)
$\delta_1/2 = 29{,}65°$ (s. Abb. 3.44)

Für die Berechnung des Austrittswinkels wird die Schaufelstärke am Austritt benötigt. Wir wählen sie abweichend vom Richtwert nach Gl. (3.94) zu

$$s_{U3,a} = 13 \text{ mm}$$

$$s_{U3,j} = 23 \text{ mm}$$

mit dem Zuschärfungswinkel

$$\delta_2 = 8°$$

Die Auffindung der Austrittswinkel wird genau so gehandhabt wie im Berechnungsbeispiel 4.1. ausführlich beschrieben. Für die äußere Stromlinie finden wir mittels Gl. (2.49) bis (2.52) durch kurzes Probieren für die äußere Stromlinie

$$\beta_{2a} = 16° \quad \text{und erhalten damit} \quad \psi_{th,a} = 1{,}046$$

und für die innere Stromlinie

$$\beta_{2j} = 17° \quad \text{und erhalten damit} \quad \psi_{th,j} = 1{,}062$$

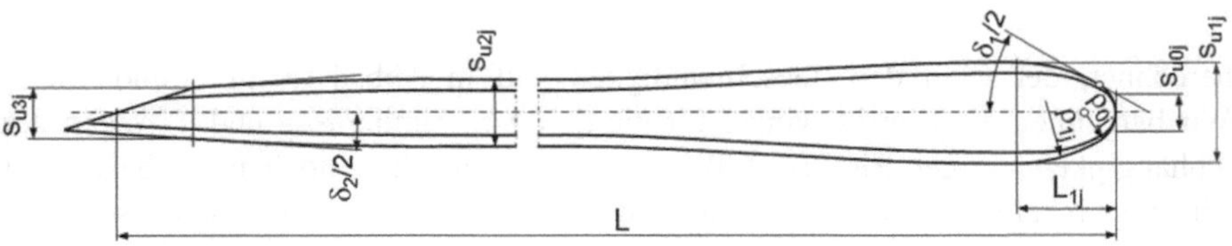

Abb. 4.13 Verlauf der Schaufelstärke über der abgewickelten Schaufellänge

im Mittel also

$$\overline{\psi_{th}}^* = 1{,}054,$$

was genau dem geforderten Wert entspricht.

Die etwas ungleichen Austrittswinkel sind für die Schaufelentwicklung und auch in Hinblick auf die Modellherstellung bei Ganzkernmodellen von Vorteil. Die Schaufeln werden am Austritte mit einem Rake-Winkel von $\kappa = 6{,}5°$ versehen, bezogen auf die Schaufelskelettfläche. Dieser Wert wird für die Berechnung der Austrittswinkel benötigt, da er die scheinbare Schaufelstärke beeinflusst. Mit dem gewählten Rake erreichen wir, dass die Druckflächenkante am Austritt trotz der unterschiedlichen Schaufeldicken achsparallel verläuft. Für die Saugflächenkante ergibt sich dadurch ein Rake von 13° bzw. ein Umschlingungswinkel (Versatzwinkel) von $\varphi_R = 5°$ bezogen auf die Saugfläche. Der Rake hat hier nur eine minimale Auswirkung auf die scheinbare Schaufelstärke und damit auf die Minderleistung, da sein Wert niedrig ist. In Tab. 4.14 sind alle relevanten Daten des Laufradaustritts zusammengefasst.

Meridianschnitt Mit den ermittelten Werten $D_s = 270$ mm, $b_2 = 132$ mm und einer gewählten Gesamtbreite von $B_{1a} = 245$ mm, die wegen der großen Austrittsbreite nicht ganz den Richtwerten nach Abb. 3.37 entspricht, kann nun der Meridianschnitt mit den Stromlinien und Normalen zur Bestimmung des Geschwindigkeitsfeldes entworfen werden, wie in Kap. 3.9 beschrieben und in Abb. 4.14 und 4.15 bzw. in Tab. 4.12 dargestellt. Zur Überprüfung des Verlaufs der Meridiangeschwindigkeit wird diese auf den drei Stromlinien *a*, *e*, und *j*, beginnend am Laufradaustritt (Normale I), aufgetragen. Dabei wird wieder die (willkürliche) Annahme getroffen, dass die Geschwindigkeit auf den Normalen konstant sei. Tab. 4.12 zeigt die Stromlinienlängen, die Schwerpunktdurchmesser und Längen der Normalen sowie die mit letzteren gebildeten Querschnittsflächen und Geschwindigkeiten, wie in Kap. 3.9 unter Absatz F beschrieben. Bei dem in Abb. 4.15 dargestellten Verlauf der Meridiangeschwindigkeit auf den drei Stromlinien ist auffällig die starke Abnahme der Geschwindigkeit vom Eintritt bis zum Austritt auf etwa ein Fünftel ihres Anfangswertes als Folge des relativ kleinen Eintrittsdurchmessers und der großen Austrittsbreite. Diese starke Verzögerung ist erfahrungsgemäß jedoch nicht nachteilig. Sie steht in keiner direkten Beziehung zur Verzögerung der Relativgeschwindigkeit im Laufrad.

Eintrittswinkel Die Eintrittswinkel werden für den „stoßfreien" Volumenstrom

$$V_{U,stfr} = V_{U,opt} = 0{,}3398 \text{ m}^3/\text{s}$$

berechnet, der auch dem Geschwindigkeitsfeld in Abb. 4.15 zu Grunde liegt. Wir berechnen die Eintrittswinkel für die drei Stromlinien *a*, *e* und *j*. Wegen der Abhängigkeit einiger Einflussgrößen von den (zunächst) noch nicht bekannten Eintrittswinkeln muss die Berechnung auch wieder in mehreren Iterationsschritten

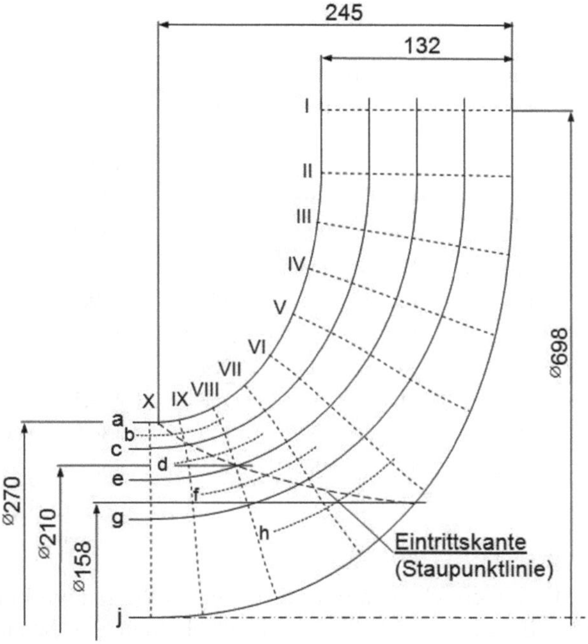

Abb. 4.14 Meridianschnitt mit Stromlinien und Normalen

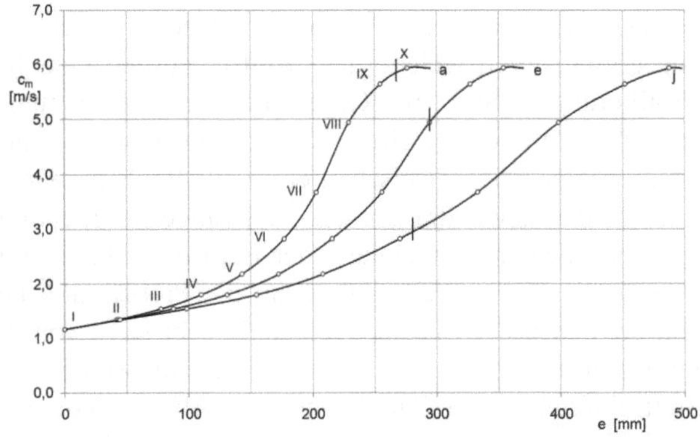

Abb. 4.15 Geschwindigkeitsfeld nach Tab. 4.12

durchgeführt werden. Der Berechnungsgang ist der gleiche wie im Beispiel Kap. 4.1 für ein normalbeschaufelte Laufrad beschrieben und soll deshalb nicht in allen Einzelheiten wiederholt werden. In Tab. 4.13 sind lediglich die Ausgangsdaten und das Ergebnis der Berechnung aufgeführt.

Tab. 4.12 Geschwindigkeitsfeld

Normale	Stromlinie						
	Stromlinienlänge *e* (mm)						
	a	e	j	*D* (mm)	*b* (mm)	*A* (cm^2)	c_m (m/s)
I	0	0	0	698	132	2895	1,17
II	41,5	43	44,5	608,5	132	2523	1,35
III	77,5	87,5	98	522	133,8	2194	1,55
IV	110	131	154,5	437	136,8	1878	1,81
V	143	172,5	208	354	139,7	1555	2,19
VI	177	215,5	270,5	270,5	141,3	1201	2,83
VII	203	256	333	204	144	923	3,68
VIII	229	294,5	398,5	158	138,5	687	4,94
IX	254,5	327	452	140	136,9	602	5,65
X	276,5	354	487,5	135	135	573	5,94
Eintrittskante	367,5	294,5	281				

Schaufelplan Mit den errechneten bzw. festgelegten Werten wird nun der Schaufelplan generiert. Er wird mit Hilfe von Brettschnitten der Schaufelsaugfläche dargestellt. Die Schaufeldruckfläche ergibt sich danach unter Berücksichtigung der Schaufelstärke. Bei der Größe des Rades erscheint für die Modellherstellung ein Abstand der Brettschnitte von 30 mm ausreichend. Es ergeben sich damit 10 Schnitte. Es sei daran erinnert, dass bei der Schaufelabwicklung in der konformen Abbildung vom Eintrittswinkel der Druckfläche ausgegangen wird und die dargestellte Saugfläche sich wie in Abb. 3.41 gezeigt, durch die (nachträgliche) Profilierung ergibt, durch welche die Profilskelettlinie eine Krümmung im Bereich der Profilierung erfährt. Im Gegensatz zum Berechnungsbeispiel 4.1, wo die berechneten Eintrittswinkel ohne größere Abweichungen ausgeführt werden konnten, müssen hier beim Zweischaufelrad zur Realisierung des „richtigen Eintrittsquerschnitts“ dermaßen drastischen Änderungen vorgenommen werden, dass die durchgeführte genaue Berechnung der Eintrittswinkel ziemlich überflüssig erscheint. Sie wurde hier nur angeführt, um die Problematik bei Laufrädern zu verdeutlichen, bei denen der Eintrittsquerschnitt sehr stark vom Winkelverlauf über der Schaufellänge und dem Austrittswinkel beeinflusst wird. Der Schaufelplan mit den Brettschnitten für die Saugfläche ist in Abb. 4.16 dargestellt. Typisch bei dieser Schaufelform ist, dass sich infolge des großen Tangentenwinkels der „plumpen“ Eintrittsprofilierung die Winkel an der Saugfläche negativ ergeben und dadurch die Schaufelkontur im Aufriss relativ weit vor der Staupunktlinie erscheint. Man erkennt das auch an dem besonders ausgeprägten Verlauf der Brettschnitte im vorderen Schaufelbereich.

Die Geometrie des Schaufelaustritts ist in nachfolgender Tab. 4.14 zusammengefasst.

Tab. 4.13 Berechnung der Eintrittswinkel

	a	*e*	*j*	Dim	Formel	Bemerkung
Ausgangsdaten						
$e_{EK(St)}$	267,5	294,5	281	*mm*		Stromlinienlänge von D_2 bis Eintrittskante (aus Abb. 4.14)
c_{0m}	5,85	4,94	2,95	*m/s*		Meridiangeschw. vor La.-Eintritt (aus Abb. 4.15)
$D_{1(St)}$	270	210	158	*mm*		Eintrittsdurchmesser, bezog. auf Staupunkt (aus Meridianschnitt)
u_1	10,46	8,14	6,12	*m/s*	$\frac{D_{1(St)}}{2}\omega$	Umfangsgeschw. bei $D_{1(St)}$
c_{0u}	0	0	0	*m/s*	$\frac{2K_0}{D_{1(St)}}$	Umfangskomponente von c_0
α_0	90	90	90	*Grad*	$\arctan\frac{c_{0m}}{c_{9u}}$	Winkel der Absolutströmung vor dem Laufrad
w_{0u}	10,46	8,14	6,12	*m/s*	$u_1 - c_{0u}$	Umfangskomponente von w_0
β_0	29,21	31,26	25,73	*Grad*	$\arctan\frac{c_{0m}}{w_{0u}}$	Winkel der Relativströmung vor dem Laufrad
w_0	11,99	9,52	6,80	*m/s*	$\frac{c_{0m}}{\sin\beta_0}$	Relativgeschwindigkeit vor dem Laufrad
s_{U1}	35	39	45	*mm*		Wirkliche Schaufelstärke
s_{U0}	13,0	14,8	16,7	*mm*		Wirkliche Schaufelstärke (Profilnase)
$\delta_1/2$		29,65		*Grad*	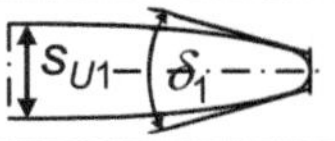	Tangentenwinkel am Schaufel-Eintrittsprofil
z_U		2		–		Schaufelzahl
γ	52	53	64	*Grad*		Winkel zwischen Radialschnitt und Stromlinie (geschätzt)
Berechnungsergebnis und ausgeführte Werte						
$\beta_{1(d)}$	35,94	41,07	39,22	*Grad*		Schaufelwinkel Druckfläche (letzter Iterationsschritt)
$\beta_{1(d)}$	**23**	**32**	**48**	*Grad*		Ausgeführt
s_{U1}'	43,11	46,28	47,34	*mm*	$\frac{s_{U1}\sin\beta_{i(d)}}{\sin[\arctan(\tan\beta_{1(d)}\sin\gamma)]}$	Scheinbare Schaufelstärke
s_{U0}'	16,0	17,6	17,6	*mm*	$\frac{s_{U0}\sin\beta_{i(d)}}{\sin[\arctan(\tan\beta_{1(d)}\sin\gamma)]}$	Scheinbare Schaufelstärke
$\delta_1'/2$	32,14	31,71	30,28	*Grad*	$\arctan\left(\frac{s_{U1}'}{s_{U1}}\cdot\tan\delta_1/2\right)$	Scheinbarer Tangentenwinkel
$\beta_{1(sk)}$	-9,1	0,3	17,7	*Grad*		Bezogen auf Skelettfläche
$\beta_{1(s)}$	-41,3	-51,4	-12,6	*Grad*		Bezogen auf Saugfläche
a_1'		**138**	**131**	*mm*		Auf Staupunktlinie bezog. Lichtweite, am Entwurf ausgemessen

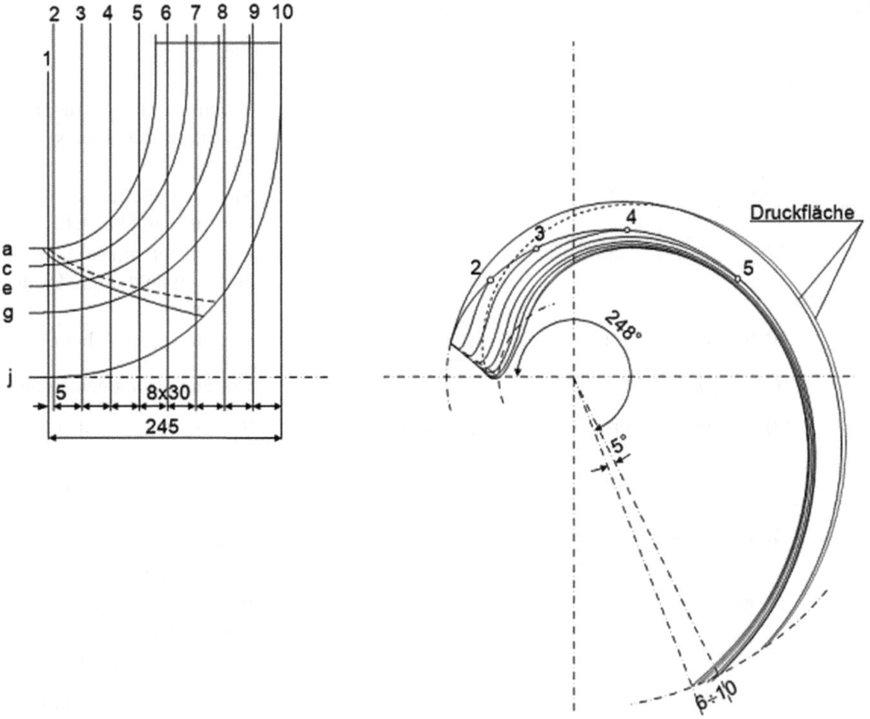

Abb. 4.16 Schaufelplan mit Brettschnitten

Tab. 4.14 Laufradaustrittsgeometrie

	a	e	j	Dim	Formel	Bemerkung
$\beta_{2(Sk)}$	16	16,5	17	*Grad*		Skelettwinkel, endgültig ausgeführt
δ		8		*Grad*		Zuschärfung am Laufrad-austritt
κ		6,5		*Grad*	$\arctan\left(\frac{\varphi_R \pi\ D_2}{360\ b_2}\right)$	"Rake"-Winkel (φ_R =2,5°), bezog. auf Skelettfläche
δ'	8,0	8,0	8,0	*Grad*	$\arctan\left(\frac{\tan\delta}{\sin\arctan\left(\frac{1}{\tan\kappa\cdot\sin\beta_2}\right)}\right)$	Zuschärfung unter Einfluss des Rakes
$\beta_{2(d)}$	12,0	12,5	13,0	*Grad*	$\beta_{2(Sk)}-\delta'/2$	Druckfläche
$\beta_{2(s)}$	20,0	20,5	21,0	*Grad*	$\beta_{2(Sk)}+\delta'/2$	Saugfläche
s_{U3}'	13,01	15,01	23,01	*mm*	$\frac{s_{U3}}{\sin\left(\arctan\left(\frac{1}{\sin\beta_2\tan\kappa}\right)\right)}$	scheinbare Schaufelstärke
φ_j		248		*Grad*		Umschlingungswinkel, innere Stromlinie

Schaufelbelastung Die Schaufelbelastung liegt bei einer Verzögerung der Relativgeschwindigkeit von $w_3/w_{0a} = 1{,}07$ mit $\varepsilon_a = 2{,}79$ nach Abb. 3.36 im zulässigen Bereich. Das wurde erreicht durch die kleinen ausgeführten Schaufelwinkel besonders am Laufradaustritt und die dadurch sich ergebende große Schaufellänge. Da im Falle einer zu hohen Schaufelbelastung wegen des Anwendungszweckes der Pumpe die Schaufelzahl nicht erhöht werden könnte, hätte Abhilfe geschaffen werden müssen durch eine geringere zu wählende Druckziffer, damit etwas größerem Laufraddurchmesser und kleinerem Austrittswinkel und folglich größerer Schaugellänge; eine größere Austrittsbreite wäre nicht zu empfehlen gewesen. Zur Berechnung der Schaufelbelastung s. Tab. 4.15.

Eintrittsquerschnitt Durch die beim Entwurf des Schaufelplanes ausgeführte Modifizierung am Schaufelverlauf, besonders an den Eintrittswinkeln, wird der Eintrittsquerschnitt so verändert, dass das Verzögerungskriterium nach Gl. (3.100) erfüllt wird (hierzu Tab. 4.16). Dass dabei stark von den errechneten Eintrittswinkeln abgewichen wird, ist erfahrungsgemäß unbedenklich; durch die starke und plumpe Eintrittsprofilierung wirken sich Anströmung unter „Stoß" wenig negativ aus. Wichtiger ist – wie bereits an anderer Stelle betont – dass das „richtige" Verzögerungsverhältnis $w_1{}^*/w_0$ eingehalten wird. Abb. 4.17 zeigt den Eintrittsquerschnitt an einer Schaufel im Grundriss als Projektion und im Aufriss in wahrer Größe.

Tab. 4.15 Schaufelbelastung

	Wert	Dim	Formel	Bemerkung
z_U	2	–		Schaufelzahl Laufrad
L_a	903	*mm*		Schaufellänge, (gemessen am Entwurf)
u_2	27,05	*m/s*	$\frac{D_2}{2}\omega$	Umfangsgeschwindigkeit
w_{0a}	11,99	*m/s*		Relativgeschw. (s. Berechnung Laufradeintrittswinkel)
c_{3u}	14,24	*m/s*	$\frac{2K_3}{D_2}$	Umfangskomponente von c_3
w_{3u}	12,81	*m/s*	$u_2 - c_{3u}$	Umfangskomponente von w_3
c_{3m}	1,17	*m/s*	$c_{2\mathrm{m}}$	Meridiangeschw. La-Austritt
α_3	4,71	*Grad*	$\arctan \frac{c_{3m}}{c_{3u}}$	Abströmwinkel der Absolut-Strömung
w_3	12,86	*m/s*	$\sqrt{c_{3m}{}^2 + w_{3u}{}^2}$	Relativgeschwindigkeit am Laufradaustritt
$w_{\infty a}$	12,42	*m/s*	$\frac{w_{0a}+w_3}{2}$	Mittlere Relativgeschwindigkeit
$\frac{w_3}{w_{0a}}$	**1,073**	–		Verzögerungsverhältnis der Relativgeschwindigkeit
ε_a	**2,79**	–	$\frac{4 \cdot \pi \cdot K_3}{z_U \cdot L_a \cdot w_{\infty a}}$	Schaufelbelastung

Tab. 4.16 Eintrittsquerschnitt

	b	d	f	h	Dim	Bemerkung	
D_0	253	231	191	162	mm	Eintrittsdurchmesser der Zwischenstromlinien (aus Abb. 4.14)	
c_{0m}	5,70	5,10	4,40	3,60	m/s	Meridiangeschwindigkeit bei D_0	
u_1	9,80	8,95	7,40	6,28	m/s	Umfangsgeschwindigkeit bei D_0	
w_0	11,34	10,30	8,61	7,24	m/s	Relativgeschwindigkeit bei D_0	
A_{1eff}*	40,80	50,14	56,74	85,77	cm^2	Effektiver Eintrittsquerschnitt (aus Abb. 4.17)	
w_1*	10,42	8,47	7,49	4,95	m/s	$\frac{V_{U,stfr}}{4z_U A_{1eff}*}$	Relativgeschwindigkeit im Eintrittsquerschnitt
w_1*/w_0	0,918	0,822	0,870	0,680	–	Verzögerungsverhältnis	
$\overline{w_1*/w_0}$	**0,824**				–	Arithmetischer Mittelwert	

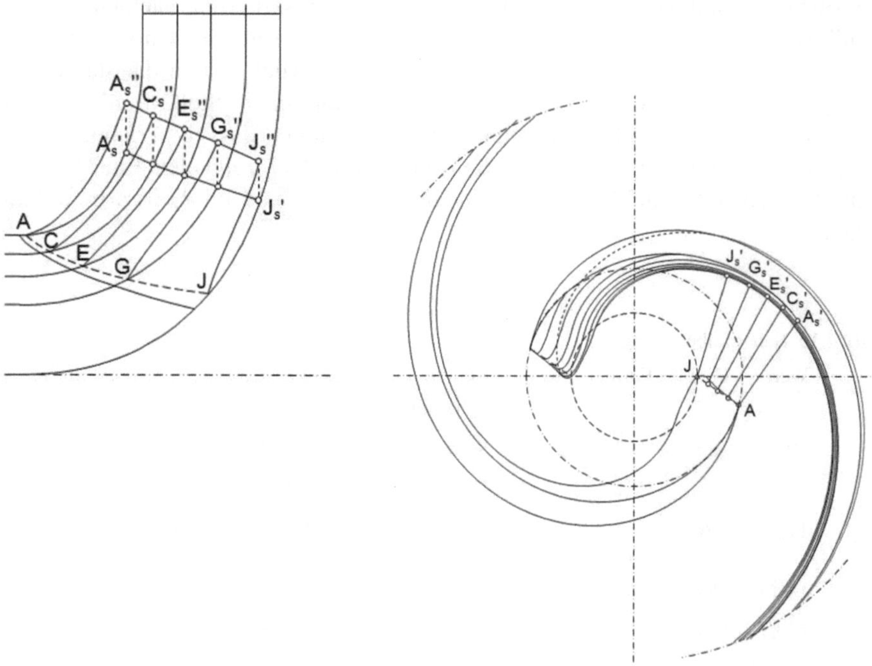

Abb. 4.17 Zur Ermittlung der Eintrittsquerschssnitte

4.6 Spalt- und Reibungsverluste

Für eine mehrstufige Leitradpumpe sind die Spalt- und Reibungsverluste zu bestimmen. Die Berechnung wird nach Kap. 2.8, 3.12 und 3.13 durchgeführt.

Der Achsschubausgleich der Pumpe erfolgt über eine Sammelentlastung mittels Entlastungsscheibe bzw. wahlweise mittels Entlastungskolbens. Zur Berechnung der Axialkräfte und der Axialschubausgleicheinrichtung s. Kap. 3.21 bzw. Berechnungsbeispiel Kap. 4.7.

Bei einer mehrstufigen Pumpe mit Sammelentlastung treten Spaltverluste (volumetrische Verluste) auf an den deckscheibenseitigen Dichtspalten der Laufräder, den Stufengehäusedichtspalten und am Dichtspalt der Vordrossel bei Scheibenentlastung bzw. am Entlastungskolbenspalt. Dabei werden die deckscheibenseitigen Spaltverluste und der Entlastungsverlust von den Laufrädern mitgefördert und müssen somit bei deren Berechnung berücksichtigt werden, während die Verlust an den Stufengehäusedichtspalten nur in die Berechnung der Leiträder – außer dem Leitrad der letzten Stufe – eingehen. Ihr Verlust äußert sich in der Scheibenreibung.

Reibungsverluste treten auf als Scheibenreibungsverluste an den trag- und deckscheibenseitigen Laufradwänden und an der Entlastungsscheibe bzw. am Entlastungskolben. Der tragscheibenseitige Scheibenreibungsverlust der letzten Stufe unterscheidet sich von dem der übrigen Stufen dadurch, dass kein zentrifugaler Spaltstrom vorhanden ist, sondern hier der zentripetal gerichtete Entlastungsverluststrom wirksam ist, der eine merkliche Verringerung der Scheibenreibung gegenüber den übrigen Stufen zur Folge hat. Zu den Scheibenreibungsverlusten sind die Reibungsverluste in den zylindrischen Dichtspalten der Laufräder, den Stufengehäusedichtspalten und am Spalt der Vordrossel bzw. am Kolbenspalt sowie im radial durchflossenen Entlastungsscheibenspalt hinzuzurechnen.

Tab. 4.17 Leistungsdaten der Pumpe

Nr.	Symbol	Wert	Dim	Formel	Benennung	Quelle
01	V_{opt}'	750	m^3/h		Bestpunktvolumenstrom	
02	V_{opt}	0,20833	m^3/s	$V_{opt}'/3600$	Bestpunktvolumenstrom	
03	H_{st}	85,0	m		Stufenförderhöhe bei V_{opt}	
04	H_{ges}	1105	m	$i \cdot H_{st}$	Gesamtförderhöhe	
05	n	1485	U/min		Drehzahl	
06	ω	155,509	$1/s$	$\pi\, n/30$	Winkelgeschwindigkeit	
07	n_q	24,21	U/min	$nV_{opt}^{\ 0,5}\, H_{st}^{\ -0,75}$	spezifische Drehzahl	
08	η	0,825	–		Wirkungsgrad bei V_{opt}	
09	η_h	0,9155	–		hydrodyn. Wirkungsgrad	Kap. 4.8
10	i	13	–		Stufenzahl	
11	ν	10^{-6}	m^2/s		Viskosität Fördergut	
12	ρ	1000	kg/m^3		Dichte Fördermedium	

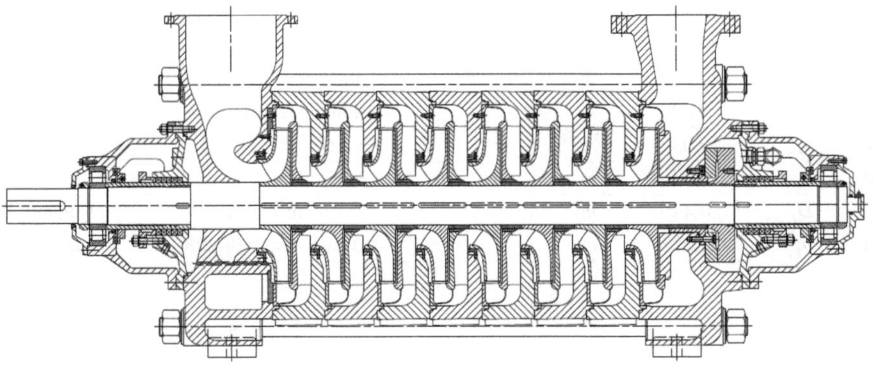

Abb. 4.18 Pumpe des Berechnungsbeispiels, 8stufig gezeichnet (DÜCHTING)

Tab. 4.18 Geometrische Daten

Nr.	Symbol	Wert	Dim	Formel	Benennung	Quelle
13	D_G	0,503	m		Durchm. Radseitenraum	Konstr.
14	D_2	0,500	m		Durchmesser Laufrad	Konstr.
15	D_s	0,260	m		La.-Eintrittsdurchmesser	Konstr.
16	D_N	0,152	m		Nabendurchmesser	Konstr.
17	b_2	0,040	m		Austrittsbreite Laufrad	Konstr.
18	s_2	0,007	m		Wandstärke Laufrad	Konstr.
Deckscheibenspalt						
19	D_{SpI}	0,288	m		Durchm. Spalt I (DS)	Konstr.
20	e_{SpI}	$3{,}3 \cdot 10^{-4}$	m		Spaltweite, radial	Konstr.
21	z_{SpI}	1	–		Anzahl Spalte (Labyrinth)	Konstr.
22	s_{SpI}	0,025	m		Gesamtlänge Spalt I	Konstr.
23	λ_{SpI}	0,04	–	*glatter Spalt*	Reibbeiwert Spalt I	Kap. 3.12
24	ε_{SpI}	$2 \cdot 10^{-6}$	m	*Güte N* 6	Rauheit Dichtspalt I	Kap. 3.13
Stufengehäusespalt						
25	D_{SpIII}	0,152	m		Durchm. Spalt III	Konstr.
26	e_{SpIII}	$3{,}3 \cdot 10^{-4}$	m		Spaltweite, radial	Konstr.
27	z_{SpIII}	1	–		Anz. Spalte (Labyrinth)	Konstr.
28	s_{SpIII}	0,052	m		Gesamtlänge Spalt III	Konstr.
29	λ_{SpIII}	0,04	–	*glatter Spalt*	Reibbeiwert Spalt III	Kap. 3.13
30	ε_{SpIII}	$2 \cdot 10^{-6}$	m	*Güte N* 6	Rauheit Dichtspalt III	Kap. 3.13
31	b_{DS}	0,011	m		Breite vorderer RSR	Konstr.
32	b_{TS}	0,0065	m		Breite hinterer RSR	Konstr.
33	ε_G	$8 \cdot 10^{-6}$	m	*Güte N* 8	Gehäuse RSR	Kap. 3.13
34	ε_U	$8 \cdot 10^{-6}$	m	*Güte N* 8	Laufrad im RSR	Kap. 3.13
Vordrossel						
35	D_{VD}	0,152	m		Durchm. Vordrossel	Konstr.
36	$e_{Sp,VD}$	$3{,}3 \cdot 10^{-4}$	m		Spaltweite Vordr.	Konstr.
37	$z_{Sp,VD}$	1	–		Anz. Spalte (Labyrinth)	Konstr.
38	$s_{Sp,VD}$	0,150	m		Länge Vordrosselspalt	Konstr.
39	$\lambda_{Sp,VD}$	0,04	–	*glatter Spalt*	Reibbeiwert Spalt VD	Kap. 3.12
40	$\varepsilon_{Sp,VD}$	$2 \cdot 10^{-6}$	m	*Güte N* 6	Rauheit Spalt VD u. ES	Kap. 3.13
Entlastungsscheibe						
41	$D_{ES,a}$	0,380	m		äußerer Durchm. ES	Kap. 4.7
42	$D_{ES,i}$	0,300	m		innerer Durchm. ES	Kap. 4.7
43	s_{ES}	0,035	m		Stärke	Konstr.
44	b_{ES}	0,006	m		Breite ES-kammer	Konstr.
45	$D_{G,ES}$	0,440	m		ES-Sammelraum	Konstr.
46	b_{ER}	0,022	m		Breite Sammelraum	Konstr.

(Fortsetzung)

Tab. 4.18 (Fortsetzung)

Nr.	Symbol	Wert	Dim	Formel	Benennung	Quelle
47	ε_G	$128 \cdot 10^{-6}$	*m*	*gussrau, N* 12	Rauheit Sammelraum	Kap. 3.13
48	$\varepsilon_{S,GS}$	$8 \cdot 10^{-6}$	*m*	*Güte N* 8	ES u. G'scheibe	Kap. 3.13
49	ε_{Sp}	$2 \cdot 10^{-6}$	*m*	*Güte N* 6	ES-spalt	Kap. 3.13
Nachdrossel						
50	D_{ND}	0,380	*m*	$D_{ES,a}$	Durchm. Nachdrossel	Konstr.
51	e_{ND}	$3{,}3 \cdot 10^{-4}$	*m*		radiale Spaltweite ND	Konstr.
52	$z_{Sp,ND}$	1	–		Anz. Spalte (Labyrinth)	Konstr.
53	$s_{Sp,ND}$	0,035	*m*		Länge ND-spalt	Konstr.
54	$\varepsilon_{Sp,ND}$	$2 \cdot 10^{-6}$	*m*	*Güte N* 6	Rauheit ND-spalt	Konstr.
55	$\lambda_{Sp,ND}$	0,04	–	*glatter Spalt*	Reibbeiwert ND-spalt	Konstr.
Entlastungskolben						
56	$D_{G,EK}$	0,280	*m*		EK-Sammelraum	Konstr.
57	D_{EK}	0,246	*m*		E-Kolben	Kap. 4.7\62
58	$e_{Sp,EK}$	$3{,}3 \cdot 10^{-4}$	*m*		Spaltweite E-Kolben	Konstr.
59	$z_{Sp,EK}$	4	–		Spalte (Anz. Nuten +1)	Konstr.
60	b_{EK}	0,020	*m*		Breite Sammelraum	Konstr.
61	ε_{Sp}	$2 \cdot 10^{-6}$	*m*	*Güte N* 6	Kolben u. Buchse	Konstr.
62	ε_{St}	$8 \cdot 10^{-6}$	*m*	*Güte N* 8	EK-Stirnfläche	Konstr.
63	ε_G	$128 \cdot 10^{-6}$	*m*	*gussrau,* N 12	Sammelgehäuse	Konstr.
64	$\lambda_{Sp,EK}$	0,08	–	*Spalt genutet*	Reibwert EK-Spalt	Kap. 3.12
65	s_{EK}	0,25	*m*		Länge Kolbenspalt	Konstr.
66	$s_{Sp,EK}$	0,005	*m*		Nutbreite	Konstr.

A. Spaltverluste (volumetrische Verluste) Da die Spaltverluste von den Druckverhältnissen in den Radseitenräumen abhängig sind, die wiederum von den Spaltverlusten selbst beeinflusst werden, muss zu ihrer Berechnung zunächst ein Wert geschätzt werden und danach das endgültige Ergebnis durch Iteration ermittelt werden. Ein ungefährer Anhaltswert kann z. B. mittels Gl. (3.151) gefunden werden. Zur Bestimmung der Druckverhältnisse und der Scheibenreibung in den Radseitenräumen muss der Rotationsfaktor k_0 bekannt sein, der sich aus den jeweiligen Reibbeiwerte λ_G und λ_U ergibt, zu deren Bestimmung nach Gl. (3.174) die REYNOLDS-Zahl Re_{dh} benötigt wird. Diese wird hier gemäß Gl. (3.172) mit einem vorab grob geschätzten Rotationsfaktor $k_0^* = 0{,}5$ ermittelt. Eine genauere, nachträgliche iterative Berechnung von Re_{dh} bzw. λ_G und λ_U ist nicht erforderlich.

Tab. 4.19 Volumetrischer Verlust V_{SpI} am Deckscheibenspalt (alle Stufen)

Nr.	Symbol	Wert	Dim	Formel	Benennung	Quelle
67	V_U	0,21805	*m/s*	$1{,}0455 \cdot V_{opt}$	La.-Vol'strom vorab	02
68	H_{th}	92,845	*m*	H/η_h	theor. Förderhöhe	03; 09
69	r_G	0,2515	*m*	$D_G/2$	Radius RSR Gehäuse	13
70	r_2	0,250	*m*	$D_2/2$	Radius Laufrad	14
71	r_0	0,144	*m*	$D_{SpI}/2$	innerer Radius RSR	19
72	r_s	0,130	*m*	$D_s/2$	Radius Saugmund	15
73	r_N	0,076	*m*	$D_N/2$	Radius Nabe	16
74	b	0,011	*m*	b_{DS}	RSR Deckscheibe	31
75	s	0,007	*m*	s_2	Wandstärke Laufrad	18
76	d_h	0,01996	*m*	Gl. (3.173)	hydr. Durchm. RSR	
77	u_2	38,877	*m/s*	$\omega \cdot r_2$	Umfangsgeschw.	06
78	c_{3m}	3,470	*m/s*	$V_U/2\pi\, r_2\, b_2$	Meridiangeschw.	17
79	c_{3u}	23,420	*m/s*	Gl. (2.23)	Umfangskomp. von c_3	
80	c_3	23,676	*m/s*	$(c_{3m}^2 + c_{3u}^2)^{0,5}$	Abs'geschw. Austritt	
81	c_0	6,239	*m/s*	$V_U/\pi\,(r_s^2 - r_N^2)$	Abs'geschw. Eintritt	
82	Z_U	3,923	*m*	$0{,}5(H_{th} - H)$	Laufradverlusthöhe	Kap. 3.2
83	H_p	62,328	*m*	Gl. (2.31)	Spaltdruckhöhe	
84	ζ_{3u}	0,6024	–	Gl. (2.59)	bez. Umfangskomp.	
85	ζ_{Sp}	0,0006762	–	Gl. (2.58) $V_{SpI} > 0$	bez. Spaltverlust	98; 06
86	ε_G/d_h	0,0004008	–		bez. Rauheit Gehäuse	33
87	ε_U/d_h	0,0004008	–		bez. Rauheit Laufrad	34
88	Re_{dh}	305706	–	Gl. (3.172)	mit r_2, r_0 u. $k_0{}^* = 0{,}5$	11
89	λ_G	0,01177	–	Gl. (3.174)	RSR, Gehäuse	
90	λ_U	0,01177	–	Gl. (3.174)	RSR, Laufrad	
91	k_0	0,4758	–	Gl. (3.167)	Festkörperwirbel	
92	A	0,1343	–	Gl. (2.57)	V_{Sp}-Einfluss RSR	
93	$H_p - H_0$	16,381	*m*	Gl. (2.56)	Druckabbau RSR	
94	ΔH	45,947	*m*	Gl. (3.153)	Spalt I	
95	A_{Sp}	$2{,}9858 \cdot 10^{-4}$	m^2	$2\pi\, r_0 \cdot e_{Sp}$	Querschnitt Spalt I	20
96	μ	0,57590	–	Gl. (3.158)	Beiwert Spalt I	23; 22; 20; 21
97	$V_{SpI}{}^*$	0,0051618	m^3/s	Gl. (3.150)	Spaltverlust vorläufig	
98	V_{SpI}	**0,0051618**	m^3/s	**durch Iteration**	**Spaltverlust**	

Bei einer stufenentlasteten Pumpe wäre der Berechnungsgang für den tragscheibenseitigen Verlust V_{SpII} mit den entsprechenden geometrischen Daten auf gleiche Weise iterativ durchzuführen. Zu diesem Verlust V_{SpII} käme noch der ebenfalls vom Laufrad mit zu fördernde Verlust am Stufengehäusespalt hinzu, der größer ist als der nachfolgend berechnete für die Sammelentlastung, da er durch den vollen Stufendruck erzeugt wird.

Der Ablauf der nachfolgenden Berechnung für den volumetrischen Verlust am Stufengehäusespalt der ersten bis vorletzten Stufe ist prinzipiell der gleiche wie der zuvor berechnete Deckscheibenspaltverlust. Er unterscheidet sich außer durch die geometrischen Daten vor allem durch die Auswirkung des Spaltstromes auf die Druckverhältnisse im Radseitenraum, da der Spaltverluststrom der ersten bis vorletzten Stufe zentrifugal gerichtet ist.

Tab. 4.20 Volumetrischer Verlust V_{SpIII} am Stufengehäusespalt (erste bis vorletzte Stufe)

Nr.	Symbol	Wert	Dim	Formel	Benennung	Quelle
99	r_G	0,2515	m	$D_G/2$	Radius Gehäuse	13
100	r_2	0,250	m	$D_2/2$	Radius Laufrad	14
101	r_0	0,076	m	$D_{SpIII}/2$	innerer Radius RSR	25
102	b	0,0065	m	b_{TS}	RSR Tragscheibe	32
103	s	0,007	m	s_2	Wandstärke Laufrad	18
104	d_h	0,01254	m	Gl. (3.173)	hydr. Durchm. RSR	
105	ζ_{3u}	0,6024	–	Gl. (2.59)	bezog. Umfangskomp.	84
106	ζ_{Sp}	-0,0002327	–	Gl. (2.58) $V_{SpIII} < 0$	Bezog. Spaltverlust	119; 06
107	ε_G/d_h	0,0006382	–		bez.Rauheit Gehäuse	33
108	ε_U/d_h	0,0006382	–		bez. Rauheit Laufrad	34
109	Re_{dh}	158877	–	Gl. (3.172)	mit r_2, r_0 u. $k_0{}^* = 0{,}5$	11
110	λ_G	0,01318	–	Gl. (3.174)	Reib'ziffer RSR, Geh.	
111	λ_U	0,01318	–	Gl. (3.174)	Reib'ziffer RSR, La.	
112	k_0	0,4830	–	Gl. (3.167)	Festkörperwirbel	
113	A	-0,05013	–	Gl. (2.57)	V_{Sp}-Einfluss RSR	
114	$H_p - H_0$	7,467	m	Gl. (2.56)	Druckabbau RSR	
115	ΔH	30,142	m	Gl. (3.156)	Spalt III	83
116	A_{Sp}	$1{,}5758 \cdot 10^{-4}$	m^2	$2\pi\, r_0 \cdot e_{Sp}$	Querschnitt Spalt III	26
117	μ	0,4637	–	Gl. (3.158)	Beiwert Spalt III	29; 28; 26; 27
118	$V_{SpIII}{}^*$	0,0017765	m^3/s	Gl. (3.150)	Spaltverlust vorläufig	
119	V_{SpIII}	**0,0017765**	m^3/s	**durch Iteration**	**Spaltverlust**	

Für die nachfolgende Berechnung des Leckageverlustes der Scheibenentlastung muss der Druck in der Entlastungsscheibenkammer bekannt sein, der über den Axialschub und die Geometrie der Entlastungseinrichtung bestimmt wird. Der Verluststrom ergibt sich aus der Druckhöhendifferenz zwischen tragscheibenseitigem Radseitenraum der letzten Stufe und der Scheibenkammer sowie der Drosselwirkung des Vordrosselspaltes. Die Ermittlung des Axialschubes sowie die Auslegung der Entlastungseinrichtung werden im nachfolgenden Berechnungsbeispiel Kap. 4.7 gezeigt.

Tab. 4.21 Volumetrischer Verlust V_{ES} der Scheibenentlastung (ohne Nachdrossel)

Nr.	Symbol	Wert	Dim	Formel	Benennung	Quelle
120	r_G	0,2515	*m*	$D_G/2$	Radius Gehäuse	13
121	r_2	0,250		$D_2/2$	Radius Laufrad	14
122	r_0	0,076	*m*	$D_{VD}/2$	Radius Vordrossel	35
123	b	0,0065	*m*	b_{TS}	RSR Tragscheibe	32
124	s	0,007	*m*	s_2	Wandstärke Laufrad	18
125	d_h	0,01254	*m*	Gl. (3.173)	hydr. Durchm RSR	
126	ζ_{3u}	0,6024	–	Gl. (2.59)	bez.Umfangskomp.	84
127	ζ_{Sp}	0,0006587	–	Gl. (2.58) $V_{SpES} > 0$	bez Spaltverlust	142; 06
128	ε_G/d_h	0,0006382	–		bez Rauheit Gehäuse	33
129	ε_U/d_h	0,0006382	–		bez Rauheit Laufrad	34
130	Re_{dh}	158877	–	Gl. (3.172)	mit r_2, r_0 u. $k_0* = 0{,}5$	11
131	λ_G	0,01318	–	Gl. (3.174)	RSR, Gehäuse	
132	λ_U	0,01318	–	Gl. (3.174)	RSR, Laufrad	
133	k_0	0,4830	–	Gl. (3.167)	Festkörperwirbel	
134	A	0,1419	–	Gl. (2.57)	V_{Sp}-Einfluss RSR	
135	$H_p - H_0$	41,368	*m*	Gl. (2.56)	Druckabbau RSR	
136	H_E	1040,957	*m*	Gl. (3.157)	Druckhöhe vor VD	
137	$H_{ES,0}$	491,118	*m*	Gl. (3.238)	Druckh. hinter VD	Kap. 4.7\51
138	ΔH_{VD}	549,839	*m*	$H_E - H_{ES,0}$	Druckdifferenz VD	Kap. 4.7\52
139	A_{Sp}	$1{,}5758 \cdot 10^{-4}$	m^2	$2\pi\, r_0\, e_{Sp}$	Querschnitt Spalt VD	36
140	μ	0,3073	–	Gl. (3.158)	Beiwert Spalt VD	39; 38; 36; 37
141	$V_{ES}*$	0,0050284	m^3/s	Gl. (3.150)	Spaltverlust vorläufig	
142	V_{ES}	**0,0050284**	m^3/s	**durch Iteration**	**Spaltverlust**	

Die Druckhöhe $H_{ES,0}$ am inneren Durchmesser der Entlastungsscheibenkammer wird in Kap. 4.7 nach Gl. (3.238) aus dem Axialschub berechnet unter Berücksichtigung des Verluststromes und der Rotation des Fluids in der Scheibenkammer sowie des exakt berechneten Druckverlaufs im Scheibenspalt. Da es sich um gegenseitige Abhängigkeiten handelt, wird die Lösung auch wieder iterativ gefunden. Die Weite e_{ES} des Scheibenspaltes wird ebenfalls in Kap. 4.7 berechnet. Die Berechnung in Tab. 4.21 gilt für Scheibenentlastung *ohne* Nachdrossel. Bei Konzeption *mit* Nachdrossel wäre die Druckhöhe in der Scheibenkammer etwas geringer, damit die Druckhöhendifferenz in der Vordrossel entsprechend größer und der Entlastungsstrom mit $V_{SpES} = 0{,}0050868$ m³/s ebenfalls etwas größer. Das hätte wiederum eine geringfügig geänderte Druckverteilung im tragscheibenseitigen Radseitenraum der letzten Stufe und damit einen geringfügig geringeren Axialschub zu Folge. Ebenfalls würde sich der Scheibenspalt geringfügig weiter öffnen.

Ein grober Mittelwert für die Druckhöhe in der Scheibenkammer H_{ES} lässt sich vereinfacht nach Gl. (3.239) berechnen. Das Ergebnis wäre $H_{ES} = 444{,}80$ m mit einer Abweichung von ca. 9 %. Über die Druckhöhendifferenz der Vordrossel würde sich das in einer Abweichung von ca. 4 % beim errechneten Spaltverluststrom äußern. In Anbetracht der allgemeinen Ungenauigkeit bei der Berechnung von Spaltverlusten ist eine genauere Berechnung normalerweise nicht erforderlich. Die exakte Berechnung wird hier lediglich zur Demonstration durchgeführt.

Der Berechnungsgang des volumetrischen Verlustes V_{EK} bei Schubausgleich mittels Entlastungskolbens ist sinngemäß der Gleiche wie bei der Scheibenentlastung. Im Kolbenspalt wird die gesamte hinter der letzten Stufe herrschende Druckhöhe H_E abgebaut, so dass mit ihr und den geometrischen Werten des Kolbens der Entlastungsverluststrom V_{EK} gefunden wird. Der Kolbendurchmesser wird im Berechnungsbeispiel Kap. 4.7 festgelegt.

Tab. 4.22 Volumetrischer Verlust V_{EK} der Kolbenentlastungseinrichtung

Nr.	Symbol	Wert	Dim	Formel	Benennung	Quelle
143	r_G	0,2515	*m*	$D_G/2$	Radius Gehäuse	13
144	r_2	0,250		$D_2/2$	Radius Laufrad	14
145	r_0	0,123	*m*	$D_{EK}/2$	Radius EK	57
146	b	0,0065	*m*	b_{TS}	RSR Tragscheibe	32
147	s	0,007	*m*	s_2	Wandstärke Laufrad	18
148	d_h	0,01237	*m*	Gl. (3.173)	hydr. Durchm. RSR	
149	ζ_{3u}	0,6024	–	Gl. (2.59)	bez. Umfangskomp.	84
150	ζ_{Sp}	0,0008460	–	Gl. (2.58) $V_{SpEK} > 0$	bez. Spaltverlust	163; 06
151	ε_G/d_h	0,0006465	–		bez. Rauheit Gehäuse	33
152	ε_U/d_h	0,0006465	–		bez. Rauheit Laufrad	34
153	Re_{dh}	179439	–	Gl. (3.172)	mit r_2,r_0 und k_0*=0,5	11
154	λ_G	0,01309	–	Gl. (3.174)	RSR, Gehäuse	
155	λ_U	0,01309	–	Gl. (3.174)	RSR, Laufrad	

(Fortsetzung)

Tab. 4.22 (Fortsetzung)

Nr.	Symbol	Wert	Dim	Formel	Benennung	Quelle
156	k_0	0,4834	–	Gl. (3.167)	Festkörperwirbel	
157	A	0,1822	–	Gl. (2.57)	V_{Sp}-Einfluss RSR	
158	$H_p - H_0$	23,918	m	Gl. (2.56)	Druckdiff. RSR	
159	H_E	1058,408	m	Gl. (3.157)	Druckhöhe vor EK	
160	A_{Sp}	$2{,}5503 \cdot 10^{-4}$	m^2	$2\pi\ r_0\ e_{Sp}$	Querschnitt Spalt EK	58
161	μ	0,1757	–	Gl. (3.158)	Beiwert Spalt EK	64; 65; 58; 59; 66
162	V_{EK}*	0,0064576	m^3/s	Gl. (3.150)	Spaltverlust vorläufig	
163	V_{EK}	**0,0064576**	m^3/s	**durch Iteration**	**Spaltverlust**	

Wie bei der Scheibenentlastung wird angenommen, dass der Entlastungsstrom zur Pumpeneintrittsseite zurück geführt wird und alle Druckhöhen auf die Pumpeneintrittsdruckhöhe H_0 zu beziehen sind.

Zusammengefasst ergeben sich folgende absolute bzw. auf den Bestvolumenstrom $V_{opt} = 0{,}20833\ m^3/s$ bezogene volumetrische Verluste

$$
\begin{array}{llll}
\text{Deckscheibenspalt} & V_{SpI} = 0{,}005162\ \text{m}^3/\text{s} = 0{,}0248\ V_{opt} & \\
\text{Stufengehäusespalt} & V_{SpIII} = 0{,}001777\ \text{m}^3/\text{s} = 0{,}0085\ V_{opt} & \\
\text{Entlastungsscheibe} & V_{ES} = 0{,}005028\ \text{m}^3/\text{s} = 0{,}0241\ V_{opt} & \text{ohne Nachdrossel} \\
\text{Entlastungsscheibe} & V_{ES} = 0{,}005087\ \text{m}^3/\text{s} = 0{,}0244\ V_{opt} & \text{mit Nachdrossel} \\
\text{Entlastungskolben} & V_{EK} = 0{,}006458\ \text{m}^3/\text{s} = 0{,}0310\ V_{opt} &
\end{array}
$$

Der Laufradberechnungsvolumenstrom V_U enthält somit folgende vom Laufrad mit zu fördernde Verlustströme:

$$
\begin{array}{lll}
\text{E-Scheibe ohne N.D.} & \sum V_{SpU} = V_{SpI} + V_{ES} & = 0{,}010190\ \text{m}^3/\text{s} = 0{,}0489\ V_{opt} \\
\text{E-Scheibe mit N.D.} & \sum V_{SpU} = V_{SpI} + V_{ES} & = 0{,}010249\ \text{m}^3/\text{s} = 0{,}0492\ V_{opt} \\
\text{Kolbenentlastung} & \sum V_{SpU} = V_{SpI} + V_{EK} & = 0{,}011620\ \text{m}^3/\text{s} = 0{,}0558\ V_{opt}
\end{array}
$$

so dass sich ergibt

$$
\begin{array}{ll}
\text{E-Scheibe ohne N.D.} & V_U = \mathbf{0{,}218524}\ \text{m}^3/\text{s} \\
\text{E-Scheibe mit N.D.} & V_U = \mathbf{0{,}218582}\ \text{m}^3/\text{s} \\
\text{Kolbenentlastung} & V_U = \mathbf{0{,}219953}\ \text{m}^3/\text{s}
\end{array}
$$

Anmerkungen

- Der Spaltverlust V_{SpIII} am Stufengehäuse geht nicht in die Laufradberechnung ein; er äußert sich lediglich als Reibungsverlust und ist bei der Leitradberechnung zu berücksichtigen, wie bereits früher angemerkt.

- Um ganz exakt vorzugehen, hätte der in Zeile 67 vorab angenommene Laufradvolumenstrom mit den iterativ ermittelten Spaltverlustströmen noch korrigiert werden müssen. Angesichts des damit verbundenen sehr geringen Fehlers wurde dieser Schritt jedoch unterlassen.

B. Reibungsverluste Nachdem die volumetrischen Verluste bekannt sind, können die Scheiben- und Spaltreibungsverluste berechnet werden. Dabei ist keine Iteration erforderlich. Die Reibungsverluste der Dichtspalte werden zusammen mit den Scheibenreibungsverlusten berechnet. Der Energieübertragung vom Spaltstrom an den Rotor bzw. vom Rotor an den Spaltstrom wird gemäß Kap. 3.13 ein Wirkungsgrad von $\eta_R = 0{,}50$ zugrunde gelegt.

Tab. 4.23 Reibungsverlust $P_{R,DS}$ Laufraddeckscheibe einschl. Spaltreibung (alle Stufen)

Nr.	Symbol	Wert	Dim	Formel	Benennung	Quelle
A. Reibung Laufrad-Deckscheibe						
164	λ_G	0,01177	–	Gl. (3.174)	RSR, Gehäuse	89
165	λ_U	0,01177	–	Gl. (3.174)	RSR, Laufrad	90
166	k_0	0,4758	–	Gl. (3.167)	Festkörperwirbel	91
167	r_G	0,2515	m	$D_G/2$	Radius Gehäuse	13
168	r_2	0,250	m	$D_2/2$	Radius Laufrad	14
169	r_0	0,144	m	$D_{SpI}/2$	innerer Radius RSR	19
170	s	0,007	m	s_2	Wandstärke Laufrad	18
171	b	0,011	m	b_{DS}	RSR Deckscheibe	31
172	V_{Sp}	0,005162	m^3/s	zentripetal, > 0	Spaltverluststrom	98
173	c_{3u}	23,420	m/s	Gl. (2.23)	Umfangskomp. c_3	79
174	u_0	22,393	m/s	$\omega\, r_0$	Spalt I	06
175	P_R	4105,8	W	Gl. (3.166)	ohne V_{Sp}-Einfluss	
176	P_{Vsp}	1702,8	W	Gl. (3.177)	Spaltstromeinfluss	06; 79
B. Reibung Deckscheibenspalt						
177	s_{Sp}	0,025	m	s_{SpI}	Länge Spalt I	22
178	e_{Sp}	$3{,}3\cdot 10^{-4}$	m	e_{SpI}	radiale Spaltweite	20
179	ε_{Sp}	$2\cdot 10^{-6}$	m	ε_{SpI}	Rauheit der Spalt I	24
180	d_h	0,00066	m	Gl. (3.173a)	hydr. Durchm. Spalt I	
181	ε_{Sp}/d_h	0,003030	–		bezogene Rauheit	
182	$c_{Sp,m}$	17,288	m/s	$V_{Sp}/(2\pi\, r_0\, e_{Sp})$	Meridiankomp. Spalt I	
183	w_{Sp}	20,597	m/s	Gl. (3.214)	Abs'geschw. im Spalt	
184	Re_{dh}	13594	–	Gl. (3.213)	Reynoldszahl mit w_{Sp}	11
185	λ_R	0,03328	–	Gl. (3.220)	Reibziffer Spalt I	
186	P_{Zyl}	528,3	W	Gl. (3.219)	Reibung. Dichtspalt I	12, 06
C. Gesamtreibungsverlust Deckscheibe						
187	$\boldsymbol{P_{R,DS}}$	**2931,4**	W	$\boldsymbol{P_R - P_{Vsp} + P_{Zyl}}$	**Gesamtreibleistung**	175, 176, 186

Durch den zentripetal gerichteten Spaltverluststrom verringert sich der Scheibenreibungsanteil der Deckscheibe somit auf das 0,63-Fache.

Tab. 4.24 Reibungsverlust $P_{R,TS}$ Tragscheibe einschl. Stufengehäusespalt (1. bis vorletzte Stufe)

Nr.	Symbol	Wert	Dim	Formel	Benennung	Quelle
A. Laufrad Tragscheibe						
188	λ_G	0,01318	–	Gl. (3.174)	RSR, Gehäuse	110
189	λ_U	0,01318	–	Gl. (3.174)	RSR, Laufrad	111
190	k_0	0,4830	–	Gl. (3.167)	Festkörperwirbel	112
191	r_G	0,2515	m	$D_G/2$	Radius Gehäuse	13
192	r_2	0,250	m	$D_2/2$	Radius Laufrad	14
193	r_0	0,076	m	$D_{SpIII}/2$	innerer Radius RSR	25
194	s	0,007	m	s_2	Wandstärke Laufrad	18
195	b	0,0065	m	b_{TS}	RSR Tragscheibe	32
196	V_{Sp}	−0,001777	m^3/s	zentrifugal, < 0	Spaltverluststrom	119
197	c_{3u}	23,420	m/s	Gl. (2.23)	Umfangskomp. c_3	79
198	u_0	11,819	m/s	$\omega\ r_0$	Umf'gsgeschw. Spalt III	06
199	P_R	4626,1	W	Gl. (3.166)	ohne V_{Sp}-Einfluss RSR	
200	P_{Vsp}	-3235,0	W	Gl. (3.178)	V_{Sp} - Einfl. ($r_0\ u_0/2=0$)	
B. Reibung Stufengehäusespalt						
201	s_{Sp}	0,052	m	s_{SpIII}	Länge Spalt III	28
202	e_{Sp}	$3{,}3 \cdot 10^{-4}$	m	e_{SpIII}	radiale Spaltweite	26
203	ε_{Sp}	$2 \cdot 10^{-6}$	m	ε_{SpIII}	Rauheit Spalt III	30
204	d_h	0,00066	m	Gl. (3.173a)	hydr. Durchm. Spalt III	
205	ε_{Sp}/d_h	0,003030	–		bezogene Rauheit	
206	$c_{Sp,m}$	11,273	m/s	$V_{Sp}/(2\pi\ r_0\ e_{Sp})$	Meridiankomp. Spalt III	
207	w_{Sp}	12,728	m/s	Gl. (3.214)	Abs'geschw. im Spalt	
208	Re_{dh}	8401	–	Gl. (3.213)	Reynoldszahl mit w_{Sp}	11
209	λ_R	0,03618	–	Gl. (3.220)	Reibziffer Spalt III	
210	P_{Zyl}	92,7	W	Gl. (3.219)	Reibleistung. Spalt III	12; 06
C. Gesamtverlust Tragscheibe erste bis vorletzte Stufe mit Stufengehäusespalt						
211	$\boldsymbol{P_{R,TS}}$	**7953,8**	W	$\boldsymbol{P_R - P_{Vsp} + P_{Zyl}}$	**Gesamtreibleistung**	199; 200; 210

Durch den zentrifugal gerichteten Spaltverluststrom vergrößert sich der Scheibenreibungsanteil der Tragscheibe der ersten bis vorletzten Stufe somit auf das 1,69-Fache.

Tab. 4.25 Reibungsverlust $P_{R,TS}$ Laufradtragscheibe letzte Stufe einschließlich Vordrosselspalt

Nr.	Symbol	Wert	Dim	Formel	Benennung	Quelle
A. Reibung Laufrad Tragscheibe						
212	λ_G	0,01318	–	Gl. (3.174)	RSR, Gehäuse	110
213	λ_U	0,01318	–	Gl. (3.174)	RSR, Laufrad	111
214	k_0	0,4830	–	Gl. (3.167)	Festkörperwirbel	112
215	r_G	0,2515	*m*	$D_G/2$	Radius Gehäuse	13
216	r_2	0,250	*m*	$D_2/2$	Radius Laufrad	14
217	r_0	0,076	*m*	$D_{VD}/2$	innere Radius RSR	35
218	*s*	0,007	*m*	s_2	Wandstärke Laufrad	18
219	*b*	0,0065	*m*		RSR Tragscheibe	32
220	V_{Sp}	0,005028	m^3/s	zentripetal, > 0	Spaltverluststrom	142
221	c_{3u}	23,420	*m/s*	Gl. (2.23)	Umfangskomp. c_3	79
222	u_0	11,819	*m/s*	$\omega\, r_0$	Umfangsgeschw. VD	06
223	P_R	4626,1	*W*	Gl. (3.166)	ohne V_{Sp}-Einfluss RSR	
224	P_{Vsp}	2113,6	*W*	Gl. (3.177)	Spaltstromeinfluss	
B. Reibung Vordrosselspalt						
225	s_{Sp}	0,150	*m*	$s_{Sp,VD}$	Länge Spalt VD	38
226	e_{Sp}	$3{,}3\cdot10^{-4}$	*m*	$e_{Sp,VD}$	radiale Spaltweite	36
227	ε_{Sp}	$2\cdot10^{-6}$	*m*	$\varepsilon_{Sp,\,VD}$	Rauheit der Spalt VD	40
228	d_h	0,00066	*m*	Gl. (3.173a)	hydr.Durchm. Spalt VD	
229	ε_{Sp}/d_h	0,003030	–		bezogene Rauheit	
230	$c_{Sp,m}$	31,910	*m/s*	$V_{Sp}/(2\pi\, r_0\, e_{Sp})$	Meridiankomp. Spalt	
231	w_{Sp}	32,452	*m/s*	Gl. (3.214)	Abs'geschw. im Spalt	
232	Re_{dh}	21419	–	Gl. (3.213)	Reynoldszahl mit w_{Sp}	11
233	λ_R	0,03130	–	Gl. (3.220)	Reibziffer Spalt VD	
234	P_{Zyl}	231,3	*W*	Gl. 3.219)	Reibleistung Spalt VD	12, 06
C. Gesamtreibungsverlust Tragscheibe letzte Stufe mit Vordrosselspalt						
235	$\boldsymbol{P_{R,VD}}$	**2743,8**	*W*	$\boldsymbol{P_R - P_{Vsp} + P_{zyl}}$	**Gesamtreibung l. Stufe & Vordrossel**	223, 224, 234

Durch den zentripetal gerichteten Spaltverluststrom verringert sich der Scheibenreibungsanteil der Tragscheibe der letzten Stufe einschließlich Vordrossel somit auf das 0,56-Fache.

Tab. 4.26 Reibungsverlust $P_{R,ES}$ der Entlastungsscheibe (ohne Vordrossel)

Nr.	Symbol	Wert	Dim	Formel	Benennung	Quelle
A. Reibung Entlastungsscheibe Innenraum (Scheibenkammer)						
236	ε_G	$8 \cdot 10^{-6}$	*m*	$\varepsilon_{S,GS}$	E-Gegenscheibe	48
237	ε_U	$8 \cdot 10^{-6}$	*m*	$\varepsilon_{S,GS}$	E-Scheibe	48
238	r_i	0,150	*m*	$D_{ES,i}/2$	äuß. Rad. Kammer	42
239	r_0	0,076	*m*	$D_{VD}/2$	inn. Rad. Kammer	35
240	b_G	0,003	*m*	$b_{ES}/2$	halbe Br. Kammer	44
241	b_U	0,003	*m*	$b_{ES}/2$	halbe Br. Kammer	44
242	V_{ES}	–0,0050283	m^3/s	zentrifugal, < 0	Entlastungsstrom	142
243	d_h	0,01110	*m*	Gl. (3.173)	ES-Kammer	
244	Re_{dh}	97527	–	Gl. (3.172)	mit r_i, r_0 und k_0*=0,5	06; 11
245	ε_G/d_h	0,0007207	–		Gegenscheibe	
246	ε_U/d_h	0,0007207	–		Entlastungsscheibe	
247	λ_G	0,01745	–	Gl. (3.174)	Gegenscheibe	
248	λ_U	0,01745	–	Gl. (3.174)	Entlastungsscheibe	
249	k_0	0,5015	–	Gl. (3.167)	Festkörperwirbel	
250	P_{SK}	420,0	*W*	Gl. (3.166)	ohne V_{Sp}-Einfluss	
B. Reibung Scheibenspalt						
251	r_a	0,190	*m*	$D_{ES,a}/2$	Scheibenspalt, außen	41
252	r_i	0,150	*m*	$D_{ES,i}/2$	Scheibenspalt innen	42
253	r_0	0,076	*m*	$D_N/2$	Radius Nabe	16
254	s_{Sp}	0,040	*m*	$r_a - r_i$	Spaltlänge (radial)	
255	e_{Sp}	0,0001326	*m*	Gl. (3.232)	Weite Scheibenspalt	Kap. 4.7\57
256	d_h	0,0002651	*m*	Gl. (3.173a)	ES-Kammer	
257	k_0	0,50	–	fiktiver Wert	Festkörperwirbel	Annahme
258	ε_{Sp}	$2 \cdot 10^{-6}$	–	ε_{Sp}	Scheibenspalt	49
259	ε_{Sp}/d_h	0,007543	–		bezog. Rauheit Spalt	
261	Re_{dh}	3656	–	Gl. (3.172)	mit r_a, r_i und k_0*=0,5	6; 11
261	λ_{Sp}	0,03052	–	Gl. (3.174)	Scheibenspalt	
262	P_{ES}	1569,8	*W*	Gl. (3.166)	ohne V_{Sp}-Einfluss	
C. Spaltstromeinfluss in Scheibenkammer und Scheibenspalt gemeinsam						
263	P_{Vsp}	-3687,5	*W*	Gl. (3.178)	V_{Sp}-Einfluss Kammer & Spalt	
D. Reibung Außenfläche Entlastungsscheibe im Sammelraum						
264	ε_G	$128 \cdot 10^{-6}$	*m*		Sammelraum	47
265	ε_U	$8 \cdot 10^{-6}$	*m*	$\varepsilon_{S,GS}$	Entlastungsscheibe	48
266	r_G	0,220	*m*	$D_G/2$	Radius Sammelraum	45
267	r_2	0,190	*m*	$D_{ES.a}/2$	Radius E-Scheibe	41
268	r_0	0,076	*m*	$D_N/2$	Innenradius S'-raum	16

(Fortsetzung)

Tab. 4.26 (Fortsetzung)

D. Reibung Außenfläche Entlastungsscheibe im Sammelraum						
269	s	0,035	m	s_{ES}	Stärke E-Scheibe	43
270	b	0,022	m	b_{ER}	Sammelraum	46
271	d_h	0,03817	m	Gl. (3.173)	hydr. Durchmesser	
272	ε_G/d_h	0,003354	–		Gehäuse	
273	ε_U/d_h	0,0002096	–		E-Scheibe	
274	Re_{dh}	394715	–	Gl. (3.172)	mit r_a, r_0 und k_0*=0,5	06; 11
275	λ_G	0,01805	–	Gl. (3.174)	Sammelraum	
276	λ_U	0,01057	–	Gl. (3.174)	E-Scheibe	
277	k_0	0,3272	–	Gl. (3.167)	Festkörperwirbel	
278	P_{SR}	2695,9	W	Gl. (3.166)	Sammelraum	
F. Gesamtreibungsverlust Entlastungsscheibe (ohne Vordrossel)						
279	$\boldsymbol{P_{R,ES}}$	**8373,2**	W	$\boldsymbol{P_{SK} + P_{ES} - P_{Vsp} + P_{SR}}$	**Gesamtreibung E-Scheibe**	250; 262; 263; 278

Durch den zentrifugal gerichteten Spaltverluststrom vergrößert sich der Scheibenreibungsanteil der gesamten Entlastungsscheibe (ohne Vordrossel) somit auf das 1,79-Fache.

Anmerkungen

- Die Reibleistung des radialen Entlastungsscheibenspaltes wurde auf gleiche Weise berechnet wie die von Radseitenräumen. Obwohl nicht angenommen werden kann, dass sich ein rotierender Festkörperwirbel bildet, wurde mit einem angenommenen Rotationsfaktor ($k_0 = 0{,}5$) gerechnet, um Gl. (3.166) anwenden zu können. Die Berechnung nach Gl. (3.219) für zylindrische Spalte hätte mit einem mittleren Radius zum etwa dem gleichen Ergebnis geführt.
- Die Reibleistung einer Konzeption mit Nachdrossel wird hier nicht beispielhaft berechnet. Sie unterscheidet sich allgemein nur wenig von derjenigen ohne Nachdrossel. Die Unterschiede entstehen durch geringste Abweichungen im Entlastungsvolumenstrom mit ihren Folgen auf die Scheibenreibung der letzten Stufe und auf die Reibung in der Scheibenkammer und im Scheibenspalt. Die Reibung im Nachdrosselspalt ist etwa so groß wie diejenige im Gehäuse mit größerem Durchmesser und (meist) gussrauer Oberfläche, wenn für die Länge des Nachdrosselspaltes die Wandstärke der Entlastungsscheibe genommen wird.

Tab. 4.27 Reibungsverlust $P_{R,TS}$ Tragscheibe letzte Stufe einschließlich Entlastungskolben

Nr.	Symbol	Wert	Dim	Formel	Benennung	Quelle
A. Reibung Laufrad Tragscheibe						
280	λ_G	0,01309	–	Gl. (3.174)	RSR, Gehäuse	154
281	λ_U	0,01309	–	Gl. (3.174)	RSR, Laufrad	155
282	k_0	0,4834	–	Gl. (3.167)	Festkörperwirbel	156
284	r_G	0,2515	m	$D_G/2$	äußerer Radius RSR	13
284	r_2	0,250	m	$D_2/2$	Radius Laufrad	14

(Fortsetzung)

Tab. 4.27 (Fortsetzung)

Nr.	Symbol	Wert	Dim	Formel	Benennung	Quelle
A. Reibung Laufrad Tragscheibe						
285	r_0	0,123	*m*	$D_{EK}/2$	innere Radius RSR	57
286	s	0,007	*m*	s_2	Wandstärke Laufrad	18
287	b	0,0065	*m*	b_{TS}	RSR Tragscheibe	32
288	V_{Sp}	0,006458	m^3/s	zentripetal, > 0	Entlastungsverlust	163
289	c_{3u}	23,420	*m/s*	Gl. (2.23)	Umgangskomp. von c_3	79
290	u_0	19,128	*m/s*	$\omega\, r_0$	Umfangsgeschw. Spalt	06
291	P_R	4511,0	*W*	Gl. (3.166)	ohne V_{Sp}-Einfluss	
292	P_{Vsp}	2349,2	*W*	Gl. (3.177)	Spaltstromeinfluss	
B. Reibung Entlastungskolbenspalt						
293	s_{Sp}	0,250	*m*	S_{EK}	Gesamte Spaltlänge	65
294	e_{Sp}	0,00033	*m*	$e_{Sp,EK}$	Radiale Spaltweite	58
295	ε_{Sp}	$2{\cdot}10^{-6}$	*m*	ε_{Sp}	Rauheit Kolbenspalt	61
296	d_h	0,00066	*m*	Gl. (3.173a)	Kolbenspalt	
297	ε_{Sp}/d_h	0,003030	–		bezogene Rauheit	
298	$c_{Sp,m}$	25,320	*m/s*	$V_{Sp}/(2\pi\, r_0\, e_{Sp})$	Meridiankomp. in Spalt	
399	w_{Sp}	27,066	*m/s*	Gl. (3.214)	Abs'geschw. Spaltstrom	
300	Re_{dh}	17864	–	Gl. (3.213)	Reynoldszahl mit w_{Sp}	11
301	λ_R	0,03201	–	Gl. (3.220)	Reib'ziffer im Spalt	
302	P_{Zyl}	2705,3	*W*	Gl. (3.219)	Reibleistung Spalt EK	12, 06
C. Reibung Kolbenstirnfläche im Sammelraum						
303	ε_G	$128{\cdot}10^{-6}$	*m*	ε_G	Rauheit Gehäuse	63
304	ε_U	$8{\cdot}10^{-6}$	*m*	ε_{St}	Rauheit E-Kolben	62
305	r_G	0,140	*m*	$D_{G,EK}/2$	Radius Sammelraum	56
306	r_2	0,123	*m*	$D_{EK}/2$	Rad. E'kolben	57
307	r_0	0,076	*m*	$D_N/2$	Sammelraum, innen	16
308	b	0,020	*m*	b_{EK}	Breite Sammelraum	60
309	d_h	0,03048	*m*	Gl. (3.173)	hydr. Durchmesser	
310	Re_{dh}	235781	–	Gl. (3.172)	mit r_2, r_0 und $k_0{}^* = 0{,}5$	
311	ε_G/d_h	0,004200	–		bezogene Rauheit	
312	ε_U/d_h	0,0002625	–		bezogene Rauheit	
313	λ_G	0,01922	–	Gl. (3.174)	Sammelgehäus	
314	λ_U	0,01133	–	Gl. (3.174)	EK-Stirnfläche	
315	k_0	0,3038	–	Gl. (3.167)	Festkörperwirbel	
316	P_{SF}	187,9	*W*	Gl. (3.166)	EK-Stirnfläche	
D. Gesamtreibungsverlust Tragscheibe letzte Stufe mit Entlastungskolben						
317	$\boldsymbol{P_{R,EK}}$	**5055,1**	*W*	$\boldsymbol{P_R - P_{Vsp} + P_{Zyl} + P_{SF}}$	**letzte Stufe & Entlast.-Kolben**	291; 292; 302; 316

Durch den zentripetal gerichteten Spaltverluststrom verringert sich der Scheibenreibungsanteil der Tragscheibe der letzten Stufe einschließlich des Entlastungskolbens somit auf das 0,68-Fache.

Zusammengefasst ergeben sich folgende Scheiben- und Spaltreibungsverluste

• Bei Schubausgleich durch Entlastungsscheibe	pro Stufe	Anzahl i	Summe
Deckscheibe mit Laufradspalt (alle Stufen)	$P_{R,DS} = 2\,931\ W$	13	38 108 W
Tragscheibe mit Stufengeh'spalt, 1. bis 12. Stufe	$P_{R,TS} = 7\,954\ W$	12	95 445 W
Tragscheibe letzte Stufe einschließlich Vordrossel	$P_{R,VD} = 2\,744\ W$	1	2 744 W
Entlastungsscheibe gesamt (ohne Vordrossel)	$P_{R,ES} = 8\,373\ W$	1	8 373 W
Gesamtreibleistung der 13stufigen Pumpe *ohne* Nachdrossel		P_R	144 670 W
Reibungsverluste pro Stufe bei Scheibenentlastung		$\boldsymbol{P_R/St}$	**11 128 W**

Für die Konzeption mit *zusätzlicher Nachdrossel* ergeben sich folgende Verlustwerte, die sich von den zuvor berechneten nur sehr wenig unterscheiden:

Deckscheibe mit Laufradspalt (alle Stufen)	$P_{R,DS} = 2\,931\ W$	13	38 108 W
Tragscheibe mit Stufengeh'spalt, 1. bis 12. Stufe	$P_{R,TS} = 7\,954\ W$	12	95 445 W
Tragscheibe letzte Stufe einschließlich Vordrossel	$P_{R,VD} = 2\,719\ W$	1	2 719 W
Entlastungsscheibe gesamt (ohne Vordrossel)	$P_{R,ES} = 8\,394\ W$	1	8 394 W
Gesamtreibleistung der 13stufigen Pumpe *mit* Nachdrossel		P_R	144 666 W
Reibungsverluste pro Stufe mit Nachdrossel		$\boldsymbol{P_R/St}$	**11 128 W**

• Bei Schubausgleich durch Entlastungskolben		Anzahl i	Summe
Deckscheibe mit Laufradspalt (alle Stufen)	$P_{R,DS} = 2\,931\ W$	13	38 108 W
Tragscheibe mit Stufengeh'spalt, 1. bis 12. Stufe	$P_{R,TS} = 7\,954W$	12	95 445 W
Tragscheibe letzte Stufe & Entlastungskolben	$P_{R,EK} = 5\,055\ W$	1	5 055 W
Gesamtreibleistung der 13stufigen Pumpe bei Kolbenentlastung		P_R	138 608 W
Reibungsverluste pro Stufe bei Kolbenentlastung		$\boldsymbol{P_R/St}$	**10 622 W**

Man ersieht, dass die Reibungsverluste der Entlastungseinrichtung (sowohl der Entlastungsscheibe als auch des Entlastungskolbens) insgesamt einen nicht zu unterschätzenden Wert annehmen und in der Größenordnung der übrigen Scheibenreibungsverluste eines Laufrades liegen.

Die Reibungsverluste bei Kolbenentlastung sind insgesamt etwas geringer als bei Scheibenentlastung, der volumetrische Verlust ist jedoch etwas höher. Bei der Ermittlung des zu erwartenden Wirkungsgrades ist bei Kolbenentlastung der zusätzliche Leistungsbedarf eines notwendigen Axiallagers zu berücksichtigen.

Mit den hier berechneten inneren Verlusten der Spaltströme und der Scheiben- und Spaltreibung wird in Kap. 4.8 der für diese Pumpe zu erwartende Wirkungsgrad berechnet.

4.7 Sammelentlastung

Für die im Berechnungsbeispiel in Kap. 4.6 behandelte mehrstufige Pumpe mit Sammelentlastung ist die Entlastungseinrichtung mittels Scheibe bzw. Kolbens zu berechnen. Wegen der vorhandenen Wechselbeziehungen müssen Kap. 4.6 und 4.7 parallel behandelt werden.

Die Berechnungen werden nach Kap. 3.14 durchgeführt. Alle Leistungsdaten und Abmessungen werden von Kap. 4.6 übernommen. Der Berechnungsvorgang wird wie in Kap. 4.6 wieder tabellarisch durchgeführt.

Zur Druckseite gerichtete Kräfte werden mit negativem, zur Saugseite gerichtete Kräfte mit positivem Vorzeichen versehen.

Zunächst müssen die Axialkräfte ermittelt werden. Nach Gl. (3.183) ergeben sich die Axialkräfte, die aus der Druckverteilung in den Radseitenräumen resultieren. Zusätzlich wirkt eine zur Druckseite gerichtete Impulskraft auf die Laufräder infolge der Umlenkung der Strömung von der axialen in die radiale Richtung nach dem Impulssatz Gl. (3.188), wobei das zweite Glied in der Klammer dort wegen $\delta = 90°$ entfällt.

Tab. 4.28 Leistungsdaten der Pumpe (s. a. Kap. 4.6)

Nr.	Symbol	Wert	Dim	Formel	Benennung	Quelle
01	V_{opt}'	750	m^3/h		Bestvolumenstrom	Kap. 4.6\ 01
02	V_{opt}	0,20833	m^3/s	$V_{opt}'/3600$	Bestvolumenstrom	Kap. 4.6\ 02
03	H_{st}	85,0	m		Stufenförderhöhe V_{opt}	Kap. 4.6\ 03
04	H_{ges}	1105	m	$i \cdot H_{st}$	Gesamtförderhöhe	Kap. 4.6\ 04
05	n	1485	U/min		Drehzahl	Kap. 4.6\ 05
06	ω	155,509	$1/s$	$\pi\, n/30$	Winkelgeschwindigkeit	Kap. 4.6\ 06
07	n_q	24,21	U/min	$nV_{opt}^{0,5}H_{st}^{-3/4}$	spezifische Drehzahl	Kap. 4.6\ 07
08	η	0,825	–		Gesamtwirkungsgrad	Kap. 4.6\ 08
09	η_h	0,9155	–		hydr. Wirkungsgrad	Kap. 4.6\ 09
10	i	13	–		Stufenzahl	Kap. 4.6\ 10
11	ν	10^{-6}	m^2/s		Viskosität	Kap. 4.6\ 11
12	ρ	1000	kg/m^3		Dichte	Kap. 4.6\ 12

Tab. 4.29 Berechnung der Axialkräfte

Nr.	Symbol	Wert	Dim	Formel	Benennung	Quelle
A. Deckscheibe, alle Stufen						
13	r_2	0,250	*m*	$D_2/2$	Radius Laufrad	Kap. 4.6\ 14
14	r_0	0,144	*m*	$D_{SpI}/2$	Radius Dichtspalt	Kap. 4.6\ 19
15	k_0	0,4758	–		Festkörperwirbel	Kap. 4.6\ 91
16	H_p	62,328	*m*		Spaltdruckhöhe	Kap. 4.6\ 83
17	A	0,1343	–	Gl. (2.57)	V_{Sp}-Einfluss	Kap. 4.6\ 92
18	F_{DS}	−70726	*N*	Gl. (3.183)	aus Druck im RSR	12; 06
19	V_U	0,21852			Laufradvolumenstrom	Kap. 4.6\ 67
20	c_0	6,233	*m/s*	$V_U/\pi(r_2^2-r_N^2)$	Laufradeintritt	Kap. 4.6\ 81
21	F_i	−1360	*N*	Gl. (3.188)	Impuls La-Eintritt	12
22	$F_{ax(A)}$	−72087	*N*	$F_{DS} + F_i$	zur Druckseite	
B. Tragscheibe mehrstufig, 1. bis vorletzte Stufe						
23	r_2	0,250	*m*	$D_2/2$	Laufrad	Kap. 4.6\ 14
24	r_0	0,076	*m*	$D_{SpIII}/2$	Spalt Stufengehäuse	Kap. 4.6\ 25
25	k_0	0,4830	–		Festkörperwirbel	Kap. 4.6\112
26	A	−0,05013	–	Gl. (2.57)	V_{Sp}-Einfluss	Kap. 4.6\113
27	$F_{ax(B)}$	97216	*N*	Gl. (3.183)	Axialkraft z. Saugseite	12; 06
C. Tragscheibe mehrstufig letzte Stufe, Scheibenentlastung (ohne Nachdrossel)						
28	r_2	0,250	*m*	$D_2/2$	Radius Laufrad	Kap. 4.6\ 14
29	r_0	0,076	*m*	$D_{VD}/2$	Radius Vordrossel	Kap. 4.6\ 35
30	k_0	0,4830	–		Festkörperwirbel	Kap. 4.6\133
31	A	0,1419	–	Gl. (2.57)	Einfluss Spaltstrom	Kap. 4.6\134
32	$F_{ax(C)}$	87419	*N*	Gl. (3.183)	Axialkraft z. Saugseite	12; 06
D. Tragscheibe mehrstufig letzte Stufe, Kolbenentlastung						
33	r_2	0,0250	*m*	$D_2/2$	Radius Laufrad	Kap. 4.6\ 14
34	r_0	0,123	*m*	r_{EK}*	Entlastungskolben	62
35	k_0	0,4834	–		Festkörperwirbel	Kap. 4.6\156
36	A	0,1822	–	Gl. (2.57)	V_{Sp}-Einfluss	Kap. 4.6\157
37	$F_{ax(D)}$	76827	*N*	Gl. (3.183)	Axialkraft zur Saugseite	12; 06
Summe der Axialkräfte bei Scheiben- bzw. Kolbenentlastung						
38	F_{axES}	**316884**	*N*	**$iF_{ax(A)}+(i-1)F_{ax(B)}+F_{ax(C)}$**	**result. F_{ax} E-Scheibe**	**22, 27, 32**
39	F_{axEK}	**306292**	*N*	**$iF_{ax(A)}+(i-1)F_{ax(B)}+F_{ax(D)}$**	**result. F_{ax} E-Kolben**	**22, 27, 37**

Die Axialkraft bei Kolbenentlastung ergibt sich iterativ, da der Radius r_{EK}* erst später (Tab. 4.3\62) festgelegt wird.

Scheibenentlastung Wir wählen die Abmessungen der Entlastungsscheibe aus Erfahrungswerten (Kap. 3.21) und errechnen damit den Druck in der Entlastungsscheibenkammer und die Weite des Scheibenspaltes:

$$D_{ES,a} = 0,380\text{m} = 1,25 D_{ES,i} \quad \text{Außendurchmesser E-Scheibenspalt}$$
$$D_{ES,i} = 0,300\text{m} = 1,056 D_{ES,i} \quad \text{Innendurchmesser E-Scheibenspalt}$$

ferner ist gegeben

$$D_{VD} = 0{,}152\,\text{m} \quad \text{Durchmesser der Vordrossel}$$

Aus dem auszugleichenden Axialschub F_{axES}, dem Entlastungsverluststrom V_{SpES} aus Kap. 4.6, Tab. 4.21\142 und den geometrischen Daten der Entlastungsscheibe finden wir im nachfolgenden Berechnungsgang gemäß Gl. (3.238) die zum Schubausgleich erforderliche Druckhöhe $H_{ES,0}$ am inneren Radius r_0 der Entlastungsscheibenkammer. Mit ihr ergibt sich die Druckhöhendifferenz der Vordrossel $\Delta H_{VD} = H_E - H_{ES,0}$, aus welcher in Kap. 4.6, Tab. 4.21\142 iterativ der Entlastungsverluststrom berechnet wurde. Die Berechnung von ΔH_{VD} erfolgt somit ebenfalls iterativ.

Tab. 4.30 Berechnung Druckhöhe Scheibenkammer und Spaltweite (ohne ND)

Nr.	Symbol	Wert	Dim	Formel	Benennung	Quelle
A. Druckhöhe in der Scheibenkammer						
40	F_{ax}	316884	N		result. F_{ax} E-Scheibe	38
41	H_E	1040,957	m	Gl. (3.157)	Druckh. vor Vordrossel	Kap. 4.6\136
42	r_a	0,190	m	$D_{ES,a}/2$	Entlastungsscheibe	gewählt s. o.
43	r_i	0,150	m	$D_{ES,i}/2$	Scheibenkammer, außen	gewählt s. o.
44	r_0	0,076	m	D_{VD} /2	Scheibenkammer, innen	Kap. 4.6\ 35
45	k_0	0,5015	–		Festkörperwirbel	Kap. 4.6\249
46	ζ_{3u}	0,500	–		vereinfacht	
47	V_{ES}	−0,0050283	m^3/s	zentrifugal,	Entlastungsstrom	Kap. 4.6\142
48	ζ_{Sp}	−0,003050	–	Gl. (2.58)	bez. Spaltverlust mit r_i	
49	A	−0,5888	–	Gl. (2.57)	V_{Sp}-Einfluss	
50	$H_{ES,i}$	484,408	m	Gl. (3.237)	Scheibenkammer außen	
51	$H_{ES,0}$	491,118	m	Gl. (3.238)	Scheibenkammer innen	
52	ΔH_{VD}	549,839	m	H_E - $H_{ES,0}$	Druckdiff. Vordrossel	

(Fortsetzung)

Tab. 4.30 (Fortsetzung)

B. Spaltweite (Ausführung ohne Nachdrossel)						
53	s_{Sp}	0,040	*m*	$(r_a - r_i)$	Spaltlänge (radial)	42, 43
54	ΔH_{ND}	0	*m*		ohne Nachdrossel	Kap. 3.13
55	μ	0,3643	–	Gl. (3.158)	Durchflussbeiwert	
56	e_{Sp}	0,132574	*mm*	Gl. (3.240)	Spaltweite	
57	e_{Sp}	**0,132574**	***mm***	**durch Iteration**	**Spaltweite endgültig**	

Mit $H_{ES,0}/H_E = 491{,}118/1040{,}957 = 0{,}47$ ist der Richtwert $(0{,}4 \div 0{,}6)$ nach Kap. 3.21 hinreichend erfüllt.

Zum vorliegenden Berechnungsbeispiels s. a. Abb. 3.122 und 3.123.

Anmerkung

- Die exakte Berechnung der Druckhöhen $H_{ES,i}$ und $H_{ES,0}$ nach Gln. (3.237) und (3.238) ist sehr aufwendig. Sie kann vereinfacht und mit einem geringen Fehler nach Gl. (3.239) durchgeführt werden.
- Bei einer Konzeption mit Nachdrossel fällt die Druckhöhe hinter dem Scheibenspalt nicht ab auf den Wert H_0, sondern nur auf die Druckhöhe H_{ND}, die in der Nachdrossel abgebaut wird. Sie errechnet sich auf übliche Weise aus den geometrischen Daten der Nachdrossel und dem etwas größeren Verluststrom. Das mittlere Druckniveau im Scheibenspalt ergibt sich dadurch geringfügig höher, woraus eine etwas geringere Druckhöhe in der Scheibenkammer resultiert, da die Druckkräfte in Spalt und Kammer gemeinsam die axiale Gegenkraft erzeugen. Das führt zu einer etwas größeren Druckhöhendifferenz im Vordrosselspalt und damit zu dem geringfügig größeren Entlastungsstrom. Andererseits vergrößert sich der Scheibenspalt ein wenig durch die etwas geringere Druckhöhendifferenz in demselben. Die relativ aufwendige Berechnung soll hier nicht wiederholt werden, Im Einzelnen findet man mit den geometrischen Werten der Nachdrossel – wobei auch wieder diverse Zirkelbezüge zu beachten sind – letztlich folgende Ergebnisse:

V_{ES}	= 0,005087	m^3/s	Entlastungsverlust
F_{ax}	= 316800	N	Axialkraft
$H_{ES,i}$	= 471,420	m	Druckhöhe äußerer Durchmesser Scheibenkammer
$H_{ES,0}$	= 478,269	m	Druckhöhe innerer Durchmesser Scheibenkammer
ΔH_{ND}	= 30,783	m	Druckhöhenabbau durch Nachdrossel
e_{ES}	= 0,138277	mm	Weite des Scheibenspaltes

Da der Durchflussbeiwert μ stark abhängig ist von der zu errechnenden Spaltweite, sind zur Berechnung der Spaltweite mehrere Iterationsschritte erforderlich.

Kolbenentlastung Der Axialschub ergibt sich etwas kleiner als bei der Scheibenentlastung, weil die wirksame Fläche hinter dem Laufrad der letzten Stufe kleiner ist als dort.

Tab. 4.31 Berechnung des Kolbendurchmessers

Nr.	Symbol	Wert	Dim	Formel	Benennung	Quelle
58	F_{ax}	306292	N		Axialkraft zur SS	39
59	H_E	1058,408	m		Druckh. vor E-Kolben	Kap. 4.6\159
60	r_0	0,076	m	r_N	Radius hinter Kolben	Kap. 4.6\16
61	r_{EK}	0,12316	m	Gl. (3.242a)	Kolbenradius für F_{ax}*=0	
62	$\boldsymbol{r_{EK}}$*	**0,123**	$\boldsymbol{m}$		**Kolbenradius gewählt**	
63	F_{ax}*	-304981	N	$\pi \rho g(r_{EK}^2 - r_0^2)H_E$	Axialgegenkraft mit r_{EK}*	
64	$\boldsymbol{\Delta F_{ax}}$*	**1311**	N	$\boldsymbol{F_{ax} + F_{ax}}$*	**Restkraft zur Saugseite**	

Nach Kap. 3.21 findet man mittels Gl. (3.242a) den Kolbenradius $r_{EK} =$ 0,12317 m für vollkommenen Axialschubausgleich im Berechnungspunkt. Mit dem geringfügig kleiner gewählten Kolbenradius $r_{EK}{}^* = 0{,}123$ mm ergibt sich im Berechnungspunkt ein Restschub F_{ax} = 1311 N zur Saugseite und der Nulldurchgang liegt bei $q \approx$ 0,97. Mit geringerem Fördergrad verbleibt bei abnehmender Förderung ein anwachsender Restschub zu Druckseite. Bei Fördergraden q > 0,97 verbleibt eine Restkraft zur Saugseite. Aus Abb. 3.125 sind die Werte des vorliegenden Berechnungsbeispiels zu ersehen.

Man könnte jetzt für den Fall erweiterter Spaltspiele die gesamte Rechnung über Kap. 4.6 wiederholen, um den Einfluss auf den Axialschub zu verfolgen. Zum Ausgleich der dann größeren Axialkraft in Richtung zur Saugseite würde sich ein größerer Kolbendurchmesser ergeben. Mit dem oben gewählten Durchmesser würde sich je nach Ausmaß der Spalterweiterung die Restkraft mit abnehmendem Fördergrad zunächst verringern bzw. in ihrer Richtung umkehren und dann wieder anwachsen.

Der maximale Axialschub bei Teillast ergibt sich überschläglich nach Gl. (3.241) zu

$$\Delta F_{ax,max} = 65109\,\mathrm{N}$$

und ist zur Druckseite hin gerichtet.

Er kann zur groben Abschätzung für die Wahl des Axiallagers herangezogen werden.

Der gewählte Kolbendurchmesser dient in Kap. 4.6 zur Berechnung von H_E bzw. V_{EK} sowie der Reibungsverlustleistung $P_{R,EK}$.

4.8 Erreichbarer Wirkungsgrad

Ist es für die Berechnung der Geometrie von Laufrad und Leitapparat in den meisten Fällen ausreichend, die Nebenverluste durch Näherungswerte, z. B. nach Gl. (3.151) bzw. Gl. (3.179), zu berücksichtigen, müssen für die Ermittlung des erreichbaren Wirkungsgrades – außer den hydrodynamischen Verlusten – die volumetrischen sowie die Scheiben- und mechanischen Verluste möglichst genau erfasst werden. Dazu ist die Berücksichtigung der Geometrie aller relevanten Strukturen wie Abmessungen, Form und Oberflächen erforderlich.

Für das in Kap. 4.6 bzw. Kap. 4.7 durchgeführte Berechnungsbeispiel einer mehrstufigen Pumpe mit Axialschubausgleich durch Entlastungsscheibe ist der erreichbare Wirkungsgrad zu berechnen. Die Berechnung wird nach Kap. 3.6 durchgeführt. Zum Vergleich werden zum Schluss auch die Ergebnisse für Kolbenentlastung angezeigt.

Die Berechnung des erreichbaren Wirkungsgrades geht aus vom hydrodynamischen (hydraulischen) Wirkungsgrad η_h, der die reinen Strömungsverluste – d. h. die strömungsbedingten Druckverluste – berücksichtigt und von der Güte der hydrodynamischen Strömungsführung und der relativen Rauheit der Oberflächen, somit von der Geometrie der hydraulischen Strukturen, der spezifischen Drehzahl und von der REYNOLDS-Zahl abhängig ist.

Mit der aus Tab. 3.5 (Kap. 3.6) gefundenen Gütezahl $A = 0{,}975$ für mehrstufige Pumpen mit der Oberflächengüte N8, dem Verhältnis aus den gegebenen Werten für Volumenstrom und Drehzahl

$$V/n = 750/1485 = 0,5051,$$

finden wir nach Gl. (3.56) den Wert

$$\eta_{h0} = 0,975 - \frac{3}{\left[\log\left(5 \cdot 10^7 \cdot 0,5051\right)\right]^2} = 0,9202$$

und für die Berechnungsdaten der Pumpe nach Gl. (3.55)

$$\eta_h = 0,9202 - \frac{1,4 \cdot 10^{-6} 24,21^2}{0,9202^{21}} = 0,9155$$

Tab. 4.32 Leistungsdaten der Pumpe

Nr	Symbol	Wert	Dim	Formel	Benennung	Quelle
01	V_{opt}'	750	m^3/h		Bestpunktvolumenstrom	Kap. 4.6\ 01
02	V_{opt}	0,20833	m^3/s	$V_{opt}'/3600$	Bestpunktvolumenstrom	Kap. 4.6\ 02
03	H_{st}	85,0	m		Stufenförderhöhe bei V_{opt}	Kap. 4.6\ 03
04	H_{ges}	1105	m	$i \cdot H_{st}$	Gesamtförderhöhe	Kap. 4.6\ 04
05	n	1485	U/min		Drehzahl	Kap. 4.6\ 05
06	ω	155,509	$1/s$	$\pi\, n/30$	Winkelgeschwindigkeit	Kap. 4.6\ 06
07	n_q	24,21	U/min	$nV_{opt}^{0,5}H_{st}^{3/4}$	spezifische Drehzahl	Kap. 4.6\ 07
08	η_{ges}	0,825	–	vorab	Wirkungsgrad bei V_{opt}	Kap. 4.6\ 08
09	i	13	–		Stufenzahl	Kap. 4.6\ 10
10	ν	10^{-6}	m^2/s		Viskosität Fördergut	Kap. 4.6\ 11
11	ρ	1000	kg/m^3		Dichte Fördermediums	Kap. 4.6\ 12

Dieser Wert wurde schon vorab für die Berechnungen in Kap. 4.6 ermittelt.

Aus dem hydrodynamischen Wirkungsgrad erhält man gemäß umgeformter Gl. (3.11) die theoretische Förderhöhe

$$H_{th} = H/\eta_h = 92,845\,\mathrm{m}.$$

Mittels H_{th} wird nach Gl. (3.8) zunächst der innere Wirkungsgrad berechnet. Dazu werden die inneren Verluste benötigt, die sich aus den volumetrischen und den Reibungsverlusten zusammensetzen und in Kap. 4.6 berechnet wurden.

a. Volumetrische Verluste Von den Laufrädern sind die Verluste an den Deckscheibenspalten und der Entlastungseinrichtung mitzufördern. Der Laufradvolumenstrom beträgt nach Kap. 4.6

$$V_U = 0,21852\,\mathrm{m^3/s} \text{ bei Scheibenentlastung (ohne Nachdrossel)}$$

$$V_U = 0,21995\,\mathrm{m^3/s} \text{ bei Kolbenentlastung.}$$

Die Leckageströme der Stufengehäusedichtungen gehen nicht als volumetrische Verlust in die Rechnung ein, da sie nicht vom Laufrad mitgefördert werden. Sie werden durch Reibwirkung von der tragscheibenseitigen Radseitenraumströmung zum Laufradaustritt gefördert und sind in den erhöhten Scheibenreibungsverlusten enthalten.

b. Reibungsverluste Die Reibungsverlustleistung der 13stufigen Pumpe beträgt pro Stufe nach Kap. 4.6

$$P_R = 11128\,\mathrm{W} \text{ bei Scheibenentlastung (ohne Nachdrossel)}$$

$$P_R = 10662\,\mathrm{W} \text{ bei Kolbenentlastung}$$

Bei Scheibenentlastung mit Nachdrossel ändern sich die volumetrischen und die Reibungsverluste so minimal, dass sie sich in der Summe auf den zu ermittelnden Wirkungsgrad praktisch nicht auswirken.

Den inneren Wirkungsgrad findet man nach Gl. (3.8) für die scheibenentlastete Pumpe

$$\eta_i = \frac{\rho \cdot g \cdot 0,20833 \cdot 85}{\rho \cdot g \cdot 0,21852 \cdot 92,845 + 11128} = 0,8266$$

und für die kolbenentlastete Pumpe auf gleiche Weise

$$\eta_i = 0,8233.$$

Der Gesamt- oder Kupplungswirkungsgrad ergibt sich nun nach Gl. (3.14) aus dem inneren Wirkungsgrad unter Berücksichtigung der mechanischen oder äußeren Verluste, die sich aus den Kupplungs- Lager- und Wellendichtungsverlusten zusammensetzen. Eine exakte Bestimmung der mechanischen Verluste ist kaum möglich. Man kann sie etwa den Herstellerangaben entnehmen, was aber auch noch Unsicherheiten birgt. Bezogen auf das Gesamtergebnis ist das jedoch unerheblich, da die Verluste hier im Vergleich zur Wellenleistung insgesamt nur in der Größenordnung von weniger als 0,5 % liegen.

Gemäß den Herstellerangaben kann für Wälzlager folgende Verlustleistungen angenommen werden:

Zylinderrollenlager	P_m	$= 638$ W
Doppel-Kegelrollenlager (verspannt)	P_m	$= 1288$ W

Für die scheibenentlastete Pumpe werden zwei Zylinderrollenlager erforderlich mit zusammen $P_m = 1{,}3$ kW. Damit ist der mechanische Wirkungsgrad nach Gl. (3.15)

$$\eta_m = 1 - 1,3/2736 = 0,9995.$$

(Hierbei wurde die Gesamtleistung der Pumpe von $P = 2736$ kW mit einem vorab angenommenen Gesamtwirkungsgrad von $\eta = 0{,}825$ errechnet).

Nach Gl. (3.14) ist damit der Gesamtwirkungsgrad schließlich

$$\eta = 0,9995 \cdot 0,8266 = \underline{\underline{0,8262}}.$$

Für die kolbenentlastete Pumpe werden ein Zylinderrollenlager und ein Doppel-Kegelrollenlager mit zusammen $P_m = 1{,}9$ kW vorgesehen. Damit ist der mechanische Wirkungsgrad

$$\eta_m = 1 - 1,9/2736 = 0,9993$$

und der Gesamtwirkungsgrad

$$\eta = 0,9993 \cdot 0,8233 = \underline{\underline{0,8227}}$$

Die Lagerreibungsverluste wirken sich somit wegen der relativ hohen Kupplungsleistung praktisch nicht merklich auf das Gesamtergebnis aus. Aus dem gleichen Grund kann man die Stopfbuchsverluste außer Acht lassen, da sie noch geringer als die Lagerverluste angenommen werden können. Im Endeffekt wird der früher für die Berechnungen in Kap. 4.6 und 4.7 zugrunde gelegte Gesamtwirkungsgrad von 82,5 % bestätigt. Die kolbenentlastete Pumpe unterscheidet sich im Wirkungsgrad lediglich um 0,25 %. Bei Pumpen höherer Anforderungen und Drücke kann ein größerer Unterschied entstehen, wenn zum Aufnehme der axialen Restkraft aufwendige Gleitlager mit Druckölschmierung eingesetzt werden müssen, die einen deutlich höheren Lagerverlust haben. Gegebenenfalls müssen auch die vergleichsweise höheren Verluste von Gleitringdichtungen berücksichtigt werden.

Werden die mechanischen Verluste mangels näherer Angaben nach der Faustformel Gl. (3.57) ermittelt, findet man

$$P_m = 0,2\sqrt[3]{2736} = 2,80\,\text{kW},$$

was einen mechanischem Wirkungsgrad von $\eta_m = 0{,}9990$ ergibt. Der Unterschied zu den mit oben genauer ermittelten Lagerverlusten errechneten Wirkungsgraden ist sehr gering und angesichts der relativ hohen Pumpenleistung vernachlässigbar. In vielen Fällen reichen daher die nach der Überschlagsformel errechneten mechanischen Verluste aus. Da die Berechnung nach Gl. (3.57) einen groben Schätzwert liefert, kann dabei statt der erst iterativ zu ermittelnden Kupplungsleistung P ohne merklichen Fehler die innere Leistung P_i eingesetzt werden.

4.9 Pumpe-Turbine

In einem Wasserversorgungssystem soll Energie rückgewonnen werden, die bisher durch Drosselung vernichtet wurde. Zur Rückgewinnung ist eine rückwärtslaufende Standard-Kreiselpumpe vorgesehen. Die eingeschränkte Regelbarkeit von rückwärtslaufenden Kreiselpumpen wirkt sich dabei nicht nachteilig aus, da die Maschinen mit konstanter Last gefahren werden kann und eine Regelung durch intermittierenden Betrieb vorgesehen ist. Die Investitionen für Standard-Kreiselpumpen sind deutlich geringer als für „echte" Wasserturbinen, wobei sich der verhältnismäßig geringe Wirkungsgradunterschied bei kleineren bis mittleren Leistungen wenig auswirkt. Das Auslegeverfahren (Kap. 5.3) beruht auf statistischen Erhebungen und berücksichtigt daher die individuellen Eigenarten einer Pumpe nur unvollkommen. Das hier behandelte Beispiel hat einen realen Hintergrund; die Maschine wurde gebaut und einem Probelauf unterzogen. Die Prüfergebnisse werden zum Vergleich aufgeführt.

Wasserdargebot	
Volumenstrom	$V_T = 1400\,\text{m}^3/\text{h}$
Nutzbare Fallhöhe	$H_T = 100\,\text{m}$
Drehzahl	$n_T = 1510\,\text{U/min}$
Wassertemperatur	$T = 14\,°\text{C}$
Dichte	$\rho = 999,2\,\text{kg/m}^3$

Mit vorläufigen Annahmen nach Abb. 5.22, d. h. $f_V \approx 1{,}3$ und $f_H \approx 1{,}35$ ist eine Pumpe mit den Leistungsdaten

$$V_{erf,P} = 1400/\,1,3 \approx 1080\,\text{m}^3/\text{h}$$
$$H_{erf,P} = 100/\,1,35 \approx 74\,\text{m}$$
$$n = 1480\,\text{U/min}$$

geeignet.

Gewählt wird eine mittengeteilte zweiflutige Spiralgehäusepumpe mit auf gleicher Achse liegenden Saug- und Druckstutzen, ähnlich der in Berechnungsbeispiel Kap. 4.4 behandelten Konzeption. Diese Bauart lässt sich problemlos in die vorhandene Rohrleitung integrieren. Durch die Mittenteilung ist das Pumpeninnere für Wartungsarbeiten ohne Rohrleitungsdemontage leicht zugänglich, da lediglich der Gehäusedeckel abgenommen werden muss. Pumpen dieser Art sind robust, langlebig und werden in der Wasserwirtschaft häufig eingesetzt. Das Kennfeld dieser Pumpe zeigt Abb. 4.19.

Leistungsdaten der Pumpe

$$V_{opt} = 1050\,\text{m}^3/\text{h}$$
$$H_{opt} = 80\,\text{m}$$
$$n = 1480\,\text{U/min}$$
$$n_{q1/2} = 21,13\,\text{U/min}\ \left(\text{gebildet mit } V_{opt}/\,2\right)$$
$$\eta_{opt} = 0,874$$

Wenn man die geforderten Leistungsdaten $V_{erf,P}$ und $H_{erf,P}$ in das Muscheldiagramm der ausgewählten Pumpe einträgt, ergibt sich die in Abb. 4.19 dargestellte Situation. Der eingetragene Leistungspunkt liegt etwas rechts von der Verbindungsgeraden zwischen dem Bestpunkt und dem Ursprung; d. h. die ausgewählte Maschine wäre eigentlich etwas zu klein. Das ist vorteilhaft, weil damit für den Turbinenbetrieb eventuell erforderlich werdende Nachbesserungen an der Maschine durch relativ einfache Maßnahmen vorgenommen werden können, die in der Regel darin bestehen, dass man an der Spiralgehäusezunge etwas Material abtragen muss, um die Querschnitte zu vergrößern. Das ist einfacher durchzuführen als evtl. erforderliche Materialauftragung zur Querschnittsverkleinerung.

Durch den Leistungspunkt ist eine Abdrehkurve gezeichnet. Nach Kap. 5.2.1 findet man dazu aus Abb. 5.9 und gemäß Abb. 5.10 für das Verhältnis $H'/H = 77{,}5/74 = 0{,}955$ und, wenn vom vollen Durchmesser des Laufrades $D_2/D_{2max} = 1{,}0$ ausgegangen wird, den Exponenten $m = 2{,}9$ und damit $D_2' = 500 \cdot 0{,}955^{1/2{,}9} = 492$ mm.

Der Bestpunkt der Abdrehkurve ergibt sich jetzt aus dem Muscheldiagramm (Abb. 4.19) bei

$$V_{opt,P} = 1020\,\mathrm{m^3/h}$$
$$H_{opt,P} = 76{,}5\,\mathrm{m}$$
$$n_{q1/2,P} = 21{,}54\,\mathrm{U/min}$$
$$\eta_{opt,P} = 0{,}874$$

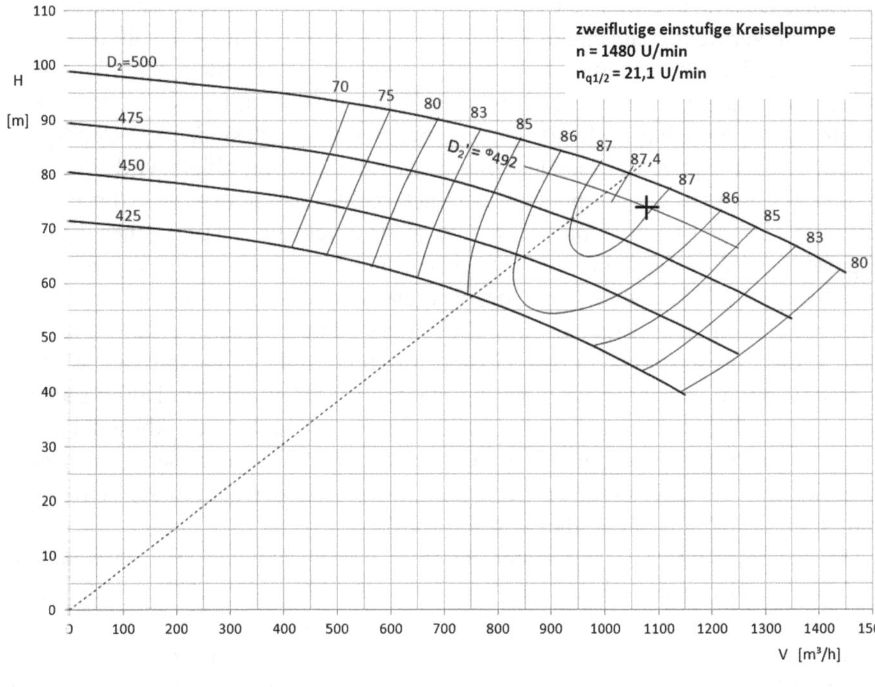

Abb. 4.19 Muscheldiagramm der ausgewählten Pumpe

Mit den Umrechnungsfaktoren von Tab. 5.1 (Kap. 5.3) für Pumpentyp „B“

$$f_V = 1,52 - 0,2 \cdot 21,54^{0,05} = 1,287$$
$$f_H = 1,60 - 0,2 \cdot 21,54^{0,05} = 1,367$$
$$f_{RV} = 0,39 + 2,5 \cdot 10^{-5} \cdot 21,54^2 = 0,402$$
$$f_{RH} = 1,24 - 0,6 \cdot 21,54^{0,05} = 0,540$$
$$f_\eta = 1,015 - 4 \cdot 10^{-4} \cdot 21,54 = 1,006$$

bekommt man nach Gl. (5.9) bis (5.13) mit den Bestpunktwerten der Abdrehkurve die Turbinenwerte

$$V_{opt,T} = 1{,}287 \cdot 1020 = 1313\,\text{m}^3/\text{h}$$
$$H_{opt,T} = 1{,}367 \cdot 76{,}5 = 104{,}6\,\text{m}$$
$$V_R = 0{,}402 \cdot 1313 = 528\,\text{m}^3/\text{h}$$
$$H_R = 0{,}540 \cdot 104{,}6 = 56{,}5\,\text{m}$$
$$\eta_{opt,T} = 1{,}006 \cdot 0{,}874 = 0,879,$$

Der Turbinenwirkungsgrad $\eta_{opt,T}$ = 0,879 wird auch für den nahe dem Scheitelpunkt liegenden Betriebspunkt V_T = 1400 m³/h, H_T = 100 m angenommen, so dass eine Leistungsabgabe von P_T = 335 kW erwartet werden kann.

Mit obigen Turbinenwerten werden zunächst die gestrichelten Kurven in Abb. 4.20 nach Gln. (5.19), (5.21), (5.22) und (5.23) ermittelt. Nach ihnen würde sich bei der zur Verfügung stehenden Fallhöhe von H = 100 m nur ein Volumenstrom von $V \approx$ 1275 m³/h einstellen, also ca. 9 % weniger als gefordert, und die erwartete Leistungsabgabe würde ebenfalls um 9 % unterschritten. Um sie zu erreichen, müsste das Spiralgehäuse derart nachgearbeitet werden, dass der Spiralendquerschnitt durch Kürzung der Gehäusezunge um ca. 10 % vergrößert wird. Dadurch würden alle Kurven durch Spreizung so nach rechts verschoben, dass die Fallhöhenkurve H_T* den Garantiepunkt, in Abb. 4.20 durch die ausgezogenen Kurven dargestellt, trifft. Angesichts der Unsicherheiten des gesamten Verfahrens, wird zunächst der Probelauf abgewartet, bevor irgendwelche Nacharbeiten in Erwägung gezogen werden. Das Ergebnis des Probelaufs (durch Kreuze gekennzeichnet) zeigt bereits eine ausreichend gute Übereinstimmung mit den garantierten Werten, so dass keinerlei Nacharbeiten mehr durchgeführt werden müssen. Durch saubere Bearbeitung aller strömungsbeaufschlagten Strukturen und durch Abrundung der druckseitigen Schaufelkanten und der Laufradseitenwände am Außendurchmesser nach Skizze Abb. 4.21 wurde erreicht, dass mit 88,2 % der garantierte Wirkungsgrad von η_T = 87,9 % leicht überschritten wurde.

Die Messergebnisse zeigen ferner, dass der Betriebspunkt V_R/H_R, ab welchem die Maschine Leistung abgibt, ziemlich genau der Vorausberechnung entspricht. Dieser Punkt ist wichtig für die Ermittlung des auftretenden Druckstoßes bei Lastabwurf und für die sich dabei einstellende “Durchbrenndrehzahl”. Ebenfalls gut vorausbestimmt ist diejenige Fallhöhe, bei der der beste Wirkungsgrad erreicht

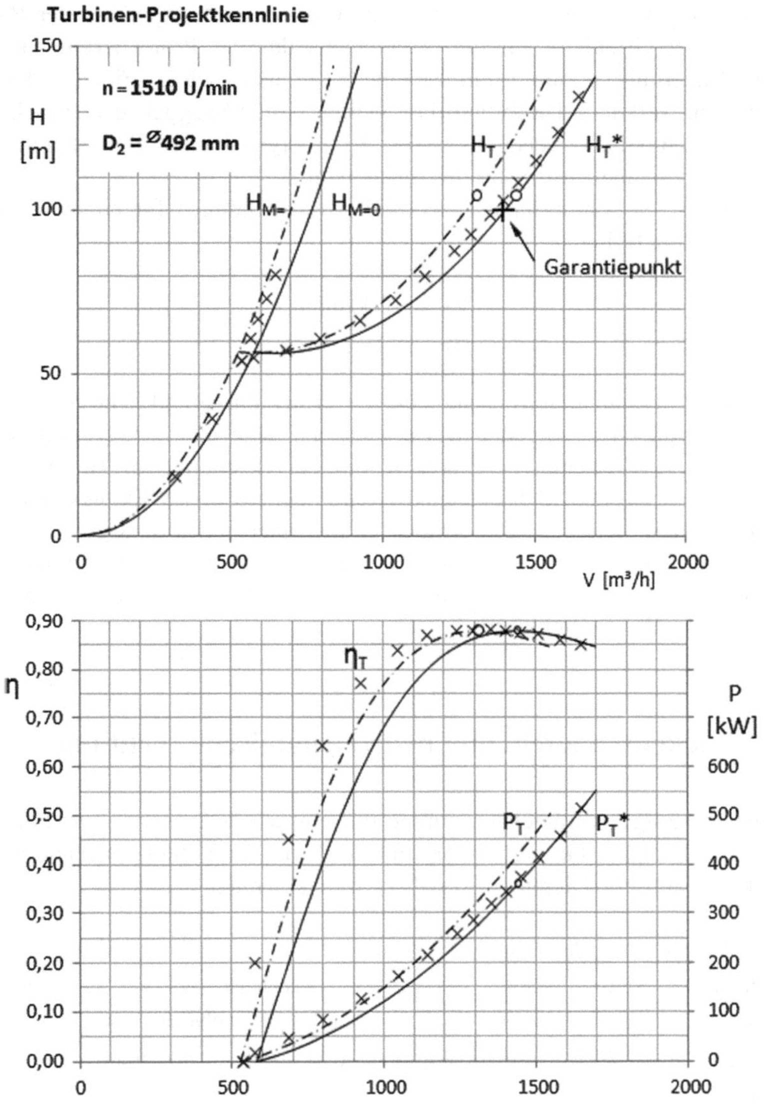

Abb. 4.20 Projektkennlinie. Die Messergebnisse sind als Kreuze eingetragen

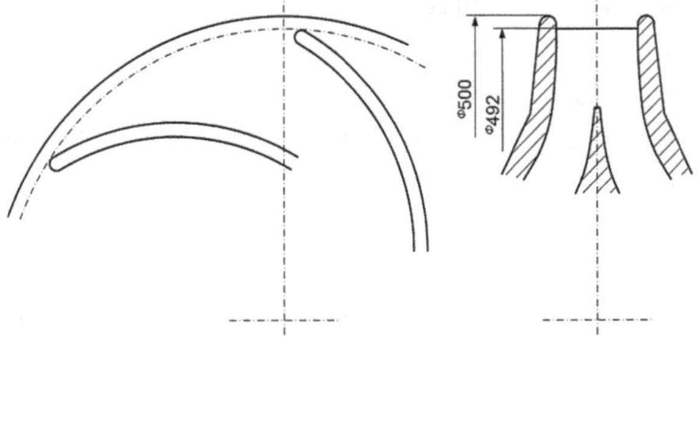

Abb. 4.21 Skizze zur Laufradbearbeitung

wird. Auffällig ist der bei Teillast höhere Wirkungsgrad gegenüber der Projektkennlinie. Der Grund hierfür dürfte einerseits das der Projektierung zugrunde liegende Näherungsverfahren sein. Zu einem Teil aber auch als Eigenart der Pumpenbauart zu werten und wohl auf das asymmetrische Sauggehäuse zurückzuführen sein, das möglicherweise einen Teil der Energie des bei Teillast hinter dem Laufrad auftretenden Austrittsdralles rückgewinnt.

Die gleiche Maschine hätte ausgewählt werden können für einen verlangten Betriebspunkt z. B. bei

$$V_T = 1200\,\mathrm{m^3/h}$$
$$H_T = 80\,\mathrm{m}.$$

Dieser Punkt liegt auch auf der gerechneten Projektkurve und nahe der gemessenen. Mit der gleichen Vorgehensweise wie oben hätte man einen Laufraddurchmesser von $D_2' \approx 445\,\mathrm{mm}$ gefunden, womit der Bestpunkt im Turbinenbetrieb ziemlich genau mit dem Betriebspunkt zusammenfiele. Der Wirkungsgrad könnte noch $\eta_T = 87\,\%$ betragen. Es sei noch einmal angemerkt, dass der Verlauf der Fallhöhenkurve nur sehr wenig durch das Abdrehen des Laufrades verändert wird und sich lediglich die Bestfallhöhe und der Punkt beginnender Leistungsabgabe zu kleineren Fallhöhen verschieben.

4.10 Rückenschaufeln und hydrodynamische Dichtung

Für eine einstufige Spiralgehäusepumpe mit einseitiger Lagerung zur Förderung von feststoffhaltigem Grubenwasser sind die Brust- und Rückenschaufeln sowie die hydrodynamische Dichtung (Repeller) nachzurechnen.

Tab. 4.33 Leistungsdaten der Pumpe

Nr.	Symbol	Wert	Dim	Formel	Benennung	Quelle
01	V_{opt}'	500	m^3/h		Bestpunktvolumenstrom	
02	V_{opt}	0,13889	m^3/s	V_{opt}'/3600	Bestpunktvolumenstrom	
03	H_{opt}	43,50	m		Förderhöhe bei V_{opt}	
04	H_E	2,50	m		Eintrittsdruckhöhe	
05	n	990	U/min		Drehzahl	
06	ω	103,673	$1/s$	$\pi\, n/30$	Winkelgeschwindigkeit	
07	n_q	21,8	U/min	Gl. (3.50)	spezifische Drehzahl	$nV_{opt}^{0,5}H^{-0,75}$
08	P_{ges}	81,30	kW	(ρ=1000)	Kupplungsleistung	gemessen
09	P_{ges}	85365	W	(ρ=1050)	Kupplungsleistung	umgerechnet
10	η	0,7288	–		Wirkungsgrad bei V_{opt}	aus Messung
11	η_h	0,9219	–	Gl. (3.55)	Hydr. Wirkungsgrad	mit $A = 0{,}98$
12	ν	10^{-6}	m^2/s		Viskosität Fördermedium	
13	ρ	1050	kg/m^3		Dichte Fördermedium	

Die Güteziffer zur Berechnung des hydrodynamischen Wirkungsgrades wurde mit $A = 0{,}98$ relativ niedrig angenommen, da das Laufrad bezüglich Wirkungsgrad nicht optimiert ist.

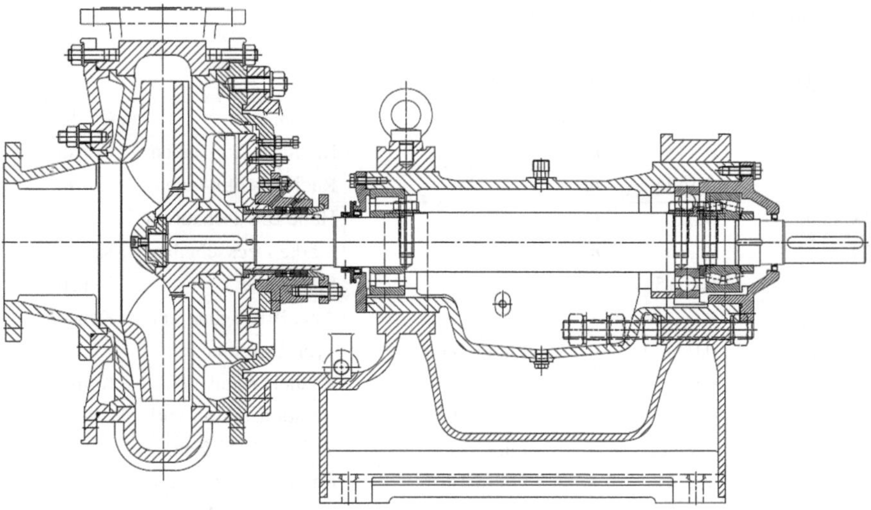

Abb. 4.22 Schnittbild der Pumpe mit Brust- und Rückenschaufeln und Repeller (DÜCHTING)

Tab. 4.34 Allgemeine Konstruktions- und hydrodynamische Daten

Nr.	Symbol	Wert	Dim	Formel	Benennung	Quelle
14	V_U	0,14791	m^3/s	$V_{opt} + V_{spI} + V_{spII}$	Lufradvolumenstrom	02; 52; 89
15	r_2	0,275	m		Radius La.-Austritt	Konstr.
16	b_2	0,040	m		Austrittsbreite	Konstr.
17	r_s	0,135	m		Radius La.-Eintritt	Konstr.
18	r_N	0	m		Nabe La.-Eintritt	Konstr.
19	H_{th}	47,188	m	Gl. (3.11)	theor. Förderhöhe	03; 11
20	c_{3u}	16,231	m/s	Gl. (2.23)	Umfangskomponente	06
21	c_{3m}	2,140	m/s	Gl. (3.79)	Meridiangeschw.	06
22	c_3	16,372	m/s	$(c_{3m}^2 + c_{3u}^2)^{0,5}$	Absolutgeschw.	
23	c_s	2,583	m/s	$V_U/\pi\,(r_s^2 - r_N^2)$	Absolutgeschw.	
24	Z_U	2,397	m	$0{,}65(H_{th} - H)$	Laufradverlust	03; Kap. 3.2
25	H_p	31,465	m	Gl. (2.31)	Spaltdruckhöhe	

Deckscheibe mit Brustschaufeln Aus Verschleißgründen wurden keine zylindrischen Dichtspalte ausgeführt. Der deckscheibenseitige Dichtspalt ist als nachstellbarer Schrägspalt gestaltet. Die Deckscheibe wird mit radial angeordneten Brustschaufeln ausgerüstet, um die Feststoffe vom Dichtspalt fernzuhalten und den Spaltverluststrom zu reduzieren.

Tab. 4.35 Reibleistung Deckscheibe mit Brustschaufeln

Nr.	Symbol	Wert	Dim	Formel	Benennung	Quelle
26	r_R	0,245	*m*		Radius Schfln außen	Konstr.
27	r_i	0,1625	*m*		Radius Schfln innen	Konstr.
28	h_R	0,020	*m*		Höhe Brustschaufeln	Konstr.
29	s	0,016	*m*		Stärke Deckscheibe	Konstr.
30	b_R	0,0015	*m*		Spaltweite	Konstr.
31	z_R	8	–		Anz, Brustschaufeln	Konstr.
32	d_h	0,00489	*m*	Gl. (3.180a)	hydr. Durchmesser	15
33	ε_G	0,000008	*m*		Rauheit Wand, N8	Konstr.
34	k_0*	0,90	–	Kap. 3.13	Rotationsfaktor, vorl.	
35	Re_{dh}	99834	–	Gl. (3.172)	REYNOLDS-Zahl	12
36	λ_U	45,261	–	Gl. (3.180)	Reibbeiwert Schaufel	
37	λ_G	0,0159	–	Gl. (3.174)	Reibbeiwert Wand	
38	k_0	0,9858	–	Gl. (3.167a*)	Rotationsfaktor	15
39	H_p-H_i	27,979	*m*	Gl. (2.56)	Differenz im RSR	06; 45
40	ΔH	3,486	*m*	Gl. (3.153)	Differenz am Spalt	25
41	$\boldsymbol{P_R}$	**4376,8**	*W*	**Gl. (3.166a*)**	**ohne V_{sp}-Einfluss**	**13; 06**
42	$\boldsymbol{P_{R,Vsp}}$	**1625,0**	*W*	**Gl. (3.177*)**	**Spaltstromeinfluss**	**13; 06; 52; 15; 20**

In Gl. (3.180a) ist r_0 durch r_i und r_G durch r_2 zu ersetzen. Gl. (3.167a) erhält die Form

$$k_0 = \frac{1}{1+\sqrt{\frac{\lambda_G\left(r_R^5-r_i^5\right)}{\lambda_U\left(r_R^5-r_i^5+5\left(r_2^4 s+r_i^4(b_R+h_R)\right)\right)}}} \tag{3.167a*}$$

und Gl. (3.166a) vereinfacht sich durch den außen radial offenen Radseitenraum zu der Form

$$P_R = 0,1\pi\rho\omega^3\lambda_G k_0^2\left(r_R^5 - r_i^5\right). \tag{3.166a*}$$

Gl. (3.177) erhält die Form

$$P_{R,V_{Sp}} = 0,5\rho\omega V_{Sp}\left(r_2 c_{3u} - r_s^2\omega/2\right), \tag{3.177*}$$

Der Spaltverluststrom mündet mit der halben Umfangsgeschwindigkeit $r_s\ \omega/2$ in den Laufradeintrittsraum ein.

Nachfolgend wird der Spaltverluststrom berechnet, um seinen Einfluss auf die Scheibenreibung (s. Zeile 42) zu ermitteln. Der Spaltstromeinfluss wirkt sich aus vom Laufradaußendurchmesser r_2 bis zum inneren Durchmesser r_s des Dichtspaltes und ist unabhängig von der Struktur der Deckscheibe (Brustschaufeln) und des Dichtspaltes. Entscheidend sind ausschließlich die Energieinhalte beim Eintritt in den Radseitenraum und beim Austritt aus dem Dichtspalt. Die hohe Wirksamkeit der Brustschaufeln ist auf den relativ engen Spalt von $b = 1{,}5$ mm zurückzuführen. Durch den Spaltverlust reduziert sich die Scheibenreibung also um $P_{R,Vsp} =$ 1625,0 W und die Druckhöhendifferenz am Spalt auf $\Delta H = 3{,}49$ m.

Tab. 4.36 Spaltverlust Deckscheibe

Nr.	Symbol	Wert	Dim	Formel	Benennung	Quelle
43	ζ_{3u}	0,5693	–	Gl. (2.59)	bez. Umfangskomp.	20; 15; 06
44	ζ_{Sp}	0,001253	–	Gl. (2.58)	bezog. Spaltstrom	50; 15; 06
45	A	0,2476	–	Gl. (3.180b)	Spaltstromeinfluss	37; 30; 28; 26
46	H_p-H_i	27,979	m	Gl. (2.56)	Druckabbau im RSR	37; 06; 26; 27
47	ΔH	3,486	m	Gl. (3.153)	Differenz am Spalt	40
48	A_{Sp}	0,001402	m^2	$\pi(r_i + r_s)b_R$	Spaltquerschnitt	27;17;30
49	s_{Sp}	0,0275	m	$r_i - r_s$	Dichtspaltlänge	27; 17
50	μ_{Sp}	0,7319	–	Gl. (3.158)	λ = 0,4; z = 1	52; 30
51	V_{SpI}*	0,008484	m^3/s	Gl. (3.150)	Spaltstrom DS	
52	V_{SpI}	**0,008484**	m^3/s	**Iteration**	**Spaltstrom DS**	

Tab. 4.37 Reibleistung Schrägspalt

Nr.	Symbol	Wert	Dim	Formel	Benennung	Quelle
53	r_m	0,1488	*m*	$(r_i+r_s)/2$	mittl. Radius Spalt	27; 17
54	d_h	0,00300	*m*	Gl. (3.173a)	hydr. Durchmesser	30
55	ε_{Sp}	0,000008	*m*	N8	Rauheit Dichtspalt	Konstr.
56	u_{Sp}	15,421	*m/s*	$\omega\ r_m$	Mittelwert.	06
57	$c_{Sp,m}$	6,052	*m/s*	V_{Sp}/A_{Sp}	Mittelwert.	52; 48
58	w_{Sp}	9,802	*m/s*	Gl. (3.214)	Geschw. im Spalt	
59	Re_{dh}	29406	–	Gl. (3.213)	REYNOLDS-Zahl	12
60	λ_R	0,01910	–	Gl. (3.174)	Reibbeiwert Spalt	
61	$\boldsymbol{P_{R,Sp}}$	**120,2**	*W*	**Gl. (3.166a**)**	**Reibung Dichtspalt**	

Da die Geometrien von Rotor- und Statorwand gleich sind, kann $\lambda_U = \lambda_G = \lambda_R$ angenommen werden. Mit $k_0 = 0{,}5$ berechnet sich die Reibleistung dadurch vereinfacht, so dass Gl. (3.166a) die Form erhält.

$$P_{R,Sp} = 0,025\,\pi\ \rho\,\omega^3\,\lambda_R\left(r_i^5 - r_s^5\right) \qquad (3.166a^{**})$$

Die Reibleistung der Deckscheibe einschließlich der Reibung im Schrägspalt beträgt somit

$$\boldsymbol{P_{R,DS} = P_R - P_{R,Vsp} + P_{R,Sp} = 4376{,}8 - 1625{,}8 + 120{,}2 = \underline{2872,0\,\mathrm{W}}}$$

Reibleistung Tragscheibe mit Rückenschaufeln Die Tragscheibe wurde aus Verschleißgründen ebenfalls nicht mit einem zylindrischen Dichtspalt, sondern mit Rückenschaufeln ausgerüstet, um den Druck an der Wellendichtung niedrig und die Feststoffe von ihr fern zu halten und gleichzeitig die zur Saugseite gerichtete Axialkraft zu reduzieren. Im Nabenbereich der Tragscheibe sind 5 Spülbohrungen à ⌀14 mm Durchmesser vorgesehen, um einen gewissen Spüleffekt zu erzielen und gleichzeitig den Druck hier auf etwa den Druck im Laufradeintritt abzusenken. Der Einfluss dieses Leckagestromes muss ebenfalls berücksichtigt werden.

Tab. 4.38 Reibleistung Tragscheibe mit Rückenschaufeln

Nr.	Symbol	Wert	Dim	Formel	Benennung	Quelle
62	r_R	0,275	*m*		äußerer Radius Schfln	Konstr.
63	r_i	0,095	*m*		innerer Radius Schfln	Konstr.
64	r_0	0,070	*m*		innerer Radius RSR	Konstr.
65	s	0,015	*m*		Stärke Tragscheibe	Konstr.
66	h_R	0,010	*m*		Schaufelnhöhe	Konstr.
67	b_R	0,005	*m*		Spaltweite	Konstr.
68	z_R	6			Anz. R'-Schaufeln	Konstr.
69	d_h	0,01071	*m*	Gl. (3.180a)	hydraul. Durchmesser	
70	ε_G	0,000008	*m*		Rauheit Wand, N8	Konstr.

(Fortsetzung)

Tab. 4.38 (Fortsetzung)

Nr.	Symbol	Wert	Dim	Formel	Benennung	Quelle
71	k_0*	0,85	–	Kap. 3.13	Rotationsfaktor, vorl.	
72	Re_{dh}	162842	–	Gl. (3.172)	REYNOLDS-Zahl	12
73	λ_U	0,5046	–	Gl. (3.180)	Reibbeiwert Schaufel	
74	λ_G	0,0135	–	Gl. (3.174)	Reibbeiwert Wand	
75	k_0	0,8735	–	Gl. (3.167a*)	Rotationsfaktor	15
76	H_p-H_i	31,407	*m*	Gl. (2.56)	Differenz im RSR	06; 83
77	ΔH	0,0576	*m*	Gl. (3.153)	Diff. an E-Bohrung	25
78	$H_E+\Delta H$	2,558	*m*		Abs.-Druckhöhe RSR	04
79	$\boldsymbol{P_R}$	**5940,4**	***W***	**Gl. (3.166a*)**	**ohne V_{Sp}-Einfluss**	**13; 06**
80	$\boldsymbol{P_{R,Vsp}}$	**102,1**	***W***	**Gl. (3.177**)**	**Spaltstromeinfluss**	**13; 06; 89; 15; 20**

In den Gln. (3.167a*) und (3.166a*) ist dabei r_i durch r_0 zu ersetzen. Gl. (3.177) erhält die Form

$$P_{R,V_{Sp}} = 0,5\rho\,\omega\,V_{Sp}\left(r_2 c_{3u} - r_i^2\omega\right), \tag{3.177**}$$

Tab. 4.39 Spaltverlust Tragscheibe

Nr.	Symbol	Wert	Dim	Formel	Benennung	Quelle
81	ζ_{3u}	0,5693	–	Gl. (2.59)	bez.Umfangskomp.	20; 15; 06
82	ζ_{Sp}	0,0000785	–	Gl. (2.58)	bezog.Spaltstrom	89; 15; 06
83	A	0,01525	–	Gl. (3.180b)	Spaltstromeinfluss	75; 67; 66; 62
84	H_p-H_x	31,407	*m*	Gl. (2.56)	Druckabbau im RSR	75; 06; 62; 64
85	ΔH	0,0576	*m*	Gl. (3.153)	Differenz am Spalt	25
86	A_{Sp}	0,0007697	m^2	$z_E\,\pi\,d^2/4$	Bohrungsquerschnitt	5 x $^{\varnothing}$14
87	α	0,65	–		Einschnürungsfaktor	Abb. 5.37, b
88	V_{SpIII}*	0,0005319	m^3/s	Gl. (3.193)	Spaltstrom TS	
89	$\boldsymbol{V_{SpIII}}$	**0,0005319**	$\boldsymbol{m^3/s}$	**Iteration**	**Spaltstrom TS**	

Die Reibleistung der Tragscheibe berechnet sich analog zur Reibleistung der Deckscheibe. Sie beträgt

$$P_{TS} = P_R - P_{R,Vsp} = \mathbf{5940{,}4 - 102{,}1 = \underline{5838{,}3\,W}}$$

Für die Berechnung des Spaltstromeinflusses Gl. (3.177) muss – abweichend von der Berechnung für den deckscheibenseitigen Dichtspalt, wo der Verluststrom mit ca. der halben Umfangsgeschwindigkeit austritt – die volle Umfangsgeschwindigkeit an den Spülbohrungen eingesetzt werden, da der Spaltstrom nur auf die Umfangsgeschwindigkeit der Spülbohrungen ($c_u \approx \omega\, r_i$) verzögert wird. Vergl. hierzu Zeile 41 und Gl. (3.177*).

Wie die Berechnung zeigt, beträgt der Leckagestrom der Spülbohrungen nur etwa 6 % des tragscheibenseitigen Verluststromes bzw. ca. 0,4 % vom Gesamtförderstrom. Dieser geringe Betrag bewirkt jedoch bereits, dass die Druckhöhendifferenz an den Spülbohrungen auf $\Delta H = 0{,}058$ m abfällt, wodurch sich dieser geringe Verluststrom einstellt. Die Scheibenreibung reduziert sich um 102,1 W.

Hydrodynamische Dichtung (Repeller) Die Wellendichtung wurde als sog. "Repeller" ausgeführt, der praktisch verschleißfrei und im Betrieb leckagefrei arbeitet. Die nicht vermeidbare Leckage im Stillstand der Pumpe kann mit einer nur leicht angezogenen fettgeschmierten Packungsstopfbüchse gering gehalten werden, zumal die abzudichtende Druckhöhe im Stillstand mit $H_E = 2{,}5$ m relativ niedrig ist.

Wir unterscheiden zwischen der Vorkammer des Repellers und dem eigentlichen Repellerraum. Die Vorkammer wird gebildet aus einem glattwandigen Gehäuse und der glattwandigen Rückwand des Repellers. Die im Vorraum erzeugte Druckhöhendifferenz und die Verlustleistung werden berechnet wie bei normalen gekapselten Radseitenräumen ohne Spaltstromeinfluss.

Bei der Berechnung des Rotationsfaktors k_0 für den Repellerraum ist zu beachten, dass die innere Begrenzung des Repellerraumes nicht fest ist, sondern durch den vom Druck abhängigen Flüssigkeitsring gebildet wird und demzufolge hier keine Reibung auftritt. Zwischen dem Rotationsfaktor und dem Radius des Flüssigkeitsringes besteht eine Zirkelbeziehung, weshalb hier auch wieder iterativ vorgegangen werden muss. Die Reibleistung der zylindrischen Außenfläche der Repellerscheibe soll je zur Hälfte bei der Berechnung des Vorraumes und des Repellerraumes berücksichtigt werden.

Tab. 4.40 Reibleistung Repeller-Vorkammer

Nr.	Symbol	Wert	Dim	Formel	Benennung	Quelle
90	r_G	0,185	m		Radius Gehäuse	Konstr.
91	r_2	0,180	m		Radius R'scheibe	Konstr.
92	r_0	0,070	m		Rad. Vorraum innen	Konstr.
93	b	0,014	m		Breite Vorraum	Konstr.
94	s	0,018	m		Stärke R'.-Scheibe	Konstr.
95	d_h	0,02496	m	Gl. (3.173)	hydr.l. Durchmesser	
96	ε_U	0,000008	m	N8	Rauheit R'scheibe	Konstr.

(Fortsetzung)

Tab. 4.40 (Fortsetzung)

Nr.	Symbol	Wert	Dim	Formel	Benennung	Quelle
97	ε_G	0,000008	m	N8	Rauheit Wand	Konstr.
98	k_0*	0,50	–	Kap. 3.13	Rotationsfaktor, vorl.	
99	Re_{dh}	164972	–	Gl. (3.172)	REYNOLDS-Zahl	06; 12
100	λ_U	0,0120	–	Gl. (3.174)	Reib'wert R'scheibe	
101	λ_G	0,0120	–	Gl. (3.174)	Reibbeiwert Wand	
102	k_0	0,4511	–	Gl. (3.167*)	Rotationsfaktor	
103	H_a-H_i	3,067	m	Gl. (2.55)	Differenz Vorraum	06
104	H_i	2,558	m		Druckhöhe abs.bei r_0	78
105	H_a	5,624	m	$(H_a$-$H_i) + H_i$	Druckhöhe abs.bei r_2	
106	$\boldsymbol{P_{R,VK}}$	**313,9**	W	Gl.(3.166a***)	**Reibleistung**	06; 13

Für die Vorkammer ergibt sich der Rotationfaktor zu

$$k_0 = \frac{1}{1 + \sqrt{\frac{\lambda_G\left[r_G^5 - r_0^5 + 5r_G^4(b+s/2)\right]}{\lambda_U\left[r_2^5 - r_0^5 + 5\left(r_2^4 s/2 + r_0^4 b\right)\right]}}}, \tag{3.167*}$$

und die Reibleistung in der Form

$$P_R = 0,1\pi\rho\omega^3\lambda_G k_0^2\left(r_G^5 - r_0^5 + r_G^4(b + s/2)\right) \tag{3.166a***}$$

Tab. 4.41 Reibleistung Repellerraum

Nr.	Symbol	Wert	Dim	Formel	Benennung	Quelle
107	r_G	0,185	m		Radius Gehäuse	Konstr.
108	r_2	0,180	m		äuß. Rad. R'scheibe	Konstr.
109	r_R	0,180	m		Rückenschaufeln	Konstr.
110	s	0,018	m		Stärke R'scheibe	Konstr.
111	h_R	0,018	m		Höhe R'schaufel	Konstr.
112	b_R	0,006	–		Spaltweite	Konstr.
113	z_R	8	–		Anz. Repellerschfln	Konstr.
114	d_h	0,01202	m	Gl. (3.180a)	hydr. Durchmesser	
115	ε_G	0,000008	m	N8	Rauheit Wand,	Konstr.
116	k_0*	0,90	–	Kap. 3.13	Faktor, vorl.	
117	Re_{dh}	181373	–	Gl. (3.172)	REYNOLDS-Zahl	06; 12
118	λ_U	1,4662	–	Gl. (3.180)	Reibwert R'scheibe	
119	λ_G	0,01315	–	Gl. (3.174)	Reibbeiwert Wand	
120	k_0	0,8835	–	Gl. (3.167**)	Rotationsfaktor	
121	H_a-H_i	5,624	m	Gl. (2.55)	Differenz Repeller	06
122	H_a	5,624	m	$H_i = H_A = 0$	Druckh. abs. bei r_2	104
123	r_i	0,13874	m	Gl. (3.210a)	Rad. Flüssigkeitsring	
124	$\boldsymbol{r_i}$	**0,13874**	$\boldsymbol{m}$	**Iteration**	**Rad. Flüssigkeitsring**	
125	$\boldsymbol{P_{R,RK}}$	**1352,3**	W	Gl. (3.166a****)	**Repellerraum**	

Für den Repellerraum ergibt sich der Rotationsfaktor zu

$$k_0 = \frac{1}{1 + \sqrt{\frac{\lambda_G \left[r_G^5 - r_i^5 + 5 r_G^4 (b + h_R + s/2)\right]}{\lambda_U \left[r_R^5 - r_i^5 + 5 r_R^4 s/2\right]}}} \quad (3.167^{**})$$

und die Reibleistung in der Form

$$P_R = 0,1 \pi \rho \omega^3 \lambda_G k_0^2 \left(r_G^5 - r_i^5 + 5\, r_G^4 (b + h_R + s/2)\right) \quad (3.166a^{****})$$

Die erzeugte Druckdifferenz der Repellerschaufeln soll bei nicht vollständig gefülltem Repellerraum den Gegendruck H_a erzeugen. Der Raum innerhalb des Flüssigkeitsringes steht mit der Atmosphärendruckhöhe H_A in Verbindung. Wie die Rechnung ergibt, reicht der Flüssigkeitsring mit $r_i = 0{,}139$ m nur etwa zur Hälfte der Schaufellänge, so dass auch bei sich ändernden Betriebsbedingungen und gegenüber möglichen Berechnungsunsicherheiten genügend Sicherheit besteht.

Tab. 4.42 Gesamtscheibenreibung

Nr.	Symbol	Wert	Dim	Formel	Benennung	Quelle
126	$P_{R,DS}$	2872,0	W	$P_R - P_{R,Vsp} + P_{R,Sp}$	Deckscheibe	41; 42; 61
127	$P_{R,TS}$	5838,3	W	$P_R - P_{R,Vsp}$	Tragscheibe	78; 79
128	$P_{R,VK}$	313,9	W		R'vorkammer	106
129	$P_{R,RK}$	1352,3	W		Repellerraum	125
130	$\boldsymbol{P_{Rges}}$	**10376,5**	W	$P_{R,DS} + P_{R,TS} + P_{R,VK} + P_{R,RK}$	**Gesamtreibung**	

Zusammenfassung Die gesamten Reibungsverluste der Pumpe betragen bei berücksichtigter Dichte $\rho = 1050$ kg/m³.

$$\boldsymbol{P_R} = \underline{\mathbf{10\,895{,}3}}\ \mathbf{W} = 12{,}8\ \%\ \text{der Wellenleistung}\ P_{ges.} = 85\,365\ \text{W}\ \ (\text{Zeile}\ 09).$$

Die volumetrischen Verluste betragen

$$\boldsymbol{V_{Sp}} = \underline{\mathbf{0{,}009016}}\ \mathbf{m^3/s} = 6{,}5\%\ \text{von}\ V_{opt} = 0{,}13889\ \text{m}^3/\text{s}\ \ (\text{Zeile}\ 50;\ 87).$$

Der Flüssigkeitsring im Repeller stellt sich ein bei einem inneren Radius von $r_i = 139$ mm.

Damit zeigt sich eine gute Übereinstimmung der gerechneten mit den gemessenen Werten, die als Bestätigung der Berechnungsmethoden gelten kann.

Tab. 4.43 Überprüfung und Vergleich mit dem Ergebnis der Prüffeldmessung

Nr.	Symbol	Wert	Dim	Formel	Benennung	Quelle
131	P	85 365	W		ρ = 1050 kg/m³	aus Messung
132	P_h	71 865,1	W	Gl. (3.7)	hydraul. Leistung	13; 14; 19
133	P_i	82 241,6	W	Gl. (3.6)	innere Leistung	126
134	η_h	0,9219	–	Gl. (3.11)	hydr.. Wirkungsgrad	11
135	ζ_R	0,8736	–	Gl. (3.12)	Reibbeiwert	126
136	η_V	0,9390	–	Gl. (3.10)	volumetr. W'grad	02; 14
137	P_m	880,6	W	Gl. (3.57)	äußere Verluste	
138	η_m	0,9894	–		mech. Wirkungsgrad	geschätzt
139	η_{ges}	**0,7484**	–	Gl. (3.17)	gerechnet	
140	η_{ges}	**0,7288**	–		gemessen	Messung

Kapitel 5
Betrieb von Kreiselpumpen

5.1 Regelung

Wie in Kap. 3.1 erwähnt, besteht bei Kreiselpumpen eine ausgeprägte Abhängigkeit des Förderstromes von der Förderhöhe, ausgedrückt durch die Drosselkurve $H(V)$. Zu jeder durch die Anlage gegebenen Druckdifferenz stellt sich ein bestimmter Volumenstrom ein. In der grafischen Darstellung ergibt sich der Betriebspunkt aus dem Schnittpunkt der Anlagenkennlinie mit der Drosselkurve. Will man den Betriebspunkt ändern, müssen folglich entweder die Anlagenkennlinie oder die Pumpenkennlinie oder beide verändert werden. Die Aufgabe kann darin bestehen, dass bei einer bestimmten Förderhöhe der Förderstrom oder bei einem bestimmten Förderstrom die Förderhöhe variiert werden soll. Oft besteht auch seitens des Betreibers eine spezielle Abhängigkeit dieser beiden Fördergrößen voneinander, wenn z. B. Widerstände zu überwinden sind, die vom Förderstrom abhängig sind.

5.1.1 Änderung der Anlagenkennlinie

Die Anlagenkennlinie besteht im Allgemeinen aus einem statischen Druckhöhen-Anteil, der durch geodätischen Höhenunterschied oder durch unterschiedliche Systemdrücke vor und hinter der Pumpe gegeben ist und aus einem dynamischen Anteil aus kinetischer Energie und Reibungsverlusten. Die jeweiligen Anteile können sehr unterschiedlich sein. Vom Prozess her kann sich sowohl der statische als auch der dynamische Anteil der Anlagenkennlinie ändern. Beispielsweise haben Wasserhaltungssysteme in Bergwerken oder Kesselspeisesysteme einen sehr hohen statischen Druckhöhen-Anteil, Flüssigkeitstransportsysteme (Wasserversorgungen, Pipelines) über große Entfernungen ohne nennenswerten geodätischen Höhenunterschied haben einen hohen dynamischen Anteil zu überwinden.

W. Wesche, *Radiale Kreiselpumpen*,
DOI 10.1007/978-3-662-48912-3_5

Drosselregelung Am häufigsten wird die Drosselregelung praktiziert. Bei ihr wird durch Öffnen oder Schließen eines Drosselorgans der dynamische Anteil der Anlagenkennlinie und somit der Gegendruck verändert, worauf die Pumpe mit einer Änderung des Förderstroms reagiert. Die Drosselregelung ist eine Verlustregelung. Die Differenz an Energiehöhe zwischen der im gewünschten Betriebspunkt von der Pumpe erzeugten Förderhöhe und der von der Anlage ohne Drosselung benötigten Förderhöhe wird durch Dissipation vernichtet und ist somit in den meisten Fällen ein reiner Verlust. Die relative Höhe der Drosselverluste hängt ab sowohl von der Pumpenkennlinie als auch von der Anlagenkennlinie. Bei „flacher" Pumpenkennlinie (Pumpen im unteren bis mittleren Bereich der spezifischen Drehzahl) bewirkt eine relativ geringe Drosselung bereits eine merkliche Veränderung des Förderstromes. Die Drosselverluste sind dabei vergleichsweise gering, zumal bei Pumpen mit flacher Kennlinie der Leistungsbedarf gleichsinnig mit dem Volumenstrom abnimmt (s. hierzu Abb. 5.1). Bei steiler Pumpenkennlinie (oberer n_q-Bereich) sind bei gleicher Volumenstromänderung die Drosselverluste größer; infolge der größeren Förderhöhendifferenz wird bei Abweichung vom Betriebspunkt mehr Energie vernichtet, was auch aus dem Leistungsbedarf hervorgeht, der sich bei steilen Pumpenkennlinien über dem Volumenstrom nur wenig ändert oder sogar mit abnehmender Förderung (Halbaxial- und Axialpumpen)

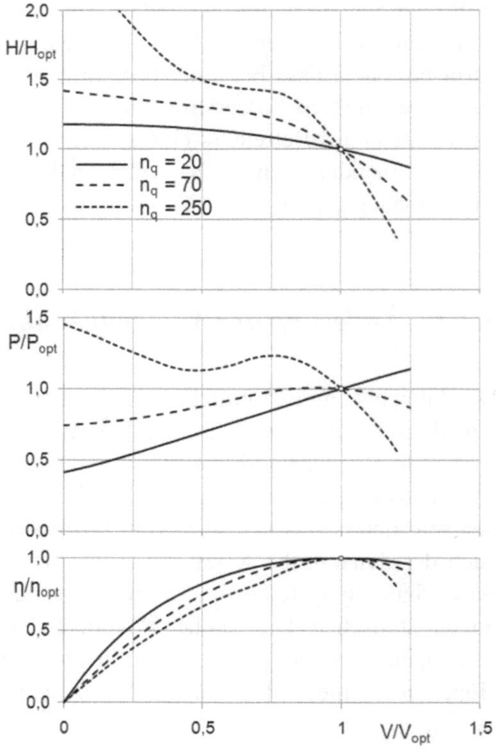

Abb. 5.1 Einfluss der spezifischen Drehzahl auf die Charakteristik der Kenngrößen

zunimmt. Man erkauft hier also einen verringerten Förderstrom mit einem erhöhten Aufwand an Antriebsleistung, d. h. mit erhöhten Verlusten. In allen Fällen verschiedener Steilheit der Pumpenkennlinie nehmen die Drosselverluste mit dem kinetischen Anteil der Anlagenkennlinien zu. Einen Vergleich der Auswirkungen zweier verschieden steiler Pumpenkennlinien zeigt Abb. 5.2. Soll der Förderstrom z. B. um einen bestimmten Betrag ΔV reduziert werden, muss bei Pumpe b ein größerer Förderhöhenanteil ΔH_b durch Drosselung vernichtet werden.

Bypass-Regelung Für Pumpen mit ansteigendem Leistungsbedarf bei abnehmender Förderung, die zudem wegen instabiler Kennlinie sowie Lärm und Schwingungen oft nicht bei Teillast betrieben werden können, empfiehlt sich die Bypass-Regelung. Hinter der Pumpe wird ein Teilstrom abgezweigt und in das zulaufseitige System zurückgeführt. Dieser Teilstrom wird so geregelt, dass die Pumpe stets im optimalen Bereich fahren kann.

Niveau-Regelung Bei anlagebedingten Schwankungen der statischen Druckhöhendifferenz ist in vielen Fällen eine Niveau-Regelung gegeben. Steigt z. B. der Flüssigkeitsspiegel in einem zulaufseitigen Becken infolge eines erhöhten Angebotes, so sinkt die zur Förderung erforderliche Druckhöhendifferenz und der Förderstrom der Pumpe vergrößert sich aufgrund der Pumpencharakteristik, so dass sich ein Gleichgewicht einstellt. Sinngemäß gilt das auch für schwankende Abnahmeströme, wenn die Pumpe in ein druckseitiges Becken fördert, dessen Niveau vom Abnahmestrom abhängig ist. Die Niveauregelung funktioniert selbsttätig und sehr verlustarm. Die Verluste resultieren lediglich aus dem förderstromabhängigen Pumpenwirkungsgrad. Voraussetzung für die Niveauregelung ist, dass die Schwankungen der Energiehöhe in der Anlage im geeigneten Förderbereich der Pumpe liegen und dass anlagenseitig eine Abhängigkeit des Volumenstromes von der

Abb. 5.2 Einfluss der Steilheit der Pumpenkennlinien auf die Drosselverluste

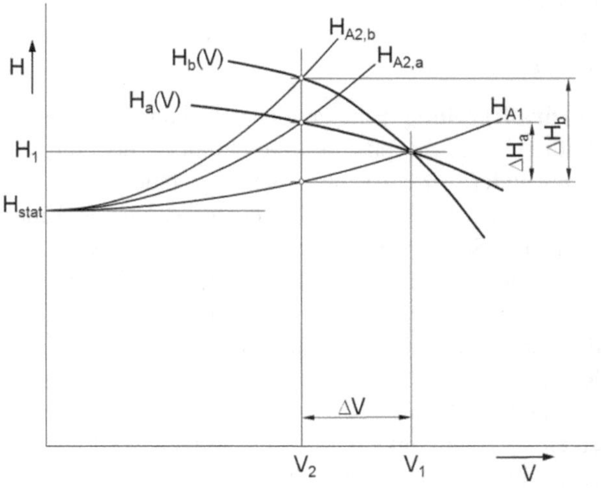

Energiehöhendifferenz akzeptiert wird. Wird dagegen z. B. ein konstanter Volumenstrom unabhängig von der Energiehöhendifferenz gefordert, muss eine spezielle Regelung vorgesehen werden.

5.1.2 Änderung der Pumpenkennlinie

Dehzahlregelung Drosselverluste werden vermieden, wenn die Pumpenkennlinie an den durch die Anlagenkennlinie gegebenen Betriebspunkt angepasst wird. Das wird häufig durch Variation der Antriebsdrehzahl (frequenzgesteuerte Elektromotoren, Dampfturbinen, Verbrennungsmotoren) erreicht. Die Pumpenkennlinie ändert sich dabei nach dem Affinitätsgesetz (s. Abb. 5.3a). Bei hohem kinetischen Energieanteil der Anlagenkennlinie kann die Pumpe dabei in einem weiten Bereich bei gutem Wirkungsgrad betrieben werden, da der Betriebspunkt sich nahezu auf einer Affinitätsparabel bewegt. Aus energetischer Sicht ist diese Art der Regelung ideal. Bei einem hohen und konstanten Anteil an statischer Energiehöhe dagegen verschiebt sich der Betriebspunkt bereits bei geringer Drehzahländerung relativ stark und die Pumpe gerät schnell in Teillast- bzw. Überlastbetrieb mit entsprechenden Einschränkungen wie Wirkungsgradeinbußen oder Kavitationsgefahr.

Laufschaufelverstellung Verstellbare Laufschaufeln sind bei Kreiselpumpen wirksamer als verstellbare Leitschaufeln (s. u.), da hierdurch die Förderhöhenkennlinie stärker verändert werden kann. Die Laufschaufelverstellung wird bei Axial- und Halbaxialpumpen angewendet. Bei Axialpumpen erreicht man damit eine Änderung des Volumenstromes bei etwa gleicher Förderhöhe (Abb. 5.3b). Bei Halbaxialpumpen bewirken verstellbare Laufschaufeln neben einer Verschiebung des Volumenstromes besten Wirkungsgrades eine gleichsinnige Änderung der Förderhöhe im Bestpunkt, weil sich mit der Schaufelverstellung neben den Schaufelwinkeln auch der Laufradaußendurchmesser ändert. Bei Radialrädern werden verstellbare Laufschaufeln wegen des enormen konstruktiven Aufwands praktisch nicht angewendet.

Vordrallregelung Eine ähnliche Wirkung wie die Drehzahlregelung hat die Vordrallregelung, die ebenfalls bei Pumpen höherer spezifischer Drehzahl sinnvoll angewendet werden kann. Auch hier ändern sich Volumenstrom und Förderhöhe gleichsinnig (Abb. 5.3c). Mit einer geeigneten Einrichtung – meist einem verstellbaren Schaufelgitter – wird ein Vordrall K_0 erzeugt, der nach Gl. (2.17) bzw. Gl. (2.19) die Förderhöhe verändert. Durch Gleichdrall wird die Förderhöhe verringert, durch Gegendrall vergrößert. Gegenüber der Laufschaufelverstellung hat das verstellbare Vorleitschaufelgitter den Vorteil, dass die Verstellung nicht in den Rotor übertragen werden muss. Bei offenen Pumpensümpfen (zum Beispiel in der Abwasserförderung) ist es manchmal möglich, durch entsprechende Gestaltung einen vom Flüssigkeitsstand abhängigen Vordrall zu erzeugen, der durch Selbstregelung eine Anpassung der Förderung an den ankommenden Volumenstrom

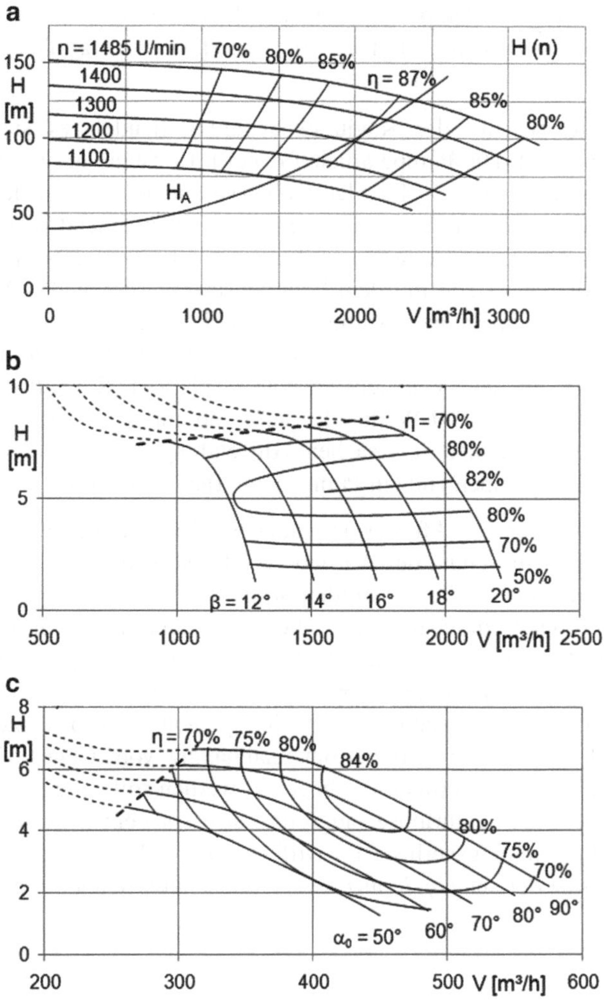

Abb. 5.3 Möglichkeiten der Veränderung der Pumpenkennlinie, **a** Dehzahlregelung einer Radialpumpe, **b** Laufschaufelverstellung einer Axialpumpe, **c** Vordrallregelung einer Axialpumpe

bewirkt. Diese Art der Vordrallregelung funktioniert ähnlich wie die reine Niveauregelung, ist jedoch in ihrer Wirkung stärker, da neben der Änderung des Förderstromes abhängig von der Höhendifferenz der Anlage noch die Pumpenkennlinie durch den Vordrall verändert wird.

Leitschaufelverstellung Verstellbare Leitschaufeln zur Änderung der Pumpenkennlinie finden im Kreiselpumpenbau außer bei Sonderkonstruktionen praktisch keine Anwendung. Da sich die theoretische Förderhöhe durch Leitschaufelregelung nicht ändert, ist außer einer begrenzten Verschiebung des Bestpunktes keine wirksame Änderung der Pumpenkennlinie möglich. Der durch Leitschaufelverstellung erzielbare Nutzen rechtfertigt nur in Sonderfällen den großen konstruktiven Aufwand.

Kavitationsregelung Bei der Kavitationsregelung handelt es sich um einen Selbstregelungseffekt. Die Pumpe arbeitet dabei im Zustand ausgeprägter bis voll ausgebildeter Kavitation, d. h. Ihre Drosselkurve ändert sich mit der eintrittsseitigen Energiehöhe. Der Betriebspunkt stellt sich entsprechend dem verfügbaren *NPSH* im Schnittpunkt der Anlagenkennlinie mit der jeweiligen Kavitationsdrosselkurve ein. Aus dem stetig mit dem Volumenstrom ansteigenden *NPSH*-Verlauf der Pumpe bei Vollkavitation resultiert ein stabiles Förderverhalten. Steigt der *NPSH*-Wert der Anlage, erhöht sich automatisch der Volumenstrom der Pumpe, so dass sich stets ein Gleichgewicht einstellt (Abb. 5.4). Kavitationsregelung ist geeignet für niedrige *NPSH*-Werte, die aufgrund ihrer geringen Energiedichte keine unzulässigen Schäden verursachen. Anwendung findet die Kavitationsregelung bei Kondensatpumpen und bei Pumpen zur Tankentleerung.

VENTURI-Düse Zur Durchflussbegrenzung werden mitunter VENTURI-Düsen eingesetzt, wenn zum Schutz des Antriebs vor Überlastung oder zum Schutz des Axialschubausgleichs verhindert werden soll, dass infolge zu geringen Gegendruckes der Förderstrom unzulässig hohe Werte annimmt. Die Düse wird so dimensioniert, dass sich gemäß der BERNOULLI-Gleichung in ihrem engsten Querschnitt bei einem bestimmten vorgegebenen Volumenstrom der Druck bis auf den Dampfdruck absenkt, wodurch im nachfolgenden Diffusor keine Druckrückgewinnung erfolgt und der Förderstrom unabhängig vom Gegendruck begrenzt wird. Wenn lediglich der Förderstrom begrenzt werden soll, ist es in manchen Fällen auch möglich, die Venturidüse saugseitig, also vor dem Laufrad anzubringen. Die Druckrückgewinnungsverluste im Diffusor sind dabei geringer als im ersten Fall. Allerdings ist der sichere Schutz einer Axialschubausgleichseinrichtung nicht

Abb. 5.4 Kavitationsregelung

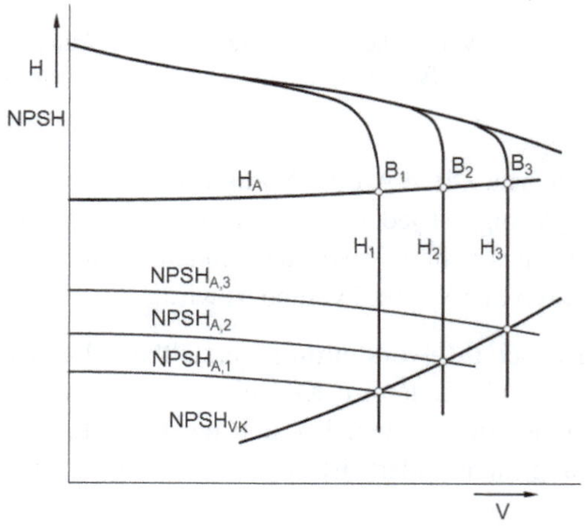

mehr gewährleistet, da bei dieser Konzeption die Pumpe (zumindest teilweise) in Kavitation läuft. Zur Auslegung und Berechnung von Venturidüsen s. Kap. 3.18.

5.1.3 Parallel- und Reihenschaltung

Wird ein variabler Förderstrom bei wenig sich ändernder Druckhöhendifferenz verlangt, ordnet man je nach Regelbereich mehrere kleinere Pumpeneinheiten parallel an und schaltet sie nach Bedarf zu oder ab. Diese anlagenseitigen Voraussetzungen liegen vor, wenn der statische Druckhöhenanteil der Anlagenkennlinie nur geringe Schwankungen aufweist und auch der kinetische Anteil relativ gering ist. Die Pumpen können dann so ausgelegt werden, dass sie stets im optimalen Betriebsbereich arbeiten. Hierzu Abb. 5.5. Zur Ermittlung und Beurteilung des Förderverhaltens werden im allgemeinen Fall die Volumenströme der einzelnen Pumpen bei jeweils gleicher Förderhöhe addiert und über der Anlagenkennlinie aufgetragen (Abb. 5.5a). Der Schnittpunkt der Summenkennlinie mit der Anlagenkennlinie ergibt den Betriebspunkt. Bei Parallelschaltung von Pumpen mit identisch gleichem Förderverhalten kann man die Anlagenkennlinie, wie in Abb. 5.5b gezeigt, in die Einzelkennlinie einzeichnen.

Bei hohem Anteil an kinetischer Energie oder bei großen Schwankungen des statischen Anteils bei geringen Förderstromschwankungen geht man dazu über, einzelne Pumpeneinheiten in Serie (Reihe) anzuordnen und sie zur Regelung zu oder abzuschalten. Parallel-Anordnung hätte in Fällen mit zunehmendem kinetischem Anteil zur Folge, dass sich nur noch geringe Förderstromänderungen erreichen ließen und die einzelnen Pumpen zunehmend außerhalb ihres optimalen Betriebsbereichs gefahren würden. Zur grafischen Darstellung addiert man bei Reihenschaltung sinngemäß die Förderhöhen der einzelnen Pumpen bei jeweils gleichem Volumenstrom. Auch hier ergibt sich der Betriebspunkt wieder als Schnittpunkt der Summenkennlinie mit der Anlagenkennlinie (Abb. 5.6a).

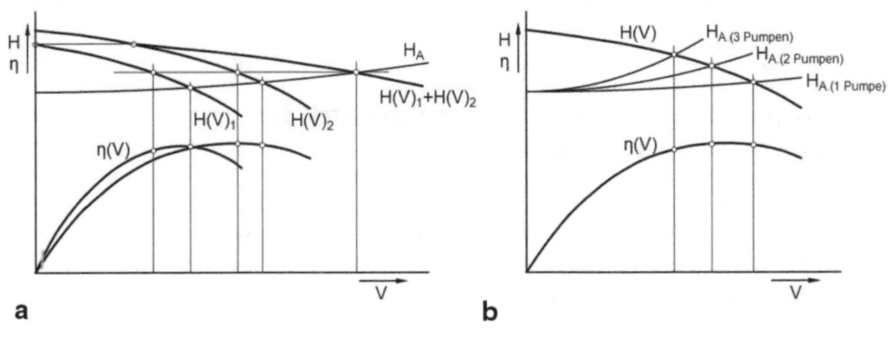

Abb. 5.5 Parallelbetrieb von Kreiselpumpen, **a** Parallelbetrieb zweier ungleicher Pumpen, **b** Parallelbetrieb dreier gleicher Pumpen

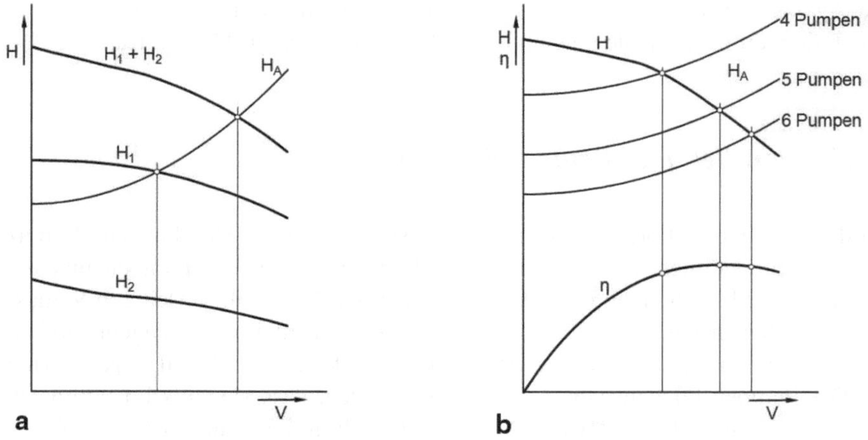

Abb. 5.6 Serienbetrieb von Kreiselpumpen, **a** Serienbetrieb zweier ungleicher Pumpen, **b** Serienbetrieb gleicher Pumpen (Stufen)

Praktische Anwendung findet die Reihenschaltung bei Druckerhöhungssystemen, wenn anlagenseitig großen Druckhöhenschwankungen bei vergleichsweise geringen Förderstromschwankungen begegnet werden muss. Bei der Seewasserentsalzung nach dem Prinzip der umgekehrten Osmose (RO-Verfahren) benutzt man z. B. bei einer solchen „Tandem"-Anordnung oft eine Boosterpumpe mit variabler Drehzahl zur Regelung. Handelt es sich bei den in Reihe geschalteten Pumpen um solche mit identisch gleichen Leistungsdaten, ist das Prinzip das gleiche wie bei einer mehrstufigen Pumpe. Zur Beurteilung des Förderverhaltens kann man die Einzelkennlinie (Stufenkennlinie) zu Grunde legen und die Anlagenkennlinie entsprechend der Anzahl der Einzelpumpen bzw. der Stufen anpassen, wie aus Abb. 5.6b ersichtlich.

Der Gesamtwirkungsgrad bei Parallel- bzw. Reihenschaltung von Pumpen verschiedener Fördercharakteristiken ermittelt man aus dem Gesamtförderstrom, der Gesamtförderhöhe und dem Gesamtleistungsbedarf der einzelnen Komponenten.

5.2 Anpassung der Pumpencharakteristik an vorgegebene Betriebsdaten

Radiale Kreiselpumpen haben im Allgemeinen kein Regelorgan wie etwa bestimmte Bauarten von Halbaxial- und Axialpumpen, die zuweilen mit verstellbaren Lauf- und/oder Vorleitschaufeln ausgerüstet werden. Daher ist eine individuelle Anpassung der Fördercharakteristik an sich während des Betriebes ändernde Daten außer durch Drehzahländerung oder Drosselung normalerweise nicht möglich. Bei fest vorgegebenen Betriebsdaten kann man aus wirtschaftlichen Gründen nicht für jeden Bedarfsfall eine speziell und optimal ausgelegte Pumpe bereitstellen. In den überwiegenden Anwendungsfällen ist das auch nicht erforderlich, da Radialpumpen im Bereich um den Bestpunkt einen flachen Wirkungsgradverlauf über dem Volumenstrom aufweisen und die Förderhöhe der Pumpe durch Korrektur am Laufraddurchmesser weitgehend an den Bedarf angepasst werden kann, so dass im *H*(*V*)-Diagramm einer Baugröße ein Feld zu Verfügung steht, in welchem die betreffende Pumpe mit guten Fördereigenschaften betrieben werden kann und das mit verschiedenen Laufraddurchmessern abgedeckt wird (Fläche *A* – *B* – *C* – *D* in Abb. 5.8).

Zur Abdeckung häufig vorkommender Bedarfsfälle werden von den Herstellern Kennfelder aufgestellt für bestimmte Pumpenbauarten und so unterteilt, dass für jeden Bedarfsfall eine Pumpengröße mit gutem Wirkungsgrad ausgewählt werden kann (s. Abb. 5.7). Um besondere Anforderungen bzgl. des Verlaufs der Förderhöhe oder der Haltedruckhöhe zu erfüllen, werden darüber hinaus zuweilen mehrere verschieden konzipierte Laufräder für ein und dieselbe Leitvorrichtung vorgesehen.

Bei Spiralgehäusepumpen wählt man die Volumenstromabstufung für ein solches Kennfeld mit etwa 1,8 bei kleineren Baugrößen (bzw. Leistungen) und bis hinunter zu 1,4 bei sehr großen Leistungen, wobei die Förderhöhenabstufung bei kleineren Baugrößen bzw. niedriger spezifischer Drehzahl mit ca. 1,5 und bei größeren Baugrößen bzw. spezifischer Drehzahl mit ca. 1,25 festgelegt wird. Das ergibt Durchmesserabstufungen von ca. 1.23 bzw. 1,12, die innerhalb

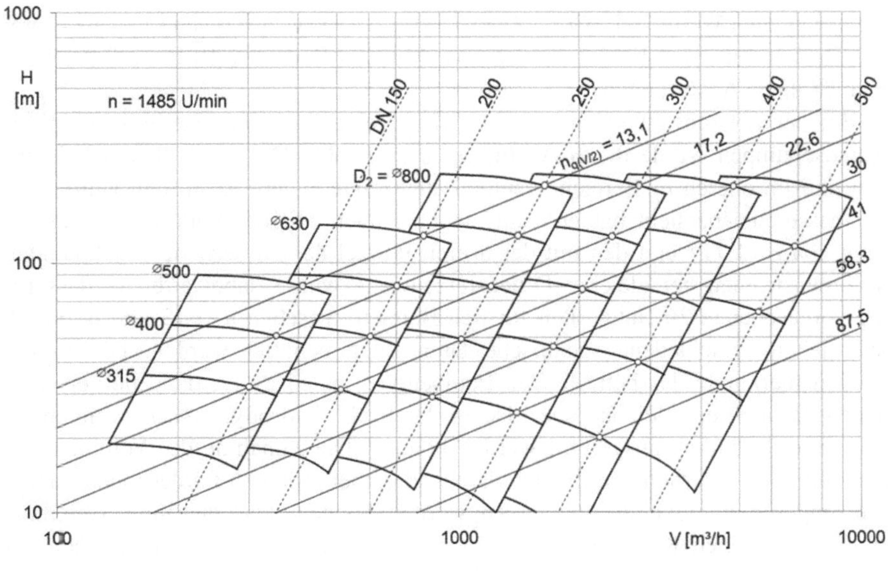

Abb. 5.7 Leistungsübersicht einer Baureihe zweiflutiger Spiralgehäusepumpen

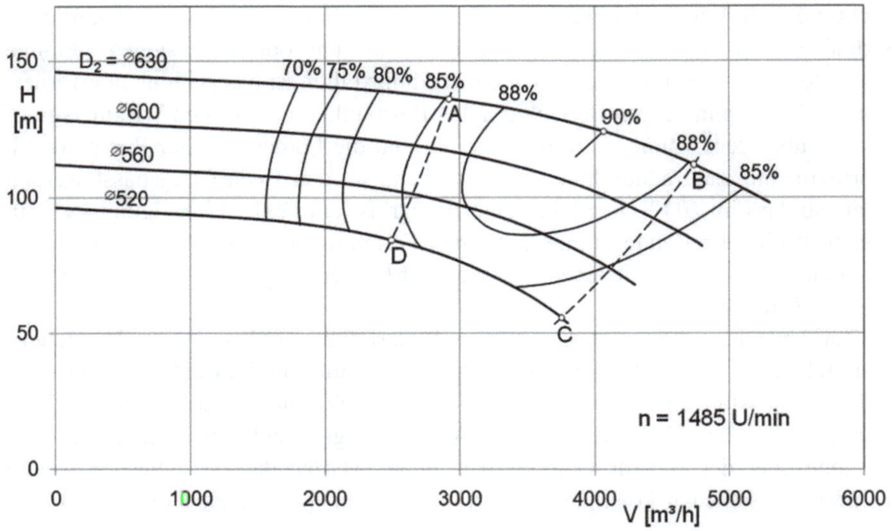

Abb. 5.8 Kennfeld mit Abdrehkurven einer zweiflutigen Spiralgehäusepumpe. Die Fläche A-B-C-D entspricht dem Einsatzbereich der Größe „400–630" nach Abb. 5.7

des Einsatzbereichs jeweils durch „Abdrehen" des Laufrades überbrückt werden (Abb. 5.8).

Für die Durchmesserabstufungen in Leistungsübersichten empfiehlt es sich, geometrische Reihen zu verwenden, z. B. die Reihen $\sqrt[6]{2} = 1{,}12246$ oder $\sqrt[3]{2} = 1{,}25992$. Geht man dabei vom Durchmesser $D_2 = 1000$ mm aus, erhält man die gerundeten Werte 794; 630; 500; 397; 315; 250 usw., also nach sechs bzw. drei Schritten jeweils den halben Zahlenwert. Mit den Reihen $\sqrt[20]{10}$ bzw. $\sqrt[10]{10}$ erhält man ähnliche Abstufungen.

Bei der Leistungsübersicht in Abb. 5.7 für eine Baureihe zweiflutiger Spiralgehäusepumpen wurde die H-Abstufung $\sqrt[3]{2}$ gewählt. Die bei größeren Leistungen und im oberen n_q-Bereich eventuell angezeigte engere Abstufung wurde hier der besseren Übersicht halber nicht eingezeichnet. Mit der Volumenstromabstufung von $i = 1{,}714$ und den mit der dritten Wurzel der Förderhöhe zunehmenden Volumenströmen bei gleicher Druckstutzenweite wurde dabei erreicht, dass für die vorgesehenen 26 Baugrößen für den Bereich zwischen $n_q = 13$ und $n_q = 87{,}5$ nur sieben verschiedene spezifische Drehzahlen benötigt werden. Die Konstruktionsmerkmale des betreffenden Pumpentyps lassen es zu, dass die verschiedenen Baugrößen gleicher spezifischer Drehzahl hydrodynamisch weitgehend geometrisch ähnlich ausgeführt werden können. Die Zunahme des Volumenstromes mit der Förderhöhe ergibt sich daraus, dass bei größeren Förderhöhen höhere Stutzengeschwindigkeiten zugelassen werden können. Das gewählte Verhältnis $H \sim V^3$ stellt einen Kompromiss dar zwischen den Stutzengeschwindigkeiten bei verschiedenen Förderhöhen einerseits und dem auf die Förderhöhe bezogenen Anteil an kinetischer Energie andererseits.

Bei Leitradpumpen wählt man die Durchmesserabstufung geringer. Leitrader werden überwiegend in mehrstufigen Pumpen verwendet. Um Kennliniendeformationen zu vermeiden, darf man bei diesen Pumpen nicht wie bei Spiralgehäusepumpen das gesamte Laufrad im Durchmesser reduzieren, sondern nur die Schaufeln zwischen den Radwänden. Wegen des damit verbundenen rascheren Wirkungsgradabfalls dreht man die Schaufeln nur in Ausnahmefällen weiter als auf ca. 90 % ab, zumal sich (bei mehrstufigen Pumpen) ab der Stufenzahl $i = 4$ ein stärkeres Abdrehen erübrigt; man wählt dann besser eine Stufe weniger. Wenn im späteren Betrieb die Förderhöhe reduziert werden soll und eine stärkere Reduzierung des Schaufeldurchmessers angezeigt wäre, ist es oft sinnvoll, eine „Blindstufe" einzubauen, die praktisch keinen Wirkungsgradverlust zur Folge hat.

5.2.1 Korrektur am Laufradaustritt

Die wirksamste Maßnahme zur Anpassung der Charakteristik von Radialpumpen an vorgegebene Förderdaten besteht darin, dass man die Beschaufelung am Laufradaustritt verändert. Diese Maßnahmen beschränken sich im Wesentlichen darauf, die Förderhöhe zu reduzieren, zu vergrößern oder die Steilheit der Kennlinie zu verändern.

Reduzierung der Förderhöhe In den meisten Fällen bedeutet das, dass man eine Pumpe mit der nächstgrößeren Förderhöhe wählt und den Schaufelaußendurchmesser durch Abdrehen reduziert. Theoretisch ändert sich die Förderhöhenkennlinie beim Ab- bzw. Eindrehen nach dem quadratischen Gesetz

$$\frac{H'}{H} = \frac{V'}{V} = \left(\frac{D_2'}{D_2}\right)^2 \tag{5.1}$$

das sich mit Hilfe des Geschwindigkeitsdreiecks am Laufradaustritt herleiten lässt. (Die Kennzeichnung' bezieht sich auf den reduzierten Durchmesser). Das Gesetz gilt jedoch streng nur unter der Voraussetzung, dass sich

Laufradaustrittsbreite
Schaufelstärke
Schaufelwinkel
Schaufelbelastung

mit dem Durchmesser nicht ändern. In der realen Anwendung werden diese Voraussetzungen nicht vollständig erfüllt; denn besonders die Schaufelstärke – aber auch die übrigen Parameter – ändern sich mehr oder weniger stark mit dem Laufraddurchmesser. Die Folge ist, dass beim Ab- bzw. Eindrehen die Förderhöhe bzw. der Volumenstrom stärker als quadratisch mit dem Durchmesserverhältnis abfallen, und zwar ist meist die Abweichung zunächst relativ groß und nimmt bei weiterer Reduzierung des Durchmessers ab. Das ist hauptsächlich auf die zuerst starke Zunahme der Schaufelstärke zurückzuführen. Man kann dieses Verhalten durch einen Exponenten m ausdrücken, der vom Durchmesserverhältnis oder auch vom Verhältnis der Förderhöhen bzw. der Volumenströme abhängig ist und empirisch zu ermittelt ist, wobei dann $m \geq 2$ sein muss, also

$$\frac{H'}{H} = \frac{V'}{V} = \left(\frac{D_2{}'}{D_2}\right)^m \tag{5.2}$$

bzw.

$$\frac{D_2{}'}{D_2} = \left(\frac{H'}{H}\right)^{\frac{1}{m}} = \left(\frac{V'}{V}\right)^{\frac{1}{m}} \tag{5.3}$$

Der Exponent ist demnach

$$m = \frac{\ln\left(H'/H\right)}{\ln\left(D_2'/D_2\right)} \tag{5.4}$$

und ändert sich mit dem Durchmesser- bzw. Höhenverhältnis. Da die Geometrie ausgeführter Pumpen kaum genügend genau erfasst werden kann, ist die Festlegung des Exponenten nur ganz grob möglich. Es ist aber trotzdem sinnvoll, zum Zwecke einer systematischen Vorgehensweise einen einheitlichen Exponenten einzuführen, wenn man ihn auf die „sichere Seite“ legt, damit sich keine unzulässige Unterschreitung eines ermittelten Abdrehdurchmessers bzw. der ermittelten Förderhöhe ergibt. Im ungünstigsten Fall würde man lediglich ein zweites Mal eine Durchmesser-Korrektur vornehmen müssen. Um den Streubereich einzuengen, ist ein einheitliches Vorgehen mit möglichst wenigen Parametern bei der Gestaltung der Geometrie – besonders des Verlauf der Schaufelstärke – anzustreben. Einen Vorschlag für den Exponenten m stellt Abb. 5.9 dar. Es empfiehlt sich, ihn gegebenenfalls an eigene empirisch gefundene Daten anzupassen.

Da die Aufgabenstellung verschieden sein kann, wurde der Exponent sowohl über dem Förderhöhen- bzw. Volumenstromverhältnis als auch über dem Durchmesserverhältnis aufgetragen. Die Darstellung in Abb. 5.9a wird benutzt, wenn zur Leistungsanpassung der Laufraddurchmesser gesucht wird; Abb. 5.9b ermöglicht die Bestimmung von Ab- bzw. Eindrehkurven für vorgegebene Durchmesserreduzierung. Zu beachten ist, dass der Exponent abhängig ist vom Ausgangsdurchmesser bzw. der Ausgangsdrosselkurve. Wird von einem bereits reduzierten Durchmesser ausgegangen, ist der Exponent kleiner als wenn vom Maximaldurchmesser ausgegangen wird. Dies ist in den Diagrammen durch das Verhältnis des Ausgangsdurchmessers D_2 zum Maximaldurchmesser D_{2max}. berücksichtigt. Hat man den Exponenten bestimmt, kann für eine gewünschte Änderung der Drosselkurve der zugehörige Durchmesser ermittelt oder für ein bestimmtes Durchmesserverhältnis die Ab- bzw. Eindrehkurve gezeichnet werden. Das Ergebnis ist

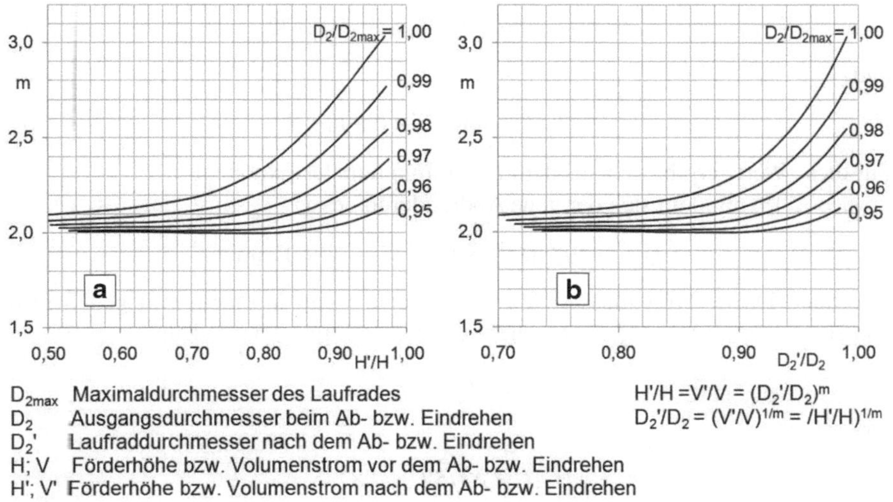

Abb. 5.9 Der Exponent *m*

dabei unabhängig von der Anzahl der Schritte, die man zur Auffindung des Schaufeldurchmessers bzw. der Förderhöhe wählt, wie das auch aus dem nachfolgenden Anwendungsbeispiel hervorgeht.

Anwendungsbeispiele

A. Ein Laufrad soll von einer Förderhöhe $H = 52$ m, die bei einem Maximaldurchmesser $D_{2max} = 409$ mm erreicht wird, für eine Förderhöhe $H' = 48$ m abgedreht werden. Gesucht ist der neue Durchmesser D_2'.

Aus Abb. 5.9a ergibt sich für

$$H'/H = 48/52 = 0{,}923$$

mit

$$D_2/D_{2max} = 1$$

(Ausgangsdurchmesser gleich Maximaldurchmesser)

der Exponent

$$m = 2{,}80$$

und damit

$$D_2' = D_2 \left(H'/H\right)^{1/m} = 409 \cdot 0{,}923^{1/2{,}8} = 397{,}46\,\text{mm}.$$

Von diesem Abdrehdurchmesser soll weiter abgedreht werden auf die neue Förderhöhe $H' = 43$ m. Jetzt gilt

$$D_2/D_{2max} = 397{,}46/409 = 0{,}972$$

und

$$H'/H = 43/48 = 0{,}896.$$

Für diese Werte ergibt sich aus dem Diagramm nun der Exponent $m = 2{,}19$, mit dem sich der neue Abdrehdurchmesser

$$D_2{}' = 397{,}46 \cdot 0{,}896^{1/2{,}19} = 378{,}0 \text{ mm}$$

errechnet. Dieser Wert muss sich auch ergeben, wenn in einem einzigen Schritt von H = 52 m auf H′ = 43 m abgedreht werden soll. Es ist nun wieder

$$D_2/D_{2max} = 1,$$

ferner für

$$H'/H = 43/52 = 0{,}827$$

der Exponent

$$m = 2{,}41,$$

womit sich

$$D_2{}' = 409 \cdot 0{,}827^{1/2{,}41} = 378{,}0 \text{ mm}$$

ergibt, also der gleiche Wert wie oben.

B. Zu einer gegebenen *V*(*H*)- Kurve ist die Abdrehkurve zu konstruieren für einen im Verhältnis $D_2'/D_2 = 0{,}9167$ reduzierten Laufraddurchmesser. Dazu Abb. 5.10.

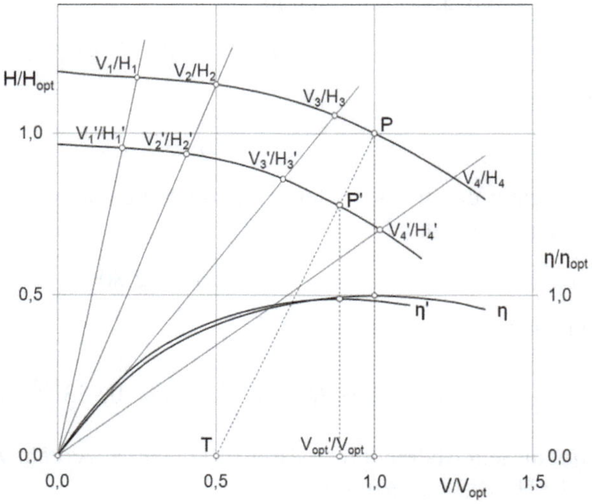

Abb. 5.10 Konstruktion der Drosselkurve für ab- bzw. eingedrehtes Laufrad

Die korrespondierenden Punkte der Ab- bzw. Eindrehkurve liegen dabei auf einem Strahlenbüschel durch den Ursprung, d. h. das Verhältnis

$$\left(\frac{H_1'}{H_1}=\frac{H_2'}{H_2}=\frac{H_3'}{H_2}=\cdots=\frac{H_n'}{H_n}\right)=\left(\frac{V_1'}{V_1}=\frac{V_2'}{V_2}=\frac{V_3'}{V_3}=\cdots=\frac{V_n'}{V_n}\right)=\left(\frac{D_2'}{D_2}\right)^m$$

ist für alle Punkte gleich. Im Beispiel wurde $D_2'/D_2 = 0{,}9167$ gewählt mit $m = 2{,}37$ gemäß Abb. 5.9b. Die Wirkungsgradverschiebung erfolgt nicht nach diesem Gesetz, sondern hängt – wie in Kap. 3.8 dargelegt – vom Einfluss der Stoßverluste, d. h. vereinfacht von der spezifischen Drehzahl ab. Im Beispiel wurde $n_q = 60$ angenommen, ferner $V_{stfr}/V_{opt} = 1{,}04$, womit sich nach Gl. (3.76) und gemäß Abb. 3.28 der Tangentenfußpunkt bei $V_T/V_{opt} = 0{,}5$ ergibt. Daraus resultiert schließlich die Verschiebung des Bestpunktes auf der Abdrehkurve nach Punkt P'.

Muss ein Rad zur Anpassung der Förderhöhe stärker ab- oder eingedreht werden, ist es mitunter sinnvoll, die Schaufeln im Durchmesser nicht zylindrisch sondern konisch zu reduzieren. Man vermeidet damit bei Rädern im oberen n_q-Bereich, dass die Schaufeln an der äußeren Stromlinie gegenüber der inneren zu sehr an Länge verlieren, wodurch die Schaufelüberdeckung evtl. zu knapp und die Schaufelbelastung zu hoch werden könnte. Bei Teillast hat diese Maßnahme den Effekt, dass die Strömung sich am Laufradaustritt vermehrt zur Deckscheibe, also zum größeren Durchmesser hin verlagern, wodurch die Kennlinie steiler und gegebenenfalls stabiler wird. Hierzu Abb. 5.11. Den nach vorstehender Anleitung ermittelten Abdrehdurchmesser nimmt man in solchen Fällen als geometrischen Mittelwert, also

$$\overline{D_2} = \sqrt{\left(D_{2a}{}^2 + D_{2i}{}^2\right)/2}.$$

Es sei noch einmal daran erinnert, dass bei Leitradpumpen – im Gegensatz zu Spiralgehäusepumpen – die Radseitenwände beim „Abdrehen“ der Schaufeln nicht entfernt werden dürfen, um unerwünschte Verformungen der Drosselkurve bei Teillast zu vermeiden.

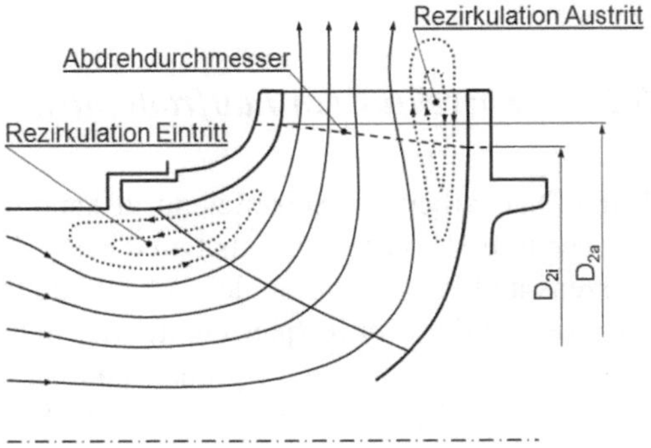

Abb. 5.11 Konisches Abdrehen der Schaufelaustritte zur Erhöhung der Kennlinienstabilität

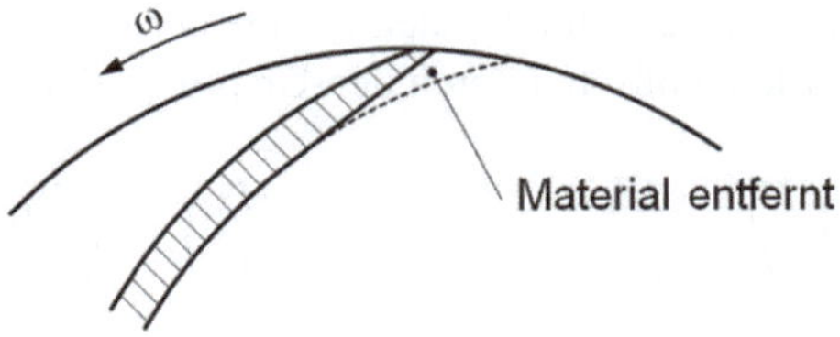

Abb. 5.12 Nacharbeit am Schaufelaustritt zur Vergrößerung der Förderhöhe

Vergrößerung der Förderhöhe In Grenzfällen ist es manchmal notwendig, die Förderhöhe einer Pumpe zu vergrößern. Besteht keine Möglichkeit, den Laufraddurchmesser zu vergrößern, muss geprüft werden, ob bzw. wie weit mit einem neuen Laufrad mit vergrößerten Austrittswinkeln und gegebenenfalls höherer Schaufelzahl mehr Förderhöhe erreicht werden kann. Ist das Förderhöhendefizit gering, kann dieses meist durch Nacharbeit an den Schaufelaustritten ausgeglichen werden. Dazu wird auf der Schaufelsaugfläche durch sog. „Hochfeilen" oder „Zuschärfen" zur Austrittskante hin zunehmend Material entfernt (s. Abb. 5.12), wodurch der Skelettwinkel β_2 am Austritt vergrößert wird und die Förderhöhe ansteigt. Der größere Austrittswinkel ist aber nicht allein ursächlich für den Gewinn an Förderhöhe, denn diese steigt auch an, allerdings weit weniger, wenn auf der Schaufeldruckfläche Material abgetragen wird, somit der mittlere Schaufelwinkel kleiner wird. Ein wesentlicher Grund für den Förderhöhengewinn liegt darin, dass durch die geringere Schaufelstärke das „Totwassergebiet" hinter der Schaufel und damit die Minderleistung geringer werden. Auf die Förderhöhe im Bestpunkt bezogen, beträgt der maximale Gewinn an Förderhöhe bei kleinen Austrittswinkeln bis zu 8 % und bei größeren Austrittswinkeln etwa 5 %. Mit abnehmender Förderung nimmt der Gewinn an Förderhöhe ab; bei $V = 0$ beträgt er noch etwa die Hälfte der vorstehenden Werte.

Eine weitere (begrenzte) Möglichkeit für einen Gewinns an Förderhöhe besteht darin, die Austrittsbreite des Laufrades zu vergrößern, sofern die Laufradwandstärke und (bei Leiträdern) die Überdeckung dies zulassen. Die Drosselkurve wird dadurch im Verhältnis der Breitenzunahme in Richtung des Volumenstromes gestreckt, woraus je nach Steilheit der Kennlinie der Förderhöhengewinn im Betriebspunkt resultiert.

5.2.2 Korrektur am Laufradeintritt

Durch Nacharbeit am Schaufeleintritt kann das Saugverhalten in gewissen Grenzen beeinflusst werden. Man hat zu diesem Zweck jedoch nur die Möglichkeit des Kürzens und Profilierens an den Schaufeleintrittskanten. Durch Kürzen der Schaufeln werden die Eintrittsquerschnitte der Schaufelkanäle und damit der Volumenstrom stoßfreien Eintritts vergrößert und der Steilanstieg des *NPSH*-Verlaufs nach rechts verschoben (s. Abb. 5.13). Die *NPSH*-Verschiebung verhält sich ungefähr

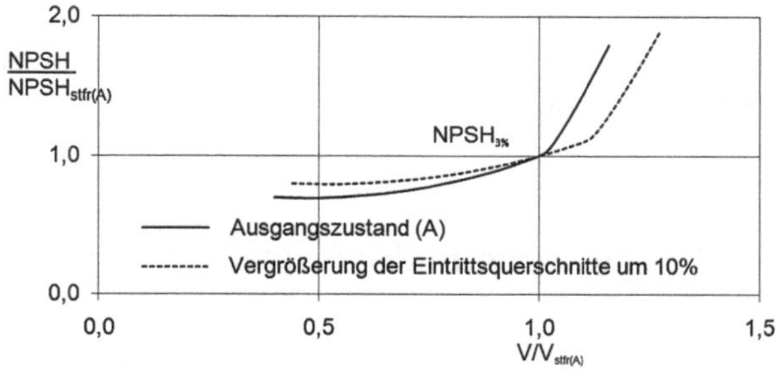

Abb. 5.13 Einfluss der Schaufel-Eintrittsquerschnitte auf die Haltedruckhöhe

proportional zur Querschnittsvergrößerung. Man kann diese Maßnahme anwenden, wenn die Betriebsbedingungen einen niedrigeren *NPSH*-Wert bei Überlast erfordern. Die Verschiebung wirkt sich oft so aus, dass der $NPSH_3$-Wert bei Teillast etwas ansteigt gegenüber dem Ursprungszustand (s. Abb. 5.13). Daneben hat man die Möglichkeit einer gewissen Einflussnahme auf den *NPSH*-Verlauf durch Änderung der Profilierung: Durch Materialabtrag auf der Schaufeldruckfläche tritt etwa der gleiche Effekt ein wie beim Kürzen der Schaufel, weil dadurch der Eintrittsquerschnitt vergrößert wird. Durch die dabei außerdem entstehende Vergrößerung der Schaufelwinkel kann sich zudem der *NPSH*-Verlauf bei Teillast zusätzlich erhöhen. Wird Material auf der Saugfläche entfernt, kann eine (geringe) Verbesserung des *NPSH*-Verlaufs bei Teillast eintreten, während das Überlastverhalten sich nicht merklich ändert.

Die Vergrößerung des Volumenstromes stoßfreien Eintritts durch Schaufelkürzung hat nach Abb. 3.27 eine Verschiebung des Wirkungsgradoptimums hin zu größeren Volumenströmen zur Folge, die sich bei niedrigen spezifischen Drehzahlen kaum, bei hohen jedoch merklich auswirkt. Bei $n_q = 75$ beträgt die V_{opt}-Verschiebung etwa die Hälfte der V_{stfr}-Vergrößerung.

Durch Kürzung der Schaufeln im Laufradeintritt zunehmend zur inneren Stromlinie hin (Abb. 5.14) kann der Förderhöhenanstieg bei Teillast, d. h. die Nullförderhöhe verringert werden. Diese Maßnahme ist ebenfalls besonders bei Laufrädern höherer spezifischer Drehzahl wirksam. Infolge der durch die Kürzung geringeren Durchmesser-Differenz zwischen äußerer und innerer Stromlinie bildet

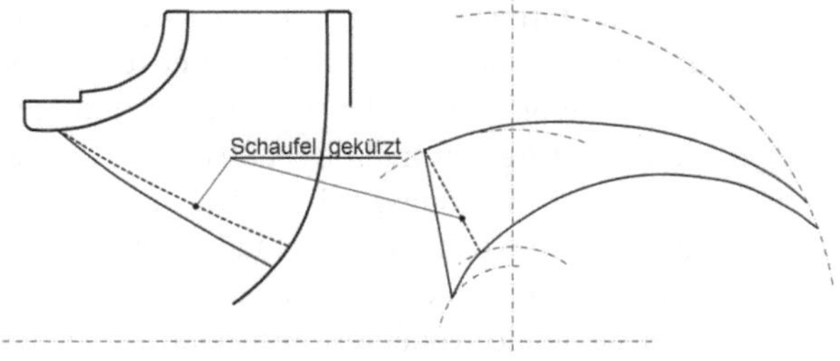

Abb. 5.14 Schaufelkürzung zur Senkung der Förderhöhe bei Teillast

sich die Teillast-Rezirkulation schwächer aus. Der damit verbundene geringere Impulsaustausch führt zu einer Reduzierung der Förderhöhe und des Leistungsbedarfs bei Teillast.

5.2.3 Korrektur an der Leitvorrichtung

Im Gegensatz zu den Verhältnissen am Laufrad besteht beim Leitapparat nur eine geringe Möglichkeit, die Charakteristik zu verändern. Wie in Kap. 3.8 erläutert, ist die Drosselkurve primär durch die Geometrie des Laufradaustritts gegeben. Durch Modifizierung des Leitapparates kann lediglich auf die Verluste – insbesondere auf die Lage der Leitapparatstoßverluste, somit auf den Volumenstrom besten Wirkungsgrades, und das auch nur in geringem Maße – eingewirkt werden. Das erklärt, warum Leiträder bis auf wenige Ausnahmen (Pumpturbinen) nicht regulierbar, d. h. mit festen Schaufeln, ausgeführt werden. Die zur Modifizierung einer Drosselkurve erforderlichen Änderungen am Leitapparat können nach den Kap. 3.8 und 3.10 berechnet werden. Eine nachträgliche Korrektur am Leitapparat kann normalerweise nur in einer Vergrößerung des Spiralendquerschnittes durch Kürzung der Zunge bzw. bei Leiträdern in einer Vergrößerung der Diffusoreintrittsquerschnitte durch Kürzung der Schaufeln am Eintritt bestehen, so dass stets nur eine Verschiebung des Bestpunktes zu größeren Volumenströmen hin möglich ist.

Allgemein kann gesagt werden:

- Mit Vergrößerung des Eintrittsquerschnittes des Leitapparates (sowohl Spirale wie beschaufeltes Leitrad) verschiebt sich der Bestpunkt zu größeren Volumenströmen, und zwar abnehmend mit wachsender spezifischer Drehzahl, da – wie in Kap. 3.8 ausgeführt – der Einfluss der Leitapparatstoßverluste mit wachsender spezifischer Drehzahl im Zusammenwirken mit den Laufradstoßverlusten ebenfalls abnimmt. Bei $n_q = 15$ beispielsweise wird die Lage des Bestpunktes fast ausschließlich vom Leitapparat bestimmt, so dass sich die Verschiebung nahezu proportional einer Querschnittsänderung vollzieht. Bei $n_q = 60$ ist sie höchstens noch halb so groß.
- Mit Vergrößerung des Eintrittsquerschnittes des Leitapparates sinkt die Förderhöhe bei Teillast, weil die Austauschverluste hier zunehmen (s. Abb. 2.9). Aus dem gleichen Grund steigt bei Teillast der Leistungsbedarf. Im Bestpunktbereich und bei Überlast ändert sich der Leistungsbedarf nicht; er ist hier nur vom Laufrad abhängig. Wegen der bei Überlast infolge eines größeren Leitapparatquerschnitts geringeren hydrodynamischen Verluste steigt dort die Förderhöhe und mit ihr der Wirkungsgrad an. Bei spezifischen Drehzahlen unter $n_q \approx 20$ steigt auch der Maximalwirkungsrgad an, da die hydrodynamischen Verluste im Leitapparat absolut, und die übrigen Verluste, bezogen auf die mit dem Volumenstrom steigende Wellenleistung, deutlich abnehmen.

5.3 Einsatz von Pumpen als Turbinen

5.3.1 Allgemeine Zusammenhänge

In [1] wird von einer gemeinsamen Behandlung aller Strömungsmaschinen ausgegangen. Für das Grundverständnis der Strömungsvorgänge ist diese Betrachtungsweise sehr geeignet, zumal die Umkehr der Strömungsvorgänge nicht nur theoretisch möglich ist, sondern in der Praxis auch angewendet wird. Speziell bei den „hydraulischen" Strömungsmaschinen ist die Strömungsumkehr von besonderer Bedeutung. Das zeigen z. B. die reversiblen Maschinen in modernen Pumpspeicherkraftwerken, die sowohl im Pump- als auch im Turbinenbetrieb eingesetzt werden, oder der Einsatz von rückwärtslaufenden Serienpumpen zur Energierückgewinnung in chemischen Prozessen oder Wasserversorgungssystemen. Schon früh (1931) wurden erste Untersuchungen über das Betriebsverhalten von rückwärtslaufenden Pumpen durchgeführt [2].

Da im Pumpenbau ein nahezu lückenloses Angebot für alle denkbaren Förderverhältnisse und Einbauarten vorhanden ist, liegt es nahe, zur Energierückgewinnung zumindest kleinerer und mittlerer Leistungen bis ca. 500 kW rückwärtslaufende Pumpen einzusetzen, die infolge Serienfertigung erheblich preisgünstiger sind als Turbinen [3–6]. Die betrieblichen Nachteile der Nicht-Regelbarkeit sind nicht immer störend; gegebenenfalls müssen sie in Kauf genommen werden. Darüber hinaus gibt es Anwendungsfälle, z. B. in der Industrie bei Gaswäsche-Prozessen, für die es keine geeignete Turbine gibt und somit der Einsatz rückwärtslaufender Pumpen die einzige Lösung bietet [7–9].

Die Umkehr jeglicher Strömungsvorgänge [10] bedeutet auch die Umkehr aller Funktionen der Komponenten: In einer Turbine wird nicht mechanische Energie in potenzielle Energie umgewandelt, sondern umgekehrt wird aus potenzieller Energie mechanische Energie gewonnen. Bei der Turbinenströmung tritt das Medium am Druckstutzen in die Maschine ein und wird im Leitapparat unter Druckabbau beschleunigt. Das Laufrad wird bei umgekehrter Drehrichtung unter weiterem Druckabbau von außen nach innen durchströmt und das Medium verlässt die Maschine am Saugstutzen. Die Verluste müssen nicht – wie bei der Pumpenströmung – durch zusätzliche Wellenleistung aufgebracht werden, sondern sie fehlen an der erzeugten nutzbaren mechanischen Energie. Bei der Pumpenströmung ist das Förderverhalten primär durch das Laufrad gegeben, ausgedrückt durch die Kennlinie der theoretischen Förderhöhen. Steigt der Gegendruck, verringert sich der Förderstrom. Wirksame Anpassung an geänderte Betriebsbedingungen ist nur durch Änderungen am Laufrad möglich. Das Betriebsverhalten einer Turbine ist durch den Leitapparat vorgegeben: Bei Vergrößerung der Fallhöhe steigt der Durchfluss. Wirksame Änderungen des Durchflussverhaltens müssen am Leitapparat vorgenommen werden.

Abgesehen davon ergeben sich bei der Strömungsumkehr Besonderheiten hydrodynamischer Art: So ist es z. B. nicht sinnvoll, eine Wasserturbine als Pumpe arbeiten lassen zu wollen; das Betriebsverhalten wäre in mehrfacher Hinsicht schlecht: Neben niedrigerem Wirkungsgrad müsste mit einer unbefriedigenden Drosselkurve und evtl. weiteren unerwünschten Eigenschaften wie unzulässigen Betriebsgeräuschen und auch mit mechanischen Unzulänglichkeiten gerechnet werden. Dagegen kann eine rückwärtslaufende Kreiselpumpe mit gutem Betriebsverhalten und gutem Wirkungsgrad als Turbine eingesetzt werden, wobei allerdings das Betriebsverhalten von dem einer „echten" Turbine in einigen Punkten abweicht.

Die Gründe hierfür liegen darin, dass es beim Turbinenlaufrad vorteilhaft ist, einen niedrigeren Reaktionsgrad zu verwirklichen als beim Pumpenlaufrad. Der Anteil der im Laufrad umgewandelten Druckenergie an der gesamten Druckenergie ist also vergleichsweise niedriger als dort. Der niedrige Reaktionsgrad führt zu einem kleineren Laufraddurchmesser, verbunden mit größeren druckseitigen Schaufelwinkeln, was beides stärker gekrümmte Schaufeln mit kürzeren Kanälen und – trotz größerer Schaufelzahl – höhere Schaufelbelastung zur Folge hat. Diese für die stets beschleunigte Turbinenströmung günstigen hydrodynamischen Merkmale sind jedoch für die Pumpenströmung ungünstig. Die kurzen, stark gekrümmten Kanäle ergeben als Diffusoren keine gute Druckumsetzung und die relativ hohe Absolutgeschwindigkeit hinter dem Laufrad kann in der anschließenden Leitvorrichtung nur mit erheblichen Verlusten in Druck umgesetzt werden. Für die Pumpenströmung muss daher der Reaktionsgrad höher gewählt werden. Das hat einen größeren Laufradaußendurchmesser zur Folge, verbunden mit kleineren druckseitigen Schaufelwinkeln sowie weniger gekrümmten und längeren Schaufelkanälen, die eine bessere Druckumsetzung ermöglichen. Die Druckerzeugung im rotierenden Pumpenlaufrad ist weniger verlustbehaftet als in der anschließenden Leitvorrichtung, zumal der (verlustlose) zentrifugale Anteil infolge des größeren Laufraddurchmessers zunimmt. Trotz der mit ihm verbundenen höheren Scheibenreibungsverluste führt der höhere Reaktionsgrad bei Pumpen zu einem besseren Gesamtwirkungsgrad. Die Wahl hoher Reaktionsgrade für Pumpenlaufräder ist außerdem begründet durch die hohen Anforderungen an den Kennlinienverlauf von Flüssigkeitspumpen, wo „stabile" Drosselkurven, also mit wachsendem Förderstrom stetig abfallende Förderhöhenwerte unabdingbar sind und diese unter anderem hohe Reaktionsgrade voraussetzen.

Diese spezifischen Besonderheiten von Pumpenlaufrädern haben im Turbinenbetrieb keine gravierenden Nachteile. Maschinen, die sowohl als Turbine als auch als Pumpe arbeiten sollen, werden deshalb stets für den Pumpbetrieb ausgelegt. Generell erreichen Turbinen infolge der bei ihnen beschleunigten Strömung etwas bessere Wirkungsgrade als Pumpen. Dagegen ist der Wirkungsgrad einer Pumpe im Turbinenbetrieb kaum niedriger (in manchen Fällen sogar etwas höher) als im Pumpbetrieb.

Die Unterschiede zwischen einem Turbinenlaufrad und einem Pumpenlaufrad im Turbinenbetrieb kann man anschaulich durch Vergleich der druckseitigen Geschwindigkeitsdreiecke darstellen, s. hierzu Abb. 5.15. Im Betriebsverhalten äußert sich der Unterschied hauptsächlich darin, dass die Leerlaufdrehzahl eines Pumpenlaufrades wesentlich niedriger ist als die eines Turbinenlaufrades,

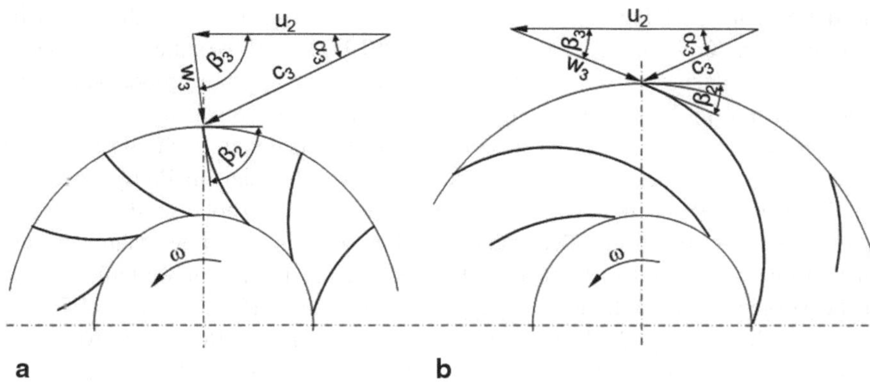

Abb. 5.15 Druckseitige Geschwindigkeitsdreiecke im Turbinenbetrieb. Turbinenbetrieb. **a** Turbinenbeschaufelung, **b** Pumpenbeschaufelung. (Nach [10])

was meist ein Vorteil ist. Die Leerlaufdrehzahl (oder „Durchbrenndrehzahl") ist die Drehzahl, die sich bei Lastabwurf d. h. bei fehlender Abbremsung durch eine Arbeitsmaschine (Generator oder dergl.) unter der gegebenen Fallhöhe einstellt. Nachteilig kann dagegen der Umstand sein, dass der sich beim Leerlauf einstellende Durchfluss geringer ist als beim Turbinenlaufrad und dadurch bei plötzlichem Lastabwurf höhere Druckstöße auftreten können (s. hierzu auch Abb. 5.25).

Konstruktiv besteht ein grundsätzlicher Unterschied zwischen Turbine und Pumpe darin, dass Turbinen fast ausnahmslos einen während des Betriebs verstellbaren Leitapparat zur Durchfluss- und damit Leistungsregelung aufweisen, der bei Pumpen normalerweise nicht vorhanden ist, da eine Anpassung an sich ändernde Förderbedingungen mit einem solchen praktisch nicht möglich ist. Dadurch beschränkt sich der Einsatz von rückwärtslaufenden Pumpen auf Fälle, wo die fehlende verlustarme Regelung durch Verstellung der Leitvorrichtung weniger stört, sei es, dass der Betrieb keine Regelung erfordert bzw. selbstregelnd ist (z. B. Niveau-Regelung) oder dass ein intermittierender Betrieb möglich ist. In den übrigen Fällen muss verlustbehaftet durch Drosselung oder Bypass geregelt werden. Die bei Pumpbetrieb sehr geeignete Drehzahlregelung ist im Turbinenbetrieb nur in wenigen besonderen Anwendungsfällen sinnvoll.

Ganz abgesehen davon, dass im Pumpenbau spezielle Radformen entwickelt wurden, die durch das Fördermedium bedingt sind (z. B. Abwasser, Feststoff-Aufschwemmungen, Papierstoff-Suspensionen, wobei der Wirkungsgrad dann oft hinter Forderungen wie Verstopfungsfreiheit oder Verschleißfestigkeit zurücktritt), und im Turbinenbau eigentlich immer der Wirkungsgrad vorrangig ist, haben sich spezielle Bauformen entwickelt, die bei Pumpen und Turbinen gänzlich voneinander abweichen. Dies wird besonders deutlich bei kleinen spezifischen Drehzahlen: Unterhalb von $n_q \approx 20$ fällt der erreichbare Wirkungsgrad sowohl im Pump- wie im Turbinenbetrieb infolge zunehmenden Einflusses der Spaltverluste und der Scheibenreibung des Laufrades stark ab. Bei Turbinen wird dieser Nachteil umgangen durch die Teilbeaufschlagung (PELTON-Turbine), die neben hohem Wirkungsgrad auch eine sehr verlustarme Regelung über einen großen Volumenstrombereich ermöglicht. Im Pumpenbau ist die Teilbeaufschlagung im Prinzip zwar auch möglich [11], hat jedoch wegen verschiedener Nachteile bis heute keine praktische Bedeutung erlangt. Stattdessen weicht man im Pumpenbau auf die Mehrstufigkeit aus, d. h. man unterteilt die Gesamtförderhöhe so, dass sich pro Stufe günstigere spezifische Drehzahlen ergeben. Durch das Hintereinanderschalten von bis zu 20 (und mehr) Stufen kann damit die Pumpe in weitem Bereich an die vorgegebene Förderhöhe angepasst werden, die dadurch höher sein kann als die größte vorkommende Fallhöhe einer Wasserturbine. Bei der Anwendung als Turbine hat die mehrstufige Pumpe gegenüber der „echten" Turbine den Vorteil, dass sie zur Energierückgewinnung aus gashaltigen Medien (Gaswäsche) eingesetzt werden kann, was bei einer PELTON-Turbine wegen der Gefahr des Zerplatzens des Freistrahls infolge Ausgasens nicht möglich wäre. Im mittleren und oberen Bereich der spezifischen Drehzahl ist im Pumpenbau die „Doppelflutigkeit" weit verbreitet (z. B. zur Kühlwasserförderung, in der Wasserversorgung, aber auch zur Kesselspeisung in Nuklearkraftwerken). Hierbei wird der Volumenstrom in zwei Teilströme aufgeteilt und in zwei zueinander symmetrischen Pumpenhälften, die einen gemeinsamen Leitapparat besitzen, gefördert. Die Vorteile bestehen u. a. aus Wartungsfreundlichkeit, Robustheit durch beidseitige Lagerung und einer nur geringen Restaxialkraft. Außerdem Ausdehnung des Bereichs der spezifischen Drehzahl, in welchem die im Pumpenbau besonders vorteilhafte radiale Laufradform verwendet werden kann, um ca. 40 %, sowie Verbesserung der Saugfähigkeit. Diese Bauart wurde früher im Turbinenbau ebenfalls eingesetzt, ist heute aber praktisch nicht mehr anzutreffen.

Aus der Hauptgleichung, die in der allgemeinen Form

$$H_{th} = \frac{1}{g}[c_{3u}u_2 - c_{0u}u_1] \tag{5.5}$$

geschrieben werden kann und für alle Strömungsmaschinen gilt, lassen sich die völlig voneinander abweichenden Kennlinien von Pumpen und Turbinen ableiten und erklären. Die Ursache dieser Abweichung ist darin zu sehen, dass die Geschwindigkeitskomponenten c_{3u} und c_{0u} in sehr unterschiedlicher Weise vom Volumenstrom abhängen (Es sei angemerkt, dass die Bezeichnungen der Pumpenströmung benutzt werden).

Für die Pumpenströmung ist typisch, dass der Zuströmwinkel α_0 der Absolutströmung vorm Laufrad und der Abströmwinkel β_3 der Relativströmung hinter dem Laufrad annähernd konstant sind, also unabhängig vom Volumenstrom. Wird die Hauptgleichung in die Form

$$H_{th} = \frac{1}{g}\left[u_2{}^2 - c_{3m}u_2 \cot\beta_3 - c_{0m}u_1 \cot\alpha_0\right] \tag{5.6}$$

gebracht, ergibt sich – da c_{3m} und c_{0m} sich proportional zum Volumenstrom verhalten – für konstante Drehzahl anschaulich der bekannte, in Abb. 5.16 dargestellte

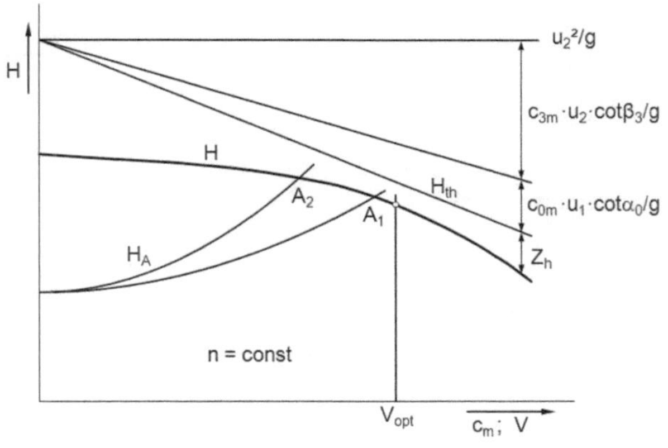

Abb. 5.16 Darstellung der theoretischen Förderhöhe H_{th} entsprechend Gl. (5.6) und der Förderhöhe H über dem Volumenstrom (Pumpbetrieb)

Verlauf der theoretischen Förderhöhe H_{th} über dem Volumenstrom (die geringe Variabilität von β_3 kann hier vernachlässigt werden, so dass sich H_{th} als Gerade ergibt). Wegen der im Pumpenbau üblichen Schaufelwinkel $\beta_2 < 90°$ ist der Verlauf von H_{th} mit wachsendem Volumenstrom abfallend. Unter Abzug der hydrodynamischen Verluste Z_h ergibt sich daraus die Förderhöhe H, die als nutzbare Energie zwischen Saug- und Druckstutzen auf das Medium übertragen wird. Die hydrodynamischen Verluste bestimmen weitgehend den Wirkungsgradverlauf. Sie weisen in der Nähe des Berechnungsvolumenstromes ein Minimum auf, weil die Stoßverluste bei der Anströmung der Laufradschaufeln und des Leitapparates hier ein Minimum haben.

Der Betriebspunkt einer Pumpe ergibt sich aus dem Schnitt der Förderhöhenkennlinie $H(V)$ mit der Anlagenkennlinie $H_A(V)$. Durch Drosselung in der Rohrleitung erhöht sich die Anlagenkennlinie und die Pumpe reagiert mit einer Verringerung des geförderten Volumenstromes, wie ebenfalls aus Abb. 5.16 ersichtlich. Der Betriebspunkt rückt von A_1 nach A_2.

Das Verhalten der Drosselkurve $H(V)$ und des Wirkungsgrades $\eta(V)$ bei Änderung am Laufrad (hier Laufraddurchmesser) und am Leitapparat zeigt Abb. 5.17. Der weitaus größte Einfluss geht vom Laufrad aus; der Leitapparat hat lediglich einen Einfluss auf den Wirkungsgradverlauf.

Bei der Turbinenströmung sind ebenfalls der Zuströmwinkel der Absolutströmung zum Laufrad und der Abströmwinkel der Relativströmung aus dem Laufrad annähernd konstant über dem Volumenstrom. Wegen der Richtungsumkehr aller Geschwindigkeiten sind dies jedoch jetzt die Winkel α_3 und β_0. Werden diese Winkel in die Hauptgleichung eingesetzt, erhält diese die Schreibweise

$$H_{th} = \frac{1}{g}\left[c_{3m} u_2 \cot\alpha_3 - u_1{}^2 + c_{0m} u_1 \cot\beta_0\right], \tag{5.7}$$

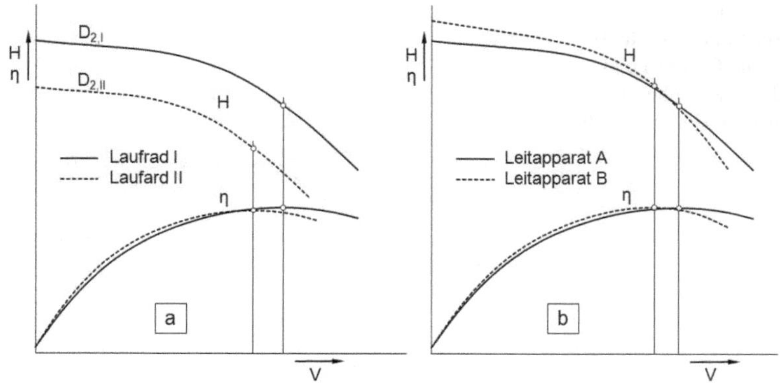

Abb. 5.17 Einfluss des Laufraddurchmessers (**a**) und der Leitvorrichtung (**b**) auf Drosselkurve und Wirkungsgradverlauf (Pumpbetrieb)

in welcher die Abhängigkeit zwischen theoretischer Fallhöhe und Durchfluss ausgedrückt ist. Über dem Volumenstrom, der sich wieder proportional zu c_{3m} und c_{0m} verhält, ergibt das den in Abb. 5.18 dargestellten linearen Verlauf. Im Gegensatz zur Pumpenströmung steigt H_{th} mit dem Volumenstrom an, bzw. steigt der Durchfluss mit der Fallhöhe. Bedingt durch die Umfangskomponente der das Rad saugseitig verlassenden Absolutströmung ist die Fallhöhe erst ab demjenigen Volumenstrom positiv, bei dem die Bedingung

$$c_{3m}u_2 \cot\alpha_3 + c_{0m}u_1 \cot\beta_0 = {u_1}^2 \tag{5.8}$$

Abb. 5.18 Darstellung der theoretischen Fallhöhe H_{th} entsprechend Gl. (5.8) und der Fallhöhe H über dem Volumenstrom (Turbinenbetrieb)

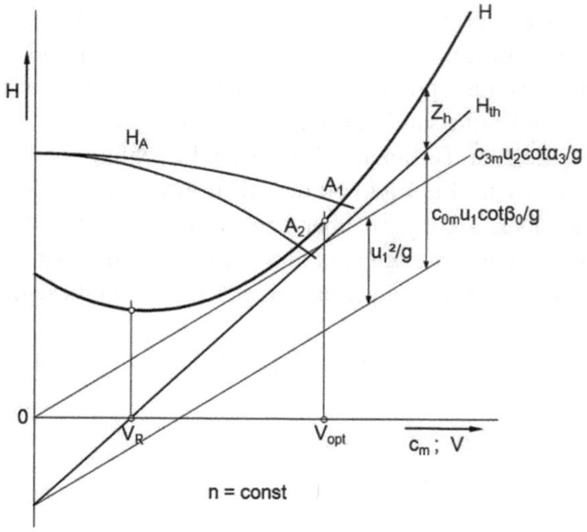

erfüllt ist. Die effektive Fallhöhe H der Turbine muss um die Energiehöhe der hydrodynamischen Verluste über der theoretischen Fallhöhe H_{th} liegen. Infolge von Stoßverlusten ergibt sich für die hydrodynamischen Verluste auch wieder ein Minimum, das den Volumenstrom besten Wirkungsgrades weitgehend mitbestimmt. Die Stoßverluste treten bei der Turbinenströmung hauptsächlich beim Eintritt ins Laufrad, also an seinem Außendurchmesser auf.

Wird bei der Turbine in der Rohrleitung gedrosselt, verringert sich die verfügbare Fallhöhe der Anlage und es stellt sich im Zusammenwirken mit der Turbinenkennlinie ebenfalls ein verringerter Durchfluss ein, wie aus Abb. 5.18 hervorgeht. Auch hier verschiebt sich der Betriebspunkt von A_1 zum kleineren Volumenstrom A_2.

Aus Abb. 5.19 ist ersichtlich, dass bei der Turbinenströmung der Leitapparat einen beherrschenden Einfluss auf die Fallhöhenkurve $H(V)$ ausübt, wogegen der Laufraddurchmesser im Wesentlichen nur den Wirkungsgradverlauf mitbestimmt. Die Einflüsse sind also genau entgegengesetzt zu denen bei der Pumpenströmung und es wird erklärlich, dass Änderungen der Pumpencharakteristik zur Leistungsanpassung vornehmlich durch Maßnahmen am Laufrad und Änderungen der Turbinencharakteristik durch den Leitapparat bewirkt werden, wie bereits erwähnt.

Vergleicht man die Kennlinien einer Kreiselpumpe im Pumpbetrieb mit ihren Turbinenkennlinien – wobei stets dieselbe Drehzahl für Pumpe und Turbine angenommen wird – fällt auf, dass Bestpunktvolumenstrom und Bestpunkthöhe im Turbinenbetrieb um ca. 30 % größer sind als im Pumpbetrieb (Abb. 5.20). Die Hauptursache hierfür liegt in der Minderumlenkung der Strömung im Schaufelgitter des Laufrades, die sich beim Pumpbetrieb als Minderleistung, im Turbinenbetrieb dagegen als „Mehrdurchfluss“ äußert.

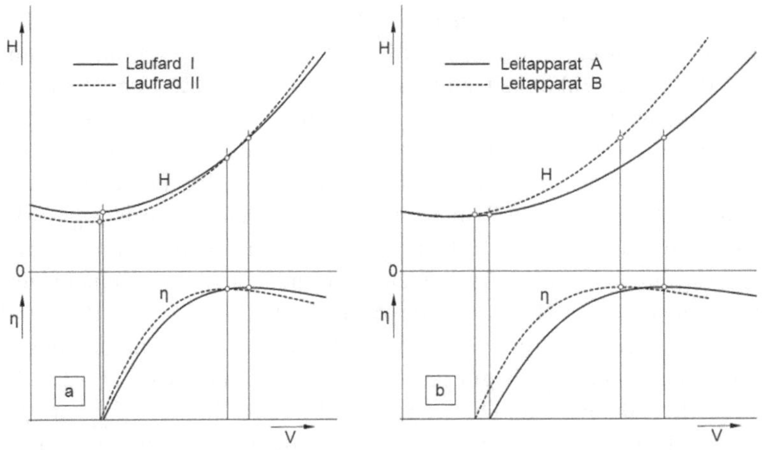

Abb. 5.19 Einfluss des Laufrades (**a**) und der Leitvorrichtung (**b**) auf Drosselkurve und Wirkungsgradverlauf im Turbinenbetrieb. (Nach [10])

Abb. 5.20 Gegenüberstellung der Pumpen- und Turbinenkennlinien einer Kreiselpumpe. (Nach [10])

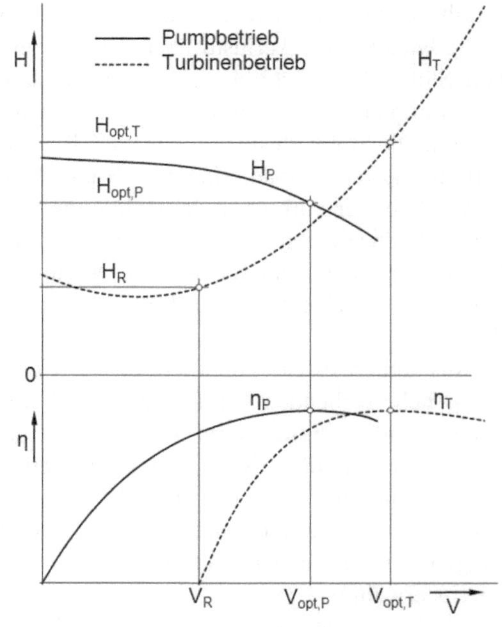

Man kann sich diese Gegebenheiten anhand der Geschwindigkeitsdreiecke auf der Saug- und Druckseite des Laufrades für die Pumpen- und Turbinenströmung verdeutlichen. Hierzu Abb. 5.21. Für das druckseitige Geschwindigkeitsdreieck gilt, dass die Winkel α_3 der Absolutströmung in beiden Fällen etwa gleich groß sind. Für den Fall der Pumpe gilt das Dreieck $A - B - C_P$. Die Relativströmung $w_{3,P}$ verlässt das Laufrad unter dem Winkel $\beta_{3,P}$, der deutlich kleiner ist als der Schaufelwinkel β_2. Das hat entsprechend kleinere Komponenten $c_{3m,P}$ und $c_{3u,P}$ zur Folge. Für den Fall der Turbine gilt das Dreieck $A - B - C_T$. Da die Schaufeln mit dem „stoßfreien" Winkel $\beta_{3,\mathrm{T}} \approx \beta_2$ angeströmt werden, sind die Geschwindigkeitskomponenten $c_{3m,T}$ und $c_{3u,T}$ größer als bei der Pumpenströmung. Die Relationen $c_{3m,T}/c_{3m,P}$ und $c_{3u,T}/c_{3u,P}$ sind jedoch gleich groß und haben etwa den Wert 1,3. Beim saugseitigen Geschwindigkeitsdreieck besteht die Bedingung, dass die Strömungswinkel a_0 für Pumpen- und Turbinenströmung etwa gleich groß sein müssen (in vielen Fällen ist $a_0 = 90°$). Für die Pumpenströmung wird der Schaufelwinkel β_1 nach dem Anströmwinkel $\beta_{0,P}$ der Relativströmung – aus verschiedenen Gründen meist mit einem gewissen Zuschlag – ausgerichtet (Geschwindigkeitsdreieck $D - E - F_P$). Bei der Turbinenströmung ist der Abströmwinkel $\beta_{0,T}$ infolge der Minderumlenkung größer als der Schaufelwinkel β_1. Es gilt das Geschwindigkeitsdreieck $D - E - F_T$. Insgesamt resultiert daraus eine Differenz zwischen den Winkeln $\beta_{0,T}$ und $\beta_{0,\mathrm{P}}$, die auch wieder etwa dem Unterschied der druckseitigen Volumenströme entspricht, nämlich ca. 30 %.

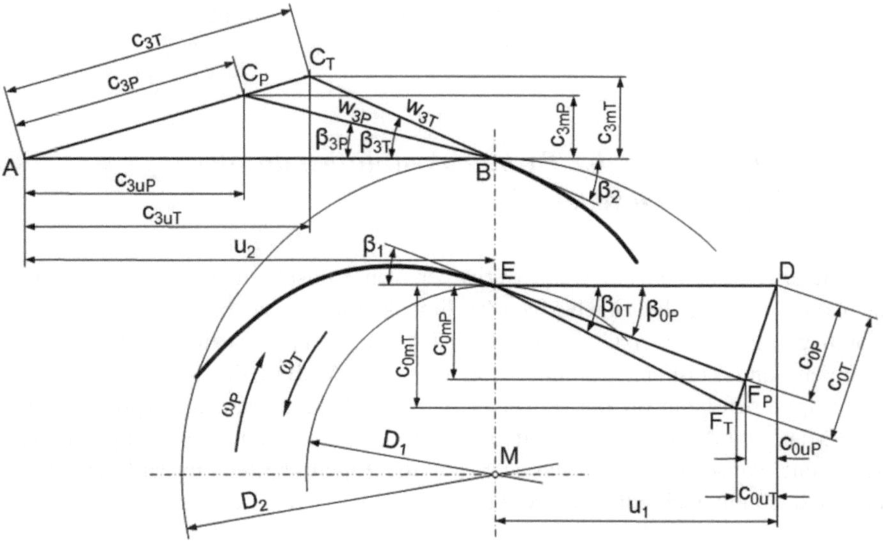

Abb. 5.21 Geschwindigkeitsdreiecke bei Pumpen- und Turbinenströmung. (Nach [10])

Somit ergibt sich der günstige Umstand, dass beim um ca. 30 % größeren Bestpunktvolumenstrom der Turbinenströmung sowohl saug- wie druckseitig insgesamt günstige Strömungsverhältnisse vorhanden sind, obwohl das Pumpenlaufrad nicht für diese Bedingungen ausgelegt wurde. Dies gibt eine Erklärung dafür, dass Pumpen im Turbinenbetrieb etwa den gleichen Wirkungsgrad erreichen wie im Pumpbetrieb. Bei kleinen spezifischen Drehzahlen ist er oft sogar etwas höher, weil hier die Verluste durch Leckage und Radseitenreibung einen wesentlichen Einfluss auf den Wirkungsgrad haben und ihr relativer Anteil im Turbinenbetrieb infolge der größeren durchgesetzten Leistung geringer wird. Mit zunehmender spezifischer Drehzahl spielen die hydrodynamischen Verluste in Form von „Profilverlusten" eine wachsende Rolle. Hier ergeben sich dann gewisse Nachteile für die Turbinenströmung, da die Hydrodynamik in erster Linie für die Pumpenströmung ausgelegt wird und die Profilverluste bei Strömungsumkehr größer sind. Man erreicht daher bei höheren spezifischen Drehzahlen nicht ganz den Pumpenwirkungsgrad.

Beim Einsatz einer rückwärtslaufenden Kreiselpumpe ist zu beachten, dass die Wellenleistung im Turbinenbetrieb wesentlich (ca. 70 bis 100 %) größer sein kann als im Pumpbetrieb, was sich aus den größeren Bestpunktwerten von Volumenstromes und der Fallhöhe ergibt und außerdem daraus, dass man eine rückwärtslaufende Pumpe möglichst hinter dem Bestpunkt betreibt, wo die Wellenleistung zusätzlich ansteigt.

Dagegen treten beim Turbinenbetrieb einer Spiralgehäusepumpe keine nennenswerten Radialkräfte auf Welle und Lager auf, da die Turbinenströmung und damit die Druckverteilung in der Spirale über dem Volumenstrom stets nahezu umfangssymmetrisch bleibt im Gegensatz zur Pumpenströmung, wo bei

Teil- und Überlast Unsymmetrien entstehen durch die erzwungene Anpassung der Geschwindigkeit an die Druckstutzengeschwindigkeit.

5.3.2 Bestimmung der Turbinenkennlinien aus der Pumpencharakteristik

Normalerweise liegen nur Charakteristiken von Kreiselpumpen vor und es stellt sich die Aufgabe, die zugehörigen Turbinenkennlinien zu bestimmen. Aus dem Vorausgesagten ist verständlich, dass es keine exakten Beziehungen zwischen Pumpen- und Turbinenströmung gibt, denn der Vielfalt der Anforderungen an Kreiselpumpen kann oft nur mit einer individuellen Auslegung entsprochen werden. Man kann bestimmte hydrodynamische Eigenschaften einer Pumpe auf verschiedene Weise erreichen, was sich auf die Eigenschaften im Turbinenbetrieb dann jedoch unterschiedlich auswirkt. Von Einfluss sind vor allem:

- Bauart (Spirale, Leitrad, Laufrad „fliegend" oder mit beidseitiger Lagerung, d. h. axiale oder seitlich Zuströmung, Ein- oder Mehrstufigkeit).
- Maschinengröße und hydrodynamische Güte.
- Reaktionsgrad (unter anderem abhängig vom Verhältnis des saugseitigen zum druckseitigen Durchmesser, damit auch abhängig von der spezifischen Drehzahl).

Eine exakte Vorausbestimmung der Turbinenkennlinie einer rückwärtslaufenden Pumpe wäre nur möglich, wenn alle Einflussgrößen quantifizierbar wären. Dies ist jedoch (noch) nicht möglich, wenn auch verschiedene Ansätze dazu versucht wurden [12]. Man geht daher den Weg, aus statistischen Auswertungen von Messungen an Pumpen im Turbinenbetrieb die wichtigsten Merkmale zu bestimmen [10, 13]. Damit ist man in vielen Fällen in der Lage, nach einem Näherungsverfahren zufriedenstellende Projektunterlagen zu schaffen. Fasst man gewisse hydrodynamische und konstruktive Merkmale von Pumpengruppen bzw. Bauarten zusammen, kann man den naturgemäß großen Streubereich solcher Auswertungen etwas einengen.

Es sollen hier drei Hauptmerkmale unterschieden werden:

Typ A: Spiralgehäusepumpen mit axialem Eintrittsstutzen (einseitige Lagerung)
Typ B: Spiralgehäusepumpen mit seitlichem Eintrittsstutzen (beidseitige Lagerung mit durchgehender Welle)
Typ C: Mehrstufige Pumpen mit Leitrad

Die in Abb. 5.22 dargestellten Faktoren werden als Funktion der spezifischen Drehzahl ausgedrückt und können aus Tab. 5.1 entnommen werden. Der Streubereich liegt bei Förderdaten bei rd. ± 10 %, beim Wirkungsgrad bei etwa 1 % bei größeren Leistungen und bis 2 % bei kleinen Leistungen.

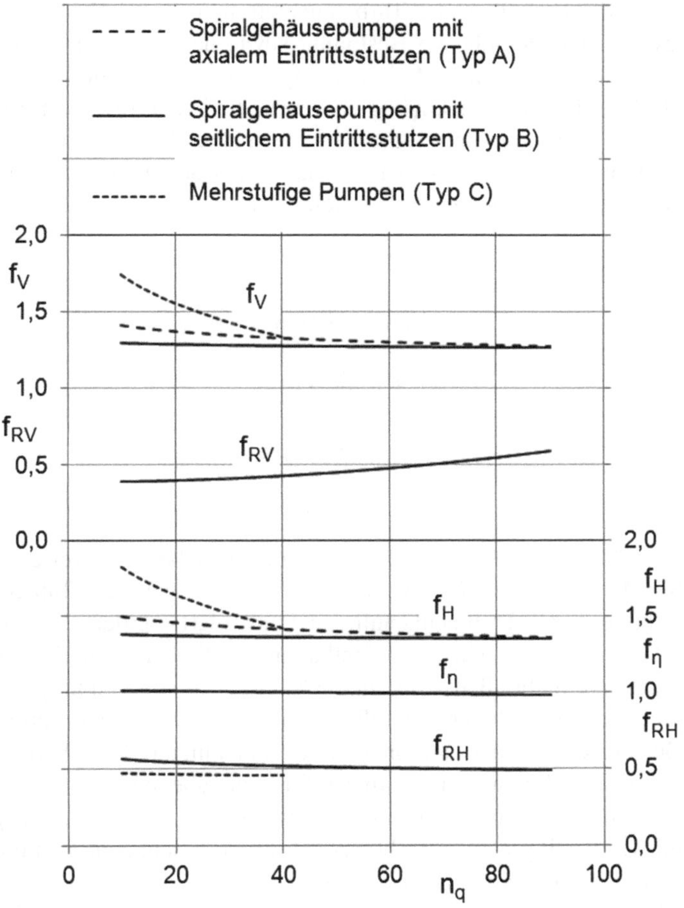

Abb. 5.22 Statistisch gewonnene Kennwerte

Tab. 5.1 Umrechnungsfaktoren

Typ A	Typ B	Typ C
$f_V = 1{,}98 - 0{,}45 n_q^{0{,}1}$	$f_V = 1{,}52 - 0{,}2 n_q^{0{,}05}$	$f_V = 2{,}72 - 0{,}55 n_q^{0{,}25}$
$f_H = 2{,}06 - 0{,}45 n_q^{0{,}1}$	$f_H = 1{,}6 - 0{,}2 n_q^{0{,}05}$	$f_H = 2{,}8 - 0{,}55 n_q^{2{,}5}$
$f_{R_V} = 0{,}39 + 2{,}5 \cdot 10^{-5} n_q^2$	$f_{R_V} = 0{,}39 + 2{,}5 \cdot 10^{-5} n_q^2$	$f_{R_V} = 0{,}39 + 2{,}5 \cdot 10^{-5} n_q^2$
$f_{R_H} = 1{,}24 - 0{,}6 n_q^{0{,}05}$	$f_{R_H} = 1{,}24 - 0{,}6 n_q^{0{,}05}$	$f_{R_H} = 0{,}7 - 0{,}2 n_q^{0{,}05}$
$f_\eta = 1{,}015 - 4 \cdot 10^{-4} n_q$	$f_\eta = 1{,}015 - 4 \cdot 10^{-4} n_q$	$f_\eta = 0{,}99$

Wesentlich für die Erstellung der Turbinenkennlinien ist die Kenntnis des Volumenstromes und der Fallhöhe im Bestpunkt sowie des Volumenstromes und der Fallhöhe im Punkt beginnender Leistungsabgabe (Leerlaufpunkt) bei konstanter Drehzahl. Es hat sich als zweckmäßig erwiesen, die Werte für den Bestpunkt der Turbine mittels Faktoren f_V und f_H aus den entsprechenden Werten des Bestpunktes der Pumpe und die Werte für den Leerlaufpunkt aus dem vorher bestimmten Werten des Turbinenbestpunktes zu ermitteln, also

$$V_{opt_T} = f_V V_{opt_P}, \tag{5.9}$$

$$H_{opt_T} = f_H H_{opt_P} \tag{5.10}$$

$$V_R = f_{R_V} V_{opt_T} \tag{5.11}$$

$$H_R = f_{R_H} H_{opt_T} \tag{5.12}$$

$$\eta_{opt_T} = f_\eta \eta_{opt_P} \tag{5.13}$$

Liegen die Größen V_{opt}; H_{opt}; V_R; H_R; η_{opt}, die man beispielsweise mittels der Gl. (5.9) bis (5.13) und der Kennwerte nach Abb. 5.22 bzw. aus Tab. 5.1 bestimmen kann, können die Turbinenkennlinien konstruiert werden. Wenngleich die Faktoren relativ große Unsicherheiten enthalten, ist die Ungenauigkeit im Verlauf der Fallhöhenkurve nicht allzu groß, da die Streuungen von f_V und f_H meist in die gleiche Richtung gehen. Dadurch hat die Streuung lediglich einen Einfluss auf die Lage des Bestpunktes auf der Fallhöhenkurve und kaum auf deren Verlauf selbst.

Die Turbinenkennlinien werden meist für eine übersynchrone Schlupfdrehzahl benötigt, die rd. 3 % über der (untersychronen) Pumpendrehzahl liegt. Dieser Unterschied wirkt sich praktisch nicht aus auf die Turbinenkennlinien und braucht daher nicht weiter berücksichtigt zu werden.

Die Fallhöhenkurve $H(V)$ wird als Teil einer quadratischen Parabel konstruiert, was den tatsächlichen Gegebenheiten genügend genau entspricht, denn die hydrodynamischen Verluste weisen – zumal im Bereich um den Bestpunkt – auch eine etwa quadratische Abhängigkeit vom Durchfluss auf. Die quadratische Parabel wird so ausgelegt, dass ihre Tangente im Bestpunkt (V_{opt}; H_{opt}) durch den Punkt (V_R; 0) geht. Durch diese Bedingung wird erreicht, dass das Wirkungsgradmaximum für die konstruierten Kurven exakt im Bestpunkt zu liegen kommt. Die Zusammenhänge gehen aus Abb. 5.23 hervor.

Mit der allgemeine Form einer quadratischen Parabel

$$H = aV^2 + bV + c. \tag{5.14}$$

ihrer 1. Ableitung

$$\frac{dH}{dV} = 2aV + b \tag{5.15}$$

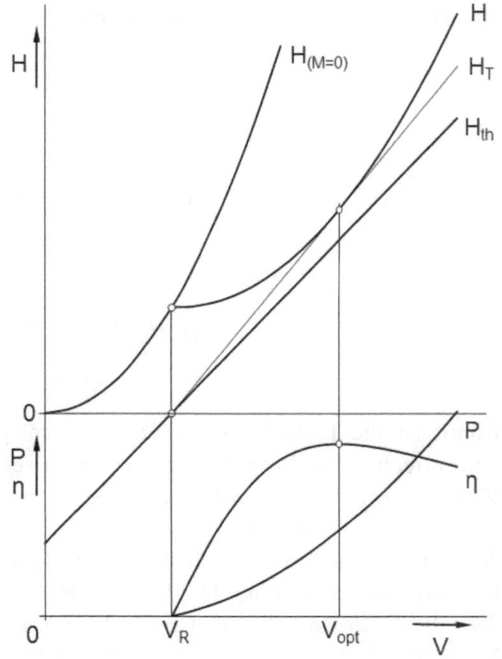

Abb. 5.23 Konstruierte Turbinenkennlinie

und den drei Bedingungen

$$H = H_{opt} \quad \text{wenn} \quad V = V_{opt}$$

$$H = H_R \quad \text{wenn} \quad V = V_R$$

$$\frac{dH}{dV} = \frac{H_{opt}}{V_{opt} - V_R} \quad \text{wenn} \quad V = V_{opt} \quad \text{(Tangentenbedingung)}$$

findet man die folgenden drei voneinander unabhängigen Gleichungen zur Bestimmung der Konstanten a, b und c

$$H_{opt} = aV_{opt}{}^2 + bV_{opt} + c$$

$$H_R = aV_R{}^2 + bV_R + c$$

$$b = \frac{H_{opt}}{V_{opt} - V_R} - 2aV_{opt}$$

und durch Subtraktion sowie Substitution schließlich

$$a = \frac{H_R}{\left(V_{opt} - V_R\right)^2} \tag{5.16}$$

$$b = \frac{H_{opt} V_{opt} - H_{opt} V_R - 2 H_R V_{opt}}{\left(V_{opt} - V_R\right)^2} \tag{5.17}$$

$$c = \frac{V_{opt}\left(H_{opt} V_{opt} - H_{opt} V_R - H_R V_{opt}\right)}{\left(V_{opt} - V_R\right)^2} \tag{5.18}$$

Damit ist die Fallhöhenkurve $H(V)$ festgelegt. Die Wellenleistung der Turbine wird errechnet als Produkt aus der theoretische Fallhöhe und dem Volumenstrom V, wobei H_{th} durch eine Gerade gegeben ist, die durch die Punkte (V_{opt}; $H_{th,opt}$) und (V_R; 0) geht, mit $H_{th,opt} = \eta_{opt} H_{opt}$. Die Leistungskurve hat demnach ebenfalls den Verlauf einer quadratischen Parabel. Beim Volumenstrom V_R beginnt die Leistungsabgabe der Turbine. Die Vorgabe $H_{th,opt} = \eta_{opt} H_{opt}$ enthält die Vereinfachung, dass die Fallhöhe außer den hydrodynamischen Verlusten auch die Scheibenreibungs- und Spaltverluste sowie die mechanischen Verluste enthält, was zwar nicht exakt zutrifft, jedoch das gesamte Vorgehen stark vereinfacht und angesichts des Streubereiches der Faktoren nach Abb. 5.22 als zulässig angesehen wird.

Werden die Konstanten nach Gl. (5.16) bis (5.18) in Gl. (5.14) eingesetzt, findet man die Fallhöhenkurve zu

$$H = \frac{H_R V^2 + \left(H_{opt} V_{opt} - H_{opt} V_R - 2 H_R V_{opt}\right) V + V_{opt}\left(H_{opt} V_{opt} - H_{opt} V_R - H_R V_{opt}\right)}{\left(V_{opt} - V_R\right)^2}. \tag{5.19}$$

Ferner ist die theoretische Fallhöhe

$$H_{th} = \frac{H_{th,opt}(V - V_R)}{V_{opt} - V_R} \tag{5.20}$$

und die Leistungsabgabe

$$P = \frac{\rho g \eta_{opt} H_{opt} V (V - V_R)}{V_{opt} - V_R} \tag{5.21}$$

Der Wirkungsgrad ergibt sich als Quotient aus abgegebener mechanischer und aufgenommener hydrodynamischer Arbeit. Da jedoch nach den vereinfachenden Annahmen alle Verluste in der theoretischen Fallhöhe enthalten sind, ist der Wirkungsgrad auch gleichzeitig der Quotient aus der theoretischen und der tatsächlichen Fallhöhe, d. h.

$$\eta = \frac{H_{th}}{H}. \tag{5.22}$$

Die Leerlaukennlinie $H_{(M=0)}$ gibt die Zuordnung von Fallhöhe und Volumenstrom bei fehlender bzw. beginnender Leistungsabgabe wieder. Da die Maschine hierbei nicht gebremst wird, stellt sich die Drehzahl je nach Fallhöhe frei ein. Die Leerlaufkennlinie hat den Verlauf einer quadratischen Parabel durch den Punkt (V_R; H_R) mit Scheitel im Ursprung. Sie wird ausgedrückt durch die Funktion

$$H_{(M=0)} = \left(\frac{V}{V_R}\right)^2 H_R \tag{5.23}$$

Für die praktische Anwendung bestimmen wir zuerst die theoretische Fallhöhe H_{th} gemäß Gl. (5.20) und die Tangente H_T nach

$$H_T = \frac{H_{opt}(V - V_R)}{V_{opt} - V_R} \tag{5.24}$$

sowie die hydrodynamischen Verluste

$$Z_h = \frac{H_R\left(V - V_{opt}\right)^2}{\left(V_{opt} - V_R\right)^2}, \tag{5.25}$$

so dass sich die Fallhöhe H außer nach Gl. (5.19) ganz einfach als Summe der Tangente und der hydrodynamischen Verluste ergibt, also

$$H = H_T + Z_h. \tag{5.26}$$

Abgegebene Leistung, Wirkungsgrad und Leerlaufkennlinie sind nach Gl. (5.21) bis (5.23) zu bestimmen.

Bezüglich Kavitation sind Turbinen allgemein weniger empfindlich als Kreiselpumpen. Dies gilt auch für Kreiselpumpen im Turbinenbetrieb und hängt damit zusammen, dass auf der Saugseite des Laufrades, wo die geringsten Drücke herrschen, nicht noch zusätzliche Druckabsenkungen infolge von Übergeschwindigkeiten bei der Profilanströmung auftreten. Außerdem bilden sich eventuelle Kavitationsblasen eher stromabwärts vom Laufrad und nicht im Schaufelkanal aus. Wenn keine speziellen Messergebnisse vorliegen, kann man mit einer gewissen Sicherheitsreserve für den gegenüber der Pumpe vergrößerten Bestpunktvolumenstrom der Turbine den *NPSH*-Wert der Pumpe einsetzen.

5.3.3 *Regelung durch Drehzahländerung*

Wie bereits erwähnt, haben Pumpen, die als Turbine arbeiten, keine Reguliereinrichtung wie echte Turbinen, die meist mit verstellbarem Leitapparat versehen sind. Gerade in der klassischen Anwendung der Wasserturbine mit wenig sich ändernder Fallhöhe, aber stark variablem Durchfluss, erfüllt diese Art der Regelung sehr weitgehend die Anforderungen, so dass diese Maschinen in einem weiten Bereich stets bei gutem Wirkungsgrad betrieben werden können. Aus dargelegten Gründen haben Pumpen diese Art der Regelung nicht. Eine der Turbinenregelung ähnlich wirksame Regelung wäre im Pumpbetrieb eine Laufschaufelverstellung mit veränderlichem Schaufelaußendurchmesser und/oder veränderlichen Schaufelwinkeln, die jedoch aus konstruktiven Gründen ebenfalls nicht angewendet wird, zumal man mit Drehzahlverstellung bei Kreiselpumpen etwa den gleichen Effekt erzielt. Es liegt nun nahe, die Möglichkeit dieser für Pumpen sehr günstige Drehzahlregelung für den Turbinenbetrieb zu untersuchen. Nach voran Gesagtem sind nur sehr begrenzte Vorteile zu erwarten.

Nach dem Affinitätsgesetz, das für Turbinen genauso gilt wie für Pumpen, ergeben sich die Fallhöhen bei verschiedenen Drehzahlen als eine Schar von parabelähnlichen Kurven, wie aus Abb. 5.24 ersichtlich. Auf den ersten Blick überrascht, dass – im Gegensatz zum Pumpbetrieb – zur Reduzierung des Durchflusses bei gleichbleibender Fallhöhe (bzw. Förderhöhe) die Drehzahl erhöht werden muss. Wird andererseits die Maschine bei variabler Drehzahl abgebremst, steigt der Durchfluss – je nach Ausgangslage allerdings oft nur geringfügig bis gar nicht – an. Die in Abb. 5.24 gezeigte Schar von Fallhöhenkurven über dem Volumenstrom bei verschiedenen Drehzahlen gilt jedoch nicht für die Drehzahl null. Die Fallhöhenkurve für $n=0$ ist zwar auch eine quadratische Parabel (genauer eine Widerstandsparabel und ihr Scheitel liegt folgerichtig im Ursprung), doch hängt ihr Verlauf ab von der Stellung der Laufradschaufeln zum Leitapparat im festgebremsten Zustand. Konkrete Angaben über den Verlauf sind daher nicht möglich.

Die Hüllkurve der Fallhöhen und die Leerlaufkennlinie geben die Grenzen an, außerhalb derer die Maschine nicht betrieben werden kann, während die Hüllkurve der Wellenleistungen die maximal mögliche Leistungsabgabe begrenzt. Der Vergleich mit den entsprechenden Einzelkurven der Fallhöhe und der Wellenleistung bei der konstanten Drehzahl n_N zeigt, dass sowohl bei konstanter Anlagenfallhöhe und variablem Durchfluss als auch bei konstantem Durchfluss und variabler Anlagenfallhöhe praktisch keine Vorteile durch Drehzahländerung erreicht werden. Lediglich bei gleichsinniger Änderung von Durchfluss und Fallhöhe bietet die Drehzahlregelung einen Vorteil, wenn der Betriebspunkt sich nahe einer Affinitätsparabel verändert und die Maschine dabei stets mit etwa gleich gutem Wirkungsgrad arbeiten kann. Der Gewinn an Leistung ist jedoch auch hier gering, da die Fallhöhenkurve bei konstanter Drehzahl sich nicht stark von einer Affinitätsparabel unterscheidet und der Wirkungsgrad einer Turbine bei Überlast nur langsam abfällt.

Ein Vorteil der Regelung mittels Drehzahlverstellung kann darin gesehen werden, dass sich spezielle Drosselorgane erübrigen, da die Drosselung innerhalb der Maschine durch verminderten Wirkungsgrad stattfindet.

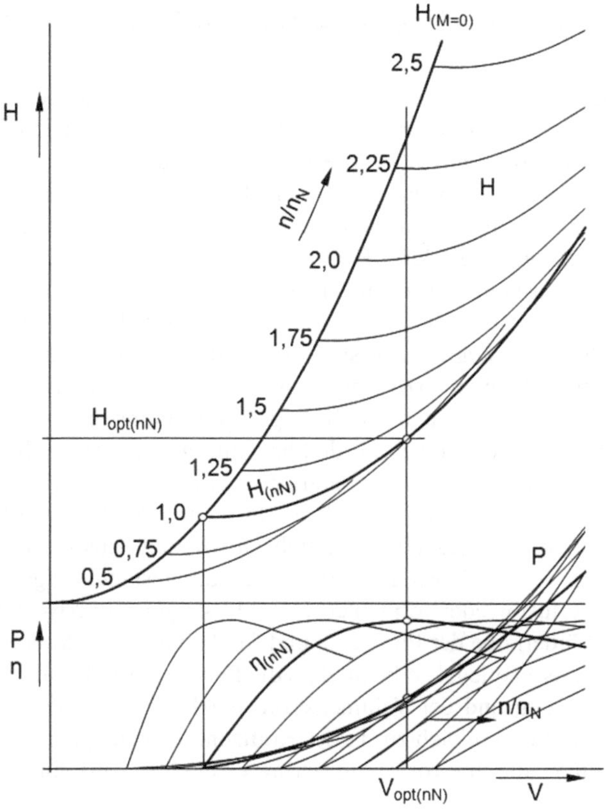

Abb. 5.24 Zum Vergleich von Drosselung und Drehzahlverstellung

Abb. 5.25 Einsatz einer rückwärtslaufenden Pumpe zu Energiegewinnung, mit Schwungrad zur Begrenzung des Druckstoßes bei Lastabwurf. V = 1530 m³/h, H = 160 m, n = 1507 U/min (SULZER)

5.3.4 Änderung der Pumpencharakteristik mittels Turbine

Turbinen allgemein – aber auch speziell als Turbinen arbeitende Pumpen – lassen sich in Prozessen einsetzen, wo eine extrem steile Pumpen-Förderhöhenkurve gefordert ist. Bei großen hydroelektrischen Kraftwerken im Gebirge lohnt es sich häufig, Wasser aus wenig unterhalb des Stausees liegenden Vorkommen in den Stausee zu pumpen, weil die dazu benötigte Energie gering ist gegenüber der mit dann wesentlich größerer Fallhöhe in der Kraftstation im Tal zu gewinnenden Energie. Wird ein Stausee mit (jahreszeitlich) stark schwankendem Niveau aus einem Reservoir gespeist, das relativ wenig unterhalb des niedrigsten Wasserstands des Stausees liegt, ergibt sich für die dazu eingesetzte Pumpe ein sehr großer Förderhöhenbereich ΔH, der normalerweise von üblichen Kreiselpumpen nicht erbracht werden kann. Drehzahlgeregelte Pumpen sind dazu auch nur bedingt geeignet, da bei kleiner Förderhöhe infolge kleiner Drehzahl auch der Volumenstrom gering wird, aber andererseits gerade bei niedrigem Wasserstand im Stausee der Bedarf an Wasser hoch ist. In älteren Anlagen wird der von der Pumpe benötigte Mindestgegendruck mittels Drosselung eingestellt, was bedeutet, dass bei geringer erforderlicher Förderhöhe fast die gesamte aufgewendete Energie als Drosselverlust wieder vernichtet wird. Mit steigendem Niveau im Oberwasser nimmt die Förderhöhe der Pumpe zu und folglich die erforderliche Drosselung ab. Ist der Oberwasserspiegel so hoch, dass die Pumpe normal fördern kann, unterbleibt die Drosselung und der Volumenstrom regelt sich über die normale Pumpencharakteristik. Im Vergleich zur in der Kraftzentrale erzeugten Energie mag die Energievernichtung durch Drosselung gering erscheinen; absolut gesehen ist sie aber oft beträchtlich.
Mittels einer hinter der Pumpe installierten Rekuperationsturbine lässt sich die Drosselregelung mit ihren Verlusten vermeiden. Als Turbine eignen sich sehr gut rückwärtslaufende Pumpen, da Regelbarkeit nicht erforderlich ist. Die Turbine ist so auszulegen, dass ihre Fallhöhe bei gegebenem Volumenstrom der größten bisher durch Drosselung zu vernichtenden Pumpenförderhöhe entspricht. Subtrahiert man die Fallhöhe – die bekanntlich überproportional mit dem Volumenstrom zunimmt – von der Pumpenförderhöhe, ergibt sich eine sehr steile „Pumpenkennlinie", die beliebig weit, theoretisch bis zur Förderhöhe „null" ausgefahren werden kann. Die Turbine gewinnt einen großen Teil der zum Pumpenantrieb aufgewendeten Leistung zurück. Das macht sich besonders dort bemerkbar, wo am meisten gedrosselt werden müsste, also beim maximalen Förderstrom, und kann bis zu gut 50 % der Pumpenantriebsleistung betragen.

Abbildung 5.26 zeigt als Beispiel eine Zubringerpumpe zu einem Stausee, der eine jahreszeitliche Niveauschwankung von maximal $\Delta H = 90$ m aufweist, wobei die minimale Förderhöhe beim unteren Seespiegel etwa $H_{min} = 10$ m, die maximale also $H_{max} = 100$ m beträgt. Vom Stausee gelangt das Wasser dann mit einem Gefälle von ca. 1000 m zur Kraftzentrale. Auf diese Fallhöhe bezogen, relativieren

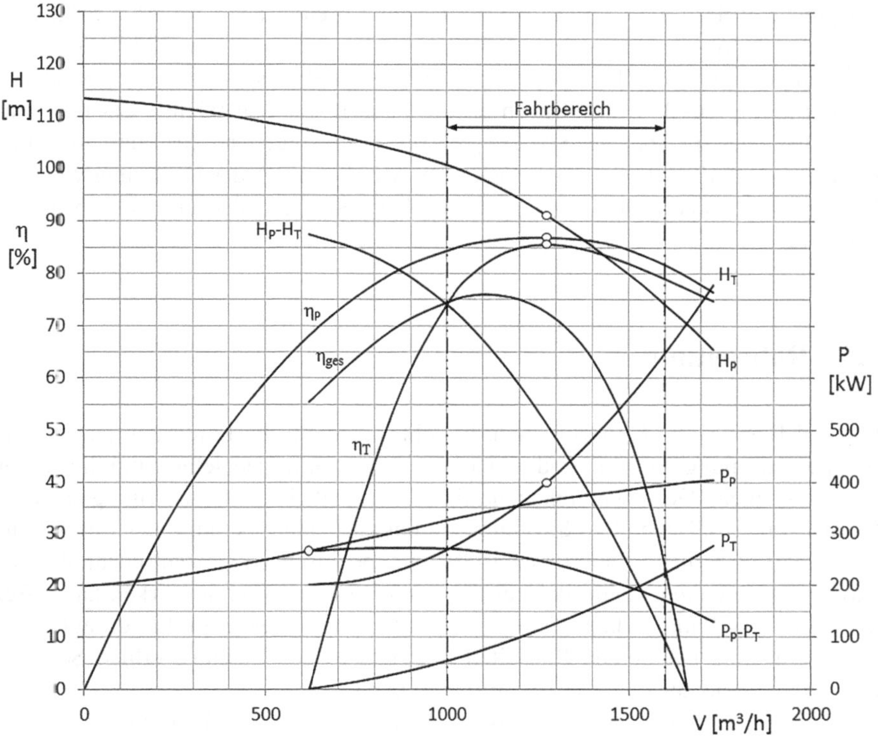

Abb. 5.26 Charakteristik einer Pumpe mit nachgeschalteter Rückgewinnungsturbine. H_P Förderhöhe der Pumpe allein; H_T Fallhöhe der Turbine; $H_P - H_T$ verbleibende Förderhöhe hinter der Turbine; P_P Leistungsbedarf der Pumpe; P_T Leistungsabgabe der Turbine; $P_P - P_T$ Rest-Leistungsbedarf der Pumpe; η_P Wirkungsgrad Pumpe; η_T Wirkungsgrad Turbine; η_{ges} Gesamtwirkungsgrad, bezogen auf $H_P - H_T$ und $P_P - P_T$

sich die Niveauschwankungen von $\Delta H = 90$ m. Der Förderbereich der verwendeten Pumpe liegt zwischen $V_{min} = 1000$ m³/h und $V_{max} = 1600$ m³/h. Die Pumpe ist ausgelegt für $V_{opt} = 1275$ m³/h auf $H = 91$ m bei $n = 1490$ U/min. Ohne Drosselung würde die Pumpe bei niedrigem Wasserstand im Oberwasser unzulässig stark kavitieren. Durch Drosselung wird beim maximal zulässigen Volumenstrom die Antriebsleistung von $P \approx 400$ kW fast völlig vernichtet.

Wird der Pumpe eine zweite Pumpe nachgeschaltet, die rückwärtslaufend als Turbine arbeitet, kann der Drosselbetrieb gänzlich vermieden werden. Diese Turbine wird so ausgelegt, dass ihr Bestpunkt bei etwa dem gleichen Volumenstrom liegt wie der Bestpunkt der Förderpumpe und die Fallhöhe beim maximal zulässigen Förderstrom um die Mindestförderhöhe geringer ist als die Förderhöhe der Pumpe. Wird der Pumpbetrieb bei minimalem Wasserstand im Oberwasser aufgenommen, fördert das Aggregat zunächst $V = 1600$ m³/h auf $H = 10$ m. Die Turbine rekuperiert dabei etwa 225 kW. Mit steigendem Füllstand geht die Förderung entsprechend der $(H_P - H_T)$-Kurve zurück und erreicht bei $V = 1000$ m³/h eine Höhe von 75 m; die rekuperierte Leistung beträgt jetzt noch ca. 55 kW. Von diesem Punkt ab wird die Turbine durch Öffnen eines Bypasses umgangen, wodurch die Förderung auf $V = 1600$ m³/h ansteigt und bis zum Erreichen des maximalen Füllstandes im Speicher von $H_{max} = 100$ m entsprechend der Pumpenkennlinie wieder auf $V = 1000$ m³/h zurück geht. Mit dieser Art der Förderung wird die Leistungsaufnahme gegenüber dem Drosselbetrieb somit also um ca. 225 bis 55 kW reduziert.

5.4 Rohrleitungen

Für den Betrieb von Kreiselpumpen besteht allgemein die Forderung nach drallfreier Zuströmung zum Laufrad, gepaart mit über dem Querschnitt möglichst gut ausgeglichenem Geschwindigkeitsprofil. Unausgeglichene Geschwindigkeitsprofile und mit Drall behaftete Strömung führen zu Fehlanströmung der Laufschaufeln, was sich je nach Bauart, Baugröße und spezifischer Drehzahl nachteilig auf Kavitationsverhalten, Laufruhe, Leistung und Wirkungsgrad auswirken kann. Bei doppelflutigen Pumpen kann ein einseitiges Geschwindigkeitsprofil zu ungleicher Beaufschlagung der beiden Radseiten führen, was zu Leistungsverlust, Schwingungen und erhöhter Lagerbelastung führen kann.

Aus hydrodynamischer Sicht ist zudem stets eine Minimierung der Strömungsverluste in Rohrleitungen anzustreben. Strömungsverluste entstehen durch Wandreibung und durch Verwirbelung an Querschnitts- und Richtungsänderungen. Sie wachsen etwa mit dem Quadrat der Strömungsgeschwindigkeit und vernichten letztlich die Energie des gesamten dynamischen Anteils der Anlagenkennlinie. Zur Minimierung der Verluste ist daher neben niedriger Strömungsgeschwindigkeit vor allem eine strömungsgünstige, d. h. möglichst ablösungsarme Strömungsführung zu verwirklichen. Die Erfüllung dieser Forderungen wird jedoch in den meisten Fällen nur begrenzt möglich sein, da immer Kompromisse geschlossen werden müssen zwischen Aufwand und Nutzen. Manche gravierenden Fehler lassen sich aber im Voraus vermeiden, wenn grundsätzliche Eigenheiten der Strömung beachtet werden, die hauptsächlich von den Grenzschichten bestimmt sind. Die beschleunigte reale Strömung folgt problemlos und verlustarm fallenden Drücken und verhält sich weitgehend wie eine ideale, also reibungsfreie (Potenzial)-Strömung. Die durch die Wandreibung erzeugte Grenzschicht bildet sich nur sehr gering aus, da auch sie von der Beschleunigung erfasst wird. Die Verzögerung einer Strömung kann dagegen sehr verlustreich sein, wenn nicht bestimmte Kriterien beachtet werden. Denn die Strömung gegen steigenden Druck, d. h. die verzögerte Strömung, entspricht nur sehr wenig der idealen Strömung. Die Ursache hierzu liegt in den Grenzschichten. Durch Wandreibung sind die Grenzschichten energieärmer und langsamer als die Hauptströmung. Wird die Strömung – und mit ihr auch die Grenzschicht – verzögert, kommt die Grenzschicht sehr bald zum

Stillstand und strömt bei weiterem Druckanstieg zurück. Durch die Querbewegung in der turbulenten Strömung gelangen zwar energiereichere Fluidteilchen in die Grenzschicht, wodurch im weiteren Verlauf schließlich dann doch ein weiterer Druckanstieg bewältigt wird. Da der Energieaustausch jedoch begrenzt ist, ist es erklärlich, dass die Verzögerung behutsam, d. h. über eine längere Wegstrecke, vorgenommen werden muss. Hier sei auch auf Kap. 2.9 verwiesen.

Krümmerströmung Unausgeglichene Geschwindigkeitsprofile entstehen hauptsächlich durch Krümmer, aber auch durch plötzliche und asymmetrische Querschnittserweiterungen, somit auch durch teilweise geöffnete Flachschieber oder andere Absperr- und Regelorgane, ferner durch Rohrverzweigungen und -einbindungen. Bei der Krümmerströmung steigt durch die Richtungsänderung auf der Außenseite bis etwa zum Scheitelpunkt der Druck über den mittleren statischen Druck an; die Strömung wird verzögert. Dadurch verdickt sich dort die Grenzschicht; es kommt aber kaum zur Ablösung, da hier der Strömungsweg relativ lang ist. Im weiteren Verlauf wird die Strömung zum Ende des Krümmers hin wieder beschleunigt, weil sich der Druck wieder auf den mittleren Wert einstellt. Das bereitet keine Ablöseprobleme. Auf der Krümmerinnenseite fällt der Druck durch die Richtungsänderung bis zum Scheitel zunächst unter den mittleren Druck ab; die Strömung wird beschleunigt. Anschließend muss sie auf relativ kurzem Weg zum Ende des Krümmers verzögert werden, wobei die Grenzschicht stark zunimmt und die Strömung zur Ablösung neigt. Die Ablöseneigung und damit die Druckverluste steigen mit dem Verhältnis von Rohrdurchmesser D zu Krümmungsradius R. Unterhalb $R/D \approx 2$ ist stets mit beginnender Ablösung zu rechnen. Auch wenn keine Ablösung erfolgt, verlagert sich die Hauptströmung nach außen, wodurch das Geschwindigkeitsprofil hinter Krümmern stets sehr unausgeglichen ist. Nach dem Prinzip des kleinsten Zwanges bildet sich bei jeder Krümmerströmung ein Doppelwirbel aus, der sich der meridianen Komponente überlagert. Hierzu Abb. 5.27.

Bezieht man die Druckverluste auf die Geschwindigkeit c der ausgeglichenen Rohrströmung, kann man nach [14] bei Krümmern mit Kreisquerschnitt für

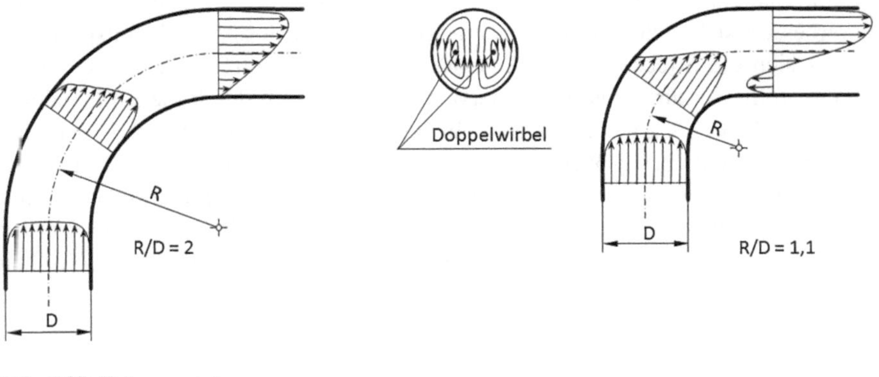

Abb. 5.27 Krümmerströmung

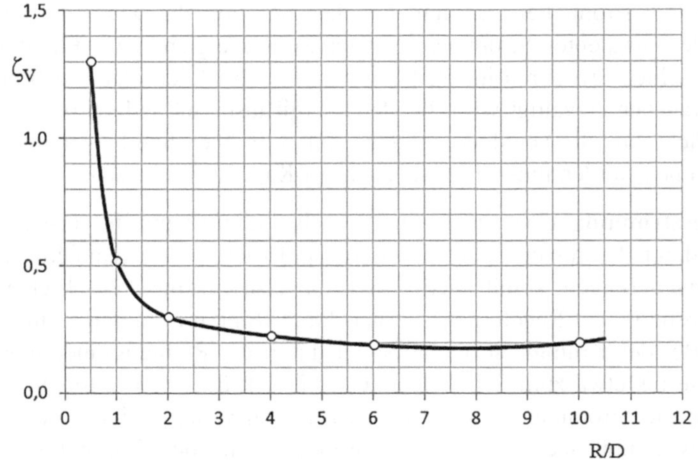

Abb. 5.28 Verlustbeiwerte von Krümmern mit Kreisquerschnitt (Nach [14])

überschlägliche Verlustrechnungen mit Verlustbeiwerten ζ_v nach Abb. 5.28 rechnen, wobei $H_v = \zeta_v c^2/2g$.

Unausgeglichene Geschwindigkeitsprofile können mit Hilfe verschiedener Maßnahmen abgebaut werden:

- **Krümmungsradius** Die Krümmerströmung kann nach Vorangehendem verbessert werden durch große Krümmungsradien, bezogen auf den Rohrdurchmesser. Ab einem Verhältnis $R/D \approx 2$ bringt ein größerer Radius nur noch geringe Verbesserungen; das Minimum liegt bei $R/D \approx 7 \div 8$. Danach steigen die Verluste wieder leicht an, da die Reibungsverluste mit zunehmender Weglänge die Ablöseverluste im Krümmer überwiegen. Ist ein günstiges Radius-Durchmesserverhältnis nicht ausführbar, kann eine Verbesserung der Strömung durch eine Rippe im Krümmer erreicht werden, wie in Abb. 5.29a gezeigt. Praktisch wird der Krümmer durch diese Rippe in zwei Teilkrümmer getrennt, die jeder für sich ein günstigeres Radius/Durchmesser-Verhältnis und damit geringere Ablöseneigung und Druckverluste aufweisen. Durch die beiden Teilströme verbessert sich außerdem hinter dem Krümmer das Geschwindigkeitsprofil, so dass sich die Strecke bis zur Ausbildung eines ausgeglichenen Geschwindigkeitsprofils verkürzt. Die Krümmerverluste lassen sich durch diese Maßnahme um ca. 20 % bis 25 % reduzieren. In Weiterverfolgung des Prinzips der Mittelrippe können bei größeren Leitungsdurchmessern auch mehrere Rippen zur Anwendung kommen, deren Abstand von einander zur Krümmerinnenseite hin kleiner gewählt wird als außen, damit in etwa das gleiche Verhältnis *R/D* für alle Teilkrümmer eingehalten wird. (Für *D* setzt man dabei den hydraulischen

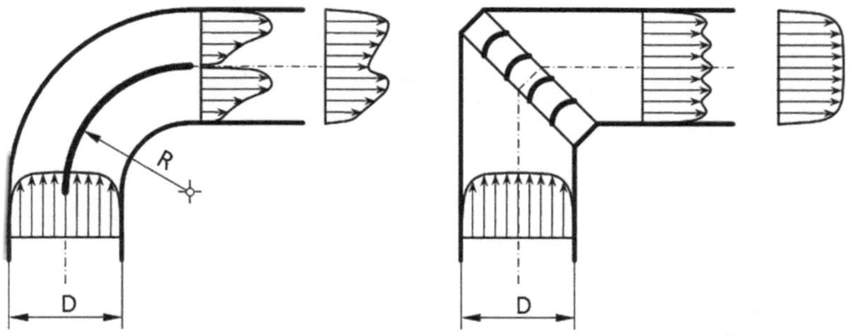

Abb. 5.29 Verbesserung der Umlenkung durch Rippen

Durchmesser des jeweiligen „Krümmer-Kanals". Beim halben Kreisquerschnitt ist $D_h = 0{,}75\,D$).

Aus dem Bau von Windkanälen stammen die sog. „Windkanalkrümmer", die mittels eines Gitters aus profilierten Umlenkrippen eine sehr verlustarme Richtungsänderung auf kürzestem Weg ermöglichen und mit denen sehr gute Ergebnisse erzielt werden, (Abb. 5.29b). Ursprünglich für rechteckige Kanalquerschnitte entwickelt, lassen sie sich auch bei Kreisquerschnitten anwenden. Umlenkrippen in Krümmern wirken sich auch Drall vermindernd auf die Strömung aus. Der Verlustbeiwert von Windkanalkrümmern kann mit $\zeta_v \approx 0{,}18 \div 0{,}2$ angenommen werden.

Sehr ungünstig sind Krümmer ohne Übergangsradius an der Innenseite. Die scharfkantige Umlenkung erzeugt sehr starke Strömungsablösung mit entsprechend großem Druckverlust und sehr unausgeglichenem Geschwindigkeitsprofil. Bei der Abwasserbehandlung kommen zuweilen solche Krümmer bei betonierten rechteckigen Querschnitten zur Anwendung. Durch einen Rücksprung, wie in Abb. 5.30 rechts gezeigt, lässt sich die Strömung deutlich dadurch verbessern, dass in ihm ein Wirbel erzeugt wird, der bei richtiger Dimensionierung wie eine Abrundung wirkt und die Strömung gewissermaßen um die Ecke „saugt". Nach diesem Prinzip lassen sich auch Diffusoren – sog.

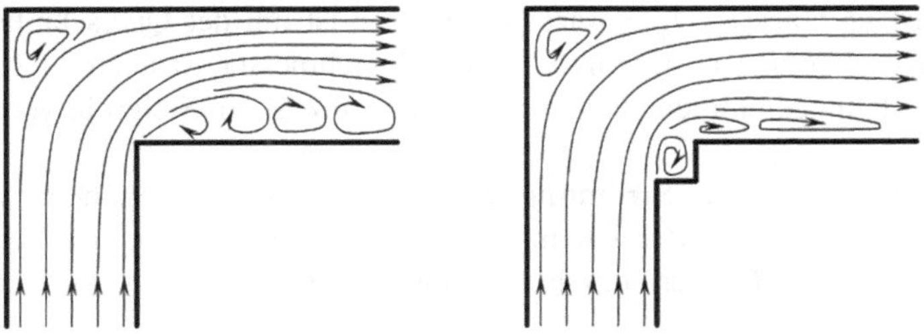

Abb. 5.30 Verbesserung der Umlenkung durch Rücksprung

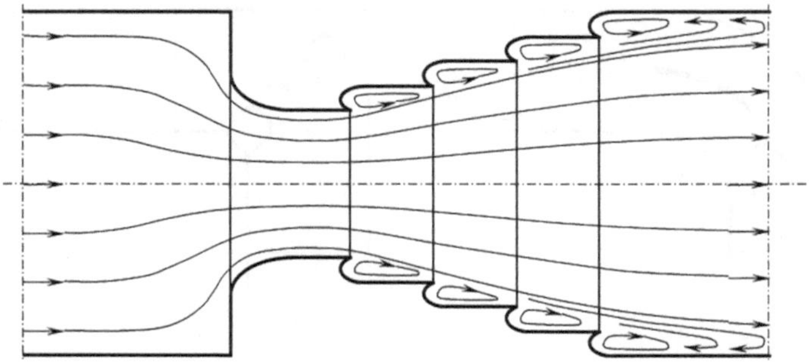

Abb. 5.31 Stufendiffusor

„KASP-Diffusoren" – ausführen (Abb. 5.31), die im Gegensatz zu glattwandigen Diffusoren größere Erweiterungswinkel zulassen, allerdings mit etwas schlechterem Wirkungsgrad.

- **Lange gerade Rohrstrecke** Bei turbulenter Strömung, die bei Wasserförderung normalerweise immer vorliegt, bildet sich durch den von der Wandreibung verursachten Impulsaustausch der Fluidteilchen ab einem Länge/Durchmesserverhältnis von $L/D \approx 7$ ein für viele Anforderungen genügend ausgeglichenes Geschwindigkeitsprofil. Eine in der Strömung enthaltene Drallkomponente baut sich jedoch erst nach einer wesentlich größeren Rohrlänge ab. Bei hohen Anforderungen an die Gleichförmigkeit der Strömung, z. B. zur Volumenstrommessung mittels Drosselgeräten, wo es besonders auf einen ausgeglichenen Druck über dem Rohrquerschnitt ankommt, kann die erforderliche ungestörte gerade Rohrlänge bis zum 50- bis 70-Fachen des Durchmessers betragen, wenn keine weiteren Maßnahmen zur Vergleichmäßigung und zum Drall-Abbau der Strömung getroffen werden. Druckverlusthöhen infolge von Wandreibung in geraden Rohrleitungen berechnen sich nach

$$H_V = \lambda \frac{c^2}{2g} \cdot \frac{L}{D} \tag{5.27}$$

mit der Reibungszahl $\lambda \approx 0{,}02$ für neue gussraue Rohre, der Rohrlänge L und dem Rohrdurchmesser D, der bei nicht kreisrunden Rohren durch den hydraulischen Durchmesser $D_h = 4A/U$ zu ersetzen ist mit der Querschnittsfläche A und deren Umfang U. Der hydraulische Durchmesser ist auch zu verwenden bei Rohrleitungen mit einem Nabenkörper, also z. B. im Steigrohr von Vertikalpumpen.

- **Beschleunigung der Strömung** Bei vielen kleineren Pumpen im unteren und mittleren n_q-Bereich mit axialem Eintritt wird in der Zuströmung die Länge von $7D$ allerdings häufig unterschritten, wobei jedoch meist eine

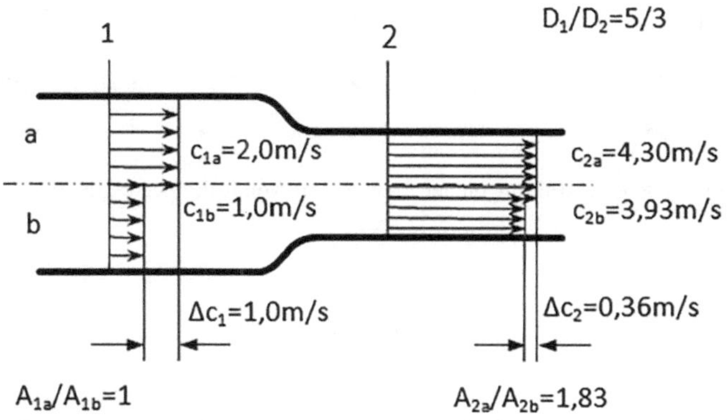

Abb. 5.32 Verbesserung des Geschwindigkeitsprofils durch Beschleunigung

Beschleunigung der Strömung vor dem Eintritt vorhanden ist. Die Verbesserung durch Beschleunigung ist als Beispiel in Abb. 5.32 schematisch dargestellt. Für die Berechnung wird vorausgesetzt, dass über den Querschnittsflächen 1 und 2 jeweils konstanter statischer Druck herrscht und daher die Energie in den beiden Teilströmen nach BERNOULLI ungleich ist. Das Druckgefälle von Querschnitt 1 zu Querschnitt 2 wurde so gewählt, dass sich ein Durchmesserverhältnis von $D_1/D_2 = 5/3$ entsprechend einem Flächenverhältnis von $A_1/A_2 = 2{,}78$ ergab. Der Geschwindigkeitsunterschied Δc der ankommenden Strömung c_1, der 50 % des höheren Geschwindigkeitsanteils beträgt, vermindert sich durch die Beschleunigung auf fast nur noch ein Drittel des Absolutwertes, und beträgt nur noch ca. 8,5 % des höheren Geschwindigkeitsanteils c_{2a}. Außerdem nimmt der Anteil der höheren Geschwindigkeit etwa zwei Drittel des verfügbaren Rohrquerschnittes ein gegenüber der Hälfte vor der Beschleunigung. Der Grad der Verbesserung nimmt mit der Beschleunigung zu.

Um Platz zu sparen, kann die Beschleunigung hinter einem Krümmer auch in den Krümmer verlegt werden. Eine Beschleunigung der Strömung durch Querschnittsverengung kann wie bereits gesagt auf relativ kurzem Weg ausgeführt werden, doch sollte der Übergang zum kleineren Querschnitt nie scharfkantig, sondern stets abgerundet sein. Die Abrundung kann auch durch mehrere (mindestens zwei) konische Segmente nachempfunden werden, s. Abb. 5.33c. Scharfkantige Übergänge (Abb. 5.33a) bewirken eine Einschnürung der Strömung auf einen Querschnitt entsprechend d^*, der kleiner ist als der Rohrquerschnitt mit einer entsprechend höheren Geschwindigkeit c^*. Bei der Anpassung an die mittlere Geschwindigkeit c_2 im Rohr hinter der Einschnürung entsteht ein CARNOT-Verlust nach Gl. (2.81) von

$$H_V = \frac{(c* - c_2)^2}{2g}. \tag{5.28}$$

Mit dem Durchmesser des Einschnürungsquerschnitts d^* und dem reduzierten Rohrdurchmesser D_2 beträgt die Druckverlusthöhe dann

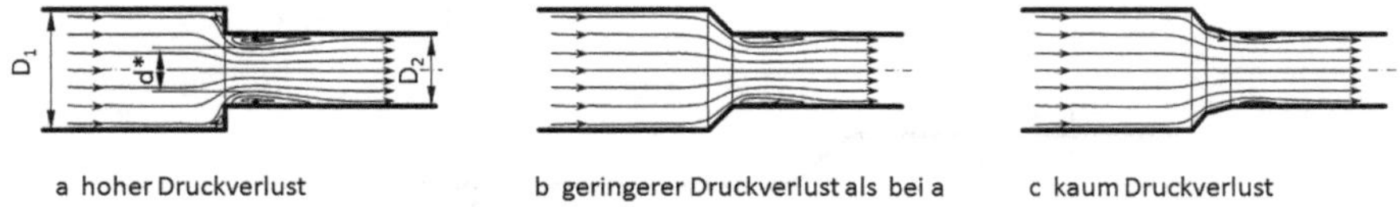

Abb. 5.33 Verschiedene Ausführungen der Reduzierung von Rohrquerschnitten

$$H_V = \frac{\left[\frac{4V}{\pi D_2^2}\left(\frac{D_2^2}{d^{*2}} - 1\right)\right]^2}{2g}. \tag{5.29}$$

Der Strahleinschnürungsdurchmesser d^* hängt seinerseits von der Rohrverengung $m = (D_2/D_1)^2$ ab und kann nach Kap. 3.18 berechnet werden. Das Verhältnis $(d^*/D_2)^2$ wird als Kontraktionszahl α bezeichnet und bezieht sich auf die Einschnürung der Strömung. Sie ist nicht zu verwechseln mit m. Da die Strahleinschnürung außerdem sehr von der Scharfkantigkeit der Übergangsstelle abhängt, kann das Ergebnis nach Gl. (5.29) als Obergrenze gelten. Beim 45°-Konus (Abb. 5.33b) ist die Einschnürung weniger ausgeprägt als beim scharfkantigen Übergang und bei Abb. 5.33c nur noch sehr gering und einem abgerundeten Übergang nahezu gleichwertig.

- **Einbau von Sieben** Siebe bewirken einen Druckverlust, der zu einer Neuformierung der Strömung führt und je nach Höhe des Druckverlustes eine sehr wirksame Verbesserung des Geschwindigkeitsprofils zur Folge hat. Gleichzeitig werden durch Siebe etwaige Drallkomponenten der ankommenden Strömung abgebaut. Wegen des Druckverlustes und der Verstopfungsgefahr bei unsauberen Medien kommen Siebe jedoch nur bedingt zur Anwendung.

Drallströmung Eine mit Drall behaftete Zuströmung zum Laufrad einer Kreiselpumpe ist in den meisten Fällen unerwünscht, wenngleich Drallströmungen an sich in normalen Rohrleitungen prinzipiell nicht immer nachteilig sein müssen. Drallströmungen entstehen meistens durch räumlich angeordnete Doppelkrümmer (Abb. 5.34) und lassen sich daher kaum vermeiden. Die höhere Meridiangeschwindigkeit an der Außenseite des ersten Krümmers erzeugt im nachfolgenden Krümmer eine Umfangskomponente. Drallströmungen bauen sich in geraden Rohrleitungen im Gegensatz zum unausgeglichenen Geschwindigkeitsprofil nur sehr langsam ab. Nach dem Drallsatz $r \cdot c_u = const$ vergrößert sich die Umfangskomponente bei Reduzierung des Rohleitungsdurchmessers. Bei Volumenstrommessungen mittels Drosselgeräten kann das Messergebnis durch Drallströmung stark verfälscht werden. Es würde einen größeren Volumenstrom vortäuschen. Zur Reduzierung von Drallkomponenten baut man vorzugsweise Gleichrichter in Form von Rippen, Rippenkreuzen oder Rohrbündeln ein. Gleichrichter sollten stets so ausgebildet sein, dass ihre Länge mindestens das Doppelte des hydraulischen Durchmessers der durch die Einbauten entstandenen Kanäle beträgt, (s. Abb. 5.35). Einbauten zur Drallreduzierung tragen primär nicht zur Verbesserung

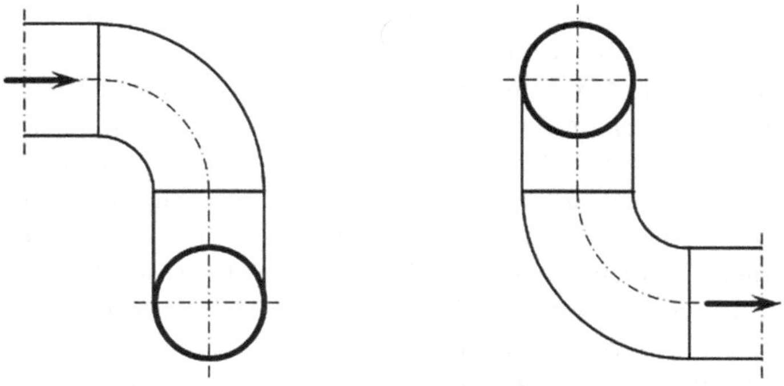

Abb. 5.34 Räumlicher Doppelkrümmer, zusammengesetzt aus zwei 90°-Krümmern

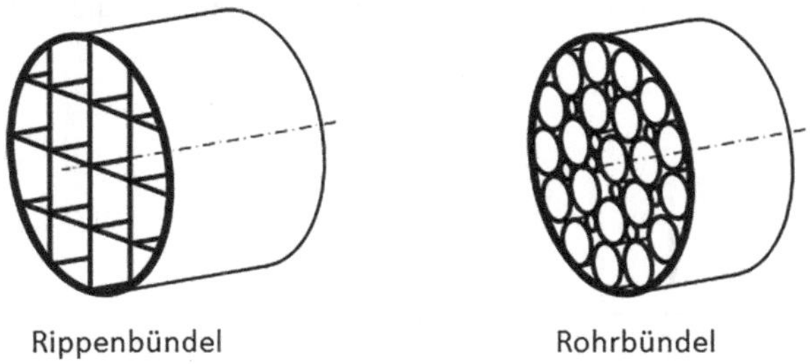

Abb. 5.35 Gleichrichter aus Rippen- und Rohrbündel

unausgeglichener Geschwindigkeitsprofile bei. Ausgleichend wirkt lediglich der Druckverlust, den diese Strukturen verursachen. Ausnahmen sind jedoch Rippen aller Art, die in Krümmern die Umlenkung der Strömung verbessern. Eine wirksame Drallreduzierung verbunden mit einer Verbesserung des Geschwindigkeitsprofils wird bei räumlich angeordneten Doppelkrümmern erzielt, wenn in beiden Krümmern Umlenkrippen gemäß Abb. 5.29a installiert werden. Zur Reduzierung des Dralls genügt auch schon eine Umlenkrippe in *einem* der beiden Krümmer. Die Wirkung der Rippe ist ziemlich unabhängig davon, in welchem der beiden Krümmer sie installiert wird. In beiden Fällen wird man den Drall in etwa gleichem Maße reduzieren, hinter dem zweiten Krümmer aber ein etwas besser ausgeglichenes Geschwindigkeitsprofil erhalten, wenn die Rippe in diesem angebracht wird.

Ein Drall in einer Rohrströmung muss – wie bereits gesagt – nicht immer nachteilige Folgen haben und daher unerwünscht sein. Bei der Diffusorströmung wird z. B. die Ablöseneigung durch eine Umfangskomponente verringert, wodurch Druckrückgewinn und Wirkungsgrad verbessert werden. Wie eigene Versuche ergeben haben, ist der Gesamtverlust bei zwei räumlich installierten 90°-Krümmern z. B. kaum höher als der eines 90°-Einzelkrümmers, wogegen der Gesamtverlust deutlich steigt, wenn die beiden Krümmer in derselben Ebene verlegt sind und also keinen Drall verursachen. Das lässt vermuten, dass die Strömungsverluste in Krümmern – also z. B. auch in einem einfachen 90°-Krümmer – verringert werden können, wenn der Strömung ein Drall überlagert ist. Wenn dieser Drall in der ankommenden Strömung nicht vorhanden ist, kann er erzeugt werden, indem der Krümmer aus z. B. zwei Teilkrümmern zusammengesetzt wird, deren Krümmung in der Summe größer ist als 90°. Um eine 90°-Richtungsänderung zu verwirklichen, müssen die beiden Teilkrümmer versetzt – also in zwei Ebenen – miteinander verbunden werden, wie in Abb. 5.36 gezeigt. Der Abstand *A* dieser beiden Ebenen hängt davon ab, wie weit die Winkelsumme den Wert 90° übersteigt. Das Wirkungsprinzip des räumlichen Doppelkrümmers ist bei Wasserturbinen und Pumpen (Axialturbinen und Axialpumpen) mit radialen Druckstutzen und sehr hoher Schnellläufigkeit verwirklicht. Die Aufgabe besteht hier darin, eine Drallströmung um einen bestimmten Winkel (meist 90°) umzulenken, was üblicherweise mit einem Spiralgehäuse geschieht. Infolge der hohen spezifischen Drehzahl wird das Spiralgehäuse als sog. „Halbspirale" ausgeführt, die bei entsprechend

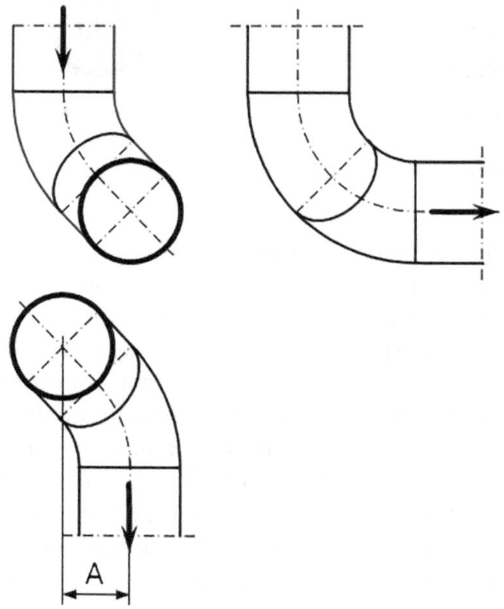

Abb. 5.36 Räumlicher 90°-Doppelkrümmer, zusammengesetzt aus zwei 50°-Krümmern

weiterer Steigerung der spezifischen Drehzahl zu einem räumlichen Doppelkümmer – ähnlich wie in der Abbildung dargestellt – mutiert.

Einbindung von Entnahmeleitungen Auch beim Anschluss von Zulauf- oder Saugleitungen an Reservoirs sollten mögliche Druckverluste beachtet werden. Da es sich bei der Einströmung in die Rohrleitung stets um eine beschleunigte Strömung handelt, gilt prinzipiell das Gleiche wie bereits über Querschnittsverengung gesagt. Alle Konfigurationen mit sprunghaften Übergängen sollten vermieden werden, da sie Strahleinschnürungen mit abgelöster Strömung und entsprechenden CARNOT-Verlusten zur Folge haben. Besonders stark ausgeprägt ist die Strahlkontraktion bei einem in das Reservoir hineinragenden scharfrandigen Rohr, einem sog. BORDA-Mundstück (Abb. 5.37a). Die Strömung kann sich dort theoretisch bis auf den halben Rohrquerschnitt einschnüren, wodurch sich die Strömungsgeschwindigkeit verdoppelt und eine Druckverlusthöhe von

$$H_V = \frac{(2c - c)^2}{2g} = \frac{c^2}{2g}, \tag{5.30}$$

zur Folge hat (mit c als ausgeglichener Rohrgeschwindigkeit). Der Verlust entspricht also der gesamten kinetischen Energie, somit $\zeta_V = 1.0$ (!) der ausgeglichenen Rohrströmung und könnte bei geringen $NPSH_{\text{Anlage}}$-Werten zu Kavitationsproblemen führen.

Bei einem bündigen Rohranschluss (Abb. 5.37b) bildet sich eine Einschnürung ähnlich wie in Abb. 5.33a. Da die Einschnürung vom Durchmesserverhältnis m abhängt, dieses beim Ausfluss aus einem Behälter jedoch größer ist als bei einer sprunghaften Rohrleitungsverengung ($D_1 >> D_2$), ist die Einschnürung etwas stärker ausgeprägt als dort. Um Einschnürungen der Strömung zu vermeiden, muss die Einbindung mit sanftem Übergang erfolgen. Günstig ist ein Abrundungsradius von etwa dem 0,4- bis 0,5-Fachen des Rohrdurchmessers (Abb. 5.37c). Ähnlich wie in Abb. 5.33c gezeigt, könnte man auch einen konischen Übergang ausführen. Um einen Einlauf nachträglich zu verbessern, kann manchmal ein ringförmiger Wulst in Form eines aufgeschnittenen Torus' angebracht werden (Abb. 5.37d), der

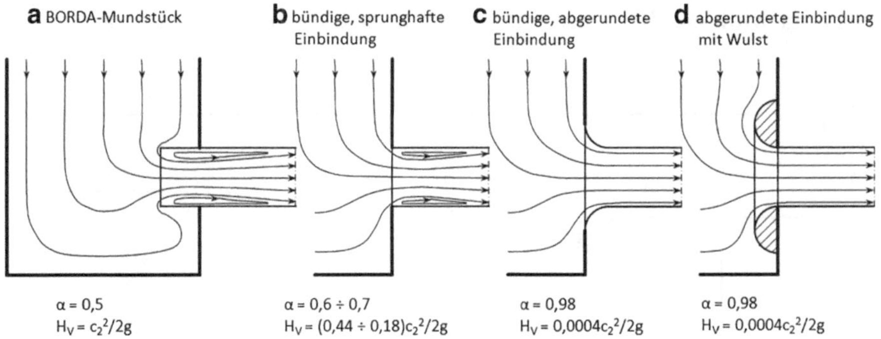

Abb. 5.37 Verschiedene Einbindungen und ihre Verluste

z. B. aus zwei aufgeschnittenen passenden 90°-Krümmern hergestellt wird. In der Abbildung sind die Kontraktionszahlen α und die Druckverlusthöhen H_V, bezogen auf die Geschwindigkeitshöhe der ausgeglichenen Rohrströmung, für verschiedene Ausführungen angegeben.

Rohrverzweigungen Abgänge von einer Hauptleitung sind zur Vermeidung bzw. Reduzierung von Druckverlusten und Pulsationen möglichst mit Abrundungsradien zu versehen. Dies umso mehr, je größer die Entnahmeleitung im Verhältnis zur Hauptleitung ist. Absperrorgane in der Entnahmeleitung werden dicht an der Abzweigung platziert, damit sich bei abgesperrter Leitung möglichst wenig Flüssigkeitsvolumen im „toten" Arm befindet, was zu Pulsationen führen könnte. Dies gilt sinngemäß auch für den letzten Abgang einer Hauptleitung, s. Abb. 5.38a. Die Hauptleitung sollte dicht hinter dem letzten Abgang geschlossen sein. Besser wäre ein stetiger Übergang von der Hauptleitung bis zum letzten Abgang. Bei ständiger Entnahme aus einer Hauptleitung werden Abgänge strömungsgünstig gestaltet, indem man sie nach Abb. 5.38b als „Hosenrohr" ausbildet, wobei die Rohrquerschnitte den Volumenströmen derart angepasst werden, dass die Strömungsgeschwindigkeit in allen Abschnitten möglichst gleich bleibt oder mäßig beschleunigt wird.

Offene Einlaufkammern Im Gegensatz zu gedeckten Einlaufsystemen, wie sie bei vertikaler Trockenaufstellung von Pumpen häufig ausgeführt werden und die gewisse Parallelen zu den in Kap. 3.11 behandelten Eintrittsgehäusen aufweisen, reagieren Einlaufkammern mit freier Oberfläche empfindlich auf Störungen in der Zuströmung. Um die für einen störungsfreien Pumpenbetrieb erforderliche ausgeglichene und möglichst drallfreie Zuströmung zu gewährleisten, sind bestimmte Kriterien zu erfüllen. Durch die relativ geringen Geschwindigkeiten in Einlaufkammern kommt es infolge starker Beschleunigung beim Einströmen in ein Rohrleitungssystem bzw. einen Pumpeneintritt leicht zur Ausbildung von Drallkomponenten, die Luft ziehende Wirbel zur Folge haben können. Da es sich dabei um Quasi-Potenzialwirbel handelt, können sich bei der Beschleunigung der Strömung zum Ort der Entnahme hin selbst relativ unauffällige Wirbel in ihrer Wirkung mitunter so sehr verstärken, dass in ihrem Zentrum der Druck unter den Umgebungsdruck abfällt, wodurch die Flüssigkeitsoberfläche absinkt und Luft mit angesaugt wird. Bei Behältern mit ungeordneter Strömung kommt es leichter zu

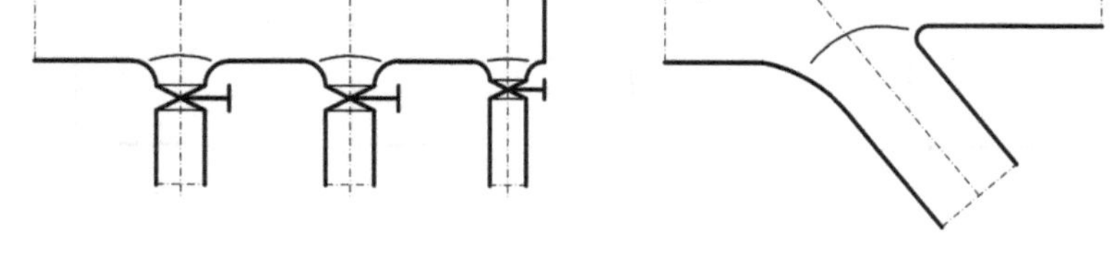

Abb. 5.38 Ausführung von Rohrverzweigungen

solchen Wirbeln als bei stehenden Flüssigkeiten, also bei ruhiger Oberfläche. Zur Vermeidung ist ein Mindestabstand der freien Oberfläche von der Entnahme, d. h. eine Mindestüberdeckung *T* über der höchsten Stelle der Entnahmeöffnung erforderlich. Die erforderliche Überdeckung ist abhängig von der Einströmgeschwindigkeit an der Entnahmeöffnung, d. h. von der Geschwindigkeit im Rohr und dem Geschwindigkeitsprofil in der Einlaufkammer. Sie kann etwas verringert werden durch eine Abdeckung des Flüssigkeitsspiegels in der Umgebung der Entnahme. Durch besondere Ausbildung der Einlaufkammer, etwa nach Abb. 5.39 und 5.40 soll die Geschwindigkeit dort niedrig und das Geschwindigkeitsprofil möglichst ausgeglichen sein. Das setzt voraus, dass auch die Zuströmung zur Einlaufkammer geordnet ist. Umlenkungen dürfen nicht zu einem einseitigen Geschwindigkeitsprofil führen (Abb. 5.40a), was durch geeignete Maßnahmen (z. B. durch Umlenkrippen) vermieden werden muss (s. Abb. 5.40b). Zur Stabilisierung der Strömung ist eine Führungsrippe unmittelbar vor der Entnahme, die als „Drallbremse" wirkt, unbedingt vorzusehen.

Wegen der vielfältigen Einflüsse lassen sich nur Mindestwerte für die Überdeckung angeben. Um die notwendige Überdeckung *T* zu verwirklichen, wird die Entnahmeleitung bei größeren Anlagen häufig mit einem Krümmer und einer sog. „Einlauftrompete", oder „Saugglocke" versehen, wie Abb. 5.41b und 5.41c zeigen. Der Krümmer wird häufig mit einem Winkel von 60 bis 90° ausgeführt, wobei die notwendige Überdeckung von der höchsten Stelle der Glocke, gemessen werden muss. Folgt einem solchen Krümmer ein Krümmer in nicht der gleichen Ebene, ist nach oben Ausgeführtem mit der Entwicklung einer Drallströmung in

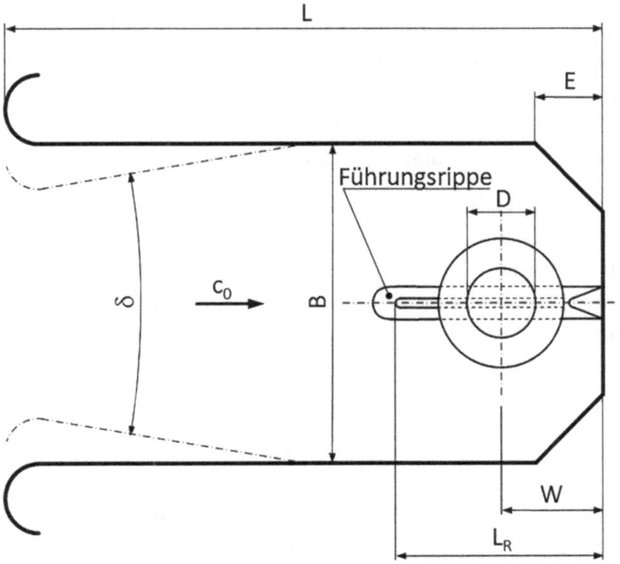

Abb. 5.39 Bevorzugte Ausführung von offenen Einlaufkammern

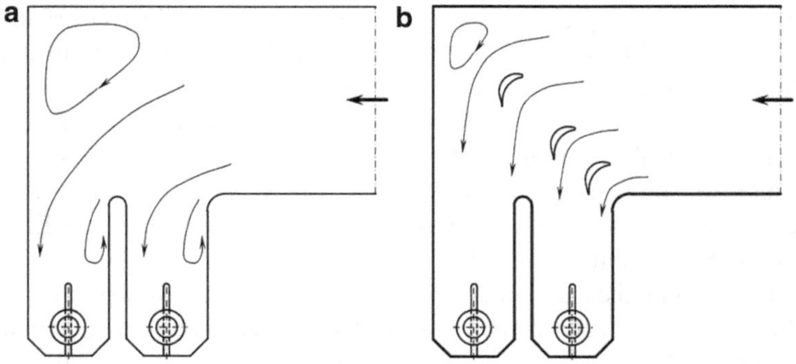

Abb. 5.40 Verbesserung der Zuströmung zu den Einlaufkammern durch Leitrippen

der Rohrleitung zu rechnen, die vorm Eintritt in eine Pumpe durch geeignete Maßnahmen beseitigt werden muss. Die Drallströmung in einer Rohrleitung ist nicht gleichzusetzen mit einem Wirbel, der sich beim Einströmen in die Entnahme bilden kann. Dieser muss bereits im Behälter, also *vor* der Entnahmeleitung verhindert bzw. abgemildert werden. Dazu sind alle Maßnahmen geeignet, die zum Ziel haben, die Strömung im Bereich der Entnahme möglichst zu beruhigen und gering zu halten, wie beispielsweise

- Führungsrippe vor der Entnahme (Abb. 5.41b und 5.41c)
- Rippenkreuz in der Entnahme (Abb. 5.41a)
- Abdeckung der Oberfläche im größeren Bereich vor der Entnahme, um die Entfernung möglicher Luft ziehender Wirbel vom Ort der Entnahme zu vergrößern
- Einlaufwand wie in Abb. 5.41a gestrichelt eingezeichnet
- Sieb, ähnlich wie Wand, jedoch bis nahe zum Boden reichend
- besonders ausgebildete Einlaufkammern (Abb. 5.39)

Der Bodenabstand S (Abb. 5.41b und 5.41c) wird so gewählt, dass beim häufig ausgeführten Durchmesserverhältnis $D_s/D \approx 1{,}8$ eine Beschleunigung der Strömung auf etwa das $(3{,}9 \div 6{,}4)$ Fache auf dem Weg vom Trompetenrand zum Rohrleitungsdurchmesser D vorhanden ist. Allgemein ausgedrückt ist die Beschleunigung

$$b = 4\left(\frac{D_s}{D}\right)\frac{S}{D}. \tag{5.31}$$

Folgende Richtwerte, auf den Rohr- bzw. Pumpeneintrittsdurchmesser D bezogen, kommen gemäß Abb. 5.39 bis 5.41 zur Anwendung:

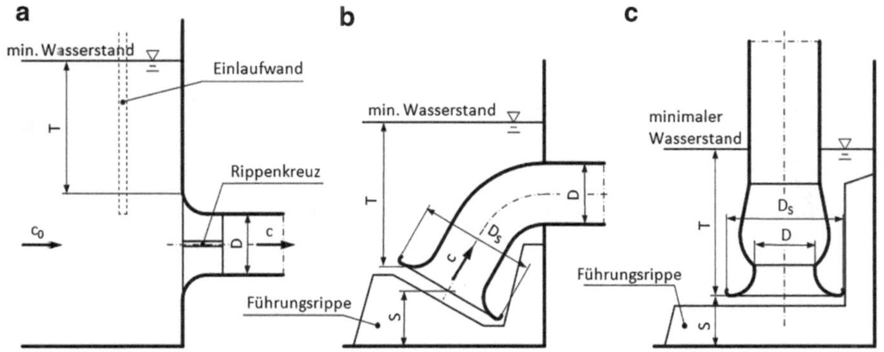

Abb. 5.41 **a** wandbündiger Einlauf, **b** Einlauftrompete mit 60°-Krümmer, **c** Vertikalpumpe in Nassaufstellung

$$L \geq 7\,D$$
$$B \approx 4\,D$$
$$E \approx 1\,D$$
$$W \approx (1,3 \div 1,5)\,D$$
$$L_R \approx 3\,D$$
$$D_s \approx (1,8 \div 2)\,D$$
$$T \geq (2,5 \div 3)\,D$$
$$S \approx (0,6 \div 0,9)\,D$$
$$c_0 \leq 0,3\,m/s$$
$$c \leq 4,0\,m/s$$
$$\delta \geq 160°$$

Eine einfache Form der Einlauftrompete ergibt sich als Hüllkurve eines um die Rohrachse rotierenden Viertel-Kreisbogens (Abb. 5.42a). Eine strömungstechnisch bessere Form erhält man aus einer um die Rohrachse rotierenden Viertel-Ellipse (Abb. 5.42b). Bei einer wie in Abb. 5.41b gezeigten Einlauftrompete mit anschließendem Krümmer kann der Krümmer in die Einlauftrompete integriert werden, um das Profil der Krümmerströmung durch Beschleunigung zu verbessern, wie in Abb. 5.42c am Beispiel eines 60°-Krümmers dargestellt. Es empfiehlt sich stets, den äußeren Rand der Einlauftrompete mit einem Wulst zu versehen, um Strömungsablösung durch zu starke Umlenkung zu vermeiden. Richtwerte für die Dimensionierung ergeben sich aus der Abbildung.

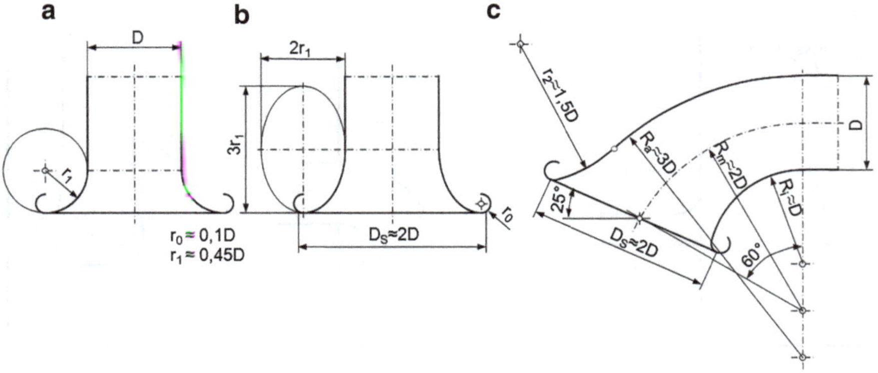

Abb. 5.42 Ausbildung von Einlauftrompeten

Literatur

1. Pfleiderer, C.: Strömungsmaschinen, 2. Aufl. Springer, Berlin (1957)
2. Engel, L.: Die Rücklaufdrehzahlen der Kreiselpumpen. Diss. TH Braunschweig (1931)
3. Naber, G., Hausch, K.: Reversible Pumpturbinen in Trinkwasserleitungen. Wasserwirtschaft. (10) (1987)
4. Mikus, K.: Erfahrungen mit Kreiselpumpen zur Energierückgewinnung aus dem Trinkwasser. gwf Wasser Abwasser. **124**(4) (1983)
5. Schnitzer, V.: Neue Perspektiven zur Nutzung kleiner und kleinster Wasserkräfte durch Pumpen im Turbinenbetrieb. Wasserwirtschaft. (1) (1985)
6. Lewinsky-Kesslitz, H.P.: Pumpen als Turbinen für Kleinkraftwerke. Wasserwirtschaft. **77**(10) (1987)
7. Bolliger, W.: Pumpen und Turbinen für umgekehrte Osmose. Chemische Produktion. (1987)
8. Laux, H.: Rückwärtslaufende mehrstufige Pumpen als Rückgewinnungsturbinen in Ölversorgungssystemen. Technische Rundschau Sulzer. (2) (1980)
9. Gülich, J.F.: Energierückgewinnung mit Pumpen im Turbinenbetrieb bei Expansion von Zweiphasengemischen. Technische Rundschau Sulzer. (3) (1981)
10. Wesche, W.: Vergleichende Betrachtung von Kreiselpumpen im Turbinenbetrieb. In: Faragallah, W.H. (Hrsg.) Pumpen als Turbinen. Verlag und Bildarchiv Faragallah, Sulzbach (1993)
11. Wonsak, G.: Die Strömung in einer partiell beaufschlagten radialen Gleichdruckkreiselpumpe. Konstruktion. **15**(3) (1963)
12. Cohrs, D.: Untersuchungen an einer mehrstufigen rückwärtslaufenden Kreiselpumpe im Turbinenbetrieb. Diss. TU Hamburg-Harburg (1996)
13. Hergt, P., et al.: Die strömungstechnischen Eigenschaften von Kreiselpumpen im Turbinenbetrieb. VDMA Pumpentagung Karlsruhe (1984), Section C1
14. Kaufmann, W.: Angewandte Hydromechanik Bd. 2. Springer, Berlin (1934)

Kapitel 6
Stoffgrößen

Zusammenstellung einiger häufig benötigter Daten (Abb. 6.1, 6.2, 6.3, 6.4, 6.5, 6.6, 6.7 und 6.8)

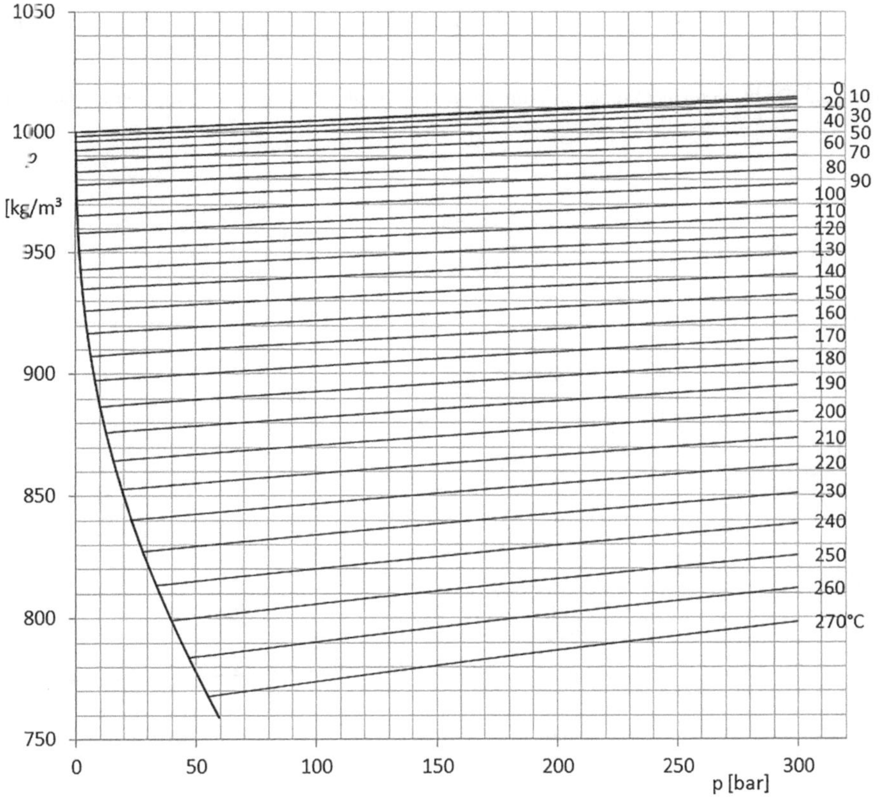

Abb. 6.1 Dampfdruck und Dichte von Wasser abhängig vom Druck und von der Temperatur. (Nach [1])

W. Wesche, *Radiale Kreiselpumpen*,
DOI 10.1007/978-3-662-48912-3_6

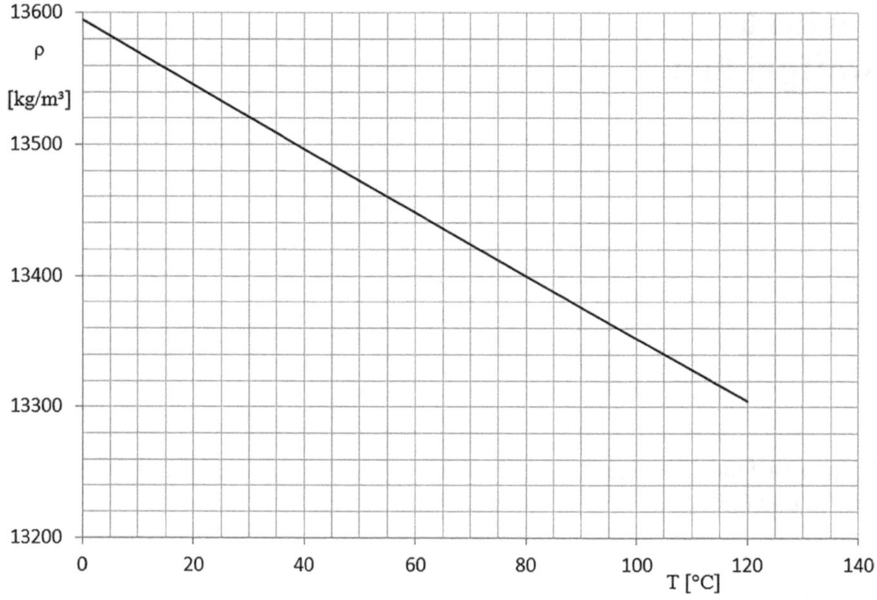

Abb. 6.2 Dichte von Quecksilber bei Atmosphärendruck, abhängig von der Temperatur. (Nach [2])

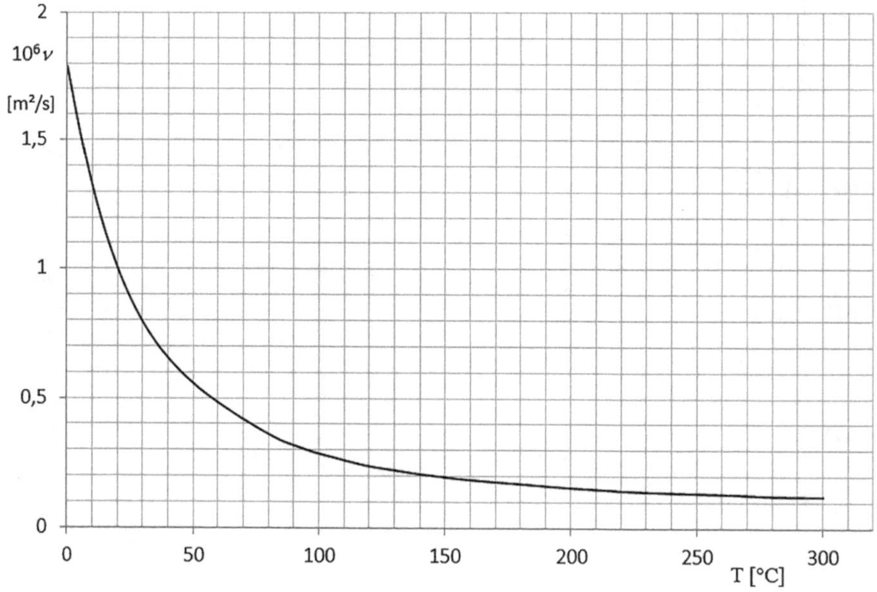

Abb. 6.3 Kinematische Zähigkeit von Wasser, abhängig von der Temperatur. Die kinematische Zähigkeit ist praktisch unabhängig vom Druck. (Nach [2])

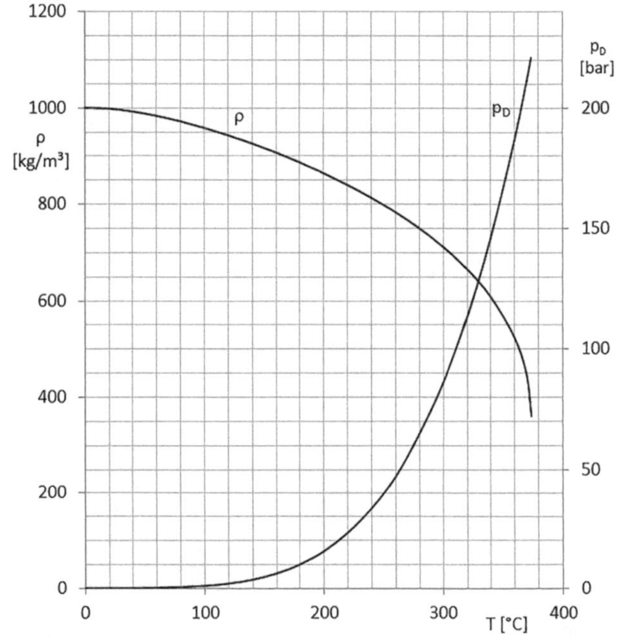

Abb. 6.4 Dichte ρ und Dampfdruck p_D von Wasser bei Sättigungstemperatur. (Nach [2])

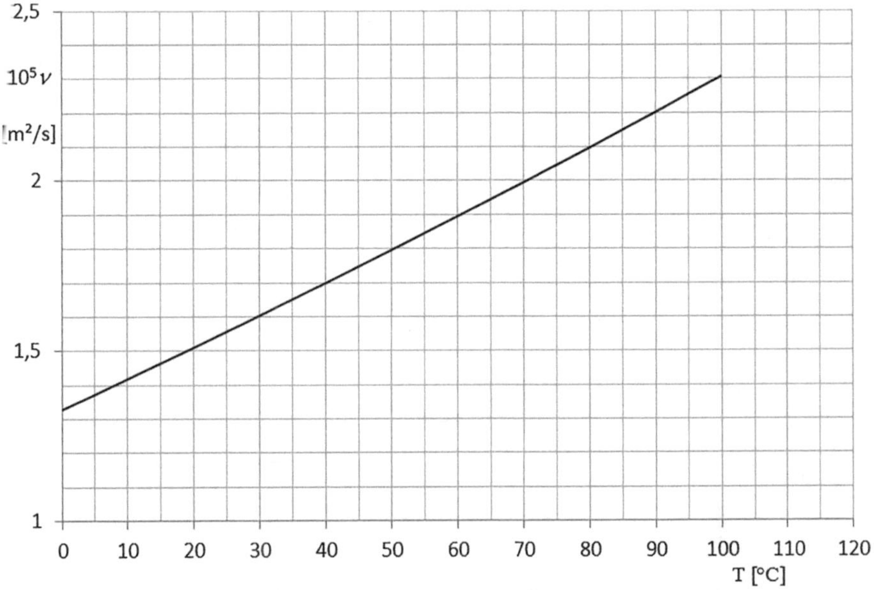

Abb. 6.5 Kinematische Zähigkeit von Luft, abhängig von der Temperatur bei Atmosphärendruck. (Nach [2])

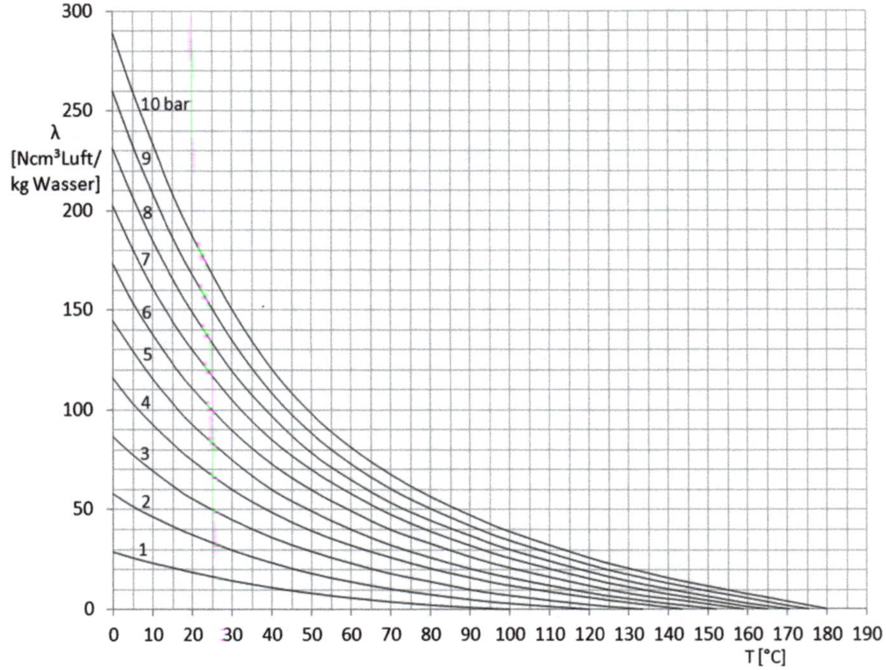

Abb. 6.6 Vermutete Löslichkeit von Luft in Wasser, abhängig vom Druck und von der Temperatur. (Nach [2])

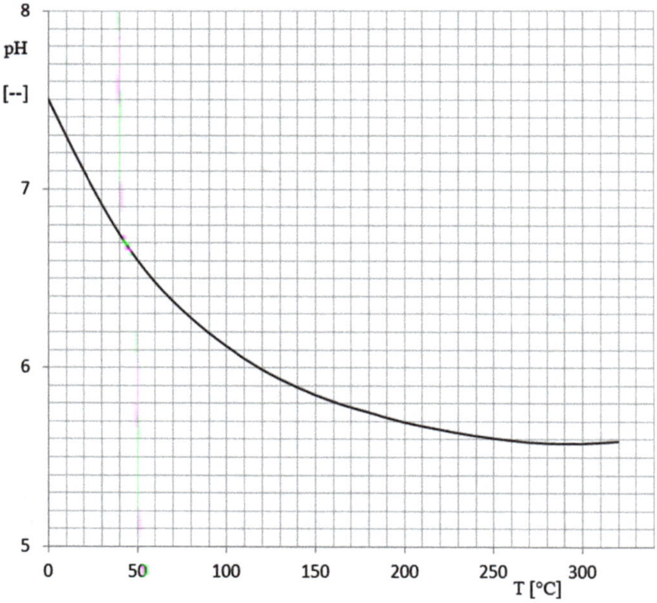

Abb. 6.7 pH-Wert von reinem Wasser, abhängig von der Temperatur. (Nach [1])

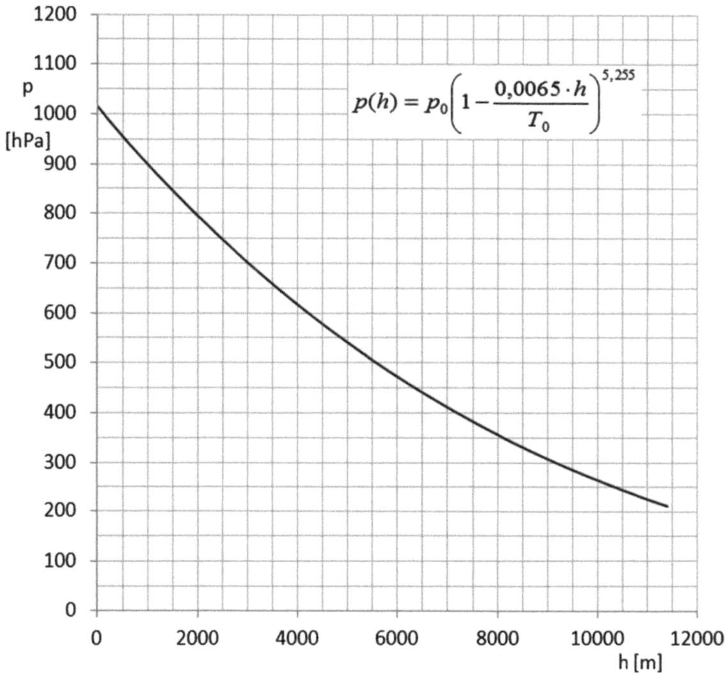

Abb. 6.8 Luftdruck p abhängig von der geografischen Höhe nach internationaler Höhenformel. Bezugsdruck in Meereshöhe NN: $p_0 = 1013{,}25$ [hPa], geografische Höhe h [m], Bodentemperatur $T_0 = 288{,}15$ [K] entsprechend $15°C$

Literatur

1. Entwurf DIN ISO 5198 und VDI-Wärmeatlas
2. Hütte I, 28. Auflage. Verlag von Wilhelm Ernst & Sohn, Berlin (1954)

Sachverzeichnis

W. Wesche, *Radiale Kreiselpumpen*,
DOI 10.1007/978-3-662-48912-3